高等学校教材

计算机科学计算

（第三版）

◎ 张宏伟　金光日　董　波　程明松　孟兆良　编

中国教育出版传媒集团
高等教育出版社·北京

内容提要

本书第一版为普通高等教育“十五”国家级规划教材。本次修订充分考虑了近年来教学改革的新需求，在介绍利用计算机求解数值问题的各种数值方法的同时，更加侧重对数值计算方法一般原理的介绍，更加注重理论与实际应用的结合。本书叙述由浅入深，简洁严谨，系统性强，易教易学。

本书内容包括矩阵分析及其基础、插值与逼近及其应用、数值微积分、常微分方程数值解法和小波变换、线性方程组及矩阵特征对的数值解法等，以及作为附录的相关基础知识简介和数值实验，每章后附有习题，供任课教师选用。

本书可作为数学与应用数学、统计学专业的本科生，以及理工科非数学类专业的硕士研究生数值计算方法课程的教材，也可供科学计算工作人员学习和参考。

图书在版编目(CIP)数据

计算机科学计算 / 张宏伟等编. --3版. --北京：高等教育出版社，2023.10

ISBN 978-7-04-060772-7

Ⅰ.①计… Ⅱ.①张… Ⅲ.①电子计算机-科学计算-高等学校-教材 Ⅳ.①TP301.6

中国国家版本馆CIP数据核字(2023)第123874号

Jisuanji Kexue Jisuan

策划编辑 李蕊　责任编辑 李冬莉　封面设计 易斯翔　版式设计 李彩丽
责任绘图 李沛蓉　责任校对 张然　责任印制 耿轩

出版发行 高等教育出版社
社　址 北京市西城区德外大街4号
邮政编码 100120
印　刷 河北信瑞彩印刷有限公司
开　本 787mm×1092mm 1/16
印　张 21.5
字　数 500千字
购书热线 010-58581118
咨询电话 400-810-0598

网　址 http://www.hep.edu.cn
http://www.hep.com.cn
网上订购 http://www.hepmall.com.cn
http://www.hepmall.com
http://www.hepmall.cn
版　次 2005年5月第1版
2023年10月第3版
印　次 2023年10月第1次印刷
定　价 46.00元

物 料 号 60772-00

第三版前言

《计算机科学计算》第二版出版以来,又过去了九年。随着信息技术和人工智能技术的飞速发展,数值计算类课程已经成为理工科专业的本科生、研究生的必修课程。为了更好地适应新的需求和新的教学形势,我们修订出版第三版。本次修订我们仍然遵循理论与应用并重的原则,主要是改正第二版中的谬误,并增补一些相关的内容。主要修订内容如下:

1. 对本书中部分内容做了修订,如矩阵范数的引出方式,先给出一般性的矩阵范数的定义,然后过渡到相容的矩阵范数;对共轭梯度法、数值微分和数值积分部分内容重新组织编写。

2. 增加秦九韶算法用于各类多项式求值的计算公式的内容;增加奇异值分解低秩逼近定理以及奇异值分解的算法;适当增加 GMRES 算法相关内容;增加了一些数值微分和积分的算例,以及积分变换的内容;增加三角形区域和任意四边形区域上的积分计算方法;增加秦九韶算法和精细积分法的 MATLAB 程序。

3. 第 2 章中的定理 2.14(Hamilton-Cayley 定理)部分移到第 3 章;第 7 章中增加 7.4.4 节精细积分法初步,删除 7.6 节暂态历程的精细积分法的内容;对 7.5 节中的差分法内容重新组织;第 10 章 10.1 节的上 Hessenberg 矩阵化调整至 10.3 节。

4. 对第二版全书进行全面细致的勘误,改正不规范的符号,增加了大量习题,并给出参考解答或提示。

本次修订工作中,张宏伟承担第 1 章、第 7 章及附录 1;金光日承担第 5 章、第 9 章;董波承担第 3 章、第 4 章;程明松承担第 2 章、第 10 章;孟兆良承担第 6 章、第 8 章及附录 2。

在此,我们衷心感谢高等教育出版社的编辑团队所做的精心规划和周到安排,衷心感谢审稿专家们提出的宝贵意见,衷心感谢大连理工大学数学科学学院在本次修订过程中给予的大力支持。

需要特别指出,已故的施吉林老师对本书做了大量的工作,借此次修订之际对他深表怀念和敬意。

编　者

2022 年 7 月

第三版前言

第二版前言

自2005年本书第一版出版以来，已经经历了六年多的教学实践。我们根据自己的教学经验并参考任课教师和学生在教学过程中提出的许多有益建议和修改意见，修订出版第二版。新版纠正了第一版中出现的一些错误，并就某些章节（特别是第二版中的第2,3,7章）在内容和文字上做了较多的调整和修订，使之更适合作为数学与应用数学、统计学专业的本科生，以及理工科非数学类专业硕士研究生的教材。为便于教学和学生自学，新版增加了相关基础知识的内容（附录1），并在部分章节中适当增添了例题。对各章中的习题做了相应的调整，在书末给出了部分习题参考答案与提示。考虑到矩阵理论和方法在解决现代工程技术问题中的重要性愈加显著，也为了更好地与第2章的内容相衔接，将第一版中的附录1的内容，调整为第二版中的第3章矩阵分析基础。第一版中的第3,4,5章分别调整为第二版中的第4,5,6章。第一版中的第6章调整为第二版中的第8章特殊类型积分的数值方法，第一版中的第8,9章分别调整为第二版中的第9,10章。

全书共分10章，正文包括矩阵计算与分析、函数逼近与数值微积分、迭代法与常微分方程数值解等内容，正文后面有3个附录。由张宏伟负责第1章、第2章、第3章、第7章、第8章和附录1的编写与修订；金光日负责第4章、第5章、第6章、第9章和附录2的编写与修订；董波负责第10章和附录3的修订。讲完全书的主要内容约需64学时，各校可以根据教学对象的不同，对内容进行适当的选择。

本书第二版的修订和出版得到了高等教育出版社数学分社，大连理工大学教务处、研究生院和数学科学学院的大力支持与资助，并得到任课教师的指导和帮助。高等教育出版社张长虹先生为本书编辑和出版付出了辛勤的劳动。谨此对以上各位表示衷心的感谢。限于作者的水平，书中不当乃至疏漏之处难免，恳请同行与读者批评指正。

编　者

2012年4月15日

第三版前言

第一版前言

“计算机科学计算”是普通高等教育“十五”国家级规划教材,适于作为数学与应用数学、概率统计专业,以及理工科非数学类专业硕士研究生的“数值计算方法”课程的教材。自计算机深入到人类社会的各个领域以来,科学计算、理论计算和实验并列为三大科学方法,特别是它改变了传统的计算数学研究的内容和方法,使数值计算方法与计算机的关系更为密切。为了突出计算机的作用,再加上本书与传统数值计算方法有所不同,因此定名为“计算机科学计算”。它是在2001年8月完成的《计算机现代数值方法》讲义的基础上,经三年多试用和两次修改而成的,目标是培养读者具有以计算机为工具进行科学计算的能力,能掌握初步的数值计算理论基础。本书具有如下特点:

1) 在体系上尽量改变以数学内容为块块的数值方法分割体系,建立以数值方法为内容,并将不同数学内容的方法尽可能串联起来的新体系,不但便于教学,而且有助于读者对公式、方法有连贯性了解,便于记忆。

2) 在教学内容上,精选了常用的数值方法,尽可能引进一些科学与工程技术上有广泛应用前景的现代方法和内容,如小波变换、计算理论(附录)、精细积分法等。考虑到有些读者矩阵知识的不足,增写了矩阵分析介绍(附录),以供参考。

3) 在内容的处理方法上,考虑本教材的学习对象已具有一定的数学基础,对前五章的内容介绍较为精练,对后面的内容着重拓宽知识面,并向读者指明如何进一步学习及学习参考书。

4) 为了缩小数值计算方法与数学软件平台使用上的差异,不但在方法介绍上尽量突出方法的特点及其功能,而且选择有代表性的数值问题让读者使用数学软件包上机进行数值实验,为此编写了数值实验附录。

全书共分九章,包括矩阵计算、函数逼近与数值微积分、迭代法与常微分方程数值解等内容和三个附录。由施吉林、张宏伟主编,并由施吉林、张宏伟、金光日各负责三章和有关附录而完成全书的编写。讲完全书的主要内容约需60学时。考虑教学对象的不同,根据需要可以对内容进行适当的删改。

本书的编写和出版均得到了高等教育出版社理科分社、大连理工大学研究生院和应用数学系的大力支持与资助,并得到我们的同事和讲课教师的鼓励和帮助,在此我们一并表示衷心的感谢。限于作者的水平,书中不当乃至疏漏难免,恳请同行与读者批评指正。

作　者

2004年10月

第一版前言

目 录

第1章 绪 论

1.1 计算机科学计算研究的对象和特点

自计算机问世以来，它已“无孔不入”地深入到人类社会的各个领域，正在改变着人们生活、社会交往、劳动方式、政府决策和科学技术研究方法等，使科学计算、理论计算和实验并列为三大科学方法，特别是改变了传统计算数学的研究方法、内容及其地位与作用.传统的计算数学主要研究各种计算问题的有效算法及其相关数学理论.而现代意义下的计算数学主要研究的则是在计算机上计算的有效算法及其相关理论，从而使它成为一门新学科——科学计算.为了突出计算机的作用和有别于以往的科学与工程计算，本书定名为“计算机科学计算”.算法是本书研究的主要内容.根据课程设置的目的和课时的限制，本课程只能研究基本数值算法，对于偏微分方程数值解法和非数值算法，以及算法的设计与表达等内容只能“弃车保帅”了.

计算机是计算模型的具体体现，凡是用算法(满足一定条件的计算过程)能解决的问题，一定程度上也能用计算机解决；算法解决不了的问题，计算机也解决不了，因此，算法与计算机在功能上具有某种等价性.任何数学问题只要完成了它的算法设计，就等于该问题可以用计算机进行计算，并得到结论.

当今计算机发展日新月异，但是它的结构基本上还属于 Von Neumann(冯·诺伊曼)结构，其基本原理仍未背离 Turing 机，只是根据实际需要进行了重新设计 .1945 年第一台计算机问世时，它的运算需要由人来控制，改换为另一道题时需要改造计算机的结构，即计算机的解题要依靠计算机硬件的结构.Von Neumann 1946 年提出了将解题的步骤也放在计算机中，从而可以将解题依靠“硬”办法，改变成依靠“软”办法，即依靠算法的设计.此举不但在技术上是一个飞跃，而且大大地提高了计算速度，为计算机的发展和广泛应用扫清了障碍，因此，直到现在还有人将电子计算机称为 Von Neumann 计算机.

算法，它是解决某一类问题且满足目的性、机械性、离散性、有穷性和可执行性的计算过程，而不是单指解决某个数值问题的数值计算方法，所谓“数值问题”是指“输入数据与输出数据之间函数关系的一个确定而无歧义的描述”.算法中所指的“一类问题”，是根据算法是否可计算来划定的，它将所有问题划分成三类，即算法“计算不了”的问题、算法“实际计算不了”的问题和算法“可以计算”的问题.本书主要研究“可以计算”问题中的微积分、常微分方程和代数等内容中数值问题的算法，简称数值算法.数值算法就其内容而言，应包括数值计算方法(简称数值方法)，数据的输入、输出，以及解题的步骤，而且数值方法中的运算只能是四则运算和逻辑运算.将算法的内容进行有机组合而形成完整的解题计算过程就是算法设计.算法用计算机高级语言进行完整的表达就是计算机程序.因此,计算机程序是算法基于计算机语言的一种表达.算法的计算过程可以只有一个进程,也可以有几个进程,前者称为串行算法,对应的计算机称为串行计算机,后者称为并行算法,对应的计算机称为并行计算机.

算法“可以计算”的问题,并不等于该问题用任何具体算法都能计算出满意的结果.事实上,同一个数值问题,对于解决问题的算法甲能计算出满意的结果,对解该问题的算法乙却计算不出满意的结果,甚至“实际计算不了”.对于同样都能计算出满意结果的算法,也有“好坏”之分,在同样计算精度下好坏的标准主要用计算速度和占用计算机内存来区分,即用计算复杂性的好坏来衡量,计算速度快、占用内存少的算法,即时、空复杂性好的算法,称为有效算法.算法好坏的关键是数值方法,而数值方法又随着科学技术的发展而在不断改进和更新,因此,数值方法的好坏具有时代的烙印,过去的好数值方法并不等于就是现代行之有效的数值方法.本书主要研究目前仍然行之有效的数值方法.

例如,线性方程组

$$\begin{cases} a_{11}x_1+a_{12}x_2+\cdots+a_{1n}x_n=b_1, \\ a_{21}x_1+a_{22}x_2+\cdots+a_{2n}x_n=b_2, \\ \cdots\cdots\cdots\cdots \\ a_{n1}x_1+a_{n2}x_2+\cdots+a_{nn}x_n=b_n \end{cases}$$

的求解.

早在18世纪Cramer(克拉默)已给出了求解法则:设D为方程组的系数行列式,D_i为系数行列式中的第i列换成$\boldsymbol{b}=(b_1,b_2,\cdots,b_n)^{\mathrm{T}}$后的行列式,若$D\neq0$,则

$$x_i=\frac{D_i}{D},\quad i=1,2,\cdots,n.$$

从理论上讲,它是一个求解线性方程组的数值方法,这一结果理论上是非常漂亮的,它把线性方程组的求解问题归结为计算$n+1$个n阶行列式问题.对于行列式的计算,又有著名的Laplace(拉普拉斯)展开定理.这样理论上我们就有了一套非常漂亮的求解线性方程组的方法,且对阶数不高的方程组行之有效.但是到了20世纪50年代出现电子计算机后,原有的数值方法的“实际可计算性”引起了充分重视,即理论正确的数值方法在计算机上是否实际可行.我们做一简单的分析就会发现,这一方法的运算量大得惊人,以至于完全不能用于实际计算.

首先,

$$D=\det(\boldsymbol{A})=a_{i1}A_{i1}+a_{i2}A_{i2}+\cdots+a_{in}A_{in},$$

其中A_{ij}表示元a_{ij}的代数余子式.假设计算k阶行列式所需要的乘法运算的次数为m_k,则容易推出

$$m_k=k+km_{k-1},$$

于是,我们得到

$$\begin{aligned} m_n&=n+nm_{n-1}=n+n[(n-1)+(n-1)m_{n-2}] \\ &=n+n(n-1)+n(n-1)(n-2)+\cdots+n(n-1)\cdots3\cdot2>n!. \end{aligned}$$

这样,利用Cramer法则和Laplace展开定理来求解一个n阶线性方程组,所需的乘法运算次数就大于$(n+1)n!=(n+1)!$.

以求解 25 阶线性方程组为例，如果用 Cramer 法则求解，则总的乘法运算次数将达 $26!=4.032\ 9\times10^{26}$(次).若使用每秒百亿次的串行计算机计算，一年可进行的运算应为

$$365\times24\times3\ 600\times10^{10}=3.153\ 6\times10^{17}(\text{次}),$$

共需要耗费时间为

$$\frac{4.032\ 9\times10^{26}}{3.153\ 6\times10^{17}}\approx1.278\ 8\times10^{9}\approx13(\text{亿年}).$$

它远远长于目前已知的人类文明历史！这种算法“实际计算不了”，从而人们开始研究其他数值方法，例如 Gauss(高斯)消去法，虽然它最终还是要用 Cramer 法则来计算结果，但是对计算过程已作根本改进，从而使设计出来的算法中的乘、除运算仅 3 060 次，这在任何一台电子计算机上都能完成.随着科学技术的发展，出现的数学问题也越来越多样化，有些问题用消去法求解达不到精度，甚至算不出结果，从而促使人们对消去法进行改进，出现了主元消去法，大大提高了消去法的计算精度.但是随着求解方程组的阶数越来越高，当达到百万阶、千万阶时，用主元消去法往往也会出现与 Cramer 法则同样的命运，需要寻求新的数值方法，这就是计算机科学计算生命力的来源.

算法的计算机执行是通过程序来完成，程序已从用机器语言发展到用高级语言，现在已从用高级语言发展到使用软件平台，甚至云空间，这种发展对与程序密切相关的算法设计也带来了技术上和要求上的变化，原来需要数个语句才能完成的计算任务，现在只需要一个指令就能完成，因此，算法设计也相应地变得简单，但是它们的数值方法可能是一样的.因此，本书注重数值方法的介绍，在数值方法的内容选取上不但充分考虑科学与工程计算中应用较广和已展示应用前景的新内容、新方法，尽可能照顾不同读者的需要，而且充分注意内容的实际背景和发挥数学软件平台在教学中的作用.

1.2 误差分析与数值方法的稳定性

在数值计算中误差不可避免，因此通过科学计算求出的数值解一般均为近似解，那么理论(精确)解与数值解之间的所谓偏差就是误差.由于用数值方法在处理问题时，经常采用的处理方式是将连续的问题离散化、用有限代替无限等，并且数值分析所处理的一些数据，不论是原始数据，还是最终结果，绝大多数都是近似的，因此误差无处不在.

1.2.1 误差的来源与分类

科学计算的主要流程图为

实际问题 → 数学模型 → 计算方法 → 编程实算 → 数值结果

模型误差　方法误差/截断误差　观测误差　舍入误差

因此误差的来源主要可分为以下几种：

1. 模型误差

由实际问题抽象出数学模型，要简化许多条件，这就不可避免地要产生误差.实际问题

的解与数学模型的解之间的误差,叫做**模型误差**.

2. 观测误差

初始数据大多数是由观测得到的.由于观测手段的限制,得到的数据必然有误差,这类误差叫做**观测误差**.

3. 截断误差

从数学问题转化为数值问题的算法时所产生的误差,如用有限代替无限的过程所产生的误差等均称为**截断误差**.

如:求 e^x 的值,采用的计算方法为

$$e^x=1+x+\frac{1}{2}x^2+\cdots+\frac{1}{n!}x^n+\cdots.$$

我们只能用有限代替无限的计算过程,即取

$$S_n(x)=1+x+\frac{1}{2}x^2+\cdots+\frac{1}{n!}x^n\approx e^x,$$

那么,截断误差(余项)为

$$R_n(x)=e^x-S_n(x)=\frac{e^{\theta x}}{(n+1)!}x^{n+1},\quad 0<\theta<1.$$

4. 舍入误差

以计算机为工具进行数值运算时,由于计算机的字长有限,原始数据在计算机上的表示往往会有误差,在计算过程中也可能产生误差,这样产生的误差叫做**舍入误差**.如:在十进制运算中用 1.414 2 近似代替$\sqrt{2}$,产生的误差

$$E=\sqrt{2}-1.414\,2=1.414\,213\,5\cdots-1.414\,2\approx 0.000\,013\,5$$

就是舍入误差.在十进制运算中多数采用四舍五入.有的计算机不用舍入而采用截断,即将规定的有限位以后的数字去掉.

前两种误差不属于本书的研究范围,本书主要研究后两种误差.

1.2.2 误差的基本概念和有效数字

1. 误差的基本概念

定义 1.1 设实数 x 为某个精确值,a 为它的一个近似值,则称 $x-a$ 为近似值 a 的**绝对误差**,简称为**误差**.当 $x\neq 0$ 时,$\frac{x-a}{x}$称为 a 的**相对误差**.

例如,当 $x=3.000$,$a=3.100$ 时,绝对误差 $x-a=-0.100$,相对误差为

$$\frac{x-a}{x}=\frac{-0.100}{3.00}\approx -0.033\,3=-0.333\times 10^{-1}.$$

又当 $x=0.300\,0\times 10^4$,$a=0.310\,0\times 10^4$ 时,绝对误差变化为 $x-a=-0.1\times 10^3$,而相对误差仍为

$$\frac{x-a}{x}=\frac{-0.1\times 10^3}{0.300\,0\times 10^4}\approx -0.333\times 10^{-1}.$$

通过上面的简单计算,我们发现:绝对误差有较大变化,但是相对误差可能相同.作为精确性的度量,绝对误差可能引起误会,而相对误差由于考虑到值的大小而更有意义.

近似值的精度是用相对误差来衡量的.在实际运算中,精确值 x 往往是未知的,已知的是它的近似值 a,因此绝对误差和相对误差一般都是未知的.所以常把 $\frac{x-a}{a}$ 作为 a 的相对误差,条件是 $\frac{x-a}{x}$ 较小.这是由于两者之差

$$\frac{x-a}{a}-\frac{x-a}{x}=\frac{(x-a)^2}{x\cdot a}=\frac{(x-a)^2}{x\cdot(x-(x-a))}=\left(\frac{x-a}{x}\right)^2\times\frac{1}{1-\frac{x-a}{x}}$$

是 $\frac{x-a}{x}$ 的平方项级,故可忽略不计.

定义 1.2 设实数 x 为某个精确值,a 为它的一个近似值,如果有常数 e_a,使得

$$|x-a|\leqslant e_a, \tag{1-1}$$

则称 e_a 为 a 的绝对误差界,或简称为**误差界**.称 $\frac{e_a}{|a|}$ 是 a 的**相对误差界**.

例 1 已知 $e=2.718\,281\,82\cdots$,其近似值 $a=2.718$,求 a 的绝对误差界和相对误差界.

解 $e-a=0.000\,281\,82\cdots$,因此其绝对误差界为 $|e-a|\leqslant 0.000\,3$,相对误差界为

$$\frac{|e-a|}{|a|}\leqslant\frac{0.000\,3}{2.718}<0.000\,2.$$

此例计算中不难发现,绝对误差界和相对误差界并不是唯一的,但是它们越小,说明 a 近似 x 的程度越好,即 a 的精度越好.

2. 有效数字

在实际计算中,人们往往根据需要选取对精确值的近似.按四舍五入的原则取近似值是使用最广的取近似值的方法.例如,对 $\pi=3.141\,592\,6\cdots$,分别取 3 位、5 位近似值,得到 $a_1=3.14$,$a_2=3.141\,6$.这种取法的特点是,它们的误差界不超过它们末位数字的半个单位,即

$$|\pi-3.14|\leqslant\frac{1}{2}\times10^{-2},\quad |\pi-3.141\,6|\leqslant\frac{1}{2}\times10^{-4}.$$

一般地,有

定义 1.3 设实数 x 为某个精确值,a 为它的一个近似值,写成

$$a=\pm10^k\times0.a_1a_2\cdots a_n\cdots, \tag{1-2}$$

它可以是有限或无限小数的形式,其中 $a_i(i=1,2,\cdots)$ 是 $0,1,\cdots,9$ 中的一个数字,$a_1\neq0$,k 为整数.如果

$$|x-a|\leqslant\frac{1}{2}\times10^{k-n}, \tag{1-3}$$

则称 a 为 x 的具有 n 位**有效数字**的近似值.

在例 1 中,由于 $|e-a|\leqslant0.000\,3<\frac{1}{2}\times10^{-3}$,则可知 $k-n=-3$,$k=1$.从而得 $n=1+3=4$,故 $a=10\times0.271\,8$ 是 e 的具有 4 位有效数字的近似值.如果取 $a_1=10\times0.271\,82$,因 $|e-a_1|<0.000\,09<\frac{1}{2}\times10^{-3}$,同理可知 a_1 也只是 e 的具有 4 位有效数字的近似值.同样我们可以分析

出 $a=10^{-1}\times 0.2718$ 作为 0.027 182 818 2…的近似值,也具有 4 位有效数字.

例 2　下列近似值的绝对误差界均为 0.005,问它们各有几位有效数字?

$$a=138.00;\quad b=-0.0312;\quad c=0.86\times 10^{-4}.$$

解　$a=0.13800\times 10^{3}$, $b=-0.312\times 10^{-1}$, $c=0.86\times 10^{-4}$,则由已知条件,

$|x-a|\leqslant\frac{1}{2}\times 10^{-2}$,可知 $3-n=-2$ 得 $n=5$,即 a 有 5 位有效数字;

$|x-b|\leqslant\frac{1}{2}\times 10^{-2}$,可知 $-1-n=-2$ 得 $n=1$,即 b 有 1 位有效数字;

$|x-c|\leqslant\frac{1}{2}\times 10^{-2}$,可知 $-4-n=-2$ 得 $n=-2$,由于 n 应为正整数,故 c 无有效数字.

由于有效数字位数与小数点的位置无关,因此,一个数精确到小数点后几位,不能反映它有几位有效数字,只有经四舍五入得到的数写成(1-2)的形式后,小数点后的数字位数才能反映出其有效数字的多少.一般来说,绝对误差与小数位数有关,相对误差与有效数字位数有关.关于有效数字与相对误差的关系有

定理 1.1　设实数 x 为某个精确值,a 为它的一个近似值,其表达形式如(1-2)式,

(1) 如果 a 有 n 位有效数字,则

$$\frac{|x-a|}{|a|}\leqslant\frac{1}{2a_1}\times 10^{1-n};\tag{1-4}$$

(2) 如果

$$\frac{|x-a|}{|a|}\leqslant\frac{1}{2(a_1+1)}\times 10^{1-n},\tag{1-5}$$

则 a 至少具有 n 位有效数字.

证　由(1-2)式可得到

$$a_1\times 10^{k-1}\leqslant|a|\leqslant(a_1+1)\times 10^{k-1},\tag{1-6}$$

所以如果 a 有 n 位有效数字,

$$\frac{|x-a|}{|a|}\leqslant\frac{\frac{1}{2}\times 10^{k-n}}{a_1\times 10^{k-1}}=\frac{1}{2a_1}\times 10^{1-n},$$

结论(1)成立.由(1-5)和(1-6)式,

$$|x-a|\leqslant(a_1+1)\times 10^{k-1}\times\frac{1}{2(a_1+1)}\times 10^{1-n}=\frac{1}{2}\times 10^{k-n},$$

由定义 1.3 知,a 具有 n 位有效数字.

1.2.3　函数计算的误差估计

设一元函数 $f(x)$ 具有二阶连续导数,自变量 x 的一个近似值为 a.我们用 $f(a)$ 近似 $f(x)$,可以用 Taylor(泰勒)展开的方法来估计其误差

$$|f(x)-f(a)|\leqslant|f'(a)||x-a|+\frac{|f''(\xi)||x-a|^2}{2},$$

其中 ξ 在 x 与 a 之间.如果 $f'(a)\neq 0$,$|f''(\xi)|$ 与 $|f'(a)|$ 相比不太大,则可忽略 $|x-a|$ 的

二次项，就得到近似函数值$f(a)$的误差界和相对误差界估计式为

$$|f(x)-f(a)|\leqslant|f'(a)|e_a \quad 和 \quad \frac{|f(x)-f(a)|}{|f(a)|}\leqslant\frac{|f'(a)|}{|f(a)|}e_a,$$

其中e_a为a的误差界.

例 3 试计算$\sqrt{a}\,(a>0)$的相对误差界.

解 由如上函数值的相对误差界估计式，可得

$$\frac{|\sqrt{x}-\sqrt{a}|}{|\sqrt{a}|}\leqslant\frac{(\sqrt{x})'\big|_{x=a}}{\sqrt{a}}\cdot e_a=\frac{e_a}{2(\sqrt{a})^2}=\frac{1}{2}\cdot\frac{e_a}{a},$$

即$\sqrt{a}$的相对误差为a的相对误差的二分之一.

若$f(x_1,x_2,\cdots,x_n)$为n元函数，自变量$x_1,x_2,\cdots,x_n$的近似值分别为$a_1,a_2,\cdots,a_n$，则

$$f(x_1,x_2,\cdots,x_n)-f(a_1,a_2,\cdots,a_n)\approx\sum_{k=1}^{n}\left(\frac{\partial f}{\partial x_k}\right)_{a}(x_k-a_k), \tag{1-7}$$

其中$\left(\frac{\partial f}{\partial x_k}\right)_a=\frac{\partial}{\partial x_k}f(a_1,a_2,\cdots,a_n)$，$\boldsymbol{a}=(a_1,a_2,\cdots,a_n)^{\mathrm{T}}$，所以可以估计到函数值的误差界，近似地有

$$|f(x_1,x_2,\cdots,x_n)-f(a_1,a_2,\cdots,a_n)|\leqslant\sum_{k=1}^{n}\left|\left(\frac{\partial f}{\partial x_k}\right)_a\right||x_k-a_k|. \tag{1-8}$$

例 4 已知近似值$a_1=2.27$，$a_2=3.14$，$a_3=6.26$均为有效数字，试估计算术运算式$a_1a_2-a_3$的相对误差.

解 由已知，

$$|x_1-a_1|\leqslant\frac{1}{2}\times10^{k-n}=\frac{1}{2}\times10^{-2};$$

$$|x_2-a_2|\leqslant\frac{1}{2}\times10^{-2};$$

$$|x_3-a_3|\leqslant\frac{1}{2}\times10^{-2}.$$

令

$$f(x_1,x_2,x_3)=x_1x_2-x_3,\quad f(a_1,a_2,a_3)=a_1a_2-a_3,$$

由函数运算的误差估计式

$$\begin{aligned}&f(x_1,x_2,x_3)-f(a_1,a_2,a_3)\\&\approx f'_{x_1}(a_1,a_2,a_3)(x_1-a_1)+f'_{x_2}(a_1,a_2,a_3)(x_2-a_2)+f'_{x_3}(a_1,a_2,a_3)(x_3-a_3)\\&=a_2(x_1-a_1)+a_1(x_2-a_2)-(x_3-a_3).\end{aligned}$$

从而相对误差可写成

$$\begin{aligned}\frac{|f(x_1,x_2,x_3)-f(a_1,a_2,a_3)|}{|f(a_1,a_2,a_3)|}&\leqslant\frac{|a_2||x_1-a_1|+|a_1||x_2-a_2|+|x_3-a_3|}{|f(a_1,a_2,a_3)|}\\&\leqslant\frac{2.27+3.14+1}{2.27\times3.14-6.26}\times\frac{1}{2}\times10^{-2}.\end{aligned}$$

如果将估计式(1-8)应用到两个数的四则运算中，即取$n=2$，这时估计式变为

$$\left|f(x_1,x_2)-f(a_1,a_2)\right| \leqslant \left|\left(\frac{\partial f}{\partial x_1}\right)_a\right| \cdot \left|x_1-a_1\right| + \left|\left(\frac{\partial f}{\partial x_2}\right)_a\right| \cdot \left|x_2-a_2\right|,$$

并分别取 $f(x_1,x_2)=x_1\pm x_2$, $f(x_1,x_2)=x_1x_2$, $f(x_1,x_2)=\dfrac{x_1}{x_2}$,可得如下四则运算估计式

$$\left|(x_1\pm x_2)-(a_1\pm a_2)\right| \leqslant \left|x_1-a_1\right| + \left|x_2-a_2\right|, \tag{1-9}$$

$$\left|x_1x_2-a_1a_2\right| \leqslant \left|a_2\right|\left|x_1-a_1\right| + \left|a_1\right|\left|x_2-a_2\right|, \tag{1-10}$$

$$\left|\frac{x_1}{x_2}-\frac{a_1}{a_2}\right| \leqslant \frac{\left|a_2\right|\left|x_1-a_1\right| + \left|a_1\right|\left|x_2-a_2\right|}{\left|a_2\right|^2}, \tag{1-11}$$

关系式(1-9)表明,两个近似数相加或减时,其运算结果的精度不会比原始数据的任何一个精度高.由(1-9)式进一步可以得到两个近似数相减的相对误差的估计式:

$$\frac{\left|(x_1-x_2)-(a_1-a_2)\right|}{\left|a_1-a_2\right|} \leqslant \frac{\left|x_1-a_1\right| + \left|x_2-a_2\right|}{\left|a_1-a_2\right|}, \tag{1-12}$$

(1-12)式表明,如果 x_1 和 x_2 是两个十分接近的数,即 a_1 和 a_2 两个数十分接近,计算的相对误差会很大,导致计算值 a_1-a_2 的有效数字的位数将会很少.

例如 $x_1=99.999\ 8, a_1=99.999\ 9, x_2=99.999\ 7, a_2=99.999\ 6$,各自的相对误差为

$$\frac{\left|x_1-a_1\right|}{\left|a_1\right|}=\frac{0.000\ 1}{99.999\ 9}\approx 10^{-6}, \quad \frac{\left|x_2-a_2\right|}{\left|a_2\right|}=\frac{0.000\ 1}{99.999\ 6}\approx 10^{-6},$$

而

$$\frac{\left|(x_1-x_2)-(a_1-a_2)\right|}{\left|a_1-a_2\right|} \leqslant \frac{10^{-4}+10^{-4}}{0.000\ 3}=\frac{2}{3},$$

即差的相对误差是各自相对误差的

$$\frac{\frac{2}{3}}{10^{-6}}=\frac{2}{3}\times 10^6(\text{倍}).$$

因此在计算中我们应尽量避免两个相近的数相减.

再从关系式(1-11)中可以看出,如果 x_2 很小,即 a_2 很小,计算值 $\dfrac{a_1}{a_2}$ 的误差可能很大,故在实际计算中应尽力避免小数作为除数.

1.2.4 计算机浮点数表示和舍入误差

任何一个非零的实数均可用(1-2)式表示,即用规范化的十进制表示.在现代计算机中主要使用的是二进制的数系.由于计算机字长总是有限位的,所以计算机所能表示的数系不是一个连续的系统而是一个特殊的离散的集合,此集合中的数称为机器数.其二进制浮点表示为

$$\pm 2^k \times 0.\beta_1\beta_2\cdots\beta_t, \tag{1-13}$$

这里 k 称为阶码,用二进制表示为 $k=\pm\alpha_1\alpha_2\cdots\alpha_s$, $\alpha_j(j=1,2,\cdots,s)$ 等于 0 或 1, s 是阶的位数. $0.\beta_1\beta_2\cdots\beta_t$ 称为尾数,其中 $\beta_1=1$, $\beta_j(j=2,3,\cdots,t)$ 等于 0 或 1, t 是尾数部分的位数. s 和 t 与具体的机器有关.

机器数有单精度和双精度之分.例如单精度为 32 位,双精度为 64 位,它们是正负号、阶

码和尾数所占二进制位的总长度.t 值规定了机器数的精度.单精度 $t=23$,约为十进制的 7 位有效数字.双精度 $t=52$,约为十进制的 15 位有效数字.s 的值规定了机器数的绝对值范围.单精度和双精度机器数的绝对值范围用十进制可分别表示为

$$2.9\times10^{-39}\sim3.4\times10^{38} \quad 和 \quad 5.56\times10^{-309}\sim1.79\times10^{308},$$

此范围以下的机器数视为零,此范围以上的机器数视为无穷大(数值计算时出现上溢).

对任意一个非零的实数 x,一定存在一个与其最接近的形如(1-13)式的机器数,记为 $fl(x)$,它是实数 x 的机器数表示,也称其为 x 的浮点数.x 的浮点数 $fl(x)$ 的相对误差满足

$$fl(x)=x(1+\delta), \quad 其中\ |\delta|\leqslant2^{-t}. \tag{1-14}$$

计算机中浮点数经算术运算+,-,×,÷所产生的舍入误差,满足如下关系:

假定 x 和 y 是两个浮点数,则

$$fl(x\pm y)=(x\pm y)(1+\delta_{1,2}),$$

$$fl(x\times y)=(x\times y)(1+\delta_3),$$

$$fl\left(\frac{x}{y}\right)=\left(\frac{x}{y}\right)(1+\delta_4),$$

其中 $|\delta_i|\leqslant2^{-t}, i=1,2,3,4$.

有了浮点数相对误差和运算的关系式,我们还可以估计更复杂的运算的误差.例如三个浮点数 x,y 和 z 相加,首先将两个浮点数相加,得

$$fl(x+y)=(x+y)(1+\delta_1),$$

再和第三个数相加得

$$\begin{aligned} fl(x+y+z)&=fl((x+y)(1+\delta_1)+z)\\ &=((x+y)(1+\delta_1)+z)(1+\delta_2)\\ &=(x+y)(1+\delta_1)(1+\delta_2)+z(1+\delta_2). \end{aligned}$$

由上式可看出,在浮点数的算术运算中,交换律和结合律往往不成立,计算结果相对误差的大小,因每个数参加运算的先后次序而异,先参加运算的数,在计算和的过程中引起的误差会较大.因此,求计算和时应先安排绝对值小的数参加运算,这样做使得在大多数情况下能取得较高的精度.

例 5 在五位十进制的计算机上计算

$$x=63\ 015+\sum_{i=1}^{1\ 000}\delta_i,$$

其中 $\delta_i=0.4(i=1,2,\cdots,1\ 000)$.

解 计算机做加减法时,先将所相加数阶码对齐,根据字长舍入,再加减.如果用 63 015 依次加各个 δ_i,那么上式用规范化和阶码对齐后的数表示为

$$x=0.630\ 15\times10^5+0.000\ 004\times10^5+\cdots+0.000\ 004\times10^5,$$

因其中 $0.000\ 004\times10^5$ 的舍入结果为 0,所以上式的计算结果是 $0.630\ 15\times10^5$.这种现象被称为"大数吃小数".如果改变运算次序,先把 1 000 个 δ_i 相加,再和 63 015 相加,

$$\begin{aligned} x&=\underbrace{0.4+0.4+\cdots+0.4}_{1\ 000}+0.630\ 15\times10^5=0.4\times10^3+0.630\ 15\times10^5\\ &=0.004\times10^5+0.630\ 15\times10^5=0.634\ 15\times10^5. \end{aligned}$$

显然,后一种方法的结果是正确的,前一种方法的舍入误差影响太大.

1.2.5 数值方法的稳定性和避免误差危害的基本原则

美国气象学家 Lorenz(洛伦茨)为了预报天气,用计算机求解仿真地球大气的 13 个方程式.为了更细致地考察结果,他把一个中间解取出,提高精度再送回.而当他喝了杯咖啡以后回来再看时竟大吃一惊:本来很小的差异,结果却偏离了十万八千里!计算机没有毛病,于是,Lorenz 认定,他发现了新的现象:"对初始值的极端不稳定性",即"**混沌**",又称"**蝴蝶效应**".

1. 数值方法的稳定性

用某一种数值方法计算一个问题的数值解,如果在方法的计算过程中舍入误差在一定条件下能够得到控制(或者说舍入误差的增长不影响产生可靠的结果),则称该算法是**数值稳定**的;否则,即出现与数值稳定相反的情况,则称之是**数值不稳定**的.

例 6 计算积分

$$I_n=\int_0^1 \frac{x^n}{x+5}\mathrm{d}x,\quad n=0,1,2,\cdots,7.$$

解 由于

$$I_n+5I_{n-1}=\int_0^1 \frac{x^n}{x+5}\mathrm{d}x+5\int_0^1 \frac{x^{n-1}}{x+5}\mathrm{d}x=\int_0^1 \frac{x^n+5x^{n-1}}{x+5}\mathrm{d}x=\int_0^1 x^{n-1}\mathrm{d}x=\frac{1}{n},$$

所以

$$I_n=\frac{1}{n}-5I_{n-1}, \tag{1-15}$$

利用(1-15)式可以分别得到两种方法计算 $I_0,I_1,\cdots,I_7$ 的近似值.

(1) 直接使用(1-15)式,先计算 $I_0=\ln\frac{6}{5}$,然后依次计算 $I_1,I_2,\cdots,I_7$.

(2) 使用递推公式 $I_{n-1}=\frac{1}{5}\left(\frac{1}{n}-I_n\right)$,先计算 $I_7\approx 0.021\,0$,然后计算 $I_6,I_5,\cdots,I_0$.

计算结果见表 1-1.

表 1-1 两种方法的数值结果

n	I_n	方法(1)	方法(2)	n	I_n	方法(1)	方法(2)
0	0.182 3	0.182 3	0.182 3	4	0.034 3	0.021 0	0.034 3
1	0.088 4	0.088 5	0.088 4	5	0.028 5	0.095 0	0.028 5
2	0.058 0	0.057 5	0.058 0	6	0.024 3	-0.308 3	0.024 4
3	0.043 1	0.045 8	0.043 1	7	0.021 2	1.684 4	0.021 0

对这两种方法做数值稳定性分析:

设 I_0 的近似值为 I_0',然后按(1-15)式计算 $I_1,I_2,\cdots,I_7$ 的近似值 $I_1',I_2'\cdots,I_7'$,如果最初计算时误差为 $E_0=I_0-I_0'$,递推过程的舍入误差不计,并记 $E_n=I_n-I_n'$,则有

$$E_7=I_7-I_7'=(-5)E_6=(-5)(-5)E_5=\cdots=(-5)^7E_0,$$

由此可见,用方法(1)计算 $I_1,I_2,\cdots,I_7$ 时,当计算 I_0 时产生的舍入误差为 E_0,那么计算 I_7 时产生的舍入误差放大了 $5^7=78\ 125$ 倍,因此,方法(1)是数值不稳定的.类似地,对方法(2),如果在首先计算 I_7 时产生的舍入误差为 E_7,那么使用方法(2)中的公式计算 I_0 时的误差却为

$$E_0=\left(-\frac{1}{5}\right)E_1=\left(-\frac{1}{5}\right)\left(-\frac{1}{5}\right)E_2=\cdots=\left(-\frac{1}{5}\right)^7E_7.$$

由此可知,使用方法(2)的公式计算时不会放大舍入误差.因此,方法(2)是数值稳定的.

2. 避免误差危害的基本原则

为了用数值方法求得数值问题满意的近似解,在数值运算中应注意下面两个基本原则.

Ⅰ. 避免有效数字的损失

例 7　方程 $ax^2+2bx+c=0(a\neq0)$ 有两个根,其求根公式为

$$x_1=\frac{-b+\sqrt{b^2-ac}}{a},\quad x_2=\frac{-b-\sqrt{b^2-ac}}{a}.$$

如果 $b^2\gg|ac|$,则 $\sqrt{b^2-ac}\approx|b|$,此种情况下用上述公式计算 x_1 和 x_2,那么当 $b>0$ 时,得

$$x_1=\frac{-b+\sqrt{b^2-ac}}{a}\approx\frac{-b+|b|}{a}=\frac{-b+b}{a}=0,$$

当 $b<0$ 时,得

$$x_2=\frac{-b-\sqrt{b^2-ac}}{a}\approx\frac{-b-|b|}{a}=\frac{-b+b}{a}=0.$$

总之,两者其中之一必将会损失有效数字.

一般来说,解二次方程 $ax^2+2bx+c=0$(设 a,b 均不为零),可改用公式

$$x_1=\frac{-b-\mathrm{sgn}(b)\sqrt{b^2-ac}}{a},\quad x_2=\frac{c}{ax_1},\tag{1-16}$$

其中 $\mathrm{sgn}(b)$ 是 b 的符号函数,当 $b>0$ 时为 1;当 $b<0$ 时为 -1.

例如,方程 $x^2-16x+1=0$ 的根为 $x_1=8+\sqrt{63}$,$x_2=8-\sqrt{63}$.若取三位有效数字计算,有 $\sqrt{63}\approx7.94$,则 $x_1=8+\sqrt{63}\approx8.0+7.94\approx15.9$,有三位有效数字.而 $x_2=8-\sqrt{63}\approx8.00-7.94=0.06$,只有一位有效数字.其原因为在计算 x_2 时发生了两个相近数相减,造成有效数字损失.x_2 的精确值是 $0.062\ 746\cdots$,如果改用公式 $x_2=\frac{1}{x_1}$ 计算,有 $x_2\approx0.062\ 9$.

在四则运算中为避免有效数字的损失,应注意以下事项:

(1) 在做加法运算时,应防止"大数吃小数",见例 5;

(2) 避免两个相近数相减,见例 7;

(3) 避免小数做除数或大数做乘数,

例如在八位十进制计算机上要计算 $3.712+\frac{2}{10^{-8}}$,有

$$3.712+\frac{2}{10^{-8}}=3.712+2\times10^8=(0.000\ 000\ 003\ 712+0.2)\times10^9=2\times10^8,$$

3.712 与 0.2×10^9 在计算机上做加法时,3.712 由于阶码升为 9 时尾数右移变成机器零,这便说明用小数做除数或用大数做乘数时,容易产生大的舍入误差,应尽量避免.

Ⅱ. 减少运算次数

同一个计算问题,简化计算步骤,减少运算次数,不但可以节省计算机的计算时间,还可以减少舍入误差的积累.注意,一般情况下,计算机处理各种运算所需时间满足

$$\{+,-\}<\{\times,\div\}<\{\exp\},$$

因此,在设计算法时应尽量使用速度较快的算法.

现以求多项式 $p_n(x)=a_nx^n+a_{n-1}x^{n-1}+\cdots+a_1x+a_0$ 在 $x=x_0$ 点处的值 $p_n(x_0)$ 为例.一般地,如果采用直接逐项求和计算,则计算 $x_0,x_0^2,x_0^3,\cdots,x_0^n$ 最少要用 $n-1$ 次乘法运算,再计算 $a_nx_0^n,a_{n-1}x_0^{n-1},\cdots,a_1x_0$ 需要用 n 次乘法运算,共计 $2n-1$ 次乘法运算.

秦九韶算法

我国宋代数学家秦九韶提出一种高效率计算多项式的值的算法. 这个算法基本原理为**嵌套乘法**,它在其他方面也有着广泛的应用价值. 下面我们描述一下秦九韶算法的基本思想:将 $p_n(x)$ 写成等价形式

$$p_n(x)=((\cdots((a_nx+a_{n-1})x+a_{n-2})x+\cdots+a_2)x+a_1)x+a_0$$

进行计算.

给定多项式 $p_n(x)=a_nx^n+a_{n-1}x^{n-1}+\cdots+a_1x+a_0$ 和数 x_0,那么,取

$$q_{n-1}(x)=\frac{p_n(x)-p_n(x_0)}{x-x_0},$$

$q_{n-1}(x)$ 为 $n-1$ 阶多项式. 由此式,我们有

$$p_n(x)=(x-x_0)q_{n-1}(x)+p_n(x_0),$$

其中 $q_{n-1}(x)=b_{n-1}x^{n-1}+b_{n-2}x^{n-2}+\cdots+b_1x+b_0$ 待定.比较等式两边 x 的相同幂. 由此产生了下列嵌套式:

$$\begin{cases} b_{n-1}=a_n, \\ b_{n-2}=a_{n-1}+x_0b_{n-1}, \\ \quad\cdots\cdots\cdots\cdots \\ b_0=a_1+x_0b_1, \\ p_n(x_0)=a_0+x_0b_0. \end{cases}$$

如果用手算来实现求多项式的值的秦九韶算法,那么常常建立表 1-2 来进行计算:

表 1-2 秦九韶算法

	a_n	a_{n-1}	a_{n-2}	$\cdots$	a_0
x_0		x_0b_{n-1}	x_0b_{n-2}	$\cdots$	x_0b_0
	b_{n-1}	b_{n-2}	b_{n-3}		$\boxed{b_{-1}}$

其中加方框的数满足 $b_{-1}=p_n(x_0)$.可见秦九韶算法总的乘法运算量只需 n 次.

秦九韶算法比欧洲人 Horner(霍纳)提出同类算法早 500 多年.

例 8　利用 3 位数值方法运算求 $f(x)=x^3-6.1x^2+3.2x+1.5$ 在 $x=4.71$ 处的值.表 1-3 中给出了传统方法计算的中间结果.在这里我们使用了两种取值法:**截断法和舍入法**.

表 1-3　中间结果

	x	x^2	x^3	$6.1x^2$	$3.2x$
精确值	4.71	22.184 100	104.487 111	135.323 010	15.072 000
3 位数值(截断法)	4.71	22.1	104	135	15.0
3 位数值(舍入法)	4.71	22.2	104	135	15.1

精确值:

$$f(4.71)=104.487\,111-135.323\,010+15.072\,000+1.5=-14.263\,899,$$

3 位数值(截断法):$f(4.71)\approx-14.5$;

3 位数值(舍入法):$f(4.71)\approx-14.4$.

上述 3 位数值方法的相对误差分别是

$$\left|\frac{-14.263\,899+14.5}{-14.263\,899}\right|\approx0.02(\text{截断法}),$$

$$\left|\frac{-14.263\,899+14.4}{-14.263\,899}\right|\approx0.01(\text{舍入法}).$$

用秦九韶算法(嵌套法)可将 $f(x)$ 写为

$$f(x)=x^3-6.1x^2+3.2x+1.5=((x-6.1)x+3.2)x+1.5.$$

那么,按表 1-2 计算

$$\begin{array}{c|cccc}
 & 1 & -6.1 & 3.2 & 1.5 \\
4.71 & & 4.71 & -6.54 & -15.7 \\
\hline
 & 1 & -1.39 & 3.34 & \boxed{-14.2}
\end{array}$$

可得出 3 位数值(截断法):$f(4.71)=-14.2$.

类似地,可得出 3 位数值(舍入法):$f(4.71)=-14.3$.

则相对误差分别是

$$\left|\frac{-14.263\,899+14.2}{-14.263\,899}\right|\approx0.004\,47(\text{截断法}),$$

$$\left|\frac{-14.263\,899+14.3}{-14.263\,899}\right|\approx0.002\,53(\text{舍入法}).$$

可见使用秦九韶算法(嵌套法)可将截断近似计算的相对误差减少到原方法所得相对误差的 30%之内.对于舍入近似计算则改进更大,其相对误差已减少 95%以上.

多项式在求值之前应以秦九韶算法(嵌套法)表示,原因是这种形式使得算术运算次数最小化. 本例中误差的减小是由于算术运算次数从4次乘法和3次加法减少到2次乘法和3次加法,所以减少舍入误差的一种办法是减少产生误差的运算的次数.

如果多项式按下面形式给出:

$$p_n(x)=a_n(x-x_{n-1})(x-x_{n-2})\cdots(x-x_0)+a_{n-1}(x-x_{n-2})(x-x_{n-3})\cdots(x-x_0)+\cdots+a_1(x-x_0)+a_0,$$

其嵌套表示为

$$p_n(x)=(\cdots((a_n(x-x_{n-1})+a_{n-1})(x-x_{n-2})+a_{n-2})\cdots+a_1)(x-x_0)+a_0,$$

且用表1-4进行计算:

表1-4 算 法

	a_n	a_{n-1}	a_{n-2}	$\cdots$	a_0
z_0		$(z_0-x_{n-1})b_{n-1}$	$(z_0-x_{n-2})b_{n-2}$	$\cdots$	$(z_0-x_0)b_0$
	b_{n-1}	b_{n-2}	b_{n-3}		$\boxed{b_{-1}}$

其中 $p_n(z_0)=b_{-1}$.

例9 用秦九韶算法求 $p(x)=3x(x-1)(x-2)+x(x-1)-5x+2$ 在 $x=1.5$ 处的值 $p(1.5)$.

解 按表1.4,计算过程如下:

	3	1	−5	2
1.5		(1.5−2)×3	(1.5−1)×(−0.5)	(1.5−0)×(−5.25)
	3	−0.5	−5.25	$\boxed{-5.875}$

因此,$p(1.5)=-5.875$.

秦九韶算法也**用于多项式的降阶计算**. 若 x_0 是多项式 $p_n(x)$ 的一个根,则 $x-x_0$ 是 $p_n(x)$ 的一个因式.

例10 利用 $x=2$ 是多项式 $p_4(x)=x^4-4x^3+7x^2-5x-2$ 的一个根来降低多项式 $p_4(x)$ 的次数.

解 我们使用与前面的解释相同的计算排列:

	1	−4	7	−5	−2
2		2	−4	6	2
	1	−2	3	1	$\boxed{0}$

因此,我们有

$$x^4-4x^3+7x^2-5x-2=(x-2)(x^3-2x^2+3x+1).$$

秦九韶算法还可以**求多项式在任意点附近的 Taylor(泰勒)多项式**. 设

$$p_n(x)=a_nx^n+a_{n-1}x^{n-1}+\cdots+a_1x+a_0,$$

我们希望得到多项式

$$p_n(x)=c_n(x-x_0)^n+c_{n-1}(x-x_0)^{n-1}+\cdots+c_1(x-x_0)+c_0$$

中的系数 c_k. 当然,Taylor 定理断言 $c_k=\dfrac{p_n^{(k)}(x_0)}{k!}$,但是我们要寻找效率更高的算法. 注意到 $p_n(x_0)=c_0$, 因此,通过把秦九韶算法应用到多项式 $p_n(x)$ 和点 x_0 上,我们就能得到系数 c_k. 这种方法还产生多项式

$$q_{n-1}(x)=\frac{p_n(x)-p_n(x_0)}{x-x_0}=c_n(x-x_0)^{n-1}+c_{n-1}(x-x_0)^{n-2}+\cdots+c_1.$$

因为 $c_1=q_{n-1}(x_0)$,这表明第 2 个系数 c_1 可通过把秦九韶算法应用到多项式 $q_{n-1}(x)$ 和点 x_0 上来获得.(注意第一次应用秦九韶算法产生的 $q_{n-1}(x)$ 并不是所要的形式,而是 x 的幂的和形式.) 重复这个过程,直到求出所有的系数 c_k.

例 11　求例 10 中的多项式 $p_4(x)$ 在点 $x_0=3$ 附近的 Taylor 多项式.

解　用秦九韶算法做如下计算:

	1	−4	7	−5	−2
3		3	−3	12	21
	1	−1	4	7	$\boxed{19}$
3		3	6	30	
	1	2	10	$\boxed{37}$	
3		3	15		
	1	5	$\boxed{25}$		
3		3			
	$\boxed{1}$	$\boxed{8}$			

加框中的数为 Taylor 多项式中的系数 c_k,则有

$$p_4(x)=(x-3)^4+8(x-3)^3+25(x-3)^2+37(x-3)+19.$$

上述的算法称为**完全秦九韶算法**.

例 12　用完全秦九韶算法将 $p_3(x)=3x^3-8x^2+2$ 表示成

$$p_3(x)=a_3x(x-1)(x-2)+a_2x(x-1)+a_1x+a_0,$$

并确定出 a_k, $k=0,1,2,3$.

解　用完全秦九韶算法做如下计算：

$$\begin{array}{c|cccc}
 & 3 & -8 & 0 & 2 \\
0 & & 0 & 0 & 0 \\
\hline
 & 3 & -8 & 0 & \boxed{2} \\
1 & & 3 & -5 & \\
\hline
 & 3 & -5 & \boxed{-5} & \\
2 & & 6 & & \\
\hline
 & \boxed{3} & \boxed{1} & &
\end{array}$$

加框中的数为系数 a_k,从而得

$$p_3(x)=3x(x-1)(x-2)+x(x-1)-5x+2.$$

完全秦九韶算法可以用于构造 Newton(牛顿)插值公式(见第5章).

例13　利用 $\ln(1+x)=\sum\limits_{n=1}^{\infty}(-1)^{n+1}\dfrac{x^n}{n}$ 计算 $\ln 2$,若要精确到 10^{-5},要计算十万项的和,计算量很大,另一方面舍入误差的积累也十分严重.如果改用级数

$$\ln\frac{1+x}{1-x}=2\left(x+\frac{x^3}{3}+\frac{x^5}{5}+\cdots+\frac{x^{2n+1}}{2n+1}+\cdots\right),$$

此时,取 $x=\dfrac{1}{3}$,即有

$$\ln 2=\ln\frac{1+\frac{1}{3}}{1-\frac{1}{3}}=2\left[\frac{1}{3}+\frac{1}{3}\left(\frac{1}{3}\right)^3+\frac{1}{5}\left(\frac{1}{3}\right)^5+\cdots+\frac{1}{2n+1}\left(\frac{1}{3}\right)^{2n+1}+\cdots\right],$$

则只需计算级数的前9项的和,截断误差便小于 10^{-10}.

1.3　向量与矩阵的范数

讨论数值问题中所涉及的向量、矩阵的误差,通常需要利用“范数”.为此,在本节中介绍向量范数和矩阵范数的概念.

我们希望把任何一个向量或矩阵与一个非负实数联系起来,在某种意义下,这个实数能提供向量和矩阵的大小的度量.由于多方面的用途,这样做是方便的.我们希望这样一个数量类似于一个复数的模.一个向量的 Euclid(欧几里得)长度和一个矩阵(当把它看作 mn 维向

量时)的“Euclid 长度”,都可以作为这样的数量.当一个向量或矩阵的 Euclid 长度小时,我们可以说这个向量或矩阵是小的.把这个数量——范数(长度、距离等概念的自然推广)视为向量或矩阵的一个函数,并且把这样的函数所具有的、看起来是自然的性质列出来,可以看出,能有很多这样的函数.Euclid 长度就是一种.范数函数具有为合理度量一个向量或矩阵的大小所期望的性质.对于每一种范数,相应地有一类矩阵函数,其中每一个函数都可以看作矩阵大小的一种度量.而研究线性方程组近似解的误差估计和迭代法的收敛性都需要对 n 维向量空间中的向量大小给出某种度量.因此范数的第一个应用就是用于这些矩阵和向量的误差估计,第二个应用就是研究矩阵和向量的序列以及级数的收敛准则.

1.3.1 向量范数

定义 1.4 定义在 $\mathbf{C}^n$(n 维复向量空间)上的一个非负实值函数,记为 $\|\cdot\|$,若该函数满足以下三个条件:即对任意向量 $\boldsymbol{x}$ 和 $\boldsymbol{y}$ 以及任意常数 $\alpha\in\mathbf{C}$(复数域),

(1) 非负性 $\|\boldsymbol{x}\|\geqslant 0$,并且 $\|\boldsymbol{x}\|=0$ 的充要条件为 $\boldsymbol{x}=\boldsymbol{0}$;

(2) 齐次性 $\|\alpha\boldsymbol{x}\|=|\alpha|\|\boldsymbol{x}\|$($|\alpha|$ 表示 α 的模);

(3) 三角不等式 $\|\boldsymbol{x}+\boldsymbol{y}\|\leqslant\|\boldsymbol{x}\|+\|\boldsymbol{y}\|$,

则称函数 $\|\cdot\|$ 为 $\mathbf{C}^n$ 上的一个**向量范数**.

定理 1.2 $\forall\,\boldsymbol{x},\boldsymbol{y}\in\mathbf{C}^n$,有

(1) $\|-\boldsymbol{x}\|=\|\boldsymbol{x}\|$; (2) $\big|\|\boldsymbol{x}\|-\|\boldsymbol{y}\|\big|\leqslant\|\boldsymbol{x}-\boldsymbol{y}\|$.

证 只证(2).由向量范数的性质(3)可以推出:

$\|\boldsymbol{x}\|=\|\boldsymbol{x}-\boldsymbol{y}+\boldsymbol{y}\|\leqslant\|\boldsymbol{x}-\boldsymbol{y}\|+\|\boldsymbol{y}\|$,即 $\|\boldsymbol{x}\|-\|\boldsymbol{y}\|\leqslant\|\boldsymbol{x}-\boldsymbol{y}\|$;

$\|\boldsymbol{y}\|=\|\boldsymbol{y}-\boldsymbol{x}+\boldsymbol{x}\|\leqslant\|\boldsymbol{y}-\boldsymbol{x}\|+\|\boldsymbol{x}\|$,即 $-\|\boldsymbol{x}-\boldsymbol{y}\|\leqslant\|\boldsymbol{x}\|-\|\boldsymbol{y}\|$.

综合二者即得(2).

设任意 n 维向量 $\boldsymbol{x}=(x_1,x_2,\cdots,x_n)^{\mathrm{T}}$($\boldsymbol{x}^{\mathrm{T}}$ 为向量 $\boldsymbol{x}$ 的转置),$\mathbf{C}^n$ 空间的 p-范数(或 Hölder(赫尔德)范数)定义为

$$\|\boldsymbol{x}\|_p=\left(\sum_{i=1}^{n}|x_i|^p\right)^{\frac{1}{p}},\quad 1\leqslant p<\infty\;;\tag{1-17}$$

当 $p=1$ 时,由(1-17)式即有

$$\|\boldsymbol{x}\|_1=\sum_{i=1}^{n}|x_i|,\tag{1-18}$$

当 $p=2$ 时,由(1-17)式即有 Euclid 范数的标准定义

$$\|\boldsymbol{x}\|_2=\left(\sum_{i=1}^{n}|x_i|^2\right)^{\frac{1}{2}}=\sqrt{\boldsymbol{x}^{\mathrm{H}}\boldsymbol{x}}=\sqrt{(\boldsymbol{x},\boldsymbol{x})},\tag{1-19}$$

其中 $\boldsymbol{x}^{\mathrm{H}}$ 为向量 $\boldsymbol{x}$ 的共轭转置.

请注意,当 p 趋于无穷时,$\|\boldsymbol{x}\|_p$ 的极限存在且有限,并恰好等于 $\boldsymbol{x}$ 的分量的最大模.

由于

$$\max_{1\leqslant i\leqslant n}|x_i|^p\leqslant\sum_{i=1}^{n}|x_i|^p\leqslant n\max_{1\leqslant i\leqslant n}|x_i|^p\;,$$

不等式两端同时开 p 次方得

$$\max_{1\leqslant i\leqslant n}|x_i|\leqslant\left(\sum_{i=1}^{n}|x_i|^p\right)^{\frac{1}{p}}\leqslant\sqrt[p]{n}\max_{1\leqslant i\leqslant n}|x_i|,$$

当 $p\to\infty$ 时,由于 $\lim\limits_{p\to\infty}\sqrt[p]{n}=1$,再由夹逼定理可得

$$\lim_{p\to\infty}\left(\sum_{i=1}^{n}|x_i|^p\right)^{\frac{1}{p}}=\max_{1\leqslant i\leqslant n}|x_i|.$$

这样就定义了一个范数,称为无穷范数(或最大范数),由下式给出:

$$\|\boldsymbol{x}\|_\infty=\max_{1\leqslant i\leqslant n}|x_i|. \tag{1-20}$$

(1-18)式,(1-19)式及(1-20)式分别称为向量的1-范数,2-范数,∞-范数,容易证明它们均满足范数定义中的三个条件.下面只就条件(3)加以证明.

$$\|\boldsymbol{x}+\boldsymbol{y}\|_1=\sum_{i=1}^{n}|x_i+y_i|\leqslant\sum_{i=1}^{n}(|x_i|+|y_i|)=\sum_{i=1}^{n}|x_i|+\sum_{i=1}^{n}|y_i|=\|\boldsymbol{x}\|_1+\|\boldsymbol{y}\|_1.$$

$$\|\boldsymbol{x}+\boldsymbol{y}\|_\infty=\max_{1\leqslant i\leqslant n}|x_i+y_i|\leqslant\max_{1\leqslant i\leqslant n}|x_i|+\max_{1\leqslant i\leqslant n}|y_i|=\|x\|_\infty+\|y\|_\infty;$$

要验证 $\|\cdot\|_2$ 满足条件(3),需要用到如下引理的结论.

引理 1.1 Cauchy-Schwarz(柯西-施瓦茨)不等式 设 $\boldsymbol{x},\boldsymbol{y}\in\mathbf{C}^n$,则有

$$|(\boldsymbol{x},\boldsymbol{y})|\leqslant\sqrt{(\boldsymbol{x},\boldsymbol{x})(\boldsymbol{y},\boldsymbol{y})}. \tag{1-21}$$

此引理的证明见附录1中定理1.

下面验证 $\|\cdot\|_2$ 满足条件(3),利用 Cauchy-Schwarz 不等式(1-21),有

$$\begin{aligned}\|\boldsymbol{x}+\boldsymbol{y}\|_2^2&=(\boldsymbol{x}+\boldsymbol{y},\boldsymbol{x}+\boldsymbol{y})=(\boldsymbol{x},\boldsymbol{x})+(\boldsymbol{y},\boldsymbol{x})+(\boldsymbol{x},\boldsymbol{y})+(\boldsymbol{y},\boldsymbol{y})\\&\leqslant(\boldsymbol{x},\boldsymbol{x})+2|(\boldsymbol{x},\boldsymbol{y})|+(\boldsymbol{y},\boldsymbol{y})\\&\leqslant\|\boldsymbol{x}\|_2^2+2\|\boldsymbol{x}\|_2\|\boldsymbol{y}\|_2+\|\boldsymbol{y}\|_2^2=(\|\boldsymbol{x}\|_2+\|\boldsymbol{y}\|_2)^2,\end{aligned}$$

两端开方得证.

除上述范数外,最常用的范数是加权的 p-范数,即向量空间每一个坐标分量均带有自己的权.一般情况下,对给定的任意一种向量范数 $\|\cdot\|$,其加权的范数可以表示为

$$\|\boldsymbol{x}\|_W=\|\boldsymbol{W}\boldsymbol{x}\|,$$

其中 $\boldsymbol{W}$ 为对角矩阵,其对角元便是它的每一个分量的权系数,如加权的2-范数为

$$\|\boldsymbol{x}\|_W=\left(\sum_{i=1}^{n}|\omega_i x_i|^2\right)^{1/2}. \tag{1-22}$$

如加权的1-范数为

对任给 $\boldsymbol{x}=(x_1,x_2,x_3)^{\mathrm{T}}\in\mathbf{C}^3$, $\boldsymbol{W}=\begin{pmatrix}1&0&0\\0&3&0\\0&0&-2\end{pmatrix}\in\mathbf{C}^{3\times3}$,

$$\|\boldsymbol{x}\|_W=\|\boldsymbol{W}\boldsymbol{x}\|_1=\left\|\begin{pmatrix}1&0&0\\0&3&0\\0&0&-2\end{pmatrix}\begin{pmatrix}x_1\\x_2\\x_3\end{pmatrix}\right\|_1=|x_1|+3|x_2|+2|x_3|.$$

同理加权的2-范数为

$$\|\boldsymbol{x}\|_W=\|\boldsymbol{W}\boldsymbol{x}\|_2=(|x_1|^2+9|x_2|^2+4|x_3|^2)^{1/2}.$$

更一般地,$\boldsymbol{W}$ 可以是任意的非奇异的矩阵.在实际中最常用的向量范数是向量的2-范

数和加权的向量 2-范数.

定理 1.3 $\mathbf{C}^n$ 上的任何向量范数 $\|\boldsymbol{x}\|$ 均为 $\boldsymbol{x}$ 的连续函数.

证 $\boldsymbol{x}=(x_1,x_2,\cdots,x_n)^{\mathrm{T}}\in\mathbf{C}^n$，$\|\boldsymbol{x}\|$ 是 $\mathbf{C}^n$ 上的向量范数.记 $\varphi(x_1,x_2,\cdots,x_n)=\|\boldsymbol{x}\|$，对任意 $\boldsymbol{y}=(y_1,y_2,\cdots,y_n)^{\mathrm{T}}\in\mathbf{C}^n$，由定理 1.2 的(2)有

$$|\varphi(x_1,x_2,\cdots,x_n)-\varphi(y_1,y_2,\cdots,y_n)|=|\,\|\boldsymbol{x}\|-\|\boldsymbol{y}\|\,|\leqslant\|\boldsymbol{x}-\boldsymbol{y}\|,$$

其中

$$(x_k-y_k)\boldsymbol{e}_k=\Big(0,0,\cdots,0,\underset{k}{x_k-y_k},0,\cdots,0\Big)^{\mathrm{T}},\quad k=1,2,\cdots,n,$$

故当 $y_k\to x_k(k=1,2,\cdots,n)$ 时，有

$$\varphi(y_1,y_2,\cdots,y_n)\to\varphi(x_1,x_2,\cdots,x_n),$$

即 $\varphi(x_1,x_2,\cdots,x_n)=\|\boldsymbol{x}\|$ 是连续函数.

例 1 对任给 $\boldsymbol{x}=(x_1,x_2,x_3)^{\mathrm{T}}\in\mathbf{R}^3$，试问如下实值函数是否构成向量范数？

(1) $|x_1|+|2x_2+x_3|$； (2) $|x_1|+|2x_2|-5|x_3|$；

(3) $|x_1|^4+|x_2|^4+|x_3|^4$； (4) $|x_1|+3|x_2|+2|x_3|$.

答：(1)和(2)不满足非负性条件 $\left((1)\text{ 中取 }\boldsymbol{x}=\left(0,-\dfrac{x_3}{2},x_3\right)^{\mathrm{T}}，(2)\text{ 中取 }\boldsymbol{x}=\left(0,\dfrac{5}{2}x_3,x_3\right)^{\mathrm{T}}\right)$；

(3) 不满足齐次性条件，故不是向量范数；

(4) 为向量加权的1-范数，其中取对角矩阵 $\boldsymbol{W}=\begin{pmatrix}1&&\\&3&\\&&2\end{pmatrix}$，故为向量范数.

例 2 利用 $\|\cdot\|_1$ 范数，比较下列 $\mathbf{R}^4$ 中三个向量的长度.然后计算它们的 2-范数和 ∞-范数：

$$\boldsymbol{x}=(4,4,-4,4)^{\mathrm{T}},\quad \boldsymbol{y}=(0,5,5,5)^{\mathrm{T}},\quad \boldsymbol{z}=(6,0,0,0)^{\mathrm{T}}.$$

解 $\|\boldsymbol{x}\|_1=4+4+|-4|+4=16$，$\|\boldsymbol{y}\|_1=5+5+5=15$，$\|\boldsymbol{z}\|_1=6$，$\|\boldsymbol{x}\|_1>\|\boldsymbol{y}\|_1>\|\boldsymbol{z}\|_1$.

$\|\boldsymbol{x}\|_2=\sqrt{4^2+4^2+4^2+4^2}=8$，$\|\boldsymbol{y}\|_2=\sqrt{5^2+5^2+5^2}=5\sqrt{3}\approx8.66$，$\|\boldsymbol{z}\|_2=6$.

$\|\boldsymbol{x}\|_\infty=\max\{4,4,|-4|,4\}=4$，$\|\boldsymbol{y}\|_\infty=\max\{5,5,5,0\}=5$，$\|\boldsymbol{z}\|_\infty=6$.

为了更好地理解范数，可在 $\mathbf{R}^2$ 中用图表示下面的点集(图 1-1).

$$S_1=\{\boldsymbol{x}\mid\|\boldsymbol{x}\|_1\leqslant1,\boldsymbol{x}\in\mathbf{R}^2\},\quad S_2=\{\boldsymbol{x}\mid\|\boldsymbol{x}\|_2\leqslant1,\boldsymbol{x}\in\mathbf{R}^2\},$$
$$S_3=\{\boldsymbol{x}\mid\|\boldsymbol{x}\|_\infty\leqslant1,\boldsymbol{x}\in\mathbf{R}^2\}.$$

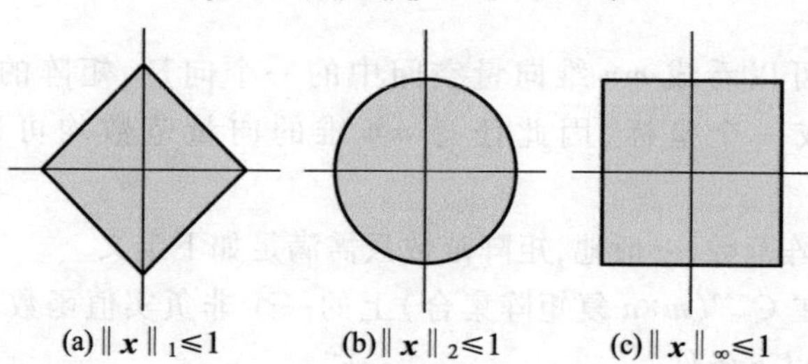

图 1-1

(a) 即满足 $|x_1|+|x_2|\leqslant 1$;

(b) 即满足 $x_1^2+x_2^2\leqslant 1$;

(c) 即满足 $\max\{|x_1|,|x_2|\}\leqslant 1$.

这些点集的共同性质是:它们都是有界、闭的、凸的,关于原点对称的,它们称为二维向量空间中的**单位单元**或**单位圆**.

1.3.2 范数的等价性

在 $\mathbf{C}^n$ 上可以定义各种向量范数,其数值大小一般不同.但是在各种向量范数之间存在下述重要的关系.根据向量范数的定义可以验证:

(1) $\|\boldsymbol{x}\|_\infty\leqslant\|\boldsymbol{x}\|_1\leqslant n\|\boldsymbol{x}\|_\infty$;

(2) $\dfrac{1}{\sqrt{n}}\|\boldsymbol{x}\|_1\leqslant\|\boldsymbol{x}\|_2\leqslant\|\boldsymbol{x}\|_1$;

(3) $\dfrac{1}{\sqrt{n}}\|\boldsymbol{x}\|_2\leqslant\|\boldsymbol{x}\|_\infty\leqslant\|\boldsymbol{x}\|_2$.

以(3)为例证明之.事实上,

$$\|\boldsymbol{x}\|_\infty^2=\max_{1\leqslant i\leqslant n}|x_i|^2\leqslant\sum_{i=1}^n|x_i|^2=\|\boldsymbol{x}\|_2^2,$$

又

$$\|\boldsymbol{x}\|_2^2\leqslant\sum_{i=1}^n\max_{1\leqslant i\leqslant n}|x_i|^2=n\|\boldsymbol{x}\|_\infty^2,$$

故(3)得证.

更一般地,有

定理 1.4 设 $\|\cdot\|_\alpha$ 和 $\|\cdot\|_\beta$ 为 $\mathbf{C}^n$ 上的任意两种向量范数,则存在两个与向量 $\boldsymbol{x}$ 无关的正常数 c_1 和 c_2,使得下面的不等式成立:

$$c_1\|\boldsymbol{x}\|_\beta\leqslant\|\boldsymbol{x}\|_\alpha\leqslant c_2\|\boldsymbol{x}\|_\beta,\quad\forall\boldsymbol{x}\in\mathbf{C}^n,\tag{1-23}$$

并称 $\|\cdot\|_\alpha$ 和 $\|\cdot\|_\beta$ 为 $\mathbf{C}^n$ 上的**等价范数**.

定理 1.4 称为**范数等价性定理**,它说明了 $\mathbf{C}^n$ 上的所有范数彼此等价.其证明可参考文献[17].

1.3.3 矩阵范数

1. 矩阵范数

一个 $m\times n$ 矩阵可以看成 mn 维向量空间中的一个向量:矩阵的 mn 个分量中的每一个分量均可以看成一个坐标,因此任意 mn 维的向量范数均可以用来测量矩阵 $\boldsymbol{A}$ 的"大小".

现在我们考虑矩阵范数,一般地,矩阵范数只需满足如下定义.

定义 1.5 定义在 $\mathbf{C}^{m\times n}$($m\times n$ 复矩阵集合)上的一个非负实值函数,记为 $\|\cdot\|$,对任意的 $\boldsymbol{A},\boldsymbol{B}\in\mathbf{C}^{m\times n}$ 均满足以下条件:

(1) 非负性 对任意矩阵 $\boldsymbol{A}$ 均有 $\|\boldsymbol{A}\|\geqslant 0$,并且 $\|\boldsymbol{A}\|=0$ 的充要条件为 $\boldsymbol{A}=\boldsymbol{O}$;

（2）齐次性　$\|\alpha A\| = |\alpha|\,\|A\|, \alpha \in \mathbf{C}$；

（3）三角不等式　$\|A+B\| \leqslant \|A\| + \|B\|$，

则称 $\|\cdot\|$ 为 $\mathbf{C}^{m\times n}$ 上的矩阵范数.

除非另有说明，否则我们将使用相同的符号 $\|\cdot\|$ 来表示矩阵范数和向量范数.然而，我们更希望通过引入相容矩阵范数和向量范数诱导的矩阵范数的概念，得到具有更好应用价值的矩阵范数.为此，我们引入两个重要的概念.

定义 1.6　对于一种矩阵范数 $\|\cdot\|_M$ 和一种向量范数 $\|\cdot\|_V$，如果对任意 $m\times n$ 矩阵 A 和任意 n 维向量 x，满足

$$\|Ax\|_V \leqslant \|A\|_M \|x\|_V, \tag{1-24}$$

则称矩阵范数 $\|\cdot\|_M$ 与向量范数 $\|\cdot\|_M$ 是相容的.

定义 1.7　称矩阵范数 $\|\cdot\|$ 具有相容性，如果 $\forall A \in \mathbf{C}^{m\times n}, B \in \mathbf{C}^{n\times q}$，使得

$$\|AB\| \leqslant \|A\|\|B\| \tag{1-25}$$

成立.

不是任何矩阵范数都具有相容属性的.例如，范数

$$\|A\|_\Delta = \max_{i,j} |a_{ij}|, \quad A \in \mathbf{C}^{m\times n}$$

不满足相容性(1-25)，例如对于矩阵

$$A = B = \begin{pmatrix} 1 & 1 \\ 1 & 1 \end{pmatrix},$$

因为 $2 = \|AB\|_\Delta \geqslant \|A\|_\Delta \|B\|_\Delta = 1$.

注意，给定一个相容矩阵范数 $\|\cdot\|_M$，必存在一个与之相容的向量范数. 例如，对任何固定向量 $y_0 \neq 0 \in \mathbf{C}^n$，可将与 $\|\cdot\|_M$ 相容的向量范数定义为

$$\|x\| = \|xy_0^{\mathrm{H}}\|_M, \quad \forall x \in \mathbf{C}^n.$$

此结论留作习题，可按向量范数定义和定义 1.6 验证.

因此，在相容矩阵范数的情况下，不再需要明确指定关于矩阵范数的向量范数是相容的.

例 3　设 A 为 $m\times n$ 矩阵，则

$$\|A\|_{m_1} = \sum_{i=1}^{m}\sum_{j=1}^{n} |a_{ij}| \tag{1-26}$$

是一个相容矩阵范数，称为 m_1-范数. 它与向量范数 $\|\cdot\|_p$ 相容.

显然满足矩阵范数定义中的(1)—(3)，下面验证它满足相容条件(1-25).

设 A 和 B 分别为 $m\times l$ 矩阵和 $l\times n$ 矩阵，则

$$\begin{aligned}
\|AB\|_{m_1} &= \sum_{i=1}^{m}\sum_{j=1}^{n} |a_{i1}b_{1j} + a_{i2}b_{2j} + \cdots + a_{il}b_{lj}| \\
&\leqslant \sum_{i=1}^{m}\sum_{j=1}^{n} (|a_{i1}b_{1j}| + |a_{i2}b_{2j}| + \cdots + |a_{il}b_{lj}|) \\
&\leqslant \sum_{i=1}^{m}\sum_{j=1}^{n} (|a_{i1}| + |a_{i2}| + \cdots + |a_{il}|)(|b_{1j}| + |b_{2j}| + \cdots + |b_{lj}|) \\
&= \left(\sum_{i=1}^{m}\sum_{k=1}^{l} |a_{ik}|\right)\left(\sum_{k=1}^{l}\sum_{j=1}^{n} |b_{kj}|\right) = \|A\|_{m_1}\|B\|_{m_1}.
\end{aligned}$$

再证它与 $\mathbf{C}^n$ 中的向量范数 $\|\cdot\|_p$ 相容.

设 $\boldsymbol{A}=(a_{ij})_{m\times n}\in\mathbf{C}^{m\times n}$, $\boldsymbol{x}=(x_1,x_2,\cdots,x_n)^{\mathrm{T}}\in\mathbf{C}^n$,则有

$$\boldsymbol{E}_{ij}\boldsymbol{x}=\begin{pmatrix}0&\cdots&\overset{j}{0}&\cdots&0\\\vdots&&\vdots&&\vdots\\0&\cdots&1&\cdots&0\\\vdots&&\vdots&&\vdots\\0&\cdots&0&\cdots&0\end{pmatrix}\begin{pmatrix}x_1\\\vdots\\x_j\\\vdots\\x_n\end{pmatrix}=(0,0,\cdots,x_j,\cdots,0)^{\mathrm{T}},$$

则有

$$\|\boldsymbol{E}_{ij}\boldsymbol{x}\|_p\leqslant\|\boldsymbol{x}\|_p.$$

$$\begin{aligned}\|\boldsymbol{A}\boldsymbol{x}\|_p&=\left\|\sum_{i=1}^{m}\sum_{j=1}^{n}a_{ij}\boldsymbol{E}_{ij}\boldsymbol{x}\right\|_p\leqslant\sum_{i=1}^{m}\sum_{j=1}^{n}\|a_{ij}\boldsymbol{E}_{ij}\boldsymbol{x}\|_p\\&\leqslant\sum_{i=1}^{m}\sum_{j=1}^{n}|a_{ij}|\,\|\boldsymbol{E}_{ij}\boldsymbol{x}\|_p\leqslant\sum_{i=1}^{m}\sum_{j=1}^{n}|a_{ij}|\,\|\boldsymbol{x}\|_p=\|\boldsymbol{A}\|_{m_1}\|\boldsymbol{x}\|_p.\end{aligned}$$

对于 m_1 - 范数有 $\|\boldsymbol{I}_n\|_{m_1}=\sum\limits_{i=1}^{n}\sum\limits_{j=1}^{n}|a_{ij}|=n.$

例 4 设 $\boldsymbol{A}$ 为 $m\times n$ 矩阵,则

$$\|\boldsymbol{A}\|_F=\left(\sum_{i=1}^{m}\sum_{j=1}^{n}|a_{ij}|^2\right)^{\frac{1}{2}}\tag{1-27}$$

是一个相容矩阵范数,称为 **Frobenius(弗罗贝尼乌斯)范数**,它与 $\mathbf{C}^n$ 中的向量范数 $\|\cdot\|_2$ 相容.

显然它满足矩阵范数定义中的(1)—(3),下面验证它满足相容条件(1-25).

证 记

$$\boldsymbol{AB}=\begin{pmatrix}\boldsymbol{A}_1\\\boldsymbol{A}_2\\\vdots\\\boldsymbol{A}_m\end{pmatrix}(\boldsymbol{B}_1\quad\boldsymbol{B}_2\quad\cdots\quad\boldsymbol{B}_n)=\begin{pmatrix}\boldsymbol{A}_1\boldsymbol{B}_1&\boldsymbol{A}_1\boldsymbol{B}_2&\cdots&\boldsymbol{A}_1\boldsymbol{B}_n\\\boldsymbol{A}_2\boldsymbol{B}_1&\boldsymbol{A}_2\boldsymbol{B}_2&\cdots&\boldsymbol{A}_2\boldsymbol{B}_n\\\vdots&\vdots&&\vdots\\\boldsymbol{A}_m\boldsymbol{B}_1&\boldsymbol{A}_m\boldsymbol{B}_2&\cdots&\boldsymbol{A}_m\boldsymbol{B}_n\end{pmatrix}$$

其中 $\boldsymbol{A}_i=(a_{i1},a_{i2},,\cdots,a_{il})\ (i=1,2,\cdots,m)$, $\boldsymbol{B}_j=(b_{1j},b_{2j},,\cdots,b_{lj})^{\mathrm{T}}\ (j=1,2,\cdots,n)$. $\boldsymbol{A}_i\boldsymbol{B}_j=\sum\limits_{k=1}^{l}a_{ik}b_{kj}$,利用 Cauchy-Schwarz 不等式,有

$$\begin{aligned}\|\boldsymbol{AB}\|_F&=\sqrt{\sum_{i=1}^{m}\sum_{j=1}^{n}|\boldsymbol{A}_i\boldsymbol{B}_j|^2}\leqslant\sqrt{\sum_{i=1}^{m}\sum_{j=1}^{n}(\|\boldsymbol{A}_i\|_2^2\,\|\boldsymbol{B}_j\|_2^2)}\\&=\sqrt{\sum_{i=1}^{m}\sum_{j=1}^{n}\left[\left(\sum_{k=1}^{l}|a_{ik}|^2\right)\left(\sum_{k=1}^{l}|b_{kj}|^2\right)\right]}\\&=\sqrt{\sum_{i=1}^{m}\sum_{k=1}^{l}|a_{ik}|^2}\sqrt{\sum_{j=1}^{n}\sum_{k=1}^{l}|b_{kj}|^2}=\|\boldsymbol{A}\|_F\,\|\boldsymbol{B}\|_F.\end{aligned}$$

再证它与 $\mathbf{C}^n$ 中的向量范数 $\|\cdot\|_2$ 相容,即有

$$\|\boldsymbol{A}\boldsymbol{x}\|_2^2=\sum_{i=1}^{m}\left|\sum_{j=1}^{n}a_{ij}x_j\right|^2\leqslant\sum_{i=1}^{m}\left(\sum_{j=1}^{n}|a_{ij}|^2\sum_{j=1}^{n}|x_j|^2\right)$$

$$= \left(\sum_{i=1}^{m}\sum_{j=1}^{n}|a_{ij}|^2\right)\sum_{j=1}^{n}|x_j|^2 = \|A\|_F^2\|x\|_2^2.$$

对于 Frobenius 范数有 $\|I_n\|_F = \left(\sum_{i=1}^{n}\sum_{j=1}^{n}|a_{ij}|^2\right)^{\frac{1}{2}} = \sqrt{n}$.

矩阵范数与向量范数相容的性质反映这样一个事实:矩阵 A 的范数 $\|A\|$ 是像 Ax 的范数 $\|Ax\|$ 和原像 x 的范数 $\|x\|$ 之比的一个上界,即

$$\|Ax\| \leqslant \|A\|\|x\|.$$

现在的问题是矩阵 A 的范数 $\|A\|$ 是像 Ax 的范数 $\|Ax\|$ 和原像 x 的范数 $\|x\|$ 之比的上界的最小上界(即上确界)是否是 A 的范数? 如果是 A 的范数,用它来评估变换 A 的结果应该是最精确的. 这个问题就是下面讨论的 A 的**算子范数**.

2. 算子范数

在实际中,最常用的矩阵范数为由下面定义引出的算子范数.

定理 1.5 已知 $\mathbf{C}^m$ 和 $\mathbf{C}^n$ 上的同类向量范数 $\|\cdot\|_V$, A 为 $m\times n$ 矩阵,则

$$\|A\| = \sup_{x\neq 0}\frac{\|Ax\|_V}{\|x\|_V}\left(=\sup_{\|x\|_V=1}\|Ax\|_V\right), \tag{1-28}$$

且 $\|\cdot\|$ 是一种相容矩阵范数,还与向量范数 $\|\cdot\|_V$ 相容.

证 我们首先注意到(1-28)式等价于

$$\|A\| = \sup_{\|x\|_V=1}\|Ax\|_V. \tag{1-29}$$

实际上,可以对任何 $x\neq 0$,定义单位向量 $u=\dfrac{x}{\|x\|_V}$,因此 (1-28)式变成

$$\|A\| = \sup_{\|u\|_V=1}\|Au\|_V.$$

同时,由定理 1.3 可知,$\|Ax\|_V$ 是 $\mathbf{C}^n$ 中的有界闭集 $D=\{x\,|\,\|x\|_V=1, x\in\mathbf{C}^n\}$ 上的连续函数,因此其最大值必然存在,即(1-29)式成立.这也说明对每一个矩阵 A 而言,都能够找到向量 x_0,使得 $\|x_0\|_V=1$,而且 $\|Ax_0\|_V=\|A\|$.

另外,由(1-28)式立刻可得到 $\|Ax\|_V\leqslant\|A\|\|x\|_V$,即矩阵范数 $\|\cdot\|$ 与向量范数 $\|\cdot\|_V$ 相容.注意这个不等式是经常用到的.

下面我们验证 (1-28)式(或(1-29)式)实际上是一个矩阵范数,直接使用定义 1.5 有

(1) 若 $\|Ax\|_V\geqslant 0$,则 $\|A\| = \sup\limits_{\|x\|_V=1}\|Ax\|_V\geqslant 0$,且

$$\|A\| = \sup_{x\neq 0}\frac{\|Ax\|_V}{\|x\|_V}=0 \Leftrightarrow \|Ax\|_V=0, \forall x\neq 0,$$

进一步,$Ax=0$, $\forall x\neq 0$ 当且仅当 $A=O$;因此 $\|A\|=0$ 当且仅当 $A=O$;

(2) 给定一个 $\alpha\in\mathbf{C}$,

$\|\alpha A\| = \sup\limits_{\|x\|_V=1}\|\alpha(Ax)\|_V = |\alpha|\sup\limits_{\|x\|_V=1}\|Ax\|_V = |\alpha|\,\|A\|$;

(3) 假设 A 和 B 分别为 $m\times n$ 矩阵,由于对 $x\neq 0$ 有

$$\|Ax\|_V\leqslant\|A\|\|x\|_V,$$

因此,取 x 为单位范数向量,得到

$$\|(\boldsymbol{A}+\boldsymbol{B})\boldsymbol{x}\|_V \leqslant \|\boldsymbol{A}\boldsymbol{x}\|_V + \|\boldsymbol{B}\boldsymbol{x}\|_V \leqslant \|\boldsymbol{A}\| + \|\boldsymbol{B}\|,$$

由上确界的定义,有 $\|\boldsymbol{A}+\boldsymbol{B}\| = \sup\limits_{\|\boldsymbol{x}\|_V=1} \|(\boldsymbol{A}+\boldsymbol{B})\boldsymbol{x}\|_V \leqslant \|\boldsymbol{A}\| + \|\boldsymbol{B}\|$.

最后,验证相容性. 设 $\boldsymbol{A}$ 和 $\boldsymbol{B}$ 分别为 $m\times l$ 和 $l\times n$ 矩阵. 当 $\boldsymbol{AB}=\boldsymbol{O}$ 时,相容性显然. 若 $\boldsymbol{AB}\neq\boldsymbol{O}$,则存在 $\boldsymbol{x}_0\in\mathbf{C}^n$ 满足 $\|\boldsymbol{x}_0\|_V=1$,使得 $\|\boldsymbol{AB}\| = \|(\boldsymbol{AB})\boldsymbol{x}_0\|_V$,并且 $\boldsymbol{y}=\boldsymbol{B}\boldsymbol{x}_0\neq\boldsymbol{0}$,因此

$$\|\boldsymbol{AB}\| = \frac{\|(\boldsymbol{AB})\boldsymbol{x}_0\|_V}{\|\boldsymbol{B}\boldsymbol{x}_0\|_V}\|\boldsymbol{B}\boldsymbol{x}_0\|_V \leqslant \frac{\|\boldsymbol{A}\boldsymbol{y}\|_V}{\|\boldsymbol{y}\|_V}\|\boldsymbol{B}\| \leqslant \|\boldsymbol{A}\|\,\|\boldsymbol{B}\|.$$

我们称由关系式(1-28)定义的矩阵范数为**从属向量范数 $\|\cdot\|_V$ 的矩阵范数**,简称**从属范数**或**算子范数**.

算子范数的 p-范数:

$$\|\boldsymbol{A}\|_p = \sup_{\boldsymbol{x}\neq\boldsymbol{0}} \frac{\|\boldsymbol{A}\boldsymbol{x}\|_p}{\|\boldsymbol{x}\|_p}. \tag{1-30}$$

在向量 p-范数中,最常用的范数为向量的 1-范数、2-范数和 ∞-范数. **矩阵的 1-范数**

$$\|\boldsymbol{A}\|_1 = \max_{1\leqslant j\leqslant n} \sum_{i=1}^{m} |a_{ij}|, \tag{1-31}$$

矩阵的 ∞-范数

$$\|\boldsymbol{A}\|_\infty = \max_{1\leqslant i\leqslant m} \sum_{j=1}^{n} |a_{ij}|, \tag{1-32}$$

分别称为**列和范数**和**行和范数**.

显然 $\|\boldsymbol{A}\|_1 = \|\boldsymbol{A}^{\mathrm{H}}\|_\infty$. 并且,如果 $\boldsymbol{A}$ 是 Hermite(埃尔米特)矩阵(复对称矩阵,即 $\boldsymbol{A}^{\mathrm{H}}=\boldsymbol{A}$),则有 $\|\boldsymbol{A}\|_1 = \|\boldsymbol{A}\|_\infty$.

矩阵的 2-范数

$$\|\boldsymbol{A}\|_2 = \sqrt{\lambda_{\max}(\boldsymbol{A}^{\mathrm{H}}\boldsymbol{A})} = \sqrt{\rho(\boldsymbol{A}^{\mathrm{H}}\boldsymbol{A})}, \tag{1-33}$$

其中 $\rho(\boldsymbol{A}^{\mathrm{H}}\boldsymbol{A})$ 为 Hermite 半正定矩阵 $\boldsymbol{A}^{\mathrm{H}}\boldsymbol{A}$ 的**谱半径**(见附录 1 中定义 8、定义 11),所以矩阵 2-范数也称为**谱范数**.

特别地,如果 $\boldsymbol{A}$ 是 Hermite 矩阵,则

$$\|\boldsymbol{A}\|_2 = \rho(\boldsymbol{A}). \tag{1-34}$$

由(1-33),显然如果 $\boldsymbol{A}$ 是**酉矩阵**(见附录 1 中定义 10),则 $\|\boldsymbol{A}\|_2=1$.

下面以(1-31)式为例给出证明. 设 $\boldsymbol{x}=(x_1,x_2,\cdots,x_n)^{\mathrm{T}}$,则

$$\begin{aligned}\|\boldsymbol{A}\boldsymbol{x}\|_1 &= \sum_{i=1}^{m}\left|\sum_{j=1}^{n}a_{ij}x_j\right| \leqslant \sum_{i=1}^{m}\sum_{j=1}^{n}|a_{ij}|\,|x_j| = \sum_{j=1}^{n}\left(\sum_{i=1}^{m}|a_{ij}|\right)|x_j| \\ &\leqslant \left(\max_{1\leqslant j\leqslant n}\sum_{i=1}^{m}|a_{ij}|\right)\sum_{j=1}^{n}|x_j| = \left(\max_{1\leqslant j\leqslant n}\sum_{i=1}^{m}|a_{ij}|\right)\|\boldsymbol{x}\|_1,\end{aligned}$$

因此

$$\|\boldsymbol{A}\|_1 = \sup_{\boldsymbol{x}\neq\boldsymbol{0}}\frac{\|\boldsymbol{A}\boldsymbol{x}\|_1}{\|\boldsymbol{x}\|_1} \leqslant \max_{1\leqslant j\leqslant n}\sum_{i=1}^{m}|a_{ij}|,$$

为了证明(1-31),只需找到 $\boldsymbol{x}_0$,使得

$$\frac{\|Ax_0\|_1}{\|x_0\|_1}=\max_{1\leqslant j\leqslant n}\sum_{i=1}^{m}|a_{ij}|,$$

下面讨论 x_0 的选取.

如果 $\max\limits_{1\leqslant j\leqslant n}\sum\limits_{i=1}^{m}|a_{ij}|=\sum\limits_{i=1}^{m}|a_{ij_0}|$,则取 $x_0=e_{j_0}=(0,0,\cdots,0,\underset{j_0}{1},0,\cdots,0)^{\mathrm{T}}$,

$$\|Ax_0\|_1=\|Ae_{j_0}\|_1=\sum_{i=1}^{m}|a_{ij_0}|.$$

类似地,可以证明(1-32)式,而(1-33)式的证明将在第2章给出.

推论 1.1 对任何算子范数 $\|\cdot\|$,有 $\|I\|=1$(I 为单位矩阵).

证 由算子范数定义有,$\|I\|=\sup\limits_{x\neq 0}\dfrac{\|Ix\|}{\|x\|}=\sup\limits_{x\neq 0}\dfrac{\|x\|}{\|x\|}=1.$

例 5 设 $A=\begin{pmatrix}1&0&0\\0&2&4\\0&-2&4\end{pmatrix}$,求 $\|A\|_{m_1}$, $\|A\|_F$, $\|A\|_1$, $\|A\|_\infty$ 和 $\|A\|_2$.

解 $\|A\|_{m_1}=\sum\limits_{i=1}^{3}\sum\limits_{j=1}^{3}|a_{ij}|=1+2+|-2|+4+4=13,$

$\|A\|_F=\sqrt{\sum\limits_{i=1}^{3}\sum\limits_{j=1}^{3}|a_{ij}|^2}=\sqrt{1^2+2^2+|-2|^2+4^2+4^2}=\sqrt{41},$

$\|A\|_1=\max\limits_{1\leqslant j\leqslant n}\sum\limits_{i=1}^{3}|a_{ij}|=\max\limits_{1\leqslant j\leqslant n}\{1,4,8\}=8,$

$\|A\|_\infty=\max\limits_{1\leqslant i\leqslant n}\sum\limits_{j=1}^{3}|a_{ij}|=\max\limits_{1\leqslant j\leqslant n}\{1,6,6\}=6.$

又

$$A^{\mathrm{T}}A=\begin{pmatrix}1&0&0\\0&2&-2\\0&4&4\end{pmatrix}\begin{pmatrix}1&0&0\\0&2&4\\0&-2&4\end{pmatrix}=\begin{pmatrix}1&0&0\\0&8&0\\0&0&32\end{pmatrix},$$

令 $$\det(\lambda I-A^{\mathrm{T}}A)=\begin{vmatrix}\lambda-1&0&0\\0&\lambda-8&0\\0&0&\lambda-32\end{vmatrix}=(\lambda-1)(\lambda-8)(\lambda-32)=0,$$

从而得 $\|A\|_2=\sqrt{\lambda_{\max}(A^{\mathrm{T}}A)}=\sqrt{32}=4\sqrt{2}.$

1.3.4 相容矩阵范数的性质

定理 1.6 设 $\|\cdot\|$ 为 $\mathbf{C}^{n\times n}$ 矩阵空间的一种矩阵范数,则对任意的 n 阶方阵 A 均有

$$\rho(A)\leqslant\|A\|,\tag{1-35}$$

其中 $\rho(A)$ 为方阵 A 的谱半径.特别地,当 A 为对称矩阵时,有

$$\rho(A)=\|A\|_2.$$

证 设 $|\lambda|=\rho(A)$,x 是 A 的属于 λ 的特征向量,即满足

$$Ax=\lambda x,$$

现取 $\mathbf{C}^n$ 中的向量范数,不妨仍记为 $\|\cdot\|$,使得它与给定的矩阵范数是相容的.再在等式两端取范数,则有

$$|\lambda|\,\|\boldsymbol{x}\|=\|\lambda\boldsymbol{x}\|=\|\boldsymbol{A}\boldsymbol{x}\|\leqslant\|\boldsymbol{A}\|\,\|\boldsymbol{x}\|,$$

因为 $\|\boldsymbol{x}\|\neq 0$,从而得到 $\rho(\boldsymbol{A})=|\lambda|\leqslant\|\boldsymbol{A}\|$.特别地,当 $\boldsymbol{A}$ 为对称矩阵时,即当 $\boldsymbol{A}=\boldsymbol{A}^{\mathrm{T}}$ 时,由矩阵 2-范数的定义,得

$$\|\boldsymbol{A}\|_2=\sqrt{\lambda_{\max}(\boldsymbol{A}^{\mathrm{T}}\boldsymbol{A})}=\sqrt{\lambda_{\max}(\boldsymbol{A}^2)}=|\lambda_{\max}(\boldsymbol{A})|=\rho(\boldsymbol{A}).$$

定理 1.7 对于任给 $\varepsilon>0$,则存在 $\mathbf{C}^{n\times n}$ 上的一种算子范数 $\|\cdot\|$(依赖于矩阵 $\boldsymbol{A}$ 和常数 ε),使得

$$\|\boldsymbol{A}\|\leqslant\rho(\boldsymbol{A})+\varepsilon. \tag{1-36}$$

定理证明见第 2 章的 2.2 节定理 2.9.

定理 1.8 设 $\boldsymbol{A}\in\mathbf{C}^{n\times n}$,如果有 $\mathbf{C}^{n\times n}$ 上的一种矩阵范数 $\|\cdot\|$ 使得 $\|\boldsymbol{A}\|<1$,则

(1) 矩阵 $\boldsymbol{I}\pm\boldsymbol{A}$ 可逆;

(2) $\|(\boldsymbol{I}\pm\boldsymbol{A})^{-1}\|\leqslant\dfrac{\|\boldsymbol{I}\|}{1-\|\boldsymbol{A}\|}$;

(3) $\|\boldsymbol{A}(\boldsymbol{I}\pm\boldsymbol{A})^{-1}\|\leqslant\dfrac{\|\boldsymbol{A}\|}{1-\|\boldsymbol{A}\|}$.

证 (1) 若 $\boldsymbol{I}\pm\boldsymbol{A}$ 奇异,即 $\det(\boldsymbol{I}\pm\boldsymbol{A})=0$,则 $\lambda=\mp 1$ 是 $\boldsymbol{A}$ 的一个特征值,从而必有 $\rho(\boldsymbol{A})\geqslant 1$.这与 $\rho(\boldsymbol{A})\leqslant\|\boldsymbol{A}\|<1$ 矛盾,即 $\det(\boldsymbol{I}\pm\boldsymbol{A})\neq 0$,故 $\boldsymbol{I}\pm\boldsymbol{A}$ 是可逆的.

(2) 由 $(\boldsymbol{I}\pm\boldsymbol{A})(\boldsymbol{I}\pm\boldsymbol{A})^{-1}=\boldsymbol{I}$,可得

$$(\boldsymbol{I}\pm\boldsymbol{A})^{-1}=\boldsymbol{I}\mp\boldsymbol{A}(\boldsymbol{I}\pm\boldsymbol{A})^{-1},$$

两端取范数,并由其性质得

$$\|(\boldsymbol{I}\pm\boldsymbol{A})^{-1}\|\leqslant\|\boldsymbol{I}\|+\|(\boldsymbol{I}\pm\boldsymbol{A})^{-1}\|\,\|\boldsymbol{A}\|,$$

即

$$\|(\boldsymbol{I}\pm\boldsymbol{A})^{-1}\|\leqslant\frac{\|\boldsymbol{I}\|}{1-\|\boldsymbol{A}\|}.$$

特别地,当 $\|\cdot\|$ 是算子范数时,由推论可知 $\|\boldsymbol{I}\|=1$,则上式化为

$$\|(\boldsymbol{I}\pm\boldsymbol{A})^{-1}\|\leqslant\frac{1}{1-\|\boldsymbol{A}\|}. \tag{1-37}$$

(3) 由 $(\boldsymbol{I}\pm\boldsymbol{A})-\boldsymbol{I}=\pm\boldsymbol{A}$,两端右乘 $(\boldsymbol{I}\pm\boldsymbol{A})^{-1}$,可得

$$\boldsymbol{I}-(\boldsymbol{I}\pm\boldsymbol{A})^{-1}=\pm\boldsymbol{A}(\boldsymbol{I}\pm\boldsymbol{A})^{-1},$$

上式两端左乘 $\boldsymbol{A}$,又有

$$\boldsymbol{A}-\boldsymbol{A}(\boldsymbol{I}\pm\boldsymbol{A})^{-1}=\pm\boldsymbol{A}^2(\boldsymbol{I}\pm\boldsymbol{A})^{-1}.$$

进一步,

$$\boldsymbol{A}(\boldsymbol{I}\pm\boldsymbol{A})^{-1}=\boldsymbol{A}\mp\boldsymbol{A}[\boldsymbol{A}(\boldsymbol{I}\pm\boldsymbol{A})^{-1}].$$

两端取范数,并由其性质得

$$\|\boldsymbol{A}(\boldsymbol{I}\pm\boldsymbol{A})^{-1}\|\leqslant\|\boldsymbol{A}\|+\|\boldsymbol{A}(\boldsymbol{I}\pm\boldsymbol{A})^{-1}\|\,\|\boldsymbol{A}\|,$$

即

$$\|\boldsymbol{A}(\boldsymbol{I}\pm\boldsymbol{A})^{-1}\|\leqslant\frac{\|\boldsymbol{A}\|}{1-\|\boldsymbol{A}\|}.$$

习题 1

1. 填空题

(1) 已知 x 的相对误差为 0.002,则 a^m 的相对误差为______;

(2) 使 $\sqrt{70}=8.366\ 600\ 265\ 34\cdots$ 的近似值 a 的相对误差界不超过 0.1%,应取______位有效数字,则 $a=$______;

(3) 已知 $a=1.234, b=2.345$ 分别是 x 和 y 的具有 4 位有效数字的近似值,那么,$\frac{|x-a|}{a}\leqslant$______,$|(3x-y)-(3a-b)|\leqslant$______;$|xy-ab|\leqslant$______;

(4) $\boldsymbol{x}=(3,0,-4,1)^{\mathrm{T}}\in\mathbf{R}^4$,则 $\|\boldsymbol{x}\|_1=$______,$\|\boldsymbol{x}\|_\infty=$______,$\|\boldsymbol{x}\|_2=$______,$\|\boldsymbol{x}\|_3=$______;

(5) 记 $\boldsymbol{x}=(x_1,x_2,x_3)^{\mathrm{T}}\in\mathbf{R}^3$,判断如下定义在 $\mathbf{R}^3$ 上的函数是否为 $\mathbf{R}^3$ 上的向量范数(填是或不是).

$$\|\boldsymbol{x}\|=|x_1|+2|x_2|+3|x_3|\ (\_\_\_\_\_\_),$$

$$\|\boldsymbol{x}\|=|x_1|+2|x_2|-3|x_3|\ (\_\_\_\_\_\_),$$

$$\|\boldsymbol{x}\|=|x_1+x_2|+|x_3|\ (\_\_\_\_\_\_).$$

2. 已知 $\mathrm{e}=2.718\ 28\cdots$,问以下近似值 x_A 有几位有效数字,相对误差界是多少?

(1) $x=\mathrm{e}, x_A=2.7$;　　(2) $x=\mathrm{e}, x_A=2.718$;

(3) $x=\frac{\mathrm{e}}{100}, x_A=0.027$;　　(4) $x=\frac{\mathrm{e}}{100}, x_A=0.027\ 18$.

3. 试由 $ax^2+bx+c=0(a\neq 0)$ 的二次根公式

$$x_1=\frac{-b+\sqrt{b^2-4ac}}{2a},\quad x_2=\frac{-b-\sqrt{b^2-4ac}}{2a} \tag{1-38}$$

导出改进的二次根公式

$$x_1=\frac{-2c}{b+\sqrt{b^2-4ac}},\quad x_2=\frac{-2c}{b-\sqrt{b^2-4ac}}. \tag{1-39}$$

适当的选取公式(1-38),(1-39),计算下列二次方程:

a. $x^2-1\ 000.001x+1=0$;

b. $x^2-10\ 000.000\ 1x+1=0$;

c. $x^2-100\ 000.000\ 01x+1=0$;

d. $x^2-1\ 000\ 000.000\ 001x+1=0$.

求精确到 5 位有效数字的根.并求两个根的绝对误差界和相对误差界.

4. 在五位十进制计算机上求

$$s=545\ 494+\sum_{i=1}^{100}\varepsilon_i+\sum_{i=1}^{50}\delta_i$$

的和，使精度达到最高，其中 $\varepsilon_i=0.8$，$\delta_i=2$.

5. 在六位十进制的限制下，分别用等价的公式

(1) $f(x)=\ln(x-\sqrt{x^2-1})$；　　(2) $f(x)=-\ln(x+\sqrt{x^2-1})$

计算 $f(30)$ 的近似值，近似值分别是多少？求对数时相对误差有多大？

6. 若用下列两种方法

(1) $\mathrm{e}^{-5}\approx\sum\limits_{i=0}^{9}(-1)^i\dfrac{5^i}{i!}=x_1^*$；(2) $\mathrm{e}^{-5}\approx\left(\sum\limits_{i=0}^{9}\dfrac{5^i}{i!}\right)^{-1}=x_2^*$

计算 e^{-5} 的近似值，问哪种方法能提供较好的近似值？请分析原因.

7. 计算 $f=(\sqrt{2}-1)^6$，取 $\sqrt{2}\approx1.4$，直接计算 f 和利用下述等式计算，哪一个最好？

$$\frac{1}{(\sqrt{2}+1)^6},\quad (3-2\sqrt{2})^3,\quad \frac{1}{(3+2\sqrt{2})^3},\quad 99-70\sqrt{2}.$$

8. 如何计算下列函数值才比较准确：

(1) $\dfrac{1}{1+2x}-\dfrac{1}{1+x}$，对 $|x|\leqslant1$；　　(2) $\sqrt{x+\dfrac{1}{x}}-\sqrt{x-\dfrac{1}{x}}$，对 $x\geqslant1$；

(3) $\displaystyle\int_N^{N+1}\frac{\mathrm{d}x}{1+x^2}$，其中 N 充分大；(4) $\dfrac{1-\cos x}{\sin x}$，对 $|x|\leqslant1$.

9. 证明：

(1) $\|\boldsymbol{x}\|_\infty\leqslant\|\boldsymbol{x}\|_1\leqslant n\|\boldsymbol{x}\|_\infty$；　(2) $\|\boldsymbol{x}\|_\infty\leqslant\|\boldsymbol{x}\|_2\leqslant\sqrt{n}\|\boldsymbol{x}\|_\infty$.

10. 设 $\|\boldsymbol{x}\|$ 为 $\mathbf{R}^n$ 空间上的任一向量范数，$\boldsymbol{P}\in\mathbf{R}^{n\times n}$ 是非奇异矩阵，定义 $\|\boldsymbol{x}\|_P=\|\boldsymbol{Px}\|$.

(1) 验证 $\|\boldsymbol{x}\|_P=\|\boldsymbol{Px}\|$ 是 $\mathbf{R}^n$ 中的向量范数；

(2) 证明 $\|\boldsymbol{A}\|_P=\|\boldsymbol{P}^{-1}\boldsymbol{AP}\|$ 为算子范数.

11. 设 $\boldsymbol{A}\in\mathbf{C}^{n\times n}$，规定

$$\|\boldsymbol{A}\|_{m_\infty}=n\max_{ij}|a_{ij}|,$$

证明 $\|\boldsymbol{A}\|_{m_\infty}$ 是 $\mathbf{C}^{n\times n}$ 上的矩阵范数，称为矩阵的 m_∞-范数.

12. 设 $\boldsymbol{A}$ 为 n 阶非奇异矩阵，$\boldsymbol{U}$ 为 n 阶酉矩阵.证明：

(1) $\|\boldsymbol{U}\|_2=1$；　　(2) $\|\boldsymbol{AU}\|_2=\|\boldsymbol{UA}\|_2=\|\boldsymbol{A}\|_2$；

(3) $\|\boldsymbol{A}\|_F=\|\boldsymbol{UA}\|_F=\|\boldsymbol{AV}\|_F=\|\boldsymbol{UAV}\|_F$.

13. 设 $\boldsymbol{A}\in\mathbf{R}^{n\times n}$ 是非奇异矩阵，λ 是 $\boldsymbol{A}$ 的任意特征值，证明 $|\lambda|\geqslant\dfrac{1}{\|\boldsymbol{A}^{-1}\|}$.

14. 设 $\boldsymbol{A}\in\mathbf{R}^{n\times n}$，$\lambda$ 是 $\boldsymbol{A}$ 的任意特征值，证明 $|\lambda|\leqslant\sqrt[n]{\|\boldsymbol{A}^n\|}$.

15. 利用秦九韶算法计算 $p(3)$，其中 $p(x)=x^4-4x^3+7x^2-5x+2$.

16. 求 $\boldsymbol{A}=(-1,2,1)$ 和 $\boldsymbol{B}=\begin{pmatrix}-1&2&3\\1&0&1\end{pmatrix}$ 的 $\|\cdot\|_1$，$\|\cdot\|_\infty$ 范数及 $\|\boldsymbol{A}\|_2$ $\|\boldsymbol{B}\|_F$.

17. 给定一个相容矩阵范数 $\|\cdot\|_M$，对任何固定向量 $\boldsymbol{y}_0\neq\boldsymbol{0}\in\mathbf{C}^n$，试验证

$$\|\boldsymbol{x}\| = \|\boldsymbol{x}\boldsymbol{y}_0^{\mathrm{H}}\|_M, \quad \forall \boldsymbol{x} \in \mathbf{C}^n$$

是一个与 $\|\cdot\|_M$ 相容的向量范数. 特取 $\boldsymbol{y}_0=(1,1,\cdots,1)^{\mathrm{T}} \in \mathbf{C}^n$ 时,若 $\|\cdot\|_M$ 为 $\|\cdot\|_1$,请计算出 $\|\boldsymbol{x}\|$.

习题 1 答案与提示

第2章　矩阵变换和计算

矩阵分解是设计算法的主要技巧.对于一个给定的矩阵计算问题,我们研究的首要问题就是,如何根据给定的问题的特点,设计出求解这一问题的有效的计算方法.设计算法的基本思想就是设法将一个一般的矩阵计算问题转化为一个或几个易于求解的特殊问题,而通常完成这一转化任务的最主要的技巧就是矩阵分解,即将一个给定的矩阵分解为几个特殊类型的矩阵的乘积.

例如,下面的两个三角形方程组

$$\begin{pmatrix} l_{11} & & & \\ l_{21} & l_{22} & & \\ \vdots & \vdots & \ddots & \\ l_{n1} & l_{n2} & \cdots & l_{nn} \end{pmatrix}\begin{pmatrix} x_1 \\ x_2 \\ \vdots \\ x_n \end{pmatrix}=\begin{pmatrix} b_1 \\ b_2 \\ \vdots \\ b_n \end{pmatrix} \quad 和 \quad \begin{pmatrix} u_{11} & \cdots & u_{1,n-1} & u_{1n} \\ & \ddots & \vdots & \vdots \\ & & u_{n-1,n-1} & u_{n-1,n} \\ & & & u_{nn} \end{pmatrix}\begin{pmatrix} y_1 \\ y_2 \\ \vdots \\ y_n \end{pmatrix}=\begin{pmatrix} c_1 \\ c_2 \\ \vdots \\ c_n \end{pmatrix}$$

是容易求解的,这样就将如何求解线性方程组的问题转化为如何实现上述矩阵分解的问题.这正是本章将要介绍的内容之一.

2.1　矩阵的三角分解及其应用

2.1.1　Gauss 消去法与矩阵的 LU 分解

在线性代数中,我们已经了解到 Gauss 消去法,事实上不论是用手算还是用计算机计算,Gauss 消去法无疑是求解线性方程组 $\boldsymbol{Ax}=\boldsymbol{b}$ 的最简单和标准的方法.

例1　Gauss 消去法求解线性方程组 $\boldsymbol{Ax}=\boldsymbol{b}$ 的一个实例:

$$\begin{cases} 2x_1+x_2+x_3=4, & r_1^{(0)} \\ 4x_1+3x_2+3x_3+x_4=11, & r_2^{(0)} \\ 8x_1+7x_2+9x_3+5x_4=29, & r_3^{(0)} \\ 6x_1+7x_2+9x_3+8x_4=30. & r_4^{(0)} \end{cases}$$

第一步,消去 $r_2^{(0)}$,$r_3^{(0)}$ 和 $r_4^{(0)}$ 中的 x_1,即用$\left(-\frac{4}{2}\right)\times r_1^{(0)}+r_2^{(0)}$,$\left(-\frac{8}{2}\right)\times r_1^{(0)}+r_3^{(0)}$ 和$\left(-\frac{6}{2}\right)\times r_1^{(0)}+r_4^{(0)}$,得

$$\begin{cases} 2x_1+x_2+x_3=4, & r_1^{(0)} \\ x_2+x_3+x_4=3, & r_2^{(1)} \\ 3x_2+5x_3+5x_4=13, & r_3^{(1)} \\ 4x_2+6x_3+8x_4=18. & r_4^{(1)} \end{cases}$$

第二步，消去 $r_3^{(1)}$ 和 $r_4^{(1)}$ 中的 x_2，即用$\left(-\frac{3}{1}\right)\times r_2^{(1)}+r_3^{(1)}$，$\left(-\frac{4}{1}\right)\times r_2^{(1)}+r_4^{(1)}$，得

$$\begin{cases} 2x_1+x_2+x_3=4, & r_1^{(0)} \\ x_2+x_3+x_4=3, & r_2^{(1)} \\ 2x_3+2x_4=4, & r_3^{(2)} \\ 2x_3+4x_4=6. & r_4^{(2)} \end{cases}$$

第三步，消去 $r_4^{(2)}$ 中的 x_3，即用$(-1)\times r_3^{(2)}+r_4^{(2)}$，得

$$\begin{cases} 2x_1+x_2+x_3=4, & r_1^{(0)} \\ x_2+x_3+x_4=3, & r_2^{(1)} \\ 2x_3+2x_4=4, & r_3^{(2)} \\ 2x_4=2. & r_4^{(3)} \end{cases}$$

再由回代法解之，$x_4=1$，$x_3=\frac{4-2}{2}=1$，$x_2=3-1-1=1$，$x_1=\frac{4-2}{2}=1$.

通过对例 1 的回顾，可知 Gauss 消去法的基本思想是：首先通过一系列的初等行变换将增广矩阵$(\boldsymbol{A}\mid\boldsymbol{b})$化成上三角形矩阵$(\boldsymbol{U}\mid\boldsymbol{c})$，然后通过回代求与 $\boldsymbol{Ax}=\boldsymbol{b}$ 同解的上三角形方程组 $\boldsymbol{Ux}=\boldsymbol{c}$ 的解.

例 2 用 Gauss 消去法求 $\boldsymbol{Ax}=\boldsymbol{b}$ 的解，其中 $\boldsymbol{A}=\begin{pmatrix}2&1&1&0\\4&3&3&1\\8&7&9&5\\6&7&9&8\end{pmatrix}$，$\boldsymbol{b}=\begin{pmatrix}4\\11\\29\\30\end{pmatrix}$.

解

$$(\boldsymbol{A}\mid\boldsymbol{b})\xrightarrow{\text{第一次消元}}\left(\begin{array}{cccc|c}2&1&1&0&4\\0&1&1&1&3\\0&3&5&5&13\\0&4&6&8&18\end{array}\right)$$

$$\xrightarrow{\text{第二次消元}}\left(\begin{array}{cccc|c}2&1&1&0&4\\0&1&1&1&3\\0&0&2&2&4\\0&0&2&4&6\end{array}\right)$$

$$\xrightarrow{\text{第三次消元}}\left(\begin{array}{cccc|c}2&1&1&0&4\\0&1&1&1&3\\0&0&2&2&4\\0&0&0&2&2\end{array}\right)=(\boldsymbol{U}\mid\boldsymbol{c}),$$

解上三角形方程组 $\boldsymbol{U}\boldsymbol{x}=\boldsymbol{c}$,得方程组的解为 $\boldsymbol{x}=(1,1,1,1)^{\mathrm{T}}$.

事实上,我国两千年前的《九章算术》中就采用“直除法”来求解联立线性方程组,在数学发展史上这是最早的系统的叙述多元一次方程组的解法的数学巨著,反映了我国古代先进的数学水平.关于用“直除法”求解“方程”的合理性,《九章算术》原文并未给出详细说明,魏晋时期的数学家刘徽在他的注释中用严谨的数学语言作了精辟论述:“方程行之左右无所同存,且为有所据而言耳”,意即不会出现矛盾“方程”.刘徽的这一结论相当于是说线性方程组的系数矩阵(方阵)为满秩方阵,即线性方程组的系数行列式不为零.这个条件正是方程的个数等于未知量的个数(“皆如物数程之”),是方程组有唯一解的充要条件.现以“方程”篇第一问为例,说明《九章算术》之“方程”与现代线性方程组之间的关系.

“今有上禾三秉,中禾二秉,下禾一秉,实三十九斗;上禾二秉,中禾三秉,下禾一秉,实三十四斗;上禾一秉,中禾二秉,下禾三秉,实二十六斗.问上、中、下禾实一秉各几何?”

尽管当时还不知道用 x,y,z 表示未知数,但《九章算术》提供了一种独特的方法,非常适用于中国古代筹算的特点,就是根据已知条件摆出如表 2-1 的固定格式(其中右表是用阿拉伯数字代表左表的筹算数字)

表 2-1 筹 算

	左	中	右		左	中	右
上禾乘数	I	II	III	上禾乘数	1	2	3
中禾乘数	II	III	II	中禾乘数	2	3	2
下禾乘数	III	I	I	下禾乘数	3	1	1
实	=T	≡IIII	≡≣	实	26	34	39

因为在这种问题中,排列起来的筹算式呈方形,每一列相当于根据已知条件列出的一个等式(称为“程”),所以这种方法就称为“方程”.这是“方程”这个数学名词最早的来源.

所谓“直除法”本质上就是加减消元法,如上例用直除法求解的过程如下(注意在《九章算术》中的所谓“行”是现代意义下的“列”):

$$\begin{pmatrix}1&2&3\\2&3&2\\3&1&1\\26&34&39\end{pmatrix}\xrightarrow[\text{右行上禾遍乘中行}]{\text{用数 3 乘中行各数}}\begin{pmatrix}1&6&3\\2&9&2\\3&3&1\\26&102&39\end{pmatrix}\xrightarrow[\text{右行直除中行}]{\text{中行连减两次右行}}\begin{pmatrix}1&0&3\\2&5&2\\3&1&1\\26&24&39\end{pmatrix}$$

$$\xrightarrow[\text{右行上禾遍乘左行}]{\text{用数 3 乘左行各数}}\begin{pmatrix}3&0&3\\6&5&2\\9&1&1\\78&24&39\end{pmatrix}\xrightarrow[\text{右行直除左行}]{\text{左行减一次右行}}\begin{pmatrix}0&0&3\\4&5&2\\8&1&1\\39&24&39\end{pmatrix}$$

$$\xrightarrow[\text{中行中禾不尽者遍乘左行}]{\text{用数 5 乘左行各数}}\begin{pmatrix}0&0&3\\20&5&2\\40&1&1\\195&24&39\end{pmatrix}\xrightarrow[\text{中行直除左行}]{\text{左行连减 4 次中行}}\begin{pmatrix}0&0&3\\0&5&2\\36&1&1\\99&24&39\end{pmatrix}$$

$$\xrightarrow{\text{用 9 约左行}}\begin{pmatrix}0&0&3\\0&5&2\\4&1&1\\11&24&39\end{pmatrix}\xrightarrow[\text{用法乘中行}]{\text{左行下禾 4 为法}}\begin{pmatrix}0&0&3\\0&20&2\\4&4&1\\11&96&39\end{pmatrix}$$

$$\xrightarrow[\text{左行直除中行}]{\text{中行减一次左行}}\begin{pmatrix}0&0&3\\0&20&2\\4&0&1\\11&85&39\end{pmatrix}\xrightarrow[\text{用法乘右行}]{\text{左行下禾为法}}\begin{pmatrix}0&0&12\\0&20&8\\4&0&4\\11&85&156\end{pmatrix}$$

$$\xrightarrow[\text{左行直除右行}]{\text{右行减一次左行}}\cdots$$

可以看到,用“直除法”求解线性方程组本质上就是对增广矩阵做一系列的初等变换,“直除法”所用的运算与矩阵的初等变换并无本质的不同.

可以利用初等下三角形矩阵来等价地描述例 2 中的运算过程,只考虑上述过程中的系数矩阵 $\boldsymbol{A}$,第一次消元意味着

$$\boldsymbol{L}_1\boldsymbol{A}=\begin{pmatrix}1&&&\\-2&1&&\\-4&&1&\\-3&&&1\end{pmatrix}\begin{pmatrix}2&1&1&0\\4&3&3&1\\8&7&9&5\\6&7&9&8\end{pmatrix}=\begin{pmatrix}2&1&1&0\\0&1&1&1\\0&3&5&5\\0&4&6&8\end{pmatrix}.$$

第二次消元意味着

$$\boldsymbol{L}_2\boldsymbol{L}_1\boldsymbol{A}=\begin{pmatrix}1&&&\\&1&&\\&-3&1&\\&-4&&1\end{pmatrix}\begin{pmatrix}2&1&1&0\\0&1&1&1\\0&3&5&5\\0&4&6&8\end{pmatrix}=\begin{pmatrix}2&1&1&0\\0&1&1&1\\0&0&2&2\\0&0&2&4\end{pmatrix}.$$

第三次消元意味着

$$\boldsymbol{L}_3\boldsymbol{L}_2\boldsymbol{L}_1\boldsymbol{A}=\begin{pmatrix}1&&&\\&1&&\\&&1&\\&&-1&1\end{pmatrix}\begin{pmatrix}2&1&1&0\\0&1&1&1\\0&0&2&2\\0&0&2&4\end{pmatrix}=\begin{pmatrix}2&1&1&0\\0&1&1&1\\0&0&2&2\\0&0&0&2\end{pmatrix}=\boldsymbol{U}.$$

接下来计算 $\boldsymbol{L}=\boldsymbol{L}_1^{-1}\boldsymbol{L}_2^{-1}\boldsymbol{L}_3^{-1}$.由附录 1 中初等三角形矩阵性质(1)可知,$\boldsymbol{L}_1$ 的逆即为将 $\boldsymbol{L}_1$ 的下三角部分的元素变符号,即

$$\begin{pmatrix}1&&&\\-2&1&&\\-4&&1&\\-3&&&1\end{pmatrix}^{-1}=\begin{pmatrix}1&&&\\2&1&&\\4&&1&\\3&&&1\end{pmatrix},$$

同样可得 $\boldsymbol{L}_2$ 和 $\boldsymbol{L}_3$ 的逆:

$$\begin{pmatrix}1&&&\\&1&&\\&-3&1&\\&-4&&1\end{pmatrix}^{-1}=\begin{pmatrix}1&&&\\&1&&\\&3&1&\\&4&&1\end{pmatrix},\quad\begin{pmatrix}1&&&\\&1&&\\&&1&\\&&-1&1\end{pmatrix}^{-1}=\begin{pmatrix}1&&&\\&1&&\\&&1&\\&&1&1\end{pmatrix}.$$

再由附录 1 中初等三角形矩阵性质(2)可知,$\boldsymbol{L}_1^{-1}\ \boldsymbol{L}_2^{-1}\boldsymbol{L}_3^{-1}$ 也是单位下三角形矩阵,其下三角部分即为将 $\boldsymbol{L}_1^{-1}$,$\boldsymbol{L}_2^{-1}$ 和 $\boldsymbol{L}_3^{-1}$ 相应部分的元素对应到相应的下三角的位置:

$$\begin{aligned}(\boldsymbol{L}_3\boldsymbol{L}_2\boldsymbol{L}_1)^{-1}&=\boldsymbol{L}_1^{-1}\boldsymbol{L}_2^{-1}\boldsymbol{L}_3^{-1}\\&=\begin{pmatrix}1&&&\\2&1&&\\4&&1&\\3&&&1\end{pmatrix}\begin{pmatrix}1&&&\\&1&&\\&3&1&\\&4&&1\end{pmatrix}\begin{pmatrix}1&&&\\&1&&\\&&1&\\&&1&1\end{pmatrix}\\&=\begin{pmatrix}1&&&\\2&1&&\\4&3&1&\\3&4&1&1\end{pmatrix},\end{aligned}$$

最后得

$$\underset{\boldsymbol{A}}{\begin{pmatrix}2&1&1&0\\4&3&3&1\\8&7&9&5\\6&7&9&8\end{pmatrix}}=\underset{\boldsymbol{L}}{\begin{pmatrix}1&&&\\2&1&&\\4&3&1&\\3&4&1&1\end{pmatrix}}\underset{\boldsymbol{U}}{\begin{pmatrix}2&1&1&0\\&1&1&1\\&&2&2\\&&&2\end{pmatrix}},$$

上式即为矩阵 $\boldsymbol{A}$ 的 LU 分解.

定义 2.1 对于 n 阶方阵 $\boldsymbol{A}$,如果存在 n 阶单位下三角形矩阵 $\boldsymbol{L}$ 和 n 阶上三角形矩阵 $\boldsymbol{U}$,使得 $\boldsymbol{A}=\boldsymbol{L}\boldsymbol{U}$,则称其为矩阵 $\boldsymbol{A}$ 的 **LU 分解**,也称为 **Doolittle(杜利特尔)分解**.

下面对一般 n 阶方阵 $\boldsymbol{A}$ 进行 LU 分解.将 $\boldsymbol{A}$ 按列分块,记为 $\boldsymbol{A}=(\boldsymbol{a}_1^{(0)},\boldsymbol{a}_2^{(0)},\cdots,\boldsymbol{a}_n^{(0)})$.第一次消元意味着,寻求 $\boldsymbol{L}_1$ 使得

$$\boldsymbol{a}_1^{(0)}=\begin{pmatrix}a_{11}^{(0)}\\a_{21}^{(0)}\\\vdots\\a_{n1}^{(0)}\end{pmatrix}\xrightarrow{\boldsymbol{L}_1}\boldsymbol{L}_1\boldsymbol{a}_1^{(0)}=\begin{pmatrix}a_{11}^{(0)}\\0\\\vdots\\0\end{pmatrix},$$

因此要求 $a_{11}^{(0)}\neq 0$,并且从 $\boldsymbol{A}$ 的第 i 行减去第一行的 $l_{i1}=\dfrac{a_{i1}^{(0)}}{a_{11}^{(0)}}(1<i\leqslant n)$(称其为行乘子)倍,

因此

$$\boldsymbol{L}_1=\begin{pmatrix}1&&&\\-l_{21}&1&&\\\vdots&&\ddots&\\-l_{n1}&&&1\end{pmatrix},$$

并且

$$\boldsymbol{L}_1\boldsymbol{A}=\begin{pmatrix} a_{11}^{(0)} & a_{12}^{(0)} & \cdots & a_{1n}^{(0)} \\ 0 & a_{22}^{(1)} & \cdots & a_{2n}^{(1)} \\ \vdots & \vdots & & \vdots \\ 0 & a_{n2}^{(1)} & \cdots & a_{nn}^{(1)} \end{pmatrix},$$

其中 $a_{ij}^{(1)}=a_{ij}^{(0)}-l_{i1}a_{1j}^{(0)}, i,j=2,\cdots,n.$

如果消元过程完成 $k-1$ 步，即

$$\boldsymbol{L}_{k-1}\cdots\boldsymbol{L}_2\boldsymbol{L}_1\boldsymbol{A}=\begin{pmatrix} a_{11}^{(0)} & \cdots & a_{1,k-1}^{(0)} & a_{1k}^{(0)} & \cdots & a_{1n}^{(0)} \\ & \ddots & \vdots & \vdots & & \vdots \\ & & a_{k-1,k-1}^{(k-2)} & a_{k-1,k}^{(k-2)} & \cdots & a_{k-1,n}^{(k-2)} \\ & & & a_{kk}^{(k-1)} & \cdots & a_{kn}^{(k-1)} \\ & & & \vdots & & \vdots \\ & & & a_{nk}^{(k-1)} & \cdots & a_{nn}^{(k-1)} \end{pmatrix},$$

第 k 步消元即为寻求 $\boldsymbol{L}_k$ 使得

$$\boldsymbol{a}_k^{(k-1)}=\begin{pmatrix} a_{1k}^{(0)} \\ \vdots \\ a_{k-1,k}^{(k-2)} \\ a_{kk}^{(k-1)} \\ a_{k+1,k}^{(k-1)} \\ \vdots \\ a_{nk}^{(k-1)} \end{pmatrix} \xrightarrow{\boldsymbol{L}_k} \boldsymbol{L}_k\boldsymbol{a}_k^{(k-1)}=\begin{pmatrix} a_{1k}^{(0)} \\ \vdots \\ a_{k-1,k}^{(k-2)} \\ a_{kk}^{(k-1)} \\ 0 \\ \vdots \\ 0 \end{pmatrix}, \tag{2-1}$$

因此要求 $a_{kk}^{(k-1)}\neq 0$，并且从 $\boldsymbol{L}_{k-1}\cdots\boldsymbol{L}_2\boldsymbol{L}_1\boldsymbol{A}$ 的第 i 行减去第 k 行的 $l_{ik}=\dfrac{a_{ik}^{(k-1)}}{a_{kk}^{(k-1)}}(k<i\leqslant n)$ 倍，其中 $a_{ij}^{(k)}=a_{ij}^{(k-1)}-l_{ik}a_{kj}^{(k-1)}, i,j=k+1,\cdots,n.$ 因此

$$\boldsymbol{L}_k=\begin{pmatrix} 1 & & & & \\ & \ddots & & & \\ & & 1 & & \\ & & -l_{k+1,k} & 1 & \\ & & \vdots & & \ddots \\ & & -l_{nk} & & & 1 \end{pmatrix}, \tag{2-2}$$

并且

$$L_k\cdots L_2L_1A=\begin{pmatrix} a_{11}^{(0)} & \cdots & a_{1k}^{(0)} & a_{1,k+1}^{(0)} & \cdots & a_{1n}^{(0)} \\ & \ddots & \vdots & \vdots & & \vdots \\ & & a_{kk}^{(k-1)} & a_{k,k+1}^{(k-1)} & \cdots & a_{kn}^{(k-1)} \\ & & & a_{k+1,k+1}^{(k)} & \cdots & a_{k+1,n}^{(k)} \\ & & & \vdots & & \vdots \\ & & & a_{n,k+1}^{(k)} & \cdots & a_{nn}^{(k)} \end{pmatrix}. \tag{2-3}$$

上述过程重复进行 $n-1$ 步,最后有

$$L_{n-1}L_{n-2}\cdots L_2L_1A=\begin{pmatrix} a_{11}^{(0)} & \cdots & a_{1k}^{(0)} & \cdots & a_{1,n-1}^{(0)} & a_{1n}^{(0)} \\ & \ddots & \vdots & & \vdots & \vdots \\ & & a_{kk}^{(k-1)} & \cdots & a_{k,n-1}^{(k-1)} & a_{kn}^{(k-1)} \\ & & & \ddots & \vdots & \vdots \\ & & & & a_{n-1,n-1}^{(n-2)} & a_{n-1,n}^{(n-2)} \\ & & & & & a_{nn}^{(n-1)} \end{pmatrix}=U. \tag{2-4}$$

令 $L=(L_{n-1}L_{n-2}\cdots L_2L_1)^{-1}$,则

$$L=\begin{pmatrix} 1 & & & & \\ l_{21} & 1 & & & \\ \vdots & \vdots & \ddots & & \\ l_{n-1,1} & l_{n-1,2} & \cdots & 1 & \\ l_{n1} & l_{n2} & \cdots & l_{n,n-1} & 1 \end{pmatrix}, \tag{2-5}$$

并且

$$A=LU. \tag{2-6}$$

因此 Gauss 消去法的消元过程事实上就是矩阵 A 的 LU 分解过程.(2-1)-(2-5)式表明,如果 $a_{kk}^{(k-1)}\neq 0,k=1,2,\cdots,n-1$,则 A 一定可作 LU 分解.但是 $a_{kk}^{(k-1)}$ 是否不等于零要到第 k 步才能判断,能否对于给定的矩阵 A,不进行消去法运算而得出 A 能进行 LU 分解的条件呢?进一步地,如果将(2-6)式两端在第 k 行第 k 列处分块有

$$A=\begin{pmatrix} L_1^* & O \\ * & L_2^* \end{pmatrix}\begin{pmatrix} U_1 & * \\ O & U_2 \end{pmatrix},$$

其中 L_1^* 为 L 的第 k 阶顺序主子阵,它是单位下三角形矩阵,U_1 为 U 的第 k 阶顺序主子阵,它是一上三角形矩阵,其对角元为 $a_{11}^{(0)},a_{22}^{(1)},\cdots,a_{kk}^{(k-1)}$,因此 A 的第 k 阶顺序主子式满足

$$D_k=a_{11}^{(0)}a_{22}^{(1)}\cdots a_{kk}^{(k-1)},$$

由此可得,如果规定 $D_0=1$,则

$$a_{kk}^{(k-1)}=\frac{D_k}{D_{k-1}},\quad k=1,2,\cdots,n-1, \tag{2-7}$$

即若 $D_k\neq 0$,等价于 $a_{kk}^{(k-1)}\neq 0,k=1,2,\cdots,n-1$.这样在此条件下 A 必有 LU 分解.

在此条件下,A 的 LU 分解是否唯一呢?先设 A 可逆,若 A 有两种 LU 分解 $A=L_1U_1$ 和

$A=L_2U_2$，其中 L_1,L_2 为单位下三角形矩阵，U_1,U_2 为上三角形矩阵.则

$$L_1U_1=L_2U_2,$$

两端右乘 U_1^{-1}，得

$$L_1=L_2U_2U_1^{-1},$$

两端左乘 L_2^{-1}，得

$$L_2^{-1}L_1=U_2U_1^{-1}.$$

上式左端是单位下三角形矩阵，右端是上三角形矩阵，因此左右必都为单位矩阵 I，从而得

$$L_2^{-1}L_1=I,\quad L_1=L_2.$$

同理可证 $U_1=U_2$.若 A 的各阶顺序主子式 $D_k(k=1,2,\cdots,n-1)$ 均不为零，但 A 是奇异矩阵，此时设 A 有 LU 分解(2-6)，将等式(2-6)两端在第 $n-1$ 行、第 $n-1$ 列处分块有

$$A=\begin{pmatrix} L_1^* & \mathbf{0} \\ \boldsymbol{\alpha}^{\mathrm{T}} & 1 \end{pmatrix}\begin{pmatrix} U_1^* & \boldsymbol{\beta} \\ \mathbf{0} & s \end{pmatrix},$$

其中 L_1^* 为 L 的第 $n-1$ 阶顺序主子阵，它是单位下三角形矩阵，U_1^* 为 U 的第 $n-1$ 阶顺序主子阵，它是上三角形矩阵，$\boldsymbol{\alpha}$ 和 $\boldsymbol{\beta}$ 均是 $n-1$ 维向量，s 为实数.注意到 $L_1^*U_1^*$ 是 A 的前$n-1$ 阶主子阵的 LU 分解，由前面已证结果可知 L_1^* 和U_1^* 是唯一确定的，且均是非奇异的.上式两端再比较最后一行和最后一列可知 $\boldsymbol{\alpha}$ 和 $\boldsymbol{\beta}$ 也是唯一确定的.注意到 A 是奇异矩阵，上式两端取行列式可知必有 $s=0$.综上可知此时 LU 分解也是唯一的.

综合上述结果得

定理 2.1(矩阵 LU 分解的存在和唯一性) 如果 n 阶矩阵 A 的各阶顺序主子式 $D_k(k=1,2,\cdots,n-1)$ 均不为零，则必有单位下三角形矩阵 L 和上三角形矩阵 U，使得 $A=LU$，而且 L 和 U 是唯一的.

下面计算用 Gauss 消去法求解 $Ax=b$ 所需的计算量.第 k 次消元需要计算 $l_{ik}(i=k+1,\cdots,n)$ 共 $n-k$ 个行乘子，每次需要做一次除法，共 $n-k$ 次除法，接下来对矩阵的右下角$(n-k)(n-k+1)$ 阶子块的每一个元进行消元，每次进行一次乘法和一次减法，我们仅统计计算乘除法的次数，共$(n-k)(n-k+1)$次乘法，而消元需要从第 1 列直到第 $n-1$ 列，因此将$(A\mid b)$经过初等行变换化成$(U\mid c)$共需乘、除的次数为

$$\sum_{k=1}^{n-1}(n-k)(n-k+2)=\frac{n^3}{3}+\frac{n^2}{2}-\frac{5n}{6}.$$

用回代法解 $Ux=c$ 时，计算第 i 个分量 x_i 时需要 $n-i$ 次乘和 1 次除，共 $n-i+1$ 次.求解 $Ux=c$ 总的运算量为

$$\sum_{i=1}^{n}(n-i+1)=\frac{n^2}{2}+\frac{n}{2}.$$

综合得，用 Gauss 消去法求解 $Ax=b$ 所需的总的乘、除计算量为

$$\frac{n^3}{3}+n^2-\frac{n}{3}.$$

当 n 较大时，它和$\frac{n^3}{3}$是同阶的.

直接利用 LU 分解可以推导出 L 和 U 的元的紧凑格式的计算公式，即计算机上常用的 Doolittle 公式：

$$\begin{pmatrix} a_{11} & a_{12} & \cdots & a_{1n} \\ a_{21} & a_{22} & \cdots & a_{2n} \\ \vdots & \vdots & & \vdots \\ a_{n1} & a_{n2} & \cdots & a_{nn} \end{pmatrix} = \begin{pmatrix} 1 & & & \\ l_{21} & 1 & & \\ \vdots & \vdots & \ddots & \\ l_{n1} & l_{n2} & \cdots & 1 \end{pmatrix} \begin{pmatrix} u_{11} & u_{12} & \cdots & u_{1n} \\ & u_{22} & \cdots & u_{2n} \\ & & \ddots & \vdots \\ & & & u_{nn} \end{pmatrix}.$$

比较等式两端对应元容易算出：

$$\begin{cases} u_{1j} = a_{1j}, & j = 1, 2, \cdots, n, \\ l_{j1} = \dfrac{a_{j1}}{u_{11}}, & j = 2, \cdots, n, \end{cases} \tag{2-8}$$

$$\begin{cases} u_{ij} = a_{ij} - \displaystyle\sum_{k=1}^{i-1} l_{ik} u_{kj}, & j = i, i+1, \cdots, n, \\ l_{ji} = \dfrac{a_{ji} - \displaystyle\sum_{k=1}^{i-1} l_{jk} u_{ki}}{u_{ii}}, & j = i+1, \cdots, n, \end{cases} \tag{2-9}$$

对于 $i=2,\cdots,n$ 依次利用上述递推关系即可算出 $\boldsymbol{U}$ 和 $\boldsymbol{L}$，从而实现 $\boldsymbol{A}$ 的三角分解，这就是 Doolittle 分解的计算公式.

由于 $\boldsymbol{L}$ 是单位下三角形矩阵，对角元为 1，而 $\boldsymbol{U}$ 是上三角形矩阵，因此元 l_{ji} 及 u_{ij} 利用矩阵 $\boldsymbol{A}$ 的元位置存放，无须增加新的存储. 事实上，固定 i，当 u_{ij} 算出时，a_{ij} 在计算中不再出现，故将 u_{ij} 存储在 a_{ij} 的位置；当 l_{ji} 算出时，a_{ji} 在计算中不再出现，故同样将 l_{ji} 存储在 a_{ji} 的位置. 从而当实现 $\boldsymbol{A}$ 的 LU 分解后，矩阵 $\boldsymbol{A}$ 的元分别换成了 $\boldsymbol{U}$ 或 $\boldsymbol{L}$ 的元：

$$\begin{pmatrix} u_{11} & u_{12} & \cdots & u_{1n} \\ l_{21} & u_{22} & \cdots & u_{2n} \\ \vdots & \ddots & \ddots & \vdots \\ l_{n1} & \cdots & l_{n,n-1} & u_{nn} \end{pmatrix}.$$

如果 LU 分解中，要求 $\boldsymbol{L}$ 是下三角形矩阵，$\boldsymbol{U}$ 是单位上三角形矩阵：

$$\begin{pmatrix} a_{11} & a_{12} & \cdots & a_{1n} \\ a_{21} & a_{22} & \cdots & a_{2n} \\ \vdots & \vdots & & \vdots \\ a_{n1} & a_{n2} & \cdots & a_{nn} \end{pmatrix} = \begin{pmatrix} l_{11} & & & \\ l_{21} & l_{22} & & \\ \vdots & \vdots & \ddots & \\ l_{n1} & l_{n2} & \cdots & l_{nn} \end{pmatrix} \begin{pmatrix} 1 & u_{12} & \cdots & u_{1n} \\ & 1 & \cdots & u_{2n} \\ & & \ddots & \vdots \\ & & & 1 \end{pmatrix},$$

则比较等式两端对应元，先求 $\boldsymbol{L}$ 的第 i 列，再求 $\boldsymbol{U}$ 的第 i 行的计算顺序，容易算出：

$$\begin{cases} l_{j1} = a_{j1}, & j = 1, 2, \cdots, n, \\ u_{1j} = \dfrac{a_{1j}}{l_{11}}, & j = 2, \cdots, n, \end{cases} \tag{2-10}$$

$$\begin{cases} l_{ji} = a_{ji} - \displaystyle\sum_{k=1}^{i-1} l_{jk} u_{ki}, & j = i, i+1, \cdots, n, \\ u_{ij} = \dfrac{a_{ij} - \displaystyle\sum_{k=1}^{i-1} l_{ik} u_{kj}}{l_{ii}}, & j = i+1, \cdots, n, \end{cases} \tag{2-11}$$

对于 $i=2,\cdots,n$，依次利用公式(2-11)即可算出 $\boldsymbol{L}$ 和 $\boldsymbol{U}$. 这就是称为 **Crout(克劳特)分解**的计算公式.

进一步，我们还可以做如下分解：

$$\boldsymbol{A}=\boldsymbol{LDU},$$

其中 $\boldsymbol{L}$ 是单位下三角形矩阵，$\boldsymbol{U}$ 是单位上三角形矩阵，$\boldsymbol{D}$ 是一个非奇异的对角矩阵，则称矩阵 $\boldsymbol{A}$ 有 **LDU 分解**.容易证明此分解也是唯一的.具体分解方法这里不详细讨论.

例 1 中的线性方程组的系数矩阵 $\boldsymbol{A}$ 可做如下三种三角分解：

(1) 矩阵的 Doolittle 分解：

$$\begin{pmatrix}2&1&1&0\\4&3&3&1\\8&7&9&5\\6&7&9&8\end{pmatrix}=\begin{pmatrix}1&&&\\2&1&&\\4&3&1&\\3&4&1&1\end{pmatrix}\begin{pmatrix}2&1&1&0\\&1&1&1\\&&2&2\\&&&2\end{pmatrix}.$$

(2) 矩阵的 Crout 分解：

$$\begin{pmatrix}2&1&1&0\\4&3&3&1\\8&7&9&5\\6&7&9&8\end{pmatrix}=\begin{pmatrix}2&&&\\4&1&&\\8&3&2&\\6&4&2&2\end{pmatrix}\begin{pmatrix}1&\frac{1}{2}&\frac{1}{2}&0\\&1&1&1\\&&1&1\\&&&1\end{pmatrix}.$$

(3) 矩阵的 LDU 分解：

$$\begin{pmatrix}2&1&1&0\\4&3&3&1\\8&7&9&5\\6&7&9&8\end{pmatrix}=\begin{pmatrix}1&&&\\2&1&&\\4&3&1&\\3&4&1&1\end{pmatrix}\begin{pmatrix}2&&&\\&1&&\\&&2&\\&&&2\end{pmatrix}\begin{pmatrix}1&\frac{1}{2}&\frac{1}{2}&0\\&1&1&1\\&&1&1\\&&&1\end{pmatrix}.$$

对于矩阵的 Crout 分解和 LDU 分解也有与定理 2.1 相应的结果.

利用矩阵的三角分解还可以求矩阵 $\boldsymbol{A}$ 的逆矩阵.

例 3 试利用 LU 分解求矩阵 $\boldsymbol{A}=\begin{pmatrix}2&1&1&0\\4&3&3&1\\8&7&9&5\\6&7&9&8\end{pmatrix}$ 的逆矩阵.

解 设其逆矩阵为

$$\boldsymbol{X}=\boldsymbol{A}^{-1}=\begin{pmatrix}x_{11}&x_{12}&x_{13}&x_{14}\\x_{21}&x_{22}&x_{23}&x_{24}\\x_{31}&x_{32}&x_{33}&x_{34}\\x_{41}&x_{42}&x_{43}&x_{44}\end{pmatrix}=(\boldsymbol{X}_1\quad\boldsymbol{X}_2\quad\boldsymbol{X}_3\quad\boldsymbol{X}_4),$$

则应有 $\boldsymbol{AX}=\boldsymbol{I}$.由矩阵 $\boldsymbol{A}$ 的 LU 分解，有

$$\begin{pmatrix}1&&&\\2&1&&\\4&3&1&\\3&4&1&1\end{pmatrix}\begin{pmatrix}2&1&1&0\\&1&1&1\\&&2&2\\&&&2\end{pmatrix}(\boldsymbol{X}_1\quad\boldsymbol{X}_2\quad\boldsymbol{X}_3\quad\boldsymbol{X}_4)$$

$$=(\boldsymbol{e}_1\quad \boldsymbol{e}_2\quad \boldsymbol{e}_3\quad \boldsymbol{e}_4)=\begin{pmatrix}1&&&\\&1&&\\&&1&\\&&&1\end{pmatrix}.$$

故只需解如下的方程组：

(1) $\boldsymbol{LY}_1=\boldsymbol{e}_1,\boldsymbol{UX}_1=\boldsymbol{Y}_1$，有 $\boldsymbol{Y}_1=(1,-2,2,3)^{\mathrm{T}},\boldsymbol{X}_1=\left(\frac{9}{4},-3,-\frac{1}{2},\frac{3}{2}\right)^{\mathrm{T}}$；

(2) $\boldsymbol{LY}_2=\boldsymbol{e}_2,\boldsymbol{UX}_2=\boldsymbol{Y}_2$，有 $\boldsymbol{Y}_2=(0,1,-3,-1)^{\mathrm{T}},\boldsymbol{X}_2=\left(-\frac{3}{4},\frac{5}{2},-1,-\frac{1}{2}\right)^{\mathrm{T}}$；

(3) $\boldsymbol{LY}_3=\boldsymbol{e}_3,\boldsymbol{UX}_3=\boldsymbol{Y}_3$，有 $\boldsymbol{Y}_3=(0,0,1,-1)^{\mathrm{T}},\boldsymbol{X}_3=\left(-\frac{1}{4},-\frac{1}{2},\ 1,-\frac{1}{2}\right)^{\mathrm{T}}$；

(4) $\boldsymbol{LY}_4=\boldsymbol{e}_4,\boldsymbol{UX}_4=\boldsymbol{Y}_4$，有 $\boldsymbol{Y}_4=(0,0,0,1)^{\mathrm{T}},\boldsymbol{X}_4=\left(\frac{1}{4},0,-\frac{1}{2},\frac{1}{2}\right)^{\mathrm{T}}$，

所以

$$\boldsymbol{A}^{-1}=\begin{pmatrix}\frac{9}{4}&-\frac{3}{4}&-\frac{1}{4}&\frac{1}{4}\\-3&\frac{5}{2}&-\frac{1}{2}&0\\-\frac{1}{2}&-1&1&-\frac{1}{2}\\\frac{3}{2}&-\frac{1}{2}&-\frac{1}{2}&\frac{1}{2}\end{pmatrix}.$$

2.1.2 Gauss 列主元消去法与带列主元的 LU 分解

1. Gauss 列主元消去法

在(2-1)式的第 k 步消元过程中，元 $a_{kk}^{(k-1)}\neq 0$ 起着非常关键的作用，我们称其为**主元**.

(1) $\begin{pmatrix}0&3&-1\\1&2&2\\2&-2&1\end{pmatrix}\begin{pmatrix}x_1\\x_2\\x_3\end{pmatrix}=\begin{pmatrix}2\\4\\1\end{pmatrix}$，其中 $a_{11}=0,l_{21}=\frac{1}{0}$，数值计算上溢，Gauss 消去法不可行.

而 $\det(\boldsymbol{A})=16\neq 0$，其解存在且唯一.

(2) 因为计算行乘子 l_{jk} 以及求 $\boldsymbol{Ux}=\boldsymbol{c}$ 的解时，要用 $a_{kk}^{(k-1)}$ 做除数，而在数值计算中，应尽量避免用小数做除数，下面的例子说明小主元对解的影响.

例 4 在一台八位十进制的计算机上，用 Gauss 消去法解线性方程组

$$\begin{pmatrix}10^{-8}&2&3\\-1&3.712&4.623\\-2&1.072&5.643\end{pmatrix}\begin{pmatrix}x_1\\x_2\\x_3\end{pmatrix}=\begin{pmatrix}1\\2\\3\end{pmatrix}.$$

解
$$(\boldsymbol{A}\mid\boldsymbol{b})=\begin{pmatrix}10^{-8} & 2 & 3 & 1\\ -1 & 3.712 & 4.623 & 2\\ -2 & 1.072 & 5.643 & 3\end{pmatrix},$$

$$l_{21}=\frac{1}{10^{-8}}=10^{8},\quad l_{31}=\frac{2}{10^{-8}}=0.2\times10^{9},$$

在这台八位十进制的计算机上,经过两次消元有

$$(\boldsymbol{A}\mid\boldsymbol{b})\xrightarrow{\text{第一次消元}}\begin{pmatrix}10^{-8} & 2 & 3 & 1\\ 0 & 0.2\times10^{9} & 0.3\times10^{9} & 0.1\times10^{9}\\ 0 & 0.4\times10^{9} & 0.6\times10^{9} & 0.2\times10^{9}\end{pmatrix}$$

$$\xrightarrow{\text{第二次消元}}\begin{pmatrix}10^{-8} & 2 & 3 & 1\\ 0 & 0.2\times10^{9} & 0.3\times10^{9} & 0.1\times10^{9}\\ 0 & 0 & 0 & 0\end{pmatrix}=(\boldsymbol{U}\mid\boldsymbol{c}),$$

显然$(\boldsymbol{U}\mid\boldsymbol{c})$有无穷多解.但实际上,$\det(\boldsymbol{A})\neq0$,线性方程组有唯一解.因此在计算过程中的舍入误差使解面目全非了,这些均是由于小主元做除数所致.

为避免小主元做除数,在 Gauss 消去法中增加选主元的过程,即在第 k 步,($k=1,2,\cdots,n-1$)消元时,首先在第 k 列主对角元以下(含主对角元)元中挑选绝对值最大的数,并通过初等行交换,使得该数位于主对角线上,然后再继续消元.称该**绝对值最大的数为列主元**.将在消元过程中,每一步都按列选主元的 Gauss 消去法称之为 **Gauss 列主元消去法**.

由于选取列主元使得每一个行乘子均为模不超过 1 的数,因此它避免了出现例 4 中的大的行乘子,误差分析表明,如果线性方程组不是病态的(见后面 2.1.5 节),用列主元消去法可以获得满意的数值解.

例 5 用 Gauss 列主元消去法解例 4 中的方程组.

解
$$(\boldsymbol{A}\mid\boldsymbol{b})=\begin{pmatrix}10^{-8} & 2 & 3 & 1\\ -1 & 3.712 & 4.623 & 2\\ -2 & 1.072 & 5.643 & 3\end{pmatrix}$$

$$\xrightarrow{\text{选列主元},r_1\longleftrightarrow r_3}\begin{pmatrix}-2 & 1.072 & 5.643 & 3\\ -1 & 3.712 & 4.623 & 2\\ 10^{-8} & 2 & 3 & 1\end{pmatrix}$$

$$\xrightarrow{\text{第一次消元}}\begin{pmatrix}-2 & 1.072 & 5.643 & 3\\ 0 & 0.317\,6\times10 & 0.180\,15\times10 & 0.5\\ 0 & 0.2\times10 & 0.3\times10 & 0.1\times10\end{pmatrix}$$

$$\xrightarrow{\text{选列主元,第二次消元}}\begin{pmatrix}-2 & 1.072 & 5.643 & 3\\ 0 & 0.317\,6\times10 & 0.180\,15\times10 & 0.5\\ 0 & 0 & 0.186\,555\,41\times10 & 0.685\,138\,54\end{pmatrix}$$

$$=(\boldsymbol{U}\mid\boldsymbol{c}).$$

用回代法求$(\boldsymbol{U}\mid\boldsymbol{c})$的解得

$$\tilde{\boldsymbol{x}}=(-0.491\,058\,20,-0.050\,886\,07,0.367\,257\,39)^{\mathrm{T}},$$

方程组的更加准确的解为

$$\boldsymbol{x}=(-0.491\,058\,227,-0.050\,886\,075,0.367\,257\,384)^{\mathrm{T}}.$$

2. 带列主元的 LU 分解

由上述 Gauss 列主元消去法可以得到矩阵的带有选列主元的 LU 分解，还是以例 1 中的系数矩阵 $\boldsymbol{A}$ 为例来说明.

第一次选列主元，交换第 1 行和第 3 行，即对 $\boldsymbol{A}$ 左乘初等置换矩阵 $\boldsymbol{P}_1$（见附录 1“初等置换矩阵与置换矩阵”）：

$$\begin{pmatrix} & & 1 & \\ & 1 & & \\ 1 & & & \\ & & & 1\end{pmatrix}\begin{pmatrix}2&1&1&0\\4&3&3&1\\8&7&9&5\\6&7&9&8\end{pmatrix}=\begin{pmatrix}8&7&9&5\\4&3&3&1\\2&1&1&0\\6&7&9&8\end{pmatrix}.$$

第一次消元，消去第一列主对角元以下的非零元，即在上述运算基础上左乘 $\boldsymbol{L}_1$：

$$\begin{pmatrix}1 & & & \\ -\frac{1}{2} & 1 & & \\ -\frac{1}{4} & & 1 & \\ -\frac{3}{4} & & & 1\end{pmatrix}\begin{pmatrix}8&7&9&5\\4&3&3&1\\2&1&1&0\\6&7&9&8\end{pmatrix}=\begin{pmatrix}8&7&9&5\\ & -\frac{1}{2} & -\frac{3}{2} & -\frac{3}{2}\\ & -\frac{3}{4} & -\frac{5}{4} & -\frac{5}{4}\\ & \frac{7}{4} & \frac{9}{4} & \frac{17}{4}\end{pmatrix}.$$

第二次选列主元，交换第 2 行和第 4 行，即左乘初等置换矩阵 $\boldsymbol{P}_2$：

$$\begin{pmatrix}1 & & & \\ & & & 1\\ & & 1 & \\ & 1 & & \end{pmatrix}\begin{pmatrix}8&7&9&5\\ & -\frac{1}{2} & -\frac{3}{2} & -\frac{3}{2}\\ & -\frac{3}{4} & -\frac{5}{4} & -\frac{5}{4}\\ & \frac{7}{4} & \frac{9}{4} & \frac{17}{4}\end{pmatrix}=\begin{pmatrix}8&7&9&5\\ & \frac{7}{4} & \frac{9}{4} & \frac{17}{4}\\ & -\frac{3}{4} & -\frac{5}{4} & -\frac{5}{4}\\ & -\frac{1}{2} & -\frac{3}{2} & -\frac{3}{2}\end{pmatrix}.$$

第二次消元，消去第二列主对角元以下的非零元，即左乘 $\boldsymbol{L}_2$：

$$\begin{pmatrix}1 & & & \\ & 1 & & \\ & \frac{3}{7} & 1 & \\ & \frac{2}{7} & & 1\end{pmatrix}\begin{pmatrix}8&7&9&5\\ & \frac{7}{4} & \frac{9}{4} & \frac{17}{4}\\ & -\frac{3}{4} & -\frac{5}{4} & -\frac{5}{4}\\ & -\frac{1}{2} & -\frac{3}{2} & -\frac{3}{2}\end{pmatrix}=\begin{pmatrix}8&7&9&5\\ & \frac{7}{4} & \frac{9}{4} & \frac{17}{4}\\ & & -\frac{2}{7} & \frac{4}{7}\\ & & -\frac{6}{7} & -\frac{2}{7}\end{pmatrix}.$$

第三次选列主元，交换第 3 行和第 4 行，即左乘初等置换矩阵 $\boldsymbol{P}_3$：

$$\begin{pmatrix}1&&&\\&1&&\\&&&1\\&&1&\end{pmatrix}\begin{pmatrix}8&7&9&5\\&\frac{7}{4}&\frac{9}{4}&\frac{17}{4}\\&&-\frac{2}{7}&\frac{4}{7}\\&&-\frac{6}{7}&-\frac{2}{7}\end{pmatrix}=\begin{pmatrix}8&7&9&5\\&\frac{7}{4}&\frac{9}{4}&\frac{17}{4}\\&&-\frac{6}{7}&-\frac{2}{7}\\&&-\frac{2}{7}&\frac{4}{7}\end{pmatrix}.$$

最后一次消元，消去第三列主对角元以下的非零元，即左乘 $\boldsymbol{L}_3$：

$$\begin{pmatrix}1&&&\\&1&&\\&&1&\\&&-\frac{1}{3}&1\end{pmatrix}\begin{pmatrix}8&7&9&5\\&\frac{7}{4}&\frac{9}{4}&\frac{17}{4}\\&&-\frac{6}{7}&-\frac{2}{7}\\&&-\frac{2}{7}&\frac{4}{7}\end{pmatrix}=\begin{pmatrix}8&7&9&5\\&\frac{7}{4}&\frac{9}{4}&\frac{17}{4}\\&&-\frac{6}{7}&-\frac{2}{7}\\&&&\frac{2}{3}\end{pmatrix}=\boldsymbol{U}.$$

实际上，上述过程可以表示为

$$\boldsymbol{L}_3\boldsymbol{P}_3\boldsymbol{L}_2\boldsymbol{P}_2\boldsymbol{L}_1\boldsymbol{P}_1\boldsymbol{A}=\boldsymbol{U}. \tag{2-12}$$

显然，$\boldsymbol{L}_3\boldsymbol{P}_3\boldsymbol{L}_2\boldsymbol{P}_2\boldsymbol{L}_1\boldsymbol{P}_1$ 似乎并不是一个下三角形矩阵.我们将(2-12)式改写为

$$\boldsymbol{L}_3(\boldsymbol{P}_3\boldsymbol{L}_2\boldsymbol{P}_3^{-1})(\boldsymbol{P}_3\boldsymbol{P}_2\boldsymbol{L}_1\boldsymbol{P}_2^{-1}\boldsymbol{P}_3^{-1})(\boldsymbol{P}_3\boldsymbol{P}_2\boldsymbol{P}_1)\boldsymbol{A}=\boldsymbol{U}. \tag{2-13}$$

由 $\boldsymbol{P}_i$ 的定义(见附录 1“初等置换矩阵与置换矩阵”)知 $\boldsymbol{P}_i^{-1}=\boldsymbol{P}_i$，并且

$$\tilde{\boldsymbol{L}}_2=\boldsymbol{P}_3\boldsymbol{L}_2\boldsymbol{P}_3=\begin{pmatrix}1&&&\\&1&&\\&\frac{2}{7}&1&\\&\frac{3}{7}&&1\end{pmatrix},\quad \tilde{\boldsymbol{L}}_1=\boldsymbol{P}_3\boldsymbol{P}_2\boldsymbol{L}_1\boldsymbol{P}_2\boldsymbol{P}_3=\begin{pmatrix}1&&&\\-\frac{3}{4}&1&&\\-\frac{1}{2}&&1&\\-\frac{1}{4}&&&1\end{pmatrix},$$

显然，$\tilde{\boldsymbol{L}}_2$ 和 $\tilde{\boldsymbol{L}}_1$ 分别与 $\boldsymbol{L}_2$ 和 $\boldsymbol{L}_1$ 结构相同，只是下三角部分的元进行相应的对调.此时(2-13)式为

$$\boldsymbol{L}_3\tilde{\boldsymbol{L}}_2\tilde{\boldsymbol{L}}_1(\boldsymbol{P}_3\boldsymbol{P}_2\boldsymbol{P}_1)\boldsymbol{A}=\boldsymbol{U},$$

令 $\boldsymbol{P}=\boldsymbol{P}_3\boldsymbol{P}_2\boldsymbol{P}_1$，$\tilde{\boldsymbol{L}}=\tilde{\boldsymbol{L}}_1^{-1}\tilde{\boldsymbol{L}}_2^{-1}\boldsymbol{L}_3^{-1}$，则

$$\boldsymbol{P}\boldsymbol{A}=\tilde{\boldsymbol{L}}\boldsymbol{U},$$

即

$$\begin{pmatrix} & & 1 & \\ & & & 1 \\ & 1 & & \\ 1 & & & \end{pmatrix}\begin{pmatrix} 2 & 1 & 1 & 0 \\ 4 & 3 & 3 & 1 \\ 8 & 7 & 9 & 5 \\ 6 & 7 & 9 & 8 \end{pmatrix}=\begin{pmatrix} 1 & & & \\ \frac{3}{4} & 1 & & \\ \frac{1}{2} & -\frac{2}{7} & 1 & \\ \frac{1}{4} & -\frac{3}{7} & \frac{1}{3} & 1 \end{pmatrix}\begin{pmatrix} 8 & 7 & 9 & 5 \\ & \frac{7}{4} & \frac{9}{4} & \frac{17}{4} \\ & & -\frac{6}{7} & -\frac{2}{7} \\ & & & \frac{2}{3} \end{pmatrix}.$$

一般地,如果 $\boldsymbol{A}$ 为 n 阶方阵,进行 Gauss 列主元消去过程为

$$\boldsymbol{L}_{n-1}\boldsymbol{P}_{n-1}\cdots\boldsymbol{L}_2\boldsymbol{P}_2\boldsymbol{L}_1\boldsymbol{P}_1\boldsymbol{A}=\boldsymbol{U}, \tag{2-14}$$

则类似于(2-13)式有

$$(\boldsymbol{L}_{n-1}\tilde{\boldsymbol{L}}_{n-2}\cdots\tilde{\boldsymbol{L}}_2\tilde{\boldsymbol{L}}_1)(\boldsymbol{P}_{n-1}\cdots\boldsymbol{P}_2\boldsymbol{P}_1)\boldsymbol{A}=\boldsymbol{U}, \tag{2-15}$$

其中 $\tilde{\boldsymbol{L}}_k=\boldsymbol{P}_{n-1}\cdots\boldsymbol{P}_{k+1}\boldsymbol{L}_k\boldsymbol{P}_{k+1}\cdots\boldsymbol{P}_{n-1}(k=1,2,\cdots,n-2)$ 与 $\boldsymbol{L}_k$ 的结构相同,只是下三角部分元素经过了对调.因此,令 $\boldsymbol{L}=(\boldsymbol{L}_{n-1}\tilde{\boldsymbol{L}}_{n-2}\cdots\tilde{\boldsymbol{L}}_2\tilde{\boldsymbol{L}}_1)^{-1}$,$\boldsymbol{P}=\boldsymbol{P}_{n-1}\cdots\boldsymbol{P}_2\boldsymbol{P}_1$,可知 $\boldsymbol{L}$ 为单位下三角形矩阵,$\boldsymbol{P}$ 为置换矩阵,即

$$\boldsymbol{PA}=\boldsymbol{LU}. \tag{2-16}$$

定理 2.2　对任意 n 阶矩阵 $\boldsymbol{A}$,均存在置换矩阵 $\boldsymbol{P}$、单位下三角形矩阵 $\boldsymbol{L}$ 和上三角形矩阵 $\boldsymbol{U}$,使得 $\boldsymbol{PA}=\boldsymbol{LU}$.

例 6　用 Gauss 列主元消去法解如下方程组并给出 $\boldsymbol{PA}=\boldsymbol{LU}$ 分解:

$$\begin{pmatrix} 0 & -6 & -1 \\ 1 & 2 & 2 \\ 2 & -2 & 1 \end{pmatrix}\begin{pmatrix} x_1 \\ x_2 \\ x_3 \end{pmatrix}=\begin{pmatrix} -2 \\ 4 \\ 1 \end{pmatrix}.$$

解

$$(\boldsymbol{A}\mid\boldsymbol{b})=\begin{pmatrix} 0 & -6 & -1 & -2 \\ 1 & 2 & 2 & 4 \\ 2 & -2 & 1 & 1 \end{pmatrix}\xrightarrow{\text{选列主元},r_1\leftrightarrow r_3}\begin{pmatrix} 2 & -2 & 1 & 1 \\ 1 & 2 & 2 & 4 \\ 0 & -6 & -1 & -2 \end{pmatrix}$$

$$\xrightarrow{\text{第一次消元}}\begin{pmatrix} 2 & -2 & 1 & 1 \\ 0 & 3 & \frac{3}{2} & \frac{7}{2} \\ 0 & -6 & -1 & -2 \end{pmatrix}$$

$$\xrightarrow{\text{选列主元},r_2\leftrightarrow r_3}\begin{pmatrix} 2 & -2 & 1 & 1 \\ 0 & -6 & -1 & -2 \\ 0 & 3 & \frac{3}{2} & \frac{7}{2} \end{pmatrix}$$

$$\xrightarrow{\text{第二次消元}}\begin{pmatrix} 2 & -2 & 1 & 1 \\ 0 & -6 & -1 & -2 \\ 0 & 0 & 1 & \frac{5}{2} \end{pmatrix}=(\boldsymbol{U}\mid\boldsymbol{c}).$$

用回代法求解得

$$x_3=\frac{5}{2},\quad x_2=\frac{-2+\frac{5}{2}}{-6}=-\frac{1}{12},\quad x_1=-\frac{5}{6},$$

即

$$\boldsymbol{x}=\left(-\frac{5}{6},-\frac{1}{12},\frac{5}{2}\right)^{\mathrm{T}}.$$

下面求相应的 $\boldsymbol{PA}=\boldsymbol{LU}$ 分解.

第一次选列主元,交换第 1 行和第 3 行,左乘置换矩阵 $\boldsymbol{P}_1$:

$$\begin{pmatrix}0&0&1\\0&1&0\\1&0&0\end{pmatrix}\begin{pmatrix}0&-6&-1\\1&2&2\\2&-2&1\end{pmatrix}=\begin{pmatrix}2&-2&1\\1&2&2\\0&-6&-1\end{pmatrix}.$$

第一次消元,用 $\boldsymbol{L}_1$ 左乘 $\boldsymbol{P}_1\boldsymbol{A}$,即

$$\begin{pmatrix}1&0&0\\-\frac{1}{2}&1&0\\0&0&1\end{pmatrix}\begin{pmatrix}2&-2&1\\1&2&2\\0&-6&-1\end{pmatrix}=\begin{pmatrix}2&-2&1\\0&3&\frac{3}{2}\\0&-6&-1\end{pmatrix}.$$

第二次选列主元,交换第 2 行和第 3 行,即左乘置换矩阵 $\boldsymbol{P}_2$:

$$\begin{pmatrix}1&0&0\\0&0&1\\0&1&0\end{pmatrix}\begin{pmatrix}2&-2&1\\0&3&\frac{3}{2}\\0&-6&-1\end{pmatrix}=\begin{pmatrix}2&-2&1\\0&-6&-1\\0&3&\frac{3}{2}\end{pmatrix}.$$

第二次消元,用 $\boldsymbol{L}_2$ 左乘 $\boldsymbol{P}_2\boldsymbol{L}_1\boldsymbol{P}_1\boldsymbol{A}$,即

$$\begin{pmatrix}1&0&0\\0&1&0\\0&\frac{1}{2}&1\end{pmatrix}\begin{pmatrix}2&-2&1\\0&-6&-1\\0&3&\frac{3}{2}\end{pmatrix}=\begin{pmatrix}2&-2&1\\0&-6&-1\\0&0&1\end{pmatrix}.$$

注意:

$$\boldsymbol{P}_1=\begin{pmatrix}0&0&1\\0&1&0\\1&0&0\end{pmatrix},\quad \boldsymbol{P}_2=\begin{pmatrix}1&0&0\\0&0&1\\0&1&0\end{pmatrix},$$

$$\widetilde{\boldsymbol{L}}_1=\boldsymbol{P}_2\boldsymbol{L}_1\boldsymbol{P}_2=\begin{pmatrix}1&0&0\\0&1&0\\-\frac{1}{2}&0&1\end{pmatrix},\quad \boldsymbol{L}_2=\begin{pmatrix}1&0&0\\0&1&0\\0&\frac{1}{2}&1\end{pmatrix},$$

从而得 $\boldsymbol{PA}=\boldsymbol{LU}$ 分解

$$\begin{pmatrix}0&0&1\\1&0&0\\0&1&0\end{pmatrix}\begin{pmatrix}0&-6&-1\\1&2&2\\2&-2&1\end{pmatrix}=\begin{pmatrix}1&0&0\\0&1&0\\\frac{1}{2}&-\frac{1}{2}&1\end{pmatrix}\begin{pmatrix}2&-2&1\\0&-6&-1\\0&0&1\end{pmatrix}.$$

2.1.3 对称正定矩阵的 Cholesky 分解

设 $\boldsymbol{A}$ 为 n 阶对称正定矩阵，则 $\boldsymbol{A}$ 的各阶顺序主子式 D_k 均大于零.根据定理 2.1 知，必有唯一的单位下三角形矩阵 $\boldsymbol{L}_1$ 和上三角形矩阵 $\boldsymbol{U}_1$，使得 $\boldsymbol{A}=\boldsymbol{L}_1\boldsymbol{U}_1$，并且 $\boldsymbol{U}_1$ 的对角元 u_{kk} 即为 Gauss 消去过程的主元，即 $u_{kk}=a_{kk}^{(k-1)}=\dfrac{D_k}{D_{k-1}}>0$. 令 $\boldsymbol{D}=\mathrm{diag}(u_{11},u_{22},\cdots,u_{nn})$，并且对 $\boldsymbol{U}_1$ 作分解，$\boldsymbol{U}_1=\boldsymbol{D}\boldsymbol{U}_0$，其中 $\boldsymbol{U}_0$ 是单位上三角形矩阵，则 $\boldsymbol{A}=\boldsymbol{L}_1\boldsymbol{D}\boldsymbol{U}_0$，因 $\boldsymbol{A}^{\mathrm{T}}=\boldsymbol{A}$，故

$$\boldsymbol{U}_0^{\mathrm{T}}(\boldsymbol{D}\boldsymbol{L}_1^{\mathrm{T}})=\boldsymbol{L}_1(\boldsymbol{D}\boldsymbol{U}_0),$$

它们是 $\boldsymbol{A}$ 的两个 LU 分解，由 LU 分解的唯一性有 $\boldsymbol{U}_0^{\mathrm{T}}=\boldsymbol{L}_1$ 或 $\boldsymbol{L}_1^{\mathrm{T}}=\boldsymbol{U}_0$，因此

$$\boldsymbol{A}=\boldsymbol{L}_1\boldsymbol{D}\boldsymbol{L}_1^{\mathrm{T}}. \tag{2-17}$$

其次令 $\boldsymbol{D}^{\frac{1}{2}}=\mathrm{diag}(\sqrt{u_{11}},\sqrt{u_{22}},\cdots,\sqrt{u_{nn}})$，$\boldsymbol{L}=\boldsymbol{L}_1\boldsymbol{D}^{\frac{1}{2}}$，则 $\boldsymbol{L}$ 是对角元为正数的下三角形矩阵，并且

$$\boldsymbol{A}=\boldsymbol{L}\boldsymbol{L}^{\mathrm{T}}. \tag{2-18}$$

综合有

定理 2.3(Cholesky(楚列斯基)分解) 对任意 n 阶对称正定矩阵 $\boldsymbol{A}$，均存在下三角形矩阵 $\boldsymbol{L}$ 使(2-18)式成立，称其为对称正定矩阵 A 的 **Cholesky 分解**.进一步，如果规定 $\boldsymbol{L}$ 的对角元为正数，则 $\boldsymbol{L}$ 是唯一确定的.

下面研究如何进行对称正定矩阵的 Cholesky 分解.当然，上述的证明过程已经提供了一种计算 Cholesky 分解的方法，但我们还可以使用下面将要介绍的直接分解方法.设

$$\begin{pmatrix} a_{11} & a_{12} & \cdots & a_{1n} \\ a_{21} & a_{22} & \cdots & a_{2n} \\ \vdots & \vdots & & \vdots \\ a_{n1} & a_{n2} & \cdots & a_{nn} \end{pmatrix}=\begin{pmatrix} l_{11} & & & \\ l_{21} & l_{22} & & \\ \vdots & \vdots & \ddots & \\ l_{n1} & l_{n2} & \cdots & l_{nn} \end{pmatrix}\begin{pmatrix} l_{11} & l_{21} & \cdots & l_{n1} \\ & l_{22} & \cdots & l_{n2} \\ & & \ddots & \vdots \\ & & & l_{nn} \end{pmatrix},$$

利用矩阵乘法规则和 $\boldsymbol{L}$ 的下三角形结构得到

$$a_{ij}=\sum_{k=1}^{j-1}l_{ik}l_{jk}+l_{ij}l_{jj},\quad i=j,j+1,\cdots,n,$$

则有

$$l_{jj}=\left(a_{jj}-\sum_{k=1}^{j-1}l_{jk}^2\right)^{\frac{1}{2}}, \tag{2-19}$$

$$l_{ij}=\left(a_{ij}-\sum_{k=1}^{j-1}l_{ik}l_{jk}\right)\Big/ l_{jj},\quad i=j+1,j+2,\cdots,n,j=1,2,\cdots,n, \tag{2-20}$$

计算次序为 $l_{11},l_{21},\cdots,l_{n1},l_{22},l_{32},\cdots,l_{n2},\cdots,l_{nn}$.

利用 Cholesky 分解法求解线性方程组 $\boldsymbol{Ax}=\boldsymbol{b}$，即

$$\boldsymbol{L}\boldsymbol{L}^{\mathrm{T}}\boldsymbol{x}=\boldsymbol{b}, \tag{2-21}$$

其等价于

$$\begin{cases}\boldsymbol{Ly}=\boldsymbol{b},\\ \boldsymbol{L}^{\mathrm{T}}\boldsymbol{x}=\boldsymbol{y}.\end{cases}$$

计算公式为

$$y_1=b_1/l_{11},\quad y_i=\left(b_i-\sum_{k=1}^{i-1}l_{ik}y_k\right)/l_{ii},\quad i=2,3,\cdots,n,\tag{2-22}$$

$$x_n=y_n/l_{nn},\quad x_i=\left(y_i-\sum_{k=i+1}^{n}l_{ki}x_k\right)/l_{ii},\quad i=n-1,n-2,\cdots,1.\tag{2-23}$$

称此计算过程为 **Cholesky 方法**，或称**平方根法**.

由(2-19)式得 $a_{jj}=\sum_{k=1}^{j}l_{jk}^2$，由此推出 $|l_{jk}|\leqslant\sqrt{a_{jj}}$，$k=1,2,\cdots,j$. 因此在分解过程中 $\boldsymbol{L}$ 的元的数量级不会增长，故平方根法通常是数值稳定的，不必选主元.

例 7 用 Cholesky 方法解线性方程组 $\boldsymbol{Ax}=\boldsymbol{b}$，其中

$$\boldsymbol{A}=\begin{pmatrix}4&-1&1\\-1&4.25&2.75\\1&2.75&3.5\end{pmatrix},\quad \boldsymbol{b}=\begin{pmatrix}4\\6\\7.25\end{pmatrix}.$$

解 显然 $\boldsymbol{A}^{\mathrm{T}}=\boldsymbol{A}$，且 $D_1=4>0$，$D_2=16>0$，$D_3=16>0$. 因此，$\boldsymbol{A}$ 为对称正定矩阵，故存在 $\boldsymbol{A}=\boldsymbol{LL}^{\mathrm{T}}$. 利用分解公式(2-19)和(2-20)依次计算出 $\boldsymbol{L}$ 的诸元：

$$l_{11}=\sqrt{a_{11}}=\sqrt{4}=2,\quad l_{21}=\frac{a_{21}}{l_{11}}=-0.5,\quad l_{31}=\frac{a_{31}}{l_{11}}=0.5,$$

$$l_{22}=\sqrt{a_{22}-l_{21}^2}=\sqrt{4.25-0.5^2}=2,$$

$$l_{32}=\frac{a_{32}-l_{31}l_{21}}{l_{22}}=0.5\times(2.75+0.5^2)=1.5,$$

$$l_{33}=\sqrt{a_{33}-l_{31}^2-l_{32}^2}=\sqrt{3.5-0.5^2-1.5^2}=1,$$

得

$$\boldsymbol{L}=\begin{pmatrix}2&&\\-0.5&2&\\0.5&1.5&1\end{pmatrix}.$$

再利用(2-22)式求 $\boldsymbol{Ly}=\boldsymbol{b}$ 的解，即

$$y_1=\frac{b_1}{l_{11}}=\frac{4}{2}=2,\quad y_2=\frac{b_2-l_{21}y_1}{l_{22}}=\frac{6+1}{2}=3.5,$$

$$y_3=\frac{b_3-l_{31}y_1-l_{32}y_2}{l_{33}}=7.25-0.5\times2-1.5\times3.5=1,$$

得 $\boldsymbol{y}=(2,3.5,1)^{\mathrm{T}}$. 再利用(2-23)求 $\boldsymbol{L}^{\mathrm{T}}\boldsymbol{x}=\boldsymbol{y}$ 的解，即

$$x_3=\frac{y_3}{l_{33}}=\frac{1}{1}=1,\quad x_2=\frac{y_2-l_{32}x_3}{l_{22}}=\frac{3.5-1.5}{2}=1,$$

$$x_1=\frac{y_1-l_{21}x_2-l_{31}x_3}{l_{11}}=0.5\times(2+0.5-0.5)=1,$$

得 $\boldsymbol{x}=(1,1,1)^{\mathrm{T}}$.

2.1.4 三对角矩阵的三角分解

在用差分法求解二阶常微分方程边值问题时，最后常常归结为求具有三对角线形(简称

三对角形)系数矩阵的线性方程组 $\boldsymbol{Ax}=\boldsymbol{f}$,其系数矩阵 $\boldsymbol{A}$ 形如:

$$\boldsymbol{A}=\begin{pmatrix} b_1 & c_1 & & & \\ a_2 & b_2 & c_2 & & \\ & \ddots & \ddots & \ddots & \\ & & a_{n-1} & b_{n-1} & c_{n-1} \\ & & & a_n & b_n \end{pmatrix}. \tag{2-24}$$

如果矩阵 $\boldsymbol{A}$ 可以进行 LU 分解,便得到求解三对角方程组的最有效方法——**追赶法**.

若 $\boldsymbol{A}=\boldsymbol{LU}$,其中

$$\boldsymbol{L}=\begin{pmatrix} 1 & & & & & \\ l_2 & 1 & & & & \\ & l_3 & 1 & & & \\ & & \ddots & \ddots & & \\ & & & l_{n-1} & 1 & \\ & & & & l_n & 1 \end{pmatrix},\quad \boldsymbol{U}=\begin{pmatrix} u_1 & d_1 & & & \\ & u_2 & d_2 & & \\ & & \ddots & \ddots & \\ & & & u_{n-1} & d_{n-1} \\ & & & & u_n \end{pmatrix}, \tag{2-25}$$

可见 $\boldsymbol{L}$ 和 $\boldsymbol{U}$ 非零元极少且分布很有规律,由

$$\begin{pmatrix} b_1 & c_1 & & & \\ a_2 & b_2 & c_2 & & \\ & \ddots & \ddots & \ddots & \\ & & a_{n-1} & b_{n-1} & c_{n-1} \\ & & & a_n & b_n \end{pmatrix}=\begin{pmatrix} 1 & & & & & \\ l_2 & 1 & & & & \\ & l_3 & 1 & & & \\ & & \ddots & \ddots & & \\ & & & l_{n-1} & 1 & \\ & & & & l_n & 1 \end{pmatrix}\begin{pmatrix} u_1 & d_1 & & & \\ & u_2 & d_2 & & \\ & & \ddots & \ddots & \\ & & & u_{n-1} & d_{n-1} \\ & & & & u_n \end{pmatrix},$$

比较等式两端对应元得计算公式如下:

$$\begin{cases} d_i=c_i, & i=1,2,\cdots,n-1, \\ u_1=b_1, & \\ l_i=a_i/u_{i-1}, & i=2,3,\cdots,n, \\ u_i=b_i-l_ic_{i-1}, & i=2,3,\cdots,n. \end{cases} \tag{2-26}$$

计算次序是 $d_i=c_i,i=1,2,\cdots,n-1$,然后 $u_1\to l_2\to u_2\to l_3\to u_3\to\cdots\to l_n\to u_n$.

原方程组 $\boldsymbol{Ax}=\boldsymbol{f}$ 的解是通过求解下述两个具有两条对角元的方程组实现的:

$$\begin{cases} \boldsymbol{Ly}=\boldsymbol{f}, \\ \boldsymbol{Ux}=\boldsymbol{y}. \end{cases}$$

计算公式为

$$y_1=f_1,\quad y_i=f_i-l_iy_{i-1},\quad i=2,3,\cdots,n, \tag{2-27}$$

$$x_n=y_n/u_n,\quad x_i=(y_i-c_ix_{i+1})/u_i,\quad i=n-1,n-2,\cdots,1. \tag{2-28}$$

我们称该计算公式为**求解三对角方程组的追赶法**.下面给出一个使追赶法可行的充分条件.

定理 2.4 设具有(2-24)形式的三对角矩阵 $\boldsymbol{A}$,满足条件

(1) $|b_1|>|c_1|>0$;

(2) $|b_n|>|a_n|>0$;

(3) $|b_i|\geqslant|a_i|+|c_i|,\quad a_ic_i\neq 0,\quad i=2,3,\cdots,n-1$,

则方程组 $\boldsymbol{Ax}=\boldsymbol{f}$ 可用追赶法求解,且解唯一.

证 由(2-26)式和条件(1)知,$u_1=b_1\neq 0$ 且有 $0<\left|\dfrac{c_1}{u_1}\right|<1$.下面用归纳法证明 $u_i\neq 0$,且有 $0<\left|\dfrac{c_i}{u_i}\right|<1,i=2,3,\cdots,n-1$.

假设 $u_{i-1}\neq 0,0<\left|\dfrac{c_{i-1}}{u_{i-1}}\right|<1$,从(2-26)式和条件(3),得

$$|u_i|=|b_i-l_ic_{i-1}|\geqslant|b_i|-|a_i|\left|\frac{c_{i-1}}{u_{i-1}}\right|>|b_i|-|a_i|\geqslant|c_i|,\qquad i=2,3,\cdots,n-1,$$

故 $u_i\neq 0,0<\left|\dfrac{c_i}{u_i}\right|<1$,由数学归纳法,此结论对于 $i=2,3,\cdots,n-1$ 均成立.

再应用条件(2),得

$$|u_n|=|b_n-l_nc_{n-1}|\geqslant|b_n|-|a_n|\left|\frac{c_{n-1}}{u_{n-1}}\right|>|b_n|-|a_n|>0.$$

从而可得

$$\det(\boldsymbol{A})=\det(\boldsymbol{L})\det(\boldsymbol{U})=u_1u_2\cdots u_n\neq 0,$$

故方程组 $\boldsymbol{Ax}=\boldsymbol{f}$ 的解存在且唯一.又因为

$$|u_i|=|b_i-l_ic_{i-1}|\leqslant|b_i|+|a_i|\left|\frac{c_{i-1}}{u_{i-1}}\right|\leqslant|b_i|+|a_i|,\quad i=2,3,\cdots,n,$$

于是有

$$|b_i|-|a_i|<|u_i|<|b_i|+|a_i|,$$

且

$$d_i=c_i,\ |l_i|=\left|\frac{a_i}{u_{i-1}}\right|,\quad i=2,3,\cdots,n.$$

即追赶法计算过程中的中间数有界,不会产生大的变化,从而说明它通常是数值稳定的.

定理条件中有 $a_ic_i\neq 0$,如果有某个 $a_i=0$ 或 $c_i=0$,则可化成低阶方程组求解.追赶法公式简单,计算量和存储量都小.整个求解过程仅需 $5n-4$ 次乘除和 $3(n-1)$ 次加减运算,总共 $8n-7$ 次运算.仅需 4 个一维数组存储向量 $\boldsymbol{a},\boldsymbol{b},\boldsymbol{c}$ 和 $\boldsymbol{f}$,其中 d_i,l_i,u_i 和 x_i 分别存在于数组 $\boldsymbol{c},\boldsymbol{a},\boldsymbol{b}$ 和 $\boldsymbol{f}$ 中.当 $\boldsymbol{A}$ 对角占优时,追赶法通常数值稳定.

例 8 用追赶法解线性方程组 $\boldsymbol{Ax}=\boldsymbol{b}$,其中

$$\boldsymbol{A}=\begin{pmatrix}4&-1&0\\-1&4&-1\\0&-1&4\end{pmatrix},\quad \boldsymbol{b}=\begin{pmatrix}1\\3\\2\end{pmatrix}.$$

解　利用公式(2-26),$d_i=c_i=-1$.依次计算出 u_1,l_2,u_2,l_3,u_3 诸元:

$$b_1=u_1=4,\quad l_2=\frac{a_2}{u_1}=-0.25,$$

$$u_2=b_2-l_2c_1=4-(-0.25)\times(-1)=3.75,$$

$$l_3=\frac{a_3}{u_2}=\frac{-1}{3.75}=-0.2667,u_3=b_3-l_3c_2=4-0.2667=3.7333,$$

得

$$\boldsymbol{L}=\begin{pmatrix}1&0&0\\-0.25&1&0\\0&-0.2667&1\end{pmatrix},\quad \boldsymbol{U}=\begin{pmatrix}4&-1&0\\0&3.75&-1\\0&0&3.7333\end{pmatrix}.$$

再利用(2-27)式,求 $\boldsymbol{Ly}=\boldsymbol{b}$ 的解,即

$$y_1=1,$$

$$y_2=f_2-l_2y_1=3+0.25=3.25,$$

$$y_3=f_3-l_3y_2=2+0.2667\times3.25=2.8668,$$

得 $\boldsymbol{y}=(1,3.25,2.8668)^{\mathrm{T}}$.再利用(2-28)式求 $\boldsymbol{Ux}=\boldsymbol{y}$ 的解,即

$$x_3=\frac{y_3}{u_3}=0.7679,\quad x_2=\frac{y_2-c_2x_3}{u_2}=1.0714,\quad x_1=\frac{y_1-c_1x_2}{u_1}=0.5179,$$

得 $\boldsymbol{x}=(0.5179,1.0714,0.7679)^{\mathrm{T}}$.

2.1.5　条件数与方程组的性态

考虑线性方程组

$$\begin{pmatrix}2&6\\2&6.00001\end{pmatrix}\begin{pmatrix}x_1\\x_2\end{pmatrix}=\begin{pmatrix}8\\8.00001\end{pmatrix},$$

它有准确解 $\boldsymbol{x}=(1,1)^{\mathrm{T}}$,如果方程组右端项发生微小的变化 $\delta\boldsymbol{b}=(0,0.00001)^{\mathrm{T}}$:

$$\begin{pmatrix}2&6\\2&6.00001\end{pmatrix}\begin{pmatrix}\tilde{x}_1\\\tilde{x}_2\end{pmatrix}=\begin{pmatrix}8\\8.00002\end{pmatrix},$$

其解为 $\tilde{\boldsymbol{x}}=(-2,2)^{\mathrm{T}}$,可以看出,

$$\frac{\|\boldsymbol{x}-\tilde{\boldsymbol{x}}\|_\infty}{\|\boldsymbol{x}\|_\infty}=\frac{\left\|\begin{pmatrix}3\\-1\end{pmatrix}\right\|_\infty}{\left\|\begin{pmatrix}1\\1\end{pmatrix}\right\|_\infty}=3,\frac{\|\delta\boldsymbol{b}\|_\infty}{\|\boldsymbol{b}\|_\infty}=\frac{\left\|\begin{pmatrix}0\\0.00001\end{pmatrix}\right\|_\infty}{\left\|\begin{pmatrix}8\\8.00001\end{pmatrix}\right\|_\infty}=\frac{0.00001}{8.00001}\approx\frac{1}{800000},$$

即解的相对误差是右端的相对误差的 2 400 000 倍.

定义 2.2　若线性方程组 $\boldsymbol{Ax}=\boldsymbol{b}$ 中,$\boldsymbol{A}$ 或 $\boldsymbol{b}$ 的元的微小变化会引起方程组解的巨大变化,则称方程组为“病态”方程组,称矩阵 $\boldsymbol{A}$ 为“病态”矩阵.否则称方程组为“良态”方程组,称矩阵 $\boldsymbol{A}$ 为“良态”矩阵.

我们需要一种能刻画矩阵和方程组“病态”程度的量.设线性方程组 $\boldsymbol{Ax}=\boldsymbol{b}$ 中的 $\boldsymbol{A}$ 为非奇异矩阵,$\boldsymbol{x}$ 为方程组的准确解.考虑 $\boldsymbol{b}$ 有误差 $\delta\boldsymbol{b}$,其解为 $\boldsymbol{x}+\delta\boldsymbol{x}$,即

$$\boldsymbol{A}(\boldsymbol{x}+\delta\boldsymbol{x})=\boldsymbol{b}+\delta\boldsymbol{b}, \tag{2-29}$$

因为 $\boldsymbol{x}$ 为方程组的准确解,故(2-29)式为

$$\boldsymbol{A}\delta\boldsymbol{x}=\delta\boldsymbol{b}, \quad 即 \quad \delta\boldsymbol{x}=\boldsymbol{A}^{-1}\delta\boldsymbol{b},$$

两边取范数,有

$$\|\delta\boldsymbol{x}\|=\|\boldsymbol{A}^{-1}\delta\boldsymbol{b}\|\leqslant\|\boldsymbol{A}^{-1}\|\|\delta\boldsymbol{b}\|. \tag{2-30}$$

又因为 $\|\boldsymbol{b}\|=\|\boldsymbol{Ax}\|\leqslant\|\boldsymbol{A}\|\|\boldsymbol{x}\|$,所以

$$\frac{1}{\|\boldsymbol{x}\|}\leqslant\frac{\|\boldsymbol{A}\|}{\|\boldsymbol{b}\|}, \tag{2-31}$$

将不等式(2-30)和(2-31)的两边分别相乘,得

$$\frac{\|\delta\boldsymbol{x}\|}{\|\boldsymbol{x}\|}\leqslant\|\boldsymbol{A}\|\|\boldsymbol{A}^{-1}\|\frac{\|\delta\boldsymbol{b}\|}{\|\boldsymbol{b}\|}, \tag{2-32}$$

由此可见,量 $\|\boldsymbol{A}\|\|\boldsymbol{A}^{-1}\|$ 是右端项相对误差 $\frac{\|\delta\boldsymbol{b}\|}{\|\boldsymbol{b}\|}$ 的倍乘因子,该量越大,方程组右端项变化所引起的解向量的相对误差可能越大,它可刻画矩阵 $\boldsymbol{A}$ 的病态程度.

定义 2.3 设 $\boldsymbol{A}$ 为非奇异矩阵,$\|\cdot\|$ 为矩阵的算子范数,则称

$$\operatorname{cond}(\boldsymbol{A})=\|\boldsymbol{A}\|\|\boldsymbol{A}^{-1}\| \tag{2-33}$$

为**矩阵 $\boldsymbol{A}$ 的条件数**.常用的条件数为

$$\operatorname{cond}_\infty(\boldsymbol{A})=\|\boldsymbol{A}\|_\infty\|\boldsymbol{A}^{-1}\|_\infty,$$
$$\operatorname{cond}_1(\boldsymbol{A})=\|\boldsymbol{A}\|_1\|\boldsymbol{A}^{-1}\|_1,$$
$$\operatorname{cond}_2(\boldsymbol{A})=\|\boldsymbol{A}\|_2\|\boldsymbol{A}^{-1}\|_2=\sqrt{\frac{\lambda_{\max}(\boldsymbol{A}^{\mathrm{H}}\boldsymbol{A})}{\lambda_{\min}(\boldsymbol{A}^{\mathrm{H}}\boldsymbol{A})}},$$

分别称为矩阵 $\boldsymbol{A}$ 的 ∞-条件数、1-条件数和 2-条件数.

矩阵的条件数具有如下的性质:

(1) $\operatorname{cond}(\boldsymbol{A})\geqslant 1$;

(2) $\operatorname{cond}(\boldsymbol{A})=\operatorname{cond}(\boldsymbol{A}^{-1})$;

(3) $\operatorname{cond}(\alpha\boldsymbol{A})=\operatorname{cond}(\boldsymbol{A}),\alpha\neq 0,\alpha\in\mathbf{R}$;

(4) 如果 $\boldsymbol{U}$ 为正交矩阵,则

$$\operatorname{cond}_2(\boldsymbol{U})=1, \quad \operatorname{cond}_2(\boldsymbol{UA})=\operatorname{cond}_2(\boldsymbol{AU})=\operatorname{cond}_2(\boldsymbol{A}).$$

由(2-32)式得

$$\frac{\|\delta\boldsymbol{x}\|}{\|\boldsymbol{x}\|}\leqslant\operatorname{cond}(\boldsymbol{A})\frac{\|\delta\boldsymbol{b}\|}{\|\boldsymbol{b}\|},$$

这说明 $\operatorname{cond}(\boldsymbol{A})$ 越大,解的相对误差 $\frac{\|\delta\boldsymbol{x}\|}{\|\boldsymbol{x}\|}$ 可能越大,$\boldsymbol{A}$ 对求解线性方程组来说就越可能呈现病态.但对于 $\operatorname{cond}(\boldsymbol{A})$ 多大 $\boldsymbol{A}$ 才算病态,通常没有具体的定量标准;反之,$\operatorname{cond}(\boldsymbol{A})$ 越小,解的相对误差 $\frac{\|\delta\boldsymbol{x}\|}{\|\boldsymbol{x}\|}$ 越小,$\boldsymbol{A}$ 呈现良态.

例9　求3阶对称正定矩阵 $\boldsymbol{A}=\begin{pmatrix}\frac{1}{2} & \frac{1}{3} & \frac{1}{4}\\ \frac{1}{3} & \frac{1}{4} & \frac{1}{5}\\ \frac{1}{4} & \frac{1}{5} & \frac{1}{6}\end{pmatrix}$ 的条件数 $\mathrm{cond}_{\infty}(\boldsymbol{A})$.

解　不难求出 $\boldsymbol{A}^{-1}=\begin{pmatrix}72 & -240 & 180\\ -240 & 900 & -720\\ 180 & -720 & 600\end{pmatrix}$，从而，经计算得 $\|\boldsymbol{A}\|_{\infty}=\frac{13}{12}$，$\|\boldsymbol{A}^{-1}\|_{\infty}=1\ 860$，则 $\mathrm{cond}_{\infty}(\boldsymbol{A})=2.015\times10^{3}$.

一种常常出现在数据拟合和函数逼近的研究中的病态矩阵是 n 阶 Hilbert(希尔伯特)矩阵：

$$\boldsymbol{H}_n=(h_{ij})_{n\times n}=\left(\frac{1}{i+j-1}\right)_{n\times n}=\begin{pmatrix}1 & \frac{1}{2} & \cdots & \frac{1}{n}\\ \frac{1}{2} & \frac{1}{3} & \cdots & \frac{1}{n+1}\\ \vdots & \vdots & & \vdots\\ \frac{1}{n} & \frac{1}{n+1} & \cdots & \frac{1}{2n-1}\end{pmatrix},\quad i,j=1,2,\cdots,n.$$

其条件数随着阶数 n 的增大而呈现出严重病态，如

$$\mathrm{cond}(\boldsymbol{H}_4)=1.551\ 4\times10^{4};\quad \mathrm{cond}(\boldsymbol{H}_6)=1.495\ 1\times10^{7};$$
$$\mathrm{cond}(\boldsymbol{H}_8)=1.525\ 8\times10^{10}.$$

一般情况下，系数矩阵和右端项的扰动对解的影响为

定理 2.5　设 $\boldsymbol{Ax}=\boldsymbol{b}$，$\boldsymbol{A}$ 为非奇异矩阵，$\boldsymbol{b}$ 为非零向量，且 $\boldsymbol{A}$ 和 $\boldsymbol{b}$ 均有扰动.若 $\boldsymbol{A}$ 的扰动 $\delta\boldsymbol{A}$ 非常小，使得 $\|\boldsymbol{A}^{-1}\|\|\delta\boldsymbol{A}\|<1$，则

$$\frac{\|\delta\boldsymbol{x}\|}{\|\boldsymbol{x}\|}\leqslant\frac{\mathrm{cond}(\boldsymbol{A})}{1-\mathrm{cond}(\boldsymbol{A})\frac{\|\delta\boldsymbol{A}\|}{\|\boldsymbol{A}\|}}\left(\frac{\|\delta\boldsymbol{A}\|}{\|\boldsymbol{A}\|}+\frac{\|\delta\boldsymbol{b}\|}{\|\boldsymbol{b}\|}\right).\tag{2-34}$$

证　扰动后的方程组为

$$(\boldsymbol{A}+\delta\boldsymbol{A})(\boldsymbol{x}+\delta\boldsymbol{x})=\boldsymbol{b}+\delta\boldsymbol{b},$$
$$\boldsymbol{Ax}+\delta\boldsymbol{Ax}+\delta\boldsymbol{A}\delta\boldsymbol{x}+\boldsymbol{A}\delta\boldsymbol{x}=\boldsymbol{b}+\delta\boldsymbol{b},$$

将 $\boldsymbol{Ax}=\boldsymbol{b}$ 代入上式，整理后有

$$\delta\boldsymbol{x}=\boldsymbol{A}^{-1}\delta\boldsymbol{b}-\boldsymbol{A}^{-1}\delta\boldsymbol{Ax}-\boldsymbol{A}^{-1}\delta\boldsymbol{A}\delta\boldsymbol{x}.$$

将上式两端取范数，应用向量范数的三角不等式及矩阵和向量范数的相容条件，则有

$$\|\delta\boldsymbol{x}\|\leqslant\|\boldsymbol{A}^{-1}\|\|\delta\boldsymbol{b}\|+\|\boldsymbol{A}^{-1}\|\|\delta\boldsymbol{A}\|\|\boldsymbol{x}\|+\|\boldsymbol{A}^{-1}\|\|\delta\boldsymbol{A}\|\|\delta\boldsymbol{x}\|,$$

整理后，得

$$(1-\|\boldsymbol{A}^{-1}\|\|\delta\boldsymbol{A}\|)\|\delta\boldsymbol{x}\|\leqslant\|\boldsymbol{A}^{-1}\|(\|\delta\boldsymbol{b}\|+\|\delta\boldsymbol{A}\|\|\boldsymbol{x}\|),$$

由假设,$\boldsymbol{A}$ 的扰动 $\delta\boldsymbol{A}$ 非常小,使得 $\|\boldsymbol{A}^{-1}\|\|\delta\boldsymbol{A}\|<1$,则

$$\|\delta\boldsymbol{x}\|\leqslant\frac{\|\boldsymbol{A}^{-1}\|(\|\delta\boldsymbol{b}\|+\|\delta\boldsymbol{A}\|\|\boldsymbol{x}\|)}{1-\|\boldsymbol{A}^{-1}\|\|\delta\boldsymbol{A}\|},$$

再利用$\dfrac{1}{\|\boldsymbol{x}\|}\leqslant\dfrac{\|\boldsymbol{A}\|}{\|\boldsymbol{b}\|}$有

$$\begin{aligned}\frac{\|\delta\boldsymbol{x}\|}{\|\boldsymbol{x}\|}&\leqslant\frac{\|\boldsymbol{A}^{-1}\|}{1-\|\boldsymbol{A}^{-1}\|\|\delta\boldsymbol{A}\|}\left(\frac{\|\delta\boldsymbol{b}\|}{\|\boldsymbol{b}\|}\|\boldsymbol{A}\|+\frac{\|\delta\boldsymbol{A}\|\|\boldsymbol{A}\|\|\boldsymbol{x}\|}{\|\boldsymbol{x}\|\|\boldsymbol{A}\|}\right)\\&=\frac{\|\boldsymbol{A}^{-1}\|\|\boldsymbol{A}\|}{1-\|\boldsymbol{A}^{-1}\|\|\delta\boldsymbol{A}\|}\left(\frac{\|\delta\boldsymbol{b}\|}{\|\boldsymbol{b}\|}+\frac{\|\delta\boldsymbol{A}\|}{\|\boldsymbol{A}\|}\right)\\&=\frac{\|\boldsymbol{A}^{-1}\|\|\boldsymbol{A}\|}{1-\|\boldsymbol{A}^{-1}\|\|\boldsymbol{A}\|\dfrac{\|\delta\boldsymbol{A}\|}{\|\boldsymbol{A}\|}}\left(\frac{\|\delta\boldsymbol{b}\|}{\|\boldsymbol{b}\|}+\frac{\|\delta\boldsymbol{A}\|}{\|\boldsymbol{A}\|}\right)\\&=\frac{\operatorname{cond}(\boldsymbol{A})}{1-\operatorname{cond}(\boldsymbol{A})\dfrac{\|\delta\boldsymbol{A}\|}{\|\boldsymbol{A}\|}}\left(\frac{\|\delta\boldsymbol{A}\|}{\|\boldsymbol{A}\|}+\frac{\|\delta\boldsymbol{b}\|}{\|\boldsymbol{b}\|}\right).\end{aligned}$$

若 $\delta\boldsymbol{A}=\boldsymbol{O}_{n\times n}$,则上式即为(2-32)式.

在前面的例子中取 $\delta\boldsymbol{b}=(0,0.000\ 01)^{\mathrm{T}}$,$\delta\boldsymbol{A}=\boldsymbol{O}_{2\times2}$. 来看 $\delta\boldsymbol{b}$ 对 $\boldsymbol{x}$ 的影响,由 $\boldsymbol{A}=\begin{pmatrix}2&6\\2&6.000\ 01\end{pmatrix}$,易求出 $\boldsymbol{A}^{-1}=\begin{pmatrix}300\ 000.5&-300\ 000\\-100\ 000&100\ 000\end{pmatrix}$,则

$$\operatorname{cond}_\infty(\boldsymbol{A})=\|\boldsymbol{A}\|_\infty\|\boldsymbol{A}^{-1}\|_\infty=600\ 000.5\times8.000\ 01\approx4\ 800\ 010=4.8\times10^6,$$

$$\begin{aligned}\frac{\|\delta\boldsymbol{x}\|_\infty}{\|\boldsymbol{x}\|_\infty}&\leqslant\operatorname{cond}_\infty(\boldsymbol{A})\frac{\|\delta\boldsymbol{b}\|_\infty}{\|\boldsymbol{b}\|_\infty}\approx4.8\times10^6\times\frac{0.000\ 01}{8}\\&=4.8\times10^6\times0.125\times10^{-5}=6=600\%.\end{aligned}$$

可见,右端向量 $\boldsymbol{b}$ 的分量十万分之一的变化,可能引起解向量 $\boldsymbol{x}$ 百分之六百的变化.这说明矩阵 $\boldsymbol{A}$ 严重病态,相应的线性方程组是病态方程组.

关于近似解的余量与它的相对误差间的关系有

定理 2.6 设 $\boldsymbol{Ax}=\boldsymbol{b}$,$\boldsymbol{A}$ 为非奇异矩阵,$\boldsymbol{b}$ 为非零向量,则方程组近似解 $\tilde{\boldsymbol{x}}$ 的事后估计式为

$$\frac{\|\tilde{\boldsymbol{x}}-\boldsymbol{x}\|}{\|\boldsymbol{x}\|}\leqslant\operatorname{cond}(\boldsymbol{A})\frac{\|\boldsymbol{b}-\boldsymbol{A}\tilde{\boldsymbol{x}}\|}{\|\boldsymbol{b}\|},\tag{2-35}$$

其中称 $\|\boldsymbol{b}-\boldsymbol{A}\tilde{\boldsymbol{x}}\|$ 为近似解 $\tilde{\boldsymbol{x}}$ 的余量,简称余量.

证 由 $\boldsymbol{Ax}=\boldsymbol{b}$,得

$$\boldsymbol{b}-\boldsymbol{A}\tilde{\boldsymbol{x}}=\boldsymbol{Ax}-\boldsymbol{A}\tilde{\boldsymbol{x}}=\boldsymbol{A}(\boldsymbol{x}-\tilde{\boldsymbol{x}}),$$

故 $\boldsymbol{x}-\tilde{\boldsymbol{x}}=\boldsymbol{A}^{-1}(\boldsymbol{b}-\boldsymbol{A}\tilde{\boldsymbol{x}})$,利用(2-31)式有

$$\frac{\|\tilde{x}-x\|}{\|x\|}\leqslant\frac{\|A\|}{\|b\|}\|A^{-1}\|\|b-A\tilde{x}\|=\mathrm{cond}(A)\frac{\|b-A\tilde{x}\|}{\|b\|}.$$

该定理表明,当 $\mathrm{cond}(A)\approx 1$ 时,近似解余量的相对误差是解的相对误差的一个好的度量.当 $\mathrm{cond}(A)$ 很大,方程组呈现病态时,虽然近似解余量的相对误差已经很小,但解的相对误差仍然很大.

最后,我们再来看一下条件数的几何意义.

定理 2.7　设 $A\in\mathbf{R}^{n\times n}$ 非奇异,则

$$\min\left\{\frac{\|\delta A\|_2}{\|A\|_2}:\ A+\delta A\text{ 奇异}\right\}=\frac{1}{\|A^{-1}\|_2\|A\|_2}=\frac{1}{\mathrm{cond}_2(A)},$$

即在谱范数下,一个矩阵的条件数的倒数正好等于该矩阵与全体奇异矩阵所成集合的相对距离(证明见[17]).

此定理表明,当 $A\in\mathbf{R}^{n\times n}$ 十分病态时,就说明 A 已与一个奇异矩阵十分接近.

2.1.6　矩阵的 QR 分解

Gauss 消去过程实际上是用一系列具有特定结构的单位下三角形矩阵将 A 逐步上三角化的过程.由矩阵的条件数定义可以看出,正交矩阵是性态最好的矩阵,如果我们能用正交矩阵代替 Gauss 消去过程中的单位下三角形矩阵,即

$$A=\begin{pmatrix}\times&\times&\times\\\times&\times&\times\\\times&\times&\times\end{pmatrix}\xrightarrow{\text{用正交变换 }Q_1}\begin{pmatrix}\times&\times&\times\\0&\times&\times\\0&\times&\times\end{pmatrix}\xrightarrow{\text{用正交变换 }Q_2}\begin{pmatrix}\times&\times&\times\\0&\times&\times\\0&0&\times\end{pmatrix}=U,$$

则 $Q_1Q_2A=U$,计算知 $\mathrm{cond}_2(A)=\mathrm{cond}_2(U)$,因此变换后所得的矩阵 U 的条件数不变,故该计算过程具有数值稳定性.

在线性代数中,通过 Schmidt(施密特)正交化方法,证明了若方阵 $A\in\mathbf{R}^{n\times n}$ 且 $\mathrm{rank}(A)=n$,则存在正交矩阵 Q 和对角元都大于零的上三角形矩阵 R,使得 $A=QR$,而且对任意非零向量 α,必有正交矩阵 Q 使 $Q\alpha=\|\alpha\|_2e_1$.如果 $A\in\mathbf{R}^{m\times n}(m\geqslant n)$,$\mathrm{rank}(A)=n$,使用同样的方法可以证明(即将 A 分解成)

$$A=Q\begin{pmatrix}R_1\\0\end{pmatrix}=QR,\tag{2-36}$$

其中 R_1 为对角元大于零的上三角形矩阵.矩阵的分解式(2-36)称为**矩阵 A 的 QR 分解**.由于 $\mathrm{cond}_2(A)=\mathrm{cond}_2(R)$,因此矩阵 A 的 QR 分解(也称为正交—三角分解)的实现在矩阵计算中是非常重要的.为实现 QR 分解,我们引入 Householder(豪斯霍尔德)矩阵.

定义 2.4　设 $\omega\in\mathbf{R}^n$,$\omega\neq 0$,称这种特殊的初等矩阵

$$H(\omega)=I-\frac{2}{\|\omega\|_2^2}\omega\omega^{\mathrm{T}}\tag{2-37}$$

为 **Householder 矩阵**,或称 **Householder 变换矩阵**.

显然该矩阵具有如下性质:

(1) $H(\omega)^{\mathrm{T}}=H(\omega)$,即 Householder 矩阵为对称矩阵;

(2) $H(\omega)^{\mathrm{T}}H(\omega)=I$,即 Householder 矩阵为正交矩阵;

(3) 如果 $\boldsymbol{H}(\boldsymbol{\omega})\boldsymbol{x}=\boldsymbol{y}$，则 $\|\boldsymbol{y}\|_2=\|\boldsymbol{x}\|_2$；反之，对于任意两个向量 $\boldsymbol{x},\boldsymbol{y}\in\mathbf{R}^n$，若 $\|\boldsymbol{y}\|_2=\|\boldsymbol{x}\|_2$，且 $\boldsymbol{x}\neq\boldsymbol{y}$，则必存在 Householder 矩阵 $\boldsymbol{H}$，使得 $\boldsymbol{y}=\boldsymbol{Hx}$；

(4) 设 $\boldsymbol{x}=(x_1,x_2,\cdots,x_n)^{\mathrm{T}}\in\mathbf{R}^n$ 且 $\boldsymbol{x}\neq\boldsymbol{0}$，取 $\boldsymbol{\omega}=\boldsymbol{x}\mp\|\boldsymbol{x}\|_2\boldsymbol{e}_1$，则

$$\boldsymbol{H}(\boldsymbol{\omega})\boldsymbol{x}=\boldsymbol{H}(\boldsymbol{x}\mp\|\boldsymbol{x}\|_2\boldsymbol{e}_1)\boldsymbol{x}=\pm\|\boldsymbol{x}\|_2\boldsymbol{e}_1=\pm\|\boldsymbol{x}\|_2(1,0,\cdots,0)^{\mathrm{T}}.\tag{2-38}$$

只证明性质(3)，并给出其几何解释，事实上

$$\|\boldsymbol{y}\|_2^2=\boldsymbol{y}^{\mathrm{T}}\boldsymbol{y}=(\boldsymbol{H}(\boldsymbol{\omega})\boldsymbol{x})^{\mathrm{T}}(\boldsymbol{H}(\boldsymbol{\omega})\boldsymbol{x})=\boldsymbol{x}^{\mathrm{T}}(\boldsymbol{H}(\boldsymbol{\omega})^{\mathrm{T}}\boldsymbol{H}(\boldsymbol{\omega}))\boldsymbol{x}=\boldsymbol{x}^{\mathrm{T}}\boldsymbol{x}=\|\boldsymbol{x}\|_2^2.$$

性质(3)几何意义：在 $\mathbf{R}^3$ 中说明将 Householder 矩阵称为反射矩阵的原因. 如图 2-1，考虑以 $\boldsymbol{\omega}$ 为单位法向量且过原点的平面 π. 任取 $\boldsymbol{x}\in\mathbf{R}^3$，将 $\boldsymbol{x}$ 分解为 $\boldsymbol{x}=\boldsymbol{u}+\boldsymbol{v}$，其中 $\boldsymbol{u}\perp\pi$，$\boldsymbol{v}\in\pi$，即有 $\boldsymbol{u}=\lambda\boldsymbol{\omega}$，$(\boldsymbol{v},\boldsymbol{\omega})=\boldsymbol{\omega}^{\mathrm{T}}\boldsymbol{v}=0$. 故

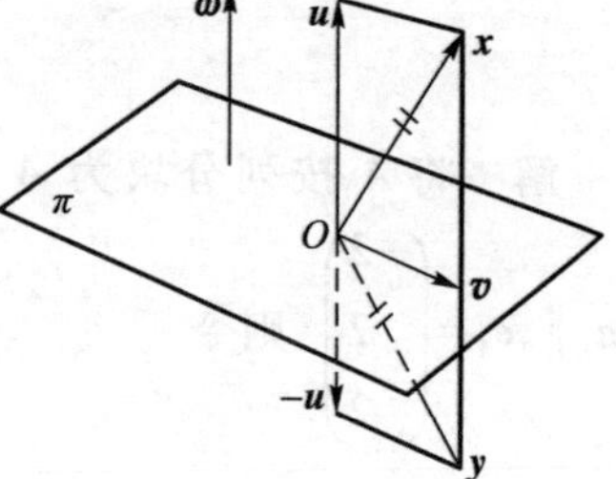

图 2-1

$$\begin{aligned}\boldsymbol{H}(\boldsymbol{\omega})\boldsymbol{x}&=(\boldsymbol{I}-2\boldsymbol{\omega}\boldsymbol{\omega}^{\mathrm{T}})\boldsymbol{x}=\boldsymbol{x}-2\boldsymbol{\omega}\boldsymbol{\omega}^{\mathrm{T}}\boldsymbol{x}\\&=(\boldsymbol{u}+\boldsymbol{v})-2\boldsymbol{\omega}\boldsymbol{\omega}^{\mathrm{T}}(\boldsymbol{u}+\boldsymbol{v})=(\boldsymbol{u}+\boldsymbol{v})-2\boldsymbol{\omega}\boldsymbol{\omega}^{\mathrm{T}}(\lambda\boldsymbol{\omega}+\boldsymbol{v})\\&=(\boldsymbol{u}+\boldsymbol{v})-2\lambda\boldsymbol{\omega}(\boldsymbol{\omega}^{\mathrm{T}}\boldsymbol{\omega})-2\boldsymbol{\omega}(\boldsymbol{\omega}^{\mathrm{T}}\boldsymbol{v})\\&=\boldsymbol{u}+\boldsymbol{v}-2\boldsymbol{u}=\boldsymbol{v}-\boldsymbol{u}=\boldsymbol{y}.\end{aligned}$$

可知，向量 $\boldsymbol{x}$ 由 Householder 矩阵作用后得到的向量 $\boldsymbol{y}$ 与 $\boldsymbol{x}$ 关于平面 π 对称，也即 $\boldsymbol{y}$ 为 $\boldsymbol{x}$ 关于平面 π 的反射向量.

反过来，对于任意两个向量 $\boldsymbol{x},\boldsymbol{y}\in\mathbf{R}^n$，若 $\|\boldsymbol{y}\|_2=\|\boldsymbol{x}\|_2$，且 $\boldsymbol{x}\neq\boldsymbol{y}$，则一定存在 Householder 矩阵 $\boldsymbol{H}$，使得 $\boldsymbol{y}=\boldsymbol{Hx}$. 从几何上不难看出，只要取 $\boldsymbol{\omega}=\boldsymbol{x}-\boldsymbol{y}$ 即可. 事实上，由于 $\|\boldsymbol{y}\|_2=\|\boldsymbol{x}\|_2$，故

$$\|\boldsymbol{\omega}\|_2^2=\|\boldsymbol{x}-\boldsymbol{y}\|_2^2=(\boldsymbol{x}-\boldsymbol{y})^{\mathrm{T}}(\boldsymbol{x}-\boldsymbol{y})=2\boldsymbol{x}^{\mathrm{T}}(\boldsymbol{x}-\boldsymbol{y}).$$

$$\begin{aligned}\boldsymbol{H}(\boldsymbol{\omega})\boldsymbol{x}&=\left(\boldsymbol{I}-\frac{2}{\|\boldsymbol{\omega}\|_2^2}\boldsymbol{\omega}\boldsymbol{\omega}^{\mathrm{T}}\right)\boldsymbol{x}=\left(\boldsymbol{I}-\frac{2}{\|\boldsymbol{x}-\boldsymbol{y}\|_2^2}(\boldsymbol{x}-\boldsymbol{y})(\boldsymbol{x}-\boldsymbol{y})^{\mathrm{T}}\right)\boldsymbol{x}\\&=\boldsymbol{x}-\frac{2(\boldsymbol{x}-\boldsymbol{y})^{\mathrm{T}}\boldsymbol{x}}{\|\boldsymbol{x}-\boldsymbol{y}\|_2^2}(\boldsymbol{x}-\boldsymbol{y})=\boldsymbol{x}-(\boldsymbol{x}-\boldsymbol{y})=\boldsymbol{y}.\end{aligned}$$

基于性质(3)，可知性质(4)是其特例. 对于 $\boldsymbol{x}\in\mathbf{R}^n$，在实际的数值计算当中，可取 $\boldsymbol{\omega}=\boldsymbol{x}+\operatorname{sgn}(x_1)\|\boldsymbol{x}\|_2\boldsymbol{e}_1$，其中 $\operatorname{sgn}(x)=\begin{cases}1, & x>0,\\-1, & x<0,\end{cases}$ 这种取法在计算中可避免出现分母过小，因而可以减少计算误差.

例 10 已知向量 $\boldsymbol{x}=(-3,0,4)^{\mathrm{T}}$，$\boldsymbol{y}=(0,0,\alpha)^{\mathrm{T}}$，其中 $\alpha>0$. 试求 Householder 矩阵 $\boldsymbol{H}$，使得 $\boldsymbol{y}=\boldsymbol{Hx}$.

解 由性质(3)可知 $\alpha=\|\boldsymbol{y}\|_2=\|\boldsymbol{x}\|_2=\sqrt{(-3)^2+4^2}=5$. 取 $\boldsymbol{\omega}=\boldsymbol{x}-\boldsymbol{y}=(-3,0,-1)^{\mathrm{T}}$，$\|\boldsymbol{\omega}\|_2^2=10$，于是

$$\boldsymbol{H}(\boldsymbol{\omega})=\boldsymbol{I}-\frac{2}{\|\boldsymbol{\omega}\|_2^2}\boldsymbol{\omega}\boldsymbol{\omega}^{\mathrm{T}}=\begin{pmatrix}1&&\\&1&\\&&1\end{pmatrix}-\frac{1}{5}\begin{pmatrix}-3\\0\\-1\end{pmatrix}(-3\quad 0\quad -1)=\begin{pmatrix}-\frac{4}{5}&0&-\frac{3}{5}\\0&1&0\\-\frac{3}{5}&0&\frac{4}{5}\end{pmatrix},$$

即 $\begin{pmatrix} -\frac{4}{5} & 0 & -\frac{3}{5} \\ 0 & 1 & 0 \\ -\frac{3}{5} & 0 & \frac{4}{5} \end{pmatrix}\begin{pmatrix} -3 \\ 0 \\ 4 \end{pmatrix}=\begin{pmatrix} 0 \\ 0 \\ 5 \end{pmatrix}$.

下面利用一系列 Householder 矩阵,将矩阵 $\boldsymbol{A}$ 分解成 **QR** 的形式.

例 11 利用 Householder 变换求 $\boldsymbol{A}$ 的 QR 分解,其中

$$\boldsymbol{A}=\begin{pmatrix} 1 & 1 & 1 \\ 2 & 3 & 1 \\ 2 & 1 & -5 \end{pmatrix}.$$

解 将 $\boldsymbol{A}$ 按列分块为 $\boldsymbol{A}=(\boldsymbol{a}_1,\boldsymbol{a}_2,\boldsymbol{a}_3)$,其中 $\boldsymbol{a}_1=(1,2,2)^{\mathrm{T}}$, $\|\boldsymbol{a}_1\|_2=3$,取 $\boldsymbol{\omega}_1=\boldsymbol{a}_1-\|\boldsymbol{a}_1\|_2\boldsymbol{e}_1=\begin{pmatrix} -2 \\ 2 \\ 2 \end{pmatrix}$,则令

$$\boldsymbol{Q}_1=\boldsymbol{H}(\boldsymbol{\omega}_1)=\boldsymbol{I}-\frac{2}{\|\boldsymbol{\omega}_1\|_2^2}\boldsymbol{\omega}_1\boldsymbol{\omega}_1^{\mathrm{T}}=\begin{pmatrix} \frac{1}{3} & \frac{2}{3} & \frac{2}{3} \\ \frac{2}{3} & \frac{1}{3} & -\frac{2}{3} \\ \frac{2}{3} & -\frac{2}{3} & \frac{1}{3} \end{pmatrix},$$

$$\begin{aligned} \boldsymbol{H}(\boldsymbol{\omega}_1)\boldsymbol{A} &=(\boldsymbol{H}(\boldsymbol{\omega}_1)\boldsymbol{a}_1,\boldsymbol{H}(\boldsymbol{\omega}_1)\boldsymbol{a}_2,\boldsymbol{H}(\boldsymbol{\omega}_1)\boldsymbol{a}_3) \\ &=\begin{pmatrix} 3 & 3 & -\frac{7}{3} \\ 0 & 1 & \frac{13}{3} \\ 0 & -1 & -\frac{5}{3} \end{pmatrix}=\begin{pmatrix} 3 & \boldsymbol{b}^{\mathrm{T}} \\ \boldsymbol{0} & \boldsymbol{A}_2 \end{pmatrix}, \end{aligned}$$

其中

$$\boldsymbol{b}^{\mathrm{T}}=\left(3,-\frac{7}{3}\right),\quad \boldsymbol{A}_2=\begin{pmatrix} 1 & \frac{13}{3} \\ -1 & -\frac{5}{3} \end{pmatrix}=(\tilde{\boldsymbol{a}}_1,\tilde{\boldsymbol{a}}_2),$$

$$\tilde{\boldsymbol{a}}_1=(1,-1)^{\mathrm{T}},\quad \tilde{\boldsymbol{a}}_2=\left(\frac{13}{3},-\frac{5}{3}\right)^{\mathrm{T}},\quad \|\tilde{\boldsymbol{a}}_1\|_2=\sqrt{2},$$

取

$$\boldsymbol{\omega}_2=\tilde{\boldsymbol{a}}_1-\|\tilde{\boldsymbol{a}}_1\|_2\boldsymbol{e}_1=\begin{pmatrix} 1 \\ -1 \end{pmatrix}-\begin{pmatrix} \sqrt{2} \\ 0 \end{pmatrix}=\begin{pmatrix} 1-\sqrt{2} \\ -1 \end{pmatrix},$$

$$\boldsymbol{H}(\boldsymbol{\omega}_2)=\begin{pmatrix} 1 & 0 \\ 0 & 1 \end{pmatrix}-\frac{1}{2-\sqrt{2}}\begin{pmatrix} 3-2\sqrt{2} & -1+\sqrt{2} \\ -1+\sqrt{2} & 1 \end{pmatrix}=\frac{1}{2}\begin{pmatrix} \sqrt{2} & -\sqrt{2} \\ -\sqrt{2} & -\sqrt{2} \end{pmatrix},$$

$$H(\omega_2)A_2=(H(\omega_2)\tilde{a}_1,H(\omega_2)\tilde{a}_2)=\begin{pmatrix}\sqrt{2} & 3\sqrt{2}\\ 0 & -\frac{4}{3}\sqrt{2}\end{pmatrix}.$$

令 $Q_2=\begin{pmatrix}1 & 0\\ 0 & H(\omega_2)\end{pmatrix}$,则

$$Q_2Q_1A=\begin{pmatrix}1 & 0\\ 0 & H(\omega_2)\end{pmatrix}\begin{pmatrix}3 & b^{\mathrm{T}}\\ 0 & A_2\end{pmatrix}=\begin{pmatrix}3 & b^{\mathrm{T}}\\ 0 & H(\omega_2)A_2\end{pmatrix}=\begin{pmatrix}3 & 3 & -\frac{7}{3}\\ 0 & \sqrt{2} & 3\sqrt{2}\\ 0 & 0 & -\frac{4}{3}\sqrt{2}\end{pmatrix}=R,$$

$$Q^{\mathrm{T}}=Q_2Q_1=\begin{pmatrix}1 & 0 & 0\\ 0 & \frac{\sqrt{2}}{2} & -\frac{\sqrt{2}}{2}\\ 0 & -\frac{\sqrt{2}}{2} & -\frac{\sqrt{2}}{2}\end{pmatrix}\begin{pmatrix}\frac{1}{3} & \frac{2}{3} & \frac{2}{3}\\ \frac{2}{3} & \frac{1}{3} & -\frac{2}{3}\\ \frac{2}{3} & -\frac{2}{3} & \frac{1}{3}\end{pmatrix}=\begin{pmatrix}\frac{1}{3} & \frac{2}{3} & \frac{2}{3}\\ 0 & \frac{\sqrt{2}}{2} & -\frac{\sqrt{2}}{2}\\ -\frac{2\sqrt{2}}{3} & \frac{\sqrt{2}}{6} & \frac{\sqrt{2}}{6}\end{pmatrix},$$

则 $A=QR$.

2.2 特殊矩阵的特征系统

本节将介绍理论上和特征系统计算上非常重要的矩阵分解,即 Schur(舒尔)分解.

定理 2.8(Schur 定理) 设 $A\in \mathbf{C}^{n\times n}$,则存在酉矩阵 $U\in \mathbf{C}^{n\times n}$ 使得

$$A=URU^{\mathrm{H}},\tag{2-39}$$

其中 $R\in \mathbf{C}^{n\times n}$ 为上三角形矩阵.

证 对矩阵的阶数 n 用数学归纳法证明.

当 $n=1$ 时,定理显然成立.

设当 $n=k$ 时,定理成立,现在证明 $n=k+1$ 定理仍成立.

记 λ 为 $k+1$ 阶方阵 A 的一个特征值,于是存在 $u_1\in \mathbf{C}^{k+1}$ 且 $\|u_1\|=1$,使得 $Au_1=\lambda u_1$.将 u_1 扩充成 $\mathbf{C}^{k+1}$ 的一组标准正交基,$u_1,u_2,\cdots,u_{k+1}$.记 $U_1=(u_1,u_2,\cdots,u_{k+1})$,显然 $U_1\in \mathbf{C}^{(k+1)\times(k+1)}$ 为酉矩阵,由于 $Au_1=\lambda_1u_1$,则

$$U_1^{\mathrm{H}}Au_1=\begin{pmatrix}u_1^{\mathrm{H}}\\ u_2^{\mathrm{H}}\\ \vdots\\ u_{k+1}^{\mathrm{H}}\end{pmatrix}Au_1=\begin{pmatrix}\bar{u}_1^{\mathrm{T}}\\ \bar{u}_2^{\mathrm{T}}\\ \vdots\\ \bar{u}_{k+1}^{\mathrm{T}}\end{pmatrix}Au_1=\begin{pmatrix}\bar{u}_1^{\mathrm{T}}\\ \bar{u}_2^{\mathrm{T}}\\ \vdots\\ \bar{u}_{k+1}^{\mathrm{T}}\end{pmatrix}\lambda_1u_1=\lambda_1\begin{pmatrix}\bar{u}_1^{\mathrm{T}}u_1\\ \bar{u}_2^{\mathrm{T}}u_1\\ \vdots\\ \bar{u}_{k+1}^{\mathrm{T}}u_1\end{pmatrix}=\lambda_1\begin{pmatrix}1\\ 0\\ \vdots\\ 0\end{pmatrix}.$$

进一步,有

$$U_1^H A U_1=\begin{pmatrix} u_1^H \\ u_2^H \\ \vdots \\ u_{k+1}^H \end{pmatrix}(Au_1, Au_2, \cdots, Au_{k+1})=\begin{pmatrix} \lambda & c^T \\ 0 & A_1 \end{pmatrix}, \tag{2-40}$$

其中 $c \in \mathbf{C}^k, A_1 \in \mathbf{C}^{k\times k}$, $\mathbf{0}$ 为 k 阶零向量.

由归纳法假设知,存在酉矩阵 $U_2 \in \mathbf{C}^{k\times k}$,使得

$$A_1 = U_2 R_1 U_2^H, \tag{2-41}$$

其中 $R_1 \in \mathbf{C}^{k\times k}$ 为上三角形矩阵.综合关系式(2-40)和(2-41)有

$$\begin{aligned} A &= U_1\begin{pmatrix} \lambda & c^T \\ 0 & A_1 \end{pmatrix}U_1^H = U_1\begin{pmatrix} \lambda & c^T \\ 0 & U_2 R_1 U_2^H \end{pmatrix}U_1^H \\ &= U_1\begin{pmatrix} 1 & 0 \\ 0 & U_2 \end{pmatrix}\begin{pmatrix} \lambda & \tilde{c}^T \\ 0 & R_1 \end{pmatrix}\begin{pmatrix} 1 & 0 \\ 0 & U_2^H \end{pmatrix}U_1^H, \end{aligned}$$

其中 $\tilde{c} = U_2^T c \in \mathbf{C}^k$.再记

$$U = U_1\begin{pmatrix} 1 & 0 \\ 0 & U_2 \end{pmatrix}, \quad R = \begin{pmatrix} \lambda & \tilde{c}^T \\ 0 & R_1 \end{pmatrix},$$

容易验证 $U \in \mathbf{C}^{(k+1)\times(k+1)}$ 为酉矩阵, $R \in \mathbf{C}^{(k+1)\times(k+1)}$ 为上三角形矩阵,而且 $A = URU^H$ 成立,即证明了 $n=k+1$ 时定理成立.

称(2-39)式为**矩阵的 Schur 分解**.在矩阵的 Schur 分解中,由于 A 和 R 是酉相似的,因此具有相同的特征值,而上三角形矩阵的特征值即为其对角元,因此,Schur 定理还可以表示为:任意 n 阶方阵酉相似于一个以其特征值为对角元的上三角形矩阵 R,通常称 R 为 A 的 **Schur 标准形**.一旦得到矩阵的 Schur 分解,实际上我们已经得到了矩阵的特征值,而特征值的计算一般必须采用迭代法,因此与上一节介绍的矩阵的 Doolittle 分解和 QR 分解不同,通常我们无法在有限步内,准确地得到矩阵 A 的 Schur 分解.由于实矩阵 A 的特征值可能是一个复数,因此即使矩阵 A 是实矩阵,Schur 分解中的矩阵 U 和 R 也可能是复的.

由 Schur 定理自然会想到,什么样的矩阵可以酉相似于对角矩阵呢?

定义 2.5 设 $A \in \mathbf{C}^{n\times n}$,若

$$A^H A = A A^H,$$

则称矩阵 A 为**正规矩阵**.

常见的 Hermite 矩阵($A^H = A$)、实对称矩阵($A^T = A$)、反 Hermite 矩阵($A^H = -A$)、实反称矩阵($A^T = -A$)、酉矩阵($A^H A = A A^H = I$)和正交矩阵($A^T A = A A^T = I$)等均为正规矩阵.

推论 2.1 设 A 为 n 阶方阵,则 A 为正规矩阵的充要条件是存在 n 阶酉矩阵 U,使得

$$A = UDU^H,$$

其中 D 为 n 阶对角矩阵.

证 充分性.由于 $A = UDU^H$,则

$$A^H A = (UDU^H)^H (UDU^H) = UD^H U^H UDU^H = U(D^H D)U^H,$$
$$AA^H = (UDU^H)(UDU^H)^H = UDU^H UD^H U^H = U(DD^H)U^H.$$

设 $\boldsymbol{D}$ 的对角元素为 $d_i\in\mathbf{C},i=1,2,\cdots,n$，从而

$$\boldsymbol{D}^{\mathrm{H}}\boldsymbol{D}=\begin{pmatrix}\bar{d}_1&&&\\&\bar{d}_2&&\\&&\ddots&\\&&&\bar{d}_n\end{pmatrix}\begin{pmatrix}d_1&&&\\&d_2&&\\&&\ddots&\\&&&d_n\end{pmatrix}=\begin{pmatrix}|d_1|^2&&&\\&|d_2|^2&&\\&&\ddots&\\&&&|d_n|^2\end{pmatrix}=\boldsymbol{D}\boldsymbol{D}^{\mathrm{H}},$$

故 $\boldsymbol{A}^{\mathrm{H}}\boldsymbol{A}=\boldsymbol{A}\boldsymbol{A}^{\mathrm{H}}$，即 $\boldsymbol{A}$ 为正规矩阵.

必要性.由 Schur 分解定理知，$\boldsymbol{A}=\boldsymbol{U}\boldsymbol{D}\boldsymbol{U}^{\mathrm{H}}$，$\boldsymbol{U}\in\mathbf{C}^{n\times n}$ 为酉矩阵，$\boldsymbol{R}$ 为上三角形矩阵.那么，由假设知 $\boldsymbol{A}$ 为正规矩阵，即 $\boldsymbol{A}^{\mathrm{H}}\boldsymbol{A}=\boldsymbol{A}\boldsymbol{A}^{\mathrm{H}}$，仿照充分性，可推得 $\boldsymbol{R}^{\mathrm{H}}\boldsymbol{R}=\boldsymbol{R}\boldsymbol{R}^{\mathrm{H}}$，即 $\boldsymbol{R}$ 为正规矩阵.现设

$$\boldsymbol{R}=\begin{pmatrix}r_{11}&r_{12}&\cdots&r_{1n}\\&r_{22}&\cdots&r_{2n}\\&&\ddots&\vdots\\&&&r_{nn}\end{pmatrix},\quad \boldsymbol{R}^{\mathrm{H}}=\begin{pmatrix}\bar{r}_{11}&&&\\\bar{r}_{12}&\bar{r}_{22}&&\\\vdots&\vdots&\ddots&\\\bar{r}_{1n}&\bar{r}_{2n}&\cdots&\bar{r}_{nn}\end{pmatrix},$$

注意到

$$\boldsymbol{R}^{\mathrm{H}}\boldsymbol{R}=\begin{pmatrix}|r_{11}|^2&*&\cdots&*\\ *&|r_{22}|^2+|r_{12}|^2&\cdots&*\\\vdots&\vdots&&\vdots\\ *&*&\cdots&\sum\limits_{i=1}^{n}|r_{in}|^2\end{pmatrix}$$

$$=\boldsymbol{R}\boldsymbol{R}^{\mathrm{H}}=\begin{pmatrix}\sum\limits_{j=1}^{n}|r_{1j}|^2&*&\cdots&*\\ *&\sum\limits_{j=2}^{n}|r_{2j}|^2&\cdots&*\\\vdots&\vdots&&\vdots\\ *&*&\cdots&|r_{nn}|^2\end{pmatrix},$$

比较两边矩阵的对角元，可得

$$|r_{11}|^2=\sum_{j=1}^{n}|r_{1j}|^2,$$

$$|r_{12}|^2+|r_{22}|^2=\sum_{j=2}^{n}|r_{2j}|^2,\quad\cdots,\quad\sum_{i=1}^{n}|r_{in}|^2=|r_{nn}|^2,$$

总之有：$r_{ij}=\bar{r}_{ij}=0,1\leqslant i<j\leqslant n$，即 $\boldsymbol{R}$ 为对角矩阵.从而结论成立.

推论 2.2 设 $\boldsymbol{A}\in\mathbf{C}^{n\times n}$，则

(1) $\boldsymbol{A}$ 为 Hermite 矩阵的充要条件为存在酉矩阵 $\boldsymbol{U}\in\mathbf{C}^{n\times n}$，使得

$$\boldsymbol{A}=\boldsymbol{U}\boldsymbol{D}\boldsymbol{U}^{\mathrm{H}},$$

其中 $\boldsymbol{D}\in\mathbf{R}^{n\times n}$ 为对角矩阵.

(2) $\boldsymbol{A}$ 为反 Hermite 矩阵的充要条件为存在酉矩阵 $\boldsymbol{U}\in\mathbf{C}^{n\times n}$，使得

$$\boldsymbol{A}=\boldsymbol{U}\boldsymbol{D}\boldsymbol{U}^{\mathrm{H}},$$

其中 $\boldsymbol{D}\in\mathbf{C}^{n\times n}$ 为对角矩阵，其对角元为零或纯虚数.

证 (1) 因为 $\boldsymbol{A}$ 为 Hermite 矩阵，即 $\boldsymbol{A}^{\mathrm{H}}=\boldsymbol{A}$，故 $\boldsymbol{A}$ 为正规矩阵.由推论 2.1，存在 n 阶酉矩阵 $\boldsymbol{U}$，使得

$$\boldsymbol{U}^{\mathrm{H}}\boldsymbol{A}\boldsymbol{U}=\boldsymbol{D}=\mathrm{diag}(\lambda_1,\lambda_2,\cdots,\lambda_n),$$

而

$$\boldsymbol{D}^{\mathrm{H}}=(\boldsymbol{U}^{\mathrm{H}}\boldsymbol{A}\boldsymbol{U})^{\mathrm{H}}=\boldsymbol{U}^{\mathrm{H}}\boldsymbol{A}^{\mathrm{H}}\boldsymbol{U}=\boldsymbol{U}^{\mathrm{H}}\boldsymbol{A}\boldsymbol{U}=\boldsymbol{D}=\mathrm{diag}(\lambda_1,\lambda_2,\cdots,\lambda_n),$$

故得 $\bar{\lambda}_i=\lambda_i(i=1,2,\cdots,n)$，即 $\boldsymbol{D}$ 为 n 阶实对角矩阵.

(2) $\boldsymbol{A}$ 为反 Hermite 矩阵，同上可推得 $\bar{\lambda}_i=-\lambda_i(i=1,2,\cdots,n)$，即 $\boldsymbol{D}$ 为 n 阶对角矩阵，其对角元为零或纯虚数.

由推论 2.2 中可知，如果 $\boldsymbol{A}$ 为 n 阶正规矩阵，且其特征值均为实数，则 $\boldsymbol{A}$ 必为 Hermite 矩阵，即在正规矩阵的集合中，特征值均为实数的子集为 Hermite 矩阵的集合.

推论 2.3 设 $\boldsymbol{A}\in\mathbf{C}^{n\times n}$，则 $\boldsymbol{A}$ 为酉矩阵的充要条件为存在酉矩阵 $\boldsymbol{U}\in\mathbf{C}^{n\times n}$，使得

$$\boldsymbol{A}=\boldsymbol{U}\boldsymbol{D}\boldsymbol{U}^{\mathrm{H}},$$

其中 $\boldsymbol{D}$ 为 n 阶对角矩阵，其对角元的模均为 1.

证 因为 $\boldsymbol{A}$ 为酉矩阵，故 $\boldsymbol{A}$ 为正规矩阵.由推论 2.1，存在 n 阶酉矩阵 $\boldsymbol{U}$，$\boldsymbol{A}=\boldsymbol{U}\boldsymbol{D}\boldsymbol{U}^{\mathrm{H}}$，且 $\boldsymbol{D}$ 为对角矩阵.而 $\boldsymbol{A}^{\mathrm{H}}\boldsymbol{A}=\boldsymbol{A}\boldsymbol{A}^{\mathrm{H}}=\boldsymbol{I}$，进一步，推出

$$\boldsymbol{D}\boldsymbol{D}^{\mathrm{H}}=\boldsymbol{D}^{\mathrm{H}}\boldsymbol{D}=\boldsymbol{I},$$

即

$$\boldsymbol{D}^{\mathrm{H}}\boldsymbol{D}=\boldsymbol{D}\boldsymbol{D}^{\mathrm{H}}=\begin{pmatrix}|\lambda_1|^2 & & & \\ & |\lambda_2|^2 & & \\ & & \ddots & \\ & & & |\lambda_n|^2\end{pmatrix}=\begin{pmatrix}1 & & & \\ & 1 & & \\ & & \ddots & \\ & & & 1\end{pmatrix},$$

即 $|\lambda_i|=1(i=1,2,\cdots,n)$，故 $\boldsymbol{D}$ 为 n 阶对角矩阵，其对角元的模均为 1.

从推论 2.3 中可知，如果 $\boldsymbol{A}$ 为 n 阶正规矩阵，且其特征值的模均为 1，则 $\boldsymbol{A}$ 为酉矩阵，即在正规矩阵的集合中，矩阵的特征值的模均为 1 的子集为酉矩阵的集合.

矩阵的 Schur 分解还有许多应用，在范数的性质的研究中，用它可以证明如下定理.

定理 2.9 设 $\boldsymbol{A}$ 为 n 阶方阵，任取 $\varepsilon>0$，则在 $\mathbf{C}^{n\times n}$ 中存在一种矩阵范数 $\|\cdot\|_M$（依赖矩阵 $\boldsymbol{A}$ 和常数 ε），满足 $\|\boldsymbol{I}\|_M=1$，并且

$$\|\boldsymbol{A}\|_M\leqslant\rho(\boldsymbol{A})+\varepsilon.$$

证 （构造性证明）根据 Schur 定理，存在 n 阶酉矩阵 $\boldsymbol{U}$，使得

$$\boldsymbol{R}=\boldsymbol{U}^{\mathrm{H}}\boldsymbol{A}\boldsymbol{U}$$

为上三角形矩阵，且其对角元即为矩阵 $\boldsymbol{A}$ 的特征值.记矩阵 $\boldsymbol{R}$ 的上三角元为 $r_{ij}(j\geqslant i)$，对任意的 ε，取

$$\delta=\min\left\{1,\frac{\varepsilon}{(n-1)\max\limits_{1\leqslant i<j\leqslant n}|r_{ij}|}\right\},$$

令 $\boldsymbol{D}=\operatorname{diag}(1,\delta,\delta^2,\cdots,\delta^{n-1})$，则

$$\boldsymbol{R}=\begin{pmatrix} r_{11} & r_{12} & r_{13} & \cdots & r_{1n} \\ & r_{22} & r_{23} & \cdots & r_{2n} \\ & & r_{33} & \cdots & r_{3n} \\ & & & \ddots & \vdots \\ & & & & r_{nn} \end{pmatrix},\quad \boldsymbol{RD}=\begin{pmatrix} r_{11} & \delta r_{12} & \delta^2 r_{13} & \cdots & \delta^{n-1} r_{1n} \\ & \delta r_{22} & \delta^2 r_{23} & \cdots & \delta^{n-1} r_{2n} \\ & & \delta^2 r_{33} & \cdots & \delta^{n-1} r_{3n} \\ & & & \ddots & \vdots \\ & & & & \delta^{n-1} r_{nn} \end{pmatrix},$$

$$\boldsymbol{D}^{-1}\boldsymbol{RD}=\begin{pmatrix} 1 & & & & \\ & \dfrac{1}{\delta} & & & \\ & & \dfrac{1}{\delta^2} & & \\ & & & \ddots & \\ & & & & \dfrac{1}{\delta^{n-1}} \end{pmatrix}\begin{pmatrix} r_{11} & \delta r_{12} & \delta^2 r_{13} & \cdots & \delta^{n-1} r_{1n} \\ & \delta r_{22} & \delta^2 r_{23} & \cdots & \delta^{n-1} r_{2n} \\ & & \delta^2 r_{33} & \cdots & \delta^{n-1} r_{3n} \\ & & & \ddots & \vdots \\ & & & & \delta^{n-1} r_{nn} \end{pmatrix}$$

$$=\begin{pmatrix} r_{11} & r_{12}\delta & r_{13}\delta^2 & \cdots & r_{1n}\delta^{n-1} \\ & r_{22} & r_{23}\delta & \cdots & r_{2n}\delta^{n-2} \\ & & r_{33} & \cdots & r_{3n}\delta^{n-3} \\ & & & \ddots & \vdots \\ & & & & r_{nn} \end{pmatrix},$$

于是，

$$\begin{aligned} & \|\boldsymbol{D}^{-1}\boldsymbol{U}^{\mathrm{H}}\boldsymbol{AUD}\|_1 \\ = & \|\boldsymbol{D}^{-1}\boldsymbol{RD}\|_1 \\ = & \max_{1\leqslant j\leqslant n}\sum_{i=1}^{j}|r_{ij}\delta^{j-i}| \leqslant \max_{1\leqslant j\leqslant n}\left(|r_{jj}|+\sum_{i=1}^{j-1}\delta^{j-i}|r_{ij}|\right) \\ \leqslant & \max_{1\leqslant i\leqslant n}|\lambda_i|+\max_{1\leqslant i<j\leqslant n}|r_{ij}|(1+\delta+\cdots+\delta^{n-2})\delta \\ \leqslant & \rho(\boldsymbol{A})+(n-1)\max_{1\leqslant i<j\leqslant n}|r_{ij}|\delta \\ \leqslant & \rho(\boldsymbol{A})+\varepsilon. \end{aligned}$$

现记

$$\|\boldsymbol{A}\|_M=\|\boldsymbol{D}^{-1}\boldsymbol{U}^{\mathrm{H}}\boldsymbol{AUD}\|_1=\|(\boldsymbol{UD})^{-1}\boldsymbol{A}(\boldsymbol{UD})\|_1=\|\boldsymbol{MAM}^{-1}\|_1,$$

其中取 $\boldsymbol{M}=(\boldsymbol{UD})^{-1}$，$\boldsymbol{A}$ 为任意 n 阶方阵.

我们已经验证 $\|\cdot\|_M$ 为 n 阶方阵的一种矩阵范数（见习题 1 中第 10 题），且满足 $\|\boldsymbol{I}\|_M=1$.事实上，

$$\|\boldsymbol{I}\|_M=\|\boldsymbol{MIM}^{-1}\|_1=\|\boldsymbol{MM}^{-1}\|_1=\|\boldsymbol{I}\|_1=1.$$

从而

$$\|\boldsymbol{A}\|_M\leqslant\rho(\boldsymbol{A})+\varepsilon.$$

推论 2.4 若 $\rho(\boldsymbol{A})<1$，则存在范数 $\|\cdot\|$，使得 $\|\boldsymbol{A}\|<1$.

证 特取 $\varepsilon=\dfrac{1}{2}(1-\rho(\boldsymbol{A}))>0$，由定理 2.9，存在一种矩阵范数 $\|\cdot\|_M$，使

$$\begin{aligned}\|A\|_M &\leqslant \rho(A)+\varepsilon\\ &=\rho(A)+\frac{1}{2}(1-\rho(A))\\ &=\rho(A)+\frac{1}{2}-\frac{1}{2}\rho(A)\\ &=\frac{1}{2}(1+\rho(A))<\frac{1}{2}\times 2=1.\end{aligned}$$

2.3 矩阵的 Jordan 分解介绍

矩阵的 Jordan(若尔当)分解,在矩阵理论和应用中都很重要,在线性代数和矩阵论的教材中都有详细叙述.由于篇幅所限,本书仅做概要介绍.

定义 2.6 设 $\boldsymbol{A}$ 为 n 阶方阵,$\boldsymbol{A}$ 的特征多项式为

$$\det(\lambda \boldsymbol{I}-\boldsymbol{A})=(\lambda-\lambda_1)^{m_1}(\lambda-\lambda_2)^{m_2}\cdots(\lambda-\lambda_s)^{m_s}, \tag{2-42}$$

其中 $m_i(i=1,2,\cdots,s)$ 均为正整数, $\sum\limits_{i=1}^{s} m_i=n,\lambda_1,\lambda_2,\cdots,\lambda_s$ 为 $\boldsymbol{A}$ 的不同特征值,称 m_i 为特征值 λ_i 的**代数重复度**;而称与特征值 λ_i 对应的线性无关的特征向量的个数即子空间 $N(\lambda_i\boldsymbol{I}-\boldsymbol{A})$(即$(\lambda_i\boldsymbol{I}-\boldsymbol{A})\boldsymbol{x}=\boldsymbol{0}$ 的一切解形成的空间,称为 $\lambda_i\boldsymbol{I}-\boldsymbol{A}$ 的零空间)的维数为特征值 λ_i 的**几何重复度**,记为 $\alpha_i,\alpha_i=n-\mathrm{rank}(\lambda_i\boldsymbol{I}-\boldsymbol{A})$.

下面给出代数重复度和几何重复度的关系.

定理 2.10 设 $\boldsymbol{A}$ 为 n 阶方阵,λ_i 为其特征值,m_i 和 α_i 分别为其代数重复度和几何重复度,则 $m_i\geqslant\alpha_i$.

证 构造 $n\times\alpha_i$ 矩阵 $\boldsymbol{V}_1$,令其 α_i 列构成空间 $N(\lambda_i\boldsymbol{I}-\boldsymbol{A})$ 的一组标准正交基.将 $\boldsymbol{V}_1$ 扩充成酉矩阵 $\boldsymbol{V}$,从而可以得到

$$\boldsymbol{B}=\boldsymbol{V}^{\mathrm{H}}\boldsymbol{A}\boldsymbol{V}=\begin{pmatrix}\lambda_i\boldsymbol{I} & \boldsymbol{C}\\ \boldsymbol{O} & \boldsymbol{D}\end{pmatrix},$$

其中 $\boldsymbol{I}$ 为 $\alpha_i\times\alpha_i$ 单位矩阵,$\boldsymbol{C}$ 是 $\alpha_i\times(n-\alpha_i)$ 矩阵,$\boldsymbol{D}$ 是$(n-\alpha_i)\times(n-\alpha_i)$矩阵.从而

$$\det(z\boldsymbol{I}-\boldsymbol{B})=\det(z\boldsymbol{I}-\lambda_i\boldsymbol{I})\det(z\boldsymbol{I}-\boldsymbol{D})=(z-\lambda_i)^{\alpha_i}\det(z\boldsymbol{I}-\boldsymbol{D}).$$

因此,作为 $\boldsymbol{B}$ 的特征值 λ_i 的代数重复度至少为 α_i,由于相似变换保持重数不变,所以 $\boldsymbol{A}$ 的特征值 λ_i 的代数重复度满足 $m_i\geqslant\alpha_i$.

定义 2.7 设 $\boldsymbol{A}$ 为 n 阶方阵,λ_i 为其特征值,m_i 和 α_i 分别为其代数重复度和几何重复度.如果 $m_i=\alpha_i$,则称特征值 λ_i 为**半单的**;如果 $m_i>\alpha_i$,则称特征值 λ_i 为**亏损的**.

显然如果方阵 $\boldsymbol{A}$ 的某一个特征值代数重复度为 1,则它一定为半单的.由线性代数结论可知,方阵 $\boldsymbol{A}$ 属于不同特征值所对应的特征向量是线性无关的,由于方阵 $\boldsymbol{A}$ 的各不同特征值的代数重数之和恰为 n,因此可以证明

定理 2.11 n 阶方阵 $\boldsymbol{A}$ 可对角化的充要条件是每一个特征值 λ_i 均为半单的,即 $m_i=\alpha_i,i=1,2,\cdots,s$.$\boldsymbol{A}$ 是不可对角化的充要条件是它有亏损的特征值,即存在 i_0,使得 $m_{i_0}>\alpha_{i_0}$.

因此,也称一个不可对角化的矩阵为亏损矩阵.

例 1 研究下列矩阵是否可对角化：

(1) $A=\begin{pmatrix}2&0&3\\0&0&1\\0&2&2\end{pmatrix}$；(2) $B=\begin{pmatrix}1&-1&2\\3&-3&6\\2&-2&4\end{pmatrix}$；(3) $C=\begin{pmatrix}17&0&-25\\0&3&0\\9&0&-13\end{pmatrix}$.

解 (1) A 的特征多项式为

$$\det(\lambda I-A)=(\lambda-2)(\lambda^2-2\lambda-2).$$

因此 A 的特征值分别为

$$\lambda_1=2,\lambda_2=1+\sqrt{3},\lambda_3=1-\sqrt{3},$$

矩阵 A 有三个不同的特征值，因此它必可对角化.

(2) B 的特征多项式为 $\det(\lambda I-B)=\lambda^2(\lambda-2)$，因此 B 的特征值分别为 $\lambda_1=0,\lambda_2=2$，其中 λ_1 的代数重复度为 $m_1=2$，λ_2 为单根.

注意到，

$$\det(0I-B)=\begin{vmatrix}-1&1&-2\\-3&3&-6\\-2&2&-4\end{vmatrix},$$

其任何二阶行列式值均为零，故 $\operatorname{rank}(0I-B)=1$，故它的几何重复度为 $\alpha_1=3-1=2=m_1$，即 λ_1 为半单的，因此矩阵 B 可对角化.

(3) 令

$$\det(\lambda I-C)=\begin{vmatrix}\lambda-17&0&25\\0&\lambda-3&0\\-9&0&\lambda+13\end{vmatrix}=(\lambda-2)^2(\lambda-3)=0,$$

因此 C 的特征值分别为 $\lambda_1=2$（二重根），$\lambda_2=3$. 即 λ_1 的代数重复度为 $m_1=2$，λ_2 为单根. 而

$$\det(2I-C)=\begin{vmatrix}-15&0&25\\0&-1&0\\-9&0&15\end{vmatrix},$$

且有二阶子式 $\begin{vmatrix}-15&0\\0&-1\end{vmatrix}=15\neq0$，即 $\operatorname{rank}(2I-C)=2$，故它的几何重复度为 $\alpha_1=3-2=1<2=m_1$，λ_1 为亏损的，因此，由定理 2.11，矩阵 C 不可对角化.

从上述分析我们已经看到，某些矩阵由于存在亏损的特征值，因此它不能对角化. 从而可知，一般矩阵可分为：可对角化矩阵和不可对角化矩阵. 下面研究不可对角化矩阵的相似标准形（**Jordan 分解形式**）.

定义 2.8 称 k 阶方阵

$$J_k(\lambda)=\begin{pmatrix}\lambda&1&&&\\&\lambda&1&&\\&&\ddots&\ddots&\\&&&\lambda&1\\&&&&\lambda\end{pmatrix}$$

为 Jordan 块.

例如

$$J_3(2)=\begin{pmatrix}2&1&\\&2&1\\&&2\end{pmatrix},\quad J_4(0)=\begin{pmatrix}0&1&&\\&0&1&\\&&0&1\\&&&0\end{pmatrix},\quad J_2(1)=\begin{pmatrix}1&1\\&1\end{pmatrix}$$

均为 Jordan 块.

定义 2.9 由若干个 Jordan 块排成的块对角矩阵称为 Jordan 矩阵.

例如

$$\begin{aligned}J&=\mathrm{diag}(J_3(2),J_4(0),J_2(1))\\&=\begin{pmatrix}J_3(2)&&\\&J_4(0)&\\&&J_2(1)\end{pmatrix}\\&=\begin{pmatrix}2&1&&&&&&&\\&2&1&&&&&&\\&&2&0&&&&&\\&&&0&1&&&&\\&&&&0&1&&&\\&&&&&0&1&&\\&&&&&&0&0&\\&&&&&&&1&1\\&&&&&&&&1\end{pmatrix}_{9\times 9}.\end{aligned}$$

Jordan 矩阵与对角矩阵的差别仅在于它的上对角线的元是 0 或 1.因此,它是特殊的上三角形矩阵.显然,Jordan 块本身就是 Jordan 矩阵.对角矩阵也是 Jordan 矩阵,即它的每个 Jordan 块均为 1 阶的.

定理 2.12 设 A 为 n 阶方阵,则存在 n 阶可逆矩阵 T 使得

$$A=TJT^{-1},\tag{2-43}$$

其中 $J=\mathrm{diag}(J_{n_1}(\lambda_1),J_{n_2}(\lambda_2),\cdots,J_{n_k}(\lambda_k),)$,$n_1+n_2+\cdots+n_k=n$.称(2-43)式为矩阵 A 的 **Jordan 分解**,Jordan 矩阵 J 称为 A 的 **Jordan 标准形**,T 称为**变换矩阵**.(证明略去.)

矩阵 A 的 Jordan 标准形如不计 Jordan 块的排列次序,则 A 的 Jordan 标准形是唯一确定的.因为相似矩阵具有相同的特征值,所以 Jordan 标准形的对角元 $\lambda_1,\lambda_2,\cdots,\lambda_s$ 就是 A 的特征值.需要注意的是,在 Jordan 标准形 J 中,不同的 Jordan 块的对角元 λ_i 可能相同,因此 λ_i 不一定是 A 的 n_i 重特征值,一般地,特征值 λ_i 的重数大于或等于 n_i.

例 2 有 11 阶包含 8 个 Jordan 块 $J_{n_1}(0)$,$J_{n_2}(0)$,$J_{n_3}(0)$,$J_{n_4}(0)$,$J_{n_5}(-3)$,$J_{n_6}(2)$,$J_{n_7}(2)$,$J_{n_8}(2)$的 Jordan 标准形:

$$\begin{pmatrix} 0 & & & & & & & & & & \\ & 0 & & & & & & & & & \\ & & 0 & & & & & & & & \\ & & & 0 & & & & & & & \\ & & & & -3 & & & & & & \\ & & & & & 2 & 1 & & & & \\ & & & & & & 2 & & & & \\ & & & & & & & 2 & 1 & & \\ & & & & & & & & 2 & & \\ & & & & & & & & & 2 & 1 \\ & & & & & & & & & & 2 \end{pmatrix},$$

其中 $\lambda=0$ 的重数 $=n_1+n_2+n_3+n_4=1+1+1+1=4$；$\lambda=-3$ 的重数 $=n_5=1$；$\lambda=2$ 的重数 $=n_6+n_7+n_8=2+2+2=6$.

（一）关于 Jordan 标准形 J

Jordan 标准形是一个块对角矩阵，其对角元便为矩阵 J 的特征值. 对于特征值 λ_i，它的代数重复度就是 Jordan 标准形中以 λ_i 为特征值的 Jordan 块阶数的和，而其几何重复度（即与 λ_i 相对应的线性无关的特征向量的个数）恰为以 λ_i 为特征值的 Jordan 块的个数.

如例 2 中，特征值 $\lambda=2$ 的 Jordan 块阶数的和为 6，即其代数重复度就是 6；而特征值 $\lambda=2$ 的 Jordan 块的个数为 3，即其几何重复度为 3.

例 3 求矩阵 A 的 Jordan 标准形 J，其中 $A=\begin{pmatrix} 3 & 0 & 8 \\ 3 & -1 & 6 \\ -2 & 0 & -5 \end{pmatrix}$.

解 $\det(\lambda I-A)=\begin{vmatrix} \lambda-3 & 0 & -8 \\ -3 & \lambda+1 & -6 \\ 2 & 0 & \lambda+5 \end{vmatrix}=(\lambda+1)(\lambda^2+2\lambda+1)=(\lambda+1)^3$,

于是 A 的特征值为 $\lambda=-1$，代数重复度为 3，故以 $\lambda=-1$ 为特征值的 Jordan 块阶数的和为 3.

$$\lambda I-A=\begin{pmatrix} -1-3 & 0 & -8 \\ -3 & -1+1 & -6 \\ 2 & 0 & -1+5 \end{pmatrix}=\begin{pmatrix} -4 & 0 & -8 \\ -3 & 0 & -6 \\ 2 & 0 & 4 \end{pmatrix},$$

显然任意二阶子阵的行列式均为零，即 $\operatorname{rank}(\lambda I-A)=1$，故 $\lambda=-1$ 的几何重复度为 $3-\operatorname{rank}(\lambda I-A)=2$，故以 $\lambda=-1$ 为特征值的 Jordan 块的个数为 2，因此 A 的 Jordan 标准形为

$$J=\begin{pmatrix} -1 & & \\ & -1 & 1 \\ & & -1 \end{pmatrix}.$$

下面给出判断以 λ_i 为特征值的阶数为 l 的 Jordan 块个数定理.

定理 2.13 设 A 为 n 阶方阵，λ_i 为其特征值，则 A 的 Jordan 标准形 J 中以 λ_i 为特征值、阶数为 l 的 Jordan 块的个数为

$$r_{l+1}+r_{l-1}-2r_l,$$

其中 $r_l=\mathrm{rank}(\lambda_i\boldsymbol{I}-\boldsymbol{A})^l$.

证明参见文献[1].

例4 求矩阵 $\boldsymbol{A}$ 的 Jordan 标准形 $\boldsymbol{J}$,其中 $\boldsymbol{A}=\begin{pmatrix}2&0&-1&0\\-1&1&0&-1\\0&0&2&0\\1&1&1&3\end{pmatrix}$.

解 $\det(\lambda\boldsymbol{I}-\boldsymbol{A})=\begin{vmatrix}\lambda-2&0&1&0\\1&\lambda-1&0&1\\0&0&\lambda-2&0\\-1&-1&-1&\lambda-3\end{vmatrix}=(\lambda-2)^2(\lambda^2-4\lambda+4)=(\lambda-2)^4$,

于是 $\boldsymbol{A}$ 的特征值为 $\lambda=2$,代数重复度为4,故以 $\lambda=2$ 为特征值的 Jordan 块的阶数的和为4. 而在

$$2\boldsymbol{I}-\boldsymbol{A}=\begin{pmatrix}2-2&0&1&0\\1&2-1&0&1\\0&0&2-2&0\\-1&-1&-1&2-3\end{pmatrix}=\begin{pmatrix}0&0&1&0\\1&1&0&1\\0&0&0&0\\-1&-1&-1&-1\end{pmatrix}$$

中,显然有 $\mathrm{rank}(2\boldsymbol{I}-\boldsymbol{A})=2$,即 λ 的几何重复度为 $4-\mathrm{rank}(2\boldsymbol{I}-\boldsymbol{A})=2$,故以 $\lambda=2$ 为特征值的 Jordan 块的个数为2个,此时 $\boldsymbol{A}$ 的 Jordan 标准形必为下面的两种形式之一:

$$\boldsymbol{J}=\begin{pmatrix}2&&&\\&2&1&\\&&2&1\\&&&2\end{pmatrix}\quad 或 \quad \boldsymbol{J}=\begin{pmatrix}2&1&&\\&2&&\\&&2&1\\&&&2\end{pmatrix},$$

究竟是哪一种?利用定理2.13可以判断 $\boldsymbol{A}$ 的 Jordan 标准形的形式.

先看 $l=1$ 情形.通过计算可知

$$r_1=\mathrm{rank}(2\boldsymbol{I}-\boldsymbol{A})=2,$$

而

$$(2\boldsymbol{I}-\boldsymbol{A})^2=\begin{pmatrix}0&0&1&0\\1&1&0&1\\0&0&0&0\\-1&-1&-1&-1\end{pmatrix}\begin{pmatrix}0&0&1&0\\1&1&0&1\\0&0&0&0\\-1&-1&-1&-1\end{pmatrix}=\boldsymbol{O}_{4\times4},$$

则 $r_2=\mathrm{rank}(2\boldsymbol{I}-\boldsymbol{A})^2=0$,故以 $\lambda=2$ 为特征值的阶数为 $l=1$ 的 Jordan 块的个数为

$$r_2+r_0-2r_1=0+4-2\times2=0.$$

此时已经可以确定出 $\boldsymbol{A}$ 的 Jordan 标准形的形式为第二种形式.

进一步,我们还可看一下 $l=2$ 情形,显然 $r_3=\mathrm{rank}(2\boldsymbol{I}-\boldsymbol{A})^3=0$,故以 $\lambda=2$ 为特征值的阶数为2的 Jordan 块的个数为 $r_3+r_1-2r_2=0+2-0=2$,因此矩阵 $\boldsymbol{A}$ 的 Jordan 标准形的结构为第

二种形式.

例 5 求矩阵 $\boldsymbol{A}$ 的 Jordan 标准形 $\boldsymbol{J}$,其中 $\boldsymbol{A}=\begin{pmatrix}3&1&0&0\\-4&-1&0&0\\0&0&2&1\\0&0&-1&0\end{pmatrix}$.

解 将 $\boldsymbol{A}$ 写成分块形式$\begin{pmatrix}\boldsymbol{A}_1&\\&\boldsymbol{A}_2\end{pmatrix}$,其中

$$\boldsymbol{A}_1=\begin{pmatrix}3&1\\-4&-1\end{pmatrix},\quad \boldsymbol{A}_2=\begin{pmatrix}2&1\\-1&0\end{pmatrix},$$

现分别求出子矩阵 $\boldsymbol{A}_1,\boldsymbol{A}_2$ 的 Jordan 标准形.由

$$\det(\lambda\boldsymbol{I}-\boldsymbol{A}_1)=\begin{vmatrix}\lambda-3&-1\\4&\lambda+1\end{vmatrix}=(\lambda-1)^2,$$

得到 $\boldsymbol{A}_1$ 的特征值为 $\lambda=1$,代数重复度为 2,又显然 $\lambda=1$ 的几何重复度为 $2-\text{rank}(\lambda\boldsymbol{I}-\boldsymbol{A})=1$,即 $\boldsymbol{A}_1$ 不可对角化,易得 $\boldsymbol{A}_1$ 的 Jordan 标准形为 $\boldsymbol{J}_1=\begin{pmatrix}1&1\\0&1\end{pmatrix}$.

再由

$$\det(\lambda\boldsymbol{I}-\boldsymbol{A}_2)=\begin{vmatrix}\lambda-2&-1\\1&\lambda\end{vmatrix}=(\lambda-1)^2$$

得到 $\boldsymbol{A}_2$ 的特征值为 $\lambda=1$,代数重复度为 2,又显然 $\lambda=1$ 的几何重复度为$2-\text{rank}(\lambda\boldsymbol{I}-\boldsymbol{A})=1$,即 $\boldsymbol{A}_2$ 不可对角化,易得 $\boldsymbol{A}_2$ 的 Jordan 标准形为 $\boldsymbol{J}_2=\begin{pmatrix}1&1\\0&1\end{pmatrix}$.

于是得到矩阵 $\boldsymbol{A}$ 的 Jordan 标准形为

$$\boldsymbol{J}=\begin{pmatrix}\boldsymbol{J}_1&\\&\boldsymbol{J}_2\end{pmatrix}=\begin{pmatrix}1&1&0&0\\0&1&0&0\\0&0&1&1\\0&0&0&1\end{pmatrix}.$$

(二)关于变换矩阵 $\boldsymbol{T}$

在求出 $\boldsymbol{A}$ 的 Jordan 标准形后,相应的相似变换矩阵就可以求得了.

由 $\boldsymbol{A}=\boldsymbol{T}\boldsymbol{J}\boldsymbol{T}^{-1}$ 或 $\boldsymbol{A}\boldsymbol{T}=\boldsymbol{T}\boldsymbol{J}$.将 $\boldsymbol{T}$ 按 $\boldsymbol{J}$ 的对角线上的 Jordan 块相应地分块为

$$\boldsymbol{T}=(\boldsymbol{T}_1,\boldsymbol{T}_2,\cdots,\boldsymbol{T}_k),$$

其中 $\boldsymbol{T}_i$ 为 $n\times n_i$ 矩阵.则

$$\boldsymbol{A}(\boldsymbol{T}_1,\boldsymbol{T}_2,\cdots,\boldsymbol{T}_k)=(\boldsymbol{T}_1,\boldsymbol{T}_2,\cdots,\boldsymbol{T}_k)\begin{pmatrix}\boldsymbol{J}_{n_1}(\lambda_1)&&&\\&\boldsymbol{J}_{n_2}(\lambda_2)&&\\&&\ddots&\\&&&\boldsymbol{J}_{n_k}(\lambda_k)\end{pmatrix}.$$

显然,$\lambda_1,\lambda_2,\cdots,\lambda_k$ 中可能有相同者.注意到

$$\boldsymbol{A}\boldsymbol{T}_i=\boldsymbol{T}_i\boldsymbol{J}_{n_i}(\lambda_i), \tag{2-44}$$

如果记 $\boldsymbol{T}_i=(\boldsymbol{t}_1^i,\boldsymbol{t}_2^i,\cdots,\boldsymbol{t}_{n_i}^i)$,于是由(2-44)式得到

$$\boldsymbol{A}(\boldsymbol{t}_1^i,\boldsymbol{t}_2^i,\cdots,\boldsymbol{t}_{n_i}^i)=(\boldsymbol{t}_1^i,\boldsymbol{t}_2^i,\cdots,\boldsymbol{t}_{n_i}^i)\begin{pmatrix}\lambda_i & 1 & & \\ & \lambda_i & \ddots & \\ & & \ddots & 1 \\ & & & \lambda_i\end{pmatrix},$$

即

$$\begin{cases}\boldsymbol{A}\boldsymbol{t}_1^i=\lambda_i\boldsymbol{t}_1^i,\\ \boldsymbol{A}\boldsymbol{t}_2^i=\lambda_i\boldsymbol{t}_2^i+\boldsymbol{t}_1^i,\\ \cdots\cdots\cdots\cdots\\ \boldsymbol{A}\boldsymbol{t}_{n_i}^i=\lambda_i\boldsymbol{t}_{n_i}^i+\boldsymbol{t}_{n_i-1}^i.\end{cases}$$

我们称上式中的向量 $\boldsymbol{t}_1^i,\boldsymbol{t}_2^i,\cdots,\boldsymbol{t}_{n_i}^i$ 构成一条关于特征值 λ_i 的长度为 n_i 的 Jordan 链.显然该 Jordan 链的第一个向量就是矩阵 $\boldsymbol{A}$ 的关于特征值 λ_i 的特征向量,称其为**链首**.而链中的第 j 个向量则可由等价的方程

$$(\boldsymbol{A}-\lambda_i\boldsymbol{I})\boldsymbol{t}_j^i=\boldsymbol{t}_{j-1}^i,\quad j=2,3,\cdots,n_i \tag{2-45}$$

求出.

但是应当注意:

1) Jordan 链的链首 $\boldsymbol{t}_1^i$ 不仅要求是一个特征向量,而且还要求利用(2-45)式可以求出 Jordan 链中的其他向量 $\boldsymbol{t}_2^i,\cdots,\boldsymbol{t}_{n_i}^i$(即不是任何一个属于 λ_i 的特征向量都可作为 Jordan 链的链首).

2) 对应于某个特征值 λ_i 的 Jordan 链虽然一定存在,但当与 λ_i 相对应的线性无关的特征向量的个数大于或等于 2 时,关于特征值 λ_i 的特征向量中的任何一个都有可能不能作为链首.

因此我们必须从 λ_i 的特征子空间中选取适当的向量作为 Jordan 链的链首.

例 6 计算本节例 3 中化矩阵 $\boldsymbol{A}$ 为 Jordan 标准形的变换矩阵 $\boldsymbol{T}$.

解 由于已经得到 $\boldsymbol{J}=\begin{pmatrix}\boldsymbol{J}_1(-1)_{1\times1} & \\ & \boldsymbol{J}_2(-1)_{2\times2}\end{pmatrix}=\begin{pmatrix}-1 & & \\ & -1 & 1\\ & & -1\end{pmatrix}$,

则有

$$\boldsymbol{A}\boldsymbol{T}=\boldsymbol{T}\boldsymbol{J},\quad \boldsymbol{A}(\boldsymbol{T}_1,\boldsymbol{T}_2)=(\boldsymbol{T}_1,\boldsymbol{T}_2)\begin{pmatrix}-1 & & \\ & -1 & 1\\ & & -1\end{pmatrix}.$$

令 $\boldsymbol{T}_1=\boldsymbol{t}_1^1\in\mathbf{R}^3,\boldsymbol{T}_2=(\boldsymbol{t}_1^2,\boldsymbol{t}_2^2)\in\mathbf{R}^{3\times2}$.

首先求出 $\lambda_1=-1$ 所对应的线性无关的特征向量,即 $\boldsymbol{A}\boldsymbol{t}_1^1=-\boldsymbol{t}_1^1$,亦即

$$(\boldsymbol{A}+\boldsymbol{I})\boldsymbol{t}_1^1=\boldsymbol{0}\Leftrightarrow\begin{pmatrix}4 & 0 & 8\\ 3 & 0 & 6\\ -2 & 0 & -4\end{pmatrix}\begin{pmatrix}x_1\\ x_2\\ x_3\end{pmatrix}=\boldsymbol{0}\Leftrightarrow\begin{cases}x_1+2x_3=0,\\ x_1+2x_3=0,\\ x_1+2x_3=0.\end{cases}$$

解之,线性无关的向量为

$$t_1^{11}=(2,0,-1)^{\mathrm T},\quad t_1^{12}=(0,1,0)^{\mathrm T}.$$

这样以 $\lambda_1=-1$ 长度为 1 的 Jordan 链的链首和链尾就可二者中任取其一.

其次确定以 $\lambda_2=-1$ 长度为 2 的 Jordan 链的链首.由

$$AT_2=A(t_1^2,t_2^2)=(t_1^2,t_2^2)\begin{pmatrix}-1 & 1\\ & -1\end{pmatrix}=(-t_1^2,t_1^2-t_2^2),$$

首先求出 $\lambda_2=-1$ 所对应的线性无关的特征向量,即 $At_1^2=-t_1^2$,亦即

$$(A+I)t_1^2=0\Leftrightarrow\begin{pmatrix}4&0&8\\3&0&6\\-2&0&-4\end{pmatrix}\begin{pmatrix}x_1\\x_2\\x_3\end{pmatrix}=0\Leftrightarrow\begin{cases}x_1+2x_3=0,\\x_1+2x_3=0,\\x_1+2x_3=0.\end{cases}$$

解之,线性无关的向量为

$$t_1^{21}=(0,1,0)^{\mathrm T},t_1^{22}=(2,0,-1)^{\mathrm T}.$$

不难验证,若以 t_1^{21} 或 t_1^{22} 为链首时都无法求出另外一个向量来构成 Jordan 链.事实上

$$(A+I)x=t_1^{21}\Leftrightarrow\begin{cases}x_1+2x_3=0,\\3x_1+6x_3=1,\\x_1+2x_3=0,\end{cases}\quad\text{无解;}$$

$$(A+I)x=t_1^{22}\Leftrightarrow\begin{cases}2x_1+4x_3=1,\\3x_1+6x_3=0,\\2x_1+4x_3=1,\end{cases}\quad\text{无解.}$$

为此,必须找出 $y\in\operatorname{span}\{t_1^{21},t_1^{22}\}$ 使得 $(A-\lambda_2I)z=y$ 有解.

为此,令 $y=k_1t_1^{21}+k_2t_2^{22}=(2k_1,k_2,-k_1)^{\mathrm T}$,由

$$(A-\lambda_2I\mid y)=(A+I\mid y)=\begin{pmatrix}4&0&8&2k_1\\3&0&6&k_2\\-2&0&-4&-k_1\end{pmatrix}\to\begin{pmatrix}1&0&2&\dfrac{k_1}{2}\\1&0&2&\dfrac{k_2}{3}\\1&0&2&\dfrac{k_1}{2}\end{pmatrix}$$

$$\to\begin{pmatrix}1&0&2&\dfrac{k_1}{2}\\0&0&0&\dfrac{k_2}{3}-\dfrac{k_1}{2}\\0&0&0&0\end{pmatrix}\to\begin{pmatrix}1&0&2&\dfrac{k_1}{2}\\0&0&0&2k_2-3k_1\\0&0&0&0\end{pmatrix}.$$

为使 $(A-\lambda_2I)z=y$ 有非零解,只需 k_1,k_2 满足 $2k_2-3k_1=0$ 即可.从而可取 $k_1=2,k_2=3$,此时 $y=(4,3,-2)^{\mathrm T}$ 为链首,相应解出 $z=(1,0,0)^{\mathrm T}$ 作为链尾.另外一个特征向量可选为已求得的 t_1^{11} 或 t_1^{12},相应的变换矩阵 T 分别为

$$T=(T_1,T_2),\quad T_1=\overbrace{\begin{pmatrix}2\\0\\-1\end{pmatrix}}^{\text{链首,链尾}},\quad T_2=\begin{pmatrix}\overset{\text{链首}}{4} & \overset{\text{链尾}}{1}\\3 & 0\\-2 & 0\end{pmatrix},$$

或

$$T=(T_1,T_2),\quad T_1=\overbrace{\begin{pmatrix}0\\1\\0\end{pmatrix}}^{\text{链首,链尾}},\quad T_2=\begin{pmatrix}\overset{\text{链首}}{4} & \overset{\text{链尾}}{1}\\3 & 0\\-2 & 0\end{pmatrix},$$

即有

$$T=\begin{pmatrix}2 & 4 & 1\\0 & 3 & 0\\-1 & -2 & 0\end{pmatrix},\quad T^{-1}=\begin{pmatrix}0 & -\dfrac{2}{3} & -1\\0 & \dfrac{1}{3} & 0\\1 & 0 & 2\end{pmatrix}$$

或

$$T=\begin{pmatrix}0 & 4 & 1\\1 & 3 & 0\\0 & -2 & 0\end{pmatrix},\quad T^{-1}=\begin{pmatrix}0 & 1 & \dfrac{3}{2}\\0 & 0 & -\dfrac{1}{2}\\1 & 0 & 2\end{pmatrix}.$$

利用 Jordan 标准形可以给出非常重要的 Hamilton-Cayley(哈密顿-凯莱)定理.

定理 2.14(Hamilton-Cayley 定理) 设 $A\in\mathbf{C}^{n\times n}$,$\psi(\lambda)=\det(\lambda I-A)$,则

$$\psi(A)=O.$$

证 存在 $P\in\mathbf{C}^{n\times n}$,使得 $P^{-1}AP=J$,其中 J 是 A 的 Jordan 标准形,可以写为

$$J=\begin{pmatrix}\lambda_1 & \delta & & \\ & \lambda_2 & \ddots & \\ & & \ddots & \delta\\ & & & \lambda_n\end{pmatrix}\quad(\delta\text{ 或为 1 或为 0}).$$

由于 $\lambda_1,\lambda_2,\cdots,\lambda_n$ 是 A 的特征值,于是

$$\psi(\lambda)=\det(\lambda I-A)=(\lambda-\lambda_1)(\lambda-\lambda_2)\cdots(\lambda-\lambda_n),$$

从而

$$\begin{aligned}\psi(A)&=(A-\lambda_1 I)(A-\lambda_2 I)\cdots(A-\lambda_n I)\\&=(PJP^{-1}-\lambda_1 I)(PJP^{-1}-\lambda_2 I)\cdots(PJP^{-1}-\lambda_n I)\\&=P(J-\lambda_1 I)(J-\lambda_2 I)\cdots(J-\lambda_n I)P^{-1}\end{aligned}$$

$$=P\begin{pmatrix}0 & \delta & & & \\ & \lambda_2-\lambda_1 & \ddots & & \\ & & \ddots & & \\ & & & \lambda_{n-1}-\lambda_1 & \delta \\ & & & & \lambda_n-\lambda_1\end{pmatrix}\cdots\begin{pmatrix}\lambda_1-\lambda_n & \delta & & & \\ & \lambda_2-\lambda_n & \delta & & \\ & & \ddots & \ddots & \\ & & & \lambda_{n-1}-\lambda_n & \delta \\ & & & & 0\end{pmatrix}P^{-1}$$

$$=P\begin{pmatrix}0 & 0 & * & \cdots & * \\ 0 & 0 & * & \cdots & * \\ \vdots & \vdots & & \ddots & \vdots \\ 0 & 0 & & & *\end{pmatrix}\cdots\begin{pmatrix}\lambda_1-\lambda_n & \delta & & & \\ & \lambda_2-\lambda_n & \delta & & \\ & & \ddots & \ddots & \\ & & & \lambda_{n-1}-\lambda_n & \delta \\ & & & & 0\end{pmatrix}P^{-1}$$

$$=\cdots=O_{n\times n}.$$

2.4 矩阵的奇异值分解

对于方阵,利用其特征值和特征向量可以刻画矩阵的结构.对长方阵情形,这些方法已经不适用.而推广的特征值——矩阵的奇异值分解理论能改善这种情况.利用奇异值和奇异向量不仅可以刻画矩阵的本身结构,而且还可以进一步刻画线性代数方程组的解的结构,是构造性地研究线性代数问题的有力的工具.矩阵的奇异值分解在矩阵理论和数值计算中都有重要应用,以此为基础建立了不少稳定性算法.矩阵的奇异值分解源于仿射变换将单位球变成椭球,为此在介绍本节内容时往往要介绍矩阵奇异值分解的几何意义.

2.4.1 矩阵奇异值分解的几何意义

矩阵奇异值分解具有明显的几何直观.以一个 2×2 矩阵为例来说明这个几何直观.例如

$$A=\begin{pmatrix}0.96 & 1.72\\ 2.28 & 0.96\end{pmatrix}=\begin{pmatrix}0.6 & -0.8\\ 0.8 & 0.6\end{pmatrix}\begin{pmatrix}3 & 0\\ 0 & 1\end{pmatrix}\begin{pmatrix}0.8 & 0.6\\ 0.6 & -0.8\end{pmatrix}^{\mathrm T}=U\Sigma V^{\mathrm T} \qquad (2-46)$$

设单位圆 $S=\{x\in\mathbf{R}^2 \mid \|x\|_2=1\}$,则 $y=Ax$ 是将单位圆变成了椭圆 $E=\{y \mid y=Ax, \|x\|_2=1\}$,如图 2-2 所示.

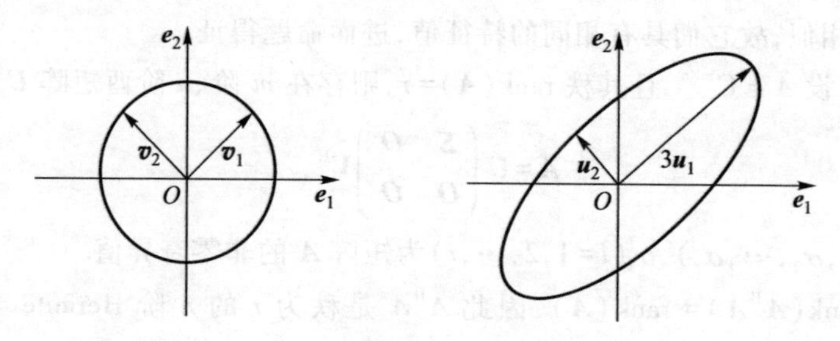

图 2-2

我们将(2-46)式改写成

$$\boldsymbol{AV}=\boldsymbol{U\Sigma}.$$

令 $\boldsymbol{V}=(\boldsymbol{v}_1,\boldsymbol{v}_2)$，$\boldsymbol{U}=(\boldsymbol{u}_1,\boldsymbol{u}_2)$，$\boldsymbol{\Sigma}=\mathrm{diag}(\sigma_1,\sigma_2)$，其中

$$\boldsymbol{v}_1=(0.8,0.6)^{\mathrm{T}},\quad \boldsymbol{v}_2=(0.6,-0.8)^{\mathrm{T}};$$

$$\boldsymbol{u}_1=(0.6,0.8)^{\mathrm{T}},\quad \boldsymbol{u}_2=(-0.8,0.6)^{\mathrm{T}},\quad \sigma_1=3,\quad \sigma_2=1.$$

显然 $\boldsymbol{u}_1$ 与 $\boldsymbol{u}_2$ 为单位正交向量，$\boldsymbol{v}_1$ 与 $\boldsymbol{v}_2$ 也为单位正交向量，且满足

$$(\boldsymbol{Av}_1,\boldsymbol{Av}_2)=(3\boldsymbol{u}_1,\boldsymbol{u}_2).$$

即 $\boldsymbol{A}$ 将单位圆变成了长半轴为 $3\boldsymbol{u}_1$，短半轴为 $\boldsymbol{u}_2$ 的椭圆.由于 $\boldsymbol{u}_1$ 与 $\boldsymbol{u}_2$ 均为单位向量，所以 3 和 1 分别为椭圆长半轴和短半轴的长.

对于一般的 $\boldsymbol{A}\in\mathbf{R}^{m\times n}$，不妨设 $m\geqslant n$，$\mathrm{rank}(\boldsymbol{A})=r$，将其分解为

$$\begin{aligned}\boldsymbol{A}&=(\boldsymbol{u}_1,\boldsymbol{u}_2,\cdots,\boldsymbol{u}_m)\begin{pmatrix}\mathrm{diag}(\sigma_1,\sigma_2,\cdots,\sigma_r) & \boldsymbol{O}\\ \boldsymbol{O} & \boldsymbol{O}\end{pmatrix}_{m\times n}(\boldsymbol{v}_1,\boldsymbol{v}_2,\cdots,\boldsymbol{v}_n)^{\mathrm{T}}\\ &=\boldsymbol{U\Sigma V}^{\mathrm{T}},\end{aligned}$$

其中 $\boldsymbol{U}$ 和 $\boldsymbol{V}$ 分别为 m 阶和 n 阶正交矩阵.

$$\sigma_1\geqslant\sigma_2\geqslant\cdots\geqslant\sigma_r>0,\sigma_{r+1}=\sigma_{r+2}=\cdots=\sigma_n=0,$$

则 $\boldsymbol{y}=\boldsymbol{Ax}$ 是将 $\mathbf{R}^n$ 中的单位球 $S^n=\{\boldsymbol{x}\in\mathbf{R}^n\mid\|\boldsymbol{x}\|_2=1\}$ 变成了 $\mathbf{R}^m$ 中的超椭球 $E^m=\{\boldsymbol{y}\in\mathbf{R}^m\mid \boldsymbol{y}=\boldsymbol{Ax},\boldsymbol{x}\in\mathbf{R}^n,\|\boldsymbol{x}\|_2=1\}$. $\mathbf{R}^m$ 中的超椭球 E^m 就是将 $\mathbf{R}^m$ 中的单位球沿某些正交方向 $\boldsymbol{u}_1,\boldsymbol{u}_2,\cdots,\boldsymbol{u}_m$ 分别以拉伸因子 $\sigma_1,\sigma_2,\cdots,\sigma_n,\underbrace{0,\cdots,0}_{m-n}$ 拉伸而得的曲面，$\{\sigma_i\boldsymbol{u}_i\}$ 为 E^m 的主半轴，$\sigma_1,\sigma_2,\cdots,\sigma_r$ 为 E^m 的主半轴的长度，它恰好是矩阵 $\boldsymbol{A}$ 的奇异值.

2.4.2 矩阵的奇异值分解

定义 2.10 设 $\boldsymbol{A}\in\mathbf{C}^{m\times n}$，$k=\min\{m,n\}$，Hermite 半正定矩阵 $\boldsymbol{A}^{\mathrm{H}}\boldsymbol{A}$ 的特征值为 $\lambda_1\geqslant\lambda_2\geqslant\cdots\geqslant\lambda_k\geqslant0$，称非负实数

$$\sigma_i(\boldsymbol{A})=\sqrt{\lambda_i},\quad i=1,2,\cdots,k$$

为矩阵 $\boldsymbol{A}$ 的**奇异值**.矩阵 $\boldsymbol{A}$ 的奇异值满足如下性质：

定理 2.15 设 $\boldsymbol{A},\boldsymbol{B}\in\mathbf{C}^{m\times n}$，若存在 m 阶、n 阶酉矩阵 $\boldsymbol{U},\boldsymbol{V}$，使得 $\boldsymbol{A}=\boldsymbol{UBV}^{\mathrm{H}}$，则矩阵 $\boldsymbol{A},\boldsymbol{B}$ 的奇异值相同.

证 由 $\boldsymbol{U}^{\mathrm{H}}\boldsymbol{AV}=\boldsymbol{B}$，则有

$$\boldsymbol{B}^{\mathrm{H}}\boldsymbol{B}=(\boldsymbol{U}^{\mathrm{H}}\boldsymbol{AV})^{\mathrm{H}}(\boldsymbol{U}^{\mathrm{H}}\boldsymbol{AV})=\boldsymbol{V}^{\mathrm{H}}\boldsymbol{A}^{\mathrm{H}}\boldsymbol{UU}^{\mathrm{H}}\boldsymbol{AV}=\boldsymbol{V}^{\mathrm{H}}(\boldsymbol{A}^{\mathrm{H}}\boldsymbol{A})\boldsymbol{V},$$

即 $\boldsymbol{B}^{\mathrm{H}}\boldsymbol{B}$ 与 $\boldsymbol{A}^{\mathrm{H}}\boldsymbol{A}$ 相似，故它们具有相同的特征值，进而命题得证.

定理 2.16 设 $\boldsymbol{A}\in\mathbf{C}^{m\times n}$，且其秩 $\mathrm{rank}(\boldsymbol{A})=r$，则存在 m 阶、n 阶酉矩阵 $\boldsymbol{U},\boldsymbol{V}$ 使得

$$\boldsymbol{A}=\boldsymbol{U}\begin{pmatrix}\boldsymbol{\Sigma} & \boldsymbol{O}\\ \boldsymbol{O} & \boldsymbol{O}\end{pmatrix}\boldsymbol{V}^{\mathrm{H}},\tag{2-47}$$

其中 $\boldsymbol{\Sigma}=\mathrm{diag}(\sigma_1,\sigma_2,\cdots,\sigma_r)$，$\sigma_i(i=1,2,\cdots,r)$ 为矩阵 $\boldsymbol{A}$ 的非零奇异值.

证 由于 $\mathrm{rank}(\boldsymbol{A}^{\mathrm{H}}\boldsymbol{A})=\mathrm{rank}(\boldsymbol{A})$，因此 $\boldsymbol{A}^{\mathrm{H}}\boldsymbol{A}$ 是秩为 r 的 n 阶 Hermite 半正定矩阵，由 Hermite 半正定矩阵的性质，设其特征值为

$$\sigma_1^2,\sigma_2^2,\cdots,\sigma_r^2,\text{且 }\sigma_1\geqslant\sigma_2\geqslant\cdots\geqslant\sigma_r>0=\sigma_{r+1}=\cdots=\sigma_n.$$

由推论 2.2,必存在 n 阶酉矩阵 $\boldsymbol{V}$,使得

$$\boldsymbol{V}^{\mathrm{H}}(\boldsymbol{A}^{\mathrm{H}}\boldsymbol{A})\boldsymbol{V}=\begin{pmatrix}\sigma_1^2 &&&&&&\\ &\sigma_2^2&&&&&\\ &&\ddots&&&&\\ &&&\sigma_r^2&&&\\ &&&&0&&\\ &&&&&\ddots&\\ &&&&&&0\end{pmatrix}=\begin{pmatrix}\boldsymbol{\Sigma}^2 & \boldsymbol{O}\\ \boldsymbol{O} & \boldsymbol{O}\end{pmatrix},$$

记

$$\boldsymbol{V}_1=(\boldsymbol{v}_1,\boldsymbol{v}_2,\cdots,\boldsymbol{v}_r)\in\mathbf{C}^{n\times r},\boldsymbol{V}_2=(\boldsymbol{v}_{r+1},\boldsymbol{v}_{r+2},\cdots,\boldsymbol{v}_n)\in\mathbf{C}^{n\times(n-r)},$$

则可将 $\boldsymbol{V}$ 分块成 $\boldsymbol{V}=(\boldsymbol{V}_1\ \ \boldsymbol{V}_2)$,这样有分块形式:

$$\begin{pmatrix}\boldsymbol{V}_1^{\mathrm{H}}\\ \boldsymbol{V}_2^{\mathrm{H}}\end{pmatrix}\boldsymbol{A}^{\mathrm{H}}\boldsymbol{A}(\boldsymbol{V}_1\ \ \boldsymbol{V}_2),$$

即

$$\begin{pmatrix}\boldsymbol{V}_1^{\mathrm{H}}\boldsymbol{A}^{\mathrm{H}}\boldsymbol{A}\boldsymbol{V}_1 & \boldsymbol{V}_1^{\mathrm{H}}\boldsymbol{A}^{\mathrm{H}}\boldsymbol{A}\boldsymbol{V}_2\\ \boldsymbol{V}_2^{\mathrm{H}}\boldsymbol{A}^{\mathrm{H}}\boldsymbol{A}\boldsymbol{V}_1 & \boldsymbol{V}_2^{\mathrm{H}}\boldsymbol{A}^{\mathrm{H}}\boldsymbol{A}\boldsymbol{V}_2\end{pmatrix}=\begin{pmatrix}\boldsymbol{\Sigma}^2 & \boldsymbol{O}\\ \boldsymbol{O} & \boldsymbol{O}\end{pmatrix},$$

其中 $\boldsymbol{\Sigma}^2=\mathrm{diag}(\sigma_1^2,\sigma_2^2,\cdots,\sigma_r^2)$.由此得出

$$\boldsymbol{V}_1^{\mathrm{H}}\boldsymbol{A}^{\mathrm{H}}\boldsymbol{A}\boldsymbol{V}_1=\boldsymbol{\Sigma}^2\quad\text{或}\quad(\boldsymbol{\Sigma}^{-1}\boldsymbol{V}_1^{\mathrm{H}}\boldsymbol{A}^{\mathrm{H}})(\boldsymbol{A}\boldsymbol{V}_1\boldsymbol{\Sigma}^{-1})=(\boldsymbol{A}\boldsymbol{V}_1\boldsymbol{\Sigma}^{-1})^{\mathrm{H}}(\boldsymbol{A}\boldsymbol{V}_1\boldsymbol{\Sigma}^{-1})=\boldsymbol{I}_r,$$

$$\boldsymbol{V}_2^{\mathrm{H}}\boldsymbol{A}^{\mathrm{H}}\boldsymbol{A}\boldsymbol{V}_2=\boldsymbol{O}\Leftrightarrow(\boldsymbol{A}\boldsymbol{V}_2)^{\mathrm{H}}(\boldsymbol{A}\boldsymbol{V}_2)=\boldsymbol{O}\Leftrightarrow\boldsymbol{A}\boldsymbol{V}_2=\boldsymbol{O}.$$

现取 $\boldsymbol{U}_1=\boldsymbol{A}\boldsymbol{V}_1\boldsymbol{\Sigma}^{-1}\in\mathbf{C}^{m\times r}$,于是 $\boldsymbol{U}_1^{\mathrm{H}}\boldsymbol{U}_1=\boldsymbol{\Sigma}^{-1}\boldsymbol{V}_1^{\mathrm{H}}\boldsymbol{A}^{\mathrm{H}}\boldsymbol{A}\boldsymbol{V}_1\boldsymbol{\Sigma}^{-1}=\boldsymbol{I}_r$,因此矩阵 $\boldsymbol{U}_1=(\boldsymbol{u}_1,\boldsymbol{u}_2,\cdots,\boldsymbol{u}_r)$的列是 $\mathbf{C}^m$ 中的一个标准正交向量组.再将其扩充为 $\mathbf{C}^m$ 的一组标准正交基 $\boldsymbol{u}_1,\boldsymbol{u}_2,\cdots,\boldsymbol{u}_r,\boldsymbol{u}_{r+1},\boldsymbol{u}_{r+2},\cdots,\boldsymbol{u}_m$,令

$$\boldsymbol{U}_2=(\boldsymbol{u}_{r+1},\boldsymbol{u}_{r+2},\cdots,\boldsymbol{u}_m),$$

即再选 $\boldsymbol{U}_2\in\mathbf{C}^{m\times(m-r)}$,使 $\boldsymbol{U}=(\boldsymbol{U}_1\ \ \boldsymbol{U}_2)\in\mathbf{C}^{m\times m}$ 为酉矩阵.注意到 $\boldsymbol{U}_1\boldsymbol{\Sigma}=\boldsymbol{A}\boldsymbol{V}_1$ 以及 $\boldsymbol{A}\boldsymbol{V}_2=\boldsymbol{O}$,则我们有

$$\boldsymbol{U}^{\mathrm{H}}\boldsymbol{A}\boldsymbol{V}=\boldsymbol{U}^{\mathrm{H}}(\boldsymbol{A}\boldsymbol{V}_1\ \ \boldsymbol{A}\boldsymbol{V}_2),$$

即

$$\boldsymbol{U}^{\mathrm{H}}\boldsymbol{A}\boldsymbol{V}=\begin{pmatrix}\boldsymbol{U}_1^{\mathrm{H}}\\ \boldsymbol{U}_2^{\mathrm{H}}\end{pmatrix}(\boldsymbol{U}_1\boldsymbol{\Sigma}\quad\boldsymbol{O})=\begin{pmatrix}\boldsymbol{U}_1^{\mathrm{H}}\boldsymbol{U}_1\boldsymbol{\Sigma} & \boldsymbol{O}\\ \boldsymbol{U}_2^{\mathrm{H}}\boldsymbol{U}_1\boldsymbol{\Sigma} & \boldsymbol{O}\end{pmatrix}=\begin{pmatrix}\boldsymbol{\Sigma} & \boldsymbol{O}\\ \boldsymbol{O} & \boldsymbol{O}\end{pmatrix}.$$

即

$$\boldsymbol{A}=\boldsymbol{U}\begin{pmatrix}\boldsymbol{\Sigma} & \boldsymbol{O}\\ \boldsymbol{O} & \boldsymbol{O}\end{pmatrix}\boldsymbol{V}^{\mathrm{H}}.$$

如上关系式称为矩阵 A 的**奇异值分解**,亦称为矩阵 A 的**满的奇异值分解**,简称 **SVD 定理**.关系式亦可写为

$$A=U_1\Sigma V_1^{\mathrm{H}}, \tag{2-48}$$

并称它为**矩阵 A 约化的奇异值分解**.由

$$AV_1=U_1\Sigma \quad 和 \quad U_1^{\mathrm{H}}A=\Sigma V_1^{\mathrm{H}},$$

可得

$$Av_i=\sigma_i u_i,\quad u_i^{\mathrm{H}}A=\sigma_i v_i^{\mathrm{H}},\quad i=1,2,\cdots,r, \tag{2-49}$$

分别称 u_i^{H} 和 v_i 为矩阵 A 的与奇异值 σ_i 所对应的**左奇异向量**和**右奇异向量**.

设 U 与 V 的列向量 $u_1,u_2,\cdots,u_m$ 和 $v_1,v_2,\cdots,v_n$,则从(2-47)式可得

$$\begin{aligned}AA^{\mathrm{H}}U&=UU^{\mathrm{H}}AVV^{\mathrm{H}}A^{\mathrm{H}}U\\&=U(U^{\mathrm{H}}AV)(U^{\mathrm{H}}AV)^{\mathrm{H}}=U\begin{pmatrix}\Sigma&O\\O&O\end{pmatrix}\begin{pmatrix}\Sigma^{\mathrm{H}}&O\\O&O\end{pmatrix}=U\begin{pmatrix}\Sigma^2&O\\O&O\end{pmatrix},\\A^{\mathrm{H}}AV&=(VV^{\mathrm{H}})A^{\mathrm{H}}(UU^{\mathrm{H}})AV\\&=V(U^{\mathrm{H}}AV)^{\mathrm{H}}(U^{\mathrm{H}}AV)=V\begin{pmatrix}\Sigma^{\mathrm{H}}&O\\O&O\end{pmatrix}\begin{pmatrix}\Sigma&O\\O&O\end{pmatrix}=V\begin{pmatrix}\Sigma^2&O\\O&O\end{pmatrix},\end{aligned}$$

从而左奇异向量 $u_1,u_2,\cdots,u_m$ 为 AA^{H} 的单位正交特征向量,右奇异向量 $v_1,v_2,\cdots,v_n$ 为 $A^{\mathrm{H}}A$ 的单位正交特征向量.

推论 2.5 设 $A\in\mathbf{C}^{n\times n}$,且其秩 $\operatorname{rank}(A)=n$,则存在 n 阶酉矩阵 U,V 使得

$$A=U\begin{pmatrix}\sigma_1&&&\\&\sigma_2&&\\&&\ddots&\\&&&\sigma_n\end{pmatrix}V^{\mathrm{H}},$$

其中 $\sigma_i>0(i=1,2,\cdots,n)$ 为矩阵 A 的奇异值.

例 1 求矩阵 $A=\begin{pmatrix}1&0&1\\0&1&1\\0&0&0\end{pmatrix}$ 的奇异值分解.

解 求解次序为 Σ,V_1,U_1.矩阵

$$A^{\mathrm{H}}A=\begin{pmatrix}1&0&0\\0&1&0\\1&1&0\end{pmatrix}\begin{pmatrix}1&0&1\\0&1&1\\0&0&0\end{pmatrix}=\begin{pmatrix}1&0&1\\0&1&1\\1&1&2\end{pmatrix},$$

$$\det(\lambda I-A^{\mathrm{H}}A)=\begin{vmatrix}\lambda-1&0&-1\\0&\lambda-1&-1\\-1&-1&\lambda-2\end{vmatrix}=\lambda(\lambda-1)(\lambda-3)=0,$$

则 $A^{\mathrm{H}}A$ 的特征值为 $\lambda_1=3,\lambda_2=1,\lambda_3=0(\sigma_1=\sqrt{3},\sigma_2=1,\sigma_3=0)$,所以 $\Sigma=\begin{pmatrix}\sqrt{3}&0\\0&1\end{pmatrix}$.

由

$$\begin{pmatrix} 2 & 0 & -1 \\ 0 & 2 & -1 \\ -1 & -1 & 1 \end{pmatrix}\begin{pmatrix} x_1 \\ x_2 \\ x_3 \end{pmatrix}=\begin{pmatrix} 0 \\ 0 \\ 0 \end{pmatrix}, \quad 即 \begin{cases} 2x_1 - x_3 = 0, \\ 2x_2 - x_3 = 0, \\ x_1 + x_2 - x_3 = 0, \end{cases}$$

解得 $\boldsymbol{p}_1=\begin{pmatrix} 1 \\ 1 \\ 2 \end{pmatrix}$.

由

$$\begin{pmatrix} 0 & 0 & -1 \\ 0 & 0 & -1 \\ -1 & -1 & -1 \end{pmatrix}\begin{pmatrix} x_1 \\ x_2 \\ x_3 \end{pmatrix}=\begin{pmatrix} 0 \\ 0 \\ 0 \end{pmatrix}, \quad 即 \begin{cases} x_3 = 0, \\ x_3 = 0, \\ x_1 + x_2 + x_3 = 0, \end{cases}$$

解得 $\boldsymbol{p}_2=\begin{pmatrix} 1 \\ -1 \\ 0 \end{pmatrix}$.

由

$$\begin{pmatrix} -1 & 0 & -1 \\ 0 & -1 & -1 \\ -1 & -1 & -2 \end{pmatrix}\begin{pmatrix} x_1 \\ x_2 \\ x_3 \end{pmatrix}=\begin{pmatrix} 0 \\ 0 \\ 0 \end{pmatrix}, \quad 即 \begin{cases} x_1 + x_3 = 0, \\ x_2 + x_3 = 0, \\ x_1 + x_2 + 2x_3 = 0, \end{cases}$$

解得 $\boldsymbol{p}_3=\begin{pmatrix} -1 \\ -1 \\ 1 \end{pmatrix}$.

对应的单位正交特征向量(正规直交)为

$$\boldsymbol{v}_1=\frac{\boldsymbol{p}_1}{\|\boldsymbol{p}_1\|_2}=\frac{1}{\sqrt{6}}(1,1,2)^{\mathrm{T}}, \quad \boldsymbol{v}_2=\frac{\boldsymbol{p}_2}{\|\boldsymbol{p}_2\|_2}=\frac{1}{\sqrt{2}}(1,-1,0)^{\mathrm{T}},$$

$$\boldsymbol{v}_3=\frac{\boldsymbol{p}_3}{\|\boldsymbol{p}_3\|_2}=\frac{1}{\sqrt{3}}(-1,-1,1)^{\mathrm{T}}.$$

即

$$\boldsymbol{V}=\begin{pmatrix} \frac{1}{\sqrt{6}} & \frac{1}{\sqrt{2}} & -\frac{1}{\sqrt{3}} \\ \frac{1}{\sqrt{6}} & -\frac{1}{\sqrt{2}} & -\frac{1}{\sqrt{3}} \\ \frac{2}{\sqrt{6}} & 0 & \frac{1}{\sqrt{3}} \end{pmatrix}.$$

因 rank$(\boldsymbol{A})=2$,故有 $\boldsymbol{V}_1=\begin{pmatrix}\frac{1}{\sqrt{6}} & \frac{1}{\sqrt{2}}\\ \frac{1}{\sqrt{6}} & \frac{-1}{\sqrt{2}}\\ \frac{2}{\sqrt{6}} & 0\end{pmatrix}$.计算得

$$\boldsymbol{U}_1=\boldsymbol{A}\boldsymbol{V}_1\boldsymbol{\Sigma}^{-1}=\begin{pmatrix}1&0&1\\0&1&1\\0&0&0\end{pmatrix}\begin{pmatrix}\frac{1}{\sqrt{6}} & \frac{1}{\sqrt{2}}\\ \frac{1}{\sqrt{6}} & \frac{-1}{\sqrt{2}}\\ \frac{2}{\sqrt{6}} & 0\end{pmatrix}\begin{pmatrix}\frac{1}{\sqrt{3}} & 0\\ 0 & 1\end{pmatrix}=\begin{pmatrix}\frac{1}{\sqrt{2}} & \frac{1}{\sqrt{2}}\\ \frac{1}{\sqrt{2}} & \frac{-1}{\sqrt{2}}\\ 0 & 0\end{pmatrix}=(\boldsymbol{u}_1,\boldsymbol{u}_2),$$

得约化的奇异值分解

$$\boldsymbol{A}=\boldsymbol{U}_1\boldsymbol{\Sigma}\boldsymbol{V}_1^{\mathrm{H}}=\begin{pmatrix}\frac{1}{\sqrt{2}} & \frac{1}{\sqrt{2}}\\ \frac{1}{\sqrt{2}} & \frac{-1}{\sqrt{2}}\\ 0 & 0\end{pmatrix}\begin{pmatrix}\sqrt{3} & 0\\ 0 & 1\end{pmatrix}\begin{pmatrix}\frac{1}{\sqrt{6}} & \frac{1}{\sqrt{6}} & \frac{2}{\sqrt{6}}\\ \frac{1}{\sqrt{2}} & \frac{-1}{\sqrt{2}} & 0\end{pmatrix}.$$

计算 $\boldsymbol{u}_3$,使其与 $\boldsymbol{U}_1$ 构成 $\mathbf{R}^3$ 的一组标准正交基,可取 $\boldsymbol{U}_2=\boldsymbol{u}_3=\begin{pmatrix}0\\0\\1\end{pmatrix}$,则 $\boldsymbol{U}=(\boldsymbol{U}_1\quad \boldsymbol{U}_2)$是酉矩阵,故矩阵 $\boldsymbol{A}$ 的奇异值分解(满的奇异值分解)为

$$\boldsymbol{A}=\begin{pmatrix}\frac{1}{\sqrt{2}} & \frac{1}{\sqrt{2}} & 0\\ \frac{1}{\sqrt{2}} & \frac{-1}{\sqrt{2}} & 0\\ 0 & 0 & 1\end{pmatrix}\begin{pmatrix}\sqrt{3} & 0 & 0\\ 0 & 1 & 0\\ 0 & 0 & 0\end{pmatrix}\begin{pmatrix}\frac{1}{\sqrt{6}} & \frac{1}{\sqrt{6}} & \frac{2}{\sqrt{6}}\\ \frac{1}{\sqrt{2}} & \frac{-1}{\sqrt{2}} & 0\\ \frac{-1}{\sqrt{3}} & \frac{-1}{\sqrt{3}} & \frac{1}{\sqrt{3}}\end{pmatrix}.$$

例 2　求矩阵 $\boldsymbol{A}=\begin{pmatrix}1&0\\0&1\\2&0\end{pmatrix}$的奇异值分解.

解　矩阵 $\boldsymbol{A}^{\mathrm{H}}\boldsymbol{A}=\begin{pmatrix}5&0\\0&1\end{pmatrix}$的特征值为 $\lambda_1=5,\lambda_2=1$,对应的单位正交特征向量为 $\boldsymbol{v}_1=\begin{pmatrix}1\\0\end{pmatrix}$,$\boldsymbol{v}_2=\begin{pmatrix}0\\1\end{pmatrix}$,因 rank$(\boldsymbol{A})=2$,所以

$$\boldsymbol{\Sigma}=\begin{pmatrix}\sqrt{5}&0\\0&1\end{pmatrix},\boldsymbol{V}=\boldsymbol{V}_1=\begin{pmatrix}1&0\\0&1\end{pmatrix},$$

计算得

$$U_1 = AV_1\Sigma^{-1} = \begin{pmatrix} \dfrac{1}{\sqrt{5}} & 0 \\ 0 & 1 \\ \dfrac{2}{\sqrt{5}} & 0 \end{pmatrix},$$

求向量 u_3，使得与 U_1 的两列构成 $\mathbf{R}^3$ 的一组标准正交基，得到 $u_3 = \left(\dfrac{2}{\sqrt{5}}, 0, -\dfrac{1}{\sqrt{5}}\right)^{\mathrm{T}}$，故矩阵 A 的奇异值分解(满的奇异值分解)为

$$A = \begin{pmatrix} \dfrac{1}{\sqrt{5}} & 0 & \dfrac{2}{\sqrt{5}} \\ 0 & 1 & 0 \\ \dfrac{2}{\sqrt{5}} & 0 & -\dfrac{1}{\sqrt{5}} \end{pmatrix} \begin{pmatrix} \sqrt{5} & 0 \\ 0 & 1 \\ 0 & 0 \end{pmatrix} \begin{pmatrix} 1 & 0 \\ 0 & 1 \end{pmatrix},$$

矩阵 A 约化的奇异值分解为

$$A = \begin{pmatrix} \dfrac{1}{\sqrt{5}} & 0 \\ 0 & 1 \\ \dfrac{2}{\sqrt{5}} & 0 \end{pmatrix} \begin{pmatrix} \sqrt{5} & 0 \\ 0 & 1 \end{pmatrix} \begin{pmatrix} 1 & 0 \\ 0 & 1 \end{pmatrix}.$$

前面我们讨论过，对于一个非亏损的方阵 A，如果一个矩阵 $T \in \mathbf{C}^{n\times n}$ 的列包含了 $A \in \mathbf{C}^{n\times n}$ 线性无关的特征向量，则 A 有特征值分解

$$A = T\Lambda T^{-1},$$

其中 Λ 是 $n\times n$ 对角矩阵，其元为 A 的特征值.

SVD 和特征值分解有着根本的区别.其一是 SVD 用两组不同的基(左、右奇异向量)，而特征值分解只用一组(特征向量)；其二是 SVD 使用正交基，而特征值分解所用的基一般不是正交的；第三，并非所有矩阵(甚至方阵)都有特征值分解，但是所有的矩阵(甚至长方阵)都有奇异值分解.

2.4.3 用矩阵的奇异值分解讨论矩阵的性质

下面均假定可以通过某种可靠的数值方法计算出矩阵的奇异值分解，据此讨论矩阵的一些性质.

定理 2.17 矩阵 A 的非零奇异值的个数恰为矩阵 A 的秩.

该定理表明，借助矩阵的奇异值分解，可以得到计算矩阵 A 的秩的数值方法，同时它也是判断一个向量组是否线性相关的数值方法.

定理 2.18 $R(A) = \mathrm{span}\{u_1, u_2, \cdots, u_r\}$，$N(A) = \mathrm{span}\{v_{r+1}, v_{r+2}, \cdots, v_n\}$，其中 $R(A)$ 为由 A 的列向量生成的子空间，称为 A 的值域或像空间，即

$$R(\boldsymbol{A})=\operatorname{span}\{\boldsymbol{a}_1,\boldsymbol{a}_2,\cdots,\boldsymbol{a}_n\}.$$

$N(\boldsymbol{A})$称为$\boldsymbol{A}$的零空间或核,即$N(\boldsymbol{A})=\{\boldsymbol{x}\mid\boldsymbol{A}\boldsymbol{x}=\boldsymbol{0}\}$.

定理表明,借助矩阵的奇异值分解,可以确定子空间$R(\boldsymbol{A})$和$N(\boldsymbol{A})$的一组标准正交基.

定理 2.19 设$\sigma_1\geqslant\sigma_2\geqslant\cdots\geqslant\sigma_r>0$为$\boldsymbol{A}$的非零奇异值,则有

$$\|\boldsymbol{A}\|_2=\sigma_1,\quad \|\boldsymbol{A}\|_F=\sqrt{\sigma_1^2+\sigma_2^2+\cdots+\sigma_r^2}.$$

证 $\|\boldsymbol{A}\|_2^2=\lambda_{\max}(\boldsymbol{A}^{\mathrm{H}}\boldsymbol{A})=\sigma_1^2$,得$\|\boldsymbol{A}\|_2=\sigma_1$.

$$\|\boldsymbol{A}\|_F^2=\left\|\boldsymbol{U}\begin{pmatrix}\boldsymbol{\Sigma}&\boldsymbol{O}\\\boldsymbol{O}&\boldsymbol{O}\end{pmatrix}\boldsymbol{V}^{\mathrm{H}}\right\|_F^2=\left\|\begin{pmatrix}\boldsymbol{\Sigma}&\boldsymbol{O}\\\boldsymbol{O}&\boldsymbol{O}\end{pmatrix}\right\|_F^2=\sigma_1^2+\sigma_2^2+\cdots+\sigma_r^2.$$

该定理表明,借助矩阵的奇异值分解(SVD),我们可以确定矩阵$\boldsymbol{A}$的2-范数和Frobenius范数.

定理 2.20 如果$\boldsymbol{A}$为Hermite矩阵,则$\boldsymbol{A}$的奇异值即为$\boldsymbol{A}$的特征值的绝对值.

证 由$\boldsymbol{A}^{\mathrm{H}}=\boldsymbol{A}$,则$\boldsymbol{A}^{\mathrm{H}}\boldsymbol{A}=\boldsymbol{A}^2$,$\sigma_i=\sqrt{\lambda_i^2}=|\lambda_i|$.

定理 2.21 如果$\boldsymbol{A}$为n阶方阵,则$|\det(\boldsymbol{A})|=\prod_{i=1}^{n}\sigma_i$.

证
$$\begin{aligned}|\det(\boldsymbol{A})|&=\sqrt{|\det(\boldsymbol{A})|^2}=\sqrt{\det(\boldsymbol{A}^{\mathrm{H}})\det(\boldsymbol{A})}\\&=\sqrt{\det(\boldsymbol{A}^{\mathrm{H}}\boldsymbol{A})}=\sqrt{\prod_{i=1}^{n}\sigma_i^2}=\prod_{i=1}^{n}\sigma_i.\end{aligned}$$

定理 2.22 秩为r的$m\times n$矩阵$\boldsymbol{A}$可以表示为r个秩为1的矩阵的和:

$$\boldsymbol{A}=\sigma_1\boldsymbol{u}_1\boldsymbol{v}_1^{\mathrm{H}}+\sigma_2\boldsymbol{u}_2\boldsymbol{v}_2^{\mathrm{H}}+\cdots+\sigma_r\boldsymbol{u}_r\boldsymbol{v}_r^{\mathrm{H}}.$$

证 由矩阵$\boldsymbol{A}$约化的奇异值分解可知$\boldsymbol{A}=\boldsymbol{U}_1\boldsymbol{\Sigma}\boldsymbol{V}_1^{\mathrm{H}}$,其中

$$\boldsymbol{U}_1=(\boldsymbol{u}_1,\boldsymbol{u}_2,\cdots,\boldsymbol{u}_r),\quad \boldsymbol{V}_1^{\mathrm{H}}=(\boldsymbol{v}_1^{\mathrm{H}},\boldsymbol{v}_2^{\mathrm{H}},\cdots,\boldsymbol{v}_r^{\mathrm{H}})^{\mathrm{T}},\quad \boldsymbol{\Sigma}=\begin{pmatrix}\sigma_1&&&\\&\sigma_2&&\\&&\ddots&\\&&&\sigma_r\end{pmatrix},$$

从而$\boldsymbol{U}_1\boldsymbol{\Sigma}=(\sigma_1\boldsymbol{u}_1,\sigma_2\boldsymbol{u}_2,\cdots,\sigma_r\boldsymbol{u}_r)$,故

$$\begin{aligned}\boldsymbol{A}&=\boldsymbol{U}_1\boldsymbol{\Sigma}\boldsymbol{V}_1^{\mathrm{H}}=(\sigma_1\boldsymbol{u}_1,\sigma_2\boldsymbol{u}_2,\cdots,\sigma_r\boldsymbol{u}_r)\begin{pmatrix}\boldsymbol{v}_1^{\mathrm{H}}\\\boldsymbol{v}_2^{\mathrm{H}}\\\vdots\\\boldsymbol{v}_r^{\mathrm{H}}\end{pmatrix}\\&=\sigma_1\boldsymbol{u}_1\boldsymbol{v}_1^{\mathrm{H}}+\sigma_2\boldsymbol{u}_2\boldsymbol{v}_2^{\mathrm{H}}+\cdots+\sigma_r\boldsymbol{u}_r\boldsymbol{v}_r^{\mathrm{H}}.\end{aligned}$$

定理 2.23 设$1\leqslant k\leqslant r$,记

$$\boldsymbol{A}_k=\sigma_1\boldsymbol{u}_1\boldsymbol{v}_1^{\mathrm{H}}+\sigma_2\boldsymbol{u}_2\boldsymbol{v}_2^{\mathrm{H}}+\cdots+\sigma_k\boldsymbol{u}_k\boldsymbol{v}_k^{\mathrm{H}},$$

则有$\|\boldsymbol{A}_k-\boldsymbol{A}\|_2=\inf\limits_{\operatorname{rank}(\boldsymbol{B})\leqslant k}\|\boldsymbol{B}-\boldsymbol{A}\|_2=\sigma_{k+1}$.

证 由定理2.22有

$$A-A_k=\sigma_{k+1}u_{k+1}v_{k+1}^{\mathrm{H}}+\cdots+\sigma_r u_r v_r^{\mathrm{H}}=(u_1,u_2,\cdots,u_m)\begin{pmatrix}O&O&O\\O&\Sigma_k&O\\O&O&O\end{pmatrix}\begin{pmatrix}v_1^{\mathrm{H}}\\v_2^{\mathrm{H}}\\\vdots\\v_n^{\mathrm{H}}\end{pmatrix},$$

其中 $\Sigma_k=\mathrm{diag}(\sigma_{k+1},\ \cdots,\ \sigma_r)$,上式实际上就是 $A-A_k$ 奇异值分解,只不过奇异值没有按照从大到小的顺序排列. 因此得到 $\|A_k-A\|_2=\sigma_{k+1}$.

剩下的是证明 A_k 是最佳低秩逼近矩阵. 设 B 是任一秩不超过 k 的矩阵,因此其零空间 $N(B)$ 的维数至少为 $n-k$. 而 $W=\mathrm{span}\{v_1,\cdots,v_{k+1}\}$ 的维数为 $k+1$,两个空间维数之和至少为 $n+1$,因此 $N(B)\cap W$ 的维数至少为 1. 设单位向量 $x\in N(B)\cap W$,则有

$$\|A-B\|_2\geqslant\|(A-B)x\|_2=\|Ax\|_2=\|U\Sigma V^{\mathrm{H}}x\|_2=\|\Sigma(V^{\mathrm{H}}x)\|_2\geqslant\sigma_{k+1}\|V^{\mathrm{H}}x\|_2=\sigma_{k+1}.$$

定理 2.23 可用来做图像压缩. 一幅图像可以用一个 $m\times n$ 矩阵 A 表示,其元素即为像素的灰度. 如果我们实现了矩阵 A 的奇异值分解,定理 2.23 告诉我们,$A_k=\sum\limits_{i=1}^{k}\sigma_i u_i v_i^{\mathrm{H}}$ 是 A 的最佳秩 k 近似,其误差为 $\|A-A_k\|_2=\sigma_{k+1}$. 如果 σ_{k+1} 很小,我们就可以用 A_k 来重构 A. 注意存储 A_k 只需 $(m+n)k$ 个位置,而存储 A 却需要 mn 个位置. 当 k 不大时,图像的压缩比 $k(m+n)/(mn)$ 会很小.

奇异值分解在理论以及数值计算上还有很多用处,例如可以用来表示矩阵的广义逆,计算最小二乘问题,并在图像压缩、数据降维、机器学习、搜索引擎等领域都有很重要的用途,在此不一一介绍了.

习题 2

1. 填空题

(1) $A=\begin{pmatrix}1+a&2\\2&1\end{pmatrix}$,当 a 满足条件________时,A 可作 LU 分解.

(2) $A=\begin{pmatrix}2&-2\\-2&a\end{pmatrix}$,当 a 满足条件________时,可将 A 分解成 LL^{T} 的形式,其中 L 是对角元素为正的下三角形矩阵,则 $L=$________.

(3) $A=\begin{pmatrix}2&-1&0\\-1&2&-1\\0&-1&2\end{pmatrix}$,则 $\mathrm{cond}_2(A)=$________.

(4) 设 $s\neq 0, s\in\mathbf{C}^n$,则 $\left\|\dfrac{ss^{\mathrm{T}}}{(s,s)}\right\|_2=$________.

(5) $A=\begin{pmatrix}2&1\\-4&2\end{pmatrix}$ 的 $PA=LU$ 分解中的 $L=$________.

(6) 设 $A=\begin{pmatrix}1&0&0\\1&1&0\\2&3&2\end{pmatrix}$,则 A 的 Jordan 分解 $J=$________.

(7) 设 $A\in\mathbf{C}^{n\times n}$,其 Schur 分解为 $A=URU^{\mathrm{H}}$,其中 $U\in\mathbf{C}^{n\times n}$ 为酉矩阵,$R\in\mathbf{C}^{n\times n}$ 为上三角形矩阵.特别地,当 A 为正规矩阵时,R 为________矩阵,A 的特征值为________,A 的特征向量为________;当 A 为 Hermite 矩阵时,R 为________矩阵;当 A 为斜 Hermite 矩阵时,R 为________矩阵.

2. 下述矩阵能否作 Doolittle 分解?若能分解,分解式是否唯一?

$$A=\begin{pmatrix}1&2&3\\2&4&1\\4&6&7\end{pmatrix};\quad B=\begin{pmatrix}1&1&1\\2&2&1\\3&3&1\end{pmatrix};\quad C=\begin{pmatrix}1&2&6\\2&5&15\\6&15&46\end{pmatrix}.$$

3. 设 $A=\begin{pmatrix}2&4&-2\\1&-1&5\\4&1&-2\end{pmatrix}$,求出 A 的 Doolittle 分解,Crout 分解和 LDU 分解.

4. 用 Gauss 列主元消去法求解方程组,并求出系数矩阵 A 的行列式 $\det(A)$ 的值.

$$\begin{cases}12x_1-3x_2+3x_3=15,\\-18x_1+3x_2-x_3=-15,\\x_1+x_2+3x_3=6.\end{cases}$$

5. 利用(1) Gauss 消去法,(2) Gauss 列主元消去法解方程组

$$\begin{pmatrix}1&2&1&-2\\2&5&3&-2\\-2&-2&3&5\\1&3&2&3\end{pmatrix}\begin{pmatrix}x_1\\x_2\\x_3\\x_4\end{pmatrix}=\begin{pmatrix}4\\7\\-1\\0\end{pmatrix}.$$

6. 利用 Doolittle 分解法,Cholesky 方法和追赶法三种方法求解线性方程组

$$\begin{pmatrix}4&1&\\1&5&2\\&2&8\end{pmatrix}\begin{pmatrix}x_1\\x_2\\x_3\end{pmatrix}=\begin{pmatrix}5\\8\\10\end{pmatrix}.$$

7. 设 $A=\begin{pmatrix}-1&8&-2\\-6&49&-10\\-4&34&-5\end{pmatrix}$.(1) 利用消去法求 A^{-1};(2) 先求 A 的 Doolittle 分解,再利用所得到的分解求 A^{-1}.

8. 试给出 Cholesky 方法的计算量.

9. 证明:对称正定矩阵 A 的 Cholesky 分解是唯一的.

10. 设 $A=\begin{pmatrix}0&4&1\\1&1&1\\0&3&2\end{pmatrix}$,求 A 的 QR 分解.

11. 设 A 是 n 阶非奇异方阵,若 A 的 QR 分解中要求 R 的对角元均是正数,证明:QR 分解是唯一的.

12. 确定将向量 $x=(5,1,12)^{\mathrm{T}}$ 变换为向量 $y=(0,1,t)^{\mathrm{T}}$ 的正数 t 和 Householder 矩阵 H.

13. 将单位矩阵的 $(i,i),(i,j),(j,i),(j,j)$ 位置元分别修改为 $c,s,-s,c$,其余元不变得

到的矩阵记为 $\boldsymbol{G}(i,j,\theta)$，其中 $c=\cos\theta, s=\sin\theta$，称之为 Givens（吉文斯）变换. 证明：Givens 变换是正交变换. Givens 变换为什么也被称为平面旋转变换？

14. 设 $\boldsymbol{A}$ 是三对角矩阵，试用 Givens 变换实现其 QR 分解，并给出算法的计算量.

15. 设 $\boldsymbol{A},\boldsymbol{B}$ 都是 n 阶非奇异方阵，试证

$$\operatorname{cond}(\boldsymbol{AB}) \leqslant \operatorname{cond}(\boldsymbol{A})\operatorname{cond}(\boldsymbol{B}).$$

16. 证明 Schur 不等式：$\sum\limits_{i=1}^{n}|\lambda_i|^2 \leqslant \sum\limits_{i=1}^{n}\sum\limits_{j=1}^{n}|a_{ij}|^2$，其中 λ_i 为 $\boldsymbol{A}=(a_{ij})_{n\times n}$ 的特征值，并证明 Schur 不等式等号成立的充要条件是 $\boldsymbol{A}$ 为正规矩阵.

17. 求矩阵 $\boldsymbol{A}=\begin{pmatrix}4 & -1 & -1 & 0\\ 4 & 0 & -2 & 0\\ 0 & 0 & 2 & 0\\ 0 & 0 & 6 & 1\end{pmatrix}$ 的 Jordan 分解.

18. 设 $\boldsymbol{M}\in\mathbf{C}^{4\times 4}$，特征值 $\lambda=2$ 的代数重数为 4，已知 $r_1=2, r_2=0$，其中 $r_l=\operatorname{rank}(\boldsymbol{M}-2\boldsymbol{I})^l$，求 $\boldsymbol{M}$ 的 Jordan 标准形.

19. 利用矩阵的 Jordan 分解证明定理 2.9.

20. 证明定理 2.17.

21. 证明：正规矩阵的奇异值是其特征值的模.

22. 证明：当 $\boldsymbol{A}$ 为非奇异阵时，$\|\boldsymbol{A}^{-1}\|_2=\dfrac{1}{\sigma_n}$，其中 σ_n 为 $\boldsymbol{A}$ 的最小奇异值.

23. 设 $\boldsymbol{A}$ 的奇异值分解为

$$\boldsymbol{A}=\begin{pmatrix}3/5 & -4/5 & 0\\ 4/5 & 3/5 & 0\\ 0 & 0 & 1\end{pmatrix}\begin{pmatrix}8 & 0 & 0\\ 0 & 6 & 0\\ 0 & 0 & 2\end{pmatrix}\begin{pmatrix}4/5 & -3/5 & 0\\ 3/5 & 4/5 & 0\\ 0 & 0 & -1\end{pmatrix},$$

求 $\|\boldsymbol{A}\|_2, \|\boldsymbol{A}^{-1}\|_2, \operatorname{cond}_2(\boldsymbol{A}), \|\boldsymbol{A}\|_F$.

24. 求下列矩阵的奇异值分解：

(1) $\boldsymbol{A}=\begin{pmatrix}1 & 0 & 0\\ 2 & 0 & 0\end{pmatrix}$；(2) $\boldsymbol{A}=\begin{pmatrix}1 & 0\\ 0 & 1\\ 1 & 1\end{pmatrix}$.

习题 2 答案与提示

第3章　矩阵分析基础

3.1　矩阵序列与矩阵级数

同微积分理论一样,矩阵分析理论的建立,也是以极限理论为基础的,其内容丰富,是研究数值方法和其他数学分支的重要工具.本章讨论矩阵序列的极限运算,然后介绍矩阵序列和矩阵级数收敛的定理,矩阵幂级数的极限运算和一些矩阵函数,如 $e^{\boldsymbol{A}}$, $\sin\boldsymbol{A}$, $\cos\boldsymbol{A}$ 等,最后介绍矩阵的微积分及在微分方程中的应用.

3.1.1　矩阵序列的极限

按正整数 k 的顺序,将 $\mathbf{C}^{m\times n}$ 中的矩阵排成一列

$$\boldsymbol{A}_1,\ \boldsymbol{A}_2,\ \boldsymbol{A}_3,\ \cdots,\ \boldsymbol{A}_k,\ \cdots,$$

称这列有序的矩阵为**矩阵序列**,称 $\boldsymbol{A}_k$ 为**矩阵序列的一般项**.

定义 3.1　设 $\{\boldsymbol{A}_k\}_{k=1}^{\infty}$ 为 $\mathbf{C}^{m\times n}$ 中的矩阵序列,其中 $\boldsymbol{A}_k=(a_{ij}^{(k)})$.如果 $\lim\limits_{k\to\infty}a_{ij}^{(k)}=a_{ij}$ 对 $i=1,2,\cdots,m,j=1,2,\cdots,n$ 均成立,则称**矩阵序列 $\{\boldsymbol{A}_k\}_{k=1}^{\infty}$ 收敛**,而 $\boldsymbol{A}=(a_{ij})$ 称为**矩阵序列 $\{\boldsymbol{A}_k\}_{k=1}^{\infty}$ 的极限**,记为 $\lim\limits_{k\to\infty}\boldsymbol{A}_k=\boldsymbol{A}$.不收敛的矩阵序列称为发散的.

例 1　讨论矩阵序列 $\{\boldsymbol{A}_k\}_{k=1}^{\infty}$ 的收敛性,其中

$$\boldsymbol{A}_k=\begin{pmatrix}\left(1+\dfrac{1}{k}\right)^k & \dfrac{\sin k}{k}\\ 1 & e^{-k}\\ \dfrac{2+k}{k} & \sqrt[k]{k}\end{pmatrix}.$$

解　根据定义,只需求出它的每一个元的极限即可,因此它的极限为

$$\lim_{k\to\infty}\boldsymbol{A}_k=\begin{pmatrix}\lim\limits_{k\to\infty}\left(1+\dfrac{1}{k}\right)^k & \lim\limits_{k\to\infty}\dfrac{\sin k}{k}\\ 1 & \lim\limits_{k\to\infty}e^{-k}\\ \lim\limits_{k\to\infty}\dfrac{2+k}{k} & \lim\limits_{k\to\infty}\sqrt[k]{k}\end{pmatrix}=\begin{pmatrix}e & 0\\ 1 & 0\\ 1 & 1\end{pmatrix}=\boldsymbol{A}.$$

由矩阵序列极限的定义可以看出,矩阵序列收敛的性质和数列收敛的性质相似.由定义可见,$\mathbf{C}^{m\times n}$ 中的矩阵序列的收敛相当于 mn 个数列同时收敛.因此可以用初等分析的方法来研究它.但同时研究 mn 个数列的极限未免繁琐,和研究向量一样,我们可以利用矩阵范数来

研究矩阵序列的极限.

定理 3.1 设$\{A_k\}_{k=1}^{\infty}$为$C^{m\times n}$中的矩阵序列,$\|\cdot\|$为$C^{m\times n}$中的一种矩阵范数,则矩阵序列$\{A_k\}_{k=1}^{\infty}$收敛于矩阵A的充要条件是$\|A_k-A\|$收敛于零.

证 利用范数的等价性知,对于$C^{m\times n}$中的任意两个矩阵范数$\|\cdot\|_t$和$\|\cdot\|_s$,有$c_1\geqslant c_2>0$,使得

$$c_2\|A_k-A\|_t\leqslant\|A_k-A\|_s\leqslant c_1\|A_k-A\|_t,$$

即

$$\lim_{k\to\infty}\|A_k-A\|_t=0=\lim_{k\to\infty}\|A_k-A\|_s,$$

即收敛于零是一致的.因此,只需证明定理对一种特定的矩阵范数成立即可.我们选取∞-范数加以证明.

根据∞-范数的定义,对于$1\leqslant i\leqslant m,1\leqslant j\leqslant n$,均有

$$|a_{ij}^{(k)}-a_{ij}|\leqslant\max_{1\leqslant i\leqslant m}\left\{\sum_{j=1}^{n}|a_{ij}^{(k)}-a_{ij}|\right\}=\|A_k-A\|_{\infty}\leqslant\sum_{i=1}^{m}\sum_{j=1}^{n}|a_{ij}^{(k)}-a_{ij}|,$$

因此,$\lim\limits_{k\to\infty}A_k=A\Leftrightarrow\lim\limits_{k\to\infty}\|A_k-A\|_{\infty}=0$.

推论 3.1 设$\{A_k\}_{k=1}^{\infty},A\in C^{m\times n}$,并且$\lim\limits_{k\to\infty}A_k=A$,则$\lim\limits_{k\to\infty}\|A_k\|=\|A\|$.

证 由$|\|A_k\|-\|A\||\leqslant\|A_k-A\|$,即结论成立.

需要指出的是,此结论只是充分条件,反过来不一定成立.

给定矩阵序列$A_k=\begin{pmatrix}1 & \frac{1}{k}\\ 1 & (-1)^k\end{pmatrix}$和矩阵$A=\begin{pmatrix}1 & 0\\ 1 & 1\end{pmatrix}$,显然有

$$\lim_{k\to\infty}\|A_k\|_F=\lim_{k\to\infty}\sqrt{(-1)^{2k}+1^2+1^2+\frac{1}{k^2}}=\sqrt{3}=\|A\|_F.$$

但是矩阵序列$A_k=\begin{pmatrix}1 & \frac{1}{k}\\ 1 & (-1)^k\end{pmatrix}$发散,故不收敛于矩阵$A=\begin{pmatrix}1 & 0\\ 1 & 1\end{pmatrix}$.

性质 3.1 设$\{A_k\}_{k=1}^{\infty}$和$\{B_k\}_{k=1}^{\infty}$为$C^{m\times n}$中的矩阵序列,并且$\lim\limits_{k\to\infty}A_k=A$,$\lim\limits_{k\to\infty}B_k=B$,则

$$\lim_{k\to\infty}(\alpha A_k+\beta B_k)=\alpha A+\beta B,\quad\forall\alpha,\beta\in C.$$

证
$$\begin{aligned}\|(\alpha A_k+\beta B_k)-(\alpha A+\beta B)\|&=\|\alpha(A_k-A)+\beta(B_k-B)\|\\&\leqslant|\alpha|\|A_k-A\|+|\beta|\|B_k-B\|.\end{aligned}$$

由定理 3.1,即结论成立.

性质 3.2 设$\{A_k\}_{k=1}^{\infty}$和$\{B_k\}_{k=1}^{\infty}$分别为$C^{m\times n}$和$C^{n\times l}$中的矩阵序列,并且$\lim\limits_{k\to\infty}A_k=A$,$\lim\limits_{k\to\infty}B_k=B$,则

$$\lim_{k\to\infty}A_kB_k=AB.$$

证
$$\begin{aligned}\|A_kB_k-AB\|&=\|A_kB_k-A_kB+A_kB-AB\|\\&\leqslant\|B\|\|A_k-A\|+\|A_k\|\|B_k-B\|,\end{aligned}$$

由定理 3.1 和推论 3.1 可知,结论成立.

特别地,对于任意 $\boldsymbol{P}\in\mathbf{C}^{l\times m}$ 和 $\boldsymbol{Q}\in\mathbf{C}^{n\times s}$ 有,$\lim\limits_{k\to\infty}\boldsymbol{PA}_k\boldsymbol{Q}=\boldsymbol{PAQ}$.

性质 3.3 设 $\{\boldsymbol{A}_k\}_{k=1}^{\infty}$ 为 $\mathbf{C}^{n\times n}$ 中的矩阵序列,$\lim\limits_{k\to\infty}\boldsymbol{A}_k=\boldsymbol{A}$ 并且 $\boldsymbol{A}_k(k=1,2,\cdots)$ 和 $\boldsymbol{A}$ 均可逆,则

$$\lim_{k\to\infty}\boldsymbol{A}_k^{-1}=\boldsymbol{A}^{-1}.$$

证 因为 $\boldsymbol{A}_k\boldsymbol{A}_k^{-1}=\boldsymbol{I}$,则由性质 3.2,$\lim\limits_{k\to\infty}(\boldsymbol{A}_k\boldsymbol{A}_k^{-1})=\boldsymbol{A}\lim\limits_{k\to\infty}\boldsymbol{A}_k^{-1}=\boldsymbol{I}$,从而得 $\lim\limits_{k\to\infty}\boldsymbol{A}_k^{-1}=\boldsymbol{A}^{-1}$.

注意,性质 3.3 中条件 $\boldsymbol{A}_k(k=1,2,\cdots)$ 和 $\boldsymbol{A}$ 均可逆是不可少的,因为即使 $\boldsymbol{A}_k(k=1,2,\cdots)$ 可逆也不能保证 $\boldsymbol{A}$ 一定可逆.例如,

$$\boldsymbol{A}_k=\begin{pmatrix}1+\dfrac{1}{k} & 1\\ 1 & 1\end{pmatrix},$$

对于 $\boldsymbol{A}_k(k=1,2,\cdots)$ 都有

$$(\boldsymbol{A}_k)^{-1}=\begin{pmatrix}k & -k\\ -k & k+1\end{pmatrix},$$

但是 $\lim\limits_{k\to\infty}\boldsymbol{A}_k=\begin{pmatrix}1 & 1\\ 1 & 1\end{pmatrix}=\boldsymbol{A}$ 不可逆.

下面证明一个常用且重要的结论:

例 2 设 $\boldsymbol{A}\in\mathbf{C}^{n\times n}$,证明 $\lim\limits_{k\to\infty}\boldsymbol{A}^k=\boldsymbol{O}$ 的充要条件是 $\rho(\boldsymbol{A})<1$.

证 必要性.由定理 3.1 知 $\lim\limits_{k\to\infty}\boldsymbol{A}^k=\boldsymbol{O}$ 的充要条件是对任意一种矩阵范数 $\|\cdot\|$ 均有 $\lim\limits_{k\to\infty}\|\boldsymbol{A}^k\|=0$.因此对充分大的 k,必有 $\|\boldsymbol{A}^k\|<1$.利用矩阵谱半径的定义以及相容矩阵范数的性质有

$$(\rho(\boldsymbol{A}))^k=\rho(\boldsymbol{A}^k)\leqslant\|\boldsymbol{A}^k\|<1,$$

因此得 $\rho(\boldsymbol{A})<1$.

充分性.根据定理 1.7,对于 $\varepsilon=\dfrac{1}{2}(1-\rho(\boldsymbol{A}))>0$,一定存在一种相容的矩阵范数 $\|\cdot\|$,使得 $\|\boldsymbol{A}\|\leqslant\rho(\boldsymbol{A})+\varepsilon$,又根据相容矩阵范数的性质可得

$$\|\boldsymbol{A}^k\|\leqslant\|\boldsymbol{A}\|^k\leqslant(\rho(\boldsymbol{A})+\varepsilon)^k.$$

注意到上述关系式中的 $\rho(\boldsymbol{A})+\varepsilon=\dfrac{1}{2}(1+\rho(\boldsymbol{A}))<1$,于是

$$\lim_{k\to\infty}\|\boldsymbol{A}^k\|=0.$$

根据定理 3.1 即知 $\lim\limits_{k\to\infty}\boldsymbol{A}^k=\boldsymbol{O}$.

3.1.2 矩阵级数

定义 3.2 设 $\{\boldsymbol{A}_k\}_{k=1}^{\infty}$ 为 $\mathbf{C}^{m\times n}$ 中的矩阵序列,称 $\boldsymbol{A}_1+\boldsymbol{A}_2+\cdots+\boldsymbol{A}_k+\cdots$ 为由矩阵序列 $\{\boldsymbol{A}_k\}_{k=1}^{\infty}$ 构成的矩阵级数,记为 $\sum\limits_{k=1}^{\infty}\boldsymbol{A}_k$.

定义 3.3 记 $\boldsymbol{S}_k=\sum\limits_{i=1}^{k}\boldsymbol{A}_i$,称为矩阵级数 $\sum\limits_{i=1}^{\infty}\boldsymbol{A}_i$ 的前 k 项部分和.若矩阵序列 $\{\boldsymbol{S}_k\}_{k=1}^{\infty}$ 收敛

且$\lim\limits_{k\to\infty} \boldsymbol{S}_k=\boldsymbol{S}$,则称矩阵级数 $\sum\limits_{i=1}^{\infty}\boldsymbol{A}_i$ 收敛,而矩阵 $\boldsymbol{S}$ 称为矩阵级数的**和矩阵**,记为 $\boldsymbol{S}=\sum\limits_{i=1}^{\infty}\boldsymbol{A}_i$. 不收敛的矩阵级数称为发散的.

例 3 设 $\boldsymbol{A}$ 为 n 阶方阵,证明:矩阵级数 $\boldsymbol{I}+\boldsymbol{A}+\boldsymbol{A}^2+\cdots+\boldsymbol{A}^k+\cdots$ 收敛的充要条件是 $\rho(\boldsymbol{A})<1$. 而且当该矩阵级数收敛时有 $\sum\limits_{k=0}^{\infty}\boldsymbol{A}^k=(\boldsymbol{I}-\boldsymbol{A})^{-1}$.

证 必要性.矩阵级数 $\boldsymbol{I}+\boldsymbol{A}+\boldsymbol{A}^2+\cdots+\boldsymbol{A}^k+\cdots$ 的前 k 项部分和

$$\boldsymbol{S}_k=\boldsymbol{I}+\boldsymbol{A}+\boldsymbol{A}^2+\cdots+\boldsymbol{A}^{k-1},$$

因此 $\boldsymbol{A}^k=\boldsymbol{S}_{k+1}-\boldsymbol{S}_k$,利用极限运算法则有

$$\lim_{k\to\infty}\boldsymbol{A}^k=\lim_{k\to\infty}(\boldsymbol{S}_{k+1}-\boldsymbol{S}_k)=\boldsymbol{O}.$$

根据例 2,$\rho(\boldsymbol{A})<1$.

充分性.由 $\boldsymbol{A}\boldsymbol{S}_k=\boldsymbol{A}+\boldsymbol{A}^2+\cdots+\boldsymbol{A}^k$,有

$$(\boldsymbol{I}-\boldsymbol{A})\boldsymbol{S}_k=\boldsymbol{I}-\boldsymbol{A}^k,$$

又 $\rho(\boldsymbol{A})<1$,因此 $\lim\limits_{k\to\infty}\boldsymbol{A}^k=\boldsymbol{O}$,故 $(\boldsymbol{I}-\boldsymbol{A})\lim\limits_{k\to\infty}\boldsymbol{S}_k=\boldsymbol{I}$,即 $\boldsymbol{I}-\boldsymbol{A}$ 可逆,根据矩阵序列极限法则,有

$$\lim_{k\to\infty}\boldsymbol{S}_k=\lim_{k\to\infty}[(\boldsymbol{I}-\boldsymbol{A})^{-1}(\boldsymbol{I}-\boldsymbol{A}^k)]=(\boldsymbol{I}-\boldsymbol{A})^{-1}(\boldsymbol{I}-\lim_{k\to\infty}\boldsymbol{A}^k)=(\boldsymbol{I}-\boldsymbol{A})^{-1}.$$

推论 3.2 设 $\boldsymbol{A}\in\mathbf{C}^{n\times n}$,若对 $\mathbf{C}^{n\times n}$ 上的某种范数 $\|\cdot\|$,有 $\|\boldsymbol{A}\|<1$,则 $\lim\limits_{k\to\infty}\boldsymbol{A}^k=\boldsymbol{O}$.

例 4 (1) 已知 $\sum\limits_{k=0}^{\infty}\boldsymbol{A}^k=\begin{pmatrix}2&0\\-4&2\end{pmatrix}$,求 $\boldsymbol{A}$.

(2) 设 $\boldsymbol{A}=\begin{pmatrix}0.2&0.5&0.4\\0.5&0.2&0.1\\0.2&0.1&0.3\end{pmatrix}$,求证 $\lim\limits_{k\to\infty}\boldsymbol{A}^k=\boldsymbol{O}$.

解 (1) 由 $\sum\limits_{k=0}^{\infty}\boldsymbol{A}^k=(\boldsymbol{I}-\boldsymbol{A})^{-1}=\begin{pmatrix}2&0\\-4&2\end{pmatrix}$,则 $\boldsymbol{I}-\boldsymbol{A}=\begin{pmatrix}2&0\\-4&2\end{pmatrix}^{-1}$,从而

$$\boldsymbol{A}=\boldsymbol{I}-\begin{pmatrix}2&0\\-4&2\end{pmatrix}^{-1}=\begin{pmatrix}1&0\\0&1\end{pmatrix}-\begin{pmatrix}\frac{1}{2}&0\\1&\frac{1}{2}\end{pmatrix}=\begin{pmatrix}\frac{1}{2}&0\\-1&\frac{1}{2}\end{pmatrix}.$$

(2) 因为 $\|\boldsymbol{A}\|_\infty=0.9<1$,由推论 3.2,故 $\lim\limits_{k\to\infty}\boldsymbol{A}^k=\boldsymbol{O}$.

性质 3.4 设 $\sum\limits_{k=1}^{\infty}\boldsymbol{A}_k=\boldsymbol{A}$ 和 $\sum\limits_{k=1}^{\infty}\boldsymbol{B}_k=\boldsymbol{B}$,其中为 $\boldsymbol{A}_k,\boldsymbol{A},\boldsymbol{B}_k,\boldsymbol{B}\in\mathbf{C}^{m\times n}$,则

$$\sum_{k=1}^{\infty}(\alpha\boldsymbol{A}_k+\beta\boldsymbol{B}_k)=\alpha\sum_{k=1}^{\infty}\boldsymbol{A}_k+\beta\sum_{k=1}^{\infty}\boldsymbol{B}_k,\quad\forall\alpha,\beta\in\mathbf{C}.$$

证 因为

$$\boldsymbol{S}_N=\sum_{k=1}^{N}(\alpha\boldsymbol{A}_k+\beta\boldsymbol{B}_k)=\alpha\sum_{k=1}^{N}\boldsymbol{A}_k+\beta\sum_{k=1}^{N}\boldsymbol{B}_k,\quad\forall\alpha,\beta\in\mathbf{C},$$

所以

$$\sum_{k=1}^{\infty}(\alpha\boldsymbol{A}_k+\beta\boldsymbol{B}_k)=\lim_{N\to\infty}\boldsymbol{S}_N=\alpha\lim_{N\to\infty}\sum_{k=1}^{N}\boldsymbol{A}_k+\beta\lim_{N\to\infty}\sum_{k=1}^{N}\boldsymbol{B}_k=\alpha\boldsymbol{A}+\beta\boldsymbol{B},$$

即有结论成立.

显然,和 $\sum_{k=1}^{\infty}\boldsymbol{A}_k=\boldsymbol{S}=(s_{ij})$ 的意义指的是

$$\sum_{k=1}^{\infty}a_{ij}^{(k)}=s_{ij}\quad(i=1,2,\cdots,m,\ j=1,2,\cdots,n),$$

即 mn 个数项级数 $\sum_{k=1}^{\infty}a_{ij}^{(k)}$ 均为收敛的.矩阵级数收敛的定义与数项级数的定义没有本质的区别,我们有一些类似于数项级数的概念和结论.

定义 3.4 设 $\sum_{k=1}^{\infty}\boldsymbol{A}_k$ 为 $\mathbf{C}^{m\times n}$ 中的矩阵级数,其中 $\boldsymbol{A}_k=(a_{ij}^{(k)})$.若 $\sum_{k=1}^{\infty}a_{ij}^{(k)}$ 对任意的 $1\leqslant i\leqslant m,1\leqslant j\leqslant n$ 均为绝对收敛的,则称矩阵级数 $\sum_{k=1}^{\infty}\boldsymbol{A}_k$ **绝对收敛**.

对比矩阵级数绝对收敛的定义以及高等数学中数项级数绝对收敛的定义可以得出矩阵级数绝对收敛的一些性质.

性质 3.5 若矩阵级数 $\sum_{k=1}^{\infty}\boldsymbol{A}_k$ 绝对收敛,则它一定是收敛的,并且任意调换各项的顺序所得到的级数还是收敛的,且级数和不变.

性质 3.6 矩阵级数 $\sum_{k=1}^{\infty}\boldsymbol{A}_k$ 绝对收敛充要条件是正项级数 $\sum_{k=1}^{\infty}\|\boldsymbol{A}_k\|$ 收敛.

证 利用矩阵范数的等价性,只需证明对于∞-范数定理成立即可.

必要性.如果 $\sum_{k=1}^{\infty}\boldsymbol{A}_k$ 是绝对收敛的,即对任意的 $1\leqslant i\leqslant m,1\leqslant j\leqslant n$, $\sum_{k=1}^{\infty}a_{ij}^{(k)}$ 均绝对收敛,那么存在一个与 N 无关的正数 M,使得

$$\sum_{k=1}^{N}|a_{ij}^{(k)}|<M\quad(\forall N\geqslant 1,i=1,2,\cdots,m,\ j=1,2,\cdots,n),$$

从而有

$$\sum_{k=1}^{N}\|\boldsymbol{A}_k\|_{\infty}\leqslant\sum_{k=1}^{N}\left(\sum_{i=1}^{m}\sum_{j=1}^{n}|a_{ij}^{(k)}|\right)<mnM,$$

因此 $\sum_{k=1}^{\infty}\|\boldsymbol{A}_k\|_{\infty}$ 为收敛的正项级数.

充分性.如果 $\sum_{k=1}^{\infty}\|\boldsymbol{A}_k\|_{\infty}$ 为收敛的正项级数,那么由

$$|a_{ij}^{(k)}|\leqslant\|\boldsymbol{A}_k\|_{\infty},\quad i=1,2,\cdots,m,j=1,2,\cdots,n,$$

可知 mn 个级数 $\sum_{k=1}^{\infty}a_{ij}^{(k)}$ 均为绝对收敛的,利用定义 3.4 可知矩阵级数 $\sum_{k=1}^{\infty}\boldsymbol{A}_k$ 是绝对收敛的.

性质 3.7 设 $\sum_{k=1}^{\infty}\boldsymbol{A}_k$ 为 $\mathbf{C}^{m\times n}$ 中绝对收敛的级数, $\sum_{k=1}^{\infty}\boldsymbol{B}_k$ 为 $\mathbf{C}^{n\times l}$ 中绝对收敛的级数,并且 $\boldsymbol{A}=\sum_{k=1}^{\infty}\boldsymbol{A}_k,\boldsymbol{B}=\sum_{k=1}^{\infty}\boldsymbol{B}_k$,则 $\sum_{k=1}^{\infty}\boldsymbol{A}_k\sum_{k=1}^{\infty}\boldsymbol{B}_k$ 按任何方式排列得到的级数也是绝对收敛的,且和均为 $\boldsymbol{AB}$.

证 因为矩阵级数 $\sum_{k=1}^{\infty} \boldsymbol{A}_k$ 和 $\sum_{k=1}^{\infty} \boldsymbol{B}_k$ 均为绝对收敛的，故存在正数 M_A, M_B 使得对任意的正整数 p，均有

$$\sum_{k=1}^{p} \|\boldsymbol{A}_k\|_\infty \leqslant M_A, \quad \sum_{k=1}^{p} \|\boldsymbol{B}_k\|_\infty \leqslant M_B,$$

于是 $\sum_{k=1}^{p} \boldsymbol{A}_k \sum_{k=1}^{p} \boldsymbol{B}_k$ 按任意排列方式得到的矩阵级数部分和 $\sum_{k=1}^{p} \boldsymbol{C}_k$ 均满足

$$\begin{aligned}\sum_{k=1}^{p} \|\boldsymbol{C}_k\|_\infty &\leqslant \sum_{k=1}^{p} \sum_{i,j} \|\boldsymbol{A}_i \boldsymbol{B}_j\|_\infty \\ &\leqslant \sum_{k=1}^{N_i} \|\boldsymbol{A}_k\|_\infty \sum_{k=1}^{N_j} \|\boldsymbol{B}_k\|_\infty \leqslant M_A M_B,\end{aligned}$$

其中设 $\boldsymbol{C}_k = \sum_{i,j} \boldsymbol{A}_i \boldsymbol{B}_j$，而 N_i, N_j 是构成 $\boldsymbol{C}_k(k=1,2,\cdots,p)$ 的 $\boldsymbol{A}_i, \boldsymbol{B}_j$ 角标的最大者. 因此 $\sum_{k=1}^{\infty} \|\boldsymbol{C}_k\|_\infty$ 是一个有上界的正项级数，故收敛.

于是 $\sum_{k=1}^{\infty} \boldsymbol{A}_k \sum_{k=1}^{\infty} \boldsymbol{B}_k$ 按任何方式排列得到的矩阵级数均绝对收敛. 根据性质 3.5，我们按下面方式排列

$$\boldsymbol{A}_1 \boldsymbol{B}_1 + (\boldsymbol{A}_2 \boldsymbol{B}_1 + \boldsymbol{A}_2 \boldsymbol{B}_2 + \boldsymbol{A}_1 \boldsymbol{B}_2) + \cdots + \left(\boldsymbol{A}_p \sum_{k=1}^{p} \boldsymbol{B}_k + \sum_{k=1}^{p-1} \boldsymbol{A}_k \boldsymbol{B}_p\right) + \cdots.$$

记 $\boldsymbol{C}_p = \left(\boldsymbol{A}_p \sum_{k=1}^{p} \boldsymbol{B}_k + \sum_{k=1}^{p-1} \boldsymbol{A}_k \boldsymbol{B}_p\right)(p=1,2,\cdots)$，显然上式即为矩阵级数 $\sum_{k=1}^{\infty} \boldsymbol{C}_k$，它的前 p 项的部分和为

$$\sum_{k=1}^{p} \boldsymbol{C}_k = \sum_{k=1}^{p} \boldsymbol{A}_k \sum_{k=1}^{p} \boldsymbol{B}_k,$$

利用极限的运算法则有

$$\sum_{k=1}^{\infty} \boldsymbol{C}_k = \boldsymbol{AB}.$$

性质 3.8 设 $\boldsymbol{P} \in \mathbf{C}^{p\times m}$ 和 $\boldsymbol{Q} \in \mathbf{C}^{n\times q}$ 为给定矩阵，如果 $m\times n$ 矩阵级数 $\sum_{k=0}^{\infty} \boldsymbol{A}_k$ 收敛（或绝对收敛），则 $p\times q$ 矩阵级数 $\sum_{k=0}^{\infty} \boldsymbol{P}\boldsymbol{A}_k\boldsymbol{Q}$ 也收敛（或绝对收敛），且有等式

$$\sum_{k=0}^{\infty} \boldsymbol{P}\boldsymbol{A}_k\boldsymbol{Q} = \boldsymbol{P}\left(\sum_{k=0}^{\infty} \boldsymbol{A}_k\right)\boldsymbol{Q}.$$

证 设 $\sum_{k=0}^{\infty} \boldsymbol{A}_k$ 收敛于矩阵 $\boldsymbol{S}$，即 $\boldsymbol{S} = \sum_{k=0}^{\infty} \boldsymbol{A}_k = \lim_{n\to\infty} \sum_{k=0}^{n} \boldsymbol{A}_k$，而由等式

$$\sum_{k=0}^{n} \boldsymbol{P}\boldsymbol{A}_k\boldsymbol{Q} = \boldsymbol{P}\left(\sum_{k=0}^{n} \boldsymbol{A}_k\right)\boldsymbol{Q}$$

两端取极限即得

$$\lim_{n\to\infty} \sum_{k=0}^{n} \boldsymbol{P}\boldsymbol{A}_k\boldsymbol{Q} = \lim_{n\to\infty} \boldsymbol{P}\left(\sum_{k=0}^{n} \boldsymbol{A}_k\right)\boldsymbol{Q} = \boldsymbol{PSQ},$$

即 $\sum_{k=0}^{\infty} \boldsymbol{P}\boldsymbol{A}_k\boldsymbol{Q}$ 收敛,且有 $\sum_{k=0}^{\infty} \boldsymbol{P}\boldsymbol{A}_k\boldsymbol{Q} = \boldsymbol{P}\left(\sum_{k=0}^{\infty} \boldsymbol{A}_k\right)\boldsymbol{Q}$.

现设 $\sum_{k=0}^{\infty} \boldsymbol{A}_k$ 绝对收敛,由矩阵级数性质 3.6 知, $\sum_{k=0}^{\infty} \|\boldsymbol{A}_k\|$ 也收敛,又

$$\|\boldsymbol{P}\boldsymbol{A}_k\boldsymbol{Q}\| \leqslant \|\boldsymbol{P}\|\|\boldsymbol{A}_k\|\|\boldsymbol{Q}\|,$$

利用比较判别法,即知级数 $\sum_{k=0}^{\infty} \|\boldsymbol{P}\boldsymbol{A}_k\boldsymbol{Q}\|$ 收敛,再利用矩阵级数性质 3.6,便知矩阵级数 $\sum_{k=0}^{\infty} \boldsymbol{P}\boldsymbol{A}_k\boldsymbol{Q}$ 绝对收敛.

3.2　矩阵幂级数

矩阵函数是以矩阵为变量且取值为矩阵的一类函数.最简单的矩阵函数为多项式函数,其值计算一般利用上一章中的 Hamilton-Cayley 定理,接下来用例子说明此定理在简化矩阵函数值计算中的应用.

例 1　已知矩阵 $\boldsymbol{A}=\begin{pmatrix} -1 & 1 & 0 \\ -4 & 3 & 0 \\ 1 & 0 & 2 \end{pmatrix}$,试计算

(1) $\boldsymbol{A}^7-\boldsymbol{A}^5-19\boldsymbol{A}^4+28\boldsymbol{A}^3+6\boldsymbol{A}-4\boldsymbol{I}$;

(2) $\boldsymbol{A}^{-1}$;

(3) $\boldsymbol{A}^{100}$.

解　取

$$\psi(\lambda)=\det(\lambda\boldsymbol{I}-\boldsymbol{A})=\begin{vmatrix} \lambda+1 & -1 & 0 \\ 4 & \lambda-3 & 0 \\ -1 & 0 & \lambda-2 \end{vmatrix}=\lambda^3-4\lambda^2+5\lambda-2,$$

(1) 令 $f(\lambda)=\lambda^7-\lambda^5-19\lambda^4+28\lambda^3+6\lambda-4$,则只需计算 $f(\boldsymbol{A})$.用 $\psi(\lambda)$ 除 $f(\lambda)$,得

$$f(\lambda)=(\lambda^4+4\lambda^3+10\lambda^2+3\lambda-2)\psi(\lambda)-3\lambda^2+22\lambda-8.$$

由 Hamilton-Cayley 定理知 $\psi(\boldsymbol{A})=\boldsymbol{O}$,于是

$$f(\boldsymbol{A})=-3\boldsymbol{A}^2+22\boldsymbol{A}-8\boldsymbol{I}=\begin{pmatrix} -21 & 16 & 0 \\ -64 & 43 & 0 \\ 19 & -3 & 24 \end{pmatrix}.$$

(2) 由 $\psi(\boldsymbol{A})=\boldsymbol{A}^3-4\boldsymbol{A}^2+5\boldsymbol{A}-2\boldsymbol{I}=\boldsymbol{O}$ 得

$$\boldsymbol{A}\left[\frac{1}{2}(\boldsymbol{A}^2-4\boldsymbol{A}+5\boldsymbol{I})\right]=\boldsymbol{I},$$

故

$$\boldsymbol{A}^{-1}=\frac{1}{2}(\boldsymbol{A}^2-4\boldsymbol{A}+5\boldsymbol{I})=\begin{pmatrix} 3 & -1 & 0 \\ 4 & -1 & 0 \\ -\frac{3}{2} & \frac{1}{2} & \frac{1}{2} \end{pmatrix}.$$

(3) 设

$$\lambda^{100}=g(\lambda)\psi(\lambda)+a\lambda^2+b\lambda+c,$$

注意到 $\psi(\lambda)=(\lambda-2)(\lambda-1)^2$，即有 $\psi(2)=\psi(1)=\psi'(1)=0$，分别将 $\lambda=2,\lambda=1$ 代入上式，再对上式求导后将 $\lambda=1$ 代入，得

$$\begin{cases}2^{100}=4a+2b+c,\\1=a+b+c,\\100=2a+b,\end{cases}$$

解得

$$\begin{cases}a=2^{100}-101,\\b=-2^{101}+302,\\c=2^{100}-200,\end{cases}$$

故

$$A^{100}=g(A)\psi(A)+aA^2+bA+cI=aA^2+bA+cI=\begin{pmatrix}-199 & 100 & 0\\-400 & 201 & 0\\201-2^{100} & 2^{100}-101 & 2^{100}\end{pmatrix}.$$

一般矩阵函数通常是利用收敛的矩阵幂级数的和来定义，关于矩阵幂级数的敛散性，有如下定理成立.

定理 3.2 设 $\sum\limits_{k=0}^{\infty}a_kz^k$ 为收敛半径为 r 的幂级数，A 为 n 阶方阵，则

(1) 当 $\rho(A)<r$ 时，矩阵幂级数 $\sum\limits_{k=0}^{\infty}a_kA^k$ 绝对收敛；

(2) 当 $\rho(A)>r$ 时，矩阵幂级数 $\sum\limits_{k=0}^{\infty}a_kA^k$ 发散.

证 (1) 如果 $\rho(A)<r$，根据矩阵范数的性质，对于 $\varepsilon=\dfrac{1}{2}[r-\rho(A)]>0$，一定存在一种相容的矩阵范数 $\|\cdot\|$，使得

$$\|A\|\leqslant\rho(A)+\varepsilon,$$

且该矩阵范数是相容的，因此

$$\|A^k\|\leqslant\|A\|^k\leqslant[\rho(A)+\varepsilon]^k=\left[\frac{r+\rho(A)}{2}\right]^k,$$

根据幂级数在其收敛圆内绝对收敛即知 $\sum\limits_{k=0}^{\infty}\|a_kA^k\|$ 收敛. 再利用矩阵级数性质 3.6 知 $\sum\limits_{k=0}^{\infty}a_kA^k$ 绝对收敛.

(2) 如果 $\rho(A)>r$，设 $Ax=\lambda_ix$，其中 $|\lambda_i|=\rho(A)$，且 x 为单位向量. 下面用反证法证明矩阵幂级数 $\sum\limits_{k=0}^{\infty}a_kA^k$ 发散. 如果它是收敛的，则利用矩阵收敛的性质 3.8 知，级数

$$x^{\mathrm{H}}\left(\sum_{k=0}^{\infty}a_kA^k\right)x=\sum_{k=0}^{\infty}a_k(x^{\mathrm{H}}A^kx)=\sum_{k=0}^{\infty}a_k\lambda_i^k$$

也收敛.但数项级数 $\sum_{k=0}^{\infty} a_k z^k$ 在收敛圆外是发散的.现在 $|\lambda_i|=\rho(A)>r$,故 $\sum_{k=0}^{\infty} a_k \lambda_i^k$ 应该是发散的,因此矛盾,故结论(2)成立.

经过简单的变换便可得到如下推论.

推论 3.3　设 $\sum_{k=0}^{\infty} a_k(z-z_0)^k$ 为收敛半径为 r 的幂级数,$\boldsymbol{A}$ 为 n 阶方阵,如果 $\boldsymbol{A}$ 的特征值均落在收敛圆内,即 $|\lambda-z_0|<r$,其中 λ 为 $\boldsymbol{A}$ 的任意特征值,则矩阵幂级数 $\sum_{k=0}^{\infty} a_k(\boldsymbol{A}-z_0\boldsymbol{I})^k$ 绝对收敛;若有某个 λ_{i_0} 使得 $|\lambda_{i_0}-z_0|>r$,则幂级数 $\sum_{k=0}^{\infty} a_k(\boldsymbol{A}-z_0\boldsymbol{I})^k$ 发散.

根据幂级数性质,幂级数的和函数是收敛圆内的解析函数,而一个圆内解析的函数可以展开成收敛的幂级数.于是,如果 $f(z)$ 是 $|z-z_0|<r$ 内的解析函数,其展成绝对收敛的幂级数为

$$f(z)=\sum_{k=0}^{\infty} a_k(z-z_0)^k,$$

则当矩阵 $\boldsymbol{A}\in\mathbf{C}^{n\times n}$ 的特征值落在收敛圆 $|z-z_0|<r$ 内时,定义

$$f(\boldsymbol{A}) \overset{\text{def}}{=\!=\!=} \sum_{k=0}^{\infty} a_k(\boldsymbol{A}-z_0\boldsymbol{I})^k,$$

并称之为 $\boldsymbol{A}$ **关于解析函数** $f(z)$ **的矩阵函数**.

例如,对于收敛半径 $r=+\infty$ 的幂级数

$$\mathrm{e}^z=1+z+\frac{z^2}{2!}+\frac{z^3}{3!}+\cdots;$$

$$\cos z=1-\frac{z^2}{2!}+\frac{z^4}{4!}-\cdots;$$

$$\sin z=z-\frac{z^3}{3!}+\frac{z^5}{5!}-\cdots,$$

根据上述的定义,有矩阵指数函数和矩阵三角函数($\boldsymbol{A}\in\mathbf{C}^{n\times n}$):

$$\mathrm{e}^{\boldsymbol{A}}=\boldsymbol{I}+\boldsymbol{A}+\frac{\boldsymbol{A}^2}{2!}+\frac{\boldsymbol{A}^3}{3!}+\cdots;$$

$$\cos\boldsymbol{A}=\boldsymbol{I}-\frac{\boldsymbol{A}^2}{2!}+\frac{\boldsymbol{A}^4}{4!}-\cdots;$$

$$\sin\boldsymbol{A}=\boldsymbol{A}-\frac{\boldsymbol{A}^3}{3!}+\frac{\boldsymbol{A}^5}{5!}-\cdots.$$

对于收敛半径 $r=1$ 的幂级数

$$(1-z)^{-1}=1+z+z^2+z^3+\cdots,$$

$$\ln(1+z)=z-\frac{z^2}{2}+\frac{z^3}{3}-\cdots,$$

相应地有($\boldsymbol{A}\in\mathbf{C}^{n\times n}$ 且 $\rho(\boldsymbol{A})<1$)

$$(\boldsymbol{I}-\boldsymbol{A})^{-1}=\boldsymbol{I}+\boldsymbol{A}+\boldsymbol{A}^2+\boldsymbol{A}^3+\cdots$$

和

$$\ln(\boldsymbol{I}+\boldsymbol{A})=\boldsymbol{A}-\frac{\boldsymbol{A}^2}{2}+\frac{\boldsymbol{A}^3}{3}-\cdots.$$

现在利用矩阵的 Jordan 分解写出矩阵函数 $f(\boldsymbol{A})$ 的具体表达式.首先介绍一个引理.

引理 3.1 设 $f(z)=\sum_{k=0}^{\infty}a_kz^k$ 是收敛半径为 r 的幂级数,$\boldsymbol{J}_i$ 是特征值为 λ_i 的 n_i 阶 Jordan 块矩阵,且 $|\lambda_i|<r$,则

$$f(\boldsymbol{J}_i)=\begin{pmatrix} f(\lambda_i) & f'(\lambda_i) & \cdots & \dfrac{f^{(n_i-1)}(\lambda_i)}{(n_i-1)!} \\ & f(\lambda_i) & \ddots & \vdots \\ & & \ddots & f'(\lambda_i) \\ & & & f(\lambda_i) \end{pmatrix}. \tag{3-1}$$

证 根据定理 3.2,$\rho(\boldsymbol{J}_i)=|\lambda_i|<r$,故矩阵级数 $\sum_{k=0}^{\infty}a_k\boldsymbol{J}_i^k$ 是收敛的.先考虑它的前 $m+1$ 项部分和 $\boldsymbol{S}_{m+1}=\sum_{k=0}^{m}a_k\boldsymbol{J}_i^k$. 因 $\boldsymbol{J}_i=\lambda_i\boldsymbol{I}_{n_i}+\boldsymbol{N}$,其中

$$\boldsymbol{N}=\begin{pmatrix} 0 & 1 & & \\ & 0 & \ddots & \\ & & \ddots & 1 \\ & & & 0 \end{pmatrix},$$

且

$$\boldsymbol{N}^j=\begin{pmatrix} 0 & \cdots & 0 & \overset{j+2}{1} & & \\ & \ddots & & \ddots & \ddots & \\ & & \ddots & & \ddots & 1 \\ & & & \ddots & & 0 \\ & & & & \ddots & \vdots \\ & & & & & 0 \end{pmatrix},\quad 1\leqslant j\leqslant n_i-1;\quad 或\quad \boldsymbol{N}^j=\boldsymbol{O},j\geqslant n_i,$$

因此

$$\boldsymbol{J}_i^k=\sum_{j=0}^{k}\mathrm{C}_k^j\lambda^{k-j}\boldsymbol{N}^j=\lambda_i^k\boldsymbol{I}+\mathrm{C}_k^1\lambda_i^{k-1}\boldsymbol{N}+\cdots+\mathrm{C}_k^j\lambda_i^{k-j}\boldsymbol{N}^j+\cdots+\mathrm{C}_k^{n_i-1}\lambda_i^{k-n_i+1}\boldsymbol{N}^{n_i-1}$$

$$=\begin{pmatrix} \lambda_i^k & \mathrm{C}_k^1\lambda_i^{k-1} & \cdots & \mathrm{C}_k^j\lambda_i^{k-j} & \cdots \\ & \lambda_i^k & \mathrm{C}_k^1\lambda_i^{k-1} & \cdots & \mathrm{C}_k^j\lambda_i^{k-j} \\ & & \lambda_i^k & \ddots & \vdots \\ & & & \ddots & \mathrm{C}_k^1\lambda_i^{k-1} \\ & & & & \lambda_i^k \end{pmatrix},\quad j\leqslant\min\{k,n_i-1\}, \tag{3-2}$$

故

$$S_{m+1}=\sum_{k=0}^{m}a_kJ_i^k$$

$$=\begin{pmatrix}\sum\limits_{k=0}^{m}a_k\lambda_j^k & \sum\limits_{k=1}^{m}a_kC_k^1\lambda_i^{k-1} & \cdots & \sum\limits_{k=j}^{m}a_kC_k^j\lambda_i^{k-j} & \cdots\\ & \sum\limits_{k=0}^{m}a_k\lambda_i^k & \sum\limits_{k=1}^{m}a_kC_k^1\lambda_i^{k-1} & \cdots & \sum\limits_{k=j}^{m}a_kC_k^j\lambda_i^{k-j}\\ & & \sum\limits_{k=0}^{m}a_k\lambda_i^k & \ddots & \vdots\\ & & & \ddots & \sum\limits_{k=1}^{m}a_kC_k^1\lambda_i^{k-1}\\ & & & & \sum\limits_{k=0}^{m}a_k\lambda_i^k\end{pmatrix}.$$

记 $S_{m+1}(\lambda_i)=\sum\limits_{k=0}^{m}a_k\lambda_i^k$，注意到 $C_k^j=\dfrac{k(k-1)\cdots(k-j+1)}{j!}$，则

$$\sum_{k=j}^{m}a_kC_k^j\lambda_j^{k-j}=\frac{1}{j!}\sum_{k=j}^{m}a_kk(k-1)\cdots(k-j+1)\lambda_i^{k-j}=\frac{S_{m+1}^{(j)}(\lambda_i)}{j!},$$

其中 $S_{m+1}^{(j)}(\lambda_i)$ 表示 $S_{m+1}(\lambda_i)$ 关于 λ_i 的 j 阶导数.

$$S_{m+1}=\begin{pmatrix}S_{m+1}(\lambda_i) & S'_{m+1}(\lambda_i) & \cdots & \dfrac{S_{m+1}^{(j)}(\lambda_i)}{j!} & \cdots\\ & S_{m+1}(\lambda_i) & S'_{m+1}(\lambda_i) & \cdots & \dfrac{S_{m+1}^{(j)}(\lambda_i)}{j!}\\ & & S_{m+1}(\lambda_i) & \ddots & \vdots\\ & & & \ddots & S'_{m+1}(\lambda_i)\\ & & & & S_{m+1}(\lambda_i)\end{pmatrix},$$

根据幂级数性质知，$\lim\limits_{m\to\infty}S_{m+1}^{(j)}(\lambda_i)=f^{(j)}(\lambda_i)$，因此

$$f(J_i)=\lim_{m\to\infty}S_{m+1}=\begin{pmatrix}f(\lambda_i) & f'(\lambda_i) & \cdots & \dfrac{f^{(n_i-1)}(\lambda_i)}{(n_i-1)!}\\ & f(\lambda_i) & \ddots & \vdots\\ & & \ddots & f'(\lambda_i)\\ & & & f(\lambda_i)\end{pmatrix}.$$

推论 3.4　设 $f(z)=\sum\limits_{k=0}^{\infty}a_k(z-z_0)^k$ 是收敛半径为 r 的幂级数，J_i 是特征值为 λ_i 的 n_i 阶 Jordan 块，且 $|\lambda_i-z_0|<r$，则

$$f(\boldsymbol{J}_i)=\begin{pmatrix} f(\lambda_i) & f'(\lambda_i) & \cdots & \dfrac{f^{(n_i-1)}(\lambda_i)}{(n_i-1)!} \\ & f(\lambda_i) & \ddots & \vdots \\ & & \ddots & f'(\lambda_i) \\ & & & f(\lambda_i) \end{pmatrix}.$$

推论 3.5 设$f(z)=\sum\limits_{k=0}^{\infty}a_kz^k$是收敛半径为$r$的幂级数，$\boldsymbol{J}_i$是特征值为$\lambda_i$的$n_i$阶 Jordan 块矩阵，且$|t\lambda_i|<r$，则

$$f(t\boldsymbol{J}_i)=\begin{pmatrix} f(t\lambda_i) & tf'(t\lambda_i) & \cdots & \dfrac{t^{n_i-1}f^{(n_i-1)}(t\lambda_i)}{(n_i-1)!} \\ & f(t\lambda_i) & \ddots & \vdots \\ & & \ddots & tf'(t\lambda_i) \\ & & & f(t\lambda_i) \end{pmatrix}. \tag{3-3}$$

证 由(3-2)式，

$$f(t\boldsymbol{J}_i)=\sum_{k=0}^{\infty}a_k(t\boldsymbol{J}_i)^k=\sum_{k=0}^{\infty}a_kt^k\begin{pmatrix} \lambda_i^k & C_k^1\lambda_i^{k-1} & \cdots & C_k^j\lambda_i^{k-j} & \cdots \\ & \lambda_i^k & C_k^1\lambda_i^{k-1} & \cdots & C_k^j\lambda_i^{k-j} \\ & & \lambda_i^k & \ddots & \vdots \\ & & & \ddots & C_k^1\lambda_i^{k-1} \\ & & & & \lambda_i^k \end{pmatrix}$$

$$=\sum_{k=0}^{\infty}a_k\left.\begin{pmatrix} \lambda^k & t(\lambda^k)' & \cdots & \dfrac{t^j}{j!}(\lambda^k)^{(j)} & \cdots & \cdots \\ & \lambda^k & t(\lambda^k)' & & \ddots & \vdots \\ & & \lambda^k & & \ddots & \dfrac{t^j}{j!}(\lambda^k)^{(j)} \\ & & & & \ddots & \vdots \\ & & & & & t(\lambda^k)' \\ & & & & & \lambda^k \end{pmatrix}\right|_{\lambda=t\lambda_i}$$

$$=\left.\begin{pmatrix} f(\lambda) & tf'(\lambda) & \cdots & \dfrac{t^j}{j!}f^{(j)}(\lambda) & \cdots & \cdots \\ & f(\lambda) & tf'(\lambda) & & \ddots & \vdots \\ & & f(\lambda) & & \ddots & \dfrac{t^j}{j!}f^{(j)}(\lambda) \\ & & & & & \vdots \\ & & & & \ddots & tf'(\lambda) \\ & & & & & f(\lambda) \end{pmatrix}\right|_{\lambda=t\lambda_i}$$

$$= \begin{pmatrix} f(t\lambda_i) & tf'(t\lambda_i) & \cdots & \frac{t^j}{j!}f^{(j)}(t\lambda_i) & \cdots & \cdots \\ & f(t\lambda_i) & tf'(t\lambda_i) & & \ddots & \vdots \\ & & f(t\lambda_i) & & \ddots & \frac{t^j}{j!}f^{(j)}(t\lambda_i) \\ & & & \ddots & & \vdots \\ & & & & & tf'(t\lambda_i) \\ & & & & & f(t\lambda_i) \end{pmatrix}.$$

根据引理 3.1 和矩阵级数的性质,有

定理 3.3 设 $f(z)=\sum\limits_{k=0}^{\infty}a_k z^k$ 为收敛半径为 r 的幂级数,$\boldsymbol{A}$ 为 n 阶方阵,$\boldsymbol{A}=\boldsymbol{TJT}^{-1}$ 为其 Jordan 分解,$\boldsymbol{J}=\mathrm{diag}(\boldsymbol{J}_1,\boldsymbol{J}_2,\cdots,\boldsymbol{J}_s)$.当 $\boldsymbol{A}$ 的特征值均落在收敛圆内时,即 $|\lambda|<r$,其中 λ 为 $\boldsymbol{A}$ 的任意特征值,则矩阵幂级数 $\sum\limits_{k=0}^{\infty}a_k\boldsymbol{A}^k$ 绝对收敛,并且和矩阵为

$$f(\boldsymbol{A})=\boldsymbol{T}\mathrm{diag}(f(\boldsymbol{J}_1),f(\boldsymbol{J}_2),\cdots,f(\boldsymbol{J}_s))\boldsymbol{T}^{-1}, \tag{3-4}$$

其中 $f(\boldsymbol{J}_i)$ 的定义如表达式(3-1).

事实上,$\boldsymbol{TJ}^k\boldsymbol{T}^{-1}=\overbrace{(\boldsymbol{TJT}^{-1})(\boldsymbol{TJT}^{-1})\cdots(\boldsymbol{TJT}^{-1})}^{k}=(\boldsymbol{TJT}^{-1})^k$,

$$\begin{aligned} f(\boldsymbol{A}) &= \sum_{k=0}^{\infty}a_k\boldsymbol{A}^k = \sum_{k=0}^{\infty}a_k(\boldsymbol{TJT}^{-1})^k = \boldsymbol{T}\sum_{k=0}^{\infty}(a_k\boldsymbol{J}^k)\boldsymbol{T}^{-1} \\ &= \boldsymbol{T}\mathrm{diag}\left(\sum_{k=0}^{\infty}a_k\boldsymbol{J}_1^k,\quad \sum_{k=0}^{\infty}a_k\boldsymbol{J}_2^k,\quad \cdots,\quad \sum_{k=0}^{\infty}a_k\boldsymbol{J}_s^k\right)\boldsymbol{T}^{-1} \\ &= \boldsymbol{T}\mathrm{diag}(f(\boldsymbol{J}_1),f(\boldsymbol{J}_2),\cdots,f(\boldsymbol{J}_s))\boldsymbol{T}^{-1}. \end{aligned}$$

例 2 设 $\boldsymbol{A}=\begin{pmatrix} 3 & 0 & 8 \\ 3 & -1 & 6 \\ -2 & 0 & -5 \end{pmatrix}$,求 $\sin\boldsymbol{A}$.

解 根据矩阵 $\boldsymbol{A}$ 的 Jordan 分解

$$\boldsymbol{A}=\begin{pmatrix} 0 & 4 & 1 \\ 1 & 3 & 0 \\ 0 & -2 & 0 \end{pmatrix}\begin{pmatrix} -1 & & \\ & -1 & 1 \\ & & -1 \end{pmatrix}\begin{pmatrix} 0 & 1 & \frac{3}{2} \\ 0 & 0 & -\frac{1}{2} \\ 1 & 0 & 2 \end{pmatrix},$$

因此,由(3-4)式得

$$\sin\boldsymbol{A}=\begin{pmatrix} 0 & 4 & 1 \\ 1 & 3 & 0 \\ 0 & -2 & 0 \end{pmatrix}\begin{pmatrix} -\sin 1 & & \\ & -\sin 1 & \cos 1 \\ & & -\sin 1 \end{pmatrix}\begin{pmatrix} 0 & 1 & \frac{3}{2} \\ 0 & 0 & -\frac{1}{2} \\ 1 & 0 & 2 \end{pmatrix}$$

$$
=\begin{pmatrix} 4\cos 1-\sin 1 & 0 & 8\cos 1 \\ 3\cos 1 & -\sin 1 & 6\cos 1 \\ -2\cos 1 & 0 & -\sin 1-4\cos 1 \end{pmatrix}.
$$

例 3 设 $\boldsymbol{A}=\begin{pmatrix} 3 & 1 & -1 \\ 1 & 2 & -1 \\ 2 & 1 & 0 \end{pmatrix}$,求 $\mathrm{e}^{\boldsymbol{A}t}$.

解 根据矩阵 $\boldsymbol{A}$ 的 Jordan 分解

$$
\boldsymbol{A}=\begin{pmatrix} 0 & 1 & 1 \\ 1 & 0 & 1 \\ 1 & 1 & 1 \end{pmatrix}\begin{pmatrix} 1 & & \\ & 2 & 1 \\ & & 2 \end{pmatrix}\begin{pmatrix} -1 & 0 & 1 \\ 0 & -1 & 1 \\ 1 & 1 & -1 \end{pmatrix},
$$

因此,由(3-4)式得

$$
\begin{aligned}
\mathrm{e}^{\boldsymbol{A}t}&=\begin{pmatrix} 0 & 1 & 1 \\ 1 & 0 & 1 \\ 1 & 1 & 1 \end{pmatrix}\begin{pmatrix} \mathrm{e}^{t} & & \\ & \mathrm{e}^{2t} & t\mathrm{e}^{2t} \\ & & \mathrm{e}^{2t} \end{pmatrix}\begin{pmatrix} -1 & 0 & 1 \\ 0 & -1 & 1 \\ 1 & 1 & -1 \end{pmatrix} \\
&=\begin{pmatrix} (1+t)\mathrm{e}^{2t} & t\mathrm{e}^{2t} & -t\mathrm{e}^{2t} \\ \mathrm{e}^{2t}-\mathrm{e}^{t} & \mathrm{e}^{2t} & -\mathrm{e}^{2t}+\mathrm{e}^{t} \\ (1+t)\mathrm{e}^{2t}-\mathrm{e}^{t} & t\mathrm{e}^{2t} & \mathrm{e}^{t}-t\mathrm{e}^{2t} \end{pmatrix}.
\end{aligned}
$$

为避免求矩阵 $\boldsymbol{A}$ 的 Jordan 分解,也可用**有限待定系数法**计算 $f(\boldsymbol{A})$ 和 $f(\boldsymbol{A}t)$.

有限待定系数法 设 $\boldsymbol{A}\in\mathbf{C}^{n\times n}$ 且

$$
\psi(\lambda)=\det(\lambda\boldsymbol{I}-\boldsymbol{A})=(\lambda-\lambda_1)^{m_1}(\lambda-\lambda_2)^{m_2}\cdots(\lambda-\lambda_s)^{m_s}, \tag{3-5}
$$

其中 $m_i(i=1,2,\cdots,s)$ 均为正整数,$\sum\limits_{i=1}^{s}m_i=n,\lambda_1,\lambda_2,\cdots,\lambda_s$ 为 $\boldsymbol{A}$ 的不同特征值.为计算矩阵函数 $f(\boldsymbol{A}t)=\sum\limits_{k=0}^{\infty}a_k\boldsymbol{A}^kt^k$,记 $f(\lambda t)=\sum\limits_{k=0}^{\infty}a_k\lambda^kt^k$. 将 $f(\lambda t)$ 改写为

$$
f(\lambda t)=p(\lambda,t)\psi(\lambda)+q(\lambda,t), \tag{3-6}
$$

其中 $p(\lambda,t)$ 是含参数 t 的 λ 的幂级数,$q(\lambda,t)$ 是含参数 t 且次数不超过 $n-1$ 的 λ 的多项式,即

$$
q(\lambda,t)=b_{n-1}(t)\lambda^{n-1}+b_{n-2}(t)\lambda^{n-2}+\cdots+b_1(t)\lambda+b_0(t).
$$

由 Hamilton-Cayley 定理知 $\psi(\boldsymbol{A})=\boldsymbol{O}$,于是由(3-6)式得

$$
f(\boldsymbol{A}t)=p(\boldsymbol{A},t)\psi(\boldsymbol{A})+q(\boldsymbol{A},t)=b_{n-1}(t)\boldsymbol{A}^{n-1}+\cdots+b_1(t)\boldsymbol{A}+b_0(t)\boldsymbol{I}.
$$

可见,只要求出 $b_0(t),b_1(t),\cdots,b_{n-1}(t)$,即可得到 $f(\boldsymbol{A}t)$.注意到

$$
\psi^{(j)}(\lambda_i)=0\quad(j=0,1,\cdots,m_i-1,i=1,2,\cdots,s),
$$

将(3-6)式两端对 λ 求导,并利用上式,得

$$
\left.\frac{\mathrm{d}^j}{\mathrm{d}\lambda^j}f(\lambda t)\right|_{\lambda=\lambda_i}=\left.\frac{\mathrm{d}^j}{\mathrm{d}\lambda^j}q(\lambda,t)\right|_{\lambda=\lambda_i},
$$

即

$$t^j\frac{\mathrm{d}^j}{\mathrm{d}u^j}f(u)\Big|_{u=\lambda_i t}=\frac{\mathrm{d}^j}{\mathrm{d}\lambda^j}q(\lambda,t)\Big|_{\lambda=\lambda_i}\quad(j=0,1,\cdots,m_i-1,i=1,2,\cdots,s).\tag{3-7}$$

由(3-7)式即得到以 $b_0(t),b_1(t),\cdots,b_{n-1}(t)$ 为未知量的线性方程组.

从而,用**有限待定系数法**计算矩阵函数 $f(\boldsymbol{A})$ 和 $f(\boldsymbol{A}t)$ 的步骤如下:

(1) 求矩阵 $\boldsymbol{A}$ 的特征多项式;

(2) 设 $q(\lambda)=b_{n-1}\lambda^{n-1}+\cdots+b_1\lambda+b_0$.根据

$$q^{(j)}(\lambda_i)=t^jf^{(j)}(\lambda)\mid_{\lambda=\lambda_i t}\quad(j=0,1,\cdots,m_i-1,i=1,2,\cdots,s)$$

或

$$q^{(j)}(\lambda_i)=f^{(j)}(\lambda_i)\quad(j=0,1,\cdots,m_i-1,i=1,2,\cdots,s),$$

列出线性方程组求解 $b_0,b_1,\cdots,b_{n-1}$;

(3) 计算 $f(\boldsymbol{A}t)$(当取 $t=1$ 时,$f(\boldsymbol{A})=q(\boldsymbol{A})=b_{n-1}(1)\boldsymbol{A}^{n-1}+\cdots+b_1(1)\boldsymbol{A}+b_0(1)\boldsymbol{I}$).

例4 用有限待定系数法计算(1) $\sin\boldsymbol{A}$;(2) $\mathrm{e}^{\boldsymbol{A}t}$,其 $\boldsymbol{A}$ 为例2中的矩阵.

解 首先求出 $\det(\lambda\boldsymbol{I}-\boldsymbol{A})=\begin{vmatrix}\lambda-3&0&-8\\-3&\lambda+1&-6\\2&0&\lambda+5\end{vmatrix}=(\lambda+1)^3$,

(1) 设 $q(\lambda)=b_2\lambda^2+b_1\lambda+b_0$,$f(\lambda)=\sin\lambda$.因此,由(3-7)式可得

$$\begin{cases}q(-1)=b_2-b_1+b_0=-\sin 1=f(-1),\\q'(-1)=-2b_2+b_1=\cos 1=f'(-1),\\q''(-1)=2b_2=\sin 1=f''(-1),\end{cases}$$

解得

$$\begin{cases}b_0=\cos 1-\dfrac{1}{2}\sin 1,\\b_1=\sin 1+\cos 1,\\b_2=\dfrac{1}{2}\sin 1.\end{cases}$$

于是,$\sin\boldsymbol{A}=b_2\boldsymbol{A}^2+b_1\boldsymbol{A}+b_0\boldsymbol{I}$,即

$$\sin\boldsymbol{A}=\begin{pmatrix}-\dfrac{7}{2}\sin 1&0&-8\sin 1\\-3\sin 1&\dfrac{1}{2}\sin 1&-6\sin 1\\2\sin 1&0&\dfrac{9}{2}\sin 1\end{pmatrix}+$$

$$\begin{pmatrix}3(\sin 1+\cos 1)&0&8(\sin 1+\cos 1)\\3(\sin 1+\cos 1)&-(\sin 1+\cos 1)&6(\sin 1+\cos 1)\\-2(\sin 1+\cos 1)&0&-5(\sin 1+\cos 1)\end{pmatrix}+$$

$$\begin{pmatrix} \cos 1-\frac{1}{2}\sin 1 & 0 & 0 \\ 0 & \cos 1-\frac{1}{2}\sin 1 & 0 \\ 0 & 0 & \cos 1-\frac{1}{2}\sin 1 \end{pmatrix}$$

$$=\begin{pmatrix} 4\cos 1-\sin 1 & 0 & 8\cos 1 \\ 3\cos 1 & -\sin 1 & 6\cos 1 \\ -2\cos 1 & 0 & -\sin 1-4\cos 1 \end{pmatrix}.$$

(2) 设 $q(\lambda)=b_2\lambda^2+b_1\lambda+b_0, f(\lambda t)=e^{\lambda t}$.因此,由(3-7)式可得

$$\begin{cases} q(-1)=b_2-b_1+b_0=e^{-t}=f(-t), \\ q'(-1)=-2b_2+b_1=te^{-t}=tf'(-t), \\ q''(-1)=2b_2=t^2e^{-t}=t^2f''(-t), \end{cases}$$

解得

$$\begin{cases} b_0=\left(1+t+\frac{t^2}{2}\right)e^{-t}, \\ b_1=te^{-t}+t^2e^{-t}, \\ b_2=\frac{t^2}{2}e^{-t}. \end{cases}$$

于是

$$e^{At}=b_2A^2+b_1A+b_0I$$

$$=\begin{pmatrix} -\frac{7}{2}t^2e^{-t} & 0 & -8t^2e^{-t} \\ -3t^2e^{-t} & \frac{1}{2}t^2e^{-t} & -6t^2e^{-t} \\ 2t^2e^{-t} & 0 & \frac{9}{2}t^2e^{-t} \end{pmatrix}+$$

$$\begin{pmatrix} 3(t+t^2)e^{-t} & 0 & 8(t+t^2)e^{-t} \\ 3(t+t^2)e^{-t} & -(t+t^2)e^{-t} & 6(t+t^2)e^{-t} \\ -2(t+t^2)e^{-t} & 0 & -5(t+t^2)e^{-t} \end{pmatrix}+$$

$$\begin{pmatrix} \left(1+t+\frac{t^2}{2}\right)e^{-t} & 0 & 0 \\ 0 & \left(1+t+\frac{t^2}{2}\right)e^{-t} & 0 \\ 0 & 0 & \left(1+t+\frac{t^2}{2}\right)e^{-t} \end{pmatrix}$$

$$=\begin{pmatrix}(1+4t)e^{-t} & 0 & 8te^{-t}\\ 3te^{-t} & e^{-t} & 6te^{-t}\\ -2te^{-t} & 0 & (1-4t)e^{-t}\end{pmatrix}.$$

我们还可以证明

Ⅰ. $\forall \boldsymbol{A}\in \mathbf{C}^{n\times n}$，总有

(1) $\sin(-\boldsymbol{A})=-\sin\boldsymbol{A}, \cos(-\boldsymbol{A})=\cos\boldsymbol{A}$;

(2) $e^{i\boldsymbol{A}}=\cos\boldsymbol{A}+i\sin\boldsymbol{A}, \cos\boldsymbol{A}=\frac{1}{2}(e^{i\boldsymbol{A}}+e^{-i\boldsymbol{A}}), \sin\boldsymbol{A}=\frac{1}{2i}(e^{i\boldsymbol{A}}-e^{-i\boldsymbol{A}})$.

Ⅱ. $\boldsymbol{A},\boldsymbol{B}\in \mathbf{C}^{n\times n}$，且 $\boldsymbol{AB}=\boldsymbol{BA}$，则

(1) $\sin(\boldsymbol{A}+\boldsymbol{B})=\sin\boldsymbol{A}\cos\boldsymbol{B}+\cos\boldsymbol{A}\sin\boldsymbol{B}$;

(2) $\cos(\boldsymbol{A}+\boldsymbol{B})=\cos\boldsymbol{A}\cos\boldsymbol{B}-\sin\boldsymbol{A}\sin\boldsymbol{B}$;

(3) $e^{\boldsymbol{A}}e^{\boldsymbol{B}}=e^{\boldsymbol{B}}e^{\boldsymbol{A}}=e^{\boldsymbol{A}+\boldsymbol{B}}$.

若 $\boldsymbol{A}=\boldsymbol{B}$，则有

$$\cos 2\boldsymbol{A}=\cos^2\boldsymbol{A}-\sin^2\boldsymbol{A}, \quad \sin 2\boldsymbol{A}=2\sin\boldsymbol{A}\cos\boldsymbol{A}.$$

下面只就公式 $e^{i\boldsymbol{A}}=\cos\boldsymbol{A}+i\sin\boldsymbol{A}$ 及 $e^{\boldsymbol{A}}e^{\boldsymbol{B}}=e^{\boldsymbol{B}}e^{\boldsymbol{A}}=e^{\boldsymbol{A}+\boldsymbol{B}}$ 加以证明，其余公式请读者自行证明.

证 $$e^{i\boldsymbol{A}}=\sum_{k=0}^{\infty}\frac{1}{k!}(i\boldsymbol{A})^k=\sum_{k=0}^{\infty}\frac{(-1)^k}{(2k)!}\boldsymbol{A}^{2k}+i\sum_{k=0}^{\infty}\frac{(-1)^k}{(2k+1)!}\boldsymbol{A}^{2k+1}$$
$$=\cos\boldsymbol{A}+i\sin\boldsymbol{A}.$$

由矩阵级数的性质3.5、性质3.7及 $\boldsymbol{AB}=\boldsymbol{BA}$，可得

$$\begin{aligned}e^{\boldsymbol{A}}e^{\boldsymbol{B}}&=\left(\sum_{k=0}^{\infty}\frac{1}{k!}\boldsymbol{A}^k\right)\left(\sum_{k=0}^{\infty}\frac{1}{k!}\boldsymbol{B}^k\right)\\&=\boldsymbol{I}+\frac{1}{1!}(\boldsymbol{A}+\boldsymbol{B})+\frac{1}{2!}(\boldsymbol{A}^2+\boldsymbol{AB}+\boldsymbol{BA}+\boldsymbol{B}^2)+\cdots\\&=\boldsymbol{I}+\frac{1}{1!}(\boldsymbol{A}+\boldsymbol{B})+\frac{1}{2!}(\boldsymbol{A}+\boldsymbol{B})^2+\cdots=e^{\boldsymbol{B}}e^{\boldsymbol{A}}=e^{\boldsymbol{A}+\boldsymbol{B}}.\end{aligned}$$

需要指出的是，对任何 n 阶方阵 $\boldsymbol{A}$，$e^{\boldsymbol{A}}$ 总是可逆矩阵.但是 $\sin\boldsymbol{A}$ 与 $\cos\boldsymbol{A}$ 却不一定可逆.

例如，取 $\boldsymbol{A}=\begin{pmatrix}\pi & 0\\ 0 & \frac{\pi}{2}\end{pmatrix}$，则

$$\sin\boldsymbol{A}=\begin{pmatrix}\sin\pi & 0\\ 0 & \sin\frac{\pi}{2}\end{pmatrix}=\begin{pmatrix}0 & 0\\ 0 & 1\end{pmatrix}$$

不可逆；

$$\cos\boldsymbol{A}=\begin{pmatrix}\cos\pi & 0\\ 0 & \cos\frac{\pi}{2}\end{pmatrix}=\begin{pmatrix}-1 & 0\\ 0 & 0\end{pmatrix}$$

不可逆.

值得注意:当 $AB \neq BA$ 时,$e^{A+B}=e^{A}e^{B}$ 或 $e^{A+B}=e^{B}e^{A}$ 不成立.如取

$$A=\begin{pmatrix}0&0\\1&0\end{pmatrix},\quad B=\begin{pmatrix}0&1\\0&0\end{pmatrix},$$

则

$$A+B=\begin{pmatrix}0&1\\1&0\end{pmatrix},\quad AB=\begin{pmatrix}0&0\\0&1\end{pmatrix}\neq\begin{pmatrix}1&0\\0&0\end{pmatrix}=BA,$$

A 和 B 的特征值均为 0;$A+B$ 的特征值为 $\lambda_1=1,\lambda_2=-1$.由定理 3.3 可知,

$$e^{A}=\begin{pmatrix}e^{0}&0\\\left.\left(\dfrac{de^{t}}{dt}\right)\right|_{t=0}&e^{0}\end{pmatrix}=\begin{pmatrix}1&0\\1&1\end{pmatrix}.$$

同理 $e^{B}=\begin{pmatrix}1&1\\0&1\end{pmatrix}$,则 $e^{A}e^{B}=\begin{pmatrix}1&1\\1&2\end{pmatrix}\neq\begin{pmatrix}2&1\\1&1\end{pmatrix}=e^{B}e^{A}$.

又

$$A+B=TJT^{-1}=\begin{pmatrix}1&1\\-1&1\end{pmatrix}\begin{pmatrix}1&0\\0&-1\end{pmatrix}\begin{pmatrix}\dfrac{1}{2}&-\dfrac{1}{2}\\\dfrac{1}{2}&\dfrac{1}{2}\end{pmatrix},$$

从而

$$e^{A+B}=\begin{pmatrix}1&1\\-1&1\end{pmatrix}\begin{pmatrix}e&0\\0&e^{-1}\end{pmatrix}\begin{pmatrix}\dfrac{1}{2}&-\dfrac{1}{2}\\\dfrac{1}{2}&\dfrac{1}{2}\end{pmatrix}=\frac{1}{2}\begin{pmatrix}e+e^{-1}&-e+e^{-1}\\-e+e^{-1}&e+e^{-1}\end{pmatrix},$$

即

$$e^{A+B}\neq e^{A}e^{B},\quad e^{A+B}\neq e^{B}e^{A}.$$

3.3 矩阵的微积分

3.3.1 相对于数量变量的微分和积分

定义 3.5 如果矩阵 $A(t)=(a_{ij}(t))_{m\times n}$ 的每一个元 $a_{ij}(t)$ 均为变量 t 的可微函数,则称 $A(t)$ 可微,且导数定义为

$$A'(t)=\frac{d}{dt}A(t)=\left(\frac{d}{dt}a_{ij}(t)\right)_{m\times n}.$$

例如

$$A(t)=\begin{pmatrix}t+e^{t}&\sin t\\t&4\end{pmatrix},\quad A'(t)=\begin{pmatrix}1+e^{t}&\cos t\\1&0\end{pmatrix}.$$

由定义 3.5 可以验证矩阵导数的如下运算性质.

定理 3.4 设 $A(t)$,$B(t)$ 是可进行运算的两个可微矩阵,则以下的运算规则成立:

(1) $\frac{\mathrm{d}}{\mathrm{d}t}(\boldsymbol{A}(t)+\boldsymbol{B}(t))=\frac{\mathrm{d}}{\mathrm{d}t}\boldsymbol{A}(t)+\frac{\mathrm{d}}{\mathrm{d}t}\boldsymbol{B}(t)$;

(2) $\frac{\mathrm{d}}{\mathrm{d}t}(\boldsymbol{A}(t)\boldsymbol{B}(t))=\left(\frac{\mathrm{d}}{\mathrm{d}t}\boldsymbol{A}(t)\right)\boldsymbol{B}(t)+\boldsymbol{A}(t)\left(\frac{\mathrm{d}}{\mathrm{d}t}\boldsymbol{B}(t)\right)$;

(3) $\frac{\mathrm{d}}{\mathrm{d}t}(\alpha\boldsymbol{A}(t))=\alpha\frac{\mathrm{d}}{\mathrm{d}t}\boldsymbol{A}(t)$,其中 α 为任意常数;

(4) 当 $u=f(t)$ 关于 t 可微时,有

$$\frac{\mathrm{d}}{\mathrm{d}t}(\boldsymbol{A}(u))=f'(t)\frac{\mathrm{d}}{\mathrm{d}u}\boldsymbol{A}(u);$$

(5) 当 $\boldsymbol{A}^{-1}(t)$ 为可微矩阵时,有

$$\frac{\mathrm{d}}{\mathrm{d}t}(\boldsymbol{A}^{-1}(t))=-\boldsymbol{A}^{-1}(t)\left(\frac{\mathrm{d}}{\mathrm{d}t}\boldsymbol{A}(t)\right)\boldsymbol{A}^{-1}(t).$$

由于$\frac{\mathrm{d}}{\mathrm{d}t}(\boldsymbol{A}(t))$仍是矩阵,如果它仍是可导矩阵,则可定义其二阶导数.不难给出矩阵的高阶导数:

$$\frac{\mathrm{d}^k}{\mathrm{d}t^k}(\boldsymbol{A}(t))=\frac{\mathrm{d}}{\mathrm{d}t}\left(\frac{\mathrm{d}^{k-1}}{\mathrm{d}t^{k-1}}(\boldsymbol{A}(t))\right).$$

证 (2) 设 $\boldsymbol{A}(t)=(a_{ij}(t))_{m\times n}$,$\boldsymbol{B}(t)=(b_{ij}(t))_{n\times p}$,则

$$\begin{aligned}\frac{\mathrm{d}}{\mathrm{d}t}(\boldsymbol{A}(t)\boldsymbol{B}(t))&=\frac{\mathrm{d}}{\mathrm{d}t}\left(\sum_{k=1}^{n}a_{ik}(t)b_{kj}(t)\right)_{m\times p}=\left(\sum_{k=1}^{n}\left[\frac{\mathrm{d}}{\mathrm{d}t}(a_{ik}(t)b_{kj}(t))\right]\right)_{m\times p}\\&=\left(\sum_{k=1}^{n}\left[\frac{\mathrm{d}}{\mathrm{d}t}(a_{ik}(t))\cdot b_{kj}(t)+a_{ik}(t)\cdot\frac{\mathrm{d}}{\mathrm{d}t}(b_{kj}(t))\right]\right)_{m\times p}\\&=\left[\sum_{k=1}^{n}\left(\frac{\mathrm{d}}{\mathrm{d}t}(a_{ik}(t))\right)\cdot b_{kj}(t)+\sum_{k=1}^{n}a_{ik}(t)\cdot\left(\frac{\mathrm{d}}{\mathrm{d}t}(b_{kj}(t))\right)\right]_{m\times p}.\end{aligned}$$

即

$$\frac{\mathrm{d}}{\mathrm{d}t}(\boldsymbol{A}(t)\boldsymbol{B}(t))=\left(\frac{\mathrm{d}}{\mathrm{d}t}\boldsymbol{A}(t)\right)\boldsymbol{B}(t)+\boldsymbol{A}(t)\left(\frac{\mathrm{d}}{\mathrm{d}t}\boldsymbol{B}(t)\right).$$

(5) 由于 $\boldsymbol{A}(t)\boldsymbol{A}^{-1}(t)=\boldsymbol{I}$,两端对 t 求导得

$$\frac{\mathrm{d}}{\mathrm{d}t}(\boldsymbol{A}(t))\boldsymbol{A}^{-1}(t)+\boldsymbol{A}(t)\frac{\mathrm{d}}{\mathrm{d}t}(\boldsymbol{A}^{-1}(t))=\boldsymbol{O},$$

从而

$$\frac{\mathrm{d}}{\mathrm{d}t}(\boldsymbol{A}^{-1}(t))=-\boldsymbol{A}^{-1}(t)\frac{\mathrm{d}}{\mathrm{d}t}(\boldsymbol{A}(t))\boldsymbol{A}^{-1}(t).$$

注 $\frac{\mathrm{d}}{\mathrm{d}t}(\boldsymbol{A}^m(t))=m\boldsymbol{A}^{m-1}(t)\frac{\mathrm{d}}{\mathrm{d}t}(\boldsymbol{A}(t))$不一定成立.

例如,当 $m=2$ 时,取$\boldsymbol{A}(t)=\begin{pmatrix}t^2&t\\0&t\end{pmatrix}$,则

$$\frac{\mathrm{d}}{\mathrm{d}t}(\boldsymbol{A}(t))=\begin{pmatrix}2t&1\\0&1\end{pmatrix},\quad \boldsymbol{A}^2(t)=\begin{pmatrix}t^4&t^3+t^2\\0&t^2\end{pmatrix},$$

则

$$\frac{\mathrm{d}}{\mathrm{d}t}(\boldsymbol{A}^2(t))=\begin{pmatrix}4t^3 & 3t^2+2t\\ 0 & 2t\end{pmatrix},$$

又

$$2\boldsymbol{A}(t)\frac{\mathrm{d}}{\mathrm{d}t}(\boldsymbol{A}(t))=2\begin{pmatrix}t^2 & t\\ 0 & t\end{pmatrix}\begin{pmatrix}2t & 1\\ 0 & 1\end{pmatrix}=\begin{pmatrix}4t^3 & 2t^2+2t\\ 0 & 2t\end{pmatrix},$$

故

$$\frac{\mathrm{d}}{\mathrm{d}t}(\boldsymbol{A}^2(t))\neq 2\boldsymbol{A}(t)\frac{\mathrm{d}}{\mathrm{d}t}(\boldsymbol{A}(t)).$$

当 $\boldsymbol{A}(t)\frac{\mathrm{d}}{\mathrm{d}t}(\boldsymbol{A}(t))=\frac{\mathrm{d}}{\mathrm{d}t}(\boldsymbol{A}(t))\boldsymbol{A}(t)$ 时,性质成立.

定理 3.5 设 n 阶方阵 $\boldsymbol{A}$ 与 t 无关,则有

(1) $\frac{\mathrm{d}}{\mathrm{d}t}\mathrm{e}^{\boldsymbol{A}t}=\boldsymbol{A}\mathrm{e}^{\boldsymbol{A}t}=\mathrm{e}^{\boldsymbol{A}t}\boldsymbol{A}$;

(2) $\frac{\mathrm{d}}{\mathrm{d}t}\sin(\boldsymbol{A}t)=\boldsymbol{A}\cos(\boldsymbol{A}t)=\cos(\boldsymbol{A}t)\boldsymbol{A}$;

(3) $\frac{\mathrm{d}}{\mathrm{d}t}\cos(\boldsymbol{A}t)=-\boldsymbol{A}\sin(\boldsymbol{A}t)=-\sin(\boldsymbol{A}t)\boldsymbol{A}$.

证 只证(1)、(2)和(3)的证明与(1)类似.

由 $\mathrm{e}^{\boldsymbol{A}t}=\sum_{k=0}^{\infty}\frac{t^k}{k!}\boldsymbol{A}^k$,并利用绝对收敛的级数可以逐项求导的性质得

$$\begin{aligned}\frac{\mathrm{d}(\mathrm{e}^{\boldsymbol{A}t})}{\mathrm{d}t}&=\frac{\mathrm{d}}{\mathrm{d}t}\left(\sum_{k=0}^{\infty}\frac{t^k}{k!}\boldsymbol{A}^k\right)=\left(\sum_{k=0}^{\infty}\frac{\mathrm{d}}{\mathrm{d}t}\left(\frac{t^k}{k!}\right)\boldsymbol{A}^k\right)=\sum_{k=1}^{\infty}\frac{t^{k-1}}{(k-1)!}\boldsymbol{A}^k\\&=\boldsymbol{A}\left(\sum_{k=1}^{\infty}\frac{t^{k-1}}{(k-1)!}\boldsymbol{A}^{k-1}\right)=\boldsymbol{A}\mathrm{e}^{\boldsymbol{A}t}=\left(\sum_{k=1}^{\infty}\frac{t^{k-1}}{(k-1)!}\boldsymbol{A}^{k-1}\right)\boldsymbol{A}=\mathrm{e}^{\boldsymbol{A}t}\boldsymbol{A}.\end{aligned}$$

例 1 已知

$$\mathrm{e}^{\boldsymbol{A}t}=\frac{1}{6}\begin{pmatrix}6\mathrm{e}^{2t} & 4\mathrm{e}^{2t}-3\mathrm{e}^{t}-\mathrm{e}^{-t} & 2\mathrm{e}^{2t}-3\mathrm{e}^{t}+\mathrm{e}^{-t}\\ 0 & 3\mathrm{e}^{t}+3\mathrm{e}^{-t} & 3\mathrm{e}^{t}-3\mathrm{e}^{-t}\\ 0 & 3\mathrm{e}^{t}-3\mathrm{e}^{-t} & 3\mathrm{e}^{t}+3\mathrm{e}^{-t}\end{pmatrix},$$

求 $\boldsymbol{A}$,并计算出矩阵 $\boldsymbol{A}$ 的 Jordan 标准形.

解 由于

$$(\mathrm{e}^{\boldsymbol{A}t})'=\frac{1}{6}\begin{pmatrix}12\mathrm{e}^{2t} & 8\mathrm{e}^{2t}-3\mathrm{e}^{t}+\mathrm{e}^{-t} & 4\mathrm{e}^{2t}-3\mathrm{e}^{t}-\mathrm{e}^{-t}\\ 0 & 3\mathrm{e}^{t}-3\mathrm{e}^{-t} & 3\mathrm{e}^{t}+3\mathrm{e}^{-t}\\ 0 & 3\mathrm{e}^{t}+3\mathrm{e}^{-t} & 3\mathrm{e}^{t}-3\mathrm{e}^{-t}\end{pmatrix}=(\mathrm{e}^{\boldsymbol{A}t})\boldsymbol{A},$$

令 $t=0$,并注意 $\mathrm{e}^{\boldsymbol{O}}=\boldsymbol{I}$,则

$$\boldsymbol{A}=\frac{1}{6}\begin{pmatrix}12 & 6 & 0\\ 0 & 0 & 6\\ 0 & 6 & 0\end{pmatrix}=\begin{pmatrix}2 & 1 & 0\\ 0 & 0 & 1\\ 0 & 1 & 0\end{pmatrix}.$$

又

$$\det(\lambda \boldsymbol{I}-\boldsymbol{A})=\begin{vmatrix}\lambda-2 & -1 & 0\\ 0 & \lambda & -1\\ 0 & -1 & \lambda\end{vmatrix}=(\lambda-2)(\lambda-1)(\lambda+1),$$

故 $\boldsymbol{A}$ 有三个不同的特征根,从而 $\boldsymbol{A}$ 可与对角矩阵相似,即 $\boldsymbol{J}=\begin{pmatrix}2 & 0 & 0\\ 0 & -1 & 0\\ 0 & 0 & 1\end{pmatrix}$.

定义 3.6 若矩阵 $\boldsymbol{A}(t)=(a_{ij}(t))_{m\times n}$ 的每一个元 $a_{ij}(t)$ 都是区间 $[t_0,t_1]$ 上的可积函数,则定义 $\boldsymbol{A}(t)$ 在区间 $[t_0,t_1]$ 上的积分为

$$\int_{t_0}^{t_1}\boldsymbol{A}(t)\,\mathrm{d}t=\left(\int_{t_0}^{t_1}a_{ij}(t)\,\mathrm{d}t\right)_{m\times n}.$$

容易验证如下运算法则成立:

$$\int_{t_0}^{t_1}(\boldsymbol{A}(t)+\boldsymbol{B}(t))\,\mathrm{d}t=\int_{t_0}^{t_1}\boldsymbol{A}(t)\,\mathrm{d}t+\int_{t_0}^{t_1}\boldsymbol{B}(t)\,\mathrm{d}t;$$

$$\int_{t_0}^{t_1}\boldsymbol{A}(t)\boldsymbol{B}\,\mathrm{d}t=\left(\int_{t_0}^{t_1}\boldsymbol{A}(t)\,\mathrm{d}t\right)\boldsymbol{B},$$

其中 $\boldsymbol{B}$ 为常数矩阵;

$$\int_{t_0}^{t_1}\boldsymbol{A}\boldsymbol{B}(t)\,\mathrm{d}t=\boldsymbol{A}\int_{t_0}^{t_1}\boldsymbol{B}(t)\,\mathrm{d}t,$$

其中 $\boldsymbol{A}$ 为常数矩阵.

3.3.2 相对于矩阵变量的微分

定义 3.7 设 $\boldsymbol{X}=(x_{ij})_{m\times n}$,函数

$$f(\boldsymbol{X})=f(x_{11},x_{12},\cdots,x_{1n},x_{21},\cdots,x_{mn})$$

为 mn 元函数,定义 $f(\boldsymbol{X})$ 对矩阵 $\boldsymbol{X}$ 的导数为

$$\frac{\mathrm{d}}{\mathrm{d}\boldsymbol{X}}f(\boldsymbol{X})=\left(\frac{\partial f}{\partial x_{ij}}\right)_{m\times n}=\begin{pmatrix}\dfrac{\partial f}{\partial x_{11}} & \cdots & \dfrac{\partial f}{\partial x_{1n}}\\ \vdots & & \vdots\\ \dfrac{\partial f}{\partial x_{m1}} & \cdots & \dfrac{\partial f}{\partial x_{mn}}\end{pmatrix}.$$

例 2 设 $\boldsymbol{x}=(\xi_1,\xi_2,\cdots,\xi_n)^{\mathrm{T}}$,$n$ 元函数 $f(\boldsymbol{x})=f(\xi_1,\xi_2,\cdots,\xi_n)$,求 $\dfrac{\mathrm{d}f}{\mathrm{d}\boldsymbol{x}}$ 与 $\dfrac{\mathrm{d}f}{\mathrm{d}\boldsymbol{x}^{\mathrm{T}}}$.

解 根据定义有

$$\frac{\mathrm{d}f}{\mathrm{d}\boldsymbol{x}}=\left(\frac{\partial f}{\partial \xi_1},\frac{\partial f}{\partial \xi_2},\cdots,\frac{\partial f}{\partial \xi_n}\right)^{\mathrm{T}},\quad \frac{\mathrm{d}f}{\mathrm{d}\boldsymbol{x}^{\mathrm{T}}}=\left(\frac{\partial f}{\partial \xi_1},\frac{\partial f}{\partial \xi_2},\cdots,\frac{\partial f}{\partial \xi_n}\right).$$

例 3 设 $\boldsymbol{x}=(\xi_1,\xi_2,\cdots,\xi_n)^{\mathrm{T}}$,$\boldsymbol{A}=(a_{ij})_{n\times n}$,$n$ 元函数 $f(\boldsymbol{x})=\boldsymbol{x}^{\mathrm{T}}\boldsymbol{A}\boldsymbol{x}$,求 $\dfrac{\mathrm{d}f}{\mathrm{d}\boldsymbol{x}}$.

解 因

$$f(\boldsymbol{x})=\sum_{i=1}^{n}\sum_{j=1}^{n}a_{ij}\xi_i\xi_j=\xi_1\sum_{j=1}^{n}a_{1j}\xi_j+\cdots+\xi_k\sum_{j=1}^{n}a_{kj}\xi_j+\cdots+\xi_n\sum_{j=1}^{n}a_{nj}\xi_j,$$

所以

$$\begin{aligned}\frac{\partial f(\boldsymbol{x})}{\partial \xi_k}&=\xi_1a_{1k}+\cdots+\xi_{k-1}a_{k-1,k}+\left(\sum_{j=1}^{n}a_{kj}\xi_j+\xi_ka_{kk}\right)+\xi_{k+1}a_{k+1,k}+\cdots+\xi_na_{nk}\\&=\sum_{i=1}^{n}a_{ik}\xi_i+\sum_{j=1}^{n}a_{kj}\xi_j,\quad k=1,2,\cdots,n,\end{aligned}$$

$$\frac{\mathrm{d}f}{\mathrm{d}\boldsymbol{x}}=\begin{pmatrix}\dfrac{\partial f}{\partial \xi_1}\\\dfrac{\partial f}{\partial \xi_2}\\\vdots\\\dfrac{\partial f}{\partial \xi_n}\end{pmatrix}=\begin{pmatrix}\sum\limits_{j=1}^{n}a_{1j}\xi_j\\\sum\limits_{j=1}^{n}a_{2j}\xi_j\\\vdots\\\sum\limits_{j=1}^{n}a_{nj}\xi_j\end{pmatrix}+\begin{pmatrix}\sum\limits_{i=1}^{n}a_{i1}\xi_i\\\sum\limits_{i=1}^{n}a_{i2}\xi_i\\\vdots\\\sum\limits_{i=1}^{n}a_{in}\xi_i\end{pmatrix}=\boldsymbol{A}\boldsymbol{x}+\boldsymbol{A}^{\mathrm{T}}\boldsymbol{x}=(\boldsymbol{A}+\boldsymbol{A}^{\mathrm{T}})\boldsymbol{x}.$$

3.3.3 矩阵在微分方程中的应用

在线性控制系统中,常涉及求解线性微分方程组的问题.矩阵在其中有重要的应用.

我们首先讨论一阶线性常系数齐次微分方程组的定解问题

$$\begin{cases}\dfrac{\mathrm{d}\boldsymbol{X}(t)}{\mathrm{d}t}=\boldsymbol{A}\boldsymbol{X}(t), & (3\text{-}8)\\ \boldsymbol{X}(0)=(x_1(0),x_2(0),\cdots,x_n(0))^{\mathrm{T}}. & (3\text{-}9)\end{cases}$$

这里 $\boldsymbol{A}=(a_{ij})\in\mathbf{C}^{n\times n}$,$\boldsymbol{X}(t)=(x_1(t),x_2(t),\cdots,x_n(t))^{\mathrm{T}}$.

利用矩阵微分的性质有

$$\begin{aligned}\frac{\mathrm{d}(\mathrm{e}^{-\boldsymbol{A}t}\boldsymbol{X}(t))}{\mathrm{d}t}&=\frac{\mathrm{d}\mathrm{e}^{-\boldsymbol{A}t}}{\mathrm{d}t}\boldsymbol{X}(t)+\mathrm{e}^{-\boldsymbol{A}t}\frac{\mathrm{d}\boldsymbol{X}(t)}{\mathrm{d}t}=-\mathrm{e}^{-\boldsymbol{A}t}\boldsymbol{A}\boldsymbol{X}(t)+\mathrm{e}^{-\boldsymbol{A}t}\frac{\mathrm{d}\boldsymbol{X}(t)}{\mathrm{d}t}\\&=\mathrm{e}^{-\boldsymbol{A}t}\left(\frac{\mathrm{d}\boldsymbol{X}(t)}{\mathrm{d}t}-\boldsymbol{A}\boldsymbol{X}(t)\right).\end{aligned}$$

方程(3-8)意味着

$$\frac{\mathrm{d}(\mathrm{e}^{-\boldsymbol{A}t}\boldsymbol{X}(t))}{\mathrm{d}t}=\boldsymbol{0},$$

因此 $\mathrm{e}^{-\boldsymbol{A}t}\boldsymbol{X}(t)=\boldsymbol{C}$,其中 $\boldsymbol{C}$ 为常数向量,即 $\boldsymbol{X}(t)=\mathrm{e}^{\boldsymbol{A}t}\boldsymbol{C}$.由初值条件(3-9),有

$$\boldsymbol{X}(t)=\mathrm{e}^{\boldsymbol{A}t}\boldsymbol{X}(0).$$

下面说明解的唯一性.如果定解问题(3-8)和(3-9)有两个解 $\boldsymbol{X}_1(t)$,$\boldsymbol{X}_2(t)$,则 $\boldsymbol{Y}(t)=\boldsymbol{X}_1(t)-\boldsymbol{X}_2(t)$ 显然满足

$$\begin{cases}\dfrac{\mathrm{d}\boldsymbol{Y}(t)}{\mathrm{d}t}=\boldsymbol{A}\boldsymbol{Y}(t),\\ \boldsymbol{Y}(0)=(0,0,\cdots,0)^{\mathrm{T}}.\end{cases}$$

由上述推导可知,$\boldsymbol{Y}(t)=\mathrm{e}^{\boldsymbol{A}t}\boldsymbol{Y}(0)=\boldsymbol{0}$,即 $\boldsymbol{X}_1(t)=\boldsymbol{X}_2(t)$.综合有

定理 3.6 一阶线性常系数齐次微分方程组的定解问题(3-8)—(3-9)有唯一解 $X(t)=e^{At}X(0)$.

最后我们考虑一阶线性常系数非齐次微分方程组的定解问题

$$\begin{cases}\dfrac{dX(t)}{dt}=AX(t)+F(t), & (3-10)\\ X(t_0)=(x_1(t_0),x_2(t_0),\cdots,x_n(t_0))^{T}. & (3-11)\end{cases}$$

这里 $F(t)=(f_1(t),f_2(t),\cdots,f_n(t))^{T}$ 是已知向量函数,A 和 X 意义同前.改写方程为

$$\frac{dX(t)}{dt}-AX(t)=F(t),$$

并以 e^{-At} 左乘方程两边,即得

$$e^{-At}\left(\frac{dX(t)}{dt}-AX(t)\right)=e^{-At}F(t),$$

即 $\dfrac{d(e^{-At}X(t))}{dt}=e^{-At}F(t)$,在 $[t_0,t]$ 上进行积分,可得

$$e^{-At}X(t)-e^{-At_0}X(t_0)=\int_{t_0}^{t}e^{-A\tau}F(\tau)d\tau,$$

$$X(t)=e^{A(t-t_0)}X(t_0)+\int_{t_0}^{t}e^{A(t-\tau)}F(\tau)d\tau,$$

它就是我们考虑的定解问题的解.

例 4 求定解问题

$$\begin{cases}\dfrac{dX(t)}{dt}=AX(t),\\ X(0)=(1,1,1)^{T},\end{cases}\quad 其中 A=\begin{pmatrix}3&-1&1\\2&0&-1\\1&-1&2\end{pmatrix}.$$

解

$$\det(\lambda I-A)=\begin{vmatrix}\lambda-3&1&-1\\-2&\lambda&1\\-1&1&\lambda-2\end{vmatrix}=\lambda(\lambda-2)(\lambda-3),$$

故 A 有三个不同的特征根,从而 A 可与对角矩阵相似.与特征根 $\lambda_1=0,\lambda_2=2,\lambda_3=3$ 相应的三个线性无关的特征向量为

$$X_1=(1,5,2)^{T},\quad X_2=(1,1,0)^{T},\quad X_3=(2,1,1)^{T},$$

故得

$$T=\begin{pmatrix}1&1&2\\5&1&1\\2&0&1\end{pmatrix}\quad 及\quad T^{-1}=-\frac{1}{6}\begin{pmatrix}1&-1&-1\\-3&-3&9\\-2&2&-4\end{pmatrix},$$

所以,由定理 3.6 可得所求的解为

$$X(t)=e^{At}X(0)=T\begin{pmatrix}1&&\\&e^{2t}&\\&&e^{3t}\end{pmatrix}T^{-1}X(0)$$

$$=\begin{pmatrix}1&1&2\\5&1&1\\2&0&1\end{pmatrix}\begin{pmatrix}1&&\\&e^{2t}&\\&&e^{3t}\end{pmatrix}\left(-\frac{1}{6}\right)\begin{pmatrix}1&-1&-1\\-3&-3&9\\-2&2&-4\end{pmatrix}\begin{pmatrix}1\\1\\1\end{pmatrix}$$

$$=-\frac{1}{6}\begin{pmatrix}-1+3e^{2t}-8e^{3t}\\-5+3e^{2t}-4e^{3t}\\-2-4e^{3t}\end{pmatrix}.$$

例 5 求定解问题$\begin{cases}\dfrac{d\boldsymbol{X}(t)}{dt}=\boldsymbol{A}\boldsymbol{X}(t)+\boldsymbol{F}(t),\\ \boldsymbol{X}(0)=(1,1,1)^{T}\end{cases}$的解，其中矩阵 $\boldsymbol{A}$ 与例 4 相同，$\boldsymbol{F}(t)=(0,0,e^{2t})^{T}$.

解 由前面的讨论，该问题的解为

$$\boldsymbol{X}(t)=e^{\boldsymbol{A}t}\boldsymbol{X}(0)+\int_0^t e^{\boldsymbol{A}(t-\tau)}\boldsymbol{F}(\tau)d\tau.$$

下面计算 $\boldsymbol{y}=\int_0^t e^{\boldsymbol{A}(t-\tau)}\boldsymbol{F}(\tau)d\tau$，由

$$e^{\boldsymbol{A}(t-\tau)}\boldsymbol{F}(\tau)=\boldsymbol{T}\begin{pmatrix}1&&\\&e^{2(t-\tau)}&\\&&e^{3(t-\tau)}\end{pmatrix}\boldsymbol{T}^{-1}\begin{pmatrix}0\\0\\e^{2\tau}\end{pmatrix}$$

$$=\boldsymbol{T}\begin{pmatrix}1&&\\&e^{2(t-\tau)}&\\&&e^{3(t-\tau)}\end{pmatrix}\left(-\frac{1}{6}\right)\begin{pmatrix}-e^{2\tau}\\9e^{2\tau}\\-4e^{2\tau}\end{pmatrix}=\left(-\frac{1}{6}\right)\boldsymbol{T}\begin{pmatrix}-e^{2\tau}\\9e^{2t}\\-4e^{3t-\tau}\end{pmatrix}$$

$$=-\frac{1}{6}\begin{pmatrix}-e^{2\tau}+9e^{2t}-8e^{3t-\tau}\\-5e^{2\tau}+9e^{2t}-4e^{3t-\tau}\\-2e^{2\tau}-4e^{3t-\tau}\end{pmatrix}.$$

将这一结果对变量 τ 从 0 到 t 进行积分，即得

$$\boldsymbol{y}=-\frac{1}{6}\begin{pmatrix}\frac{1}{2}+\left(9t+\frac{15}{2}\right)e^{2t}-8e^{3t}\\\frac{5}{2}+\left(9t+\frac{3}{2}\right)e^{2t}-4e^{3t}\\1+3e^{2t}-4e^{3t}\end{pmatrix},$$

因此 $\boldsymbol{X}(t)=e^{\boldsymbol{A}t}\boldsymbol{X}(0)+\boldsymbol{y}$，即

$$\boldsymbol{X}(t)=-\frac{1}{6}\begin{pmatrix}-\frac{1}{2}+\left(9t+\frac{21}{2}\right)e^{2t}-16e^{3t}\\-\frac{5}{2}+\left(9t+\frac{9}{2}\right)e^{2t}-8e^{3t}\\-1+3e^{2t}-8e^{3t}\end{pmatrix}.$$

习题 3

1. 选择、填空和判断正误题

(1) 设 $\|\boldsymbol{A}\|<1$，则矩阵幂级数 $\sum_{k=1}^{\infty} k^2\boldsymbol{A}^k$ ________；

(A) 发散

(B) 收敛但不绝对收敛

(C) 绝对收敛

(D) 无法判定敛散性

(2) 设 $\boldsymbol{A}=\begin{pmatrix}0&0\\1&0\end{pmatrix}$，则 $\mathrm{e}^{\boldsymbol{A}}=$ ________；

(A) $\begin{pmatrix}1&0\\1&1\end{pmatrix}$

(B) $\begin{pmatrix}1&1\\0&1\end{pmatrix}$

(C) $\begin{pmatrix}\mathrm{e}^{-1}&0\\\mathrm{e}^{-1}&\mathrm{e}^{-1}\end{pmatrix}$

(3) 当 $\rho(\boldsymbol{A})$ ________时，矩阵幂级数 $\sum_{k=0}^{\infty} 2^k\boldsymbol{A}^k$ 绝对收敛；

(4) $\boldsymbol{A}=\begin{pmatrix}a&10\\0&\dfrac{1}{2}\end{pmatrix}$，要使 $\lim\limits_{k\to\infty}\boldsymbol{A}^k=\boldsymbol{O}$，$a$ 应满足________；

(5) 设 n 阶矩阵 $\boldsymbol{A}$ 不可逆，则 $\cos\boldsymbol{A}$ 亦不可逆；(　　　　)

(6) 设 $\boldsymbol{A}$ 是 n 阶 Householder 矩阵，则 $\cos(2\pi\boldsymbol{A})=$ ________；

(7) 设 n 阶矩阵 $\boldsymbol{A}$ 可逆，则 $\int_0^1 \mathrm{e}^{\boldsymbol{A}t}\mathrm{d}t=$ ________.

2. 判断对下列矩阵是否有 $\lim\limits_{k\to\infty}\boldsymbol{A}^k=\boldsymbol{O}$：

(1) $\boldsymbol{A}=\dfrac{1}{6}\begin{pmatrix}1&-8\\-2&1\end{pmatrix}$；　　(2) $\boldsymbol{A}=\begin{pmatrix}0.2&0.1&0.2\\0.5&0.5&0.4\\0.1&0.3&0.2\end{pmatrix}$.

3. 设 $\boldsymbol{A}=\begin{pmatrix}0.8&0\\0.4&0.5\end{pmatrix}$，证明 $\sum_{k=0}^{\infty}\boldsymbol{A}^k$ 必收敛，并求 $\sum_{k=0}^{\infty}\boldsymbol{A}^k$.

4. 设 $\boldsymbol{A}=\boldsymbol{x}\boldsymbol{x}^{\mathrm{H}}$，其中 $\boldsymbol{x}\in\mathbf{C}^n$ 且 $\boldsymbol{x}\neq\boldsymbol{0}$，判断矩阵序列 $\left\{\left(\dfrac{\boldsymbol{A}}{\rho(\boldsymbol{A})}\right)^k\right\}_{k=1}^{\infty}$ 的收敛性.

5. 证明 $\rho(\boldsymbol{A})<1$ 时，$\sum_{k=1}^{\infty}k\boldsymbol{A}^k=\boldsymbol{A}(\boldsymbol{I}-\boldsymbol{A})^{-2}$.

6. 证明：

(1) $\det(\mathrm{e}^{A})=\mathrm{e}^{\mathrm{tr}A}$,其中 $\mathrm{tr}A$ 表示 n 阶方阵 A 的迹;

(2) $(\mathrm{e}^{A})^{-1}=\mathrm{e}^{-A}$; (3) $\|\mathrm{e}^{A}\|\leqslant \mathrm{e}^{\|A\|}$;

(4) 若 A 为 Hermite 矩阵,则 $\mathrm{e}^{\mathrm{i}A}$ 是酉矩阵;

(5) 若 A 为实反称矩阵,则 e^{A} 是正交矩阵.

7. 证明 $f(A^{\mathrm{T}})=[f(A)]^{\mathrm{T}}$,利用结果计算 $\sin At,\mathrm{e}^{At}$,其中

$$A=\begin{pmatrix}1&0&0&0\\1&1&0&0\\0&1&1&0\\0&0&1&1\end{pmatrix}.$$

8. 已知 $A=\begin{pmatrix}2&1&0&0&0\\0&2&0&0&0\\0&0&3&1&0\\0&0&0&3&1\\0&0&0&0&3\end{pmatrix}$,$f(z)=4+z+6z^3$,求 $f(A)$.

9. 设 $A=\begin{pmatrix}1&0&-1\\0&\omega&\mathrm{i}\\0&0&\omega^2\end{pmatrix}$,其中 $\omega=\dfrac{-1+\sqrt{3}\,\mathrm{i}}{2}$,试用 Hamilton-Cayley 定理计算 A^{100}.

10. 已知 $A=\begin{pmatrix}2&2&1\\1&3&1\\1&1&3\end{pmatrix}$,$B=\begin{pmatrix}2&0&0&0\\0&2&1&0\\0&0&2&1\\0&0&0&2\end{pmatrix}$,试求 $\cos A,\mathrm{e}^{Bt}$.

11. 试用有限待定系数法计算习题 10.

12. 已知 $\sin At=\dfrac{1}{4}\begin{pmatrix}\sin 5t+\sin 3t&2\sin 5t-2\sin t\\ \sin 5t-\sin t&2\sin 5t+2\sin t\end{pmatrix}$,试求出矩阵 A 以及矩阵 A 的 Jordan 标准形.

13. 已知 $A\in\mathbf{R}^{m\times n}$,$b\in\mathbf{R}^{m}$.对于矛盾方程组 $Ax=b$,使得 $f(x)=\|Ax-b\|_2^2$ 为最小的向量 $x^{(0)}$ 称为最小二乘解.导出最小二乘解所满足的方程组.

14. 设 $A(x)=\begin{pmatrix}x&\sin\pi x\\1&-x\end{pmatrix}$,求 $\displaystyle\int_0^1 A(x)\,\mathrm{d}x$.

15. 设 $A(x)=\begin{pmatrix}\sin x&-\cos x\\ \cos x&\sin x\end{pmatrix}$,求 $\dfrac{\mathrm{d}\displaystyle\int_0^{t^2}A(x)\,\mathrm{d}x}{\mathrm{d}t}$.

16. 求微分方程组 $\begin{cases}\dfrac{\mathrm{d}x_1}{\mathrm{d}t}=2x_1,\\ \dfrac{\mathrm{d}x_2}{\mathrm{d}t}=x_1+x_2+x_3,\\ \dfrac{\mathrm{d}x_3}{\mathrm{d}t}=x_1-x_2+3x_3\end{cases}$ 满足初始条件 $X(0)=(1,1,1)^{\mathrm{T}}$ 的解.

17. 求微分方程组$\begin{cases} \dfrac{\mathrm{d}x_1}{\mathrm{d}t} = -2x_1 + x_2 + 1, \\ \dfrac{\mathrm{d}x_2}{\mathrm{d}t} = -4x_1 + 2x_2 + 2, \\ \dfrac{\mathrm{d}x_3}{\mathrm{d}t} = x_1 + x_3 + \mathrm{e}^t - 1 \end{cases}$满足条件 $\boldsymbol{X}(0) = (1,1,-1)^{\mathrm{T}}$ 的解.

习题3答案与提示

第4章　逐次逼近法

逐次逼近法是一种规则，按照这种规则可以通过已知元素或已经求得的元素求出后继元素，从而形成一个序列，由该序列的极限过程去逐步逼近数值问题的精确解.对已知元素使用不同的规则求后继元素就得到不同的逐次逼近法，如果规则可以用数值问题的等价表达式表示，则由此形成的逐次逼近法，我们可称之为迭代法.由于逐次逼近法多数是属于此类方法，因此，也有逐次逼近法即迭代法之说.

本章主要介绍线性方程组、非线性方程和特征系统的迭代解法.

4.1　解线性方程组的迭代法

前面已经介绍了用直接法求解线性方程组

$$\boldsymbol{A}\boldsymbol{x}=\boldsymbol{b}, \tag{4-1}$$

其中 $\boldsymbol{A}\in\mathbf{R}^{n\times n},\boldsymbol{b}\in\mathbf{R}^{n},\boldsymbol{x}\in\mathbf{R}^{n}$.

在用直接法求解的过程中，我们发现系数矩阵 $\boldsymbol{A}$ 在不断变动，如果 $\boldsymbol{A}$ 的阶数较大，占用计算机的内存就很大，而且程序较复杂，对程序设计的技巧要求也较高.因此，我们希望找到一种在求解过程中系数矩阵不变，且程序设计又不复杂的求解方法，这种方法就是迭代法.

使用迭代法求解方程组(4-1)时，首先要将它变形，变成如下形状的等价方程组：

$$\boldsymbol{x}=\boldsymbol{B}\boldsymbol{x}+\boldsymbol{f}, \tag{4-2}$$

其中 $\boldsymbol{B}\in\mathbf{R}^{n\times n},\boldsymbol{f}\in\mathbf{R}^{n},\boldsymbol{x}\in\mathbf{R}^{n}$.即方程组(4-1)的解是方程组(4-2)的解，反之，方程组(4-2)的解也是方程组(4-1)的解.用不同的方法构造(4-2)就可得到不同的迭代法.(4-2)式中的矩阵 $\boldsymbol{B}$ 称为**迭代矩阵**.

如果已导出方程组(4-1)的等价方程组(4-2)后，计算方程组(4-1)的解就变成求序列的极限.

取初始向量 $\boldsymbol{x}^{(0)}$，代入(4-2)式的右端，得到

$$\boldsymbol{x}^{(1)}=\boldsymbol{B}\boldsymbol{x}^{(0)}+\boldsymbol{f},$$

继为之，得

$$\boldsymbol{x}^{(2)}=\boldsymbol{B}\boldsymbol{x}^{(1)}+\boldsymbol{f},$$
$$\boldsymbol{x}^{(3)}=\boldsymbol{B}\boldsymbol{x}^{(2)}+\boldsymbol{f},$$
$$\cdots\cdots\cdots\cdots$$

其一般形式为

$$\boldsymbol{x}^{(k+1)}=\boldsymbol{B}\boldsymbol{x}^{(k)}+\boldsymbol{f}\quad(k=0,1,2,\cdots). \tag{4-3}$$

通常称使用(4-3)式求解的方法为**迭代法**，也称**迭代过程**或**迭代格式**.

如果对任意 $\boldsymbol{x}^{(0)}$ 都有当 $k\to\infty$ 时，$\boldsymbol{x}^{(k)}\to\boldsymbol{x}^*$，即

$$x_i^{(k)}\to x_i^*,\quad i=1,2,\cdots,n,$$

其中 $\boldsymbol{x}^{(k)}=(x_1^{(k)},x_2^{(k)},\cdots,x_n^{(k)})^{\mathrm{T}}$，$\boldsymbol{x}^*=(x_1^*,x_2^*,\cdots,x_n^*)^{\mathrm{T}}$，也可写成

$$\lim_{k\to\infty}\boldsymbol{x}^{(k)}=\boldsymbol{x}^*\ \left(\text{即}\lim_{k\to\infty}x_i^{(k)}=x_i^*,i=1,2,\cdots,n\right),$$

则称该**迭代法收敛**，否则称**迭代法发散**.

由于 $\lim\limits_{k\to\infty}\boldsymbol{x}^{(k+1)}=\boldsymbol{B}\lim\limits_{k\to\infty}\boldsymbol{x}^{(k)}+\boldsymbol{f}$，所以收敛迭代法的极限向量 $\boldsymbol{x}^*$ 满足

$$\boldsymbol{x}^*=\boldsymbol{B}\boldsymbol{x}^*+\boldsymbol{f},$$

即 $\boldsymbol{x}^*$ 为方程组(4-2)的解，从而也是(4-1)的解.因此，使用迭代法求解就是求向量序列 $\boldsymbol{x}^{(0)},\boldsymbol{x}^{(1)},\boldsymbol{x}^{(2)},\cdots$ 的极限向量 $\boldsymbol{x}^*$.

4.1.1 简单迭代法

简单迭代法也称基本迭代法，有些迭代法可以通过对基本迭代法的加速或变形而得到.设线性方程组的一般形式为

$$\begin{cases}a_{11}x_1+a_{12}x_2+\cdots+a_{1n}x_n=b_1,\\a_{21}x_1+a_{22}x_2+\cdots+a_{2n}x_n=b_2,\\\cdots\cdots\cdots\cdots\\a_{n1}x_1+a_{n2}x_2+\cdots+a_{nn}x_n=b_n,\end{cases}$$

其中矩阵 $\boldsymbol{A}=(a_{ij})_{n\times n}$ 为非奇异，且 $a_{ii}\neq0(i=1,2,\cdots,n)$.对上式移项和变形后可得

$$\begin{cases}x_1=\dfrac{1}{a_{11}}\left(b_1-\sum\limits_{j=2}^{n}a_{1j}x_j\right),\\x_2=\dfrac{1}{a_{22}}\left(b_2-\sum\limits_{\substack{j=1\\j\neq2}}^{n}a_{2j}x_j\right),\\\cdots\cdots\cdots\cdots\\x_i=\dfrac{1}{a_{ii}}\left(b_i-\sum\limits_{\substack{j=1\\j\neq i}}^{n}a_{ij}x_j\right),\\\cdots\cdots\cdots\cdots\\x_n=\dfrac{1}{a_{nn}}\left(b_n-\sum\limits_{j=1}^{n-1}a_{nj}x_j\right).\end{cases}\tag{4-4}$$

将(4-4)式写成迭代格式，即

$$x_i^{(k+1)}=\frac{1}{a_{ii}}\left(b_i-\sum_{\substack{j=1\\j\neq i}}^{n}a_{ij}x_j^{(k)}\right)\quad(i=1,2,\cdots,n),\tag{4-5}$$

也可写成

$$x_i^{(k+1)}=x_i^{(k)}+\frac{1}{a_{ii}}\left(b_i-\sum_{j=1}^{n}a_{ij}x_j^{(k)}\right),$$

即

$$\begin{cases} x_i^{(k+1)} = x_i^{(k)} + \Delta x_i, \\ \Delta x_i = \dfrac{1}{a_{ii}}\left(b_i - \sum\limits_{j=1}^{n} a_{ij} x_j^{(k)} \right), \end{cases} \quad i=1,2,\cdots,n. \tag{4-6}$$

迭代法(4-5)或(4-6)称为 **Jacobi(雅可比)迭代法**.为将(4-5)式写成矩阵形式,设

$$\boldsymbol{D} = \mathrm{diag}(a_{11}, a_{22}, \cdots, a_{nn}),$$

$$\boldsymbol{L} = \begin{pmatrix} 0 & & & & & 0 \\ -a_{21} & 0 & & & & \\ \vdots & \ddots & \ddots & & & \\ -a_{j1} & \cdots & -a_{j,j-1} & 0 & & \\ \vdots & & \vdots & \ddots & \ddots & \\ -a_{n1} & \cdots & -a_{n,j-1} & \cdots & -a_{n,n-1} & 0 \end{pmatrix}, \tag{4-7}$$

$$\boldsymbol{U} = \begin{pmatrix} 0 & -a_{12} & \cdots & -a_{1j} & \cdots & -a_{1n} \\ & \ddots & \ddots & \vdots & & \vdots \\ & & 0 & -a_{j-1,j} & \cdots & -a_{j-1,n} \\ & & & \ddots & \ddots & \\ & & & & 0 & -a_{n-1,n} \\ 0 & & & & & 0 \end{pmatrix},$$

则

$$\boldsymbol{A} = \boldsymbol{D} - \boldsymbol{L} - \boldsymbol{U},$$
$$\boldsymbol{D}\boldsymbol{x} = (\boldsymbol{L} + \boldsymbol{U})\boldsymbol{x} + \boldsymbol{b},$$
$$\boldsymbol{x} = \boldsymbol{D}^{-1}(\boldsymbol{L} + \boldsymbol{U})\boldsymbol{x} + \boldsymbol{D}^{-1}\boldsymbol{b}.$$

令

$$\boldsymbol{B}_J = \boldsymbol{D}^{-1}(\boldsymbol{L} + \boldsymbol{U}), \quad \boldsymbol{f} = \boldsymbol{D}^{-1}\boldsymbol{b},$$

则得方程组(4-1)的等价方程组

$$\boldsymbol{x} = \boldsymbol{B}_J \boldsymbol{x} + \boldsymbol{f},$$

其迭代格式为

$$\boldsymbol{x}^{(k+1)} = \boldsymbol{B}_J \boldsymbol{x}^{(k)} + \boldsymbol{f}, \quad k=0,1,2,\cdots, \tag{4-8}$$

其中

$$\boldsymbol{B}_J = \boldsymbol{D}^{-1}(\boldsymbol{L} + \boldsymbol{U}), \quad \boldsymbol{f} = \boldsymbol{D}^{-1}\boldsymbol{b},$$

且 $\boldsymbol{D}, \boldsymbol{L}, \boldsymbol{U}$ 的矩阵形式为(4-7)式,于是(4-8)式就是 Jacobi 迭代法的矩阵表示形式.

例 1 将线性方程组

$$\begin{cases} 8x_1 - 3x_2 + 2x_3 = 20, \\ 4x_1 + 11x_2 - x_3 = 33, \\ 2x_1 + x_2 + 4x_3 = 12 \end{cases}$$

写成 Jacobi 迭代法的分量形式:

$$\begin{cases} x_1^{(k+1)}=\frac{1}{8}(20+3x_2^{(k)}-2x_3^{(k)}), \\ x_2^{(k+1)}=\frac{1}{11}(33-4x_1^{(k)}+x_3^{(k)}), \\ x_3^{(k+1)}=\frac{1}{4}(12-2x_1^{(k)}-x_2^{(k)}), \end{cases}$$

其矩阵形式为

$$\begin{pmatrix} x_1^{(k+1)} \\ x_2^{(k+1)} \\ x_3^{(k+1)} \end{pmatrix}=\begin{pmatrix} \frac{1}{8} & 0 & 0 \\ 0 & \frac{1}{11} & 0 \\ 0 & 0 & \frac{1}{4} \end{pmatrix}\begin{pmatrix} 0 & 3 & -2 \\ -4 & 0 & 1 \\ -2 & -1 & 0 \end{pmatrix}\begin{pmatrix} x_1^{(k)} \\ x_2^{(k)} \\ x_3^{(k)} \end{pmatrix}+\begin{pmatrix} 2.5 \\ 3 \\ 3 \end{pmatrix}$$

$$=\begin{pmatrix} 0 & 0.375 & -0.25 \\ -0.363\,636 & 0 & 0.090\,909 \\ -0.5 & -0.25 & 0 \end{pmatrix}\begin{pmatrix} x_1^{(k)} \\ x_2^{(k)} \\ x_3^{(k)} \end{pmatrix}+\begin{pmatrix} 2.5 \\ 3 \\ 3 \end{pmatrix}.$$

用 Jacobi 迭代法计算方程组的解:

取初始向量 $\boldsymbol{x}^{(0)}=(0,0,0)^{\mathrm{T}}$,得到

$$\boldsymbol{x}^{(1)}=0+(2.5,3,3)^{\mathrm{T}}=(2.5,3,3)^{\mathrm{T}},$$

$$\boldsymbol{x}^{(2)}=\begin{pmatrix} 0 & 0.375 & -0.25 \\ -0.363\,636 & 0 & 0.090\,909 \\ -0.5 & -0.25 & 0 \end{pmatrix}\begin{pmatrix} 2.5 \\ 3 \\ 3 \end{pmatrix}+\begin{pmatrix} 2.5 \\ 3 \\ 3 \end{pmatrix}$$

$$=(2.875,2.363\,6,1)^{\mathrm{T}},$$

$$\boldsymbol{x}^{(3)}=\begin{pmatrix} 0 & 0.375 & -0.25 \\ -0.363\,636 & 0 & 0.090\,909 \\ -0.5 & -0.25 & 0 \end{pmatrix}\begin{pmatrix} 2.875 \\ 2.363\,6 \\ 1 \end{pmatrix}+\begin{pmatrix} 2.5 \\ 3 \\ 3 \end{pmatrix}$$

$$=(3.136\,364,2.045\,455,0.971\,590)^{\mathrm{T}},$$

$$\cdots\cdots\cdots\cdots$$

$$\boldsymbol{x}^{(10)}=(3.000\,032,1.999\,874,0.999\,881)^{\mathrm{T}}.$$

方程组的准确解 $\boldsymbol{x}=(3,2,1)^{\mathrm{T}}$.

在 Jacobi 迭代过程中,对已经算出来的信息未加充分利用,在计算 x_2 时 x_1 已经算出,计算 x_i 时 $x_1,x_2,\cdots,x_{i-1}$ 已经算出.一般说来,后面的计算值 $x_i^{(k+1)}$ 比前面的计算值 $x_i^{(k)}$ 要精确些.故对 Jacobi 迭代法(4-5)可做如下改进:

$$x_i^{(k+1)}=\frac{1}{a_{ii}}\left(b_i-\sum_{j=1}^{i-1} a_{ij}x_j^{(k+1)}-\sum_{j=i+1}^{n} a_{ij}x_j^{(k)}\right), \quad i=1,2,\cdots,n, \quad k=0,1,2,\cdots. \tag{4-9}$$

进一步

$$a_{ii}x_i^{(k+1)}=-\sum_{j=1}^{i-1} a_{ij}x_j^{(k+1)}-\sum_{j=i+1}^{n} a_{ij}x_j^{(k)}+b_i, \quad i=1,2,\cdots,n,$$

写成矩阵形式为

$$\begin{pmatrix} a_{11} & & & \\ & a_{22} & & \\ & & \ddots & \\ & & & a_{nn} \end{pmatrix}\begin{pmatrix} x_1^{(k+1)} \\ x_2^{(k+1)} \\ \vdots \\ x_n^{(k+1)} \end{pmatrix} = \begin{pmatrix} 0 & & & \\ -a_{21} & 0 & & \\ \vdots & \vdots & \ddots & \\ -a_{n1} & -a_{n2} & \cdots & 0 \end{pmatrix}\begin{pmatrix} x_1^{(k+1)} \\ x_2^{(k+1)} \\ \vdots \\ x_n^{(k+1)} \end{pmatrix} +$$

$$\begin{pmatrix} 0 & -a_{12} & \cdots & -a_{1n} \\ & 0 & \cdots & -a_{2n} \\ & & \ddots & \vdots \\ & & & 0 \end{pmatrix}\begin{pmatrix} x_1^{(k)} \\ x_2^{(k)} \\ \vdots \\ x_n^{(k)} \end{pmatrix} + \begin{pmatrix} b_1 \\ b_2 \\ \vdots \\ b_n \end{pmatrix},$$

从而有

$$\boldsymbol{D}\boldsymbol{x}^{(k+1)} = \boldsymbol{L}\boldsymbol{x}^{(k+1)} + \boldsymbol{U}\boldsymbol{x}^{(k)} + \boldsymbol{b}.$$

整理后可得

$$\boldsymbol{D}\boldsymbol{x}^{(k+1)} - \boldsymbol{L}\boldsymbol{x}^{(k+1)} = \boldsymbol{U}\boldsymbol{x}^{(k)} + \boldsymbol{b},$$

$$\boldsymbol{x}^{(k+1)} = (\boldsymbol{D}-\boldsymbol{L})^{-1}\boldsymbol{U}\boldsymbol{x}^{(k)} + (\boldsymbol{D}-\boldsymbol{L})^{-1}\boldsymbol{b}.$$

令

$$\boldsymbol{B}_G = (\boldsymbol{D}-\boldsymbol{L})^{-1}\boldsymbol{U}, \quad \boldsymbol{f}_G = (\boldsymbol{D}-\boldsymbol{L})^{-1}\boldsymbol{b},$$

则

$$\boldsymbol{x}^{(k+1)} = \boldsymbol{B}_G\boldsymbol{x}^{(k)} + \boldsymbol{f}_G \quad (k=0,1,\cdots). \tag{4-10}$$

(4-9)式或(4-10)式就是 Gauss-Seidel(高斯-赛德尔)迭代法,简称 G-S 法,其中(4-10)式是 G-S 法的矩阵表达形式.(4-9)式还可以写成如下形式

$$x_i^{(k+1)} = x_i^{(k)} + \frac{1}{a_{ii}}\left(b_i - \sum_{j=1}^{i-1} a_{ij}x_j^{(k+1)} - \sum_{j=i}^{n} a_{ij}x_j^{(k)}\right),$$

即

$$\begin{cases} x_i^{(k+1)} = x_i^{(k)} + \Delta x_i, \\ \Delta x_i = \dfrac{1}{a_{ii}}\left(b_i - \displaystyle\sum_{j=1}^{i-1} a_{ij}x_j^{(k+1)} - \sum_{j=i}^{n} a_{ij}x_j^{(k)}\right), \\ i = 1,2,\cdots,n, k = 0,1,2,\cdots. \end{cases} \tag{4-11}$$

例 2 将例 1 中的线性方程组写成 G-S 法的迭代格式,并求解

$$\begin{cases} x_1^{(k+1)} = 2.5 + 0.375x_2^{(k)} - 0.25x_3^{(k)}, \\ x_2^{(k+1)} = 3 - 0.363\,636x_1^{(k+1)} + 0.090\,909x_3^{(k)}, \\ x_3^{(k+1)} = 3 - 0.5x_1^{(k+1)} - 0.25x_2^{(k+1)}. \end{cases}$$

取初始向量 $\boldsymbol{x}^{(0)} = (0,0,0)^{\mathrm{T}}$ 代入上式,得

$$\boldsymbol{x}^{(1)} = (2.5, 2.090\,909, 1.227\,273)^{\mathrm{T}},$$

继为之,得

$$\boldsymbol{x}^{(5)} = (2.999\,842, 2.000\,072, 1.000\,061)^{\mathrm{T}}.$$

从例 2 的迭代格式中可以看出,在计算 $x_1^{(k+1)}$ 时右端项中缺 $x_1^{(k)}$;在计算 $x_2^{(k+1)}$ 时右端项中不但缺 $x_2^{(k)}$,而且 $x_1^{(k)}$ 已由 $x_1^{(k+1)}$ 替代;在计算 $x_3^{(k+1)}$ 时右端项中缺 $x_3^{(k)}$,而且 $x_1^{(k)}$ 与 $x_2^{(k)}$ 已

分别由 $x_1^{(k+1)}$ 与 $x_2^{(k+1)}$ 代替.因此 G-S 法较 Jacobi 迭代法可以节省一组工作单元,即计算出 $x_i^{(k+1)}$ 后就可冲掉 $x_i^{(k)}$,也就是可用一组工作单元存放 $\boldsymbol{x}^{(k)}$ 或 $\boldsymbol{x}^{(k+1)}$.

无论是用直接法还是用迭代法求"病态"方程组的计算解,当精度不理想时,可以使用迭代改善的办法进行处理,即使用迭代改善法.迭代改善法常用于解非严重病态的线性方程组,当然也可以用于解"良态"方程组.迭代改善法可用于对已求得的近似解精度的改善,也可与直接法结合起来进行直接求解.其计算步骤如下:

(1) 用三角分解法(常用列主元三角分解)求

$$\boldsymbol{Ax}=\boldsymbol{b}$$

的计算解 $\boldsymbol{x}$.

设 $\boldsymbol{PA}=\boldsymbol{LU}$(列主元三角分解),则

$$\boldsymbol{PAx}=\boldsymbol{LUx}=\boldsymbol{Pb}.$$

从

$$\begin{cases}\boldsymbol{Ly}=\boldsymbol{Pb},\\ \boldsymbol{Ux}=\boldsymbol{y}\end{cases}$$

中,求出线性方程组的计算解 $\widetilde{\boldsymbol{x}}$;

(2) 求 $\widetilde{\boldsymbol{x}}$ 的修正向量 $\boldsymbol{z}$.

用双精度计算余向量

$$\boldsymbol{r}=\boldsymbol{b}-\boldsymbol{A}\widetilde{\boldsymbol{x}},$$

求

$$\boldsymbol{PAz}=\boldsymbol{LUz}=\boldsymbol{Pr}\quad(\boldsymbol{Az}=\boldsymbol{r}),$$

即从

$$\begin{cases}\boldsymbol{Ly}=\boldsymbol{Pr},\\ \boldsymbol{Uz}=\boldsymbol{y}\end{cases}$$

中求计算解 $\boldsymbol{z}$,则 $\boldsymbol{z}$ 即为修正向量.这是因为在准确运算下,令 $\boldsymbol{x}=\widetilde{\boldsymbol{x}}+\boldsymbol{z}$ 时,

$$\boldsymbol{Ax}=\boldsymbol{A}(\widetilde{\boldsymbol{x}}+\boldsymbol{z})=\boldsymbol{A}\widetilde{\boldsymbol{x}}+\boldsymbol{Az}=\boldsymbol{b}-\boldsymbol{r}+\boldsymbol{Az}=\boldsymbol{b},$$

故 $\boldsymbol{x}=\widetilde{\boldsymbol{x}}+\boldsymbol{z}$ 就是近似解 $\widetilde{\boldsymbol{x}}$ 的改进解.

(3) 反复对近似解进行改进,即反复(2)的过程,就可能得到满意的结果.

由于 $\boldsymbol{b}-\boldsymbol{A}\widetilde{\boldsymbol{x}}$ 是两个近似向量之差,所以差向量分量的有效数字有可能大大减少,故计算 $\boldsymbol{r}=\boldsymbol{b}-\boldsymbol{A}\widetilde{\boldsymbol{x}}$ 时,必须使用双精度运算,运算后再进行舍入,否则改进解的有效数字的位数不会有太大的增加.

例 3　设线性方程组

$$\begin{pmatrix}1.0000 & 0.5000 & 0.3333\\ 0.5000 & 0.3333 & 0.2500\\ 0.3333 & 0.2500 & 0.2000\end{pmatrix}\begin{pmatrix}x_1\\ x_2\\ x_3\end{pmatrix}=\begin{pmatrix}1\\ 0\\ 0\end{pmatrix}.$$

它的系数矩阵是 Hilbert 病态矩阵 $n=3$ 的情况.对精确解进行四舍五入后得具有 4 位有效数字的近似解为

$$\boldsymbol{x}^*=(9.062,-36.32,30.30)^{\mathrm{T}}.$$

用列主元消去法计算得近似解 $\boldsymbol{x}^{(1)}$：

$$\boldsymbol{x}^{(1)}=(9.190,-37.04,31.00)^{\mathrm{T}}.$$

现在对近似解 $\boldsymbol{x}^{(1)}$ 使用迭代改善法进行改进.

$$\begin{aligned}
\boldsymbol{r}^{(1)}&=\boldsymbol{b}-\boldsymbol{A}\boldsymbol{x}^{(1)}\\
&=(1,0,0)^{\mathrm{T}}-\begin{pmatrix}1.0000&0.5000&0.3333\\0.5000&0.3333&0.2500\\0.3333&0.2500&0.2000\end{pmatrix}\begin{pmatrix}9.190\\-37.04\\31.00\end{pmatrix}\\
&=\begin{pmatrix}1\\0\\0\end{pmatrix}-\begin{pmatrix}1.002300\\-0.000432\\0.003027\end{pmatrix}=\begin{pmatrix}-0.002300\\0.000432\\-0.003027\end{pmatrix}.
\end{aligned}$$

用 LU 分解法求解 $\boldsymbol{A}\boldsymbol{z}^{(1)}=\boldsymbol{r}^{(1)}$,得计算解

$$\begin{aligned}
\boldsymbol{z}^{(1)}&=(-0.1309,0.7320,-0.7122)^{\mathrm{T}},\\
\boldsymbol{x}^{(2)}&=\boldsymbol{x}^{(1)}+\boldsymbol{z}^{(1)}=(9.059,-36.31,30.29)^{\mathrm{T}},\\
\boldsymbol{r}^{(2)}&=\boldsymbol{b}-\boldsymbol{A}\boldsymbol{x}^{(2)}\\
&=(1,0,0)^{\mathrm{T}}-(0.9996570,-0.0001230,-0.0001353)^{\mathrm{T}}\\
&=(0.0003430,0.0001230,0.0001353)^{\mathrm{T}},
\end{aligned}$$

求解 $\boldsymbol{A}\boldsymbol{z}^{(2)}=\boldsymbol{r}^{(2)}$,得计算解为

$$\boldsymbol{z}^{(2)}=(0.002792,-0.01349,0.01289)^{\mathrm{T}},$$
$$\boldsymbol{x}^{(3)}=\boldsymbol{x}^{(2)}+\boldsymbol{z}^{(2)}=(9.062,-36.32,30.30)^{\mathrm{T}}.$$

显然 $\boldsymbol{x}^{(3)}$ 已具有 4 位有效数字了.

4.1.2 迭代法的收敛性

例 4 解线性方程组:

(1) $\begin{cases}x_1-9x_2-10x_3=-1,\\-9x_1+x_2+5x_3=0,\\8x_1+7x_2+x_3=4;\end{cases}$ (2) $\begin{cases}5x_1-x_2-3x_3=-1,\\-x_1+2x_2+4x_3=0,\\-3x_1+4x_2+15x_3=4;\end{cases}$

(3) $\begin{cases}10x_1+4x_2+5x_3=-1,\\4x_1+10x_2+7x_3=0,\\5x_1+7x_2+10x_3=0.\end{cases}$

迭代终止条件为: $\|\boldsymbol{x}^{(k+1)}-\boldsymbol{x}^{(k)}\|\leqslant10^{-3}$.

数值实验表明:

对于问题(1) Jacobi 迭代法和 G-S 法均发散;

对于问题(2) Jacobi 迭代法收敛迭代 125 次,G-S 法收敛迭代 9 次;

对于问题(3) Jacobi 迭代法发散,G-S 法收敛迭代 7 次.

我们要考虑如下问题：

① 如何判断迭代过程是否收敛呢？也就是迭代法的收敛与发散问题；

② 迭代格式收敛的充要条件、充分条件是什么？

设某种迭代格式为

$$\boldsymbol{x}^{(k+1)}=\boldsymbol{B}\boldsymbol{x}^{(k)}+\boldsymbol{f},$$

且该线性方程组的精确解为 $\boldsymbol{x}^*$，则

$$\boldsymbol{x}^*=\boldsymbol{B}\boldsymbol{x}^*+\boldsymbol{f},$$

两式相减，得

$$\boldsymbol{x}^{(k+1)}-\boldsymbol{x}^*=\boldsymbol{B}\boldsymbol{x}^{(k)}-\boldsymbol{B}\boldsymbol{x}^*=\boldsymbol{B}(\boldsymbol{x}^{(k)}-\boldsymbol{x}^*)=\cdots=\boldsymbol{B}^{k+1}(\boldsymbol{x}^{(0)}-\boldsymbol{x}^*).$$

令

$$\boldsymbol{x}^{(k+1)}-\boldsymbol{x}^*=\boldsymbol{\varepsilon}^{(k+1)},\quad \boldsymbol{x}^{(k)}-\boldsymbol{x}^*=\boldsymbol{\varepsilon}^{(k)},\cdots,\boldsymbol{x}^{(0)}-\boldsymbol{x}^*=\boldsymbol{\varepsilon}^{(0)},$$

则

$$\boldsymbol{\varepsilon}^{(k+1)}=\boldsymbol{B}\boldsymbol{\varepsilon}^{(k)}=\boldsymbol{B}^2\boldsymbol{\varepsilon}^{(k-1)}=\cdots=\boldsymbol{B}^{k+1}\boldsymbol{\varepsilon}^{(0)}.$$

故当 $\lim\limits_{k\to\infty}\boldsymbol{\varepsilon}^{(k+1)}=\boldsymbol{0}$ 时，$\lim\limits_{k\to\infty}\boldsymbol{\varepsilon}^{(k+1)}=\lim\limits_{k\to\infty}(\boldsymbol{B}^{k+1}\boldsymbol{\varepsilon}^{(0)})=\boldsymbol{0}$.

一般 $\boldsymbol{\varepsilon}^{(0)}=\boldsymbol{x}^{(0)}-\boldsymbol{x}^*$ 是一个非零的常向量，因此只有

$$\lim_{k\to\infty}\boldsymbol{B}^{k+1}=\boldsymbol{O}_{n\times n}.$$

定理 4.1 $\lim\limits_{k\to\infty}\boldsymbol{\varepsilon}^{(k)}=\boldsymbol{0}$(即 $\boldsymbol{x}_i^{(k)}\to\boldsymbol{x}_i^*, i=1,2,\cdots,n$)的充要条件是 $\lim\limits_{k\to\infty}\boldsymbol{B}^k=\boldsymbol{O}$.

定理 4.2 迭代法

$$\boldsymbol{x}^{(k+1)}=\boldsymbol{B}\boldsymbol{x}^{(k)}+\boldsymbol{f} \tag{4-12}$$

对任意 $\boldsymbol{x}^{(0)}$ 和 $\boldsymbol{f}$ 均收敛的充要条件是 $\rho(\boldsymbol{B})<1$.

证 由定理 4.1 知，迭代法收敛即 $\lim\limits_{k\to\infty}\boldsymbol{\varepsilon}^{(k)}=\boldsymbol{0}$ 充要条件是 $\lim\limits_{k\to\infty}\boldsymbol{B}^{(k)}=\boldsymbol{O}$，再由第 3 章 3.1 节例 2 的结论可知，$\lim\limits_{k\to\infty}\boldsymbol{B}^{(k)}=\boldsymbol{O}$ 充要条件是 $\rho(\boldsymbol{B})<1$.

定理 4.3(充分条件) 若 $\|\boldsymbol{B}\|<1$，则迭代法(4-12)收敛，且有

$$\|\boldsymbol{x}^{(k)}-\boldsymbol{x}^*\|\leqslant\frac{\|\boldsymbol{B}\|}{1-\|\boldsymbol{B}\|}\|\boldsymbol{x}^{(k)}-\boldsymbol{x}^{(k-1)}\|. \tag{4-13}$$

证 由于 $\rho(\boldsymbol{B})\leqslant\|\boldsymbol{B}\|<1$，根据定理 4.2 知，迭代法(4-12)收敛.

因为

$$\boldsymbol{x}^{(k+1)}-\boldsymbol{x}^{(k)}=\boldsymbol{B}\boldsymbol{x}^{(k)}-\boldsymbol{B}\boldsymbol{x}^{(k-1)}=\boldsymbol{B}(\boldsymbol{x}^{(k)}-\boldsymbol{x}^{(k-1)}),$$

而且

$$\boldsymbol{x}^{(k)}-\boldsymbol{x}^*=\boldsymbol{x}^{(k)}-\boldsymbol{x}^{(k+1)}+\boldsymbol{x}^{(k+1)}-\boldsymbol{x}^*,$$

所以

$$\begin{aligned}\|\boldsymbol{x}^{(k)}-\boldsymbol{x}^*\|&\leqslant\|\boldsymbol{x}^{(k+1)}-\boldsymbol{x}^{(k)}\|+\|\boldsymbol{x}^{(k+1)}-\boldsymbol{x}^*\|\\&\leqslant\|\boldsymbol{B}\|\|\boldsymbol{x}^{(k)}-\boldsymbol{x}^{(k-1)}\|+\|\boldsymbol{B}\|\|\boldsymbol{x}^{(k)}-\boldsymbol{x}^*\|.\end{aligned}$$

移项后得到

$$(1-\|\boldsymbol{B}\|)\|\boldsymbol{x}^{(k)}-\boldsymbol{x}^*\|\leqslant\|\boldsymbol{B}\|\|\boldsymbol{x}^{(k)}-\boldsymbol{x}^{(k-1)}\|,$$

即

$$\|\boldsymbol{x}^{(k)}-\boldsymbol{x}^*\|\leqslant\frac{\|\boldsymbol{B}\|}{1-\|\boldsymbol{B}\|}\|\boldsymbol{x}^{(k)}-\boldsymbol{x}^{(k-1)}\|.$$

例 5 设线性方程组

$$\begin{cases} x_1+2x_2-2x_3=1, \\ x_1\ \ +x_2\ \ +x_3=1, \\ 2x_1+2x_2\ \ +x_3=1, \end{cases} \quad \text{其中}\ \boldsymbol{A}=\begin{pmatrix} 1 & 2 & -2 \\ 1 & 1 & 1 \\ 2 & 2 & 1 \end{pmatrix}.$$

问使用 Jacobi 迭代法和 G-S 法求解是否收敛？

解 (1) 求 Jacobi 迭代法的迭代矩阵.

$$\boldsymbol{B}_J=\boldsymbol{D}^{-1}(\boldsymbol{L}+\boldsymbol{U})=\begin{pmatrix} 1 & & \\ & 1 & \\ & & 1 \end{pmatrix}\left(\begin{pmatrix} 0 & 0 & 0 \\ -1 & 0 & 0 \\ -2 & -2 & 0 \end{pmatrix}+\begin{pmatrix} 0 & -2 & 2 \\ 0 & 0 & -1 \\ 0 & 0 & 0 \end{pmatrix}\right)$$

$$=\begin{pmatrix} 0 & -2 & 2 \\ -1 & 0 & -1 \\ -2 & -2 & 0 \end{pmatrix},$$

则

$$\det(\lambda\boldsymbol{I}-\boldsymbol{B}_J)=\begin{vmatrix} \lambda & 2 & -2 \\ 1 & \lambda & 1 \\ 2 & 2 & \lambda \end{vmatrix}=\lambda^3=0,$$

得 $\rho(\boldsymbol{B})=0<1$，故 Jacobi 迭代法收敛.

(2) 求 G-S 法的迭代矩阵 $\boldsymbol{B}_G=(\boldsymbol{D}-\boldsymbol{L})^{-1}\boldsymbol{U}$ 的谱半径.

由于

$$\begin{aligned} \det(\lambda\boldsymbol{I}-\boldsymbol{B}_G) &= \det(\lambda\boldsymbol{I}-(\boldsymbol{D}-\boldsymbol{L})^{-1}\boldsymbol{U}) \\ &= \det((\boldsymbol{D}-\boldsymbol{L})^{-1})\det(\lambda(\boldsymbol{D}-\boldsymbol{L})-\boldsymbol{U})=0, \end{aligned}$$

而显然 $\det((\boldsymbol{D}-\boldsymbol{L})^{-1})\neq 0$，故必有 $\det(\lambda(\boldsymbol{D}-\boldsymbol{L})-\boldsymbol{U})=0$，则可知 $\boldsymbol{B}_G$ 的特征值满足

$$\det(\lambda(\boldsymbol{D}-\boldsymbol{L})-\boldsymbol{U})=\begin{vmatrix} \lambda & 2 & -2 \\ \lambda & \lambda & 1 \\ 2\lambda & 2\lambda & \lambda \end{vmatrix}=\lambda^3-4\lambda^2+4\lambda=\lambda(\lambda-2)^2=0,$$

得 $\rho(\boldsymbol{B})=2>1$，故 G-S 法发散.

例 6 设线性方程组

$$\boldsymbol{A}\boldsymbol{x}=\boldsymbol{b}, \quad \text{其中}\quad \boldsymbol{A}=\begin{pmatrix} 3 & 0 & -2 \\ 0 & 2 & 1 \\ -2 & 1 & 2 \end{pmatrix}.$$

问使用 Jacobi 迭代法和 G-S 法求解是否收敛？

解 (1) Jacobi 迭代法的迭代矩阵为

$$\boldsymbol{B}_J=\boldsymbol{D}^{-1}(\boldsymbol{L}+\boldsymbol{U})=\begin{pmatrix} 0 & 0 & \dfrac{2}{3} \\ 0 & 0 & -\dfrac{1}{2} \\ 1 & -\dfrac{1}{2} & 0 \end{pmatrix},$$

则

$$\det(\lambda I-B_J)=\begin{vmatrix}\lambda & 0 & -\frac{2}{3}\\ 0 & \lambda & \frac{1}{2}\\ -1 & \frac{1}{2} & \lambda\end{vmatrix}=\lambda^3-\frac{2}{3}\lambda-\frac{1}{4}\lambda=\lambda\left(\lambda^2-\frac{11}{12}\right)=0,$$

得 $\rho(B_J)=\sqrt{\frac{11}{12}}\approx 0.957\ 4<1$,故 Jacobi 迭代法收敛.

(2) G-S 法的迭代矩阵 B_G 的特征值满足

$$\det(\lambda(D-L)-U)=\begin{vmatrix}3\lambda & 0 & -2\\ 0 & 2\lambda & 1\\ -2\lambda & \lambda & 2\lambda\end{vmatrix}=12\lambda^3-8\lambda^2-3\lambda^2$$
$$=\lambda^2(12\lambda-11)=0,$$

从而得 $\rho(B_G)=\frac{11}{12}\approx 0.916\ 7<1$,故 G-S 法收敛.

对于某些特殊的方程组,从方程组本身就可判定其收敛性,不必求迭代矩阵的特征值或范数.

定义 4.1 如果矩阵 $A=(a_{ij})_{n\times n}$ 的元满足不等式

$$|a_{ii}|\geqslant\sum_{\substack{j=1\\ j\neq i}}^{n}|a_{ij}|\quad(i=1,2,\cdots,n),\tag{4-14}$$

则称矩阵 A 为对角占优矩阵,如果(4-14)式中严格不等式成立,称矩阵 A 为**严格对角占优矩阵**.

可以证明严格对角占优矩阵 A 为非奇异矩阵,即

$$\det(A)\neq 0.$$

定理 4.4 若线性方程组 $Ax=b$ 中的 A 为严格对角占优矩阵,则 Jacobi 迭代法和 G-S 法均收敛.

证 (1) Jacobi 迭代法的矩阵为 $B_J=D^{-1}(L+U)$,则 B_J 的每一行每个元取绝对值的和为 $\frac{1}{|a_{ii}|}\sum_{j\neq i}|a_{ij}|\ (i=1,2,\cdots,n)$.因为 A 为严格对角占优矩阵,即

$$|a_{ii}|>\sum_{j\neq i}|a_{ij}|\quad(i=1,2,\cdots,n),\tag{4-15}$$

所以 $\frac{1}{|a_{ii}|}\sum_{j\neq i}|a_{ij}|<1\ (i=1,2,\cdots,n)$,即 $\|B_J\|_\infty<1$,根据定理 4.3,Jacobi 迭代法收敛.

(2) G-S 法的迭代矩阵为 $B_G=(D-L)^{-1}U$,设

$$C=\lambda(D-L)-U=\begin{pmatrix}\lambda a_{11} & a_{12} & \cdots & a_{1n}\\ \lambda a_{21} & \lambda a_{22} & \cdots & a_{2n}\\ \vdots & \vdots & & \vdots\\ \lambda a_{n1} & \lambda a_{n2} & \cdots & \lambda a_{nn}\end{pmatrix},$$

则 $\boldsymbol{B}_G$ 的特征值 λ 满足

$$\det(\boldsymbol{C})=\det(\lambda \boldsymbol{I}-(\boldsymbol{D}-\boldsymbol{L})^{-1}\boldsymbol{U})=0. \tag{4-16}$$

现在证明 $|\lambda|<1$.用反证法,假设 $|\lambda|\geqslant 1$,又因为 $\boldsymbol{A}$ 为严格对角占优矩阵,所以(4-15)式成立,则应有

$$\begin{aligned}|\lambda||a_{ii}|&>|\lambda|\sum_{j\neq i}|a_{ij}|\\&=\sum_{j\neq i}|\lambda||a_{ij}|\\&\geqslant\sum_{j=1}^{i-1}|\lambda||a_{ij}|+\sum_{j=i+1}^{n}|a_{ij}|\ (i=1,2,\cdots,n),\end{aligned}$$

即矩阵 $\boldsymbol{C}$ 为严格对角占优矩阵,故 $\det(\boldsymbol{C})\neq 0$,与(4-16)式矛盾,则必有 $|\lambda|<1$,即 $\boldsymbol{B}_G$ 的所有特征值的模均小于 1,即 $\rho(\boldsymbol{B}_G)<1$.

根据定理 4.2,G-S 法收敛.

线性方程组求解的简单迭代法都可以写成如下形式:

$$x_i^{(k+1)}=x_i^{(k)}+\Delta x_i,\quad i=1,2,\cdots,n,\quad k=0,1,2,\cdots.$$

如果

$$\Delta x_i=\frac{1}{a_{ii}}\left(b_i-\sum_{j=1}^{n}a_{ij}x_j^{(k)}\right),$$

它就是 Jacobi 迭代法.若

$$\Delta x_i=\frac{1}{a_{ii}}\left(b_i-\sum_{j=1}^{i-1}a_{ij}x_j^{(k+1)}-\sum_{j=i}^{n}a_{ij}x_j^{(k)}\right),$$

它就是 G-S 法.

在例 4 的比较中似乎可以看出 G-S 法较 Jacobi 迭代法的收敛速度快,但是例 5 却说明了这个结论不成立.在一般情况下用这两种方法解同一个方程组时,哪种方法收敛,哪种方法收敛速度快,与具体的方程组有关,需作具体分析.

4.2 非线性方程的迭代解法

工程实际与科学计算中都会遇到大量求解非线性方程的问题.对非线性方程

$$f(x)=0, \tag{4-17}$$

若存在数 α,使 $f(\alpha)=0$,则称 α 为方程(4-17)的**根**,或称为函数 $f(x)$ 的**零点**.

由于求解非线性方程既基础又重要,因此,在初等代数中就开始研究它.例如代数方程(二次、三次等)、超越方程(三角方程,指数、对数方程等).但是我们发现即使是最基本的代数方程,当次数超过 4 时,在一般情况下就不能用公式法表示出方程的根,即难于用解析法求出方程的根,对于超越方程那就更难了.

因此,研究用数值方法计算非线性方程的根就显得非常必要.在求根时通常假设非线性方程 $f(x)=0$ 中的函数 $f(x)$ 是关于 x 的连续函数.若令

$$y=f(x),$$

则它在平面直角坐标系 Oxy 下的图像为连续曲线,因此,如图 4-1,求 $f(x)=0$ 的根,就是求 $y=f(x)$ 与 x 轴的交点 α.如果 $f(x)=0$ 在区间 $[a,b]$ 上仅有一个根,则称 $[a,b]$ 为方程的单根

区间;若方程在$[a,b]$上有多个根,则称$[a,b]$为方程的多根区间.方程的单根区间和多根区间统称为方程的有根区间.为了研究方便,我们主要研究方程在单根区间上的求解方法.

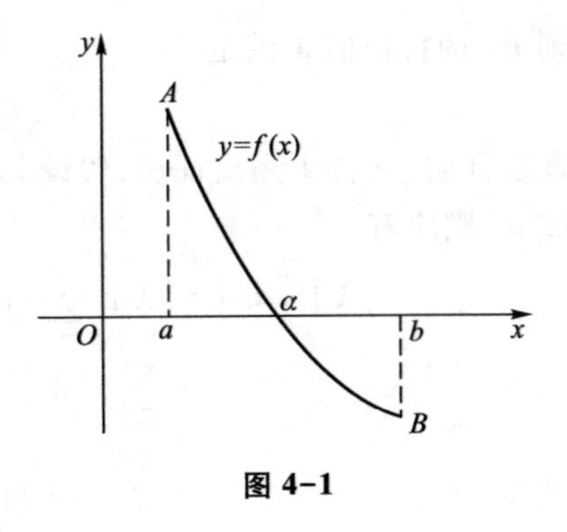

图 4-1

4.2.1 简单迭代法

首先将方程$f(x)=0$化为一个与它同解的方程

$$x=\varphi(x), \tag{4-18}$$

其中$\varphi(x)$为x的连续函数,即如果数α使$f(\alpha)=0$,则也有$\alpha=\varphi(\alpha)$;反之,若$\alpha=\varphi(\alpha)$,则也有$f(\alpha)=0$.

任取一个初始值x_0,代入(4-18)式的右端,得到

$$x_1=\varphi(x_0),$$

再将x_1代入(4-18)式的右端得

$$x_2=\varphi(x_1),$$

继为之,得到一个数列

$$x_3=\varphi(x_2),$$

$$\cdots$$

其一般表示形式为

$$x_{k+1}=\varphi(x_k)\quad(k=0,1,2,\cdots). \tag{4-19}$$

通常称(4-19)式为求解非线性方程的**简单迭代法**,也称为**迭代法**或**迭代过程**或**迭代格式**,$\varphi(x)$称为**迭代函数**,x_k称为**第k步的迭代值**或简称**迭代值**.

如果由迭代格式产生的数列收敛,即当$k\to\infty$时,$x_k\to\alpha$,则称**迭代法收敛**,否则称**迭代法发散**.若迭代法收敛于α,则α就是方程(4-17)的根,即有

$$f(\alpha)=0.$$

例1　用迭代法求$f(x)=2x^3-x-1=0$的根.

解　(1) 化方程为等价方程$x=\sqrt[3]{\dfrac{x+1}{2}}=\varphi(x)$,则迭代格式为

$$x_{k+1}=\sqrt[3]{\frac{x_k+1}{2}},$$

取初始值$x_0=0$,迭代值为

$$x_1=\sqrt[3]{\frac{1}{2}}=\sqrt[3]{0.5}\approx0.79,$$

$$x_2=\sqrt[3]{\frac{1+0.79}{2}}=\sqrt[3]{0.895}\approx0.964,$$

$$x_3=\sqrt[3]{\frac{1+0.964}{2}}=\sqrt[3]{0.982}\approx0.994,$$

$$\cdots$$

显然,当 $k\to\infty$ 时,$x_k\to 1$,即迭代法收敛于 1,$x=1$ 就是方程 $f(x)=0$ 的根.

(2) 化 $f(x)=0$ 为等价方程 $x=2x^3-1=\varphi(x)$,则迭代格式为 $x_{k+1}=2x_k^3-1$,同样取初始值 $x_0=0$,迭代值为

$$x_1=2\times 0-1=-1,$$
$$x_2=2(-1)^3-1=-3,$$
$$x_3=2(-3)^3-1=-55,$$
$$\cdots$$

显然,当 $k\to\infty$ 时,$x\to-\infty$,故迭代法发散.

上述例子表明,迭代法的收敛与发散,依赖于迭代函数的构造,构造迭代函数的方法很多.例如,$x=x-f(x)=\varphi(x)$ 中的 $x-f(x)$ 就是方程(4-17)的迭代函数.而且很容易证明 $\varphi(x)=x-k(x)f(x)\,(k(x)\neq 0)$ 也是方程(4-17)的迭代函数.对于同一个方程,由于构造出来的迭代函数 $\varphi(x)$ 不同,有的迭代函数所构成的迭代法收敛,有的迭代函数所构成的迭代法却发散.那么迭代函数须满足什么条件,迭代法才能收敛呢?

定理 4.5 设迭代函数 $\varphi(x)$ 满足

(1) 当 $x\in[a,b]$ 时,$a\leqslant\varphi(x)\leqslant b$;

(2) 存在正数 $0<L<1$,对任意 $x\in[a,b]$ 均有

$$|\varphi'(x)|\leqslant L,$$

则 $x=\varphi(x)$ 在 $[a,b]$ 上存在唯一根 α,且对任意初始值 $x_0\in[a,b]$,迭代法

$$x_{k+1}=\varphi(x_k)\quad(k=0,1,2,\cdots)$$

收敛于 α,且

$$|x_k-\alpha|\leqslant\frac{L}{1-L}|x_k-x_{k-1}|, \tag{4-20}$$

$$|x_k-\alpha|\leqslant\frac{L^k}{1-L}|x_1-x_0|. \tag{4-21}$$

证 满足条件(1),(2)时,易证方程 $x=\varphi(x)$ 在 $[a,b]$ 上存在唯一根 α.

因为 $x_{k+1}=\varphi(x_k)$,且 $\alpha=\varphi(\alpha)$,根据微分中值定理可得

$$x_{k+1}-\alpha=\varphi(x_k)-\varphi(\alpha)=\varphi'(\xi_1)(x_k-\alpha),$$
$$x_{k+1}-x_k=\varphi(x_k)-\varphi(x_{k-1})=\varphi'(\xi_2)(x_k-x_{k-1}),$$

其中 $\xi_1,\xi_2\in(a,b)$.由条件(2)得

$$\begin{cases}|x_{k+1}-\alpha|=|\varphi'(\xi_1)||x_k-\alpha|\leqslant L|x_k-\alpha|,\\ |x_{k+1}-x_k|=|\varphi'(\xi_2)||x_k-x_{k-1}|\leqslant L|x_k-x_{k-1}|.\end{cases} \tag{4-22}$$

又因为

$$\begin{aligned}|x_k-\alpha|&\leqslant|x_k-x_{k+1}|+|x_{k+1}-\alpha|\\&=|x_{k+1}-x_k|+|x_{k+1}-\alpha|\\&\leqslant L|x_k-x_{k-1}|+L|x_k-\alpha|,\end{aligned}$$

故将上式移项整理后,得

$$(1-L)|x_k-\alpha|\leqslant L|x_k-x_{k-1}|,$$

$$|x_k-\alpha|\leqslant\frac{L}{1-L}|x_k-x_{k-1}|,$$

即(4-20)式成立.再反复使用(4-22)的第2式,得

$$|x_k-x_{k-1}|\leqslant L|x_{k-1}-x_{k-2}|\leqslant\cdots\leqslant L^{k-1}|x_1-x_0|.$$

将上式代入(4-20)式即得(4-21).又因为$0<L<1$,所以根据(4-21)式得

$$\lim_{k\to\infty}|x_k-\alpha|=0,$$

即

$$\lim_{k\to\infty}x_k=\alpha,$$

故迭代法收敛.

当迭代函数满足定理4.5的条件且L较小时,根据(4-20)式可知,只要相邻两次计算值的偏差$|x_k-x_{k-1}|$达到事先给定的精度要求δ(即$|x_k-x_{k-1}|\leqslant\delta$)时,迭代过程就可以终止,$x_k$就可作为$\alpha$的近似值.因此,(4-20)式也是判断迭代是否可终止的依据.如果对L的大小可作出估计,由(4-21)式就可以大概估计出迭代过程所需要的迭代次数,即$|x_k-\alpha|\leqslant\delta$时,$k$的大小范围.

由于定理4.5的条件一般难于验证,而且在大区间$[a,b]$上,这些条件也不一定都成立,所以在使用迭代法时往往在根α的附近进行.只要假定$\varphi'(x)$在α的附近连续,且满足

$$|\varphi'(\alpha)|<1,$$

则根据连续函数的性质,一定存在α的某个邻域S:$|x-\alpha|\leqslant\delta$,$\varphi(x)$在$S$上满足定理4.5的条件,故在$S$中任取初始值$x_0$,迭代格式

$$x_k=\varphi(x_{k-1}),\quad k=1,2,3,\cdots$$

收敛于方程的根α,即$f(\alpha)=0$,称这种收敛为**局部收敛**.

例2 求方程$x=\mathrm{e}^{-x}$在$x=0.5$附近的一个根,要求精度$\delta=10^{-3}$.

解 由于$\varphi'(x)=(\mathrm{e}^{-x})'=-\mathrm{e}^{-x}$,故当$x\in[0.4,0.6]$时,

$$|\varphi'(x)|=|-\mathrm{e}^{-x}|=\mathrm{e}^{-x}\leqslant0.68,$$

因此,迭代格式$x_{k+1}=\mathrm{e}^{-x_k}$对于初始值$x_0=0.5$是收敛的.

由相邻两次迭代值之差的绝对值判断迭代是否终止,迭代结果见表4-1.

表4-1 迭代结果

k	x_k	e^{-x_k}	$\|x_{k+1}-x_k\|$
0	0.5	0.606 531	
1	0.606 531	0.545 239	0.061 292
2	0.545 239	0.579 703	0.034 464
3	0.579 703	0.560 065	0.019 638
4	0.560 065	0.571 172	0.011 107
5	0.571 172	0.564 863	0.006 309
6	0.564 863	0.568 438	0.003 575
7	0.568 438	0.566 409	0.002 029
8	0.566 409	0.567 560	0.001 151
9	0.567 560	0.566 907	0.000 653
10	0.566 907	0.567 277	0.000 370

$\alpha \approx 0.567\ 277$ 是方程 $x=e^{-x}$ 在 0.5 附近的计算根.

从定理 4.5 的(4-21)式可以看出,L 或 $|\varphi'(x)|$ 在 $[a,b]$ 上的值越小,迭代过程的收敛速度就越快.但当 $L<1$ 且接近于 1 时,迭代法虽然收敛,但是收敛速度很慢.为了使收敛速度有定量的判断,特介绍收敛速度的阶的概念,作为判断迭代法收敛速度的重要标准.

设迭代格式 $x_{k+1}=\varphi(x_k)$,当 $k\to\infty$ 时,$x_{k+1}\to\alpha$,并记 $e_k=x_k-\alpha$.

定义 4.2 若存在实数 $p\geqslant 1$ 和 $c>0$ 满足

$$\lim_{k\to\infty}\frac{|e_{k+1}|}{|e_k|^p}=c, \tag{4-23}$$

则称**迭代法 p 阶收敛**.当 $p=1$ 时,称为**线性收敛**;当 $p>1$ 时,称为**超线性收敛**;当 $p=2$ 时,称为**平方收敛**.

p 越大,迭代法的收敛速度也越快.但是在实际使用中 p 很难直接确定,常常采用其他一些方法来确定收敛的阶.使用 Taylor 展开式是一种常用的方法.

如果 $\varphi(x)$ 在根 α 处充分光滑(各阶导数存在),则可对 $\varphi(x)$ 在 α 处进行 Taylor 展开,得

$$\begin{aligned}x_{k+1}&=\varphi(x_k)\\&=\varphi(\alpha)+\varphi'(\alpha)(x_k-\alpha)+\frac{\varphi''(\alpha)}{2!}(x_k-\alpha)^2+\cdots+\\&\quad\frac{\varphi^{(p-1)}(\alpha)}{(p-1)!}(x_k-\alpha)^{p-1}+\frac{\varphi^{(p)}(\xi_k)}{p!}(x_k-\alpha)^p.\end{aligned}$$

如果

$$\varphi'(\alpha)=\varphi''(\alpha)=\cdots=\varphi^{(p-1)}(\alpha)=0,$$

但是

$$\varphi^{(p)}(\alpha)\neq 0,$$

则

$$x_{k+1}-\varphi(\alpha)=x_{k+1}-\alpha=\frac{\varphi^{(p)}(\xi_k)}{p!}(x_k-\alpha)^p,$$

即

$$\frac{|x_{k+1}-\alpha|}{|x_k-\alpha|^p}=\frac{|\varphi^{(p)}(\xi_k)|}{p!}.$$

$$\lim_{k\to\infty}\frac{|x_{k+1}-\alpha|}{|x_k-\alpha|^p}=\lim_{k\to\infty}\frac{|e_{k+1}|}{|e_k|^p}=\lim_{k\to\infty}\frac{|\varphi^{(p)}(\xi_k)|}{p!}=\frac{|\varphi^{(p)}(\alpha)|}{p!},$$

上式说明迭代法 p 阶收敛.

定理 4.6 若 $x=\varphi(x)$ 中的迭代函数 $\varphi(x)$ 在根 α 附近满足

(1) $\varphi(x)$ 存在 p 阶导数且连续;

(2) $\varphi'(\alpha)=\varphi''(\alpha)=\cdots=\varphi^{(p-1)}(\alpha)=0,\varphi^{(p)}(\alpha)\neq 0$,

则迭代法 $x_{k+1}=\varphi(x_k)$ 为 p 阶收敛.

例 3 设 $f(\alpha)=0,f'(\alpha)\neq 0$,证明由

$$x=x-\frac{f(x)}{f'(x)}=\varphi(x) \tag{4-24}$$

建立的迭代格式至少是平方收敛的.

证 根据定理4.6,只需证明$\varphi'(\alpha)=0$.因为

$$\varphi'(\alpha)=\left[x-\frac{f(x)}{f'(x)}\right]'_{x=\alpha}=\left[1-\frac{(f'(x))^2-f(x)f''(x)}{(f'(x))^2}\right]_{x=\alpha}$$

$$=\left[\frac{f(x)f''(x)}{(f'(x))^2}\right]_{x=\alpha}=0,$$

故该迭代法至少是平方收敛.由(4-24)式建立的迭代法就是有名的**Newton迭代法**.

4.2.2 Newton迭代法及其变形

用迭代法解非线性方程时,如何构造迭代函数是非常重要的,那么怎样构造的迭代函数才能保证迭代法收敛呢?不管非线性方程$f(x)=0$的形式如何,总可以构造

$$x=\varphi(x)=x-k(x)f(x)\quad (k(x)\neq 0) \tag{4-25}$$

作为方程(4-17)求解的迭代函数.因为

$$\varphi'(x)=1-k'(x)f(x)-k(x)f'(x),$$

而且$|\varphi'(x)|$在根α附近越小,其局部收敛速度越快,故可令

$$\varphi'(\alpha)=1-k'(\alpha)f(\alpha)-k(\alpha)f'(\alpha)=1-k(\alpha)f'(\alpha)=0.$$

若$f'(\alpha)\neq 0$(即α不是$f(x)=0$的重根),则

$$k(\alpha)=\frac{1}{f'(\alpha)},$$

故可取$k(x)=\dfrac{1}{f'(x)}$代入(4-25)式,得

$$x=x-\frac{f(x)}{f'(x)}.$$

定理4.7 设方程(4-17)的根为α,且$f'(\alpha)\neq 0$,则迭代法

$$x_{k+1}=x_k-\frac{f(x_k)}{f'(x_k)}\quad (k=0,1,2,\cdots) \tag{4-26}$$

至少是平方收敛的,并称(4-26)式为**Newton迭代法**,简称**Newton法**.

由于Newton法带有$f(x)$的导数$f'(x)$,使用起来不太方便.为了不求导数,可用导数的近似式替代$f'(x)$.因为

$$f'(x_k)\approx\frac{f(x_k)-f(x_{k-1})}{x_k-x_{k-1}},$$

将它代入(4-26)式的$f'(x_k)$中,得

$$x_{k+1}=x_k-f(x_k)\Big/\left[\frac{f(x_k)-f(x_{k-1})}{x_k-x_{k-1}}\right]=x_k-\frac{f(x_k)}{f(x_k)-f(x_{k-1})}(x_k-x_{k-1}),$$

则

$$x_{k+1}=x_k-\frac{f(x_k)}{f(x_k)-f(x_{k-1})}(x_k-x_{k-1}). \tag{4-27}$$

迭代法(4-27)就是**弦截法**.由于弦截法采用了导数的近似值,故在Newton法和弦截法

都收敛的情况下,弦截法的收敛阶为 $p=\frac{1+\sqrt{5}}{2}\approx 1.618$,低于 Newton 法,为超线性收敛.

为什么称迭代法(4-27)为弦截法?这个称谓源于它的几何意义. Newton 法与弦截法的几何意义如下:从图 4-2 中明显看出 $f'(x_k)=\tan\theta=\frac{f(x_k)}{x_k-x_{k+1}}$,整理后得到

$$x_{k+1}=x_k-\frac{f(x_k)}{f'(x_k)},$$

即 Newton 法的迭代格式.因此,使用 Newton 迭代格式,由 x_k 得到 x_{k+1},在几何上就是过曲线 $y=f(x)$ 上的 B 点作切线 p_1,p_1 与 x 轴的交点即为 x_{k+1},故 Newton 法也称**切线法**.

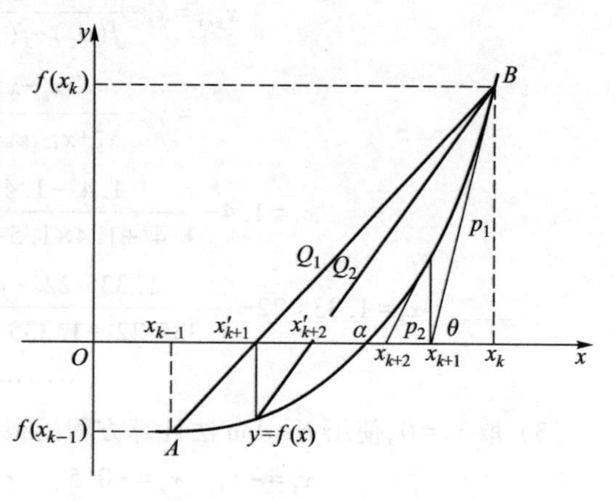

图 4-2

由于 $\triangle Ax_{k-1}x'_{k+1}\backsim\triangle Bx_kx'_{k+1}$,故

$$\frac{f(x_k)}{x_k-x'_{k+1}}=\frac{-f(x_{k-1})}{x'_{k+1}-x_{k-1}},$$

整理后得到

$$x'_{k+1}=x_k-\frac{f(x_k)}{f(x_k)-f(x_{k-1})}(x_k-x_{k-1}),$$

即弦截法的迭代格式.所以**弦截法在几何上是一种以直代曲的近似方法**,即用弦 Q_i 来替代曲线 AB.用弦 Q_i 在 x 轴上截取的值,即 Q_i 与 x 轴的交点 x'_{k+i} 作为 α 的近似值,故称弦截法.

从 Newton 法和弦截法的迭代格式中可以看到,弦截法虽然不需要求导数值 $f'(x)$,但是使用时需要有前两步的值,即开始时需要有两个初始值 x_0,x_1;Newton 法虽然需求导数值 $f'(x)$,但是使用时只用到前一步的值,即只需要给出一个初始值就可以进行迭代计算.由于 Newton 法的收敛性是在根 α 附近讨论的,因此,初始值的选取与 Newton 法的收敛很有关系,使用时必须充分注意.

例 4 用 Newton 法和弦截法分别计算方程

$$x^3-x-1=0$$

在 $x=1.5$ 附近的根 α.

解 (1) 使用 Newton 法,并取 $x_0=1.5$.

$$x_{k+1}=x_k-\frac{f(x_k)}{f'(x_k)}=x_k-\frac{x_k^3-x_k-1}{3x_k^2-1}, \tag{4-28}$$

$$x_1=x_0-\frac{x_0^3-x_0-1}{3x_0^2-1}=1.5-\frac{1.5^3-1.5-1}{3\times 1.5^2-1}\approx 1.347\ 83,$$

$$x_2=x_1-\frac{x_1^3-x_1-1}{3x_1^2-1}\approx 1.325\ 20,$$

$$x_3=x_2-\frac{x_2^3-x_2-1}{3x_2^2-1}\approx 1.324\ 72,$$

$$x_4=x_3-\frac{x_3^3-x_3-1}{3x_3^2-1}\approx 1.324\ 72.$$

迭代 3 次就得到具有 6 位有效数字的结果.

(2) 使用弦截法,并取 $x_0=1.5,x_1=1.4$.

$$\begin{aligned}x_{k+1}&=x_k-\frac{f(x_k)}{f(x_k)-f(x_{k-1})}(x_k-x_{k-1})\\&=x_k-\frac{x_k^3-x_k-1}{x_k^2+x_{k-1}x_k+x_{k-1}^2-1},\end{aligned}$$

$$x_2=1.4-\frac{1.4^3-1.4-1}{1.4^2+1.4\times1.5+1.5^2-1}\approx 1.335\ 22,$$

$$x_3=1.335\ 22-\frac{1.335\ 22^3-1.335\ 22-1}{1.335\ 22^2+1.335\ 22\times1.4+1.4^2-1}\approx 1.325\ 41,$$

…………

(3) 取 $x_0=0$,使用 Newton 法计算方程的根.使用公式(4-28)进行迭代计算后得

$$x_1=-1,\quad x_2=-0.5,\quad x_3\approx -3,\quad x_4\approx -2.04.$$

这个结果不但偏离所求的根,而且还看不出它的收敛性.从中可知,初始值的选取对 Newton 法是否收敛的重要性.

使用 Newton 法时,为了防止迭代发散,我们在迭代格式中附加一个条件:

$$|f(x_{k+1})|<|f(x_k)|,$$

即要求 $|f(x_k)|$ 的值单调下降.为此,引入 $0<\lambda\leqslant 1$,建立

$$x_{k+1}=x_k-\lambda\frac{f(x_k)}{f'(x_k)},\quad 0<\lambda\leqslant 1,\tag{4-29}$$

使 $|f(x_{k+1})|<|f(x_k)|$,其中 λ 称为**下山因子**.称迭代法(4-29)为 **Newton 下山法**.

下山因子的选择一般采用试算法.即由迭代得到计算值 x_k 后,取不同的 λ 值试算,例如取 $\lambda=1,\frac{1}{2},\frac{1}{2^2},\frac{1}{2^3},\cdots$,用(4-29)式依次进行试算,对用公式(4-29)算出的 x_{k+1},均需要接着计算 $f(x_{k+1})$,如果 $|f(x_{k+1})|<|f(x_k)|$ 成立,则计算值 x_{k+1} 即为第 $k+1$ 步的迭代值.再取 $\lambda=1,\frac{1}{2},\frac{1}{2^2},\cdots$,用求得的 x_{k+1} 和(4-29)式仿照前面的过程计算第 $k+2$ 步的迭代值.如果在计算过程中碰到一个迭代值 x_k 取不到满足要求的 λ 值,则称为"下山失败",需要另取初始值 x_0,仿照上述过程重算.若 $|f(x_k)|<\varepsilon_1$ 或 $|x_{k+1}-x_k|<\varepsilon_2$(其中 ε_1 和 ε_2 是事先给定的精度要求值),则迭代终止,并取 $\alpha\approx x_{k+1}$ 作为根的计算值;如果取不到满足要求的 x_0,则迭代终止.

例 5　用 Newton 下山法计算方程

$$f(x)=\frac{x^3}{3}-x=0$$

的一个根.取 $x_0=-0.99$,要求 $|x_k-x_{k-1}|\leqslant 10^{-5}$.

图 4-3 是 $y=\dfrac{x^3}{3}-x$ 的几何图形,从图形中可以看到,如果不用 Newton 下山法,直接取 $x_0=-0.99$,使用 Newton 法进行迭代难以求出它的计算根.表 4-2 是使用 Newton 下山法计算的结果.

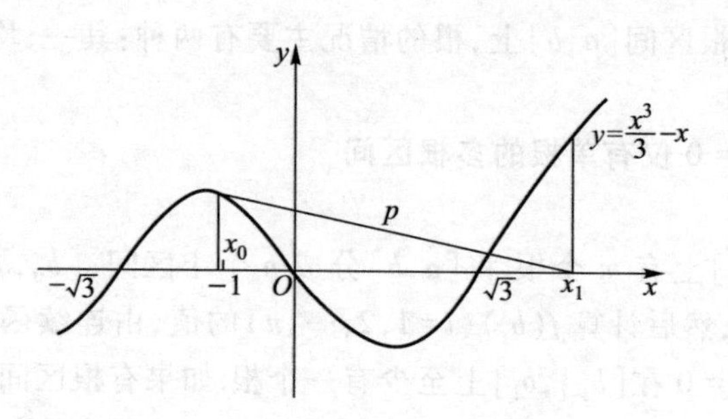

图 4-3

表 4-2 计 算 结 果

k	λ	x_k	$f(x_k)$	$f'(x_k)$	$\dfrac{f(x_k)}{f'(x_k)}$
0		−0.99	0.666 57	−0.019 90	−33.495 83
1		32.505 83	11 416.360 64		
	$\frac{1}{2}$	15.757 91	1 288.534 51		
	$\frac{1}{4}$	7.384 00	126.814 11		
	$\frac{1}{8}$	3.197 00	7.694 78		
	$\frac{1}{16}$	1.103 49	−0.655 59	0.217 69	−3.011 58
2	1	4.115 07	19.112 87		
	$\frac{1}{2}$	2.609 28	3.312 34		
	$\frac{1}{4}$	1.856 38	0.276 08	2.446 16	0.112 86
3	1	1.743 52	0.023 17	2.039 86	0.011 36
4	1	1.732 16	0.000 22	2.000 39	0.000 11
5	1	1.732 05	0.000 00	2.000 00	0.000 00
6	1	1.732 05			

由 $|x_6-x_5|\leqslant 10^{-5}$,迭代终止.

注意:(1) 由 x_k 求 x_{k+1} 是根据(4-29)式得到;

(2) 在上表中的 x_i,例如 x_2,是根据下式求出

$$x_2=x_1-\lambda\frac{f(x_1)}{f'(x_1)}=1.10349-(-3.01158)$$
$$=4.11507.$$

4.2.3 多根区间上的逐次逼近法

方程$f(x)=0$在多根区间$[a,b]$上,根的情况主要有两种:其一,均为单根;其二,有重根.现在分别讨论如下:

一、$[a,b]$是$f(x)=0$仅有单根的多根区间

1. 求单根区间

设$f(x)=0$在$[a,b]$上有m个根.将$[a,b]$分成n个小区间;$[b_0,b_1]$,$[b_1,b_2]$,…,$[b_{n-1},b_n]$(其中$b_0=a,b_n=b$),然后计算$f(b_i)(i=1,2,\cdots,n)$的值,由连续函数的零点定理可知,当$f(b_{i-1})f(b_i)<0$时,$f(x)=0$在$[b_{i-1},b_i]$上至少有一个根.如果有根区间的个数确为m,则所得到的有根区间就都是单根区间.如果有根区间的个数小于m,则再将有些小区间对分,设对分点为$b_{i-\frac{1}{2}}$,然后计算$f(b_{i-\frac{1}{2}})$,再搜索有根区间,直到有根区间的个数达到m为止.

2. 在单根区间$[c,d]$上求根

单根区间上求根的方法在前面已做介绍.在此介绍一种搜索根的方法,它可用于求迭代法的初始值,也可用于求$f(x)=0$的近似根.

将区间$[c,d]$对分,设对分点(即区间中点)为$x_0=\frac{1}{2}(c+d)$,计算$f(x_0)$,如果$f(x_0)$与$f(c)$同号,说明方程的根α在x_0的右侧,此时令$c_1=x_0,d_1=d$,否则令$c_1=c,d_1=x_0$.不管是哪种情况,新的有根区间为$[c_1,d_1]$,其长度为原来区间$[c,d]$的一半.用同样方法可将有根区间的长度再压缩一半.如此继续下去,可使有根区间为$[c_n,d_n]$,其长度为

$$d_n-c_n=\frac{1}{2^n}(d-c).$$

只要n足够大,有根区间$[c_n,d_n]$的长度就足够小,当d_n-c_n达到根的精度要求时,取

$$x_n=\frac{1}{2}(d_n+c_n)$$

作为根α的近似值.这种搜索根的方法称为**二分法**.

在用二分法求根的过程中,如嫌有根区间趋于零的速度慢,则可以从某个区间$[c_i,d_i]$开始使用其他迭代法求解,将c_i或d_i作为迭代法的初始值.

例6 求$f(x)=x^3-11.1x^2+38.79x-41.769=0$在$[0,8]$中的三个根.

解 首先将有根区间$[0,8]$三等分,得

$$[0,2.7],\quad [2.7,5.4],\quad [5.4,8].$$

搜索单根区间:

$$[0,2.7]\quad f(0)f(2.7)=(-41.769)\times1.728<0,$$
$$[2.7,5.4]\quad f(2.7)f(5.4)=1.728\times1.485>0,$$
$$[5.4,8]\quad f(5.4)f(8)=1.485\times70.151>0,$$
$$[2.7,4]\quad f(2.7)f(4)=1.728\times(-0.209)<0,$$

$$[4,5.4] \quad f(4)f(5.4)=(-0.209)\times 1.485<0,$$

故 $f(x)=0$ 的三个根分别在区间

$$[0,2.7],\quad [2.7,4],\quad [4,5.4]$$

中.

用计算单根的方法,可分别求出三个区间上的计算根.

二、$f(x)=0$ 在 $[a,b]$ 上有重根

设 α 是 $f(x)=0$ 的 m 重根,其中 m 是不小于2的整数,则有

$$f(x)=(x-\alpha)^m g(x),\quad 且\quad g(\alpha)\neq 0,$$

此时 $f(\alpha)=f'(\alpha)=f''(\alpha)=\cdots=f^{(m-1)}(\alpha)=0, f^{(m)}(\alpha)\neq 0.$

在这种情况下,如果 $f'(x_k)\neq 0$,虽然使用 Newton 法也可以继续算下去,但是由于 Newton 法在定理 4.7 中的条件 $f'(\alpha)\neq 0$ 不满足,它的收敛速度可能较慢.事实上,取 $x=\alpha+h$ 代入(4-24)式的右端,

$$\varphi(\alpha+h)=\alpha+h-\frac{f(\alpha+h)}{f'(\alpha+h)}$$

$$=\varphi(\alpha)+h-\frac{f(\alpha)+f'(\alpha)h+\cdots+\dfrac{h^m}{m!}f^{(m)}(\alpha)+O(h^{m+1})}{f'(\alpha)+f''(\alpha)h+\cdots+\dfrac{h^{m-1}}{(m-1)!}f^{(m)}(\alpha)+O(h^m)}$$

$$=\varphi(\alpha)+h-\frac{\dfrac{h^m}{m!}f^{(m)}(\alpha)+O(h^{m+1})}{\dfrac{h^{m-1}}{(m-1)!}f^{(m)}(\alpha)+O(h^m)}$$

$$=\varphi(\alpha)+h-\frac{h}{m}[1+O(h)], \tag{4-30}$$

则

$$\frac{\varphi(\alpha+h)-\varphi(\alpha)}{h}=1-\frac{1}{m}[1+O(h)],$$

$$\varphi'(\alpha)=\lim_{h\to 0}\frac{\varphi(\alpha+h)-\varphi(\alpha)}{h}=1-\frac{1}{m}.$$

因为 $m\geqslant 2$,所以 $\varphi'(\alpha)\neq 0$.

从而得到在上述条件下的 Newton 法如果收敛,它必是线性收敛的.为了提高收敛的阶,可取

$$\varphi(x)=x-m\frac{f(x)}{f'(x)}. \tag{4-31}$$

此时(4-30)式变成 $\varphi(\alpha+h)=\varphi(\alpha)+h-h(1+O(h))$,从而 $\varphi'(\alpha)=0$,故由(4-31)式建立的**迭代法至少是平方收敛的**.当 m 不知道时,可采用试探法或其他变形公式,在此就不介绍了.

例 7 求方程

$$f(x)=x^4-4x^2+4=0$$

二重根 $\sqrt{2}$ 的计算值.

解 (1) 使用 Newton 法

$$x_{k+1}=\varphi(x_k)=x_k-\frac{x_k^4-4x_k^2+4}{4x_k^3-8x_k}=x_k-\frac{x_k^2-2}{4x_k}.$$

(2) 使用

$$x_{k+1}=x_k-2\frac{x_k^2-2}{4x_k}=x_k-\frac{x_k^2-2}{2x_k}.$$

上述两种方法都取初始值 $x_0=1.5$,计算结果见表 4-3.

表 4-3 计 算 结 果

x_i	方法(1)的结果	方法(2)的结果
x_1	1.458 333	1.416 667
x_2	1.436 607	1.414 216
x_3	1.425 498	1.414 214

从上面两种方法的计算解中可以看出,方法(2)的收敛速度较方法(1)的快.

4.3 计算矩阵特征问题的幂法

在很多工程技术和科学计算中,经常会碰到计算矩阵的特征问题.设 $\boldsymbol{A}\in\mathbf{R}^{n\times n}$,矩阵 $\boldsymbol{A}$ 的特征问题是求数 λ 和非零向量 $\boldsymbol{x}$,使

$$\boldsymbol{A}\boldsymbol{x}=\lambda\boldsymbol{x}. \tag{4-32}$$

在线性代数中曾经计算过低阶矩阵的特征问题,即由 n 次代数方程

$$f(\lambda)=\det(\lambda\boldsymbol{I}-\boldsymbol{A})=0 \tag{4-33}$$

求出根 λ_i,即为 $\boldsymbol{A}$ 的特征值,再从线性方程组

$$(\lambda_i\boldsymbol{I}-\boldsymbol{A})\boldsymbol{x}=\boldsymbol{0} \tag{4-34}$$

中求出非零的 $\boldsymbol{x}^{(i)}$,即为 $\boldsymbol{A}$ 的关于 λ_i 的特征向量 $\boldsymbol{x}^{(i)}$,λ_i 和 $\boldsymbol{x}^{(i)}$ 称为 $\boldsymbol{A}$ 的特征对.

4.3.1 幂法

用解非线性方程和解线性方程组的方法求矩阵特征问题,一般情况计算量很大.因此,需考虑用其他方法计算 $\boldsymbol{A}$ 的特征对.在不少工程实际中往往需要求矩阵 $\boldsymbol{A}$ 的绝对值(模)最大或最小的特征值.幂法就是求这种特征值与相应的特征向量的方法.

矩阵 $\boldsymbol{A}$ 绝对值最大的特征值称为主特征值.设 $\boldsymbol{A}$ 的特征值和对应的特征向量分别为

$$\lambda_1,\ \lambda_2,\ \cdots,\lambda_n,$$

$$\boldsymbol{x}^{(1)},\boldsymbol{x}^{(2)},\cdots,\boldsymbol{x}^{(n)},$$

且 $|\lambda_1|>|\lambda_2|\geqslant|\lambda_3|\geqslant\cdots\geqslant|\lambda_n|$;$\boldsymbol{x}^{(1)},\boldsymbol{x}^{(2)},\cdots,\boldsymbol{x}^{(n)}$ 构成 $\boldsymbol{A}$ 的线性无关特征向量组,则对任一 n 维向量 $\boldsymbol{v}^{(0)}$,均可表示成

$$\boldsymbol{v}^{(0)}=\alpha_1\boldsymbol{x}^{(1)}+\alpha_2\boldsymbol{x}^{(2)}+\cdots+\alpha_n\boldsymbol{x}^{(n)}\quad(\alpha_1\neq 0),$$

则

$$
\begin{aligned}
\boldsymbol{A}\boldsymbol{v}^{(0)} &= \alpha_1 \boldsymbol{A}\boldsymbol{x}^{(1)} + \alpha_2 \boldsymbol{A}\boldsymbol{x}^{(2)} + \cdots + \alpha_n \boldsymbol{A}\boldsymbol{x}^{(n)} \\
&= \alpha_1 \lambda_1 \boldsymbol{x}^{(1)} + \alpha_2 \lambda_2 \boldsymbol{x}^{(2)} + \cdots + \alpha_n \lambda_n \boldsymbol{x}^{(n)}, \\
&\cdots\cdots\cdots \\
\boldsymbol{A}^k \boldsymbol{v}^{(0)} &= \alpha_1 \lambda_1^k \boldsymbol{x}^{(1)} + \alpha_2 \lambda_2^k \boldsymbol{x}^{(2)} + \cdots + \alpha_n \lambda_n^k \boldsymbol{x}^{(n)} \\
&= \lambda_1^k \left[\alpha_1 \boldsymbol{x}^{(1)} + \alpha_2 \left(\frac{\lambda_2}{\lambda_1} \right)^k \boldsymbol{x}^{(2)} + \cdots + \alpha_n \left(\frac{\lambda_n}{\lambda_1} \right)^k \boldsymbol{x}^{(n)} \right],
\end{aligned}
$$

$$
\frac{\boldsymbol{A}^k \boldsymbol{v}^{(0)}}{\lambda_1^k} = \alpha_1 \boldsymbol{x}^{(1)} + \alpha_2 \left(\frac{\lambda_2}{\lambda_1} \right)^k \boldsymbol{x}^{(2)} + \cdots + \alpha_n \left(\frac{\lambda_n}{\lambda_1} \right)^k \boldsymbol{x}^{(n)}.
$$

因为

$$
\left| \frac{\lambda_i}{\lambda_1} \right| < 1 \quad (i = 2, 3, \cdots, n),
$$

所以

$$
\lim_{k \to \infty} \frac{\boldsymbol{A}^k \boldsymbol{v}^{(0)}}{\lambda_1^k} = \alpha_1 \boldsymbol{x}^{(1)}. \tag{4-35}
$$

(4-35)式说明$\dfrac{\boldsymbol{A}^k \boldsymbol{v}^{(0)}}{\lambda_1^k}$随着 k 的无限增大,趋于 $\boldsymbol{A}$ 的主特征值对应的特征向量 $\boldsymbol{x}^{(1)}$(特征向量 $\boldsymbol{x}$ 乘一个不为 0 的常数 α 后,仍为原特征值对应的特征向量).

若令 $\boldsymbol{v}^{(k)} = \boldsymbol{A}^k \boldsymbol{v}^{(0)}$,则

$$
\boldsymbol{v}^{(k)} \approx \lambda_1^k \alpha_1 \boldsymbol{x}^{(1)} = (\alpha_1 \lambda_1^k) \boldsymbol{x}^{(1)},
$$

故 $\boldsymbol{v}^{(k)}$ 也可作为 λ_1 对应的近似特征向量.

又因为

$$
\frac{v_i^{(k)}}{v_i^{(k-1)}} = \frac{(\boldsymbol{A}^k \boldsymbol{v}^{(0)})_i}{(\boldsymbol{A}^{k-1} \boldsymbol{v}^{(0)})_i} = \frac{\left[\lambda_1^k \left(\alpha_1 \boldsymbol{x}^{(1)} + \alpha_2 \left(\frac{\lambda_2}{\lambda_1} \right)^k \boldsymbol{x}^{(2)} + \cdots + \alpha_n \left(\frac{\lambda_n}{\lambda_1} \right)^k \boldsymbol{x}^{(n)} \right) \right]_i}{\left[\lambda_1^{k-1} \left(\alpha_1 \boldsymbol{x}^{(1)} + \alpha_2 \left(\frac{\lambda_2}{\lambda_1} \right)^{k-1} \boldsymbol{x}^{(2)} + \cdots + \alpha_n \left(\frac{\lambda_n}{\lambda_1} \right)^{k-1} \boldsymbol{x}^{(n)} \right) \right]_i}
$$

$$
= \lambda_1 \frac{\left[\alpha_1 \boldsymbol{x}^{(1)} + \alpha_2 \left(\frac{\lambda_2}{\lambda_1} \right)^k \boldsymbol{x}^{(2)} + \cdots + \alpha_n \left(\frac{\lambda_n}{\lambda_1} \right)^k \boldsymbol{x}^{(n)} \right]_i}{\left[\alpha_1 \boldsymbol{x}^{(1)} + \alpha_2 \left(\frac{\lambda_2}{\lambda_1} \right)^{k-1} \boldsymbol{x}^{(2)} + \cdots + \alpha_n \left(\frac{\lambda_n}{\lambda_1} \right)^{k-1} \boldsymbol{x}^{(n)} \right]_i},
$$

其中

$$
\boldsymbol{v}^{(k)} = (v_1^{(k)}, v_2^{(k)}, \cdots, v_n^{(k)})^{\mathrm{T}},
$$

所以

$$
\lim_{k \to \infty} \frac{v_i^{(k)}}{v_i^{(k-1)}} = \lambda_1. \tag{4-36}
$$

(4-36)式表明,序列$\dfrac{v_i^{(k)}}{v_i^{(k-1)}}$$(k = 1, 2, \cdots)$收敛于 $\boldsymbol{A}$ 的主特征值 λ_1,其收敛速度取决于比值

$r=\left|\dfrac{\lambda_2}{\lambda_1}\right|$ 的大小，r 越小，收敛速度越快，如果 $r\approx1$，则收敛速度就很慢，需要采用加速技术.

综上所述，可得如下定理.

定理 4.8 若矩阵 $\boldsymbol{A}$ 具有 n 个线性无关的特征向量

$$\boldsymbol{x}^{(1)},\boldsymbol{x}^{(2)},\cdots,\boldsymbol{x}^{(n)},$$

且对应的特征值满足 $|\lambda_1|>|\lambda_2|\geqslant|\lambda_3|\geqslant\cdots\geqslant|\lambda_n|$，则取 $\boldsymbol{v}^{(0)}\neq\boldsymbol{0}$，经使用

$$\boldsymbol{v}^{(k)}=\boldsymbol{A}^k\boldsymbol{v}^{(0)},\quad k=1,2,\cdots \tag{4-37}$$

迭代计算可得

$$\boldsymbol{v}^{(k)}=\alpha_1\lambda_1^k\boldsymbol{x}^{(1)}\quad(\alpha_1\neq0), \tag{4-38}$$

$$\frac{v_i^{(k)}}{v_i^{(k-1)}}\approx\lambda_1. \tag{4-39}$$

利用(4-37)—(4-39)式计算 $\boldsymbol{A}$ 的主特征值 λ_1 及其对应的特征向量 $\boldsymbol{x}^{(1)}$ 的方法，称为**幂法**，其中 $(\lambda_1,\boldsymbol{x}^{(1)})$ 也称为**极端特征对**.

从(4-38)式中易知，如果 $|\lambda_1|<1$ 或 $|\lambda_1|>1$，在计算机上计算 $\boldsymbol{v}^{(k)}$，当 $k\to\infty$ 时，$\boldsymbol{v}^{(k)}$ 中的非零分量将产生“溢出”，即 $\boldsymbol{v}^{(k)}$ 的非零分量将趋于零或无穷大.因此，为了避免这种情况的产生，在使用该方法时必须进行处理.

(1) 由于在取初始向量 $\boldsymbol{v}^{(0)}$ 时，$\boldsymbol{x}^{(1)},\boldsymbol{x}^{(2)},\cdots,\boldsymbol{x}^{(n)}$ 事先不知，可能使 $\boldsymbol{v}^{(0)}=\alpha_1\boldsymbol{x}^{(1)}+\alpha_2\boldsymbol{x}^{(2)}+\cdots+\alpha_n\boldsymbol{x}^{(n)}$ 中的 $\alpha_1=0$.从理论上讲此时必须换初始向量 $\boldsymbol{v}^{(0)}$，否则算不出 $\boldsymbol{x}^{(1)}$.但是在实际计算时，由于舍入误差的影响，可能经几步迭代后得到

$$\boldsymbol{v}^{(t)}=\boldsymbol{A}^t\boldsymbol{v}^{(0)}=\beta_1\boldsymbol{x}^{(1)}+\beta_2\boldsymbol{x}^{(2)}+\cdots+\beta_n\boldsymbol{x}^{(n)},$$

其中 $\beta_1\neq0$，这样继续算下去仍可算出 $\boldsymbol{x}^{(1)}$ 的近似值，但是迭代次数就要增加，如果发现收敛速度很慢，可以更换初始向量 $\boldsymbol{v}^{(0)}$ 后再进行迭代计算.

(2) 当 $|\lambda_1|>1$(或 $|\lambda_1|<1$)时，电算将产生“溢出”，为了避免这种现象的产生，需要将由(4-38)式每次算得的向量 $\boldsymbol{v}$ 进行规范化，即在向量上除以一个常数.为了方便起见，除数可取该向量绝对值最大的分量，并记为 $\max\{\boldsymbol{v}\}$.若

$$\boldsymbol{v}=(v_1,v_2,\cdots,v_n)^{\mathrm{T}}\quad 且\quad |v_k|=\max_{1\leqslant i\leqslant n}|v_i|,$$

则

$$\max\{\boldsymbol{v}\}=v_k.$$

令

$$\boldsymbol{u}=\frac{\boldsymbol{v}}{\max\{\boldsymbol{v}\}}=\left(\frac{v_1}{v_k},\frac{v_2}{v_k},\cdots,\frac{v_n}{v_k}\right)^{\mathrm{T}}.$$

如此规范后的向量 $\boldsymbol{u}$，其绝对值最大的分量的值为 1.于是幂法可作如下表达：

① 取 $\boldsymbol{v}^{(0)}\neq\boldsymbol{0}$ 和 $\alpha_1\neq0$，并令 $\boldsymbol{u}^{(0)}=\boldsymbol{v}^{(0)}$；

② $\boldsymbol{v}^{(1)}=\boldsymbol{A}\boldsymbol{v}^{(0)}=\boldsymbol{A}\boldsymbol{u}^{(0)}$,

$$\boldsymbol{u}^{(1)}=\frac{\boldsymbol{v}^{(1)}}{\max\{\boldsymbol{v}^{(1)}\}}=\frac{\boldsymbol{A}\boldsymbol{v}^{(0)}}{\max\{\boldsymbol{A}\boldsymbol{v}^{(0)}\}};$$

③ $\boldsymbol{v}^{(2)}=\boldsymbol{A}\boldsymbol{u}^{(1)}=\dfrac{\boldsymbol{A}\boldsymbol{v}^{(1)}}{\max\{\boldsymbol{A}\boldsymbol{v}^{(0)}\}}=\dfrac{\boldsymbol{A}^2\boldsymbol{v}^{(0)}}{\max\{\boldsymbol{A}\boldsymbol{v}^{(0)}\}}$,

$$u^{(2)}=\frac{v^{(2)}}{\max\{v^{(2)}\}}=\frac{A^2v^{(0)}}{\max\{A^2v^{(0)}\}};$$

④ $$\begin{cases} v^{(k)}=Au^{(k-1)}=\dfrac{A^kv^{(0)}}{\max\{A^{k-1}v^{(0)}\}}, \\ u^{(k)}=\dfrac{v^{(k)}}{\max\{v^{(k)}\}}=\dfrac{A^kv^{(0)}}{\max\{A^kv^{(0)}\}}, \quad k=3,4,\cdots. \end{cases} \tag{4-40}$$

因为

$$u^{(k)}=\frac{A^kv^{(0)}}{\max\{A^kv^{(0)}\}}=\frac{\lambda_1^k\left[\alpha_1x^{(1)}+\cdots+\alpha_n\left(\dfrac{\lambda_n}{\lambda_1}\right)^kx^{(n)}\right]}{\max\left\{\lambda_1^k\left[\alpha_1x^{(1)}+\cdots+\alpha_n\left(\dfrac{\lambda_n}{\lambda_1}\right)^kx^{(n)}\right]\right\}}$$

$$=\frac{\left[\alpha_1x^{(1)}+\alpha_2\left(\dfrac{\lambda_2}{\lambda_1}\right)^kx^{(2)}+\cdots+\alpha_n\left(\dfrac{\lambda_n}{\lambda_1}\right)^kx^{(n)}\right]}{\max\left\{\alpha_1x^{(1)}+\alpha_2\left(\dfrac{\lambda_2}{\lambda_1}\right)^kx^{(2)}+\cdots+\alpha_n\left(\dfrac{\lambda_n}{\lambda_1}\right)^kx^{(n)}\right\}},$$

所以

$$\lim_{k\to\infty}u^{(k)}=\frac{\alpha_1x^{(1)}}{\max\{\alpha_1x^{(1)}\}}=\frac{x^{(1)}}{\max\{x^{(1)}\}}.$$

又因为

$$v^{(k)}=\frac{A^kv^{(0)}}{\max\{A^{k-1}v^{(0)}\}}=\frac{\lambda_1^k\left[\alpha_1x^{(1)}+\cdots+\alpha_n\left(\dfrac{\lambda_n}{\lambda_1}\right)^kx^{(n)}\right]}{\lambda_1^{k-1}\max\left\{\alpha_1x^{(1)}+\cdots+\alpha_n\left(\dfrac{\lambda_n}{\lambda_1}\right)^{k-1}x^{(n)}\right\}}$$

$$=\lambda_1\frac{\left[\alpha_1x^{(1)}+\alpha_2\left(\dfrac{\lambda_2}{\lambda_1}\right)^kx^{(2)}+\cdots+\alpha_n\left(\dfrac{\lambda_n}{\lambda_1}\right)^kx^{(n)}\right]}{\max\left\{\alpha_1x^{(1)}+\alpha_2\left(\dfrac{\lambda_2}{\lambda_1}\right)^{k-1}x^{(2)}+\cdots+\alpha_n\left(\dfrac{\lambda_n}{\lambda_1}\right)^{k-1}x^{(n)}\right\}},$$

所以

$$\lim_{k\to\infty}\max\{v^{(k)}\}=\lambda_1.$$

故当 k 足够大时

$$u^{(k)}\approx\frac{x^{(1)}}{\max\{x^{(1)}\}}, \tag{4-41}$$

即 $u^{(k)}$ 为主特征值对应的特征向量的近似向量.

$$\max\{v^{(k)}\}\approx\lambda_1, \tag{4-42}$$

即 $\max\{v^{(k)}\}$ 为主特征值的近似值.

例 1 用幂法计算矩阵

$$A=\begin{pmatrix}1.0 & 1.0 & 0.5\\ 1.0 & 1.0 & 0.25\\ 0.5 & 0.25 & 2.0\end{pmatrix}$$

的极端特征对,取 $\boldsymbol{v}^{(0)}=(1,1,1)^{\mathrm{T}}$,结果见表 4-4.

表 4-4　计算结果

k	$(\boldsymbol{u}^{(k)})^{\mathrm{T}}$(规范化向量)	$\max\{\boldsymbol{v}^{(k)}\}$
1	(0.909 1,0.818 2,1)	2.750 000
⋮	⋮	⋮
5	(0.765 1,0.667 4,1)	2.558 792
⋮	⋮	⋮
10	(0.749 4,0.650 8,1)	2.538 003
⋮	⋮	⋮
15	(0.748 3,0.649 7,1)	2.536 626
16	(0.748 3,0.649 7,1)	2.536 584
17	(0.748 2,0.649 7,1)	2.536 560
18	(0.748 2,0.649 7,1)	2.536 546
19	(0.748 2,0.649 7,1)	2.536 537
20	(0.748 2,0.649 7,1)	2.536 532

主特征值的计算值为

$$\lambda_1\approx 2.536\,532,$$

λ_1 对应的近似特征向量为

$$\boldsymbol{x}^{(1)}\approx(0.748\,2,0.649\,7,1)^{\mathrm{T}}.$$

如果矩阵 $\boldsymbol{A}$ 的特征值不满足假设

$$|\lambda_1|>|\lambda_2|\geqslant|\lambda_3|\geqslant\cdots\geqslant|\lambda_n|,$$

此时幂法的收敛性分析就变得复杂,它可能产生如下几种情况

(1) $\lambda_1=\lambda_2=\cdots=\lambda_r$,且 $|\lambda_1|>|\lambda_{r+1}|>|\lambda_{r+2}|>\cdots>|\lambda_n|$;

(2) $\lambda_1=\lambda_2=\cdots=\lambda_t,\lambda_{t+1}=\lambda_{t+2}=\cdots=\lambda_r=-\lambda_1$,且 $|\lambda_1|>|\lambda_{r+1}|>|\lambda_{r+2}|>\cdots>|\lambda_n|$;

(3) $\lambda_1=\lambda_2$ 且 $|\lambda_1|>|\lambda_3|>|\lambda_4|>\cdots>|\lambda_n|$.

对于情况(1),由于

$$\begin{aligned}\boldsymbol{A}^k\boldsymbol{v}^{(0)}&=\alpha_1\lambda_1^k\boldsymbol{x}^{(1)}+\cdots+\alpha_r\lambda_1^k\boldsymbol{x}^{(r)}+\alpha_{r+1}\lambda_{r+1}^k\boldsymbol{x}^{(r+1)}+\cdots+\alpha_n\lambda_n^k\boldsymbol{x}^{(n)}\\&=\lambda_1^k\left[(\alpha_1\boldsymbol{x}^{(1)}+\cdots+\alpha_r\boldsymbol{x}^{(r)})+\alpha_{r+1}\left(\frac{\lambda_{r+1}}{\lambda_1}\right)^k\boldsymbol{x}^{(r+1)}+\cdots+\alpha_n\left(\frac{\lambda_n}{\lambda_1}\right)^k\boldsymbol{x}^{(n)}\right],\end{aligned}$$

$$\boldsymbol{u}^{(k)}=\frac{\boldsymbol{A}^k\boldsymbol{v}^{(0)}}{\max\{\boldsymbol{A}^k\boldsymbol{v}^{(0)}\}}\to\frac{\alpha_1\boldsymbol{x}^{(1)}+\alpha_2\boldsymbol{x}^{(2)}+\cdots+\alpha_r\boldsymbol{x}^{(r)}}{\max\{\alpha_1\boldsymbol{x}^{(1)}+\alpha_2\boldsymbol{x}^{(2)}+\cdots+\alpha_r\boldsymbol{x}^{(r)}\}}\quad(k\to\infty),$$

$$\boldsymbol{v}^{(k)}=\frac{\boldsymbol{A}^k\boldsymbol{v}^{(0)}}{\max\{\boldsymbol{A}^{k-1}\boldsymbol{v}^{(0)}\}}\to\lambda_1\frac{\alpha_1\boldsymbol{x}^{(1)}+\alpha_2\boldsymbol{x}^{(2)}+\cdots+\alpha_r\boldsymbol{x}^{(r)}}{\max\{\alpha_1\boldsymbol{x}^{(1)}+\alpha_2\boldsymbol{x}^{(2)}\cdots+\alpha_r\boldsymbol{x}^{(r)}\}},$$

则当 $k\to\infty$ 时，$\max\{\boldsymbol{v}^{(k)}\}\to\lambda_1$.

故对于情况(1)，在 $\boldsymbol{v}^{(0)}$ 的展开式中，如果

$$\alpha_1\boldsymbol{x}^{(1)}+\alpha_2\boldsymbol{x}^{(2)}+\cdots+\alpha_r\boldsymbol{x}^{(r)}\neq\boldsymbol{0},$$

则矩阵 $\boldsymbol{A}$ 的主特征值近似于 $\max\{\boldsymbol{v}^{(k)}\}$，对应的近似特征向量为

$$\frac{\alpha_1\boldsymbol{x}^{(1)}+\alpha_2\boldsymbol{x}^{(2)}+\cdots+\alpha_r\boldsymbol{x}^{(r)}}{\max\{\alpha_1\boldsymbol{x}^{(1)}+\alpha_2\boldsymbol{x}^{(2)}\cdots+\alpha_r\boldsymbol{x}^{(r)}\}}.$$

情况(2)和(3)的分析较(1)要复杂，读者可以参看[5].

4.3.2 反幂法

如果对表达式

$$\boldsymbol{A}\boldsymbol{x}=\lambda\boldsymbol{x}$$

的两边左乘 $\boldsymbol{A}^{-1}$ 后，将得到

$$\boldsymbol{A}^{-1}\boldsymbol{A}\boldsymbol{x}=\boldsymbol{I}\boldsymbol{x}=\lambda\boldsymbol{A}^{-1}\boldsymbol{x},$$

故

$$\boldsymbol{A}^{-1}\boldsymbol{x}=\frac{1}{\lambda}\boldsymbol{x}. \tag{4-43}$$

(4-43)式说明 $\boldsymbol{A}$ 的绝对值最小的特征值的倒数为 $\boldsymbol{A}^{-1}$ 的主特征值.因此，我们可以对 $\boldsymbol{A}^{-1}$ 用幂法求 $\boldsymbol{A}$ 的绝对值(模)最小的特征值，简称最小特征值.

任取初始向量 $\boldsymbol{v}^{(0)}=\boldsymbol{u}^{(0)}$，使用幂法(4-40)，得到迭代格式

$$\begin{cases}\boldsymbol{v}^{(k)}=\boldsymbol{A}^{-1}\boldsymbol{u}^{(k-1)},\\ \boldsymbol{u}^{(k)}=\dfrac{\boldsymbol{v}^{(k)}}{\max\{\boldsymbol{v}^{(k)}\}},\quad k=1,2,\cdots.\end{cases} \tag{4-44}$$

(4-44)式称为**反幂法**，其收敛速度取决于

$$r=\frac{\left|\dfrac{1}{\lambda_{n-1}}\right|}{\left|\dfrac{1}{\lambda_n}\right|}=\left|\frac{\lambda_n}{\lambda_{n-1}}\right|.$$

在反幂法(4-44)中需要求 $\boldsymbol{A}$ 的逆矩阵 $\boldsymbol{A}^{-1}$，为了避免求 $\boldsymbol{A}^{-1}$，可以通过解线性方程组

$$\boldsymbol{A}\boldsymbol{v}^{(k)}=\boldsymbol{u}^{(k-1)}$$

的方法求出 $\boldsymbol{v}^{(k)}$.由于需要反复求解以 $\boldsymbol{A}$ 为系数矩阵的方程组，所以可先对 $\boldsymbol{A}$ 进行三角分解 $\boldsymbol{A}=\boldsymbol{L}\boldsymbol{U}$ 后，求解三角形方程组，即求解

$$\begin{cases}\boldsymbol{L}\boldsymbol{y}^{(k)}=\boldsymbol{u}^{(k-1)},\\ \boldsymbol{U}\boldsymbol{v}^{(k)}=\boldsymbol{y}^{(k)},\end{cases}$$

其中 $\boldsymbol{L},\boldsymbol{U}$ 分别为下、上三角形矩阵.

取初始向量 $\boldsymbol{u}^{(0)}\neq\boldsymbol{0}$，由迭代格式

$$\begin{cases} \boldsymbol{A}\boldsymbol{v}^{(k)}=\boldsymbol{L}\boldsymbol{U}\boldsymbol{v}^{(k)}=\boldsymbol{u}^{(k-1)}, \\ \boldsymbol{u}^{(k)}=\dfrac{\boldsymbol{v}^{(k)}}{\max\{\boldsymbol{v}^{(k)}\}}, \qquad k=1,2,\cdots \end{cases} \tag{4-45}$$

计算出 $\boldsymbol{A}$ 的绝对值最小的特征值 λ_n 和对应的特征向量 $\boldsymbol{x}^{(n)}$.$(\lambda_n,\boldsymbol{x}^{(n)})$ 也称为**极端特征对**.

当非奇异矩阵 $\boldsymbol{A}$ 有 n 个线性无关的特征向量 $\boldsymbol{x}^{(1)},\boldsymbol{x}^{(2)},\cdots,\boldsymbol{x}^{(n)}$,且对应的特征值满足

$$|\lambda_1|\geqslant|\lambda_2|\geqslant\cdots\geqslant|\lambda_{n-1}|>|\lambda_n|>0,$$

则对于非零初始向量 $\boldsymbol{v}^{(0)}=\boldsymbol{u}^{(0)}\neq\boldsymbol{0}(\alpha_n\neq0)$,由反幂法(4-45)求出 $\boldsymbol{v}^{(k)},\boldsymbol{u}^{(k)}$,当 k 足够大时,

$$\boldsymbol{u}^{(k)}\approx\frac{\boldsymbol{x}^{(n)}}{\max\{\boldsymbol{x}^{(n)}\}},$$

$$\lambda_n\approx\frac{1}{\max\{\boldsymbol{v}^{(k)}\}},$$

其中 $\dfrac{1}{\max\{\boldsymbol{v}^{(k)}\}}$ 和 $\boldsymbol{v}^{(k)}$ 分别为 $\boldsymbol{A}$ 的最小特征值和对应的特征向量的计算值.

受到反幂法的启发,如果知道矩阵 $\boldsymbol{A}$ 的某个特征值 λ_i 的近似值 p,或由某种方法求出特征值 λ_i 的近似值 p,但需要提高精度,此时若有

$$|\lambda_i-p|<|\lambda_j-p|,\quad i\neq j, \tag{4-46}$$

由于

$$(\boldsymbol{A}-p\boldsymbol{I})\boldsymbol{x}^{(i)}=\boldsymbol{A}\boldsymbol{x}^{(i)}-p\boldsymbol{x}^{(i)}=(\lambda_i-p)\boldsymbol{x}^{(i)},$$

故若 $(\boldsymbol{A}-p\boldsymbol{I})^{-1}$ 存在,则

$$(\boldsymbol{A}-p\boldsymbol{I})^{-1}\boldsymbol{x}^{(i)}=\frac{1}{\lambda_i-p}\boldsymbol{x}^{(i)}. \tag{4-47}$$

从(4-46)式和(4-47)式知,$\dfrac{1}{\lambda_i-p}$ 是 $(\boldsymbol{A}-p\boldsymbol{I})^{-1}$ 的主特征值.于是使用反幂法

$$\begin{cases} (\boldsymbol{A}-p\boldsymbol{I})\boldsymbol{v}^{(k)}=\boldsymbol{u}^{(k-1)}, \\ \boldsymbol{u}^{(k)}=\dfrac{\boldsymbol{v}^{(k)}}{\max\{\boldsymbol{v}^{(k)}\}}, \qquad k=1,2,\cdots \end{cases} \tag{4-48}$$

求出 $\boldsymbol{v}^{(k)}$ 和 $\boldsymbol{u}^{(k)}$.当 k 足够大时,

$$\boldsymbol{u}^{(k)}\approx\frac{\boldsymbol{x}^{(i)}}{\max\{\boldsymbol{x}^{(i)}\}}, \tag{4-49}$$

$$\max\{\boldsymbol{v}^{(k)}\}\approx\frac{1}{\lambda_i-p},$$

即

$$\lambda_i\approx p+\frac{1}{\max\{\boldsymbol{v}^{(k)}\}}. \tag{4-50}$$

(4-49)式和(4-50)式分别为 $\boldsymbol{A}$ 的第 i 个特征向量和对应的特征值的计算值,此法称为**原点位移的反幂法**.

与反幂法一样,为了节省工作量,应先对 $\boldsymbol{A}-p\boldsymbol{I}$ 进行三角分解,即

$$\boldsymbol{A}-p\boldsymbol{I}=\boldsymbol{L}\boldsymbol{U}.$$

求 $\boldsymbol{v}^{(k)}$ 时,相当于解两个三角形方程组

$$\begin{cases} \boldsymbol{L}\boldsymbol{y}^{(k)}=\boldsymbol{u}^{(k-1)}, \\ \boldsymbol{U}\boldsymbol{v}^{(k)}=\boldsymbol{y}^{(k)}. \end{cases}$$

因此反幂法可以写成

$$\begin{cases} \boldsymbol{L}\boldsymbol{y}^{(k)}=\boldsymbol{u}^{(k-1)}, \\ \boldsymbol{U}\boldsymbol{v}^{(k)}=\boldsymbol{y}^{(k)}, \\ \boldsymbol{u}^{(k)}=\dfrac{\boldsymbol{v}^{(k)}}{\max\{\boldsymbol{v}^{(k)}\}}, \quad k=1,2,\cdots. \end{cases} \tag{4-51}$$

如果 LU 分解的计算精度不够,则可采用列主元三角分解,即 $\boldsymbol{PA}=\boldsymbol{LU}(\boldsymbol{P}(\boldsymbol{A}-p\boldsymbol{I})=\boldsymbol{LU})$.此时,应将(4-51)式中的第一式改为 $\boldsymbol{L}\boldsymbol{y}^{(k)}=\boldsymbol{P}\boldsymbol{u}^{(k-1)}$,其中 $\boldsymbol{P}$ 为排列矩阵.

4.4 迭代法的加速

前面介绍了使用迭代法求解线性方程组、非线性方程和矩阵的特征问题.它们都有收敛速度快慢的问题,如何提高迭代法的收敛速度是大家关心的问题.所谓提高迭代法的收敛速度,即对迭代法加速,也就是寻找一种改进迭代法直接产生的序列的收敛速度的方法,使原来不收敛的序列变成收敛,使原来收敛较慢的序列变得收敛快一些.例如,由求解数值问题的迭代法得到数列 $\{x_k\}$,并设该数值问题的精确解为 x^*,若通过某种方法对数列 $\{x_k\}$ 进行处理后得到新数列 $\{y_k\}$,且

$$\lim_{k\to\infty}\frac{y_k-x^*}{x_k-x^*}=0,$$

这种处理方法就是对迭代法的加速.一般地,通过加速后得到的新序列中,新序列的每个元素往往含有参数,如何选择参数值使新序列的收敛速度最快,是迭代法加速的另一个研究问题.如果加速后得到新序列中的每个元素都能用它前面的元素进行统一表达,那么该表达式就可构成新的迭代法.由求解非线性方程的简单迭代法通过加速得到的 Steffensen(斯特芬森)迭代法就属此例.对迭代法进行加速的方法较多,本节主要介绍如下方法.

4.4.1 基本迭代法的加速(SOR)

在 4.1 节中介绍了求解线性方程组的 Jacobi 迭代法和 G-S 法等基本迭代法,通过对基本迭代法加速可得其他迭代法.

一、超松弛法(SOR 法)

G-S 法的迭代格式为

$$\begin{cases} x_i^{(k+1)}=\dfrac{1}{a_{ii}}\left(b_i-\sum_{j=1}^{i-1}a_{ij}x_j^{(k+1)}-\sum_{j=i+1}^{n}a_{ij}x_j^{(k)}\right), \\ a_{ii}\neq 0, \quad i=1,2,\cdots,n. \end{cases} \tag{4-52}$$

如果将(4-52)式的右端记为 $\bar{x}_i^{(k+1)}$,并用 $\bar{x}_i^{(k+1)}$ 和 $x_i^{(k)}$ 的线性组合作迭代加速,则得到

$$\begin{cases} \beta_0 x_i^{(k)}+\beta_1\bar{x}_i^{(k+1)}=x_i^{(k+1)}, \quad i=1,2,\cdots,n, \\ \beta_0+\beta_1=1, \end{cases} \tag{4-53}$$

即

$$(1-\beta_1)x_i^{(k)}+\beta_1\bar{x}_i^{(k+1)}=x_i^{(k+1)}.$$

将(4-52)式的右端代入(4-53)式，得

$$x_i^{(k+1)}=(1-\beta_1)x_i^{(k)}+\frac{\beta_1}{a_{ii}}\left(b_i-\sum_{j=1}^{i-1}a_{ij}x_j^{(k+1)}-\sum_{j=i+1}^{n}a_{ij}x_j^{(k)}\right),\quad i=1,2,\cdots,n.$$

这就是**逐次超松弛法**，简称 **SOR 法**，β_1 称为**松弛因子**，通常松弛因子用 ω 表示，即

$$\begin{aligned}x_i^{(k+1)}&=(1-\omega)x_i^{(k)}+\frac{\omega}{a_{ii}}\left(b_i-\sum_{j=1}^{i-1}a_{ij}x_j^{(k+1)}-\sum_{j=i+1}^{n}a_{ij}x_j^{(k)}\right)\\&=x_i^{(k)}+\frac{\omega}{a_{ii}}\left(b_i-\sum_{j=1}^{i-1}a_{ij}x_j^{(k+1)}-\sum_{j=i}^{n}a_{ij}x_j^{(k)}\right)\quad(i=1,2,\cdots,n).\end{aligned}\tag{4-54}$$

(4-54)式可以写成

$$\begin{cases}x_i^{(k+1)}=x_i^{(k)}+\Delta x_i,\\ \Delta x_i=\dfrac{\omega}{a_{ii}}\left(b_i-\displaystyle\sum_{j=1}^{i-1}a_{ij}x_j^{(k+1)}-\sum_{j=i}^{n}a_{ij}x_j^{(k)}\right),\\ k=0,1,2,\cdots,i=1,2,\cdots,n.\end{cases}\tag{4-55}$$

SOR 法的收敛速度与 ω 的取值有关，当 $\omega=1$ 时，它就是 G-S 法.因此，可选取 ω 的值使(4-55)式的收敛速度较 G-S 法快，从而起到加速作用.为了讨论 ω 的取值与收敛性的关系，特将(4-54)式改写成矩阵形式.由(4-54)式可得

$$a_{ii}x_i^{(k+1)}=(1-\omega)a_{ii}x_i^{(k)}+\omega\left(b_i-\sum_{j=1}^{i-1}a_{ij}x_j^{(k+1)}-\sum_{j=i+1}^{n}a_{ij}x_j^{(k)}\right).$$

设 $\boldsymbol{A}=\boldsymbol{D}-\boldsymbol{L}-\boldsymbol{U}$，其中 $\boldsymbol{D}=\mathrm{diag}(a_{11},a_{22},\cdots,a_{nn})$，$\boldsymbol{L},\boldsymbol{U}$ 同(4-7)式，则上式可写成矩阵形式

$$\boldsymbol{D}\boldsymbol{x}^{(k+1)}=(1-\omega)\boldsymbol{D}\boldsymbol{x}^{(k)}+\omega(\boldsymbol{b}+\boldsymbol{L}\boldsymbol{x}^{(k+1)}+\boldsymbol{U}\boldsymbol{x}^{(k)}).$$

整理后得

$$(\boldsymbol{D}-\omega\boldsymbol{L})\boldsymbol{x}^{(k+1)}=[(1-\omega)\boldsymbol{D}+\omega\boldsymbol{U}]\boldsymbol{x}^{(k)}+\omega\boldsymbol{b},$$
$$\boldsymbol{x}^{(k+1)}=(\boldsymbol{D}-\omega\boldsymbol{L})^{-1}[(1-\omega)\boldsymbol{D}+\omega\boldsymbol{U}]\boldsymbol{x}^{(k)}+\omega(\boldsymbol{D}-\omega\boldsymbol{L})^{-1}\boldsymbol{b}.$$

令

$$\boldsymbol{L}_\omega=(\boldsymbol{D}-\omega\boldsymbol{L})^{-1}[(1-\omega)\boldsymbol{D}+\omega\boldsymbol{U}],$$
$$\boldsymbol{f}=\omega(\boldsymbol{D}-\omega\boldsymbol{L})^{-1}\boldsymbol{b},$$

则

$$\boldsymbol{x}^{(k+1)}=\boldsymbol{L}_\omega\boldsymbol{x}^{(k)}+\boldsymbol{f},\tag{4-56}$$

其中 $\boldsymbol{L}_\omega$ 为 SOR 法的迭代矩阵.

显然(4-56)式收敛的充要条件为 $\rho(\boldsymbol{L}_\omega)<1$，可以证明 $\rho(\boldsymbol{L}_\omega)\geqslant|\omega-1|$，故若(4-56)式收敛，则

$$|\omega-1|\leqslant\rho(\boldsymbol{L}_\omega)<1,$$

即 $0<\omega<2$ **是迭代法(4-56)收敛的必要条件**.可以证明如果 $\boldsymbol{A}$ 是对称正定矩阵，则取满足 $0<\omega<2$ 的 ω 和任意初始向量 $\boldsymbol{x}^{(0)}$，迭代法(4-56)均收敛.从而也得到，**当 $\boldsymbol{A}$ 为对称正定矩阵时，G-S 法必收敛**.

使迭代法(4-56)收敛最快的松弛因子 ω **称最优松弛因子**,一般用 ω_{opt} 表示.但是在实际计算时,ω_{opt} 难以事先确定,一般可用试算法取近似最优值.在有些数学软件平台中有取 ω_{opt} 近似值的算法.

在设计 SOR 算法时,应注意 Jacobi 迭代法、G-S 法和 SOR 法的异同点,即迭代法(4-6),(4-11)和(4-55)的异同点,使设计的算法更具一般性.

二、算例

1. 求线性方程组

$$\begin{pmatrix} 3.433\,60 & -0.523\,80 & 0.671\,05 & -0.152\,70 \\ -0.523\,80 & 3.283\,26 & -0.730\,51 & -0.268\,90 \\ 0.671\,05 & -0.730\,51 & 4.026\,12 & -0.098\,35 \\ -0.152\,72 & -0.268\,90 & 0.018\,35 & 2.757\,02 \end{pmatrix} \begin{pmatrix} x_1 \\ x_2 \\ x_3 \\ x_4 \end{pmatrix} = \begin{pmatrix} -1.0 \\ 1.5 \\ 2.5 \\ -2.0 \end{pmatrix}$$

的计算解.

1)输入 $n=4,[\boldsymbol{A}\mid\boldsymbol{b}],\boldsymbol{x}=(0,0,0,0)^{\mathrm{T}};\omega=1;\varepsilon=10^{-6};N=20$(迭代的最大次数).

2)调用 SOR$(n,\boldsymbol{A},\boldsymbol{b},\boldsymbol{x},\omega,\varepsilon,N)$.

3)输出

$$k=9,$$

$$\boldsymbol{x}=(-0.394\,12,0.505\,78,0.761\,23,-0.702\,99)^{\mathrm{T}}.$$

2. 求解线性方程组

$$\begin{pmatrix} 4 & -1 & & & \\ -1 & 4 & -1 & & \\ & \ddots & \ddots & \ddots & \\ & & -1 & 4 & -1 \\ & & & -1 & 4 \end{pmatrix} \begin{pmatrix} x_1 \\ x_2 \\ \vdots \\ x_{14} \\ x_{15} \end{pmatrix} = \begin{pmatrix} 3 \\ 2 \\ \vdots \\ 2 \\ 3 \end{pmatrix}.$$

1)输入 $n=15$,增广矩阵$[\boldsymbol{A}\mid\boldsymbol{b}],\boldsymbol{x}=(0,0,\cdots,0)^{\mathrm{T}};\omega$(见表 4-5);$\varepsilon=10^{-6};N=40$.

2)调用 SOR$(n,\boldsymbol{A},\boldsymbol{b},\boldsymbol{x},\omega,\varepsilon,N)$.

3)输出

表 4-5 迭 代 次 数

松弛因子 ω	迭代次数	松弛因子 ω	迭代次数
0.8	28	1.2	20
0.9	23	1.3	24
1.0	18	1.4	28
1.1	16	1.5	34

取 $\omega_{opt}=1.1$,得到的计算解为

$$\boldsymbol{x}=(1.000\,000,1.000\,000,\cdots,1.000\,000)^{\mathrm{T}}.$$

4.4.2 Aitken 加速

前面已经看到,即使用最简单的线性组合进行加速,其组合系数也难于选取.例如,$x_k\to\alpha$ 的收敛速度较慢,如何选取实数$\{\beta_k\}$,使由下式形成的实数列的收敛速度更快?

$$\bar{x}_k=\beta_{k-1}x_{k-1}+\beta_k x_k\to\alpha,\quad \beta_{k-1}+\beta_k=1.$$

在一般情况下,这样的实数较难选取,但是,当

$$(1-\beta_k)x_{k-1}+\beta_k x_k\approx\alpha,$$

即
$$(1-\beta_k)x_{k-1}+\beta_k x_k-\alpha\approx 0(\text{其中 }\alpha\text{ 可以为数值问题的解}),$$

则
$$\begin{aligned}(1-\beta_k)x_{k-1}+\beta_k x_k-\alpha&=(1-\beta_k)x_{k-1}+\beta_k x_k-[(1-\beta_k)+\beta_k]\alpha\\&=(1-\beta_k)(x_{k-1}-\alpha)+\beta_k(x_k-\alpha)\approx 0,\end{aligned}$$

故
$$\frac{x_k-\alpha}{x_{k-1}-\alpha}\approx\frac{\beta_k-1}{\beta_k}.$$

如果从某个 k 开始,$\beta_k,\beta_{k+1},\cdots$都是不为零的常数,则

$$\frac{x_k-\alpha}{x_{k-1}-\alpha}\approx c(\text{常数}),$$

即原数列$\{x_k\}$为线性收敛.此时也有

$$\frac{x_{k+1}-\alpha}{x_k-\alpha}\approx c,$$

则
$$\frac{x_k-\alpha}{x_{k-1}-\alpha}\approx\frac{x_{k+1}-\alpha}{x_k-\alpha}.$$

由此推出

$$\alpha\approx\frac{x_{k-1}x_{k+1}-x_k^2}{x_{k-1}-2x_k+x_{k+1}}=x_{k+1}-\frac{(x_{k+1}-x_k)^2}{x_{k-1}-2x_k+x_{k+1}}.$$

令

$$\bar{x}_k=x_{k+1}-\frac{(x_{k+1}-x_k)^2}{x_{k-1}-2x_k+x_{k+1}}. \tag{4-57}$$

由(4-57)式对数列$\{x_k\}$进行加速的方法称为 **Aitken(艾特肯)加速**.如果原数列$\{x_k\}$为线性收敛,可以证明,由于$\lim\limits_{k\to\infty}\frac{\bar{x}_{k-1}-\alpha}{x_k-\alpha}=0$,故基于(4-57)式对数列进行加速后得到的新数列$\{\bar{x}_k\}$,其收敛速度一般都比原数列快.将这种加速方法用于具体的迭代法上,可对原迭代法进行有效的加速,有时甚至能将发散的具体迭代格式通过这种加速后变成收敛的.

一、非线性方程迭代求根的加速

设 α 是 $f(x)=0$ 的根.构造简单迭代法:$x_k=\varphi(x_{k-1})$.

(1) 任取初始值 x_0.

(2) 取 $k=1,2,\cdots$,

① 计算

$$\begin{cases} y_k = \varphi(x_k), \\ z_k = \varphi(y_k); \end{cases} \tag{4-58}$$

② 用(4-57)式对(4-58)式进行加速,得到

$$x_{k+1} = z_k - \frac{(z_k - y_k)^2}{z_k - 2y_k + x_k}. \tag{4-59}$$

这就是对迭代格式 $x_k = \varphi(x_{k-1})$ 使用 Aitken 加速后得到的新迭代格式,它可以合并为

$$x_{k+1} = \varphi(\varphi(x_k)) - \frac{[\varphi(\varphi(x_k)) - \varphi(x_k)]^2}{\varphi(\varphi(x_k)) - 2\varphi(x_k) + x_k}. \tag{4-60}$$

这种加速后的迭代法(4-60)称为 **Steffensen 迭代法.**

例 1 用 Steffensen 迭代法计算

$$x = x^3 - 1$$

在 $x_0 = 1.5$ 附近的计算解.

解 (1) 直接使用迭代格式

$$x_{k+1} = x_k^3 - 1,$$

则

$$x_1 = x_0^3 - 1 = 1.5^3 - 1 = 2.375\,00,$$

$$x_2 = x_1^3 - 1 = 2.375\,00^3 - 1 \approx 12.396\,48,$$

显然该迭代过程发散.

(2) 使用 Steffensen 迭代法,即使用

$$y_k = \varphi(x_k),$$

$$z_k = \varphi(y_k),$$

$$x_{k+1} = z_k - \frac{(z_k - y_k)^2}{z_k - 2y_k + x_k},$$

$$x_1 = z_0 - \frac{(z_0 - y_0)^2}{z_0 - 2y_0 + x_0} \approx 12.396\,48 - \frac{100.430\,06}{9.146\,48} \approx 1.416\,29 (\text{由(1)得 } y_0, z_0),$$

$$y_1 = x_1^3 - 1 = 1.416\,29^3 - 1 \approx 1.840\,90,$$

$$z_1 = y_1^3 - 1 = 1.840\,90^3 - 1 \approx 5.238\,75,$$

$$x_2 = z_1 - \frac{(z_1 - y_1)^2}{z_1 - 2y_1 + x_1} = 5.238\,75 - \frac{11.545\,32}{2.973\,84} \approx 1.356\,46,$$

$$y_2 = x_2^3 - 1 = 1.356\,46^3 - 1 \approx 1.495\,86,$$

$$z_2 = y_2^3 - 1 = 1.495\,86^3 - 1 \approx 2.347\,13,$$

$$x_3 = z_2 - \frac{(z_2 - y_2)^2}{z_2 - 2y_2 + x_2} \approx 2.347\,13 - \frac{0.724\,66}{0.711\,88} \approx 1.329\,18,$$

…………

从上面的计算可以看出,加速后的迭代是收敛的.对于原线性收敛或不收敛的数列,通过加速后可以达到更快的收敛,在一定条件下,甚至可达到二阶收敛.

二、幂法的加速

使用幂法求矩阵 $\boldsymbol{A}$ 的主特征值时,其收敛速度取决于 $r=\left|\dfrac{\lambda_2}{\lambda_1}\right|$,当 $r\approx 1$ 时,收敛速度很慢,此时,可以采用 Aitken 加速.

(1) 任取初始向量 $\boldsymbol{v}^{(0)}$;

(2) $\boldsymbol{v}^{(k)}=\boldsymbol{A}^k\boldsymbol{v}^{(0)}/\max\{\boldsymbol{A}^{k-1}\boldsymbol{v}^{(0)}\}$, $k=1,2,\cdots$,

且令 $m_k=\max\{\boldsymbol{v}^{(k)}\}$;

(3) Aitken 加速,即

$$\bar{m}_k=m_{k+2}-\frac{(m_{k+2}-m_{k+1})^2}{m_{k+2}-2m_{k+1}+m_k}. \tag{4-61}$$

(4-61)**式就是用幂法求主特征值的加速公式.**

例 2 用幂法计算矩阵

$$\boldsymbol{A}=\begin{pmatrix}2&3&2\\10&3&4\\3&6&1\end{pmatrix}$$

的主特征值与特征向量.并对计算主特征值的迭代进行 Aitken 加速.

解 取 $\boldsymbol{v}^{(0)}=(0,0,1)^{\mathrm{T}}$

$$\boldsymbol{v}^{(1)}=\boldsymbol{A}\boldsymbol{v}^{(0)}=\begin{pmatrix}2&3&2\\10&3&4\\3&6&1\end{pmatrix}\begin{pmatrix}0\\0\\1\end{pmatrix}=\begin{pmatrix}2\\4\\1\end{pmatrix},$$

$$m_1=\max\{\boldsymbol{v}^{(1)}\}=4,$$

$$\boldsymbol{u}^{(1)}=\frac{1}{4}(2,4,1)^{\mathrm{T}}=(0.5,1,0.25)^{\mathrm{T}},$$

$$\boldsymbol{v}^{(2)}=\boldsymbol{A}\boldsymbol{v}^{(1)}=\begin{pmatrix}2&3&2\\10&3&4\\3&6&1\end{pmatrix}\begin{pmatrix}0.5\\1\\0.25\end{pmatrix}=\begin{pmatrix}4.5\\9\\7.75\end{pmatrix},$$

$$m_2=\max\{\boldsymbol{v}^{(2)}\}=9,$$

$$\boldsymbol{u}^{(2)}=\frac{1}{9}(4.5,9,7.75)^{\mathrm{T}}\approx(0.5,1,0.861\ 1)^{\mathrm{T}},$$

$$m_3,m_4,\cdots,m_8 \text{ 见表 4-6.}$$

进行 Aitken 加速:

$$\bar{m}_1=m_3-\frac{(m_3-m_2)^2}{m_3-2m_2+m_1}\approx 11.444\ 4+2.338\ 0=13.782\ 4,$$

$$\bar{m}_2=m_4-\frac{(m_4-m_3)^2}{m_4-2m_3+m_2}\approx 10.922\ 4+0.091\ 9=11.014\ 3,$$

$$\bar{m}_3=m_5-\frac{(m_5-m_4)^2}{m_5-2m_4+m_3}\approx 11.014\ 0-0.013\ 7=11.000\ 3.$$

表 4-6 计 算 结 果

k	m_k	$(\boldsymbol{u}^{(k)})^{\mathrm{T}}$	$\overline{m}_k$
0	1	(0,0,1.000 0)	
1	4	(0.500 0,1.000 0,0.250 0)	
2	9	(0.500 0,1.000 0,0.861 1)	
3	11.444 4	(0.500 0,1.000 0,0.730 6)	13.782 4
4	10.922 4	(0.500 0,1.000 0,0.753 5)	11.014 3
5	11.014 0	(0.500 0,1.000 0,0.749 3)	11.000 3
6	10.992 7	(0.500 0,1.000 0,0.750 1)	
7	11.000 4	(0.500 0,1.000 0,0.750 0)	
8	11.000 0	(0.500 0,1.000 0,0.750 0)	

特征向量的 Aitken 加速较特征值的 Aitken 加速稍复杂些,有兴趣的读者可参看[3].

4.5 共轭梯度法

SOR 法是解大型稀疏线性方程组的有效方法,但是须选取适用的松弛因子.出现在 20 世纪 50 年代的共轭梯度法是解大型稀疏线性方程组的理想方法之一,经过适当改进还可用于解病态线性方程组.在介绍共轭梯度法前,首先需要将线性方程组进行等价变形.

设线性方程组为

$$\boldsymbol{A}\boldsymbol{x}=\boldsymbol{b}, \tag{4-62}$$

其中 $\boldsymbol{A}$ 为 n 阶对称正定矩阵,$\boldsymbol{b}\in\mathbf{R}^n$,$\boldsymbol{x}$ 是待求的 n 维向量.考察二次函数 $\varphi(\boldsymbol{x}):\mathbf{R}^n\to\mathbf{R}$,

$$\varphi(\boldsymbol{x})=\frac{1}{2}(\boldsymbol{A}\boldsymbol{x},\boldsymbol{x})-(\boldsymbol{b},\boldsymbol{x})=\frac{1}{2}\sum_{i=1}^{n}\sum_{j=1}^{n}a_{ij}x_ix_j-\sum_{j=1}^{n}b_jx_j,$$

则有

定理 4.9 $\boldsymbol{x}^*$ 是方程组(4-62)的解的充要条件为 $\boldsymbol{x}^*$ 满足

$$\varphi(\boldsymbol{x}^*)=\min_{\boldsymbol{x}\in\mathbf{R}^n}\varphi(\boldsymbol{x})$$

证 必要性.设 $\boldsymbol{A}\boldsymbol{x}=\boldsymbol{b}$,取 $\boldsymbol{x}=\boldsymbol{x}^*+t\boldsymbol{p}$,其中 $t\in\mathbf{R}$,$\boldsymbol{0}\neq\boldsymbol{p}\in\mathbf{R}^n$,则

$$\begin{aligned}\varphi(\boldsymbol{x}^*+t\boldsymbol{p})&=\frac{1}{2}(\boldsymbol{A}(\boldsymbol{x}^*+t\boldsymbol{p}),\boldsymbol{x}^*+t\boldsymbol{p})-(\boldsymbol{b},\boldsymbol{x}^*+t\boldsymbol{p})\\&=\varphi(\boldsymbol{x}^*)+t(\boldsymbol{A}\boldsymbol{x}^*-\boldsymbol{b},\boldsymbol{p})+\frac{t^2}{2}(\boldsymbol{A}\boldsymbol{p},\boldsymbol{p})\\&=\varphi(\boldsymbol{x}^*)+\frac{t^2}{2}(\boldsymbol{A}\boldsymbol{p},\boldsymbol{p}).\end{aligned}$$

因为 $\boldsymbol{A}$ 为正定矩阵,所以 $\frac{t^2}{2}(\boldsymbol{A}\boldsymbol{p},\boldsymbol{p})\geqslant 0$,故

$$\varphi(\boldsymbol{x}^*+t\boldsymbol{p})\geqslant\varphi(\boldsymbol{x}^*),$$

即 $\boldsymbol{x}^*$ 使 $\varphi(\boldsymbol{x})$ 达到最小.

充分性.设 $\varphi(\boldsymbol{x}^*)=\min\limits_{\boldsymbol{x}\in\mathbf{R}^n}\varphi(\boldsymbol{x})$,则根据多元函数的极值理论有

$$\left[\frac{\partial\varphi}{\partial x_i}\right]_{\boldsymbol{x}=\boldsymbol{x}^*}=0\quad(i=1,2,\cdots,n).$$

对 $\varphi(\boldsymbol{x}^*)$ 经过求偏导数的运算,即可得

$$\boldsymbol{A}\boldsymbol{x}^*=\boldsymbol{b}.$$

定理4.9说明,求 $\boldsymbol{A}\boldsymbol{x}=\boldsymbol{b}$ 的解的问题等价于求 $\varphi(\boldsymbol{x})$ 的最小值问题.在介绍求最小值问题的共轭梯度法前,先介绍较为直观的最速下降法.

4.5.1　最速下降法

取初始向量 $\boldsymbol{x}_0$,从 $\boldsymbol{x}_0$ 出发构造向量序列 $\{\boldsymbol{x}_k\}$ 使

$$\varphi(\boldsymbol{x}_{k-1})>\varphi(\boldsymbol{x}_k),\quad k=1,2,\cdots.$$

构造方法为:选取方向 $\boldsymbol{y}_0$,使 $\varphi(\boldsymbol{x})$ 在 $\boldsymbol{x}_0$ 处沿 $\boldsymbol{y}_0$ 方向减小的速度最快.据多元函数场论可知,$\boldsymbol{y}_0$ 应为 $\varphi(\boldsymbol{x})$ 的负梯度方向,即

$$\boldsymbol{y}_0=-\nabla\varphi(\boldsymbol{x}_0)=\boldsymbol{r}_0=\boldsymbol{b}-\boldsymbol{A}\boldsymbol{x}_0,$$

再在 $\boldsymbol{r}_0$ 方向上进行一维极小搜索,即在 $\boldsymbol{x}_0+\alpha\boldsymbol{r}_0$ 中选取 α_0 使 $\varphi(\boldsymbol{x}_0+\alpha\boldsymbol{r}_0)$ 极小,即求 $\min\limits_{\alpha\in\mathbf{R}}\varphi(\boldsymbol{x}_0+\alpha\boldsymbol{r}_0)$.令

$$\begin{aligned}\frac{\mathrm{d}}{\mathrm{d}\alpha}\varphi(\boldsymbol{x}_0+\alpha\boldsymbol{r}_0)&=\frac{\mathrm{d}}{\mathrm{d}\alpha}\left[\varphi(\boldsymbol{x}_0)+\alpha(\boldsymbol{A}\boldsymbol{x}_0-\boldsymbol{b},\boldsymbol{r}_0)+\frac{\alpha^2}{2}(\boldsymbol{A}\boldsymbol{r}_0,\boldsymbol{r}_0)\right]\\&=-(\boldsymbol{r}_0,\boldsymbol{r}_0)+\alpha(\boldsymbol{A}\boldsymbol{r}_0,\boldsymbol{r}_0)=0,\end{aligned}$$

得

$$\alpha=\alpha_0=\frac{(\boldsymbol{r}_0,\boldsymbol{r}_0)}{(\boldsymbol{A}\boldsymbol{r}_0,\boldsymbol{r}_0)}.$$

由于 $\dfrac{\mathrm{d}^2}{\mathrm{d}\alpha^2}\varphi(\boldsymbol{x}_0+\alpha\boldsymbol{r}_0)=(\boldsymbol{A}\boldsymbol{r}_0,\boldsymbol{r}_0)>0$,故

$$\min_{\alpha\in\mathbf{R}}\varphi(\boldsymbol{x}_0+\alpha\boldsymbol{r}_0)=\varphi(\boldsymbol{x}_0+\alpha_0\boldsymbol{r}_0).$$

令 $\boldsymbol{x}_1=\boldsymbol{x}_0+\alpha_0\boldsymbol{r}_0$,重复上面的过程,可得

$$\begin{cases}\boldsymbol{r}_k=\boldsymbol{b}-\boldsymbol{A}\boldsymbol{x}_k,\\\alpha_k=\dfrac{(\boldsymbol{r}_k,\boldsymbol{r}_k)}{(\boldsymbol{A}\boldsymbol{r}_k,\boldsymbol{r}_k)},\\\boldsymbol{x}_{k+1}=\boldsymbol{x}_k+\alpha_k\boldsymbol{r}_k.\end{cases}\tag{4-63}$$

由于 $\varphi(\boldsymbol{x}_0)>\varphi(\boldsymbol{x}_1)>\cdots>\varphi(\boldsymbol{x}_k)>\cdots\geqslant\varphi(\boldsymbol{x}^*)$,故 $\{\varphi(\boldsymbol{x}_k)\}$ 存在极限,而且

$$\lim_{k\to\infty}\boldsymbol{x}_k=\boldsymbol{x}^*=\boldsymbol{A}^{-1}\boldsymbol{b}.$$

还可以证明

(1) $(\boldsymbol{r}_{k+1},\boldsymbol{r}_k)=0,\quad k=0,1,2,\cdots;$　　(4-64)

(2) $\|\boldsymbol{x}_k-\boldsymbol{x}^*\|_{\boldsymbol{A}}\leqslant\left(\dfrac{\lambda_1-\lambda_n}{\lambda_1+\lambda_n}\right)^k\|\boldsymbol{x}_0-\boldsymbol{x}^*\|_{\boldsymbol{A}},$　　(4-65)

其中 λ_1,λ_n 分别为 $\boldsymbol{A}$ 的最大和最小特征值，$\|\boldsymbol{x}\|_{\boldsymbol{A}}=(\boldsymbol{Ax},\boldsymbol{x})^{\frac{1}{2}}$.

当 λ_1 与 λ_n 相差很大时，据(4-65)式可知，$\{\boldsymbol{x}_k\}$ 收敛很慢，而且当 $\|\boldsymbol{r}_k\|$ 很小时，由于舍入误差的影响，(4-63)式的计算将出现不稳定现象，所以在实际计算中很少使用最速下降法.

4.5.2 共轭梯度法(简称 CG 法)

从(4-65)式可以看出，我们采用一维搜索所沿的方向 $\boldsymbol{r}_0,\boldsymbol{r}_1,\cdots,\boldsymbol{r}_k,\cdots$ 可能使 $\{\boldsymbol{x}_k\}$ 的收敛速度缓慢，因此，我们需要另找一组方向 $\boldsymbol{p}_0,\boldsymbol{p}_1,\cdots$ 进行一维极小搜索.设按方向 $\boldsymbol{p}_0,\boldsymbol{p}_1\cdots,\boldsymbol{p}_{k-1}$ 已进行 k 次一维搜索，已求出 $\boldsymbol{x}_k$，下一步确定 $\boldsymbol{p}_k$ 进行求解极小问题 $\min\varphi(\boldsymbol{x}_k+\alpha\boldsymbol{p}_k)$，与 4.5.1 节中的方法一样，令

$$\frac{\mathrm{d}}{\mathrm{d}\alpha}\varphi(\boldsymbol{x}_k+\alpha\boldsymbol{p}_k)=0,$$

解得

$$\alpha=\alpha_k=\frac{(\boldsymbol{r}_k,\boldsymbol{p}_k)}{(\boldsymbol{Ap}_k,\boldsymbol{p}_k)}. \tag{4-66}$$

从而得到下一个近似解和对应的余向量

$$\boldsymbol{x}_{k+1}=\boldsymbol{x}_k+\alpha_k\boldsymbol{p}_k, \tag{4-67}$$

$$\begin{aligned}\boldsymbol{r}_{k+1}&=\boldsymbol{b}-\boldsymbol{Ax}_{k+1}=\boldsymbol{b}-\boldsymbol{A}(\boldsymbol{x}_k+\alpha_k\boldsymbol{p}_k)\\&=\boldsymbol{b}-\boldsymbol{Ax}_k-\alpha_k\boldsymbol{Ap}_k=\boldsymbol{r}_k-\alpha_k\boldsymbol{Ap}_k.\end{aligned} \tag{4-68}$$

反复利用(4-67)式，可得

$$\boldsymbol{x}_{k+1}=\boldsymbol{x}_0+\alpha_0\boldsymbol{p}_0+\alpha_1\boldsymbol{p}_1+\cdots+\alpha_k\boldsymbol{p}_k.$$

为讨论方便，又不失一般性，可以令 $\boldsymbol{x}_0=\boldsymbol{0}$.下面讨论 $\boldsymbol{p}_0,\boldsymbol{p}_1,\cdots$ 的取法.

开始时取 $\boldsymbol{p}_0=\boldsymbol{r}_0$，如果 $k\geqslant1$ 时，$\boldsymbol{p}_k$ 的确定是希望其满足

(1) $$\varphi(\boldsymbol{x}_{k+1})=\min_{\alpha}\varphi(\boldsymbol{x}_k+\alpha\boldsymbol{p}_k),$$

其中 α 与 $\boldsymbol{x}_{k+1}$ 由(4-66)式，(4-67)式确定.

(2) $$\varphi(\boldsymbol{x}_{k+1})=\min_{\boldsymbol{x}\in C_{k+1}}\varphi(\boldsymbol{x}),$$

其中 $C_{k+1}=\mathrm{span}\{\boldsymbol{p}_0,\boldsymbol{p}_1,\cdots,\boldsymbol{p}_k\}$.

若 $\boldsymbol{x}\in C_{k+1}$，$\boldsymbol{x}$ 可以写成

$$\boldsymbol{x}=\boldsymbol{y}+\alpha\boldsymbol{p}_k,\quad \boldsymbol{y}\in\mathrm{span}\{\boldsymbol{p}_0,\boldsymbol{p}_1,\cdots,\boldsymbol{p}_{k-1}\}=C_k,$$

故有

$$\varphi(\boldsymbol{x})=\varphi(\boldsymbol{y}+\alpha\boldsymbol{p}_k)=\varphi(\boldsymbol{y})+\alpha(\boldsymbol{Ay},\boldsymbol{p}_k)-\alpha(\boldsymbol{b},\boldsymbol{p}_k)+\frac{\alpha^2}{2}(\boldsymbol{Ap}_k,\boldsymbol{p}_k). \tag{4-69}$$

为了能在(4-69)式中分别对 $\boldsymbol{y}$ 和 α 求极小，可以令 $(\boldsymbol{Ay},\boldsymbol{p}_k)=0$，其中 $\boldsymbol{y}\in C_k$，即

$$\boldsymbol{y}=\alpha_0\boldsymbol{p}_0+\alpha_1\boldsymbol{p}_1+\cdots+\alpha_{k-1}\boldsymbol{p}_{k-1},\quad(\alpha_0,\cdots,\alpha_{k-1})^{\mathrm{T}}\neq(0,\cdots,0)^{\mathrm{T}},$$

故由 $(\boldsymbol{Ay},\boldsymbol{p}_k)=0$ 及 y 的任意性，立刻可以推出

$$(\boldsymbol{Ap}_j,\boldsymbol{p}_k)=0,\quad j=0,1,\cdots,k-1. \tag{4-70}$$

定义 4.3 若 $\boldsymbol{A}$ 为对称正定矩阵，如果向量组 $\boldsymbol{p}_0,\boldsymbol{p}_1,\cdots,\boldsymbol{p}_k$ 满足

$$(\boldsymbol{Ap}_i,\boldsymbol{p}_j)=0,\quad i\neq j,$$

则称该向量组为$\boldsymbol{A}$-正交向量组或称$\boldsymbol{A}$-共轭向量组.如$\boldsymbol{A}=\boldsymbol{I}$(单位矩阵),则$\boldsymbol{p}_0,\boldsymbol{p}_1,\cdots,\boldsymbol{p}_k$就是普通的正交向量组.

现在求极小问题(4-69)的解,若取$\{\boldsymbol{p}_i\}$为$\boldsymbol{A}$-共轭向量组,$\boldsymbol{x}_k$已为前一步极小问题的解,则

$$\begin{aligned}\min_{\boldsymbol{x}\in C_{k+1}}\varphi(\boldsymbol{x})&=\min_{\boldsymbol{y},\alpha}\varphi(\boldsymbol{y}+\alpha\boldsymbol{p}_k)\\&=\min_{\boldsymbol{y}}\varphi(\boldsymbol{y})+\min_{\alpha}\left\{\frac{\alpha^2}{2}(\boldsymbol{Ap}_k,\boldsymbol{p}_k)-\alpha(\boldsymbol{b},\boldsymbol{p}_k)\right\}\end{aligned}$$

(1) $\min\limits_{\boldsymbol{y}}\varphi(\boldsymbol{y})$的解,由于$\boldsymbol{y}\in C_k$,其解已在前一步求得,即

$$\varphi(\boldsymbol{x}_k)=\min_{\boldsymbol{y}\in C_k}\varphi(\boldsymbol{y});$$

(2) $\min\limits_{\alpha}\left\{\dfrac{\alpha^2}{2}(\boldsymbol{Ap}_k,\boldsymbol{p}_k)-\alpha(\boldsymbol{b},\boldsymbol{p}_k)\right\}$的解.此解为

$$\alpha=\alpha_k=\frac{(\boldsymbol{b},\boldsymbol{p}_k)}{(\boldsymbol{Ap}_k,\boldsymbol{p}_k)}.\tag{4-71}$$

因为$\boldsymbol{x}_k\in C_k$,所以$\boldsymbol{x}_k=\alpha_0\boldsymbol{p}_0+\alpha_1\boldsymbol{p}_1+\cdots+\alpha_{k-1}\boldsymbol{p}_{k-1}$,故

$$\boldsymbol{Ax}_k=\alpha_0\boldsymbol{Ap}_0+\alpha_1\boldsymbol{Ap}_1+\cdots+\alpha_{k-1}\boldsymbol{Ap}_{k-1},$$

从而有

$$(\boldsymbol{Ax}_k,\boldsymbol{p}_k)=\alpha_0(\boldsymbol{Ap}_0,\boldsymbol{p}_k)+\alpha_1(\boldsymbol{Ap}_1,\boldsymbol{p}_k)+\cdots+\alpha_{k-1}(\boldsymbol{Ap}_{k-1},\boldsymbol{p}_k)=0.$$

这样就有

$$(\boldsymbol{b},\boldsymbol{p}_k)=(\boldsymbol{b},\boldsymbol{p}_k)-(\boldsymbol{Ax}_k,\boldsymbol{p}_k)=(\boldsymbol{b}-\boldsymbol{Ax}_k,\boldsymbol{p}_k)=(\boldsymbol{r}_k,\boldsymbol{p}_k),$$

故(4-66)式与(4-71)式是相同的.

直至现在向量组$\boldsymbol{p}_0,\boldsymbol{p}_1,\cdots,\boldsymbol{p}_k$的具体求法还未给出,现在给出CG法中的一种求法.

设$\boldsymbol{r}_0=\boldsymbol{p}_0,\boldsymbol{p}_1,\cdots,\boldsymbol{p}_{k-1}$已求出,现在要求$\boldsymbol{p}_k$,由于$\boldsymbol{p}_k$不唯一,所以可取一种简单方法来确定$\boldsymbol{p}_k$,设

$$\boldsymbol{p}_k=\boldsymbol{r}_k+\beta_{k-1}\boldsymbol{p}_{k-1},\tag{4-72}$$

则

$$0=(\boldsymbol{p}_k,\boldsymbol{Ap}_{k-1})=(\boldsymbol{r}_k,\boldsymbol{Ap}_{k-1})+\beta_{k-1}(\boldsymbol{p}_{k-1},\boldsymbol{Ap}_{k-1}),$$

$$\beta_{k-1}=-\frac{(\boldsymbol{r}_k,\boldsymbol{Ap}_{k-1})}{(\boldsymbol{p}_{k-1},\boldsymbol{Ap}_{k-1})}.\tag{4-73}$$

由(4-72)—(4-73)式得到的$\boldsymbol{p}_k$,还可用于简化α_k的计算.因为由(4-68)式与(4-66)式有

$$\begin{aligned}(\boldsymbol{r}_{k+1},\boldsymbol{p}_k)&=(\boldsymbol{r}_k-\alpha_k\boldsymbol{Ap}_k,\boldsymbol{p}_k)=(\boldsymbol{r}_k,\boldsymbol{p}_k)-\alpha_k(\boldsymbol{Ap}_k,\boldsymbol{p}_k)\\&=(\boldsymbol{r}_k,\boldsymbol{p}_k)-\frac{(\boldsymbol{r}_k,\boldsymbol{p}_k)}{(\boldsymbol{Ap}_k,\boldsymbol{p}_k)}(\boldsymbol{Ap}_k,\boldsymbol{p}_k)=0,\end{aligned}$$

$$\begin{aligned}(\boldsymbol{r}_k,\boldsymbol{p}_k)&=(\boldsymbol{r}_k,\boldsymbol{r}_k+\beta_{k-1}\boldsymbol{p}_{k-1})=(\boldsymbol{r}_k,\boldsymbol{r}_k)+\beta_{k-1}(\boldsymbol{r}_k,\boldsymbol{p}_{k-1})\\&=(\boldsymbol{r}_k,\boldsymbol{r}_k),\end{aligned}\tag{4-74}$$

故有

$$\alpha_k=\frac{(\boldsymbol{r}_k,\boldsymbol{p}_k)}{(\boldsymbol{Ap}_k,\boldsymbol{p}_k)}=\frac{(\boldsymbol{r}_k,\boldsymbol{r}_k)}{(\boldsymbol{Ap}_k,\boldsymbol{p}_k)}.\tag{4-75}$$

当 $\boldsymbol{r}_k\neq\boldsymbol{0}$ 时，$\alpha_k>0$.

用前面的已有公式，还可以证明：

(1) $(\boldsymbol{r}_i,\boldsymbol{r}_j)=0\quad(i\neq j)$； (4-76)

(2) $(\boldsymbol{Ap}_i,\boldsymbol{p}_j)=(\boldsymbol{p}_i,\boldsymbol{Ap}_j)=0\quad(i\neq j)$， (4-77)

即 $\boldsymbol{r}_0,\boldsymbol{r}_1,\cdots$ 构成正交向量组，$\boldsymbol{p}_0,\boldsymbol{p}_1,\cdots$ 构成 $\boldsymbol{A}$-正交向量组.利用(4-68)式和(4-76)式还可简化 β_k 的计算：

$$\beta_k=-\frac{(\boldsymbol{r}_{k+1},\boldsymbol{Ap}_k)}{(\boldsymbol{p}_k,\boldsymbol{Ap}_k)}=-\frac{(\boldsymbol{r}_{k+1},\alpha_k^{-1}(\boldsymbol{r}_k-\boldsymbol{r}_{k+1}))}{(\boldsymbol{p}_k,\boldsymbol{Ap}_k)}$$
$$=-\frac{\alpha_k^{-1}(\boldsymbol{r}_{k+1},\boldsymbol{r}_k)}{(\boldsymbol{p}_k,\boldsymbol{Ap}_k)}+\frac{\alpha_k^{-1}(\boldsymbol{r}_{k+1},\boldsymbol{r}_{k+1})}{(\boldsymbol{p}_k,\boldsymbol{Ap}_k)}$$
$$=\frac{(\boldsymbol{Ap}_k,\boldsymbol{p}_k)}{(\boldsymbol{r}_k,\boldsymbol{r}_k)}\cdot\frac{(\boldsymbol{r}_{k+1},\boldsymbol{r}_{k+1})}{(\boldsymbol{Ap}_k,\boldsymbol{p}_k)}=\frac{(\boldsymbol{r}_{k+1},\boldsymbol{r}_{k+1})}{(\boldsymbol{r}_k,\boldsymbol{r}_k)}. \tag{4-78}$$

当 $\boldsymbol{r}_{k+1}\neq\boldsymbol{0}$ 时，$\beta_k>0$.

由上面的公式，综述 CG 法如下：

(1) 任取 $\boldsymbol{x}_0\in\mathbf{R}^n$；

(2) $\boldsymbol{r}_0=\boldsymbol{b}-\boldsymbol{Ax}_0$，取 $\boldsymbol{p}_0=\boldsymbol{r}_0$；

(3) 对 $k=0,1,\cdots$，

$$\alpha_k=\frac{(\boldsymbol{r}_k,\boldsymbol{r}_k)}{(\boldsymbol{p}_k,\boldsymbol{Ap}_k)},$$
$$\boldsymbol{x}_{k+1}=\boldsymbol{x}_k+\alpha_k\boldsymbol{p}_k,$$
$$\boldsymbol{r}_{k+1}=\boldsymbol{r}_k-\alpha_k\boldsymbol{Ap}_k,$$
$$\beta_k=\frac{(\boldsymbol{r}_{k+1},\boldsymbol{r}_{k+1})}{(\boldsymbol{r}_k,\boldsymbol{r}_k)},$$
$$\boldsymbol{p}_{k+1}=\boldsymbol{r}_{k+1}+\beta_k\boldsymbol{p}_k.$$

在计算过程中若有 $\boldsymbol{r}_k=\boldsymbol{0}$ 或 $(\boldsymbol{p}_k,\boldsymbol{Ap}_k)=0$ 时计算终止，即有 $\boldsymbol{x}_k=\boldsymbol{x}^*$.

因为当 $(\boldsymbol{p}_k,\boldsymbol{Ap}_k)=0$ 时，由于 $\boldsymbol{A}$ 为正定矩阵，必有 $\boldsymbol{p}_k=\boldsymbol{0}$，则由(4-74)式有

$$(\boldsymbol{r}_k,\boldsymbol{r}_k)=(\boldsymbol{r}_k,\boldsymbol{p}_k)=0,$$

即 $\boldsymbol{r}_k=\boldsymbol{0}$.

由于 n 维空间中正交向量组的向量个数最多只有 n 个，所以 $\boldsymbol{r}_0,\boldsymbol{r}_1,\cdots,\boldsymbol{r}_n$ 中至少有一个为零向量，若 $\boldsymbol{r}_j=\boldsymbol{0}$，则 $\boldsymbol{x}_j=\boldsymbol{x}^*$.所以使用 CG 法求解 n 阶线性方程组，理论上最多 n 步便可得到精确解，因此，也可称为直接法.但是，由于舍入误差的影响，$\{\boldsymbol{r}_k\}$ 的正交性很难达到，所以在实际计算时往往不能在 n 步得到精确解，因此，通常将 CG 法还是作为逐次逼近法使用.

例 1 用 CG 法解线性方程组

$$\begin{pmatrix}2&0&1\\0&2&1\\1&1&2\end{pmatrix}\begin{pmatrix}x_1\\x_2\\x_3\end{pmatrix}=\begin{pmatrix}1\\1\\1\end{pmatrix}.$$

解 显然方程组的系数阵为对称正定矩阵，取

$$x_0=(0,0,0)^{\mathrm{T}},$$

$$r_0=b-Ax_0=(1,1,1)^{\mathrm{T}}=p_0,$$

$$\alpha_0=\frac{(r_0,r_0)}{(p_0,Ap_0)}=\frac{3}{10},$$

$$x_1=x_0+\alpha_0 p_0=\left(\frac{3}{10},\frac{3}{10},\frac{3}{10}\right)^{\mathrm{T}},$$

$$r_1=r_0-\alpha_0 Ap_0=(1,1,1)^{\mathrm{T}}-\left(\frac{9}{10},\frac{9}{10},\frac{12}{10}\right)^{\mathrm{T}}=\left(\frac{1}{10},\frac{1}{10},-\frac{2}{10}\right)^{\mathrm{T}},$$

$$\beta_0=\frac{(r_1,r_1)}{(r_0,r_0)}=\frac{6}{100}\times\frac{1}{3}=\frac{1}{50},$$

$$p_1=\left(\frac{1}{10},\frac{1}{10}-\frac{2}{10}\right)^{\mathrm{T}}+\left(\frac{1}{50},\frac{1}{50},\frac{1}{50}\right)^{\mathrm{T}}=\frac{3}{50}(2,2,-3)^{\mathrm{T}},$$

$$\alpha_1=\frac{(r_1,r_1)}{(p_1,Ap_1)}=\frac{6}{100}\times\frac{2\ 500}{90}=\frac{5}{3},$$

$$x_2=x_1+\alpha_1 p_1=\frac{3}{10}(1,1,1)^{\mathrm{T}}+\frac{1}{10}(2,2,-3)^{\mathrm{T}}=\frac{1}{2}(1,1,0)^{\mathrm{T}},$$

$$r_2=r_1-\alpha_1 Ap_1=\frac{1}{10}(1,1,-2)^{\mathrm{T}}-\frac{5}{3}\times\frac{3}{50}(1,1,-2)^{\mathrm{T}}$$
$$=(0,0,0)^{\mathrm{T}},$$

则方程组的解为 $x_2=(0.5,0.5,0)^{\mathrm{T}}$.

对于病态的线性方程组,CG 法的收敛速度是很慢的,为了改进收敛速度,可以对方程组进行预处理,使系数矩阵的条件数降低,这种方法称**预处理共轭梯度法(PCG 法)**,PCG 方法是目前求解病态线性方程组的有效方法之一,因此,它已成为很多计算工作者关心的方法之一,对此有兴趣的读者可以参阅文献[6].

习题 4

1. 判断正误、选择和填空

(1) 对于迭代过程 $x_{k+1}=\varphi(x_k)$,若迭代函数 $\varphi(x)$ 在 x^* 的某邻域内有连续的二阶导数,且 $0\neq|\varphi'(x^*)|<1$,则迭代过程为超线性收敛;( )

(2) 用 Newton 法求任何非线性方程 $f(x)=0$ 均局部平方收敛;( )

(3) 若线性方程组 $Ax=b$ 的系数矩阵 A 为严格对角占优,则 Jacobi 迭代法和 G-S 法都收敛;( )

(4) 解非线性方程 $f(x)=0$ 的弦截法具有( );

(A) 局部平方收敛　　(B) 局部超线性收敛　　(C) 线性收敛

(5) 任给初始向量 $x^{(0)}$ 及右端向量 f,迭代法 $x^{(k+1)}=Bx^{(k)}+f$ 收敛于方程组 $Ax=b$ 的精确解 x^* 的充要条件是( );

(A) $\|B\|_1<1$　　(B) $\|B\|_\infty<1$　　(C) $\rho(B)<1$　　(D) $\|B\|_2<1$

(6) 设 $\varphi(x)=x-\beta(x^2-7)$,要使迭代法 $x_{k+1}=\varphi(x_k)$ 局部收敛到 $x^*=\sqrt{7}$,则 β 的取值范围是________;

(7) 用迭代法 $x_{k+1}=x_k-\lambda(x_k)f(x_k)$ 求 $f(x)=x^3-x^2-x-1=0$ 的根,若要使其至少具有局部平方收敛,则 $\lambda(x_k)=$________;

(8) 用二分法求 $x^3-2x-5=0$ 在 $[2,3]$ 上的根,并要求 $|x_k-\alpha|<\frac{1}{2}\times10^{-5}$ 需要二分________步;

(9) 求 $f(x)=5x-e^x=0$ 的根(其有根区间为 $[0,1]$)的迭代函数为 $\varphi(x)=\frac{1}{5}e^{-x}$ 的简单迭代法的收敛阶为________,Newton 法的迭代函数 $\varphi(x)=$________,其收敛阶为________;

(10) 给定方程组 $\begin{pmatrix}1 & -a\\ -a & 1\end{pmatrix}\begin{pmatrix}x_1\\ x_2\end{pmatrix}=\begin{pmatrix}b_1\\ b_2\end{pmatrix}$,$a$ 为实数,当 a 满足________,且 $0<\omega<2$ 时,SOR 法收敛.

2. 用列主元消去法解方程组 $\boldsymbol{Ax}=\boldsymbol{b}$,其中

$$\boldsymbol{A}=\begin{pmatrix}1.15 & 0.42 & 100.71\\ 1.19 & 0.55 & 0.33\\ 1.00 & 0.35 & 1.50\end{pmatrix},\quad \boldsymbol{b}=\begin{pmatrix}-193.70\\ 2.28\\ -0.68\end{pmatrix}.$$

对所求的结果 $\bar{\boldsymbol{x}}$,使用三次迭代改善后,解的精度能否有明显提高?

3. 设方程组

$$\begin{cases}5x_1+2x_2+x_3=-12,\\ -x_1+4x_2+2x_3=20,\\ 2x_1-3x_2+10x_3=3.\end{cases}$$

试用 Jacobi 迭代法和 G-S 法求解此方程组,当 $\max\limits_{1\leqslant i\leqslant 3}|x_i^{(k+1)}-x_i^{(k)}|\leqslant10^{-5}$ 时迭代终止.

4. 设有线性方程组

$$\begin{pmatrix}3.3330 & 15920 & -10.333\\ 2.2220 & 16.710 & 9.6120\\ 1.5611 & 5.1791 & 1.6853\end{pmatrix}\begin{pmatrix}x_1\\ x_2\\ x_3\end{pmatrix}=\begin{pmatrix}15913\\ 28.544\\ 8.4255\end{pmatrix},$$

其精确解 $\boldsymbol{x}^*=(1,1,1)^{\mathrm{T}}$,若用 Gauss 列主元消去法解上述方程组,可得到近似解 $\boldsymbol{x}^{(1)}$(取五位浮点数运算)

$$\boldsymbol{x}^{(1)}=(1.2001,0.99991,0.92538)^{\mathrm{T}},$$

试用迭代改善方法改善 $\boldsymbol{x}^{(1)}$ 精度.

5. 设方程组为

$$\begin{cases}a_{11}x_1+a_{12}x_2=b_1,\\ a_{21}x_1+a_{22}x_2=b_2,\end{cases}\quad a_{11}a_{22}\neq0.$$

求证:(1) 用 Jacobi 迭代法与 G-S 法解此方程组收敛的充要条件为

$$\left|\frac{a_{12}a_{21}}{a_{11}a_{22}}\right|<1;$$

（2）Jacobi 迭代法和 G-S 法同时收敛或同时发散.

6. 设

$$A=\begin{pmatrix}3 & 7 & 1\\ 0 & 4 & t+1\\ 0 & -t+1 & -1\end{pmatrix},\quad b=\begin{pmatrix}1\\1\\0\end{pmatrix},\quad Ax=b,$$

其中 t 为实参数

（1）求用 Jacobi 迭代法解 $Ax=b$ 时的迭代矩阵；

（2）t 在什么范围内 Jacobi 迭代法收敛？

7. 设

$$A=\begin{pmatrix}t & 1 & 1\\ \dfrac{1}{t} & t & 0\\ \dfrac{1}{t} & 0 & t\end{pmatrix},\quad b=\begin{pmatrix}0\\1\\2\end{pmatrix},\quad Ax=b.$$

试问用 G-S 法解 $Ax=b$ 时，实参数 t 在什么范围内上述迭代法收敛？

8.（1）对方程组

$$\begin{pmatrix}2 & -1 & 1\\ 1 & 1 & 1\\ 1 & 1 & -2\end{pmatrix}\begin{pmatrix}x_1\\x_2\\x_3\end{pmatrix}=\begin{pmatrix}1\\1\\1\end{pmatrix}$$

试证：用 Jacobi 迭代法求解时发散；用 G-S 法求解时收敛，并求其解.

（2）对方程组

$$\begin{pmatrix}1 & -2 & 2\\ -1 & 1 & -1\\ -2 & -2 & 1\end{pmatrix}\begin{pmatrix}x_1\\x_2\\x_3\end{pmatrix}=\begin{pmatrix}1\\1\\1\end{pmatrix}$$

试证：用 Jacobi 迭代法求解时收敛，并求其解；用 G-S 法求解时发散.

9. 设有方程组

$$\begin{cases}3x_1-10x_2=-7,\\ 9x_1\ -4x_2=5.\end{cases}$$

（1）问用 Jacobi 迭代法和 G-S 法求解此方程组是否收敛？

（2）若把上述方程组中的方程交换次序得到新方程组，再用 Jacobi 迭代法和 G-S 法解新方程组是否收敛？

10. 求方程 $x^3-x^2-1=0$ 在 $x_0=1.5$ 附近的一个根，将方程改写成下列四种不同的等价形式：

（1）$x=1+\dfrac{1}{x^2}$；

（2）$x=\sqrt[3]{1+x^2}$；

（3）$x=\sqrt{x^3-1}$；

（4）$x=\frac{1}{\sqrt{x-1}}$.

试分析由此所产生的迭代格式的收敛性.选一种收敛速度最快的格式求方程的根,要求误差不超过$\frac{1}{2}\times 10^{-3}$.选一种收敛速度最慢或不收敛的迭代格式,用 Aitken 加速,其结果如何?

11. 研究求$\sqrt{a}$的 Newton 迭代格式

$$x_{k+1}=\frac{1}{2}\left(x_k+\frac{a}{x_k}\right),\quad x_k>0,\quad k=0,1,2,\cdots.$$

证明:对一切 $k=1,2,\cdots,x_k\geqslant\sqrt{a}$,且序列 $x_1,x_2,\cdots$是递减的.

12. 用 Newton 法求下列方程的根,要求 $|x_k-x_{k-1}|<10^{-5}$:

（1）$x^3-x^2-x-1=0$,取 $x_0=2$;

（2）$x=\mathrm{e}^{-x}$,取 $x_0=0.6$.

13. 若$f(x)$在零点ξ的某个邻域内有二阶连续导数,且$f'(\xi)\neq 0$,试证:对由 Newton 法产生的 $x_k(k=0,1,2,\cdots)$成立

$$\lim_{k\to\infty}\frac{x_k-x_{k-1}}{(x_{k-1}-x_{k-2})^2}=-\frac{f''(\xi)}{2f'(\xi)}.$$

14. 若$f(x)=\mathrm{e}^x-\mathrm{e}^{-x}=0$,容易验证 $\alpha=0$ 是方程的唯一根.若用 Newton 法求此方程的根,问收敛阶为多少?此例说明了什么?

15. 用弦截法求下列方程的根:

（1）$x\mathrm{e}^x-1=0$,取初值 $x_0=0.5,x_1=0.6$;

（2）$x^3-3x^2-x+9=0$,取初值 $x_0=-2,x_1=-1.5$;

（3）$x^3-2x-5=0$,取 $x_0=2,x_1=3$,

要求误差 $|x_k-k_{k-1}|<10^{-5}$.

16. Fibonacci(斐波那契)于 1225 年研究了方程:

$$f(x)=x^3+2x^2+10x-20=0,$$

并得出一个根 $\alpha=1.368\ 808\ 17$,但当时无人知道他用了什么方法,这个结果在当时是个非常著名的结果,请你构造一种简单迭代来验证此结果.

17. 应用 Newton 法求方程

$$\cos x\operatorname{sh}x-1=0$$

的头五个非零的正根.

18. 用二分法求方程 $2\mathrm{e}^{-x}-\sin x=0$ 在区间$[0,1]$上的根,要求 $|x_k-x^*|<\frac{1}{2}\times 10^{-5}$.

19. 用幂法计算下列各矩阵的主特征值及对应的特征向量,用 QR 分解计算下列矩阵的特征值:

（1）$\boldsymbol{A}_1=\begin{pmatrix}2&-1&0\\-1&2&-1\\0&-1&2\end{pmatrix}$;（2）$\boldsymbol{A}_2=\begin{pmatrix}-4&14&0\\-5&13&0\\-1&0&2\end{pmatrix}$,

当主特征值有三位小数稳定时,迭代终止.

20. 用反幂法求矩阵

$$A=\begin{pmatrix}2&8&9\\8&3&4\\9&4&7\end{pmatrix}$$

按模最小的特征值及相应的特征向量,用 QR 分解求矩阵的特征值.当该特征值有三位小数稳定时,迭代终止.

21. 已知

$$A=\begin{pmatrix}3&0&-10\\-1&3&4\\0&1&-2\end{pmatrix}$$

有特征值 λ 的近似值 $p=4.3$,试用原点位移的反幂法求对应的特征向量 u,并改善 λ.

22. 试用 SOR 法(取 $\omega=0.9$)解方程组.

$$\begin{cases}5x_1+2x_2\quad +x_3=-12,\\-x_1+4x_2\ +2x_3=10,\\x_1-3x_2+10x_3=3.\end{cases}$$

(1) 证明此时 SOR 法是收敛的;

(2) 求满足 $\max\limits_{1\leqslant i\leqslant 3}|x_i^{(k+1)}-x_i^{(k)}|\leqslant 10^{-5}$ 的解.

23. 设有方程组 $Ax=b$,其中 A 为对称正定矩阵,迭代公式

$$x^{(k+1)}=x^{(k)}+\omega(b-Ax^{(k)})\quad (k=0,1,2,\cdots).$$

试证明:当 $0<\omega<\dfrac{2}{\beta}$ 时,上述迭代法收敛(其中 $0<\alpha\leqslant\lambda(A)\leqslant\beta$,$\lambda(A)$ 为 A 的任意特征值).

24. 设计用 Jacobi 迭代法、G-S 法和 SOR 法解线性方程组

$$A_{n\times n}x=b$$

的统一算法,在算法中应具有自动选取方法的功能.

25. 取 $x_0=(0,0)^{\mathrm T}$,用 CG 法求解

$$\begin{pmatrix}6&3\\3&2\end{pmatrix}\begin{pmatrix}x_1\\x_2\end{pmatrix}=\begin{pmatrix}0\\-1\end{pmatrix}.$$

26. 对于大型电路的分析,常常归结为求解大型线性方程组 $RI=v$,若

$$R=\begin{pmatrix}31&-13&0&0&0&-10&0&0&0\\-13&35&-9&0&-11&0&0&0&0\\0&-9&31&-10&0&0&0&0&0\\0&0&-10&79&-30&0&0&0&-9\\0&0&0&-30&57&-7&0&-5&0\\0&0&0&0&7&47&-30&0&0\\0&0&0&0&0&-30&41&0&0\\0&0&0&0&-5&0&0&27&-2\\0&0&0&-9&0&0&0&-2&29\end{pmatrix},\quad v=\begin{pmatrix}-15\\27\\-23\\0\\-20\\12\\-7\\7\\-10\end{pmatrix}.$$

试分别用

（1）Jacobi 迭代法；

（2）G-S 法；

（3）SOR 法；

（4）CG 法

求解，要求 $\max\limits_{1\leqslant j\leqslant 9}\left| i_j^{(k+1)}-i_j^{(k)} \right| \leqslant 10^{-5}$，其中 $\boldsymbol{I}=(i_1,i_2,\cdots,i_9)$.

27.（数值实验题） 在一条宽 20 m 的道路两侧，分别安装了一只 2 kW 和一只 3 kW 的路灯，它们离地面的高度分别为 5 m 和 6 m. 在漆黑的夜晚，当两只路灯开启时，两只路灯连线的路面上最暗的点和最亮的点分别在哪里？如果3 kW的路灯的高度可以在 3 m 和 9 m 之间变化，如何使路面上最暗点的亮度最大？如果两只路灯的高度均可以在 3 m 和 9 m 之间变化，结果又如何？（光源的照度公式为 $I=k\dfrac{P\sin\alpha}{r^2}$，其中 k 为比例系数，不妨取 $k=1$；P 为光源的功率；r 为地面上一点 M 到光源的距离；α 为光源到点 M 的光线与地面的夹角.）

习题 4 答案与提示

第5章 插值与逼近

以函数为讨论对象的科学计算问题,例如估算函数值、导数值或定积分,经常需要进行函数逼近.以计算函数值为例.由于计算机硬件系统只能提供加、减、乘、除四则运算和逻辑运算,所以使得绝大多数函数不能直接用计算机计算.例如,有时虽然已知 $y=f(x)$ 的表达式,但不能通过有限次的四则运算计算出函数值.又如有的函数 $y=f(x)$ 虽然存在,却只能给出它在某些点处的函数值,而无法给出其解析表达式,从而无法计算其他点处的函数值.因此,需要为 $y=f(x)$ 构造一个可以在计算机上进行简单计算的近似函数,并用该近似函数代替 $y=f(x)$ 进行数值运算及理论分析.

函数逼近问题分多种类型.每个类型的函数逼近问题都对近似函数提出各自不同的要求,即提出了不同类型的定解条件和衡量误差的标准.相应地,每个类型的函数逼近问题都有可行的构造(最佳)近似函数的方法.

本章介绍的插值方法、最佳平方逼近、最小二乘法都是常用的函数逼近方法.

5.1 引言

插值方法是数值分析中一个简单而又重要的方法,利用该方法可以通过函数在有限个点处的函数值求出其近似函数,进而估算出函数在其他点处的值.插值方法在离散数据处理、函数的近似表示、数值微分、数值积分、曲线与曲面的生成等方面有重要的应用.

5.1.1 插值问题

设已知函数 $f(x)$ 在 $[a,b]$ 上 $n+1$ 个互异点 $x_0,x_1,\cdots,x_n$ 处的函数值和导数值

$$\begin{aligned}&f(x_0),\quad f'(x_0),\quad \cdots,\quad f^{(\alpha_0-1)}(x_0),\\&f(x_1),\quad f'(x_1),\quad \cdots,\quad f^{(\alpha_1-1)}(x_1),\\&\cdots\cdots\cdots\cdots\\&f(x_n),\quad f'(x_n),\quad \cdots,\quad f^{(\alpha_n-1)}(x_n),\end{aligned}\tag{5-1}$$

其中 α_i 为正整数,构造一个简单易算的函数 $p(x)$,使其满足下述条件:

$$p^{(\mu_i)}(x_i)=f^{(\mu_i)}(x_i),\quad \mu_i=0,1,\cdots,\alpha_i-1,i=0,1,\cdots,n.\tag{5-2}$$

以上问题称作**插值问题**,$x_0,x_1,\cdots,x_n$ 称为**插值节点**,$p(x)$ 称为 $f(x)$ **关于节点组 $x_0,x_1,\cdots,x_n$ 的插值函数**,(5-2)式称为**插值条件**,$f(x)$ 称为**被插值函数**.

在插值法中必须考虑以下几个问题:

(1) 简单函数类的选取问题,即选择什么类型的函数 $p(x)$ 作为 $f(x)$ 的近似函数.通常,我们选择的简单函数为代数多项式(或分段代数多项式)、三角多项式、有理函数或样条函数,此时插值问题也相应地称为代数多项式插值、三角多项式插值、有理函数插值、样条函数插值问题.本章介绍代数多项式插值和样条插值方法.

(2) 存在唯一性问题.在所选的简单函数类中,满足插值条件(5-2)的函数 $p(x)$ 是否存在?如果存在,是否唯一?

(3) 余项估计问题.插值余项 $r(x)=f(x)-p(x)$ 标志着插值精度,因此通过对 $r(x)$ 的估计,可推断出 $p(x)$ 对 $f(x)$ 的近似程度如何.

(4) 收敛性问题,即当节点数趋于无穷且 $\max\limits_{0\leqslant i\leqslant n-1}|x_{i+1}-x_i|\to 0$ 时,$p(x)$ 在 $[a,b]$ 上是否会一致收敛于 $f(x)$.

5.1.2 插值函数的存在唯一性、插值基函数

设简单函数类 S 是连续函数空间 $C[a,b]$ 的 $n+1$ 维子空间,$\varphi_0(x),\varphi_1(x),\cdots,\varphi_n(x)$ 是 S 的一组基底函数,即 $\varphi_0(x),\varphi_1(x),\cdots,\varphi_n(x)$ 在 $[a,b]$ 上线性无关,且对任意 $\varphi(x)\in S$,有且仅有一组系数 $c_0,c_1,\cdots,c_n\in\mathbf{R}$,使得 $\varphi(x)=\sum\limits_{k=0}^{n}c_k\varphi_k(x)$.

下面以(5-1)式中所有 $\alpha_i=1(i=0,1,\cdots,n)$ 的特殊情形为例,介绍插值函数的存在唯一性.此时插值条件为

$$p(x_i)=f(x_i),\quad i=0,1,\cdots,n.\tag{5-3}$$

而插值问题就是在 S 中寻求一个函数 $p(x)=\sum\limits_{k=0}^{n}c_k\varphi_k(x)$,使得 $p(x)$ 满足插值条件(5-3).该问题等价于通过求解方程组

$$\sum_{k=0}^{n}c_k\varphi_k(x_i)=f(x_i),\quad i=0,1,\cdots,n\tag{5-4}$$

确定一组系数 $c_0,c_1,\cdots,c_n$.

定义 5.1 设 $\varphi_0(x),\varphi_1(x),\cdots,\varphi_n(x)$ 是 $[a,b]$ 上的函数,并且对 $[a,b]$ 上的任意 $n+1$ 个互异点 $x_0,x_1,\cdots,x_n$,行列式

$$D[x_0,x_1,\cdots,x_n]=\begin{vmatrix}\varphi_0(x_0) & \varphi_1(x_0) & \cdots & \varphi_n(x_0)\\ \varphi_0(x_1) & \varphi_1(x_1) & \cdots & \varphi_n(x_1)\\ \vdots & \vdots & & \vdots\\ \varphi_0(x_n) & \varphi_1(x_n) & \cdots & \varphi_n(x_n)\end{vmatrix}\neq 0,\tag{5-5}$$

则称 $\varphi_0(x),\varphi_1(x),\cdots,\varphi_n(x)$ 在 $[a,b]$ 上满足 **Haar(哈尔)条件**.

由线性代数的基本知识,易得下述定理.

定理 5.1 设已知函数 $f(x)$ 在 $n+1$ 个互异点 $x_0,x_1,\cdots,x_n$ 处的函数值 $y_0,y_1,\cdots,y_n$,亦即 $y_i=f(x_i)(i=0,1,\cdots,n)$,又设 S 的基底函数 $\varphi_0(x),\varphi_1(x),\cdots,\varphi_n(x)$ 在 $[a,b]$ 上满足 Haar 条件,则存在唯一的函数 $p(x)=\sum\limits_{k=0}^{n}c_k\varphi_k(x)\in S$,满足插值条件

$$p(x_i)=y_i,\quad i=0,1,\cdots,n.$$

推论 5.1 若 S 如定理 5.1 中所设,则 S 中存在唯一的一组函数 $l_0(x),l_1(x),\cdots,l_n(x)$,满足

$$l_k(x_i)=\begin{cases}1, & i=k,\\ 0, & i\neq k,\end{cases}\quad k=0,1,\cdots,n,i=0,1,\cdots,n,$$

$l_k(x)(k=0,1,\cdots,n)$ 称为**插值基函数**.易证 $l_0(x),l_1(x),\cdots,l_n(x)$ 也是 S 的一组基底函数.利用插值函数的存在唯一性,可证明

推论 5.2 在定理 5.1 的假设下,函数 $p_n(x)=\sum_{k=0}^{n}y_kl_k(x)$ 是 S 中满足插值条件

$$p_n(x_i)=y_i,\quad i=0,1,\cdots,n$$

的唯一函数.

易证 $\varphi_0(x)=1,\varphi_1(x)=x,\cdots,\varphi_n(x)=x^n$ 在任意的有界闭区间 $[a,b]$ 上满足 Haar 条件,因此可以得到代数多项式插值的存在唯一性定理.

定理 5.2 设已知函数 $f(x)$ 在 $n+1$ 个互异点 $x_0,x_1,\cdots,x_n$ 处的函数值 $y_0,y_1,\cdots,y_n$,则在 P_n(所有次数不超过 n 的实系数代数多项式的集合)中有唯一的多项式 $p_n(x)=\sum_{k=0}^{n}c_kx^k$,满足

$$p_n(x_i)=y_i,\quad i=0,1,\cdots,n.$$

上述定理中的 $p_n(x)$ 称为 n 次插值多项式.

5.2 多项式插值和 Hermite 插值

如果用待定系数法,通过解方程组(5-4)求插值多项式,通常面临解病态方程组的难题.因此一般不用这种方法求插值多项式,而是用本节介绍的两种构造性方法.

5.2.1 Lagrange 插值

设 $x_0,x_1,\cdots,x_n$ 是 $[a,b]$ 上的 $n+1$ 个互异点,令

$$\begin{aligned}l_k(x)&=\frac{(x-x_0)\cdots(x-x_{k-1})(x-x_{k+1})\cdots(x-x_n)}{(x_k-x_0)\cdots(x_k-x_{k-1})(x_k-x_{k+1})\cdots(x_k-x_n)}\\&=\frac{\omega_{n+1}(x)}{(x-x_k)\omega'_{n+1}(x_k)},\quad k=0,1,\cdots,n,\end{aligned}\tag{5-6}$$

其中 $\omega_{n+1}(x)=(x-x_0)(x-x_1)\cdots(x-x_n)$,显然

$$l_k(x_i)=\begin{cases}1, & i=k,\\ 0, & i\neq k,\end{cases}\quad i,k=0,1,\cdots,n.\tag{5-7}$$

$l_k(x)(k=0,1,\cdots,n)$ 称为 n **次 Lagrange(拉格朗日)插值基函数**.容易验证

$$p_n(x)=\sum_{k=0}^{n}y_kl_k(x)$$

是 P_n 中满足 $p_n(x_i)=y_i(i=0,1,\cdots,n)$ 的唯一的多项式,$p_n(x)$ 称为 n **次 Lagrange 插值多项式**.

例 1 已知函数 $f(x)$ 的如下函数值：

x_i	1	2	3
$y_i=f(x_i)$	-1	-1	1

求 $f(x)$ 的二次 Lagrange 插值多项式 $p_2(x)$，并利用 $p_2(x)$ 计算 $f(1.5)$ 的近似值.

解

$$l_0(x)=\frac{(x-2)(x-3)}{(1-2)(1-3)}=\frac{1}{2}(x-2)(x-3),$$

$$l_1(x)=\frac{(x-1)(x-3)}{(2-1)(2-3)}=-(x-1)(x-3),$$

$$l_2(x)=\frac{(x-1)(x-2)}{(3-1)(3-2)}=\frac{1}{2}(x-1)(x-2),$$

$$p_2(x)=-\frac{1}{2}(x-2)(x-3)+(x-1)(x-3)+\frac{1}{2}(x-1)(x-2)=x^2-3x+1,$$

$$p_2(1.5)=-1.25,$$

于是 $f(1.5)\approx p_2(1.5)=-1.25$.

5.2.2 Newton 插值

在插值问题中，为了提高插值精度，有时需增加插值节点个数.插值节点个数发生变化后，所有的 Lagrange 插值基函数都会发生变化，从而整个 Lagrange 插值多项式的结构发生变化，这在计算实践中是不方便的.为了克服 Lagrange 插值多项式的缺点，我们引进 Newton 插值公式.

设已知函数 $f(x)$ 在 $[a,b]$ 上的 $n+1$ 个插值节点 $x_0,x_1,\cdots,x_n$ 上的函数值 $y_0,y_1,\cdots,y_n$，Newton 插值法将 P_n 的基函数取作：

$$\begin{cases}\varphi_0(x)=1,\\ \varphi_k(x)=(x-x_0)(x-x_1)\cdots(x-x_{k-1})=\prod_{i=0}^{k-1}(x-x_i), \quad k=1,2,\cdots,n.\end{cases} \tag{5-8}$$

将 n 次插值多项式写成如下形式：

$$\begin{aligned}p_n(x)&=\sum_{k=0}^{n}a_k\varphi_k(x)\\&=a_0+a_1(x-x_0)+\cdots+a_n(x-x_0)(x-x_1)\cdots(x-x_{n-1}),\end{aligned} \tag{5-9}$$

其中待定系数 $a_0,a_1,\cdots,a_n$ 由插值条件

$$p_n(x_i)=y_i, \quad i=0,1,\cdots,n$$

确定.为得到 $a_0,a_1,\cdots,a_n$ 的一般表达式，我们给出均差的定义.

定义 5.2 设函数 $f(x)$ 在包含互异节点 $x_0,x_1,\cdots,x_n,\cdots$ 的区间上有定义，称

$$f[x_i,x_k]=\frac{f(x_k)-f(x_i)}{x_k-x_i}, \quad k\neq i \tag{5-10}$$

为 $f(x)$ 关于 x_i,x_k 的**一阶均差（差商）**.称

$$f[x_i,x_j,x_k]=\frac{f[x_i,x_k]-f[x_i,x_j]}{x_k-x_j},\quad i\neq j\neq k \tag{5-11}$$

为 $f(x)$ 关于 x_i,x_j,x_k 的**二阶均差**.一般地,称

$$f[x_0,x_1,\cdots,x_k]=\frac{f[x_0,\cdots,x_{k-2},x_k]-f[x_0,x_1,\cdots,x_{k-1}]}{x_k-x_{k-1}}(x_0,x_1,\cdots,x_k\text{ 互异}) \tag{5-12}$$

为 $f(x)$ 关于 $x_0,x_1,\cdots,x_k$ 的 **k 阶均差**.

均差有如下性质:

1° $f[x_0,x_1,\cdots,x_k]=\sum\limits_{j=0}^{k}\frac{f(x_j)}{\omega'_{k+1}(x_j)}$,其中 $\omega_{k+1}(x)=(x-x_0)(x-x_1)\cdots(x-x_k)$;

2° 对称性,即在 $f[x_0,x_1,\cdots,x_k]$ 中任意调换 $x_0,x_1,\cdots,x_k$ 的位置时,均差的值不变;

3° 若 $f(x)=x^m$,m 为自然数,则

$$f[x_0,x_1,\cdots,x_k]=\begin{cases}0, & k>m,\\ 1, & k=m,\\ \text{诸 } x_i \text{ 的 } m-k \text{ 次齐次函数}, & k<m;\end{cases}$$

4° 设 $f(x)$ 在包含 $x_0,x_1,\cdots,x_k$ 的区间 (a,b) 内 k 次可微,则

$$f[x_0,x_1,\cdots,x_k]=\frac{f^{(k)}(\xi)}{k!},$$

此处 $\min\{x_0,x_1,\cdots,x_k\}<\xi<\max\{x_0,x_1,\cdots,x_k\}$.

性质 1°可由归纳法证明,而性质 2°是性质 1°的直接推论,性质 3°留作习题,性质 4°的证明将在介绍 Newton 插值公式后给出.

利用归纳法,可以证明对 $n=0,1,\cdots$,多项式

$$\begin{aligned}p_n(x)=&f(x_0)+f[x_0,x_1](x-x_0)+f[x_0,x_1,x_2](x-x_0)(x-x_1)+\cdots+\\&f[x_0,x_1,\cdots,x_n](x-x_0)(x-x_1)\cdots(x-x_{n-1})\end{aligned} \tag{5-13}$$

满足插值条件 $p_n(x_i)=f(x_i)(i=0,1,\cdots,n)$,称 $p_n(x)$ 为 $f(x)$ 的 n 次 **Newton 插值多项式**.

为了便于计算均差,常利用如下形式的均差表 5-1:

表 5-1 均 差 表

x	$f(x)$	一阶均差	二阶均差	三阶均差
x_0	$f(x_0)$			
		$f[x_0,x_1]$		
x_1	$f(x_1)$		$f[x_0,x_1,x_2]$	
		$f[x_1,x_2]$		$f[x_0,x_1,x_2,x_3]$
x_2	$f(x_2)$		$f[x_1,x_2,x_3]$	
		$f[x_2,x_3]$		
x_3	$f(x_3)$			

例 2 已知 $f(0)=2, f(1)=-3, f(2)=-6, f(3)=11$，求 $f(x)$ 关于节点组 $x_i=i(i=0,1,2,3)$ 的三次插值多项式 $p_3(x)$.

解 首先利用均差表 5-1 计算均差，见表 5-2：

表 5-2 均 差 表

x_i	$f(x_i)$	$f[x_i,x_{i+1}]$	$f[x_i,x_{i+1},x_{i+2}]$	$f[x_i,x_{i+1},x_{i+2},x_{i+3}]$
0	2			
		-5		
1	-3		1	
		-3		3
2	-6		10	
		17		
3	11			

由上面的均差表，$f[0,1]=-5$, $f[0,1,2]=1$, $f[0,1,2,3]=3$，故所求的插值多项式为

$$p_3(x)=2-5x+x(x-1)+3x(x-1)(x-2)=3x^3-8x^2+2.$$

5.2.3 插值余项

首先给出均差性质 4°的证明.令

$$p_k(x)=f(x_0)+f[x_0,x_1](x-x_0)+\cdots+$$
$$f[x_0,x_1,\cdots,x_k](x-x_0)(x-x_1)\cdots(x-x_{k-1}),$$

即 $p_k(x)$ 是 $f(x)$ 关于节点组 $x_0,x_1,\cdots,x_k$ 的 k 次插值多项式，则插值余项

$$r_k(x)=f(x)-p_k(x)$$

至少有 $k+1$ 个互异的零点 $x_0,x_1,\cdots,x_k$，反复利用 Rolle（罗尔）定理，可知在 $\min\{x_0,x_1,\cdots,x_k\}$ 和 $\max\{x_0,x_1,\cdots,x_k\}$ 之间至少有一个 ξ，使

$$r_k^{(k)}(\xi)=f^{(k)}(\xi)-p_k^{(k)}(\xi)=0.$$

又由 $p_k(x)$ 的表达式，$p_k^{(k)}(\xi)=k!f[x_0,x_1,\cdots,x_k]$，所以

$$f[x_0,x_1,\cdots,x_k]=\frac{f^{(k)}(\xi)}{k!}.$$

定理 5.3 若 $f(x)$ 在包含插值节点 $x_0,x_1,\cdots,x_n$ 的区间 $[a,b]$ 上 $n+1$ 次可微，则对任意 $x\in[a,b]$，存在与 x 有关的 $\xi(a<\xi<b)$，使得

$$r_n(x)=f(x)-p_n(x)=\frac{f^{(n+1)}(\xi)}{(n+1)!}\omega_{n+1}(x), \tag{5-14}$$

其中 $\omega_{n+1}(x)=(x-x_0)(x-x_1)\cdots(x-x_n)$.

证 任取 $x\in[a,b]$，当 $x=x_0,x_1,\cdots,x_n$ 时，公式(5-14)显然成立.以下设 $x\neq x_i(i=0,1,\cdots,n)$，视 x 为一个节点，据一阶均差的定义，

$$f(x)=f(x_0)+f[x,x_0](x-x_0),\tag{5-15}$$

并且由

$$f[x,x_0,\cdots,x_{k-1}]=f[x_0,x_1,\cdots,x_k]+f[x,x_0,\cdots,x_k](x-x_k),\quad k=1,2,\cdots,n.\tag{5-16}$$

将(5-15)式递推展开:

$$\begin{aligned}f(x)&=f(x_0)+\{f[x_0,x_1]+f[x,x_0,x_1](x-x_1)\}(x-x_0)\\&=f(x_0)+f[x_0,x_1](x-x_0)+f[x,x_0,x_1](x-x_0)(x-x_1)\\&=\cdots\\&=f(x_0)+f[x_0,x_1](x-x_0)+\cdots+f[x_0,x_1,\cdots,x_n](x-x_0)\cdots(x-x_{n-1})+\\&\quad f[x,x_0,x_1,\cdots,x_n](x-x_0)(x-x_1)\cdots(x-x_n),\end{aligned}$$

所以

$$\begin{aligned}r_n(x)&=f(x)-p_n(x)\\&=f[x,x_0,x_1,\cdots,x_n](x-x_0)(x-x_1)\cdots(x-x_n)\\&=f[x,x_0,x_1,\cdots,x_n]\omega_{n+1}(x),\end{aligned}\tag{5-17}$$

由均差的性质4°,

$$r_n(x)=\frac{f^{(n+1)}(\xi)}{(n+1)!}\omega_{n+1}(x),\quad \min\{x,x_0,\cdots,x_n\}<\xi<\max\{x,x_0,\cdots,x_n\}.$$

5.2.4 Hermite 插值

理论和应用中提出的某些插值问题,要求插值函数 $p(x)$ 具有一定的光滑度,即在插值节点处满足一定的导数条件,这类插值问题称为 **Hermite 插值问题**.Hermite 插值问题的一般提法是:

设已知函数 $f(x)$ 在 s 个互异点 $x_1,x_2,\cdots,x_s$ 处的函数值和导数值:

$$\begin{array}{llll}f(x_1), & f'(x_1), & \cdots, & f^{(\alpha_1-1)}(x_1),\\ f(x_2), & f'(x_2), & \cdots, & f^{(\alpha_2-1)}(x_2),\\ & \cdots\cdots & & \\ f(x_s), & f'(x_s), & \cdots, & f^{(\alpha_s-1)}(x_s),\end{array}$$

其中 $\alpha_1,\alpha_2,\cdots,\alpha_s$ 为正整数,记 $\alpha_1+\alpha_2+\cdots+\alpha_s=n+1$,构造一个 n 次多项式$p_n(x)$,使其满足插值条件:

$$p_n^{(\mu_i)}(x_i)=f^{(\mu_i)}(x_i)=y_i^{(\mu_i)},\quad i=1,2,\cdots,s,\mu_i=0,1,\cdots,\alpha_i-1.\tag{5-18}$$

可以采用类似于构造 Lagrange 插值基函数 $l_k(x)$ 的方法来解决 Hermite 插值问题.先构造一批 n 次多项式

$$L_{i,k}(x),\quad i=1,2,\cdots,s,k=0,1,\cdots,\alpha_i-1,$$

使这些多项式满足条件:

$$L_{i,k}^{(h)}(x_m)=0,\quad m\neq i,h=0,1,\cdots,\alpha_m-1;\tag{5-19}$$

$$L_{i,k}^{(h)}(x_i)=\begin{cases}0, & h\neq k,\\ 1, & h=k.\end{cases}\tag{5-20}$$

只要上述问题一解决,则 n 次多项式

$$p_n(x)=\sum_{i=1}^{s}\sum_{k=0}^{\alpha_i-1}y_i^{(k)}L_{i,k}(x) \tag{5-21}$$

满足插值条件(5-18).

以下构造 $L_{i,k}(x)$,令 $A(x)=\prod_{v=1}^{s}(x-x_v)^{\alpha_v}$,且令

$$l_{i,k}(x)=\frac{1}{k!}\left\{\frac{(x-x_i)^{\alpha_i}}{A(x)}\right\}_{(x_i)}^{(\alpha_i-k-1)}, \tag{5-22}$$

其中$\left\{\frac{(x-x_i)^{\alpha_i}}{A(x)}\right\}_{(x_i)}^{(\alpha_i-k-1)}$代表$\frac{(x-x_i)^{\alpha_i}}{A(x)}$在点 x_i 附近的 Taylor 级数中幂次不超过 α_i-k-1 的项之和,则

$$\begin{aligned}L_{i,k}(x)&=(x-x_1)^{\alpha_1}\cdots(x-x_{i-1})^{\alpha_{i-1}}(x-x_i)^{k}(x-x_{i+1})^{\alpha_{i+1}}\cdots(x-x_s)^{\alpha_s}l_{i,k}(x)\\&=\frac{A(x)}{(x-x_i)^{\alpha_i}}\cdot\frac{(x-x_i)^k}{k!}\left\{\frac{(x-x_i)^{\alpha_i}}{A(x)}\right\}_{(x_i)}^{(\alpha_i-k-1)}\end{aligned} \tag{5-23}$$

即为所求的多项式(证明见[11]).

例 3 $\alpha_1=\alpha_2=\cdots=\alpha_s=1$ 的情形.此时相应的插值问题就是通常的 Lagrange 插值,按定义

$$\left\{\frac{x-x_i}{A(x)}\right\}_{(x_i)}^{(0)}=\frac{1}{A'(x_i)},\quad A(x)=(x-x_1)\cdots(x-x_s),$$

插值多项式就是以 $x_1,x_2,\cdots,x_s$ 为节点的 $s-1$ 次 Lagrange 插值多项式

$$p_{s-1}(x)=\sum_{i=1}^{s}y_i\frac{A(x)}{(x-x_i)A'(x_i)}.$$

例 4 $s=1$ 情形.记 $x_1=a,A(x)=(x-a)^{\alpha}$,所求的插值多项式

$$p_{\alpha-1}(x)=\sum_{k=0}^{\alpha-1}\frac{f^{(k)}(a)}{k!}(x-a)^k$$

恰为$f(x)$在 $x=a$ 附近的 Taylor 多项式.

例 5 $\alpha_1=\alpha_2=\cdots=\alpha_s=2$ 的情形.记

$$\sigma(x)=(x-x_1)(x-x_2)\cdots(x-x_s),$$

则所求插值多项式为

$$p_{2s-1}(x)=\sum_{i=1}^{s}\left(\frac{\sigma(x)}{\sigma'(x_i)(x-x_i)}\right)^2\left[f(x_i)\left(1-\frac{\sigma''(x_i)}{\sigma'(x_i)}(x-x_i)\right)+f'(x_i)(x-x_i)\right],$$

插值基底函数为

$$L_{i,0}(x)=\left(\frac{\sigma(x)}{\sigma'(x_i)(x-x_i)}\right)^2\left(1-\frac{\sigma''(x_i)}{\sigma'(x_i)}(x-x_i)\right),$$

$$L_{i,1}(x)=\left(\frac{\sigma(x)}{\sigma'(x_i)(x-x_i)}\right)^2(x-x_i).$$

例 6 $s=2$ 且 $\alpha_1=\alpha_2=2$ 情形.此时插值多项式

$$p_3(x)=f(x_1)\left(1-2\frac{x-x_1}{x_1-x_2}\right)\left(\frac{x-x_2}{x_1-x_2}\right)^2+f'(x_1)(x-x_1)\left(\frac{x-x_2}{x_1-x_2}\right)^2+$$

$$f(x_2)\left(1-2\frac{x-x_2}{x_2-x_1}\right)\left(\frac{x-x_1}{x_2-x_1}\right)^2+f'(x_2)(x-x_2)\left(\frac{x-x_1}{x_2-x_1}\right)^2.$$

下面给出例5类型的 Hermite 插值公式的误差估计.

定理 5.4　设 $f(x)\in C^{2s-1}[a,b]$,在 (a,b) 内 $2s$ 阶可导,又设 $a\leqslant x_1<x_2<\cdots<x_s\leqslant b$,则由例5确定的 Hermite 插值多项式 $p_{2s-1}(x)$ 有如下的误差估计式:

$$f(x)-p_{2s-1}(x)=\frac{f^{(2s)}(\xi)}{(2s)!}\sigma^2(x),\quad x\in[a,b],\tag{5-24}$$

其中 $\min\{x,x_1,x_2,\cdots,x_s\}<\xi<\max\{x,x_1,x_2,\cdots,x_s\}$.

证　若 x 为 $x_1,x_2,\cdots,x_s$ 中的某一个,则(5-24)式显然成立.以下假设 $x\neq x_i(i=1,2,\cdots,s)$.设

$$f(x)-p_{2s-1}(x)=(x-x_1)^2\cdots(x-x_s)^2K(x)=\sigma^2(x)K(x),\tag{5-25}$$

对上述给定的 x,引进辅助函数

$$\varphi(t)=f(t)-p_{2s-1}(t)-K(x)(t-x_1)^2\cdots(t-x_s)^2,$$

显然

$$\varphi(x_i)=\varphi'(x_i)=0,\quad i=1,2,\cdots,s,$$
$$\varphi(x)=0,$$

即 $\varphi(t)$ 有 s 个二重零点 $x_1,x_2,\cdots,x_s$ 和一个单重零点 x.反复运用 Rolle 定理可证,至少有一个 $\xi(\min\{x,x_1,\cdots,x_s\}<\xi<\max\{x,x_1,\cdots,x_s\})$,使得

$$\varphi^{(2s)}(\xi)=f^{(2s)}(\xi)-0-K(x)(2s)!\ =0,$$

于是 $K(x)=\dfrac{f^{(2s)}(\xi)}{(2s)!}$,代入(5-25)式即知(5-24)式成立.

5.2.5　分段低次插值

利用插值法构造近似函数时,为了提高逼近精度,经常需要增加插值节点,加密插值节点会使插值函数与被插值函数在更多节点上的取值相同,那么误差是否会随之减小呢?答案是否定的.原因在于插值节点增多导致插值多项式的次数增高,而高次多项式的振荡次数增多有可能使插值多项式在非节点处的误差变得很大.例如,在 $[-1,1]$ 上 $n+1$ 个等距节点处函数 $f(x)=|x|$ 的 n 次插值多项式序列 $\{p_n(x)\}$ 仅在点 $1,0,-1$ 处收敛于 $f(x)$.同理,插值节点处的函数值的微小误差,也可能使插值误差变得很大,从而导致插值的不稳定性.

为了克服高次插值多项式的上述弊端,通常采用分段低次插值的方法,即以插值节点为分点,将 $[a,b]$ 分成若干个小区间,并在每个小区间上进行低次的多项式插值.

一、分段线性 Lagrange 插值

设插值节点 $x_0,x_1,\cdots,x_n$ 满足 $a\leqslant x_0<x_1<\cdots<x_n\leqslant b$,在每一个区间 $[x_k,x_{k+1}]$ $(k=0,1,\cdots,n-1)$ 上建立线性插值多项式

$$L_h^{(k)}(x)=y_k\frac{x-x_{k+1}}{x_k-x_{k+1}}+y_{k+1}\frac{x-x_k}{x_{k+1}-x_k},\quad x\in[x_k,x_{k+1}].\tag{5-26}$$

令

$$L_h(x)=\begin{cases}L_h^{(0)}(x), & x\in[x_0,x_1],\\ L_h^{(1)}(x), & x\in[x_1,x_2],\\ \vdots & \vdots\\ L_h^{(n-1)}(x), & x\in[x_{n-1},x_n].\end{cases}\tag{5-27}$$

显然 $L_h(x_i)=y_i(i=0,1,\cdots,n)$，$L_h(x)$ 称为 $f(x)$ 在 $[a,b]$ 上的分段线性插值多项式. $y=L_h(x)$ 的图形是平面上依次连接点 $(x_0,y_0),(x_1,y_1),\cdots,(x_n,y_n)$ 的一条折线.

由插值余项定理，当 $f(x)$ 在 $[a,b]$ 上二次可微时，对任意 $x\in[x_k,x_{k+1}]$，余项

$$R_1(x)=f(x)-L_h^{(k)}(x)=\frac{f''(\xi)}{2}(x-x_k)(x-x_{k+1}),\tag{5-28}$$

从而

$$\max_{a\leqslant x\leqslant b}|R_1(x)|\leqslant\frac{M_2}{2}|(x-x_k)(x-x_{k+1})|\leqslant\frac{M_2}{8}h^2,\tag{5-29}$$

其中 $M_2=\max\limits_{a\leqslant x\leqslant b}|f''(x)|$，$h=\max\limits_{0\leqslant k\leqslant n-1}h_k$，$h_k=x_{k+1}-x_k$.

易证，当 $f(x)\in C[a,b]$ 时，$\lim\limits_{h\to0}L_h(x)=f(x)$ 在 $[a,b]$ 上一致成立.

对 $u\in[a,b]$，若 $u\in[x_k,x_{k+1}]$，则以 $L_h^{(k)}(u)$ 作为 $f(u)$ 的近似值；若 $u\leqslant x_0$，则以 $L_h^{(0)}(u)$ 作为 $f(u)$ 的近似值；若 $u\geqslant x_n$，则以 $L_h^{(n-1)}(u)$ 作为 $f(u)$ 的近似值.

二、分段二次 Lagrange 插值

当给定的函数表中节点的个数远多于 3 的时候，为了提高计算精度，或根据实际问题需要，有时采用分段二次插值法.

对于 $u\in[a,b]$，应选择靠近 u 的三个节点做二次插值多项式.

(1) 当 $u\in[x_k,x_{k+1}]$，且 u 偏向 x_k 时，选择 x_{k-1},x_k,x_{k+1} 作为插值节点；

(2) 当 $u\in[x_k,x_{k+1}]$，且 u 偏向 x_{k+1} 时，选取 x_k,x_{k+1},x_{k+2} 作为插值节点；

(3) 当 $u\in[x_0,x_1)$ 或 $u<x_0$ 时，节点取为 x_0,x_1,x_2；

(4) 当 $u\in(x_{n-1},x_n]$ 或 $u>x_n$ 时，节点选为 x_{n-2},x_{n-1} 和 x_n.

分段低次插值的收敛性较好，但是在节点处的光滑性差. 因此根据实际问题的需要，有时可采用分段 Hermite 插值法或下节将要介绍的样条插值方法.

5.3 三次样条插值

5.3.1 样条函数

样条函数是一个重要的逼近工具，在插值、数值微分、曲线拟合等方面有着广泛的应用.

定义 5.3 对区间 $(-\infty,+\infty)$ 的一个分割

$$\Delta:-\infty<x_1<x_2<\cdots<x_n<+\infty,$$

若分段函数 $s(x)$ 满足条件：

(1) 在每个区间 $(-\infty,x_1]$，$[x_j,x_{j+1}]$ $(j=1,2,\cdots,n-1)$ 和 $[x_n,+\infty)$ 上，$s(x)$ 是一个次数不超过 m 的实系数代数多项式；

(2) $s(x)$在$(-\infty,+\infty)$上具有直至$m-1$阶的连续微商,

则称$y=s(x)$为对应于分割Δ的m**次样条函数**,$x_1,x_2,\cdots,x_n$称为**样条节点**,以$x_1,x_2,\cdots,x_n$为节点的m**次样条函数的全体记为**$S_m(x_1,x_2,\cdots,x_n)$.

当$m=1$时,样条函数是分段线性函数;当$m=2$时,是分段二次函数.显然m次样条函数比一般的m次分段插值多项式的光滑性好.

下面介绍样条函数的表示方法.引进截断多项式

$$(x-a)_+^m=\begin{cases}(x-a)^m, & x\geqslant a,\\ 0, & x<a,\end{cases} \tag{5-30}$$

易见$(x-a)_+^m$是$C^{m-1}(-\infty,+\infty)$(表示$(-\infty,+\infty)$上的$m-1$次连续可微函数的集合)类的分段m次多项式.可以证明

定理 5.5 任意$s(x)\in S_m(x_1,x_2,\cdots,x_n)$均可唯一地表示为

$$s(x)=p_m(x)+\sum_{j=1}^{n}c_j(x-x_j)_+^m,\quad -\infty<x<+\infty, \tag{5-31}$$

其中$p_m(x)\in P_m$,$c_j(j=1,2,\cdots,n)$为实数.

定理 5.6 为使$s(x)\in S_m(x_1,x_2,\cdots,x_n)$,必须且只需存在$p_m(x)\in P_m$和$n$个实数$c_1$,$c_2,\cdots,c_n$,使得

$$s(x)=p_m(x)+\sum_{j=1}^{n}c_j(x-x_j)_+^m,\quad -\infty<x+\infty.$$

由上面的定理可知,$s(x)$在两个相邻区间$[x_{j-1},x_j]$和$[x_j,x_{j+1}]$上的表达式只相差一项,即$c_j(x-x_j)_+^m$;而$S_m(x_1,x_2,\cdots,x_n)$的一组基底函数为

$$1,x,\cdots,x^m,(x-x_1)_+^m,(x-x_2)_+^m,\cdots,(x-x_n)_+^m. \tag{5-32}$$

因此函数空间$S_m(x_1,x_2,\cdots,x_n)$的维数为$m+n+1$.

上述结果的证明可参考文献[18].

例 1 验证分片多项式

$$s(x)=\begin{cases}1-2x, & x<-3,\\ 28+25x+9x^2+x^3, & -3\leqslant x<-1,\\ 26+19x+3x^2-x^3, & -1\leqslant x<0,\\ 26+19x+3x^2, & 0\leqslant x\end{cases}$$

是三次样条函数.

解 最直接的方法是利用定义验证,该方法需要计算函数在各个节点处的i阶左、右导数$(i=0,1,2)$.此处我们利用上面的定理验证.因为

$$(28+25x+9x^2+x^3)-(1-2x)=(x+3)^3,$$
$$(26+19x+3x^2-x^3)-(28+25x+9x^2+x^3)=-2(x+1)^3,$$
$$(26+19x+3x^2)-(26+19x+3x^2-x^3)=x^3,$$

所以由上述定理可知该函数为三次样条函数.

5.3.2 三次样条插值及其收敛性

有些实际问题中提出的插值问题,要求插值曲线具有较高的光滑性和几何光顺性.样条插值适用于这类问题.例如,在船体放样时,模线员用压铁压在样条(弹性均匀的窄木条)的

一批点上，强迫样条通过这组离散的型值点.当样条取得合适的形状后，再沿着样条画出所需的曲线.在小挠度的情形下，该曲线可以由三次样条函数表示.由于样条函数插值不仅具有较好的收敛性和稳定性，而且其光滑性也较高，因此，样条函数成了重要的插值工具，其中应用较多的是三次样条插值.

设给定节点

$$a=x_0<x_1<\cdots<x_n=b$$

及节点上的函数值

$$f(x_i)=y_i,\quad i=0,1,\cdots,n,$$

三次样条插值问题就是构造 $s(x)\in S_3(x_1,x_2,\cdots,x_{n-1})$，使

$$s(x_i)=y_i,\quad i=0,1,\cdots,n. \tag{5-33}$$

设 $s'(x_k)=m_k(k=0,1,\cdots,n)$，$h_k=x_{k+1}-x_k(k=0,1,\cdots,n-1)$，因为 $s(x)$ 在每一个子区间 $[x_k,x_{k+1}]$ 上都是三次多项式，因此，在 $[x_0,x_n]$ 上可以将 $s(x)$ 表示成分段两点三次 Hermite 插值多项式.由 5.2 节中的例 6，当 $x\in[x_k,x_{k+1}]$ 时，

$$s(x)=\left(1-2\frac{x-x_k}{-h_k}\right)\left(\frac{x-x_{k+1}}{-h_k}\right)^2y_k+\left(1-2\frac{x-x_{k+1}}{h_k}\right)\left(\frac{x-x_k}{h_k}\right)^2y_{k+1}+$$
$$(x-x_k)\left(\frac{x-x_{k+1}}{-h_k}\right)^2m_k+(x-x_{k+1})\left(\frac{x-x_k}{h_k}\right)^2m_{k+1}, \tag{5-34}$$

即

$$s(x)=\frac{h_k+2(x-x_k)}{h_k^3}(x-x_{k+1})^2y_k+\frac{h_k-2(x-x_{k+1})}{h_k^3}(x-x_k)^2y_{k+1}+$$
$$\frac{(x-x_k)(x-x_{k+1})^2}{h_k^2}m_k+\frac{(x-x_{k+1})(x-x_k)^2}{h_k^2}m_{k+1}. \tag{5-35}$$

因此，求 $s(x)$ 的关键在于确定 $n+1$ 个常数 $m_0,m_1,\cdots,m_n$.为此，对 $s(x)$ 求二阶导数，得

$$s''(x)=\frac{6x-2x_k-4x_{k+1}}{h_k^2}m_k+\frac{6x-4x_k-2x_{k+1}}{h_k^2}m_{k+1}+$$
$$\frac{6(x_k+x_{k+1}-2x)}{h_k^3}(y_{k+1}-y_k),\quad x\in[x_k,x_{k+1}], \tag{5-36}$$

于是

$$\lim_{x\to x_k^+}s''(x)=-\frac{4}{h_k}m_k-\frac{2}{h_k}m_{k+1}+\frac{6}{h_k^2}(y_{k+1}-y_k). \tag{5-37}$$

在(5-36)式中以 $k-1$ 取代 k，便得 $s(x)$ 在 $[x_{k-1},x_k]$ 上的表达式，而且求得

$$\lim_{x\to x_k^-}s''(x)=\frac{2}{h_{k-1}}m_{k-1}+\frac{4}{h_{k-1}}m_k-\frac{6}{h_{k-1}^2}(y_k-y_{k-1}). \tag{5-38}$$

由 $\lim\limits_{x\to x_k^+}s''(x)=\lim\limits_{x\to x_k^-}s''(x)\ (k=1,2,\cdots,n-1)$，得

$$\frac{1}{h_{k-1}}m_{k-1}+2\left(\frac{1}{h_{k-1}}+\frac{1}{h_k}\right)m_k+\frac{1}{h_k}m_{k+1}=3\left(\frac{y_{k+1}-y_k}{h_k^2}+\frac{y_k-y_{k-1}}{h_{k-1}^2}\right). \tag{5-39}$$

用$\dfrac{h_k+h_{k-1}}{h_{k-1}h_k}$除等式两端,并化简所得方程,得到基本方程组

$$\lambda_k m_{k-1}+2m_k+\mu_k m_{k+1}=g_k \quad (k=1,2,\cdots,n-1), \tag{5-40}$$

其中

$$\lambda_k=\frac{h_k}{h_k+h_{k-1}}, \quad \mu_k=\frac{h_{k-1}}{h_k+h_{k-1}},$$

$$g_k=3\left(\mu_k\frac{y_{k+1}-y_k}{h_k}+\lambda_k\frac{y_k-y_{k-1}}{h_{k-1}}\right) \quad (k=1,2,\cdots,n-1). \tag{5-41}$$

方程组(5-40)中含$n-1$个方程、$n+1$个未知数$m_0,m_1,\cdots,m_n$.为了解出$m_k(k=0,1,\cdots,n)$,还应补充两个方程.因此,我们通过在插值条件(5-33)上再附加两个边界条件来解决这个问题.本节我们考虑下面三类边界条件.

一、第一类边界条件

$$\begin{cases}s'(x_0)=f_0',\\ s'(x_n)=f_n',\end{cases} \tag{5-42}$$

即$m_0=f_0',m_n=f_n'$,于是只需求解方程组

$$\begin{cases}2m_1+\mu_1 m_2=g_1-\lambda_1 f_0',\\ \lambda_k m_{k-1}+2m_k+\mu_k m_{k+1}=g_k, & k=2,3,\cdots,n-2,\\ \lambda_{n-1}m_{n-2}+2m_{n-1}=g_{n-1}-\mu_{n-1}f_n',\end{cases} \tag{5-43}$$

即

$$\begin{pmatrix}2 & \mu_1 & & & & \\ \lambda_2 & 2 & \mu_2 & & & \\ & \lambda_3 & 2 & \mu_3 & & \\ & & \ddots & \ddots & \ddots & \\ & & & \lambda_{n-2} & 2 & \mu_{n-2}\\ & & & & \lambda_{n-1} & 2\end{pmatrix}\begin{pmatrix}m_1\\ m_2\\ m_3\\ \vdots\\ m_{n-2}\\ m_{n-1}\end{pmatrix}=\begin{pmatrix}g_1-\lambda_1 f_0'\\ g_2\\ g_3\\ \vdots\\ g_{n-2}\\ g_{n-1}-\mu_{n-1}f_n'\end{pmatrix}, \tag{5-44}$$

得出$m_1,m_2,\cdots,m_{n-1}$.

二、第二类边界条件

$$\begin{cases}s''(x_0)=f_0'',\\ s''(x_n)=f_n'',\end{cases} \tag{5-45}$$

由(5-37)式和(5-38)式,边界条件可表示为

$$\begin{cases}2m_0+m_1=\dfrac{3(y_1-y_0)}{h_0}-\dfrac{h_0}{2}f_0'',\\[2ex] m_{n-1}+2m_n=\dfrac{3(y_n-y_{n-1})}{h_{n-1}}+\dfrac{h_{n-1}}{2}f_n''.\end{cases} \tag{5-46}$$

将(5-46)式与(5-40)式联立即得所需方程组,用矩阵表示为

$$
\begin{pmatrix}
2 & 1 & & & & \\
\lambda_1 & 2 & \mu_1 & & & \\
 & \lambda_2 & 2 & \mu_2 & & \\
 & & \ddots & \ddots & \ddots & \\
 & & & \lambda_{n-1} & 2 & \mu_{n-1} \\
 & & & & 1 & 2
\end{pmatrix}
\begin{pmatrix} m_0 \\ m_1 \\ m_2 \\ \vdots \\ m_{n-1} \\ m_n \end{pmatrix}
=
\begin{pmatrix} g_0 \\ g_1 \\ g_2 \\ \vdots \\ g_{n-1} \\ g_n \end{pmatrix}, \tag{5-47}
$$

其中 $g_1, g_2, \cdots, g_{n-1}$ 如(5-41)式定义,而

$$
\begin{cases}
g_0 = 3\dfrac{y_1 - y_0}{h_0} - \dfrac{h_0}{2} f_0'', \\[2ex]
g_n = 3\dfrac{y_n - y_{n-1}}{h_{n-1}} + \dfrac{h_{n-1}}{2} f_n''.
\end{cases} \tag{5-48}
$$

三、第三类边界条件 周期性条件.设 $f(x)$ 是以 $x_n - x_0$ 为周期的函数,这时 $s(x)$ 也应以 $x_n - x_0$ 为周期,于是 $s(x)$ 在端点处满足条件

$$
\lim_{x \to x_0^+} s^{(p)}(x) = \lim_{x \to x_n^-} s^{(p)}(x) \quad (p = 0, 1, 2), \tag{5-49}
$$

由(5-37)式和(5-38)式得

$$
\lim_{x \to x_0^+} s''(x) = -\frac{4}{h_0} m_0 - \frac{2}{h_0} m_1 + \frac{6}{h_0^2}(y_1 - y_0),
$$

$$
\lim_{x \to x_n^-} s''(x) = \frac{2}{h_{n-1}} m_{n-1} + \frac{4}{h_{n-1}} m_n - \frac{6}{h_{n-1}^2}(y_n - y_{n-1}),
$$

由边界条件 $m_0 = m_n$,所以

$$
\frac{1}{h_0} m_1 + \frac{1}{h_{n-1}} m_{n-1} + 2\left(\frac{1}{h_0} + \frac{1}{h_{n-1}}\right) m_n = 3\left(\frac{y_1 - y_0}{h_0^2} + \frac{y_n - y_{n-1}}{h_{n-1}^2}\right),
$$

简写为

$$
\mu_n m_1 + \lambda_n m_{n-1} + 2m_n = g_n, \tag{5-50}
$$

其中

$$
\begin{cases}
\mu_n = \dfrac{h_{n-1}}{h_0 + h_{n-1}}, \quad \lambda_n = \dfrac{h_0}{h_0 + h_{n-1}}, \\[2ex]
g_n = 3\left(\mu_n \dfrac{y_1 - y_0}{h_0} + \lambda_n \dfrac{y_n - y_{n-1}}{h_{n-1}}\right).
\end{cases} \tag{5-51}
$$

将(5-51)式与(5-40)式联立,并用 m_n 取代 m_0,得方程组

$$
\begin{pmatrix}
2 & \mu_1 & & & \lambda_1 \\
\lambda_2 & 2 & \mu_2 & & \\
 & \ddots & \ddots & \ddots & \\
 & & \lambda_{n-1} & 2 & \mu_{n-1} \\
\mu_n & & & \lambda_n & 2
\end{pmatrix}
\begin{pmatrix} m_1 \\ m_2 \\ \vdots \\ m_{n-1} \\ m_n \end{pmatrix}
=
\begin{pmatrix} g_1 \\ g_2 \\ \vdots \\ g_{n-1} \\ g_n \end{pmatrix}. \tag{5-52}
$$

我们注意到,不论采用哪类边界条件,所得方程组的系数矩阵(见(5-44)式、(5-47)式和(5-52)式)都是严格对角占优矩阵,所以非奇异,故方程组有唯一解.

例2　给定插值条件

x_i	0	1	2	3
y_i	0	0	0	0

以及第一类边界条件 $m_0=1,m_3=0$,求三次样条插值函数.

解　$\lambda_k=\dfrac{h_k}{h_{k-1}+h_k}=\dfrac{1}{2},\quad \mu_k=\dfrac{h_{k-1}}{h_{k-1}+h_k}=\dfrac{1}{2},\quad g_k=0,\quad k=1,2,$

所求方程组为

$$\lambda_k m_{k-1}+2m_k+\mu_k m_{k+1}=g_k\quad(k=1,2),$$

即

$$\begin{cases}\dfrac{1}{2}m_0+2m_1+\dfrac{1}{2}m_2=0,\\[2ex]\dfrac{1}{2}m_1+2m_2+\dfrac{1}{2}m_3=0.\end{cases}$$

再由 $m_0=1,m_3=0$,解得 $m_1=-\dfrac{4}{15},m_2=\dfrac{1}{15}.$

代入(5-35)式,得

$$s(x)=\begin{cases}\dfrac{1}{15}x(1-x)(15-11x), & x\in[0,1],\\[2ex]\dfrac{1}{15}(x-1)(x-2)(7-3x), & x\in[1,2],\\[2ex]\dfrac{1}{15}(x-3)^2(x-2), & x\in[2,3].\end{cases}$$

例3　已知正弦函数表

x_i	0.5	0.7	0.9	1.1	1.3	1.5	1.7	1.9
f_i	0.479 4	0.644 2	0.783 3	0.891 2	0.963 6	0.997 5	0.991 7	0.946 3

以及边界条件 $s''(0.5)=-0.479\ 4,s''(1.9)=-0.946\ 3$,用三次样条插值函数$s(x)$计算诸节点间中点处的函数值,并将计算结果与 $\sin x$ 在相应点处的函数值相比较.

解　利用在第二类边界条件中介绍的方法,计算结果列表如下:

x	0.6	0.8	1.0	1.2	1.4	1.6	1.8
$s(x)$	0.564 62	0.717 33	0.841 44	0.932 06	0.985 47	0.999 59	0.973 86
$\sin x$	0.564 64	0.717 36	0.841 47	0.932 04	0.985 45	0.999 57	0.973 85

上述结果表明,三次样条插值的逼近效果较好.下面的定理说明了三次样条插值函数的收敛性.

定理 5.7 设$f(x)\in C^2[a,b]$,$s(x)$是以$a=x_0<x_1<\cdots<x_n=b$为节点,满足三种边界条件中的任何一种的三次样条插值函数,记$h=\max\limits_{0\leqslant i\leqslant n-1}(x_{i+1}-x_i)$,则当$h\to 0$时,$s(x)$和$s'(x)$在$[a,b]$上分别一致收敛于$f(x)$和$f'(x)$.

5.4 B-样条函数

设函数$f(x)$的定义域为D,称集合$\{x\mid x\in D,f(x)\neq 0\}$的闭包为$f(x)$的**支集**,记为$\operatorname{supp}f$,即

$$\operatorname{supp}f=\overline{\{x\mid x\in D,f(x)\neq 0\}}.$$

如果$f(x)$的支集是有界闭集,则称$f(x)$**具有紧支集**.本节介绍的B-样条函数是具有紧支集的样条函数,它在插值、曲线拟合等方面有广泛的应用.

5.4.1 B-样条函数及其基本性质

设

$$\cdots<x_{-v}<\cdots<x_{-1}<x_0<x_1<\cdots<x_v<\cdots,$$

$$x_v\to\pm\infty\quad(v\to\pm\infty).$$

定义 5.4 令$n\geqslant 1$,$M_n(x;y)=(y-x)_+^{n-1}$,视x为参量,关于变量$y=x_j,x_{j+1},\cdots,x_{j+n}$处的$n$阶差商:

$$M_{j,n}(x)=M_n[x;x_j,x_{j+1},\cdots,x_{j+n}]=\sum_{v=j}^{j+n}\frac{(x_v-x)_+^{n-1}}{\omega'_j(x_v)},\tag{5-53}$$

其中$\omega_j(x)=(x-x_j)(x-x_{j+1})\cdots(x-x_{j+n})$,我们称$M_{j,n}(x)$为$n$阶($n-1$次)B-样条函数,称

$$N_{j,n}(x)=(x_{j+n}-x_j)M_{j,n}(x)\tag{5-54}$$

为**规范化的B-样条**.

当$n=1$时,我们定义

$$M_{j,1}(x)=\begin{cases}(x_{j+1}-x_j)^{-1}, & x_j\leqslant x<x_{j+1},\\ 0, & 其他,\end{cases}$$

$$N_{j,1}(x)=\begin{cases}1, & x_j\leqslant x<x_{j+1},\\ 0, & 其他.\end{cases}$$

由B-样条函数的定义可以看出,B-样条函数$M_{j,n}(x)$是截断多项式的线性组合,是以$x_j,x_{j+1},\cdots,x_{j+n}$为节点的$n-1$次样条函数.

由截断多项式的定义，当 $x>x_{j+n}$ 时，$M_{j,n}(x)=0$；当 $x<x_j$ 时，$M_{j,n}(x)$ 是一个 $n-1$ 次多项式的 n 阶均差，于是由均差的性质3°可知，$M_{j,n}(x)=0$.因此

$$M_{j,n}(x)=0,\quad 当\ x\notin[x_j,x_{j+n}],$$

即 $M_{j,n}(x)$ 是一个具紧支集的函数.

下面列出B-样条函数的性质，这些性质均可由B-样条函数的定义和均差的性质得到证明.

性质1　正性与局部支集性.$N_{j,n}^{(s)}(x)\ (s=0,1,\cdots,n-2)$ 于 (x_j,x_{j+n}) 内恰有 s 个不同的零点，而在 $[x_j,x_{j+n}]$ 外恒为零，特别地，

$$N_{j,n}(x)>0,\quad x\in(x_j,x_{j+n}),$$
$$N_{j,n}(x)=0,\quad x\notin[x_j,x_{j+n}].$$

性质2　规范性.

$$\sum_{i=j+1-n}^{j}N_{i,n}(x)=1,\quad x_j\leqslant x\leqslant x_{j+1}.$$

性质3　递推关系.

$$N_{j,1}(x)=\begin{cases}1, & x\in[x_j,x_{j+1}),\\ 0, & 其他.\end{cases}$$

$$N_{j,n+1}(x)=\frac{x-x_j}{x_{j+n}-x_j}N_{j,n}(x)+\frac{x_{j+n+1}-x}{x_{j+n+1}-x_{j+1}}N_{j+1,n}(x),\quad n=1,2,\cdots.$$

性质4　B-样条的导函数

$$N_{j,1}'(x)=0,\quad x\neq x_j,x\neq x_{j+1},$$
$$N'_{j,n}(x)=(n-1)\left[\frac{N_{j,n-1}(x)}{x_{j+n-1}-x_j}-\frac{N_{j+1,n-1}(x)}{x_{j+n}-x_{j+1}}\right],\quad n\geqslant 2.$$

在 $n=2$ 时上式只在非节点处成立.

下面，我们写出一些常用的低阶B-样条函数的表达式.

一阶规范化的B-样条函数

$$N_{j,1}(x)=\begin{cases}1, & x\in[x_j,x_{j+1})\\ 0, & 其他.\end{cases}$$

二阶规范化的B-样条函数

$$N_{j,2}(x)=\begin{cases}0, & x\leqslant x_j,\\ \dfrac{x-x_j}{x_{j+1}-x_j}, & x_j<x\leqslant x_{j+1},\\ \dfrac{x_{j+2}-x}{x_{j+2}-x_{j+1}}, & x_{j+1}<x\leqslant x_{j+2},\\ 0, & x>x_{j+2}.\end{cases}$$

三阶规范化的B-样条函数

$$
N_{j,3}(x)=\begin{cases}
0, & x\leqslant x_j,\\[2mm]
\dfrac{(x_j-x)^2}{(x_{j+1}-x_j)(x_{j+2}-x_j)}, & x_j<x\leqslant x_{j+1},\\[2mm]
(x_{j+3}-x_j)\Bigg[\dfrac{(x_{j+3}-x)^2}{(x_{j+3}-x_j)(x_{j+3}-x_{j+1})(x_{j+3}-x_{j+2})}- & \\
\qquad \dfrac{(x_{j+2}-x)^2}{(x_{j+2}-x_j)(x_{j+2}-x_{j+1})(x_{j+3}-x_{j+2})}\Bigg], & x_{j+1}<x\leqslant x_{j+2},\\[2mm]
\dfrac{(x_{j+3}-x)^2}{(x_{j+3}-x_{j+1})(x_{j+3}-x_{j+2})}, & x_{j+2}<x\leqslant x_{j+3},\\[2mm]
0, & x>x_{j+3}.
\end{cases}
$$

四阶规范化的 B-样条函数

$$
N_{j,4}(x)=\begin{cases}
0,\quad x\leqslant x_j, & \\[2mm]
(x_{j+4}-x_j)\Bigg[\dfrac{(x_{j+1}-x)^3}{(x_{j+1}-x_j)(x_{j+1}-x_{j+2})(x_{j+1}-x_{j+3})(x_{j+1}-x_{j+4})}+ & \\
\qquad \dfrac{(x_{j+2}-x)^3}{(x_{j+2}-x_j)(x_{j+2}-x_{j+1})(x_{j+2}-x_{j+3})(x_{j+2}-x_{j+4})}+ & \\
\qquad \dfrac{(x_{j+3}-x)^3}{(x_{j+3}-x_j)(x_{j+3}-x_{j+1})(x_{j+3}-x_{j+2})(x_{j+3}-x_{j+4})}+ & \\
\qquad \dfrac{(x_{j+4}-x)^3}{(x_{j+4}-x_j)(x_{j+4}-x_{j+1})(x_{j+4}-x_{j+2})(x_{j+4}-x_{j+3})}\Bigg], & x_j<x\leqslant x_{j+1},\\[2mm]
(x_{j+4}-x_j)\Bigg[\dfrac{(x_{j+2}-x)^3}{(x_{j+2}-x_j)(x_{j+2}-x_{j+1})(x_{j+2}-x_{j+3})(x_{j+2}-x_{j+4})}+ & \\
\qquad \dfrac{(x_{j+3}-x)^3}{(x_{j+3}-x_j)(x_{j+3}-x_{j+1})(x_{j+3}-x_{j+2})(x_{j+3}-x_{j+4})}+ & \\
\qquad \dfrac{(x_{j+4}-x)^3}{(x_{j+4}-x_j)(x_{j+4}-x_{j+1})(x_{j+4}-x_{j+2})(x_{j+4}-x_{j+3})}\Bigg], & x_{j+1}<x\leqslant x_{j+2},\\[2mm]
(x_{j+4}-x_j)\Bigg[\dfrac{(x_{j+3}-x)^3}{(x_{j+3}-x_j)(x_{j+3}-x_{j+1})(x_{j+3}-x_{j+2})(x_{j+3}-x_{j+4})}+ & \\
\qquad \dfrac{(x_{j+4}-x)^3}{(x_{j+4}-x_j)(x_{j+4}-x_{j+1})(x_{j+4}-x_{j+2})(x_{j+4}-x_{j+3})}\Bigg], & x_{j+2}<x\leqslant x_{j+3},\\[2mm]
\dfrac{(x_{j+4}-x)^3}{(x_{j+4}-x_{j+1})(x_{j+4}-x_{j+2})(x_{j+4}-x_{j+3})}, & x_{j+3}<x\leqslant x_{j+4},\\[2mm]
0,\quad x>x_{j+4}. &
\end{cases}
$$

5.4.2 B-样条函数插值

B-样条函数还有一个重要的性质，即它们可以作为样条函数空间的基底. 例如，取样条节点列为

$$\cdots<x_{-v}<\cdots<x_{-1}<x_0=a<x_1<\cdots<x_{m+1}=b<\cdots,$$

记$[a,b]$上以$x_1,x_2,\cdots,x_m$为节点的所有n次样条函数组成的空间为$\tilde{S}_n(x_1,x_2,\cdots,x_m)$. 由定理5.5和定理5.6知，$\tilde{S}_n(x_1,x_2,\cdots,x_m)$的维数为$m+n+1$.

设n次样条函数$s(x)$在$[x_j,x_{j+1}]$上除有限个点外不为零(其中x_j,x_{j+1}为样条节点)，则称$[x_j,x_{j+1}]$为$s(x)$的支集的一个子区间. 如果在给定的节点下，$s(x)$的支集所含的子区间个数最少，则称$s(x)$是**具有最小支集的n次样条函数**. 可以证明$N_{j,n+1}$是具有最小支集的n次样条函数.

结合B-样条函数的局部支集性质和最小支集性质，可以证明(参考文献[18])

定理5.8 B-样条函数组$N_{j,n+1}(x)\ (j=-n,\cdots,m)$在$[a,b]$上线性无关，它们构成了$\tilde{S}_n(x_1,x_2,\cdots,x_m)$的一组基底. 即$\forall\, s(x)\in\tilde{S}_n(x_1,x_2,\cdots,x_m)$，都有唯一的一组系数$c_{-n}$，$c_{1-n},\cdots,c_m$，使得

$$s(x)=\sum_{j=-n}^{m}c_jN_{j,n+1}(x),\quad x\in[a,b].$$

B-样条函数应用较广，这里只简单介绍它在插值中的应用. 我们讨论如下的插值问题：设插值节点为

$$\xi_0<\xi_1<\cdots<\xi_{m+n},$$

构造$s(x)\in\tilde{S}_n(x_1,x_2,\cdots,x_m)$，使其满足插值条件

$$s(\xi_i)=f_i\quad(i=0,1,\cdots,m+n),\tag{5-55}$$

其中f_i是已知的函数值$f(\xi_i)$.

由定理5.7，上述插值问题等价于求出系数$c_{-n},\cdots,c_m$，使得

$$\sum_{j=-n}^{m}c_jN_{j,n+1}(\xi_i)=f_i,\quad i=0,1,\cdots,m+n.\tag{5-56}$$

线性方程组(5-56)的解的存在唯一性取决于系数矩阵

$$\boldsymbol{A}=\begin{pmatrix}N_{-n,n+1}(\xi_0) & N_{1-n,n+1}(\xi_0) & \cdots & N_{m,n+1}(\xi_0)\\ N_{-n,n+1}(\xi_1) & N_{1-n,n+1}(\xi_1) & \cdots & N_{m,n+1}(\xi_1)\\ \vdots & \vdots & & \vdots\\ N_{-n,n+1}(\xi_{m+n}) & N_{1-n,n+1}(\xi_{m+n}) & \cdots & N_{m,n+1}(\xi_{m+n})\end{pmatrix}\tag{5-57}$$

是否可逆. I.J.Schoenberg(勋伯格)等人证明了如下结论：

定理5.9 $\boldsymbol{A}$可逆的充要条件是

$$x_{i-n}<\xi_i<x_{i+1},\quad i=0,1,\cdots,m+n.$$

上述定理指出了插值节点与样条节点之间的关系. 无论是由给定的插值节点列选取样条节点列，还是由给定的样条节点列选取插值节点列(例如在用样条函数代替复杂函数的问

题中),都要遵循这个准则.

由 B-样条函数的局部支集性质可知,系数矩阵 $\boldsymbol{A}$ 是带状的对角矩阵,方程组(5-56)可由第 2 章中介绍的方法进行求解.

最简单的例子是二阶 B-样条插值.设节点

$$x_i=i,\quad i=0,\pm1,\pm2,\cdots,\tag{5-58}$$

$$y_i=f(x_i)\quad (i=1,2,\cdots,m),$$

则 $s(x)=\sum\limits_{j=0}^{m-1}y_{j+1}N_{j,2}(x)$ 满足

$$s(x_i)=y_i\quad (i=1,2,\cdots,n).$$

下面考虑四阶(即三次)B-样条插值.样条节点为(5-58)式所示,插值条件为

$$\begin{cases}s(i)=y_i, & i=0,1,\cdots,n,\\ s'(0)=y_0', \\ s'(n)=y_n',\end{cases}\tag{5-59}$$

由定理 5.8,所求的 $s(x)=\sum\limits_{j=-3}^{n-1}c_jN_{j,4}(x)$,其中 $c_{-3},c_{-2},\cdots,c_{n-1}$ 待定.由四阶 B - 样条的定义,

$$N_{0,4}(x)=\begin{cases}0, & x\leqslant 0,\\ \dfrac{x^3}{6}, & 0<x\leqslant 1,\\ \dfrac{-3x^3+12x^2-12x+4}{6}, & 1<x\leqslant 2,\\ \dfrac{3x^3-24x^2+60x-44}{6}, & 2<x\leqslant 3,\\ \dfrac{(4-x)^3}{6}, & 3<x\leqslant 4,\\ 0, & x>4.\end{cases}\tag{5-60}$$

因此,$N_{0,4}(1)=\dfrac{1}{6}$,$N_{0,4}(2)=\dfrac{4}{6}$,$N_{0,4}(3)=\dfrac{1}{6}$,$N_{0,4}(0)=N_{0,4}(4)=0$.对 $N_{0,4}(x)$ 求导,得

$$N_{0,4}'(x)=\begin{cases}0, & x\leqslant 0,\\ \dfrac{x^2}{2}, & 0<x\leqslant 1,\\ \dfrac{-3x^2+8x-4}{2}, & 1<x\leqslant 2,\\ \dfrac{3x^2-16x+20}{2}, & 2<x\leqslant 3,\\ \dfrac{-(4-x)^2}{2}, & 3<x\leqslant 4,\\ 0, & x>4,\end{cases}\tag{5-61}$$

因此，$N'_{0,4}(0)=N'_{0,4}(4)=0,N'_{0,4}(1)=\frac{1}{2},N'_{0,4}(2)=0,N'_{0,4}(3)=-\frac{1}{2}$.其他的基函数表达式可由 $N_{j,4}(x)=N_{0,4}(x-j)$ 确定.

由插值条件，得方程组

$$\begin{cases}-\frac{1}{2}c_{-3}+0c_{-2}+\frac{1}{2}c_{-1}=y_0',\\ \frac{1}{6}c_{j-3}+\frac{4}{6}c_{j-2}+\frac{1}{6}c_{j-1}=y_j,\quad j=0,1,\cdots,n.\\ -\frac{1}{2}c_{n-3}+0c_{n-2}+\frac{1}{2}c_{n-1}=y_n',\end{cases}\tag{5-62}$$

写成矩阵形式为

$$\begin{pmatrix}1&0&-1&&&\\1&4&1&&&\\&1&4&1&&\\&&\ddots&\ddots&\ddots&\\&&&1&4&1\\&&&-1&0&1\end{pmatrix}\begin{pmatrix}c_{-3}\\c_{-2}\\c_{-1}\\\vdots\\c_{n-2}\\c_{n-1}\end{pmatrix}=\begin{pmatrix}-2y_0'\\6y_0\\6y_1\\\vdots\\6y_n\\2y_n'\end{pmatrix}.\tag{5-63}$$

由第1个方程和第 $n+3$ 个方程分别得

$$c_{-3}=c_{-1}-2y_0',\quad c_{n-1}=c_{n-3}+2y_n'.\tag{5-64}$$

代入方程组(5-63)中，并消去 c_{-3} 和 c_{n-1}，得

$$\begin{pmatrix}4&2&&&\\1&4&1&&\\&\ddots&\ddots&\ddots&\\&&1&4&1\\&&&2&4\end{pmatrix}\begin{pmatrix}c_{-2}\\c_{-1}\\\vdots\\c_{n-3}\\c_{n-2}\end{pmatrix}=\begin{pmatrix}6y_0+2y'_0\\6y_1\\\vdots\\6y_{n-1}\\6y_n-2y'_n\end{pmatrix}.\tag{5-65}$$

方程组(5-65)的系数矩阵是严格对角占优矩阵，故可用追赶法求得 $c_{-2},c_{-1},\cdots,c_{n-2}$，再由(5-64)式解出 c_{-3} 和 c_{n-1}.

5.5 正交函数族在逼近中的应用

本节介绍函数系的正交化方法、正交函数族在最佳平方逼近和最小二乘法中的应用.

5.5.1 正交多项式简介

对于 $[a,b]$ 上的连续函数 $f(x),g(x)$，定义内积

$$(f,g)=\int_a^b\rho(x)f(x)g(x)\,\mathrm{d}x,\tag{5-66}$$

其中权函数 $\rho(x)$ 在 $[a,b]$ 上可积、非负且至多有有限个零点.

定义 $f(x)$ 的 L^2 模为

$$\|f\|_2=\sqrt{(f,f)}=\sqrt{\int_a^b \rho(x)f^2(x)\mathrm{d}x}. \tag{5-67}$$

若 $(f,g)=0$，则称 $f(x)$ 和 $g(x)$ 在 $[a,b]$ 上关于权函数 $\rho(x)$ 正交.

给定线性无关的连续函数组 $\varphi_0(x),\varphi_1(x),\cdots,\varphi_n(x)$，可通过 Schmidt 正交化过程予以正交化，得到一组标准正交函数系.具体做法如下：

令 $\phi_0(x)=\varphi_0(x)$；

$$\phi_i(x)=\begin{vmatrix}(\varphi_0,\varphi_0) & \cdots & (\varphi_0,\varphi_{i-1}) & \varphi_0(x)\\ (\varphi_1,\varphi_0) & \cdots & (\varphi_1,\varphi_{i-1}) & \varphi_1(x)\\ \vdots & & \vdots & \vdots\\ (\varphi_i,\varphi_0) & \cdots & (\varphi_i,\varphi_{i-1}) & \varphi_i(x)\end{vmatrix},\quad i=1,2,\cdots,n. \tag{5-68}$$

易证

$$(\phi_i,\varphi_j)=\begin{cases}0, & j<i,\\ \Delta_i, & j=i,\end{cases}\quad i,j=0,1,2,\cdots,n, \tag{5-69}$$

其中

$$\Delta_i=\begin{vmatrix}(\varphi_0,\varphi_0) & (\varphi_0,\varphi_1) & \cdots & (\varphi_0,\varphi_i)\\ (\varphi_1,\varphi_0) & (\varphi_1,\varphi_1) & \cdots & (\varphi_1,\varphi_i)\\ \vdots & \vdots & & \vdots\\ (\varphi_i,\varphi_0) & (\varphi_i,\varphi_1) & \cdots & (\varphi_i,\varphi_i)\end{vmatrix},\quad i=0,1,\cdots,n. \tag{5-70}$$

由 $\varphi_0(x),\varphi_1(x),\cdots,\varphi_n(x)$ 的线性无关性，可证 $\Delta_i>0$.因为 $\phi_i(x)$ 由 $\varphi_0(x),\varphi_1(x),\cdots,\varphi_i(x)$ 线性表示，故由(5-69)式不难验证 $\phi_0(x),\phi_1(x),\cdots,\phi_n(x)$ 是正交函数系.若进一步令

$$\begin{cases}\psi_0(x)=\dfrac{\phi_0(x)}{\sqrt{\Delta_0}},\\ \psi_i(x)=\dfrac{\phi_i(x)}{\sqrt{\Delta_{i-1}\Delta_i}}, \quad i=1,2,\cdots,n,\end{cases} \tag{5-71}$$

则 $\psi_0(x),\psi_1(x),\cdots,\psi_n(x)$ 构成标准正交函数系.

例如，对于幂函数系 $1,x,\cdots,x^n,\cdots$ 进行正交化即得正交多项式系：令

$$\mu_m=\int_a^b \rho(x)x^m\mathrm{d}x,\quad m=0,1,\cdots, \tag{5-72}$$

$$\Delta_i=\begin{vmatrix}\mu_0 & \mu_1 & \cdots & \mu_i\\ \mu_1 & \mu_2 & \cdots & \mu_{i+1}\\ \vdots & \vdots & & \vdots\\ \mu_i & \mu_{i+1} & \cdots & \mu_{2i}\end{vmatrix},\quad i=0,1,\cdots, \tag{5-73}$$

$$\phi_0(x)=1,$$

$$\phi_i(x)=\begin{vmatrix}\mu_0 & \cdots & \mu_{i-1} & 1\\ \mu_1 & \cdots & \mu_i & x\\ \vdots & & \vdots & \vdots\\ \mu_i & \cdots & \mu_{2i-1} & x^i\end{vmatrix},\quad i=1,2,\cdots, \tag{5-74}$$

则

$$\begin{cases}\psi_0(x)=\dfrac{1}{\sqrt{\Delta_0}},\\ \psi_i(x)=\dfrac{\phi_i(x)}{\sqrt{\Delta_{i-1}\Delta_i}},\quad i=1,2,\cdots\end{cases} \tag{5-75}$$

构成标准正交多项式系.

下面列举正交多项式的一些重要性质：

性质1 $\psi_n(x)$恰好是n次多项式,$\psi_0(x),\psi_1(x),\cdots,\psi_n(x)$是$P_n$的一组基底函数.

性质2 $\psi_n(x)$与次数低于n次的所有多项式正交.

性质3 $\psi_n(x)$在(a,b)内恰有n个互异零点.

性质2和性质3是构造Gauss型求积公式的重要依据.

下面举出两种常用的正交多项式的例子.

例1 令$T_0(x)=1,T_n(x)=\cos(n\arccos x),x\in[-1,1]$,称$T_n(x)$为$n$次**Chebyshev(切比雪夫)多项式**.由$T_0(x)=1,T_1(x)=x$和三角恒等式

$$\cos(n+1)\theta+\cos(n-1)\theta=2\cos n\theta\cos\theta$$

得

$$T_{n+1}(x)=2xT_n(x)-T_{n-1}(x),\quad n=1,2,\cdots,$$

所以$T_n(x)$是n次多项式,其零点

$$x_k=\cos\frac{2k-1}{2n}\pi,\quad k=1,2,\cdots,n$$

全部在$(-1,1)$内,并且

$$\int_{-1}^{1}\frac{1}{\sqrt{1-x^2}}T_i(x)T_j(x)\,\mathrm{d}x=0,\quad i\neq j,$$

所以$\{T_n(x)\}$是$[-1,1]$上以$\rho(x)=\dfrac{1}{\sqrt{1-x^2}}$为权函数的正交多项式系.称$\widetilde{T}_n(x)=\dfrac{1}{2^{n-1}}T_n(x)$ $(n\geqslant 1)$为首项系数为1的n次Chebyshev多项式.

例2 设$\{L_n(x)\}_{n=0}^{k}$是$[-1,1]$上以$\rho(x)\equiv 1$为权函数的正交多项式系,称$L_n(x)(n=0,1,\cdots,k)$为n次**Legendre(勒让德)多项式**.

n次Legendre多项式的一般表达式为

$$L_n(x)=\frac{1}{2^n\cdot n!}\cdot\frac{\mathrm{d}^n}{\mathrm{d}x^n}[(x^2-1)^n],\quad n=0,1,2,\cdots.$$

要了解Legendre多项式和另外一些常见的正交多项式的性质的读者,请阅读参考文献[3].

5.5.2 函数的最佳平方逼近

设 $S=\mathrm{span}\{\varphi_0(x),\varphi_1(x),\cdots,\varphi_n(x)\}\subset C[a,b]$,$f(x)\in L^2[a,b]$,若存在

$$s^*(x)=\sum_{k=0}^{n}a_k^*\varphi_k(x)\in S,$$

使

$$\|f(x)-s^*(x)\|_2=\min_{s(x)\in S}\|f(x)-s(x)\|_2$$

$$=\min_{s(x)\in S}\left(\int_a^b\rho(x)[f(x)-s(x)]^2\mathrm{d}x\right)^{\frac{1}{2}},\quad(5-76)$$

则称 $s^*(x)$ 是 $f(x)$ 在 S 中的**最佳平方逼近函数**,$\|f(x)-s^*(x)\|_2$ 称为**均方误差**.显然,求解 $s^*(x)$ 等价于求多元函数

$$E(a_0,a_1,\cdots,a_n)=\int_a^b\rho(x)\left[f(x)-\sum_{k=0}^{n}a_k\varphi_k(x)\right]^2\mathrm{d}x\quad(5-77)$$

的最小值点 $(a_0^*,a_1^*,\cdots,a_n^*)$.利用多元函数求极值的必要条件,令

$$\frac{\partial E}{\partial a_i}=0\quad(i=0,1,\cdots,n),\quad(5-78)$$

即

$$\int_a^b\rho(x)\left[f(x)-\sum_{k=0}^{n}a_k\varphi_k(x)\right]\varphi_i(x)\mathrm{d}x=0\quad(i=0,1,\cdots,n).\quad(5-79)$$

利用内积符号,将上述方程组简记为

$$\sum_{k=0}^{n}a_k(\varphi_k,\varphi_i)=(f,\varphi_i)\quad(i=0,1,\cdots,n).\quad(5-80)$$

以上方程组称为法方程组,求解该方程组得到 $a_0^*,a_1^*,\cdots,a_n^*$.由 $\varphi_0(x),\varphi_1(x),\cdots,\varphi_n(x)$ 的线性无关性,可知法方程组的系数矩阵非奇异,故法方程组有唯一解.但该系数矩阵经常是病态矩阵,使解失真,因此在实际计算中可利用 S 的正交基解最佳平方逼近问题.

设 $\phi_0(x),\phi_1(x),\cdots,\phi_n(x)$ 是 S 的正交基,则法方程组的系数矩阵为非奇异对角矩阵,且

$$a_k^*=\frac{(f,\phi_k)}{(\phi_k,\phi_k)}\quad(k=0,1,\cdots,n),\quad(5-81)$$

于是

$$s^*(x)=\sum_{k=0}^{n}\frac{(f,\phi_k)}{(\phi_k,\phi_k)}\phi_k(x).\quad(5-82)$$

进一步,若 $\psi_0(x),\psi_1(x),\cdots,\psi_n(x)$ 是 S 的标准正交基,则 $s^*(x)$ 就是 $f(x)$ 在 S 中的正交展开式:

$$s^*(x)=\sum_{k=0}^{n}(f,\psi_k)\psi_k(x).\quad(5-83)$$

5.5.3 数据拟合的最小二乘法

在许多实际问题中,为确定变量之间的函数关系,需根据大量的实验、观测或者社会调查所得数据建立函数关系式.假设有变量 x,y 的一组数据

$$(x_i, y_i) \quad (i=0,1,\cdots,m),$$

这些数据往往带有随机的误差,如果利用这些数据按插值法求函数关系 $y=f(x)$ 的近似表达式,必然将误差带入函数关系式中,甚至可能得到与实际不符的结果.例如,假设 x,y 满足线性关系 $y=ax+b$,而在 Oxy 坐标平面上将以这组数据为坐标的点描出来(所得图形称为散点图)时,这些点可能并不共线(但这些点又必然在直线 $y=ax+b$ 的周围),因此插值多项式不会是线性函数.只能另选办法确定关系式 $y=ax+b$.最小二乘法是处理这类数据拟合问题的好方法.

设 $(x_i,y_i)(i=0,1,\cdots,m)$ 为给定的一组数据,$\omega_i>0(i=0,1,\cdots,m)$ 为各点的权系数,要求在函数空间 $S=\operatorname{span}\{\varphi_0(x),\varphi_1(x),\cdots,\varphi_n(x)\}$ 中,求一个函数 $s^*(x)=\sum_{k=0}^{n}a_k^*\varphi_k(x)\in S$,使其满足

$$\sum_{i=0}^{m}\omega_i(s^*(x_i)-y_i)^2=\min_{s(x)\in S}\sum_{i=0}^{m}\omega_i(s(x_i)-y_i)^2. \tag{5-84}$$

称按条件(5-84)求函数 $s^*(x)$ 的方法为**数据拟合的最小二乘法**,简称**最小二乘法**,并称 $s^*(x)$ 为**最小二乘解**.

在求最小二乘解时,要求函数空间 S 的基底函数 $\varphi_0(x),\varphi_1(x),\cdots,\varphi_n(x)$ 满足 Haar 条件.

显然,求解 $s^*(x)$ 等价于求多元函数

$$\begin{aligned} E(a_0,a_1,\cdots,a_n)&=\sum_{i=0}^{m}\omega_i[s(x_i)-y_i]^2 \\ &=\sum_{i=0}^{m}\omega_i\left[\sum_{k=0}^{n}a_k\varphi_k(x_i)-y_i\right]^2 \end{aligned} \tag{5-85}$$

的最小值点 $(a_0^*,a_1^*,\cdots,a_n^*)$.令

$$\frac{\partial E}{\partial a_j}=0 \quad (j=0,1,\cdots,n), \tag{5-86}$$

得

$$\sum_{i=0}^{m}\omega_i\left[\sum_{k=0}^{n}a_k\varphi_k(x_i)-y_i\right]\varphi_j(x_i)=0 \quad (j=0,1,\cdots,n), \tag{5-87}$$

即

$$\sum_{k=0}^{n}\left[\sum_{i=0}^{m}\omega_i\varphi_k(x_i)\varphi_j(x_i)\right]a_k=\sum_{i=0}^{m}\omega_i y_i\varphi_j(x_i) \quad (j=0,1,\cdots,n). \tag{5-88}$$

定义内积

$$(\varphi_k,\varphi_j)=\sum_{i=0}^{m}\omega_i\varphi_k(x_i)\varphi_j(x_i), \tag{5-89}$$

$$(f,\varphi_j)=\sum_{i=0}^{m}\omega_i y_i\varphi_j(x_i), \tag{5-90}$$

则方程组(5-88)可简记为

$$\sum_{k=0}^{n}(\varphi_k,\varphi_j)a_k=(f,\varphi_j) \quad (j=0,1,\cdots,n), \tag{5-91}$$

其矩阵形式为

$$\begin{pmatrix}(\varphi_0,\varphi_0) & (\varphi_1,\varphi_0) & \cdots & (\varphi_n,\varphi_0)\\ (\varphi_0,\varphi_1) & (\varphi_1,\varphi_1) & \cdots & (\varphi_n,\varphi_1)\\ \vdots & \vdots & & \vdots\\ (\varphi_0,\varphi_n) & (\varphi_1,\varphi_n) & \cdots & (\varphi_n,\varphi_n)\end{pmatrix}\begin{pmatrix}a_0\\a_1\\ \vdots\\a_n\end{pmatrix}=\begin{pmatrix}(f,\varphi_0)\\(f,\varphi_1)\\ \vdots\\(f,\varphi_n)\end{pmatrix},\tag{5-92}$$

称此方程组为**法方程组**,求解该方程组即得 $a_0^*,a_1^*,\cdots,a_n^*$.由于 $\varphi_0(x),\varphi_1(x),\cdots,\varphi_n(x)$满足 Haar 条件,所以法方程组的系数矩阵非奇异,故法方程组有唯一解.

称 $(s^*-f,s^*-f)=\sum_{i=0}^{m}\omega_i[s^*(x_i)-y_i]^2$ 为最小二乘解 $s^*(x)$ 的**平方误差**,$\sqrt{\sum_{i=0}^{m}\omega_i[s^*(x_i)-y_i]^2}$ 为**均方误差**.

用最小二乘法做数据拟合问题的步骤是:

(1) 根据散点图中散点的分布情况或根据经验确定 S 的类型;

(2) 选定 S 的一组基函数,建立并求解法方程组,得 $a_0^*,a_1^*,\cdots,a_n^*$.

例 3 求拟合下列数据的最小二乘曲线 $y=a_0+a_1x$.

x_i	0	1	2	3	4
y_i	-2.1	-0.9	-0.1	1.1	1.9

解 取 $\varphi_0(x)=1,\varphi_1(x)=x$,则计算得

$$(\varphi_0,\varphi_0)=5,\quad(\varphi_0,\varphi_1)=(\varphi_1,\varphi_0)=10,\quad(\varphi_1,\varphi_1)=30,$$
$$(f,\varphi_0)=-0.1,\quad(f,\varphi_1)=9.8,$$

建立法方程组

$$\begin{pmatrix}5&10\\10&30\end{pmatrix}\begin{pmatrix}a_0\\a_1\end{pmatrix}=\begin{pmatrix}-0.1\\9.8\end{pmatrix},$$

解得 $a_0=-2.02,a_1=1$,故所求直线方程是 $y=x-2.02$.

以上讨论的是线性最小二乘拟合问题,即拟合函数是待定参量的线性函数,法方程组是线性方程组.但有时也会遇到非线性情形.例如,已知拟合曲线方程的形式为 $y=ce^{ax}$,此时法方程组是非线性方程组,求解困难,可按如下方式转为线性问题:因为

$$\ln y=ax+\ln c,$$

记 $z=\ln y,b=\ln c$,则问题就变为由观测数据$(x_i,z_i)(i=0,1,\cdots,m)$(其中 $z_i=\ln y_i$)求最小二乘拟合曲线 $z=ax+b$,这是个线性问题.

实际计算与理论分析表明,法方程组的系数矩阵通常是病态的.在实际应用中,S 的基函数经常选用正交基.

在用多项式作拟合函数时,考虑选择正交多项式做基底.

定义 5.5 设给定点集$\{x_i\}_{i=0}^m$以及各点的权系数$\{\omega_i\}_{i=0}^m$,如果多项式族$\{p_k(x)\}_{k=0}^n$满足

$$(p_k,p_j)=\sum_{i=0}^{m}\omega_ip_k(x_i)p_j(x_i)=\begin{cases}0, & j\neq k,\\ A_{k,j}>0, & j=k,\end{cases}\tag{5-93}$$

则称$\{p_k(x)\}_{k=0}^{n}$为关于点集$\{x_i\}_{i=0}^{m}$的带权$\{\omega_i\}_{i=0}^{m}$正交的多项式族.

最高次项系数为1的正交多项式族$\{p_k(x)\}$有如下递推关系：

$$p_0(x)=1,$$
$$p_1(x)=(x-\alpha_0)p_0(x)=x-\alpha_0,$$
$$p_{k+1}(x)=(x-\alpha_k)p_k(x)-\beta_{k-1}p_{k-1}(x), \tag{5-94}$$

其中

$$\alpha_k=\frac{(xp_k,p_k)}{(p_k,p_k)}\quad(k=0,1,\cdots), \tag{5-95}$$

$$\beta_{k-1}=\frac{(p_k,p_k)}{(p_{k-1},p_{k-1})}\quad(k=1,2,\cdots). \tag{5-96}$$

上面给出的递推关系对于(5-66)式和(5-93)式意义下的正交多项式均成立.

利用正交多项式做基底时，**法方程组的系数矩阵是非奇异对角矩阵**.

习题5

1. 填空题

(1) 已知 $s(x)=\begin{cases}3x^2, & x<0,\\ x^3+ax^2, & 0\leqslant x<1,\\ 2x^3+bx-1, & x\geqslant 1\end{cases}$ 是以0和1为节点的三次样条函数，则 $a=$______，$b=$______；

(2) 由数表

x_i	-2	-1	0	1	2	3
y_i	-5	-2	3	10	19	30

所确定的插值多项式的次数是______；最高次项系数为______；

(3) 已知$f(x)=2x^3+x$，则$f[0,1,2,3]=$______，$f[0,1,2,3,4]=$______；

(4) 设$x_i(i=0,1,2,3)$为互异节点，$l_i(x)$为相应的三次插值基函数，则$\sum\limits_{i=0}^{3}x_il_i(0)=$______；$\sum\limits_{i=0}^{3}(x_i^3+1)l_i(x)=$______；

(5) 求不高于3次的插值多项式$p_3(x)$，此多项式在$x_0=1,x_1=3,x_2=6,x_3=7$处与$f(x)=x^2$的值相同，则$p_3(x)=$______.

2. 求一个4次多项式$p(x)$，使得$p(-1)=1,p(0)=1,p(1)=5,p(2)=13,p(-2)=29$.

3. 已知100,121和144的开方值，用线性插值及二次插值计算$\sqrt{115}$的近似值.

4. 证明均差的性质3°.

5. 求一个3次多项式$p(x)$，使得$p(0)=-1,p'(0)=1,p(1)=0,p'(1)=2$.

6. 设$x_0,x_1,\cdots,x_n$是互异的插值节点组，$l_i(x)$是Lagrange插值基函数

$$l_i(x)=\frac{\omega_{n+1}(x)}{(x-x_i)\omega'_{n+1}(x_i)},\quad \omega_{n+1}(x)=(x-x_0)\cdots(x-x_n).$$

试求 $\sum_{i=0}^{n} x_i^k l_i(x), 0 \leqslant k \leqslant n.$

7. 证明：函数组 $\varphi_1(x),\varphi_2(x),\cdots,\varphi_n(x)$ 在 $[a,b]$ 上满足 Haar 条件的充要条件是形如 $\sum_{i=1}^{n} c_i\varphi_i(x)$ 的函数中，只有零函数在 $[a,b]$ 上有 n 个或更多个零点.

8. 确定下列函数组在指定的区间上是否满足 Haar 条件：

(1) $\{1,x,x^2,\cdots,x^m\}$ 在任意闭区间 $[a,b]$ 上；

(2) $\{1,x^2,x^4\}$ 在 $[0,1]$ 上；

(3) $\{1,x^2,x^4\}$ 在 $[-1,1]$ 上.

9. 判断下列函数是否为各自定义域上的三次样条函数：

(1) $s(x)=\begin{cases}2+3x+4x^2+x^3, & x\in[-1,0],\\ 2+3x+4x^2+4x^3, & x\in(0,1],\\ 1+6x+x^2+5x^3, & x\in(1,2];\end{cases}$

(2) $s(x)=\begin{cases}x^3+2x+1, & x\in[0,1],\\ x^3+x^2+2, & x\in(1,2].\end{cases}$

10. 证明：若 n 次样条函数 $s(x)\in S_n(x_1,x_2,\cdots,x_N)$ 满足条件

$$s(x)=0,\quad x\leqslant x_1 \text{ 和 } x\geqslant x_N,$$

则除 $s(x)\equiv 0(-\infty<x<+\infty)$ 之外，必有 $N\geqslant n+2$.

11. 求 $[0,1]$ 上以 $\rho(x)=1$ 为权函数的标准正交多项式系 $\psi_0(x),\psi_1(x),\psi_2(x)$.

12. 求函数 $f(x)=\mathrm{e}^x(x\in[0,1])$ 的二次最佳平方逼近多项式.

13. 用最小二乘法求拟合下列数据的二次多项式：

x_i	1	3	4	5	6	7	8	9	10
y_i	10	5	4	2	1	1	2	3	4

14. 证明最高次项系数为 1 的正交多项式的递推关系(5-94)—(5-96).

习题 5 答案与提示

第6章　数值微分和数值积分

6.1　数值微分

实际应用中常需要计算函数的导数,精确计算通常难以做到,另外很多应用中函数值是待求的(例如微分方程中的变量就是函数本身),这时必须借助数值方法求解.为讨论方便,本节假设$f(x)$在考虑的区间上足够光滑.Taylor 定理指出

$$f(x+h)=f(x)+hf'(x)+\frac{h^2}{2}f''(\xi), \tag{6-1}$$

其中ξ介于0与h之间,由此可得

$$f'(x)=\frac{f(x+h)-f(x)}{h}-\frac{h}{2}f''(\xi),$$

当h比较小时,略去右边的第二项可得导数的近似

$$f'(x)\approx\frac{f(x+h)-f(x)}{h}, \tag{6-2}$$

公式(6-2)称为两点向前差分公式,其误差为$-\frac{h}{2}f''(\xi)$,显然当h减小时,误差也会随之较小.

在(6-2)式中用$-h$代替h可得

$$f(x-h)=f(x)-hf'(x)+\frac{h^2}{2}f''(\eta), \tag{6-3}$$

其中η介于0与h之间,由此可得

$$f'(x)=\frac{f(x)-f(x-h)}{h}+\frac{h}{2}f''(\eta),$$

当h比较小时,略去右边的第二项可得导数的近似

$$f'(x)\approx\frac{f(x)-f(x-h)}{h}, \tag{6-4}$$

公式(6-3)称为两点向后差分公式,其误差为$\frac{h}{2}f''(\eta)$.

对$f(x)$作更高阶的 Taylor 展开

$$f(x+h)=f(x)+hf'(x)+\frac{h^2}{2}f''(x)+\frac{h^3}{6}f'''(\xi_1),$$

$$f(x-h)=f(x)-hf'(x)+\frac{h^2}{2}f''(x)-\frac{h^3}{6}f'''(\xi_2),$$

其中 $x-h<\xi_2<x<\xi_1<x+h$.上面两式作差可得

$$\begin{aligned}f'(x)&=\frac{f(x+h)-f(x-h)}{2h}-\frac{h^2}{12}f'''(\xi_1)-\frac{h^2}{12}f'''(\xi_2)\\&=\frac{f(x+h)-f(x-h)}{2h}-\frac{h^2}{6}f'''(\xi),\end{aligned}$$

最后一个等号用到了介值定理,其中 $x-h<\xi<x+h$,略去 h 的高阶项可得中心差分公式

$$f'(x)\approx\frac{f(x+h)-f(x-h)}{2h},\tag{6-5}$$

误差为 $-\frac{h^2}{6}f'''(\xi)$. 向前差分和向后差分的误差为 $O(h)$,称为一阶差分公式;而中心差分的误差为 $O(h^2)$,为二阶差分公式;一般地如果某差分公式的误差为 $O(h^n)$,称该公式为 n 阶差分公式.显然阶数越高,精度越高.

例 1 取 $h=0.1$,分别用向前差分公式、向后差分公式及中心差分公式近似计算函数 $f(x)=x^3$ 在 $x=2$ 处的导数.

解 使用向前差分公式(6-2)得

$$f'(2)\approx\frac{(2+0.1)^3-2^3}{0.1}=12.61,$$

使用向后差分公式(6-3)得

$$f'(2)\approx\frac{2^3-(2-0.1)^3}{0.1}=11.41,$$

使用中心差分公式(6-5)得

$$f'(2)\approx\frac{(2+0.1)^3-(2-0.1)^3}{2\times0.1}=12.01.$$

与准确值 $f'(2)=12$ 相比较,显然中心差分公式精度更高.

例 2 证明差分格式

$$f'(x)\approx\frac{f(x-h)-8f(x-h/2)+8f(x+h/2)-f(x+h)}{6h}\tag{6-6}$$

是四阶的.

证 由 Taylor 展开式

$$f(x+h)=f(x)+hf'(x)+\frac{h^2}{2}f''(x)+\frac{h^3}{6}f'''(x)+\frac{h^4}{24}f^{(4)}(x)+O(h^5),$$

$$f(x-h)=f(x)-hf'(x)+\frac{h^2}{2}f''(x)-\frac{h^3}{6}f'''(x)+\frac{h^4}{24}f^{(4)}(x)+O(h^5),$$

$$f\left(x+\frac{h}{2}\right)=f(x)+\frac{h}{2}f'(x)+\frac{h^2}{2\times2^2}f''(x)+\frac{h^3}{6\times2^3}f'''(x)+\frac{h^4}{24\times2^4}f^{(4)}(x)+O(h^5),$$

$$f\left(x-\frac{h}{2}\right)=f(x)-\frac{h}{2}f'(x)+\frac{h^2}{2\times2^2}f''(x)-\frac{h^3}{6\times2^3}f'''(x)+\frac{h^4}{24\times2^4}f^{(4)}(x)+O(h^5),$$

可得

$$f(x-h)-8f\left(x-\frac{h}{2}\right)+8f\left(x+\frac{h}{2}\right)-f(x+h)=6hf'(x)+O(h^5),$$

即

$$f'(x)=\frac{f(x-h)-8f\left(x-\frac{h}{2}\right)+8f\left(x+\frac{h}{2}\right)-f(x+h)}{6h}+O(h^4),$$

因此差分格式(6-6)是四阶的.

用 Taylor 展开的方法还可以导出高阶导数的近似.函数 f 展开为

$$f(x+h)=f(x)+hf'(x)+\frac{h^2}{2}f''(x)+\frac{h^3}{6}f'''(x)+\frac{h^4}{24}f^{(4)}(\xi_1),$$

$$f(x-h)=f(x)-hf'(x)+\frac{h^2}{2}f''(x)-\frac{h^3}{6}f'''(x)+\frac{h^4}{24}f^{(4)}(\xi_2)$$

其中 $x-h<\xi_2<x<\xi_1<x+h$,两式作和并整理可得

$$f(x+h)+f(x-h)-2f(x)=h^2f''(x)+\frac{h^4}{24}f^{(4)}(\xi_1)+\frac{h^4}{24}f^{(4)}(\xi_2),$$

进一步便有

$$f''(x)=\frac{f(x+h)+f(x-h)-2f(x)}{h^2}-\frac{h^2}{12}f^{(4)}(\xi),$$

其中 $x-h<\xi<x+h$,上式在合并误差时用到了介值定理,略去误差项便可得二阶导数的近似差分公式.用更多的函数值可得更高阶的导数近似,感兴趣的读者可查看相关文献.

6.2 基于插值公式的数值积分

6.2.1 数值求积公式及其代数精度

由 Newton-Leibniz(牛顿-莱布尼茨)公式,连续函数 $f(x)$ 在 $[a,b]$ 上的定积分

$$\int_a^b f(x)\,\mathrm{d}x=F(b)-F(a),$$

其中 $F(x)$ 是 $f(x)$ 的原函数.但是当 $F(x)$ 不能用初等函数表示或 $f(x)$ 的值用表格给出时,不能直接使用上述积分方法,而只能利用数值积分公式进行近似计算.

设 $f(x)$ 是定义在 $[a,b]$ 上的可积函数,考虑带权积分

$$I(f)=\int_a^b \rho(x)f(x)\,\mathrm{d}x, \tag{6-7}$$

其中权函数 $\rho(x)$ 在 $[a,b]$ 上非负可积,且在 $[a,b]$ 上至多有有限个零点.

所谓数值求积就是用

$$I_n(f)=\sum_{k=0}^{n}A_kf(x_k) \tag{6-8}$$

近似 $I(f)$.公式(6-8)称为**数值求积公式**,其中 $A_k(k=0,1,\cdots,n)$ 是与 $f(x)$ 无关的常数,称为

求积系数,$[a,b]$上的点$x_k(k=0,1,\cdots,n)$称为**求积节点**.

构造求积公式就是用函数列$\{f_n(x)\}$逼近$f(x)$,并用$f_n(x)$的积分去近似$I(f)$,其中$f_n(x)$是易求积的函数,且其积分可写成公式(6-8)右端的形式.本节采用的逼近函数列是$f(x)$在等距节点上的插值多项式列,得到的数值求积公式称为**插值型求积公式**.

在$[a,b]$上取$n+1$个互异点$x_0,x_1,\cdots,x_n$作为插值节点(也是求积节点),则$f(x)$可表示为它的 Lagrange 插值多项式及其余项之和,即

$$f(x)=\sum_{k=0}^{n} f(x_k)l_k(x)+r_n(x), \tag{6-9}$$

所以

$$\begin{aligned}\int_a^b \rho(x)f(x)\,\mathrm{d}x &=\int_a^b \sum_{k=0}^{n} \rho(x)f(x_k)l_k(x)\,\mathrm{d}x+\int_a^b \rho(x)r_n(x)\,\mathrm{d}x \\ &=\sum_{k=0}^{n} f(x_k)\int_a^b \rho(x)l_k(x)\,\mathrm{d}x+\int_a^b \rho(x)r_n(x)\,\mathrm{d}x \\ &=\sum_{k=0}^{n} A_k f(x_k)+\int_a^b \rho(x)r_n(x)\,\mathrm{d}x.\end{aligned} \tag{6-10}$$

这样得到$n+1$个节点的插值型求积公式

$$I_n(f)=\sum_{k=0}^{n} A_k f(x_k), \tag{6-11}$$

其中求积系数

$$A_k=\int_a^b \rho(x)l_k(x)\,\mathrm{d}x, \quad k=0,1,\cdots,n. \tag{6-12}$$

求积余项

$$E_n(f)=\int_a^b \rho(x)r_n(x)\,\mathrm{d}x=\int_a^b \rho(x)\frac{f^{(n+1)}(\xi_x)}{(n+1)!}\omega_{n+1}(x)\,\mathrm{d}x \tag{6-13}$$

标志着求积公式的误差大小.

以下介绍当$\rho(x)\equiv 1$,节点为等距节点时的特例.

将$[a,b]$进行n等分,令$h=\dfrac{b-a}{n}$(称为步长),将分点$x_k=a+kh(k=0,1,\cdots,n)$取为求积节点,则求积系数

$$A_k=\int_a^b l_k(x)\,\mathrm{d}x, \quad k=0,1,\cdots,n,$$

相应的插值型求积公式

$$I_n(f)=\sum_{k=0}^{n} A_k f(x_k)$$

称为$n+1$点的 Newton-Cotes(牛顿-科茨)公式.

在 Newton-Cotes 公式中,最常用的是$n=1,2,4$时的三个公式,

$$T=I_1(f)=\frac{b-a}{2}[f(a)+f(b)], \tag{6-14}$$

$$S=I_2(f)=\frac{b-a}{6}\left[f(a)+4f\left(\frac{a+b}{2}\right)+f(b)\right], \tag{6-15}$$

$$C=I_4(f)=\frac{b-a}{90}[7f(a)+32f(x_1)+12f(x_2)+32f(x_3)+7f(b)], \tag{6-16}$$

上述三式依次称为**梯形公式**、**Simpson(辛普森)公式**和 **Cotes 公式**.

如果某个数值求积公式对比较多的函数能够准确成立,即 $I_n(f)=I(f)$,那么这个公式的使用价值就较大,也可以说这个公式的精度较高.为衡量数值求积公式的精度,引进代数精度的概念.

定义 6.1 如果某个数值求积公式,对于任何次数不超过 m 的代数多项式都是精确成立的(即当 $f(x)\in P_m$ 时,$E_n(f)=0$),但对于 $m+1$ 次代数多项式不能准确成立,则称该求积公式具有 m **次代数精度**.

显然,一个数值求积公式具有 m 次代数精度的充要条件是它对 $f(x)=1,x,\cdots,x^m$ 都能准确成立,但对 x^{m+1} 不能准确成立.这是确定代数精度的最常用方法,也可以通过求积余项估计,得到代数精度.

例 1 估计下列求积公式的代数精度:

(1) $\int_a^b f(x)\,\mathrm{d}x\approx(b-a)f\left(\frac{a+b}{2}\right)$;

(2) $\int_a^b f(x)\,\mathrm{d}x\approx(b-a)f(a)$;

(3) $\int_a^b f(x)\,\mathrm{d}x\approx(b-a)f(b)$;

(4) $\int_a^b f(x)\,\mathrm{d}x\approx\frac{b-a}{8}\left(f(a)+3f\left(\frac{2a+b}{3}\right)+3f\left(\frac{a+2b}{3}\right)+f(b)\right)$.

解 (1)—(3)的代数精度分别为 1,0,0,读者可用定义直接去验证,此处略去.这三个公式分别称为中点公式、左矩形公式和右矩形公式.下面考察(4)的代数精度,分别取 $f(x)=1,x,x^2,x^3,x^4$,有

$$\frac{b-a}{8}(1+3+3+1)=b-a,$$

$$\frac{b-a}{8}\left(a+3\,\frac{2a+b}{3}+3\,\frac{a+2b}{3}+b\right)=\frac{b^2-a^2}{2},$$

$$\frac{b-a}{8}\left(a^2+3\left(\frac{2a+b}{3}\right)^2+3\left(\frac{a+2b}{3}\right)^2+b^2\right)=\frac{b^3-a^3}{3},$$

$$\frac{b-a}{8}\left(a^3+3\left(\frac{2a+b}{3}\right)^3+3\left(\frac{a+2b}{3}\right)^3+b^3\right)=\frac{b^4-a^4}{4},$$

$$\frac{b-a}{8}\left(a^4+3\left(\frac{2a+b}{3}\right)^4+3\left(\frac{a+2b}{3}\right)^4+b^4\right)=\frac{b-a}{54}(11a^4+10a^3b+12a^2b^2+10ab^3+11b^4).$$

显然$\int_a^b x^k\,\mathrm{d}x=\frac{b^{k+1}-a^{k+1}}{k+1}$,因此(4)对于 $1,x,x^2,x^3$ 精确成立,但对于 x^4 不能精确成立,其代数精度为 3.

通过求积余项估计也可得到代数精度.以下先推导几个求积余项,进而指出 $n+1$ 点

Newton-Cotes 公式的代数精度.

利用插值余项公式,可知梯形公式的求积余项

$$E_1(f)=\frac{1}{2}\int_a^b f''(\xi)(x-a)(x-b)\,dx \quad (\xi=\xi(x)\in[a,b])$$

$$=\frac{1}{2}f''(\eta)\int_a^b (x-a)(x-b)\,dx$$

$$=-\frac{(b-a)^3}{12}f''(\eta) \quad (\eta\in(a,b)). \tag{6-17}$$

Simpson 公式的求积余项

$$E_2(f)=\int_a^b f[a,x_1,b,x](x-a)\left(x-\frac{a+b}{2}\right)(x-b)\,dx$$

$$=\int_a^b f[a,x_1,b,x](x-a)(x-b)\frac{1}{2}\,d(x-a)(x-b)$$

$$=\int_a^b f[a,x_1,b,x]\,d\frac{(x-a)^2(x-b)^2}{4}$$

$$=\frac{(x-a)^2(x-b)^2}{4}f[a,x_1,b,x]\Big|_a^b-\int_a^b \frac{(x-a)^2(x-b)^2}{4}\,df[a,x_1,b,x]$$

$$=-\frac{1}{4}\int_a^b (x-a)^2(x-b)^2 f[a,x_1,b,x,x]\,dx \quad (\text{可参考文献}[18])$$

$$=-\frac{1}{4}f[a,x_1,b,\xi,\xi]\int_a^b (x-a)^2(x-b)^2\,dx$$

$$=-\frac{1}{4}\cdot\frac{f^{(4)}(\eta)}{4!}\int_a^b (x-a)^2(x-b)^2\,dx$$

$$=-\frac{1}{90}f^{(4)}(\eta)\left(\frac{b-a}{2}\right)^5 \quad (\eta\in(a,b)). \tag{6-18}$$

对于一般的 $n+1$ 点 Newton-Cotes 公式的求积余项,有如下定理:

定理 6.1 若 n 是偶数,且 $f(x)\in C^{n+2}[a,b]$,则

$$E_n(f)=C_n h^{n+3} f^{(n+2)}(\eta), \quad \eta\in(a,b),$$

其中 $C_n=\dfrac{1}{(n+2)!}\displaystyle\int_0^n t^2(t-1)\cdots(t-n)\,dt$;

若 n 是奇数,且 $f(x)\in C^{n+1}[a,b]$,则

$$E_n(f)=C_n h^{n+2} f^{(n+1)}(\eta), \quad \eta\in(a,b),$$

其中 $C_n=\dfrac{1}{(n+1)!}\displaystyle\int_0^n t(t-1)\cdots(t-n)\,dt$.

由于对 n 次多项式 $f(x)$, $f^{(n+1)}(x)\equiv 0$,所以由上述定理可知,当 n 为偶数时,$n+1$ 点 Newton-Cotes 公式的代数精度为 $n+1$;n 为奇数时,代数精度为 n.例如,梯形公式、Simpson 公式及 Cotes 公式的代数精度分别为 1,3,5.

例 2 使用梯形公式和 Simpson 公式计算

$$\int_1^2 \ln x\mathrm{d}x,$$

并给出误差上界.

解 梯形公式

$$\int_1^2 \ln x\mathrm{d}x \approx \frac{1}{2}(\ln 1+\ln 2)=\frac{\ln 2}{2}\approx 0.346\ 6.$$

梯形公式的误差为

$$-\frac{(2-1)^3}{12}f''(\eta)=-\frac{1}{12}\left(-\frac{1}{\eta^2}\right)<\frac{1}{12}\approx 0.083\ 3,$$

其中 $1<\eta<2$.

用 Simpson 公式计算得

$$\int_1^2 \ln x\mathrm{d}x \approx \frac{1}{6}\left(\ln 1+4\ln\frac{3}{2}+\ln 2\right)=\frac{4\ln 3-3\ln 2}{6}\approx 0.385\ 8,$$

Simpson 公式的误差为

$$-\frac{(2-1)^5}{90\times 2^5}f^{(4)}(\eta)=-\frac{1}{90\times 2^5}\left(\frac{-6}{\eta^4}\right)<\frac{1}{480}\approx 0.002\ 1,$$

其中 $1<\eta<2$.

积分的精确值

$$\int_1^2 \ln x\mathrm{d}x=x\ln x\Big|_1^2-\int_1^2\mathrm{d}x=2\ln 2-1\approx 0.386\ 3.$$

可见 Simpson 公式精确度更高,两个公式的误差估计与精确值是一致的.

6.2.2 复化 Newton-Cotes 公式

由于等距节点上的插值多项式序列未必收敛于被插值函数,因此对于$f(x)\in C[a,b]$,$I_n(f)$也未必收敛于 $I(f)$.例如

$$I(f)=\int_{-4}^4 \frac{1}{1+x^2}\mathrm{d}x=2\arctan 4\approx 2.651\ 6,$$

而计算结果表明,用$n+1$点 Newton-Cotes 公式计算出的积分近似值$I_n(f)$并不收敛于$I(f)$.解决这个问题的方法是:将$[a,b]$等分成若干个小区间,在每个小区间上用点数少的 Newton-Cotes 公式,然后再对所有子区间求和.这样得到的数值求积公式称为复化 Newton-Cotes 公式.

将$[a,b]$进行 n 等分,每个子区间的长度 $h=\dfrac{b-a}{n}$.如果在每个子区间$[x_k,x_{k+1}]$($k=0,1,\cdots,n-1$)上使用梯形公式,即

$$\int_{x_k}^{x_{k+1}} f(x)\mathrm{d}x\approx\frac{h}{2}[f(x_k)+f(x_{k+1})],$$

则

$$\int_a^b f(x)\mathrm{d}x=\sum_{k=0}^{n-1}\int_{x_k}^{x_{k+1}} f(x)\mathrm{d}x$$

$$\approx \sum_{k=0}^{n-1} \frac{h}{2}[f(x_k)+f(x_{k+1})]$$

$$=\frac{h}{2}\left[f(a)+2\sum_{k=1}^{n-1} f(x_k)+f(b)\right]$$

$$=\frac{b-a}{2n}\left[f(a)+2\sum_{k=1}^{n-1} f(x_k)+f(b)\right],$$

由此可得复化梯形公式

$$T_n=\frac{b-a}{2n}\left[f(a)+2\sum_{k=1}^{n-1} f(x_k)+f(b)\right]. \tag{6-19}$$

同理可得复化 Simpson 公式

$$S_n=\frac{b-a}{6n}\left[f(a)+4\sum_{k=0}^{n-1} f(x_{k+\frac{1}{2}})+2\sum_{k=1}^{n-1} f(x_k)+f(b)\right] \tag{6-20}$$

及复化 Cotes 公式

$$C_n=\frac{b-a}{90n}\left[7f(a)+32\sum_{k=0}^{n-1} f(x_{k+\frac{1}{4}})+12\sum_{k=0}^{n-1} f(x_{k+\frac{1}{2}})+\right.$$

$$\left.32\sum_{k=0}^{n-1} f(x_{k+\frac{3}{4}})+14\sum_{k=1}^{n-1} f(x_k)+7f(b)\right]. \tag{6-21}$$

下面推导上述三种复化求积公式的余项估计.

设 $f(x)\in C^2[a,b]$,由(6-17)式得复化梯形公式的余项

$$I-T_n=\sum_{k=0}^{n-1}\left(-\frac{h^3}{12}f''(\eta_k)\right)=-\frac{nh^3}{12}\sum_{k=0}^{n-1}\frac{f''(\eta_k)}{n}$$

$$=-\frac{b-a}{12}h^2 f''(\eta)\quad (\eta\in(a,b)). \tag{6-22}$$

又由于

$$\lim_{h\to 0}\frac{I-T_n}{h^2}=\lim_{h\to 0}\left(-\frac{1}{12}\sum_{k=0}^{n-1} hf''(\eta_k)\right)$$

$$=-\frac{1}{12}\int_a^b f''(x)\,\mathrm{d}x=-\frac{1}{12}[f'(b)-f'(a)],$$

可知复化梯形公式 T_n 是 2 阶收敛的.当 n 充分大时,其余项

$$I-T_n\approx -\frac{h^2}{12}[f'(b)-f'(a)]. \tag{6-23}$$

对于复化 Simpson 公式进行同样的分析,得

$$I-S_n=-\frac{b-a}{180}\left(\frac{h}{2}\right)^4 f^{(4)}(\eta),\quad \eta\in(a,b), \tag{6-24}$$

$$\lim_{h\to 0}\frac{I-S_n}{h^4}=-\frac{1}{180}\left(\frac{1}{2}\right)^4[f'''(b)-f'''(a)].$$

当 n 充分大时,

$$I-S_n\approx -\frac{1}{180}\left(\frac{h}{2}\right)^4[f'''(b)-f'''(a)]. \tag{6-25}$$

对于复化 Cotes 公式，

$$I-C_n=-\frac{2(b-a)}{945}\left(\frac{h}{4}\right)^6 f^{(6)}(\eta),\quad \eta\in(a,b),\tag{6-26}$$

$$\lim_{h\to 0}\frac{I-C_n}{h^6}=-\frac{2}{945}\left(\frac{1}{4}\right)^6[f^{(5)}(b)-f^{(5)}(a)].$$

当 n 充分大时，

$$I-C_n\approx-\frac{2}{945}\left(\frac{h}{4}\right)^6[f^{(5)}(b)-f^{(5)}(a)].\tag{6-27}$$

在以上的讨论中，均假定了 $f(x)$ 有一定的连续可微性. 但可以证明：只要 $f(x)$ 在 $[a,b]$ 上可积，则 T_n,S_n,C_n 均收敛到积分真值 $I(f)$.

例 3 使用复化梯形公式和复化 Simpson 公式计算 $\int_1^2 \ln x\mathrm{d}x$，要求精确到小数点后 4 位.

解 根据复化梯形公式的误差估计式和精度要求可得

$$\left|\frac{2-1}{12}h^2f''(\eta)\right|=\left|\frac{h^2}{12\eta^2}\right|<0.5\times10^{-4}$$

其中 $1<\eta<2$，因此区间长度 h 需满足

$$h<\sqrt{6\times10^{-4}}\approx0.024\ 5,$$

需要的小区间数 $n=1/h\geqslant41$. 取 $n=41$，用复化梯形公式计算得

$$\int_1^2 \ln x\mathrm{d}x\approx\frac{1}{82}\left[\ln 1+2\sum_{i=1}^{40}\ln\left(1+\frac{i}{41}\right)+\ln 2\right]\approx0.386\ 27.$$

同理根据复化 Simpson 公式的误差估计式和精度要求可得

$$\left|\frac{2-1}{180}\left(\frac{h}{2}\right)^4 f^{(4)}(\eta)\right|=\left|\frac{h^4}{480\eta^4}\right|<0.5\times10^{-4},$$

其中 $1<\eta<2$，因此区间长度 h 需满足

$$h<\sqrt[4]{240\times10^{-4}}\approx0.393\ 6,$$

需要的小区间数 $n=1/h\geqslant3$. 取 $n=3$，用复化 Simpson 公式计算得

$$\int_1^2 \ln x\mathrm{d}x\approx\frac{1}{18}\left[\ln 1+4\sum_{i=0}^{2}\ln\left(1+\frac{i}{3}+\frac{1}{6}\right)+2\sum_{i=1}^{2}\ln\left(1+\frac{i}{3}\right)+\ln 2\right]\approx0.386\ 29.$$

6.3 Gauss 型求积公式

本节介绍具有最高代数精度的数值求积公式，即 Gauss 型求积公式.

形如

$$I_n(f)=\sum_{k=0}^{n}A_kf(x_k)\tag{6-28}$$

的插值型求积公式(此处并未要求取等距节点)的代数精度至少为 n. 事实上，当 $f(x)\in P_n$ 时，其 n 次 Lagrange 插值多项式 $p_n(x)=f(x)$，所以 $I_n(f)=I(f)$. 然而，(6-28)式的代数精度必小于 $2n+2$. 事实上，选取一个 $2n+2$ 次多项式 $p_{2n+2}(x)=\prod_{j=0}^{n}(x-x_j)^2$，则 $\int_a^b\rho(x)p_{2n+2}(x)\mathrm{d}x>0$，

而$\sum_{k=0}^{n} A_k p_{2n+2}(x_k)=0$,数值积分不等于积分真值,故(6-28)式的代数精度小于 $2n+2$.

定义 6.2 如果形如(6-28)式的求积公式具有代数精度 $2n+1$,则称其为 **Gauss 型求积公式**,并称其中的求积节点 $x_k(k=0,1,\cdots,n)$ 为 **Gauss 点**.

6.3.1 基于 Hermite 插值的 Gauss 型求积公式

定理 6.2 要使插值型求积公式

$$\int_a^b \rho(x)f(x)\,\mathrm{d}x=\sum_{k=0}^{n} A_k f(x_k)+E_n(f) \tag{6-29}$$

具有 $2n+1$ 次代数精度,必须且只需以节点 $x_0,x_1,\cdots,x_n$ 为零点的 $n+1$ 次多项式

$$\omega_{n+1}(x)=\prod_{j=0}^{n}(x-x_j)$$

与所有次数不超过 n 的多项式在$[a,b]$上关于权函数 $\rho(x)$ 正交.

证 必要性.假设(6-29)式具有 $2n+1$ 次代数精度,则对任意 $q(x)\in P_n$,$\omega_{n+1}(x)q(x)\in P_{2n+1}$,从而由假设,

$$\int_a^b \rho(x)\omega_{n+1}(x)q(x)\,\mathrm{d}x=\sum_{k=0}^{n} A_k\omega_{n+1}(x_k)q(x_k)=0,$$

即 $\omega_{n+1}(x)$ 与 $q(x)$ 在$[a,b]$上关于权函数 $\rho(x)$ 正交.

充分性.假设 $\omega_{n+1}(x)$ 与任意一个次数不超过 n 的多项式在$[a,b]$上关于权函数 $\rho(x)$ 正交.下面证明以 $\omega_{n+1}(x)$ 的零点 $x_0,x_1,\cdots,x_n$ 为节点的数值求积公式具有代数精度 $2n+1$.

事实上,对任意 $f(x)\in P_{2n+1}$,有唯一一组 $q(x)\in P_n$,$r(x)\in P_n$,使

$$f(x)=\omega_{n+1}(x)q(x)+r(x).$$

由于 $\omega_{n+1}(x)$ 与所有次数不超过 n 的多项式正交,所以

$$\int_a^b \rho(x)f(x)\,\mathrm{d}x=\int_a^b[\rho(x)\omega_{n+1}(x)q(x)+\rho(x)r(x)]\,\mathrm{d}x=\int_a^b \rho(x)r(x)\,\mathrm{d}x.$$

又由于 $n+1$ 点插值型求积公式对次数不超过 n 的多项式是精确的,故

$$\int_a^b \rho(x)r(x)\,\mathrm{d}x=\sum_{k=0}^{n} A_k r(x_k)=\sum_{k=0}^{n} A_k[\omega_{n+1}(x_k)q(x_k)+r(x_k)],$$

从而

$$\int_a^b \rho(x)f(x)\,\mathrm{d}x=\sum_{k=0}^{n} A_k f(x_k).$$

由定理 6.2 和正交多项式的性质,$n+1$ 点 Gauss 型求积公式的节点应选为 $n+1$ 次正交多项式 $\omega_{n+1}(x)$ 的 $n+1$ 个互异零点.而

$$A_k=\int_a^b \rho(x)\frac{\omega_{n+1}(x)}{\omega_{n+1}'(x_k)(x-x_k)}\mathrm{d}x,$$

另一方面,$n+1$ 点 Gauss 型求积公式也可通过求一个 $2n+1$ 次 Hermite 插值多项式的积分构造出来.

设 $x_0,x_1,\cdots,x_n$ 为$[a,b]$上以 $\rho(x)$ 为权函数的 $n+1$ 次正交多项式 $\omega_{n+1}(x)$ 的零点,$H_{2n+1}(x)$ 是满足插值条件

$$H_{2n+1}(x_k)=f(x_k),\quad H'_{2n+1}(x_k)=f'(x_k)\quad(k=0,1,\cdots,n)$$

的 $2n+1$ 次 Hermite 插值多项式,即

$$\begin{aligned}H_{2n+1}(x)=&\sum_{k=0}^{n}\left(\frac{\omega_{n+1}(x)}{\omega'_{n+1}(x_k)(x-x_k)}\right)^2\left[1-\frac{\omega''_{n+1}(x_k)}{\omega'_{n+1}(x_k)}(x-x_k)\right]f(x_k)+\\&\sum_{k=0}^{n}\left(\frac{\omega_{n+1}(x)}{\omega'_{n+1}(x_k)(x-x_k)}\right)^2(x-x_k)f'(x_k)\\=&\sum_{k=0}^{n}\left(\frac{\omega_{n+1}(x)}{\omega'_{n+1}(x_k)(x-x_k)}\right)^2 f(x_k)-\\&\sum_{k=0}^{n}\omega_{n+1}(x)\left[\frac{\omega''_{n+1}(x_k)\omega_{n+1}(x)}{(\omega'_{n+1}(x_k))^3(x-x_k)}\right]f(x_k)+\\&\sum_{k=0}^{n}\omega_{n+1}(x)\left[\frac{\omega_{n+1}(x)}{(\omega'_{n+1}(x_k))^2(x-x_k)}\right]f'(x_k).\end{aligned}\tag{6-30}$$

由于 $\omega_{n+1}(x)$ 与所有 n 次多项式均正交,故由(6-30)式,

$$\int_a^b\rho(x)H_{2n+1}(x)\mathrm{d}x=\sum_{k=0}^{n}f(x_k)\int_a^b\rho(x)\left(\frac{\omega_{n+1}(x)}{\omega'_{n+1}(x_k)(x-x_k)}\right)^2\mathrm{d}x.\tag{6-31}$$

因为 $f(x)=H_{2n+1}(x)+r_{2n+1}(x)$,从而

$$I(f)=\int_a^b\rho(x)H_{2n+1}(x)\mathrm{d}x+\int_a^b\rho(x)r_{2n+1}(x)\mathrm{d}x=\tilde{I}_n(f)+\tilde{E}_n(f).$$

当以 $\tilde{I}_n(f)$ 作为 $I(f)$ 的近似值时,余项

$$\begin{aligned}\tilde{E}_n(f)&=\int_a^b\rho(x)r_{2n+1}(x)\mathrm{d}x=\frac{1}{(2n+2)!}\int_a^b\rho(x)f^{(2n+2)}(\xi_x)\omega_{n+1}^2(x)\mathrm{d}x\\&=\frac{1}{(2n+2)!}f^{(2n+2)}(\eta)\int_a^b\rho(x)\omega_{n+1}^2(x)\mathrm{d}x.\end{aligned}\tag{6-32}$$

由此即知相应的代数精度为 $2n+1$,故 $\tilde{I}_n(f)=\int_a^b\rho(x)H_{2n+1}(x)\mathrm{d}x$ 为 Gauss 型求积公式,求积系数

$$A_k=\int_a^b\rho(x)\left(\frac{\omega_{n+1}(x)}{\omega'_{n+1}(x_k)(x-x_k)}\right)^2\mathrm{d}x>0.\tag{6-33}$$

例 1　构造 Gauss 型求积公式

$$\int_0^1\sqrt{1-x}f(x)\mathrm{d}x\approx A_1f(x_1)+A_2f(x_2),$$

并用所得公式近似计算 $\int_0^1\sqrt{1-x}\,\mathrm{e}^x\mathrm{d}x$.

解　经计算可得

$$\int_0^1\sqrt{1-x}\,\mathrm{d}x=\frac{2}{3},\quad\int_0^1x\sqrt{1-x}\,\mathrm{d}x=\frac{4}{15},$$

$$\int_0^1x^2\sqrt{1-x}\,\mathrm{d}x=\frac{16}{105},\quad\int_0^1x^3\sqrt{1-x}\,\mathrm{d}x=\frac{32}{315},$$

对应的二次正交多项式可按下式给出:

$$\omega_2(x)=\begin{vmatrix}\frac{2}{3} & \frac{4}{15} & 1\\ \frac{4}{15} & \frac{16}{105} & x\\ \frac{16}{105} & \frac{32}{315} & x^2\end{vmatrix}=\frac{16}{33075}(63x^2-56x+8),$$

两个根为

$$x_1=\frac{4}{9}+\frac{2\sqrt{70}}{63}\approx 0.7101,\quad x_2=\frac{4}{9}-\frac{2\sqrt{70}}{63}\approx 0.1788.$$

权系数

$$A_1=\int_0^1\sqrt{1-x}\cdot\frac{x-x_2}{x_1-x_2}\mathrm{d}x\approx 0.2776,$$

$$A_2=\int_0^1\sqrt{1-x}\cdot\frac{x-x_1}{x_2-x_1}\mathrm{d}x\approx 0.3891,$$

因此两点 Gauss 型求积公式为

$$\int_0^1\sqrt{1-x}f(x)\,\mathrm{d}x\approx 0.2776f(0.7101)+0.3891f(0.1788).$$

把 $f(x)=\mathrm{e}^x$ 代入上式得

$$\int_0^1\sqrt{1-x}\,\mathrm{e}^x\mathrm{d}x\approx 1.0299.$$

6.3.2 常见的 Gauss 型求积公式与 Gauss 型求积公式的数值稳定性

利用已知的一些正交多项式，可以构造 Gauss 型求积公式.

一、Gauss-Chebyshev 公式（Mehler（梅勒）公式）

对于形如

$$\int_{-1}^1\frac{f(x)}{\sqrt{1-x^2}}\mathrm{d}x$$

的积分，我们选择 $n+1$ 次 Chebyshev 多项式 $T_{n+1}(x)$ 的零点作为 Gauss 点.此时，

$$\omega_{n+1}(x)=\frac{1}{2^n}T_{n+1}(x)=\frac{1}{2^n}\cos((n+1)\arccos x),$$

$$x_k=\cos\left(\frac{2k+1}{2(n+1)}\pi\right),\quad k=0,1,2,\cdots,n, \tag{6-34}$$

$$A_k=\frac{\pi}{n+1},\quad k=0,1,2,\cdots,n. \tag{6-35}$$

求积余项

$$\widetilde{E}_n(f)=\frac{\pi}{2^{2n+1}(2n+2)!}f^{(2n+2)}(\eta),\quad \eta\in[-1,1]. \tag{6-36}$$

二、Gauss-Legendre 公式（Gauss 公式）

对于形如

$$\int_{-1}^{1} f(x)\,\mathrm{d}x$$

的积分,我们可选择 Legendre 多项式 $L_{n+1}(x)$ 的零点作为 Gauss 点.此时

$$\omega_{n+1}(x)=\frac{2^{n+1}[(n+1)!]^2}{(2n+2)!}L_{n+1}(x).$$

求积系数

$$A_k=\frac{2}{(1-x_k^2)[L'_{n+1}(x_k)]^2},\quad k=0,1,\cdots,n. \tag{6-37}$$

求积余项

$$\widetilde{E}_n(f)=\frac{2^{2n+3}((n+1)!)^4}{(2n+3)((2n+2)!)^3}f^{(2n+2)}(\xi),\quad \xi\in[-1,1]. \tag{6-38}$$

除了上面介绍的两种 Gauss 型求积公式外,常用的还有 Gauss-Hermite 公式、Gauss-Laguerre(高斯-拉盖尔)公式等.

三、Gauss 型求积公式的数值稳定性

设 f_k^* 是 $f(x_k)$ 的近似值,$\widetilde{I}_n^*$ 是利用 Gauss 型求积公式求出的计算值,即

$$\widetilde{I}_n^*=\sum_{k=0}^{n} A_k f_k^*.$$

它与 $\widetilde{I}_n$ 的误差

$$\begin{aligned}|\widetilde{I}_n^*-\widetilde{I}_n| &= \left|\sum_{k=0}^{n} A_k(f_k^*-f(x_k))\right| \leqslant \sum_{k=0}^{n} A_k\,|f_k^*-f(x_k)| \\ &\leqslant \max_{0\leqslant k\leqslant n}|f_k^*-f(x_k)|\cdot\sum_{k=0}^{n} A_k.\end{aligned}$$

由于 Gauss 型公式具有 $2n+1$ 次代数精度,所以

$$\int_a^b \rho(x)\cdot 1\mathrm{d}x=\sum_{k=0}^{n} A_k\cdot 1,$$

即 $\sum_{k=0}^{n} A_k=\int_a^b \rho(x)\,\mathrm{d}x$,于是

$$|I_n^*-I_n|\leqslant \max_{0\leqslant k\leqslant n}|f_k^*-f(x_k)|\int_a^b \rho(x)\,\mathrm{d}x,$$

说明 Gauss 型求积公式是数值稳定的.

通过类似的讨论可知,一个好的求积公式应该有较高的代数精度,并且 $\sum_{k=0}^{n}|A_k|$ 较小,只有这样才能使求积公式具有良好的收敛性和稳定性.

6.4 积分变换

Gauss 型求积公式效率比较高,在实际应用中可实现计算出其节点和权系数存储起来,然后需要计算时直接调用即可.然而,由于积分上、下限的任意性,不可能也没必要存储对应

所有上、下限的求积公式,事实上只需要计算和存储标准区间上(一般取为$[-1,1]$)的求积公式即可,任意区间上的积分可通过积分变换的方式求得.假设

$$\int_{-1}^{1} f(t)\,\mathrm{d}t \approx \sum_{k=0}^{n} A_k f(t_k)$$

是一求积公式,那么对于一般区间$[a,b]$上的积分,可通过积分变换 $t=(2x-a-b)/(b-a)$ 变换到$[-1,1]$区间上进行计算,具体地

$$\int_a^b f(x)\,\mathrm{d}x = \int_{-1}^{1} f\left(\frac{(b-a)t+b+a}{2}\right)\frac{b-a}{2}\mathrm{d}t \approx \frac{b-a}{2}\sum_{k=0}^{n} A_k f\left(\frac{(b-a)t_k+b+a}{2}\right).$$

例 1 使用两点 Gauss 型求积公式计算$\int_1^2 \ln x\mathrm{d}x$.

解 做积分变换 $t=2x-3$ 得

$$\begin{aligned}\int_1^2 \ln x\mathrm{d}x &= \frac{1}{2}\int_{-1}^{1} \ln\left(\frac{t+3}{2}\right)\mathrm{d}t \\ &\approx \frac{1}{2}\left(\ln\left(\frac{-\sqrt{3}/3+3}{2}\right)+\ln\left(\frac{\sqrt{3}/3+3}{2}\right)\right) \\ &\approx 0.386\ 594\ 944\ 116\ 741.\end{aligned}$$

6.5 外推加速原理与 Romberg 算法

由复合求积公式的余项表达式看到,数值求积的精度与步长有关.因此,在实际计算中必须选择比较小的步长 h,从而能又快又好地计算出结果.本节介绍便于在计算机上实现的递推算法.

6.5.1 逐次折半算法

在实际计算中为了提高精度,要逐步减小步长,但是选择的步长 h 越小,需要计算出的函数值就越多.为了最有效地利用已有的函数值,经常采用步长逐次折半的算法.

首先以复化梯形公式为例介绍逐次折半算法:先在$[a,b]$上应用梯形公式算出积分的近似值 T_1;然后将$[a,b]$二等分,应用复合梯形公式求出 T_2;再将每个小区间二等分,算出 T_4;如此做下去,直至相邻两项 T_n 与 T_{2n}之差小于允许的误差为止,并以 T_{2n}作为 $I(f)$ 的近似值.

先讨论$\{T_n\}$的计算过程.由公式(6-14),

$$T_1=\frac{b-a}{2}[f(a)+f(b)].$$

假设 T_n 已算出,由复化梯形公式(6-19),

$$\begin{aligned}T_{2n} &= \frac{b-a}{2(2n)}\left[f(a)+f(b)+2\sum_{k=1}^{n-1} f\left(a+k\frac{b-a}{n}\right)+2\sum_{k=0}^{n-1} f\left(a+(2k+1)\frac{b-a}{2n}\right)\right] \\ &= \frac{1}{2}\left[T_n+\frac{b-a}{n}\sum_{k=0}^{n-1} f\left(a+(2k+1)\frac{b-a}{2n}\right)\right]=\frac{1}{2}(T_n+H_{2n}),\end{aligned} \tag{6-39}$$

其中

$$H_{2n}=\frac{b-a}{n}\sum_{k=0}^{n-1}f\left(a+(2k+1)\frac{b-a}{2n}\right) \tag{6-40}$$

称为**复化中矩形公式**.可见在步长折半后,只需再利用新增加的节点$\left\{a+(2k+1)\frac{b-a}{2n}\ \middle|\ k=0,1,2,\cdots,n-1\right\}$上的值计算 H_{2n},就可利用(6-39)式算出 T_{2n},从而达到了减少计算量的目的.

再讨论步长折半计算停止的控制条件.由复化梯形公式的余项估计式(6-23)可知,

$$\begin{cases} I-T_n\approx-\dfrac{1}{12}\left(\dfrac{b-a}{n}\right)^2[f'(b)-f'(a)], \\ I-T_{2n}\approx-\dfrac{1}{12}\left(\dfrac{b-a}{2n}\right)^2[f'(b)-f'(a)], \end{cases}$$

于是,$\dfrac{I-T_{2n}}{I-T_n}\approx\dfrac{1}{4}$,故

$$I-T_{2n}\approx\frac{1}{3}(T_{2n}-T_n). \tag{6-41}$$

若把 T_{2n}作为 $I(f)$的近似值,其截断误差的绝对值约为 $\Delta=\dfrac{1}{3}|T_{2n}-T_n|$.

如果事先规定的误差限为 ε,则当 $\Delta<\varepsilon$ 时,T_{2n}就是满足精度要求的 $I(f)$的近似值,因此可以停止计算.

同理,对步长逐次折半的 Simpson 公式,可推出

$$I-S_{2n}\approx\frac{1}{15}(S_{2n}-S_n). \tag{6-42}$$

记 $\Delta=\dfrac{1}{15}|S_{2n}-S_n|$,则 $\Delta<\varepsilon$ 可作为步长折半运算停止的控制条件.

对于复化 Cotes 公式,可推出

$$I-C_{2n}\approx\frac{1}{63}(C_{2n}-C_n), \tag{6-43}$$

用 $\Delta=\dfrac{1}{63}|C_{2n}-C_n|<\varepsilon$ 作为计算停止的控制条件.

例 1 用梯形递推公式计算积分

$$I=\int_0^1\frac{\sin x}{x}\mathrm{d}x,$$

要求误差不超过 10^{-3}.

解 利用公式(6-39)和(6-41),计算结果如下:

$$T_1=0.920\ 735\ 49;$$

$$T_2=0.939\ 793\ 28,\quad \Delta_1=6.352\times10^{-3};$$

$$T_4=0.944\ 513\ 52,\quad \Delta_2=1.573\times10^{-3};$$

$$T_8=0.945\ 690\ 86,\quad \Delta_3=3.924\times10^{-4}<10^{-3}.$$

取 $I\approx T_8=0.945\ 690\ 86$,精确值 $I=0.946\ 083\ 2$,误差的绝对值小于 10^{-3}.

6.5.2 外推加速公式与 Romberg 算法

下面由复化梯形公式推导出精度更高的递推算法.记

$$\begin{cases} T_0(0)=\dfrac{b-a}{2}[f(a)+f(b)], \\ T_0(k)=T_{2^k}=\dfrac{1}{2}T_0(k-1)+\dfrac{b-a}{2^k}\displaystyle\sum_{j=0}^{2^{k-1}-1}f\left(a+(2j+1)\dfrac{b-a}{2^k}\right) \\ \qquad (k=1,2,\cdots), \end{cases} \tag{6-44}$$

上式实际上就是复化梯形公式的递推式.

由公式(6-41),推出

$$I\approx\frac{4}{3}T_0(k)-\frac{1}{3}T_0(k-1). \tag{6-45}$$

记

$$T_1(k-1)=\frac{4}{3}T_0(k)-\frac{1}{3}T_0(k-1), \tag{6-46}$$

记 $n=2^{k-1}$,则

$$\begin{aligned} I&\approx\frac{4}{3}T_{2n}-\frac{1}{3}T_n \\ &=\frac{4}{3}\frac{b-a}{4n}\left[f(a)+2\sum_{k=0}^{n-1}f\left(x_{k+\frac{1}{2}}\right)+2\sum_{k=1}^{n-1}f(x_k)+f(b)\right]- \\ &\quad\frac{1}{3}\frac{b-a}{2n}\left[f(a)+2\sum_{k=1}^{n-1}f(x_k)+f(b)\right] \\ &=\frac{b-a}{6n}\left[f(a)+4\sum_{k=0}^{n-1}f\left(x_{k+\frac{1}{2}}\right)+2\sum_{k=1}^{n-1}f(x_k)+f(b)\right]=S_n, \end{aligned}$$

即

$$T_1(k-1)=S_n=S_{2^{k-1}}. \tag{6-47}$$

利用同样的推导方式,得

$$I\approx\frac{16}{15}S_{2n}-\frac{1}{15}S_n=\frac{16}{15}S_{2^k}-\frac{1}{15}S_{2^{k-1}}=\frac{16}{15}T_1(k)-\frac{1}{15}T_1(k-1). \tag{6-48}$$

记

$$T_2(k-1)=\frac{16}{15}T_1(k)-\frac{1}{15}T_1(k-1), \tag{6-49}$$

可证

$$T_2(k-1)=C_{2^{k-1}}. \tag{6-50}$$

又由(6-43)式,

$$I\approx\frac{64}{63}C_{2n}-\frac{1}{63}C_n=\frac{64}{63}C_{2^k}-\frac{1}{63}C_{2^{k-1}}=\frac{64}{63}T_2(k)-\frac{1}{63}T_2(k-1).$$

记

$$T_3(k-1)=\frac{64}{63}T_2(k)-\frac{1}{63}T_2(k-1),\tag{6-51}$$

可证 $T_3(k-1)-I=O(h^8)$.

上述过程说明,精度较低的梯形公式近似值$\{T_0(k)\}$,经过公式(6-46)、(6-49)和(6-51)的加工后,成为精度更高的 Simpson 序列$\{T_1(k)\}$、Cotes 序列$\{T_2(k)\}$和 Romberg(龙贝格)序列$\{T_3(k)\}$,因此上述三个公式提高了复化梯形公式的精度,加速了收敛过程,故称它们为**外推加速公式**.

一般地,可建立如下的 m 次加速公式:

$$\begin{cases}T_0(k-1)=T_{2^{k-1}} & (k=1,2,\cdots),\\ T_m(k-1)=\dfrac{4^m T_{m-1}(k)-T_{m-1}(k-1)}{4^m-1} & (m=1,2,\cdots,k=1,2,\cdots).\end{cases}\tag{6-52}$$

利用上述加速公式构造高精度数值求积公式的方法称为 **Romberg 方法**,又叫**逐次分半加速法**.这一算法的计算过程可由下面的 T-数表表示.

$$\begin{array}{lllll}T_0(0) & & & & \\ T_0(1) & T_1(0) & & & \\ T_0(2) & T_1(1) & T_2(0) & & \\ T_0(3) & T_1(2) & T_2(1) & T_3(0) & \\ T_0(4) & T_1(3) & T_2(2) & T_3(1) & T_4(0)\\ \vdots & \vdots & \vdots & \vdots & \vdots\end{array}$$

在上表中,位于同一行中的每个公式具有相同的节点数 $2^m+1(m=0,1,\cdots)$;位于第 m 列的各公式具有同样的代数精度 $2m+1(m=0,1,\cdots)$;在应用 Romberg 积分法时,当 T-数表中相邻两个对角元素之差小于事先给定的误差限时,即可停止运算.

例 2　用 Romberg 方法求积分$\int_0^1\frac{4}{1+x^2}\mathrm{d}x$ 的近似值,要求误差不超过 10^{-4}.

解　利用公式(6-44)和(6-52),

(1) $T_0(0)=\frac{1}{2}[f(0)+f(1)]=\frac{4+2}{2}=3.$

(2) $T_0(1)=\frac{1}{2}T_0(0)+\frac{1}{2}f\left(\frac{1}{2}\right)=\frac{3}{2}+\frac{1}{2}\times\frac{16}{5}=3.1.$

(3) $T_1(0)=\frac{4}{3}T_0(1)-\frac{1}{3}T_0(0)=\frac{4}{3}\times\frac{31}{10}-\frac{1}{3}\times3\approx3.133\ 33.$

(4) $T_0(2)=\frac{1}{2}T_0(1)+\frac{1}{4}\left[f\left(\frac{1}{4}\right)+f\left(\frac{3}{4}\right)\right]\approx3.131\ 18.$

(5) $T_1(1)=\frac{4}{3}T_0(2)-\frac{1}{3}T_0(1)\approx3.141\ 57.$

(6) $T_2(0)=\frac{16}{15}T_1(1)-\frac{1}{15}T_1(0)\approx3.142\ 12.$

(7) $T_0(3)=\frac{1}{2}T_0(2)+\frac{1}{8}\left[f\left(\frac{1}{8}\right)+f\left(\frac{3}{8}\right)+f\left(\frac{5}{8}\right)+f\left(\frac{7}{8}\right)\right]\approx3.138\ 99.$

(8) $T_1(2)=\frac{4}{3}T_0(3)-\frac{1}{3}T_0(2)\approx 3.141\ 59.$

(9) $T_2(1)=\frac{16}{15}T_1(2)-\frac{1}{15}T_1(1)\approx 3.141\ 59.$

(10) $T_3(0)=\frac{64}{63}T_2(1)-\frac{1}{63}T_2(0)\approx 3.141\ 58.$

类似地可算得

$$T_0(4)\approx 3.140\ 94,\quad T_1(3)\approx 3.141\ 59,\quad T_2(2)\approx 3.141\ 59,$$

$$T_3(1)\approx 3.141\ 59,\quad T_4(0)\approx\frac{256T_3(1)-T_3(0)}{255}\approx 3.141\ 59.$$

由于

$$|T_4(0)-T_3(0)|\approx|3.141\ 59-3.141\ 58|<10^{-4},$$

可以停止计算,得近似值

$$\int_0^1\frac{4}{1+x^2}dx\approx T_4(0)\approx 3.141\ 59.$$

积分的真值 $I(f)=\pi$.

习题 6

1. 填空、选择

(1) $n+1$ 点插值型求积公式 $\int_a^b f(x)\,dx\approx\sum_{k=0}^{n}A_k f(x_k)$ 的代数精度至少为________,至多为________;

(2) 求积公式 $\int_0^3 f(x)\,dx\approx\frac{3}{2}\left[f\left(-\frac{\sqrt{3}}{2}+\frac{3}{2}\right)+f\left(\frac{\sqrt{3}}{2}+\frac{3}{2}\right)\right]$ 的代数精度为( );

(A) 一阶　　(B) 二阶　　(C) 三阶

(3) 为使两点数值求积公式 $\int_{-1}^1 f(x)\,dx\approx A_0 f(x_0)+A_1 f(x_1)$ 具有最高的代数精度,其求积节点和求积系数应为( );

(A) $x_0=0,x_1=1$; $A_0=A_1=\frac{1}{2}$

(B) $x_0=-1,x_1=1$; $A_0=A_1=1$

(C) $x_0=-\sqrt{1/3},x_1=\sqrt{1/3}$; $A_0=A_1=1$

(4) 若 $\int_{-1}^1 f(x)\,dx\approx\sum_{k=0}^{n}A_k f(x_k)\ (n\geqslant 1)$ 是 Newton-Cotes 求积公式,则 $\sum_{k=0}^{n}A_k x_k=$ ________;若它是 Gauss 型求积公式,则 $\sum_{k=0}^{n}A_k(x_k^3+3x_k^2)=$ ________;

(5) $\{\varphi_k(x)\}$是区间$[0,1]$上权函数为$\rho(x)=x$的最高项系数为 1 的正交多项式族,其中$\varphi_0(x)=1$,则$\varphi_1(x)=$________,$\int_0^1 x\varphi_2(x)\mathrm{d}x=$________.

2. 取 7 个节点的函数值,分别利用复化梯形公式和复化 Simpson 公式计算积分$\int_0^{\frac{\pi}{2}}\frac{\sin x}{x}\mathrm{d}x$的近似值$\left(\lim\limits_{x\to 0}\frac{\sin x}{x}=1\right)$.

3. 证明:对于任意$f(x)\in C[a,b]$,均有$\lim\limits_{n\to\infty}T_n=\int_a^b f(x)\mathrm{d}x$.

4. $\omega_0(x),\omega_1(x),\cdots,\omega_n(x),\cdots$是$[a,b]$上以$\rho(x)$为权函数的标准正交多项式系,$x_i(i=0,1,\cdots,n)$是$\omega_{n+1}(x)$的零点,

$$\int_a^b \rho(x)f(x)\mathrm{d}x\approx\sum_{k=0}^{n}A_k f(x_k)$$

是以$x_i(i=0,1,\cdots,n)$为节点的 Gauss 型求积公式,证明:当$0\leqslant i<j\leqslant n$时,

$$\sum_{k=0}^{n}A_k\omega_i(x_k)\omega_j(x_k)=0.$$

5. 确定下列插值型求积公式中的待定系数,并求其代数精度:

(1) $\int_{-1}^{1}f(x)\mathrm{d}x\approx A_0f(-1)+A_1f(1)$;

(2) $\int_{-1}^{1}f(x)\mathrm{d}x\approx A_0f(-1)+A_1f(0)+A_2f(1)$.

6. 确定求积公式

$$\int_{-1}^{1}f(x)\mathrm{d}x\approx Af(-1)+Bf(x_1)$$

中的待定系数,使其代数精度尽可能高,并指出其代数精度.

7. 证明求积公式

$$\int_{-1}^{1}f(x)\mathrm{d}x\approx\frac{1}{9}[5f(\sqrt{0.6})+8f(0)+5f(-\sqrt{0.6})]$$

具有 5 次代数精度,用积分变换法推出$\int_0^1 f(x)\mathrm{d}x$的 5 次 Gauss 型求积公式,并近似计算积分$\int_0^1\frac{\sin x}{1+x}\mathrm{d}x$.

8. 证明求积公式

$$\int_{x_0}^{x_1}f(x)\mathrm{d}x\approx\frac{x_1-x_0}{2}[f(x_0)+f(x_1)]-\frac{(x_1-x_0)^2}{12}[f'(x_1)-f'(x_0)]$$

具有 3 次代数精度.

9. 构造 Gauss 型求积公式

$$\int_0^1 f(x)\mathrm{d}x\approx A_0f(x_0)+A_1f(x_1).$$

要求用两种方法:(1) 利用习题 5 第 11 题的结果;(2) 利用 Gauss-Legendre 公式.

10. 利用三点 Gauss-Chebyshev 公式计算定积分$\int_{-1}^{1}\frac{x^2}{\sqrt{1-x^2}}\mathrm{d}x$的近似值，并估计误差.

11. (数值实验题)用 Romberg 方法计算定积分$\int_{1}^{2}\frac{1}{x}\mathrm{d}x$的近似值，使误差不超过$10^{-4}$.

12. 已知$f(x)=\frac{1}{(1+x)^2}$的三个点处的函数值

$$f(1)=0.250\ 000,\quad f(1.1)=0.226\ 757,\quad f(1.2)=0.206\ 612,$$

分别用向前差分，向后差分和中心差分公式近似计算$f'(1.1)$，并估计误差.

13. 证明：若$n+1$点的数值求积公式$\int_a^b f(x)\mathrm{d}x\approx\sum_{k=0}^{n}A_k f(x_k)$的代数精度至少为$n$，则该公式一定是插值型求积公式.

14. (数值实验题)人造地球卫星的轨道可视为平面上的椭圆，地心位于椭圆的一个焦点处.已知一颗人造地球卫星近地点距地球表面 439 km，远地点距地球表面 2 384 km，地球半径为 6 371 km.求该卫星的轨道长度.

15. (数值实验题)计算$f(x)=\frac{1}{2}+\frac{1}{\sqrt{2\pi}}\int_0^x \mathrm{e}^{-t^2/2}\mathrm{d}t\ (0\leqslant x\leqslant 3)$的函数值$\{f(0.1k);k=1,2,\cdots,30\}$.计算结果取 7 位有效数字.

习题 6 答案与提示

第7章　常微分方程的数值解法

7.1　引言

在科学与工程技术问题中,有很多问题的数学模型是常微分方程的初值问题或边值问题,研究这些问题的数值解法不仅有重要的理论意义,而且有广泛的实践意义.微分方程数值解法就是利用计算机求解微分方程近似解的数值方法.

7.1.1　一阶常微分方程的初值问题

设 $f(t,u)$ 在区域 $D:a\leqslant t\leqslant T,\ |u|<+\infty$ 上连续,求 $u=u(t)$ 满足

$$\begin{cases}u'=f(t,u), & a\leqslant t\leqslant b,\\ u(a)=u_0,\end{cases}\tag{7-1}$$

其中 u_0 是给定的初值,这就是一阶常微分方程的初值问题.

与其等价的积分方程为

$$u(t)=u_0+\int_a^t f(\tau,u(\tau))\,\mathrm{d}\tau.\tag{7-2}$$

若 $f(t,u)$ 满足 Lipschitz(利普希茨)条件,即存在常数 L,对任意 $t\in[a,b]$,均有

$$|f(t,u)-f(t,\bar{u})|\leqslant L|u-\bar{u}|,$$

则初值问题(7-1)的解存在且唯一.

但是初值问题(7-1)在大多数情况下无法求出解析解,而只能用数值解法求出其数值解.

什么是常微分方程初值问题的**数值解法**?它是某种离散化方法,利用这种方法,可以在一系列事先取定的 $[a,b]$ 中的离散点(称为节点),如在

$$a\leqslant t_0<t_1<t_2<\cdots<t_N\leqslant b$$

(通常取成等距,即 $t_i=t_0+ih,i=1,\cdots,N$,其中 $h>0$,称为步长)处求出未知函数 $u(t_1),u(t_2),\cdots,u(t_N)$ 的近似值 $u_1,u_2,\cdots,u_N$,这些近似值就称为(7-1)的数值解.而求 $u_1,u_2,\cdots,u_N$ 的方法通常称为数值解法.

构造数值解法一般采用数值积分法和 Taylor 展开法.

7.1.2　线性单步法

首先将区间 $[a,b]$ 划分为 N 个等距小区间,将节点取为

$$t_n=a+nh,\quad h=\frac{b-a}{N},\quad n=0,1,2,\cdots,N.$$

已知 $u(t_0)=u_0$，则可计算

$$f(t_0,u(t_0))=f(t_0,u_0)=u'(t_0).$$

利用 Taylor 公式，在 $t=t_0$ 处将 $u(t_1)$ 展开

$$u(t_1)=u(t_0)+u'(t_0)h+\frac{1}{2!}u''(\xi)h^2=u_0(t_0)+f(t_0,u_0)h+R_0,$$

其中 $R_0=\frac{1}{2!}u''(\xi)h^2$，若步长 h 足够小，则可忽略二次项 R_0，记

$$u_1=u_0+hf(t_0,u_0),$$

这里 u_1 是 $u(t_1)$ 的近似值.利用 u_1 又可以算出 u_2，如此下去可算出 $u(t)$ 在所有节点上的近似值.

一般的计算公式为

$$u_{n+1}=u_n+hf(t_n,u_n),\quad n=0,1,2,\cdots,N-1. \tag{7-3}$$

(7-3)式称为求解初值问题(7-1)的 Euler(欧拉)公式，也称为 Euler 法.Euler 法是最简单的数值方法.

如果利用 Taylor 公式，在 $t=t_{n+1}$ 处将 $u(t_n)$ 展开

$$u(t_n)=u(t_{n+1})-u'(t_{n+1})h+\frac{1}{2!}u''(\eta)h^2=u(t_{n+1})-f(t_{n+1},u_{n+1})h+R_1,$$

其中 $R_1=\frac{1}{2!}u''(\eta)h^2$，若步长 h 足够小，则可忽略二次项 R_1，记

$$u_{n+1}=u_n+hf(t_{n+1},u_{n+1}),\quad n=0,1,2,\cdots,N-1. \tag{7-4}$$

(7-4)式称为**隐式 Euler 公式**，也称为隐式 Euler 法.

将 Euler 公式与隐式 Euler 公式做算术平均，可得

$$u_{n+1}=u_n+\frac{h}{2}[f(t_n,u_n)+f(t_{n+1},u_{n+1})],\quad n=0,1,2,\cdots,N-1. \tag{7-5}$$

(7-5)式称为**梯形求解公式**，简称**梯形法**.

也可用数值积分法推导上述公式，即令(7-2)式中的积分限为小区间 $[t_n,t_{n+1}]$ 的端点，即有

$$u(t_{n+1})=u_n+\int_{t_n}^{t_{n+1}}f(\tau,u(\tau))\,\mathrm{d}\tau,\quad n=0,1,2,\cdots,N-1.$$

若用左矩形数值积分公式近似右端积分

$$\int_{t_n}^{t_{n+1}}f(t,u(t))\,\mathrm{d}t\approx hf(t_n,u(t_n)),$$

分别用 u_n 替代 $u(t_n)$，u_{n+1} 替代 $u(t_{n+1})$，记

$$u_{n+1}=u_n+hf(t_n,u_n),\quad n=0,1,2,\cdots,N-1.$$

若用右矩形数值积分公式近似右端积分

$$\int_{t_n}^{t_{n+1}}f(t,u(t))\,\mathrm{d}t\approx hf(t_{n+1},u(t_{n+1})),$$

分别用 u_n 替代 $u(t_n)$，u_{n+1} 替代 $u(t_{n+1})$，记

$$u_{n+1}=u_n+hf(t_{n+1},u_{n+1}),\quad n=0,1,2,\cdots,N-1.$$

若用梯形数值积分公式近似右端积分

$$\int_{t_n}^{t_{n+1}} f(t,u(t))\,\mathrm{d}t \approx \frac{h}{2}[f(t_n,u(t_n))+f(t_{n+1},u(t_{n+1}))],$$

分别用 u_n 替代 $u(t_n)$,u_{n+1}替代 $u(t_{n+1})$,记

$$u_{n+1}=u_n+\frac{h}{2}[f(t_n,u_n)+f(t_{n+1},u_{n+1})],\quad n=0,1,2,\cdots,N-1.$$

隐式 Euler 公式和梯形法是隐式公式,每步计算需要用迭代法解一个关于 u_{n+1}的非线性方程.

为了避免求解方程,可以用 Euler 法将梯形法显式化,建立所谓预测—校正系统:

$$\begin{cases}\bar{u}_{n+1}=u_n+hf(t_n,u_n),\\ u_{n+1}=u_n+\dfrac{h}{2}(f(t_n,u_n)+f(t_{n+1},\bar{u}_{n+1})),\\ u(t_0)=u_0.\end{cases}\tag{7-6}$$

求解公式(7-6)称为**改进的 Euler 法**,其中 $\bar{u}_n$ 称为预测值,u_n 称为校正值.其求解顺序为

$$u_0\to\bar{u}_1\to u_1\to\bar{u}_2\to u_2\to\cdots\to\bar{u}_N\to u_N.$$

改进的 Euler 法还可写成如下形式:

$$u_{n+1}=u_n+\frac{h}{2}(f(t_n,u_n)+f(t_{n+1},u_n+hf(t_n,u_n))).\tag{7-7}$$

总的说来,上述公式一般可写成

$$u_{n+1}=u_n+h\varphi(t_n,u_n,t_{n+1},u_{n+1};h),\quad n=0,1,2,\cdots,\tag{7-8}$$

其中 φ 依赖于问题(7-1)右端的函数 $f(t,u)$.当取 $\varphi=f(t_n,u_n)$时,即为 **Euler 法**;当取 $\varphi=f(t_{n+1},u_{n+1})$时,即为**隐式 Euler 法**;当取 $\varphi=\frac{1}{2}[f(t_n,u_n)+f(t_{n+1},u_{n+1})]$时,即为**梯形法**.

它们的共同点是:要计算节点 $t_{n+1}(n=0,1,2,\cdots)$处的近似值 u_{n+1},每次只用到前一个节点处的值 u_n,所以从初值 u_0 出发可逐步算出以后各节点处的值 $u_1,u_2,\cdots$,又因为(7-8)式关于 u_n,f_n,u_{n+1},f_{n+1}是线性的,所以称为**线性单步法**.

衡量求解公式好坏的一个主要标准是求解公式的精度.取 $u_n=u(t_n)$,称

$$R_{n+1}(h)=u(t_{n+1})-u_{n+1}$$

为求解公式第 $n+1$ 步的**局部截断误差**,而称

$$E_{n+1}(h)=\sum_{i=1}^{n+1}R_i(h)$$

为求解公式在 t_{n+1}点上的**整体截断误差**.

可以证明,如果局部截断误差 $R_{n+1}(h)=O(h^{p+1})$,则整体截断误差$E_{n+1}(h)=O(h^p)$,则称**求解公式具有 p 阶精度**.

求解公式的精度越高,计算解的精确性可能越好.通过简单的分析,可知 Euler 法具有一阶精度,梯形法具有二阶精度.

下面利用 Taylor 展开,求 Euler 法的局部截断误差

$$\begin{aligned}R_{n+1}(h)&=u(t_{n+1})-u_{n+1}=u(t_{n+1})-[u_n+hf(t_n,u_n)]\\&=u(t_{n+1})-[u(t_n)+hf(t_n,u(t_n))]\end{aligned}$$

$$=u(t_{n+1})-[u(t_n)+hu'(t_n)]$$

$$=u(t_n)+hu'(t_n)+\frac{h^2}{2!}u''(t_n)+O(h^3)-u(t_n)-hu'(t_n)$$

$$=O(h^2).$$

7.1.3 Taylor 展开法

设初值问题(7-1)的解充分光滑，将 $u(t)$ 在 t_0 处用 Taylor 公式展开：

$$u(t)=u(t_0)+hu'(t_0)+\frac{h^2}{2!}u''(t_0)+\cdots+\frac{h^p}{p!}u^{(p)}(t_0)+O(h^{p+1}),\tag{7-9}$$

其中

$$u(t_0)=u_0,$$

$$u'(t_0)=f(t_0,u(t_0))=f(t_0,u_0),$$

$$u''(t_0)=\left.\frac{\mathrm{d}f}{\mathrm{d}t}\right|_{t=t_0}=f_t(t_0,u_0)+f(t_0,u_0)f_u(t_0,u_0),$$

$$\begin{aligned}u'''(t_0)&=\left.\frac{\mathrm{d}}{\mathrm{d}t}\left[\frac{\mathrm{d}f}{\mathrm{d}t}\right]\right|_{t=t_0}\\&=f_{tt}(t_0,u_0)+2f(t_0,u_0)f_{tu}(t_0,u_0)+f^2(t_0,u_0)f_{uu}(t_0,u_0)+\\&\quad f_t(t_0,u_0)f_u(t_0,u_0)+f^2(t_0,u_0)f_u^2(t_0,u_0),\end{aligned}\tag{7-10}$$

$$\cdots\cdots\cdots\cdots$$

令

$$\varphi(t,u(t);h)=\sum_{j=1}^{p}\frac{h^{j-1}}{j!}\frac{\mathrm{d}^{j-1}}{\mathrm{d}t^{j-1}}f(t,u(t)),\tag{7-11}$$

则可将(7-9)式改写成为

$$u(t_0+h)-u(t_0)=h\varphi(t_0,u(t_0);h)+O(h^{p+1}),$$

舍去余项 $O(h^{p+1})$，则得

$$u_1-u_0=h\varphi(t_0,u_0;h).$$

一般而言，若已知 u_n，则

$$u_{n+1}=u_n+h\varphi(t_n,u_n;h),\quad n=0,1,2,\cdots.$$

这是一个单步法，局部截断误差为 $O(h^{p+1})$，由(7-10)，(7-11)式可知 φ 关于 f 非线性. 当 $p=1$ 时，它是 Euler 法. 由于计算 $\varphi(t_n,u_n;h)$ 的工作量太大，一般不直接用 Taylor 展开法做数值计算，但可用它计算附加值.

7.1.4 显式 Runge-Kutta 法

Euler 法是最简单的单步法. 单步法不需要附加初值，所需的存储量小，改变步长灵活，但线性单步法的阶最高为 2，Taylor 展开法用 f 在同一点 (t_n,u_n) 处的高阶导数表示 $\varphi(t,u(t),h)$，这不便于计算. 通过观察我们发现，显式 Euler 法和隐式 Euler 法各用到了 $u(t)$ 在 $[t,t+h]$ 上的一个一阶导数值，它们都是一阶方法. 梯形法和改进的 Euler 法用到了 $u(t)$ 在 $[t,t+h]$ 上的两个一阶导数值，它们都是二阶方法. 而 Runge-Kutta（龙格-库塔）法是用 $u(t)$ 在 $[t,t+h]$ 上

的导数 f 在一些点处的值的非线性表示 $\varphi(t,u(t),h)$，使单步法的局部截断误差的阶和 Taylor 展开法相等.

下面我们用 Taylor 展开的思想来构造高阶显式 Runge-Kutta 公式.

为便于推导，我们先引进若干记号，首先取 $[t,t+h]$ 上的 m 个点，

$$t=t_1\leqslant t_2\leqslant t_3\leqslant\cdots\leqslant t_m\leqslant t+h,$$

令

$$t_i=t+a_ih=t_1+a_ih,\quad i=2,\cdots,m,$$

其中 a_i 与 h 无关.引进下三角形矩阵

$$\begin{pmatrix} b_{21} & & & \\ b_{31} & b_{32} & & \\ \vdots & \vdots & \ddots & \\ b_{m1} & b_{m2} & \cdots & b_{m,m-1} \end{pmatrix},$$

其中 b_{ij} 与 h 无关，

$$\sum_{j=1}^{i-1} b_{ij}=a_i,\quad i=2,\cdots,m,$$

又 $c_i\geqslant 0$，$\sum\limits_{i=1}^{m} c_i=1$.

假设三组系数 $\{a_i\}$，$\{b_{ij}\}$ 和 $\{c_i\}$ 已给定，则求解问题(7-1)的一般显式 Runge-Kutta 法的计算过程如下：

$$u_{n+1}=u_n+h\phi(t_n,u_n,h),\quad n=0,1,\cdots, \tag{7-12}$$

其中

$$\phi(t,u(t),h)=\sum_{i=1}^{m} c_ik_i, \tag{7-13}$$

$$\begin{cases} k_1=f(t,u), \\ k_2=f(t+ha_2,u(t)+hb_{21}k_1), & b_{21}=a_2, \\ k_3=f(t+ha_3,u(t)+h(b_{31}k_1+b_{32}k_2)), & b_{31}+b_{32}=a_3, \\ \cdots\cdots\cdots\cdots \\ k_m=f\left(t+ha_m,u(t)+h\sum\limits_{j=1}^{m-1} b_{mj}k_j\right), & \sum\limits_{j=1}^{m-1} b_{mj}=a_m. \end{cases} \tag{7-14}$$

系数 $\{a_i\}$，$\{b_{ij}\}$ 和 $\{c_i\}$ 按如下原则确定：将 k_i 关于 h 展开，代入到(7-13)式中，使 $h^l(l=0,1,\cdots,p-1)$ 的系数和(7-11)式同次幂的系数相等.如此得到的算法(7-12)，称为 **m 级 p 阶 Runge-Kutta 法**.

现在推导一些常用的计算方法.特别地，给出 $m=3$ 时显式 Runge-Kutta 法的推导.首先将 $u(t+h)$ 在 t 处展开到 h 的三次幂：

$$\begin{aligned} u(t+h)&=u(t)+\sum_{l=1}^{3}\frac{h^l}{l!}u^{(l)}(t)+O(h^4) \\ &=u(t)+h\tilde{\phi}(t,u(t),h), \end{aligned} \tag{7-15}$$

其中

$$\begin{cases}\tilde{\phi}(t,u,h)=f+\dfrac{1}{2}h\tilde{f}+\dfrac{1}{6}h^2(\tilde{f}f_u+\hat{f})+O(h^3),\\ \tilde{f}=f_t+ff_u,\\ \hat{f}=f_{tt}+2ff_{tu}+f^2f_{uu}.\end{cases}\tag{7-16}$$

其次,由二元函数 f 在点 $(t,u(t))$ 处的 Taylor 展开式可得

$$\begin{aligned}k_1&=f(t,u(t))=f,\\ k_2&=f(t+ha_2,u+ha_2k_1)\\ &=f+ha_2(f_t+k_1f_u)+\frac{1}{2}h^2a_2^2(f_{tt}+2k_1f_{tu}+k_1^2f_{uu})+O(h^3)\\ &=f+ha_2\tilde{f}+\frac{1}{2}h^2a_2^2\hat{f}+O(h^3),\\ k_3&=f+ha_3\tilde{f}+h^2\left(a_2b_{32}f_u\tilde{f}+\frac{1}{2}a_3^2\hat{f}\right)+O(h^3),\end{aligned}$$

于是,代入(7-13)式中,并合并 $h^l(l=0,1,2)$ 的同类项:

$$\begin{aligned}\phi(t,u,h)&=\sum_{i=1}^{3}c_ik_i\\ &=(c_1+c_2+c_3)f+h(a_2c_2+a_3c_3)\tilde{f}+\\ &\quad\frac{1}{2}h^2[2a_2b_{32}c_3f_u\tilde{f}+(a_2^2c_2+a_3^2c_3)\hat{f}]+O(h^3).\end{aligned}\tag{7-17}$$

再比较 $\phi(t,u,h)$ 和 $\tilde{\phi}(t,u,h)$ 的同次幂系数,可得以下具体方法:

(1) $m=1$.比较 h 的零次幂,知

$$\phi(t,u,h)=f,$$

方法(7-13)为**一级一阶 Runge-Kutta 法**,实际上为 **Euler 法**.

(2) $m=2$.此时

$$\phi(t,u,h)=(c_1+c_2)f+ha_2c_2\tilde{f}+\frac{1}{2}h^2a_2^2c_2\hat{f}+O(h^3).$$

与 $\tilde{\phi}(t,u,h)$ 比较 f 和 h 的系数,则

$$c_1+c_2=1,\quad a_2c_2=\frac{1}{2}.$$

它有无穷多组解,从而有无穷多个二级二阶方法.两个常见的方法是

① $c_1=0,c_2=1,a_2=\dfrac{1}{2}$,此时

$$\begin{cases}u_{n+1}=u_n+hk_2,\\ k_1=f(t_n,u_n),\\ k_2=f\left(t_n+\dfrac{1}{2}h,u_n+\dfrac{1}{2}hk_1\right),\end{cases}\tag{7-18}$$

称为中点法.

② $c_1=c_2=\dfrac{1}{2}, a_2=1$,此时

$$\begin{cases} u_{n+1}=u_n+\dfrac{1}{2}h(k_1+k_2), \\ k_1=f(t_n,u_n), \\ k_2=f(t_n+h,u_n+hk_1), \end{cases} \tag{7-19}$$

这是改进的 Euler 法.

(3) $m=3$.比较(7-16)式和(7-17)式,令 f, h, h^2 的系数相等,并注意 $\hat{f}$ 的任意性,得

$$c_1+c_2+c_3=1, \quad a_2c_2+a_3c_3=\frac{1}{2},$$

$$a_2^2c_2+a_3^2c_3=\frac{1}{3}, \quad a_2b_{32}c_3=\frac{1}{6}.$$

四个方程不能完全确定六个系数,因此这是含两个参数的三级三阶方法,常见方法有

① **Heun(霍伊恩)三阶方法**.此时

$$c_1=\frac{1}{4}, \quad c_2=0, \quad c_3=\frac{3}{4},$$

$$a_2=\frac{1}{3}, \quad a_3=\frac{2}{3}, \quad b_{32}=\frac{2}{3}.$$

方法为

$$\begin{cases} u_{n+1}=u_n+\dfrac{1}{4}h(k_1+3k_3), \\ k_1=f(t_n,u_n), \\ k_2=f\left(t_n+\dfrac{1}{3}h, u_n+\dfrac{1}{3}hk_1\right), \\ k_3=f\left(t_n+\dfrac{2}{3}h, u_n+\dfrac{2}{3}hk_2\right). \end{cases} \tag{7-20}$$

② **Kutta 三阶方法**,此时

$$c_1=\frac{1}{6}, \quad c_2=\frac{2}{3}, \quad c_3=\frac{1}{6},$$

$$a_2=\frac{1}{2}, \quad a_3=1, \quad b_{32}=2.$$

方法为

$$\begin{cases} u_{n+1}=u_n+\dfrac{1}{6}h(k_1+4k_2+k_3), \\ k_1=f(t_n,u_n), \\ k_2=f\left(t_n+\dfrac{1}{2}h, u_n+\dfrac{1}{2}hk_1\right), \\ k_3=f(t_n+h, u_n-hk_1+2hk_2). \end{cases} \tag{7-21}$$

(4) $m=4$.将(7-16)式和(7-17)式展开到 h^3,比较 $h^i(i=0,1,2,3)$ 的系数,则得到含 13 个待定系数的 11 个方程,由此得到含两个参数的四级四阶 Runge-Kutta 法,其中最常用的有以下两个方法:

四阶 Runge-Kutta 法:

$$\begin{cases} u_{n+1}=u_n+\dfrac{h}{6}(k_1+2k_2+2k_3+k_4), \\ k_1=f(t_n,u_n), \\ k_2=f\left(t_n+\dfrac{1}{2}h,u_n+\dfrac{1}{2}hk_1\right), \\ k_3=f\left(t_n+\dfrac{1}{2}h,u_n+\dfrac{1}{2}hk_2\right), \\ k_4=f(t_n+h,u_n+hk_3) \end{cases} \tag{7-22}$$

和

$$\begin{cases} u_{n+1}=u_n+\dfrac{h}{8}(k_1+3k_2+3k_3+k_4), \\ k_1=f(t_n,u_n), \\ k_2=f\left(t_n+\dfrac{1}{3}h,u_n+\dfrac{1}{3}hk_1\right), \\ k_3=f\left(t_n+\dfrac{2}{3}h,u_n-\dfrac{1}{3}hk_1+hk_2\right), \\ k_4=f(t_n+h,u_n+hk_3), \end{cases} \tag{7-23}$$

其中(7-22)式称为经典 **Runge-Kutta 法**.

以上讨论的是 m 级 Runge-Kutta 法在 $m=1,2,3,4$ 时,可分别得到最高级一、二、三、四阶,但是,**通常 m 级 Runge-Kutta 法最高阶不一定是 m 阶**,若设 $p(m)$ 是 m 级 Runge-Kutta 法可达到的最高阶,可以证明:

$$p(5)=4,\quad p(6)=5,\quad p(7)=6,\quad p(8)=6,\quad p(9)=7.$$

例 1 分别用 Euler 法、改进的 Euler 法(7-19)和经典 Runge-Kutta 法(7-22)求解初值问题

$$\begin{cases} u'=1-\dfrac{2tu}{1+t^2},\quad 0\leqslant t\leqslant 2, \\ u(0)=0. \end{cases}$$

解 Euler 法计算公式为

$$u_{n+1}=u_n+h\left(1-\frac{2t_nu_n}{1+t_n^2}\right),$$

$$u_0=0.$$

改进的 Euler 法计算公式为

$$u_{n+1}=u_n+\frac{1}{2}h(k_1+k_2),$$

$$k_1=1-\frac{2t_nu_n}{1+t_n^2},$$

$$k_2=1-\frac{2(t_n+h)(u_n+hk_1)}{1+(t_n+h)^2},$$

$$u_0=0.$$

经典 Runge-Kutta 法计算公式为

$$u_{n+1}=u_n+\frac{h}{6}(k_1+2k_2+2k_3+k_4),$$

$$k_1=1-\frac{2t_nu_n}{1+t_n^2},$$

$$k_2=1-\frac{2\left(t_n+\frac{1}{2}h\right)\left(u_n+\frac{1}{2}hk_1\right)}{1+\left(t_n+\frac{1}{2}h\right)^2},$$

$$k_3=1-\frac{2\left(t_n+\frac{1}{2}h\right)\left(u_n+\frac{1}{2}hk_2\right)}{1+\left(t_n+\frac{1}{2}h\right)^2},$$

$$k_4=1-\frac{2(t_n+h)(u_n+hk_3)}{1+(t_n+h)^2}.$$

取步长 $h=0.5, t_n=0.5n, n=0,1,2,3$，并与精确解 $u(t)=\dfrac{t(3+t^2)}{3(1+t^2)}$ 做比较.计算结果见表 7-1.

表 7-1　三个方法计算结果比较

n	t_n	精确解 $u(t_n)$	Euler 法		改进的 Euler 法		经典 Runge-Kutta 法	
			数值解 u_n	误差	数值解 u_n	误差	数值解 u_n	误差
0	0	0	0	0	0	0	0	0
1	0.5	0.433 333	0.500 000	0.066 667	0.400 000	0.033 333	0.433 218	0.000 115
2	1.0	0.666 667	0.800 000	0.133 333	0.635 000	0.031 667	0.666 312	0.000 355
3	1.5	0.807 692	0.900 000	0.092 308	0.787 596	0.020 096	0.807 423	0.000 269
4	2.0	0.933 353	0.985 615	0.051 282	0.921 025	0.012 308	0.933 156	0.000 171

7.2　线性多步法

前面所讨论的单步法（单步长法），如 Euler 法、改进的 Euler 法，精度是较低的.为提高精度，我们考虑构造多步法.所谓“多步法”，即计算出若干个点之后，用几个已计算出的点来计算下一个点.计算公式中的一个主要特征就是，u_{n+1}不仅依赖于u_n，而且也直接依赖于u_{n-1}，u_{n-2}，…等已经算出的若干个值的信息.它可以大大提高截断误差的阶.

线性多步法的一般公式为

$$\sum_{j=0}^{k} \alpha_j u_{n+j} = h \sum_{j=0}^{k} \beta_j f_{n+j}, \quad \alpha_k \neq 0, \tag{7-24}$$

其中$f_{n+j}=f(t_{n+j},u_{n+j})$，$\alpha_j$，$\beta_j$是常数，$\alpha_0$和$\beta_0$不同时为0.

按(7-24)式，计算u_{n+k}时要用到前面k个节点值u_n，u_{n+1}，…，u_{n+k-1}，因此称(7-24)式为多步法或k-步法.又因为(7-24)式关于u_{n+j}，f_{n+j}是线性的，所以称为线性多步法.为使多步法的计算能够进行，除给定的初值u_0外，还要知道附加初值u_1，u_2，…，u_{k-1}，这可用其他方法计算.若$\beta_k=0$，则称(7-24)式是显式的；若$\beta_k\neq 0$，则称(7-24)式是隐式的.

构造线性多步法有许多不同的方式，我们在这里主要介绍两类方法：**积分插值法**（基于数值积分）和**待定函数法**（基于 Taylor 展开）.

7.2.1 积分插值法(基于数值积分的解法)

仍将(7-2)式写成

$$u(t_{n+1}) = u(t_n) + \int_{t_n}^{t_{n+1}} f(t,u(t))\,\mathrm{d}t. \tag{7-25}$$

我们用k次 Lagrange 插值多项式

$$L_{n,k}(t) = \sum_{i=0}^{k} f(t_{n-i},u(t_{n-i}))\, l_i(t)$$

来近似替代(7-25)式中的被积函数，这里$\{t_i\}$为等距的插值节点列，$h=t_{i+1}-t_i$，而插值基函数为

$$l_i(t) = \prod_{\substack{j=0\\ j\neq i}}^{k} \frac{t-t_{n-j}}{t_{n-i}-t_{n-j}} = \frac{\omega(t)}{\omega'(t_{n-i})(t-t_{n-i})}, \quad \omega(t)=(t-t_n)\cdots(t-t_{n-k}),$$

$$i=n,n-1,\cdots,n-k.$$

插值节点的不同取法就导致不同的多步法.

1. Adams(亚当斯)外插法(显式多步法)

取$k+1$个节点t_{n-k}，…，t_{n-1}，t_n及函数值$f(t_{n-i},u(t_{n-i}))$，$i=k$，…，1，0，构造区间$[t_n,t_{n+1}]$上逼近$f(t,u(t))$的k次 Lagrange 插值多项式$L_{n,k}(t)$：

$$f(t,u(t)) = L_{n,k}(t) + r_{n,k}(t), \tag{7-26}$$

其中$r_{n,k}(t)$为插值余项.将(7-26)式代入(7-25)式中得到

$$u(t_{n+1}) = u(t_n) + \int_{t_n}^{t_{n+1}} L_{n,k}(t)\,\mathrm{d}t + \int_{t_n}^{t_{n+1}} r_{n,k}(t)\,\mathrm{d}t.$$

舍去余项

$$R_{n,k} = \int_{t_n}^{t_{n+1}} r_{n,k}(t)\,\mathrm{d}t,$$

并用u_j代替$u(t_j)$即得

$$u_{n+1} = u_n + \sum_{i=0}^{k} f(t_{n-i},u_{n-i}) \int_{t_n}^{t_{n+1}} l_i(t)\,\mathrm{d}t = u_n + h \sum_{i=0}^{k} b_{ki} f(t_{n-i},u_{n-i}),$$

其中 $b_{ki}=\frac{1}{h}\int_{t_n}^{t_{n+1}} l_i(t)\,\mathrm{d}t=\frac{1}{h}\int_{t_n}^{t_{n+1}}\left(\prod_{\substack{j=0\\j\neq i}}^{k}\frac{t-t_{n-j}}{t_{n-i}-t_{n-j}}\right)\mathrm{d}t=\int_0^1\prod_{\substack{j=0\\j\neq i}}^{k}\frac{\tau+j}{j-i}\mathrm{d}\tau$，且 $t=t_n+\tau h,\tau\in[0,1]$.(注意到 $t-t_n=\tau h, t-t_{n-j}=t_n+\tau h-t_n+jh=(\tau+j)h$.)

注意，被插值点 $t\in[t_n,t_{n+1}]$ 不包含在插值节点决定区间 $[t_{n-k},t_n]$ 之中，故此多步法称为 **Adams 外插法**.

Adams 外插法中，几种常用的差分格式(其系数见表 7-2)为

$$k=0:\ u_{n+1}=u_n+hf(t_n,u_n);$$

$$k=1:\ u_{n+1}=u_n+\frac{h}{2}[3f(t_n,u_n)-f(t_{n-1},u_{n-1})];$$

$$k=2:\ u_{n+1}=u_n+\frac{h}{12}[23f(t_n,u_n)-16f(t_{n-1},u_{n-1})+5f(t_{n-2},u_{n-2})];$$

$$k=3:\ u_{n+1}=u_n+\frac{h}{24}[55f(t_n,u_n)-59f(t_{n-1},u_{n-1})+37f(t_{n-2},u_{n-2})-9f(t_{n-3},u_{n-3})].$$

它们分别为 1 阶、2 阶、3 阶、4 阶差分法(格式).

表 7-2 Adams 外插法的系数

i	0	1	2	3	4
b_{0i}	1				
$2b_{1i}$	3	−1			
$12b_{2i}$	23	−16	5		
$24b_{3i}$	55	−59	37	−9	
$720b_{4i}$	1 901	−2 774	2 616	−1 274	251

Adams 外插法的余项为

$$R_{n,k}=\int_{t_n}^{t_{n+1}} r_{n,k}(t)\,\mathrm{d}t=\frac{1}{(k+1)!}\int_{t_n}^{t_{n+1}}\left(\prod_{i=0}^{k} t-t_{n-i}\right)f^{(k+1)}(\xi(t),u(\xi(t)))\,\mathrm{d}t$$

$$=\frac{h^{k+2}}{(k+1)!}\int_0^1\prod_{i=0}^{k}(\tau+i)f^{(k+1)}(\xi(\tau),u(\xi(\tau)))\,\mathrm{d}\tau=O(h^{k+2}).$$

2. Adams 内插法(隐式多步法)

取 $k+2$ 个节点 $t_{n-k},\cdots,t_{n-1},t_n,t_{n+1}$ 及 $f(t_{n-i+1},u(t_{n-i+1})),i=0,1,\cdots,k+1$，构造区间 $[t_n,t_{n+1}]$ 上逼近 $f(t,u(t))$ 的 $k+1$ 次 Lagrange 插值多项式 $L_{n,k+1}(t)$：

$$f(t,u(t))=L_{n,k+1}^{(1)}(t)+r_{n,k+1}^{(1)}(t),$$

其中 $r_{n,k+1}^{(1)}(t)$ 为插值余项，则有

$$u_{n+1}=u_n+h\sum_{i=0}^{k+1} b_{k+1,i}^{*}f(t_{n-i+1},u_{n-i+1}),$$

其中 $b_{k+1,i}^{*}=\int_{-1}^{0}\prod_{\substack{j=0\\j\neq i}}^{k+1}\frac{\tau+j+1}{j-i}\mathrm{d}\tau$，且 $t=t_{n+1}+\tau h,\tau\in[-1,0]$.

注意，被插值点 $t\in[t_n,t_{n+1}]$ 包含在插值节点决定区间 $[t_{n-k},t_{n+1}]$ 之中，故此多步法称为 **Adams 内插法**.

Adams 内插法中，几种常用的差分格式(其系数见表 7-3)为

$k=-1$：$u_{n+1}=u_n+hf(t_{n+1},u_{n+1})$；

$k=0$：$u_{n+1}=u_n+\frac{h}{2}[f(t_{n+1},u_{n+1})+f(t_n,u_n)]$；

$k=1$：$u_{n+1}=u_n+\frac{h}{12}[5f(t_{n+1},u_{n+1})+8f(t_n,u_n)-f(t_{n-1},u_{n-1})]$；

$k=2$：$u_{n+1}=u_n+\frac{h}{24}[9f(t_{n+1},u_{n+1})+19f(t_n,u_n)-5f(t_{n-1},u_{n-1})+f(t_{n-2},u_{n-2})]$.

它们分别为 2 阶、3 阶、4 阶、5 阶差分法(格式).

表 7-3 Adams 内插法的系数

i	0	1	2	3	4
b_{0i}^{*}	1				
$2b_{1i}^{*}$	1	1			
$12b_{2i}^{*}$	5	8	−1		
$24b_{3i}^{*}$	9	19	−5	1	
$720b_{4i}^{*}$	251	646	−264	196	−19

Adams 内插法的余项为

$$R_{n,k+1}^{(1)}=\int_{t_n}^{t_{n+1}}r_{n,k+1}^{(1)}(t)\,\mathrm{d}t=\frac{1}{(k+2)!}\int_{t_n}^{t_{n+1}}\left(\prod_{i=0}^{k+1}t-t_{n-i}\right)f^{(k+2)}(\zeta(t),u(\zeta(t)))\,\mathrm{d}t$$

$$=\frac{h^{k+3}}{(k+2)!}\int_{-1}^{0}\prod_{i=0}^{k+1}(\tau+i)f^{(k+2)}(\zeta(\tau),u(\zeta(\tau)))\,\mathrm{d}\tau=O(h^{k+3}).$$

Adams 外插法和 Adams 内插法的几点区别：

(1) 内插法的系数比外插法的系数小，从而计算时内插法的舍入误差的影响比外插法要小；

(2) 在同一个误差精度下，内插法比外插法可少算一个已知量值，这是由于在计算 u_{n+1} 时，内插法和外插法所用的已知量值同为 $k+1$ 个：$u_n,u_{n-1},\cdots,u_{n-k}$，但是内插法的局部截断误差为 $O(h^{k+3})$，外插法的局部截断误差为 $O(h^{k+2})$.

(3) 内插法是隐式格式，外插法是显式格式.(稳定性有区别.)

用数值积分法，也可对初值问题(7-1)于 $[t_n,t_{n+2}]$ 上化成等价的积分方程

$$u(t_{n+1})=u(t_n)+\int_{t_n}^{t_{n+2}}f(t,u(t))\,\mathrm{d}t.$$

用 Simpson 公式近似积分

$$\int_{t_n}^{t_{n+2}} f(t,u(t))\,\mathrm{d}t \approx \frac{h}{3}[f(t_{n+2},u(t_{n+2}))+4f(t_{n+1},u(t_{n+1}))+f(t_n,u(t_n))],$$

则可得到二步隐式方法(Milne 米尔恩法)

$$u_{n+2}=u_n+\frac{h}{3}[f(t_{n+2},u_{n+2})+4f(t_{n+1},u_{n+1})+f(t_n,u_n)]. \tag{7-27}$$

7.2.2 待定系数法(基于 Taylor 展开式的求解公式)

用数值积分法只能构造一类特殊的多步法,其系数一般只满足

$$\alpha_k=1,\alpha_{k-1}=-1 \text{ 或 } \alpha_{k-2}=-1.\quad \alpha_l=0, \text{当 } l\neq k-1 \text{ 或 } l\neq k-2 \text{ 时}.$$

本节我们用**待定系数法**构造出更一般的求解公式.

令

$$L_k[u(t);h]=\sum_{j=0}^{k}[\alpha_j u(t+jh)-h\beta_j u'(t+jh)], \tag{7-28}$$

设 $u(t)$ 是初值问题(7-1)的解,将 $u(t+jh)$ 和 $u'(t+jh)$ 在点 t 处进行 Taylor 展开:

$$u(t+jh)=u(t)+\frac{jh}{1!}u'(t)+\frac{(jh)^2}{2!}u''(t)+\frac{(jh)^3}{3!}u'''(t)+\cdots,$$

$$u'(t+jh)=u'(t)+\frac{jh}{1!}u''(t)+\frac{(jh)^2}{2!}u'''(t)+\frac{(jh)^3}{3!}u^{(4)}(t)+\cdots.$$

将上两式代入(7-28)式,并按 h 的同次幂合并同类项,得

$$L_k[u(t);h]=c_0u(t)+c_1hu'(t)+c_2h^2u''(t)+\cdots+c_ph^pu^{(p)}(t)+\cdots, \tag{7-29}$$

其中

$$\begin{cases} c_0=\alpha_0+\alpha_1+\cdots+\alpha_k, \\ c_1=\alpha_1+2\alpha_2+\cdots+k\alpha_k-(\beta_0+\beta_1+\cdots+\beta_k), \\ \qquad\cdots\cdots\cdots\cdots \\ c_p=\dfrac{1}{p!}(\alpha_1+2^p\alpha_2+\cdots+k^p\alpha_k)-\dfrac{1}{(p-1)!}(\beta_1+2^{p-1}\beta_2+\cdots+k^{p-1}\beta_k), \\ \qquad p=2,3,\cdots. \end{cases} \tag{7-30}$$

若 $u(t)$ 有 $p+2$ 次连续微商,则可选取适当的 k 和 α_j,β_j 使 $c_0=c_1=c_2=\cdots=c_p=0$,而 $c_{p+1}\neq 0$,即选取 α_j 和 β_j 满足

$$\begin{cases} \alpha_0+\alpha_1+\cdots+\alpha_k=0, \\ \alpha_1+2\alpha_2+\cdots+k\alpha_k-(\beta_0+\beta_1+\cdots+\beta_k)=0, \\ \qquad\cdots\cdots\cdots\cdots \\ \dfrac{1}{p!}(\alpha_1+2^p\alpha_2+\cdots+k^p\alpha_k)-\dfrac{1}{(p-1)!}(\beta_1+2^{p-1}\beta_2+\cdots+k^{p-1}\beta_k)=0. \end{cases}$$

此时

$$L_k[u(t);h]=c_{p+1}h^{p+1}u^{(p+1)}(t)+O(h^{p+2}),$$

而 $u'(t)=f(t,u(t))$,则

$$\sum_{j=0}^{k}\left[\alpha_j u(t_n+jh)-h\beta_j f(t_n+jh,u(t_n+jh))\right]=R_n,$$

$$R_n=c_{p+1}h^{p+1}u^{(p+1)}(t_n)+O(h^{p+2}).$$

舍去余项 R_n,并用 u_{n+j} 代替 $u(t_n+jh)$,用 f_{n+j} 记 $f(t_{n+j},u_{n+j})$,就得到线性多步法(7-24),其局部截断误差

$$R_{n+k}=L_k[u(t);h]=c_{p+1}h^{p+1}u^{(p+1)}(t)+O(h^{p+2}),$$

而 $c_{p+1}h^{p+1}u^{(p+1)}(t)$ 称为**局部截断误差主项**,c_{p+1} 称为**局部截断误差主项系数**.可以证明其整体截断误差 $E_n=O(h^p)$,所以称此方法为 p 阶 k 步法.显然阶 p 的大小与步数 k 有关.

因为(7-24)式可以相差一个非零常数,所以不妨设 $\alpha_k=1$.当 $\beta_k=0$ 时,u_{n+k} 可用 $u_{n+k-1},\cdots,u_n$ 直接表示,称为**显式法**.反之,当 $\beta_k\neq 0$ 时,求 u_{n+k} 需解一个方程(一般用迭代法),称为**隐式法**.用待定系数法构造多步法的一个基本要求是选取 α_j,β_j,使局部截断误差的阶尽可能高.

定理 7.1(多步法性质定理) 多步法(7-24)的下列三个性质等价:

(1) $c_0=c_1=\cdots=c_p=0$;

(2) 对每个次数不超过 p 的多项式,$L_k[f_p(t);h]=0$;

(3) 对一切 $u(t)\in C^{p+1}$,$L_k[u(t);h]=O(h^{p+1})$.

其中 $L_k[u(t);h]$ 由(7-28)式给出.

证明 若性质(1)成立,则(7-29)式具有形式

$$L_k[u(t);h]=c_{p+1}h^{p+1}u^{(p+1)}(t)+\cdots,$$

若 u 是次数不超过 p 的多项式,则对一切 $j>p$,$u^{(j)}(t)=0$,因此,$L_k[u(t);h]=0$,即由性质(1)推出性质(2).

若性质(2)成立,且 $u(t)\in C^{p+1}$,则由 Taylor 定理,我们可记

$$u(t)=f_p+r,$$

其中 f 是次数不超过 p 的多项式,r 是一函数.因为

$$L_k[f_p(t);h]=0,$$

所以

$$L_k[u(t);h]=L_k[r(t);h]=c_{p+1}h^{p+1}r^{(p+1)}(\xi)=O(h^{p+1}),$$

即由性质(2)推出性质(3).

最后,若性质(3)成立.则由(7-29)式可知必有:$c_0=c_1=\cdots=c_p=0$.因此,由性质(3)推出性质(1).证毕

下面我们讨论构造一般线性二步公式的待定系数法.此时 $k=2$,$\alpha_2=1$,记 $\alpha_0=\alpha$,其余四个系数 $\alpha_1,\beta_0,\beta_1,\beta_2$ 由 $c_0=c_1=c_2=c_3=0$ 确定,即满足方程组

$$\begin{cases}c_0=\alpha_0+\alpha_1+1=0,\\ c_1=\alpha_1+2-(\beta_0+\beta_1+\beta_2)=0,\\ c_2=\dfrac{1}{2}(\alpha_1+4)-(\beta_1+2\beta_2)=0,\\ c_3=\dfrac{1}{6}(\alpha_1+8)-\dfrac{1}{2}(\beta_1+4\beta_2)=0,\end{cases}$$

解之得

$$\alpha_1=-(1+\alpha),\quad \beta_0=-\frac{1}{12}(1+5\alpha),$$

$$\beta_1=\frac{2}{3}(1-\alpha),\quad \beta_2=\frac{1}{12}(5+\alpha).$$

所以一般二步法为

$$u_{n+2}-(1+\alpha)u_{n+1}+\alpha u_n=\frac{h}{12}[(5+\alpha)f_{n+2}+8(1-\alpha)f_{n+1}-(1+5\alpha)f_n].\tag{7-31}$$

由(7-30)式知道

$$c_4=\frac{1}{24}(\alpha_1+16)-\frac{1}{6}(\beta_1+8\beta_2)=-\frac{1}{24}(1+\alpha),$$

$$c_5=\frac{1}{120}(\alpha_1+32)-\frac{1}{24}(\beta_1+16\beta_2)=-\frac{1}{360}(17+13\alpha),$$

所以当 $\alpha\neq-1$ 时 $c_4\neq0$,方法(7-31)是三阶二步法.当 $\alpha=-1$ 时 $c_4=0$,但$c_5\neq0$,方法(7-31)化为

$$u_{n+2}=u_n+\frac{h}{3}(f_{n+2}+4f_{n+1}+f_n),$$

这是四阶二步法,是具有最高阶的二步法,称为 Milne 法.前面曾用 Simpson 公式导出这一方法(见(7-27)式).此外,若取 $\alpha=0$,则(7-31)式变为

$$u_{n+2}=u_{n+1}+\frac{h}{12}(5f_{n+2}+8f_{n+1}-f_n),$$

此为二步 Adams 内插法;若取 $\alpha=-5$,则(7-31)式变为

$$u_{n+2}+4u_{n+1}-5u_n=2h(2f_{n+1}+f_n),$$

是显式方法.

用公式(7-30)的类似计算过程还可以确定出一些常用的线性多步法的局部截断误差.

例 1 确定出如下线性三步 Adams 外插法的局部截断误差:

$$u_{n+3}=u_{n+2}+\frac{h}{12}(23f_{n+2}-16f_{n+1}+5f_n).$$

解 由(7-24)式可知,此线性三步法的相应系数为

$$\alpha_3=1,\quad \alpha_2=-1,\quad \alpha_1=0,\quad \alpha_0=0,\quad \beta_3=0,\quad \beta_2=\frac{23}{12},$$

$$\beta_1=-\frac{16}{12},\quad \beta_0=\frac{5}{12},$$

从而由(7-30)式,可计算出

$$c_0=1-1=0,c_1=-2+3-\left(\frac{5}{12}-\frac{16}{12}+\frac{23}{12}\right)=-2+3-1=0,$$

$$c_2=\frac{1}{2}(-4+9)-\left(-\frac{16}{12}+\frac{23}{12}\times2\right)=\frac{5}{2}-\frac{30}{12}=0,$$

$$c_3=\frac{1}{3!}(-8+27)-\frac{1}{2}\left(-\frac{16}{12}+\frac{23}{12}\times 4\right)=\frac{19}{6}-\frac{1}{24}(23\times 4-16)$$

$$=\frac{19}{6}-\frac{19}{6}=0$$

$$c_4=\frac{1}{4!}(-16+3^4)-\frac{1}{3!}\left(-\frac{16}{12}+\frac{23\times 8}{12}\right)=\frac{9}{4!}=\frac{3}{8}\neq 0,$$

故应为线性三步三阶 Adams 外插法,其局部截断误差为

$$R_{n+3}(h)=\frac{3}{8}h^4u^{(4)}(t_n)+O(h^5).$$

下面给出一些常用的线性多步法及其局部截断误差:

当 $k=1$ 时,**一步一阶隐式 Euler 法**:

$$u_{n+1}=u_n+hf_{n+1},$$

其局部截断误差为

$$R_{n+1}(h)=-\frac{1}{2}h^2u''(t_n)+O(h^3).$$

一步二阶隐式梯形公式:

$$u_{n+1}=u_n+\frac{h}{2}(f_{n+1}+f_n),$$

其局部截断误差为

$$R_{n+1}(h)=-\frac{1}{12}h^3u^{(3)}(t_n)+O(h^4).$$

当 $k=2$ 时,隐式 Euler 法:

$$u_{n+1}=u_n+hf_{n+1},$$

其局部截断误差为

$$R_{n+1}(h)=-\frac{1}{2}h^2u''(t_n)+O(h^3).$$

当 $k=3$ 时,三步四阶 Adams 内插法:

$$u_{n+3}=u_{n+2}+\frac{h}{24}(9f_{n+3}+19f_{n+2}-5f_{n+1}+f_n),$$

其局部截断误差为

$$R_{n+3}(h)=-\frac{19}{720}h^5u^{(5)}(t_n)+O(h^6).$$

三步四阶 Hamming(汉明)法:

$$u_{n+3}=\frac{1}{8}(9u_{n+2}-u_n)+\frac{3h}{8}(f_{n+3}+2f_{n+2}-f_{n+1}),$$

其局部截断误差为

$$R_{n+3}(h)=-\frac{1}{40}h^5u^{(5)}(t_n)+O(h^6).$$

当 $k=4$ 时,四步四阶 Adams 外插法:

$$u_{n+4}=u_{n+3}+\frac{h}{24}(55f_{n+3}-59f_{n+2}+37f_{n+1}-9f_n),$$

其局部截断误差为

$$R_{n+4}(h)=\frac{251}{720}h^5u^{(5)}(t_n)+O(h^6).$$

四步四阶显式 Milne 法:

$$u_{n+4}=u_n+\frac{4h}{3}(2f_{n+3}-f_{n+2}+2f_{n+1}),$$

其局部截断误差为

$$R_{n+4}(h)=\frac{8}{15}h^5u^{(5)}(t_n)+O(h^6).$$

7.2.3 预估-校正算法

线性 k 步隐式方法虽然具有稳定性好、精度高的特点,但是每个隐式方法关于待定的 u_{n+k} 一般是非线性的,虽然能利用一些迭代法(例如简单迭代法,或 Newton 法)来求解,但若 u_{n+k} 的初始近似值选得不好,则其计算量会比利用一次显式公式大得多.我们既要利用隐式方法的稳定性及精确性,又要利用显式公式的简易性,把两者结合起来,做到取长补短.办法之一就是先用同阶的显式公式确定较好的迭代初值,然后再按隐式方法迭代一两次达到精度要求.这就是所谓的**预估—校正算法**(格式).

下面介绍几种常用的预估—校正(PECE)格式.

例 2 四阶 Adams 预估—校正格式

$$\mathrm{P}: u_{n+4}^{[0]}-u_{n+3}^{[1]}=\frac{h}{24}(55f_{n+3}^{[1]}-59f_{n+2}^{[1]}+37f_{n+1}^{[1]}-9f_n^{[1]}),$$

$$\mathrm{E}: f_{n+4}^{[0]}=f(t_{n+4},u_{n+4}^{[0]}),$$

$$\mathrm{C}: u_{n+4}^{[1]}-u_{n+3}^{[1]}=\frac{h}{24}(9f_{n+4}^{[0]}+19f_{n+3}^{[1]}-5f_{n+2}^{[1]}+f_{n+1}^{[1]}),$$

$$\mathrm{E}: f_{n+4}^{[1]}=f(t_{n+4},u_{n+4}^{[1]}).$$

例 3 四阶 Milne 预估—校正格式

$$\mathrm{P}: u_{n+4}^{[0]}-u_n^{[1]}=\frac{4h}{3}(2f_{n+3}^{[1]}-f_{n+2}^{[1]}+2f_{n+1}^{[1]}),$$

$$\mathrm{E}: f_{n+4}^{[0]}=f(t_{n+4},u_{n+4}^{[0]}),$$

$$\mathrm{C}: u_{n+4}^{[1]}-u_{n+2}^{[1]}=\frac{h}{3}(f_{n+4}^{[0]}+4f_{n+3}^{[1]}+f_{n+2}^{[1]}),$$

$$\mathrm{E}: f_{n+4}^{[1]}=f(t_{n+4},u_{n+4}^{[1]}).$$

例 4 Hamming 预估—校正格式

$$\mathrm{P}: u_{n+4}^{[0]}-u_n^{[1]}=\frac{4h}{3}(2f_{n+3}^{[1]}-f_{n+2}^{[1]}+2f_{n+1}^{[1]}),$$

$$\mathrm{E}: f_{n+4}^{[0]}=f(t_{n+4},u_{n+4}^{[0]}),$$

$$\mathrm{C}: u_{n+4}^{[1]}-\frac{9}{8}u_{n+3}^{[1]}+\frac{1}{8}u_{n+1}^{[1]}=\frac{3h}{8}(f_{n+4}^{[0]}+2f_{n+3}^{[1]}-f_{n+2}^{[1]}),$$

$$\mathrm{E}: f_{n+4}^{[1]}=f(t_{n+4},u_{n+4}^{[1]}).$$

例 5 分别用四阶 Adams 预估—校正方法、四阶 Milne 预估—校正方法、Hamming 预估—校正方法和 $h=\frac{1}{8}$,计算初值问题

$$\begin{cases}u'(t)=\dfrac{t-u}{2} & 0<t\leqslant 3,\\ u(0)=1,\end{cases}$$

数值结果要求至少有 6 位有效数字.

解 用四级四阶 Runge-Kutta 法计算初值:

$$u_1=0.943\ 239\ 19,\quad u_2=0.897\ 490\ 71 \text{和} u_3=0.862\ 087\ 36.$$

计算结果见表 7-4.

表 7-4 数值解结果

h	四阶 Adams 预估—校正方法	误差	四阶 Milne 预估—校正方法	误差	Hamming 预估—校正方法	误差
0.0	1.000 000 00	0E-8	1.000 000 00	0E-8	1.000 000 00	0E-8
0.5	0.836 402 27	8E-8	0.836 402 31	4E-8	0.836 402 34	1E-8
0.625	0.819 846 73	16E-8	0.819 846 87	2E-8	0.819 846 88	1E-8
0.75	0.811 867 62	22E-8	0.811 867 78	6E-8	0.811 867 83	1E-8
0.875	0.811 945 30	28E-8	0.811 945 55	3E-8	0.811 945 58	0E-8
1.0	0.819 591 66	32E-8	0.819 591 90	8E-8	0.819 591 98	0E-8
1.5	0.917 099 20	46E-8	0.917 099 57	9E-8	0.917 099 67	-1E-8
2.0	1.103 637 81	51E-8	1.103 638 22	10E-8	1.103 638 34	-2E-8
2.5	1.359 513 87	52E-8	1.359 514 29	10E-8	1.359 514 41	-2E-8
2.625	1.432 438 53	52E-8	1.432 438 99	6E-8	1.432 439 07	-2E-8
2.75	1.508 518 27	52E-8	1.508 518 69	10E-8	1.508 518 81	-2E-8
2.875	1.587 561 95	51E-8	1.587 562 40	6E-8	1.587 562 48	-2E-8
3.0	1.669 389 98	50E-8	1.669 390 38	10E-8	1.669 390 50	-2E-8

通过数值解结果的比较,Hamming 预估—校正方法产生最佳结果.

7.3　收敛性、绝对稳定性与绝对稳定区域

以上我们讨论了求解问题(7-1)的单步法和多步法.对于上述两类方法求近似解(数值解),还应关注三个问题:误差估计、收敛性和数值稳定性.具体地说,(1) 数值方法的局部截断误差和阶;(2) 在离散点 t_n 处的数值解 u_n 是否收敛到精确解 $u(t_n)$;(3) 方法的数值稳定性.

7.3.1　收敛性

对于第一个问题前面我们已经讨论过,而关于方法收敛性问题,我们在这里不详细讨论,只给出一些基本结论性的结果,即

对单步法(7-8),当方法的阶 $p\geqslant 1$ 时,有整体误差

$$E_n=u(t_n)-u_n=O(h^p),$$

故有 $\lim\limits_{h\to 0}E_n=0$,因此方法是收敛的.

对于多步法,若方法是 k 步 p 阶法,那么(7-24)式是一个 k 阶差分方程,引入多步法(7-24)的第一特征多项式

$$\rho(\lambda)=\sum_{j=0}^{k}\alpha_j\lambda^j$$

和第二特征多项式

$$\sigma(\lambda)=\sum_{j=0}^{k}\beta_j\lambda^j.$$

定义 7.1　若多步法(7-24)的第一特征多项式 $\rho(\lambda)$ 的所有根在单位圆内或圆上($|\lambda|\leqslant 1$),且位于单位圆周上的根都是单根,称多步法(7-24)**满足根条件**.

定理 7.2　若线性多步法(7-24)的阶 $p\geqslant 1$,且满足根条件,则方法是收敛的(证明见[14]).

我们可以证明:常用的数值方法都是满足收敛性条件的.

7.3.2　绝对稳定性与绝对稳定区域

下面我们着重讨论第三个问题,即方法的**数值稳定性**问题.用某个多步法进行数值计算时,各种因素,例如初值 $u_0,u_1,\cdots,u_{k-1}$ 等,都会引起误差以及方法在计算过程中对于固定的步长 h 所产生的舍入误差,这些误差将传递下去.如果误差积累无限增长,则会歪曲真解,此算法是**数值不稳定**的,这样的算法是不可用的.

例 1　初值问题

$$\begin{cases}u'(t)=-10u(t), & 0<t\leqslant 2,\\ u(0)=1\end{cases}$$

精确解为 $u(t)=\mathrm{e}^{-10t}$.考虑使用二步四阶 Milne 法

$$u_{n+2}=u_n+\frac{h}{3}(f_{n+2}+4f_{n+1}+f_n)$$

求此问题的数值解,且取步长 $h=0.1$,初值 $u_0=u(0)=1$,附加值 $u_1=\mathrm{e}^{-1}=0.367\ 879\ 441$.从开始数值解与精确解就一直保持着较大的误差,完全歪曲了真解,具体数值结果见表 7-5.

表 7-5 数值解与精确解

	精确解	数值解
0.0	1.000 000 000	1.000 000 000
0.1	0.367 879 441	0.000 000 000
0.2	0.135 335 283	0.500 000 000
0.3	0.049 787 068	-0.500 000 000
0.4	0.018 315 639	0.750 000 000
0.5	0.006 737 947	-1.000 000 00
0.6	0.002 478 752	1.375 000 000
0.7	0.000 911 882	-1.875 000 000
0.8	0.000 335 463	2.562 500 000
0.9	0.000 123 410	-3.500 000 000
1.0	4.539 99E-05	4.781 250 000
1.1	1.670 17E-05	-6.531 250 000
1.2	6.144 21E-06	8.921 875 000
1.3	2.260 33E-06	-12.187 500 00
1.4	8.315 29E-07	16.648 440 00
1.5	3.059 02E-07	-22.742 200 00
1.6	1.125 35E-07	31.066 410 00
1.7	4.139 94E-08	-42.437 500 00
1.8	1.523E-08	57.970 700 00
1.9	5.602 8E-09	-79.189 500 00
2.0	2.061 15E-09	108.174 800 0

这表明 Milne 法是绝对数值不稳定性的.

通常人们都是通过模型方程来讨论方法的数值稳定性.模型方程为

$$u' = \mu u. \tag{7-32}$$

而一般形式的一阶微分方程总能化成(7-32)式的形式.本书中数值方法的稳定性也是如此.前提是求解好条件问题,其中 $\mathrm{Re}(\mu)<0$.另外,我们也不考虑 $h\to 0$ 时方法的渐近稳定性.因为实际计算时,h 是固定的.当某一步 u_n 有舍入误差时,若以后的计算不会逐步扩大,称这种稳定性为**绝对稳定性**.此后,若不做特殊说明,所说稳定性都是指绝对稳定性.

定义 7.2 一个数值方法用于求解模型问题(7-32),若在 $\bar{h}=\mu h$ 平面中的某一区域 D 中方法都是绝对稳定的,而在区域 D 外,方法是不稳定的,则称 D 是方法的**绝对稳定区域**,它与实轴的交称为**绝对稳定区间**.

例如,对最简单的 Euler 法

$$u_{n+1}=u_n+hf_n,\quad n=0,1,2,\cdots,$$

用其求解模型方程(7-32),得到

$$u_{n+1}=u_n+h\mu u_n=(1+\mu h)u_n,\quad n=0,1,2,\cdots.$$

当 u_n 有舍入误差时,其近似解为 $\tilde{u}_n$,从而有 $\tilde{u}_{n+1}=(1+\mu h)\tilde{u}_n$.

取 $\varepsilon_n=u_n-\tilde{u}_n$,得到误差传播方程

$$\varepsilon_{n+1}=(1+\mu h)\varepsilon_n,$$

记 $\bar{h}=\mu h$,只要 $|1+\bar{h}|<1$,则显式 Euler 法的解和误差都不会恶性发展,此时方法绝对稳定.又由于实数 $\mu<0$,从 $|1+\bar{h}|<1$,可得 $-2<\bar{h}<0$,即 $0<h<\dfrac{2}{-\mu}$ 时绝对稳定,若 μ 为复数,在 $\bar{h}=\mu h$ 的复平面上,$|1+\bar{h}|<1$ 表示以 $(-1,0)$ 为圆心,1 为半径的单位圆.

下面考察 Runge-Kutta 法的绝对稳定性.根据定义,在 m 级 p 阶 Runge-Kutta 法(7-12)中取 $f=\mu u$,则

$$k_1=\mu u_n,$$

$$k_2=\mu(1+b_{21}\mu h)u_n=\mu P_1(\mu h)u_n,$$

$$k_3=\mu\left(u_n+h\sum_{j=1}^{2}b_{3j}k_j\right)=\mu(1+b_{31}\mu h+b_{32}\mu hP_1(\mu h))u_n=\mu P_2(\mu h)u_n,$$

$$\cdots\cdots\cdots\cdots$$

$$k_m=\mu P_{m-1}(\mu h)u_n,$$

其中 $P_i(\lambda)$ 是 i 次多项式,从而有

$$u_{n+1}=u_n+\mu h\left(\sum_{i=1}^{m}c_iP_{i-1}(\mu h)\right)u_n=u_n+P_m(\mu h)u_n,\quad n=0,1,2,\cdots.$$

注意,$u'=\mu u$ 的解 $u(t)=\mathrm{e}^{\mu t}$ 且 $u^{(j)}(t)=\mu^ju$,$j=0,1,\cdots,p$,则

$$u(t)=u(t_n)+hu'(t_n)+\frac{h^2}{2!}u''(t_n)+\cdots+\frac{h^p}{p!}u^{(p)}(t_n)+O(h^{p+1})$$

$$=\left(1+\mu h+\frac{(\mu h)^2}{2!}+\cdots+\frac{(\mu h)^p}{p!}\right)u(t_n)+O(h^{p+1}).$$

若为 p 阶方法,则应有

$$1+P_m(\mu h)=\sum_{k=0}^{p}\frac{(\mu h)^k}{k!}.$$

而 μh 任意,故 $m\geqslant p$(当 $m>p$ 时,$(\mu h)^j(j\geqslant p+1)$ 的系数为 0).取 $m=p$,记 $\bar{h}=\mu h$,则可将上式写成

$$u_{n+1}=\left(\sum_{k=0}^{m}\frac{\bar{h}^k}{k!}\right)u_n=\lambda(\bar{h})u_n,\quad n=0,1,2,\cdots.$$

进而误差传播方程为

$$\varepsilon_{n+1}=\lambda(\bar{h})\varepsilon_n,$$

其中

$$\lambda(\bar{h})=1+\bar{h}+\frac{1}{2!}\bar{h}^2+\cdots+\frac{1}{m!}\bar{h}^m.$$

注意,当 $m=1,2,3,4$ 时,解不等式 $|\lambda(\bar{h})|<1$ 就可得显式 Runge-Kutta 法的绝对稳定域.当 $\mu<0$ 为实数,则得各阶($m=1,2,3,4$)的绝对稳定区间(见表 7-6).

表 7-6 绝对稳定区间

级	$\lambda(\bar{h})$	绝对稳定区间
一级	$1+\bar{h}$	$(-2,0)$
二级	$1+\bar{h}+\frac{1}{2!}\bar{h}^2$	$(-2,0)$
三级	$1+\bar{h}+\frac{1}{2!}\bar{h}^2+\frac{1}{6}\bar{h}^3$	$(-2.51,0)$
四级	$1+\bar{h}+\frac{1}{2}\bar{h}^2+\frac{1}{6}\bar{h}^3+\frac{1}{24}\bar{h}^4$	$(-2.78,0)$

现在考察多步法(7-24),将它用于解模型方程(7-32),得到 k 阶线性差分方程

$$\sum_{j=0}^{k}\alpha_j u_{n+j}=\mu h\sum_{j=0}^{k}\beta_j u_{n+j}. \tag{7-33}$$

若取 $\bar{h}=\mu h$,则记方程(7-33)的特征方程为

$$\rho(\lambda)-\bar{h}\sigma(\lambda)=0, \tag{7-34}$$

其中 $\rho(\lambda)=\sum_{j=0}^{k}\alpha_j\lambda^j,\sigma(\lambda)=\sum_{j=0}^{k}\beta_j\lambda^j$.

由 k 阶线性差分方程的性质我们可以得到如下结论:若特征方程(7-34)的根都在单位圆内($|\lambda|<1$),则线性多步法(7-24)关于 $\bar{h}=\mu h$ 绝对稳定,其绝对稳定域是复平面 $\bar{h}$ 上的区域:

$$D=\{\bar{h}\mid|\lambda_j(\bar{h})|<1,\quad j=1,2,\cdots,k\}.$$

例如,对于 $k=1$ 时,考虑隐式方法中最简单的隐式 Euler 法

$$u_{n+1}=u_n+hf(t_{n+1},u_{n+1}),\quad n=0,1,\cdots,$$

其特征方程为

$$\rho(\lambda)-\bar{h}\sigma(\lambda)=(1-\bar{h})\lambda-1=0,$$

得 $\lambda_1=\frac{1}{1-\bar{h}}$.当 $|1-\bar{h}|>1$ 时,$|\lambda_1|<1$,故 $|1-\bar{h}|>1$ 就是隐式 Euler 法的绝对稳定区域.它是 $\bar{h}$ 平面上以 $(1,0)$ 为圆心的单位圆外区域.当 $\mu<0$ 为实数时,绝对稳定区间为 $(-\infty,0)$.

又如,梯形法

$$u_{n+1}=u_n+\frac{1}{2}h(f_{n+1}+f_n),\quad n=0,1,\cdots,$$

其特征方程为

$$\rho(\lambda)-\bar{h}\sigma(\lambda)=\left(1-\frac{\bar{h}}{2}\right)\lambda-\left(1+\frac{\bar{h}}{2}\right)=0,$$

其根 $\lambda_1(\bar{h})=\dfrac{1+\frac{\bar{h}}{2}}{1-\frac{\bar{h}}{2}}$,当 $\mathrm{Re}\mu<0$ 时 $\left|\dfrac{1+\frac{\bar{h}}{2}}{1-\frac{\bar{h}}{2}}\right|<1$,故梯形法的绝对稳定域是 $\bar{h}$ 平面的左半平面 Z_-,绝对稳定区间为$(-\infty,0)$.

这样,检验绝对稳定性归结为检验特征方程(7-34)的根是否在单位圆内($|\lambda|<1$),有很多判别法,如 Schur 准则等,我们这里只给出一种简单的、常用的判别法:

实系数二次方程 $\lambda^2-b\lambda-c=0$ 的根在单位圆内的充要条件为

$$|b|<1-c<2.\tag{7-35}$$

例 2　对于如下的线性二步方法:

$$u_{n+2}-\frac{1}{2}u_{n+1}-\frac{1}{2}u_n=\frac{h}{8}(3f_{n+2}+8f_{n+1}+f_n),$$

(1) 求出其局部截断误差主项,并指出此方法的完整名称;

(2) 证明其收敛性;

(3) 对于实数 $\mu<0$,求出此线性二步方法绝对稳定区间.

解　(1)注意到 $\alpha_0=-\frac{1}{2},\alpha_1=-\frac{1}{2},\alpha_2=1,\beta_0=\frac{1}{8},\beta_1=1,\beta_2=\frac{3}{8}$,从而

$$\begin{cases}c_0=-\dfrac{1}{2}-\dfrac{1}{2}+1=0,\\ c_1=2-\dfrac{1}{2}-\left(\dfrac{1}{8}+1+\dfrac{3}{8}\right)=0,\\ c_2=\dfrac{1}{2}\left(-\dfrac{1}{2}+4\right)-\left(1+2\times\dfrac{3}{8}\right)=0,\\ c_3=\dfrac{1}{6}\left(-\dfrac{1}{2}+2^3\right)-\dfrac{1}{2}\left(1+2^2\times\dfrac{3}{8}\right)=0,\\ c_4=\dfrac{1}{4!}\left(-\dfrac{1}{2}+2^4\right)-\dfrac{1}{3!}\left(1+2^3\times\dfrac{3}{8}\right)=-\dfrac{1}{48},\end{cases}$$

故上述线性二步方法为**线性隐式二步三阶法**,其局部截断误差主项为$-\frac{1}{48}h^4u^{(4)}(t_n)$.

(2) 令$\rho(\lambda)=\lambda^2-\frac{1}{2}\lambda-\frac{1}{2}=(\lambda-1)\left(\lambda+\frac{1}{2}\right)=0$,得 $\lambda_1=1,\lambda_2=-\frac{1}{2}$,满足根条件;又方法的阶 $p=3>1$,故由定理 7.2 知,此差分格式收敛.

(3) 又对于模型问题：$u'=\mu u(\mu<0)$，取 $\bar{h}=\mu h$，

$$\rho(\lambda)-\bar{h}\sigma(\lambda)=\left(1-\frac{3}{8}\bar{h}\right)\lambda^2-\left(\frac{1}{2}+\bar{h}\right)\lambda-\left(\frac{1}{2}+\frac{1}{8}\bar{h}\right)=0,$$

得

$$\lambda^2-\frac{\frac{1}{2}+\bar{h}}{1-\frac{3}{8}\bar{h}}\lambda-\frac{\frac{1}{2}+\frac{1}{8}\bar{h}}{1-\frac{3}{8}\bar{h}}=0.$$

由(7-35)式知，要使得 $|\lambda|<1$ 的充要条件为

$$\left|\frac{\frac{1}{2}+\bar{h}}{1-\frac{3}{8}\bar{h}}\right|<1-\frac{\frac{1}{2}+\frac{1}{8}\bar{h}}{1-\frac{3}{8}\bar{h}}=1-\frac{4+\bar{h}}{8-3\bar{h}}<2.$$

而 $1-\frac{4+\bar{h}}{8-3\bar{h}}<2$ 自然成立.现在再由 $\left|\frac{4+8\bar{h}}{8-3\bar{h}}\right|<\frac{4-4\bar{h}}{8-3\bar{h}}$ 得

$$-4+4\bar{h}<4+8\bar{h}<4-4\bar{h}\Leftrightarrow-1+\bar{h}<1+2\bar{h}<1-\bar{h},$$

进一步可推出 $-2<\bar{h}<0$，即 $\bar{h}\in(-2,0)$.

对于 k 为 1~4 的 Adams 内插法的绝对稳定区间如表 7-7 所示（当 $\mu<0$ 为实数）：

表 7-7 k-绝对稳定区间

步	阶	绝对稳定区间
1	2	$(-\infty,0)$
2	3	$(-6.0,0)$
3	4	$(-3.0,0)$
4	5	$(-1.8,0)$

7.4 刚性问题及其求解公式

前面讨论的关于微分方程的数值解法完全适用于一阶微分方程组，而且只要将微分方程中的函数换成函数向量即可，表达式也不发生变化.以含有两个微分方程的方程组为例说明如何将前述方法用于微分方程组.

下面考虑一阶微分方程组

$$\begin{cases}\dfrac{\mathrm{d}u}{\mathrm{d}t}=f_1(t,u,v),\\[2mm]\dfrac{\mathrm{d}v}{\mathrm{d}t}=f_2(t,u,v),\end{cases}\tag{7-36}$$

$$\begin{cases}u(0)=u_0,\\v(0)=v_0.\end{cases}\tag{7-37}$$

解此方程组的 Euler 法为

$$\begin{cases}u_{n+1}=u_n+hf_1(t_n,u_n,v_n)\equiv u_n+hf_{1n},\\v_{n+1}=v_n+hf_2(t_n,u_n,v_n)\equiv v_n+hf_{2n}.\end{cases}\tag{7-38}$$

引进向量记号

$$\boldsymbol{U}=\begin{pmatrix}u\\v\end{pmatrix},\quad \boldsymbol{F}=\begin{pmatrix}f_1\\f_2\end{pmatrix}\quad \boldsymbol{U}_n=\begin{pmatrix}u_n\\v_n\end{pmatrix}\quad \boldsymbol{F}_n=\begin{pmatrix}f_{1n}\\f_{2n}\end{pmatrix},$$

则(7-36)-(7-38)式可写成

$$\begin{cases}\dfrac{\mathrm{d}\boldsymbol{U}}{\mathrm{d}t}=\boldsymbol{F}(t,\boldsymbol{U}),\\\boldsymbol{U}(0)=\boldsymbol{U}_0\end{cases}\quad 和 \quad \boldsymbol{U}_{n+1}=\boldsymbol{U}_n+h\boldsymbol{F}_n.$$

这与讨论过的 Euler 法形式完全相同,只是在 7.2 节中 u,f 为函数,在这里变为向量函数.其他方法,如一般的多步方法及 Runge-Kutta 法也完全如此.我们不一一列举,对一个方程情形所建立的理论结果也适用于方程组.另外,如果实际问题不是一阶方程组而是高阶方程,我们也可以把它化成一阶方程组,例如 m 阶微分方程

$$u^{(m)}=f(t,u,u',\cdots,u^{(m-1)}),$$

只要引进新变量

$$u_1=u,u_2=u',\cdots,u_m=u^{(m-1)},$$

就可化成一阶方程组

$$\begin{cases}\dfrac{\mathrm{d}u_1}{\mathrm{d}t}=u_2,\\\dfrac{\mathrm{d}u_2}{\mathrm{d}t}=u_3,\\\cdots\cdots\cdots\cdots\\\dfrac{\mathrm{d}u_m}{\mathrm{d}t}=f(t,u,u',\cdots,u^{(m-1)}).\end{cases}$$

7.4.1　刚性问题

有一类常微分方程(组),在求数值解时会遇到相当大的困难,这类常微分方程组解的分量有的变化很快,有的变化很慢.常常出现这种现象:变化快的分量很快地趋于它的稳定值,而变化慢的分量缓慢地趋于它的稳定值.从数值解的观点来看,当解变化快时应该用小步长,当变化快的分量已趋于稳定,就应该用较大步长积分.但是理论和实践都表明,很多方法,特别是显式方法的步长仍不能放大,否则便出现数值不稳定现象,即误差急剧增加,以至于掩盖了真值,使求解过程无法继续进行.常微分方程组的这种性质叫做刚性.它在化学反应、电子网络和自动控制等领域中都是常见的.

例 1　某化学反应方程式

$$\begin{cases}\frac{\mathrm{d}u_1}{\mathrm{d}t}=-2\ 000u_1+999.75u_2+1\ 000.25,\\ \frac{\mathrm{d}u_2}{\mathrm{d}t}=u_1-u_2,\\ u_1(0)=0,u_2(0)=-2.\end{cases}\tag{7-39}$$

方程右端矩阵为

$$\boldsymbol{A}=\begin{pmatrix}-2\ 000 & 999.75\\ 1 & -1\end{pmatrix},$$

其特征值为 $\lambda_1=-0.5,\lambda_2=-2\ 000.5$.从而此方程组的精确解为

$$\begin{cases}u_1(t)=-1.499\ 875\mathrm{e}^{-0.5t}+0.499\ 875\mathrm{e}^{-2\ 000.5t}+1,\\ u_2(t)=-2.999\ 75\mathrm{e}^{-0.5t}-0.000\ 25\mathrm{e}^{-2\ 000.5t}+1.\end{cases}$$

当 $t\to+\infty$ 时,$u_1(t)\to1,u_2(t)\to1$,称它们为稳定解.从解 $u_1(t),u_2(t)$ 的表达式看到其右端第二项含 $\mathrm{e}^{-2\ 000.5t}$,为快变分量,大约计算到 $t=0.005(\mathrm{s})$ 时近似为 0,记 $\tau_2=\frac{-1}{\lambda_2}=\frac{1}{2\ 000.5}\approx 0.000\ 5$ 为时间常数,而含 $\mathrm{e}^{-0.5t}$ 的项为慢变分量,它的时间常数为 $\tau_1=\frac{-1}{\lambda_1}=\frac{1}{0.5}=2$,当 $t_1=10\tau_1=20(\mathrm{s})$ 时,才有 $\mathrm{e}^{-0.5t}\approx0$.这表明该方程的解分量变化速度相差很大,是一个刚性方程.当 $t\geqslant 0.000\ 5$ 时,解可以近似为

$$u_1(t)\approx-1.499\ 875\mathrm{e}^{-0.5t}+1,\quad u_2(t)=-2.999\ 75\mathrm{e}^{-0.5t}+1.$$

若用四阶 Runge-Kutta 法解,根据绝对稳定区间要求,

$$h<-2.78/\lambda_2=2.78/2\ 000.5\leqslant0.001\ 39,$$

否则误差将出现爆炸性增长,而从慢变分量知,必须计算到 $t=20(\mathrm{s})$,才能使解近似稳定解.这时要计算$\frac{20}{0.001\ 39}\approx14\ 389$ 步才能停止,可见计算量很大.另外,h 太小也会使舍入误差问题变得相当严重,因此,现在的问题是需要有一种保证稳定性但不限制步长的方法.

定义 7.3 常系数线性系统

$$\frac{\mathrm{d}\boldsymbol{U}}{\mathrm{d}t}=\boldsymbol{AU}(t)+\boldsymbol{F}(t),\quad t\in[a,b]\tag{7-40}$$

称为**刚性方程组**,如果

(1) $\mathrm{Re}(\lambda_j)<0,j=1,2,\cdots,m$;

(2) $\frac{\max\limits_j|\mathrm{Re}(\lambda_j)|}{\min\limits_j|\mathrm{Re}(\lambda_j)|}=s\gg1$,

其中 $\lambda_j(j=1,2,\cdots,m)$ 是矩阵 $\boldsymbol{A}\in\mathbf{R}^{m\times m}$ 的特征值,$\mathrm{Re}(\lambda_j)$ 是 λ_j 的实部,s 称为**刚性比**,$\boldsymbol{U}=(u_1,u_2,\cdots,u_m)^{\mathrm{T}}\in\mathbf{R}^m,\boldsymbol{F}=(f_1,f_2,\cdots,f_m)^{\mathrm{T}}\in\mathbf{R}^m$.

通常刚性比 $s=O(10^p),p\geqslant1$ 时,就认为是刚性方程,且 s 越大刚性越严重,如例 1 中 $s=4\ 001$.

显然用于刚性方程组的数值方法应当对步长 h 不加限制,据此,Dahlquist(达尔奎斯特)

引进一种 A-稳定概念.

定义 7.4 线性多步法是 **A-稳定的**,如果将它用于模型问题

$$u'(t)=\mu u(t)$$

的绝对稳定区域包含整个左半复平面 Z_-,其中 μ 为复数.

显然,A-稳定方法已经解除了对 h 的限制.由定义可推出判别线性多步法 A-稳定的等价命题.

命题 7.1 设 $\lambda_j(j=1,2,\cdots,k)$ 是方程(7-34)的根,则下列表达式等价:

(1) 线性多步法是 A-稳定的;

(2) $\mathrm{Re}(\bar{h}(\lambda_j))<0\Rightarrow|\lambda_j|<1\quad(j=1,2,\cdots,k)$;

(3) $|\lambda|\geqslant 1\Rightarrow \mathrm{Re}(\bar{h}(\lambda))\geqslant 0$.

由此命题可得梯形公式、隐式 Euler 公式是 A-稳定的.特别地,

例 2 考虑 k 步线性方法

$$u_{n+k}-u_n=\frac{h}{2}k(f_{n+k}+f_n),$$

因 $\rho(\lambda)=\lambda^k-1,\sigma(\lambda)=\dfrac{k}{2}(\lambda^k+1)$,故

$$\begin{aligned}\bar{h}(\lambda)&=\frac{\rho(\lambda)}{\sigma(\lambda)}=\frac{2}{k}\cdot\frac{\lambda^k-1}{\lambda^k+1}\\&=\frac{2}{k}\cdot\frac{|\lambda|^{2k}-1+2\mathrm{i}|\lambda|^k\sin\theta}{|\lambda^k+1|^2}\quad(\lambda=|\lambda|\mathrm{e}^{\mathrm{i}\theta}).\end{aligned}$$

所以

$$\mathrm{Re}(\bar{h}(\lambda))=\frac{2}{k}\cdot\frac{|\lambda|^{2k}-1}{|\lambda^k+1|^2},$$

于是当 $|\lambda|>1$ 时,$\mathrm{Re}(\bar{h}(\lambda))>0$,故此 k 步线性方法是 A-稳定的.

然而,Dahlquist 已经证明,A-稳定方法的阶不超过 2,而且在二阶 A-稳定线性多步方法中梯形法的误差主项系数最小.这个具有约束性的结论启示人们减弱 A-稳定条件,寻求适于刚性方程组的方法类.

Widlund(维德隆德)引进了 $A(\alpha)$-稳定性,这个概念是基于下述想法:为保证对 h 不加限制,只要 $h\mu_j$ 属于绝对稳定区域即可,这个区域不必占据整个左半复平面 Z_-.

定义 7.5 如果它的稳定区域包含了复平面 $h\mu$ 的无限楔形区域,则数值方法称为 **$A(\alpha)$-稳定**.

$$w_\alpha=\{h\mu\mid-\alpha<\pi-\arg(h\mu)<\alpha\},\quad\alpha\in\left(0,\frac{\pi}{2}\right);$$

若对充分小的 $\alpha\in\left(0,\dfrac{\pi}{2}\right)$,方法是 $A(\alpha)$-稳定的,则称方法为 **$A(0)$-稳定**.

$A(\alpha)$-稳定方法,其绝对稳定区域较 A-稳定方法的绝对稳定区域小,因此若方法 A-稳定,则必然 $A(\alpha)$-稳定.显然,$A\left(\dfrac{\pi}{2}\right)$-稳定就是 A-稳定.$A(\alpha)$-稳定为图 7-1 中的阴影部分.

Widlund 还证明了 $A(\alpha)$-稳定的线性多步法必为隐式方法.并且,只有梯形法是 $k+1$ 阶的线性 k 步 $A(0)$-稳定方法.此外,对 $\alpha\in\left[0,\dfrac{\pi}{2}\right)$,当 $k=p=3$ 及 $k=p=4$ 时,存在 $A(\alpha)$-稳定的线性 k 步方法.Gear(吉尔)进一步减弱了稳定性要求,引进刚性稳定概念.

定义 7.6 如果存在正常数 a,b,θ,使数值方法在区域

$$R_1=\{h\mu \mid \mathrm{Re}(h\mu)\leqslant -a\}$$

中绝对稳定;而在区域

$$R_2=\{h\mu \mid -a\leqslant \mathrm{Re}(h\mu)\leqslant b,\ |\mathrm{Im}(h\mu)|\leqslant\theta\}$$

中对方程 $u'=\mu u$ 是精确的(见图 7-2),则此数值方法称为**刚性稳定的**.

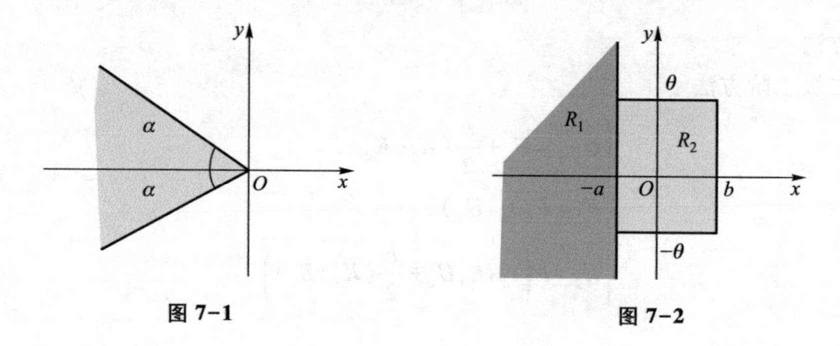

图 7-1　　图 7-2

定义表明刚性稳定比 A-稳定的要求低.

Gear 提出这种定义的想法是这样的,微分方程(7-40)的解含有形式为 $e^{\mu t}$ 的成分,用数值方法以步长 h 积分一步时,这种量改变大约 $e^{\mu h}$ 倍,如果 $\mu h=x+\mathrm{i}y$,则改变的幅度为 e^{x},如果 $x<-a$,则从量值上至少减少到原来的 e^{-a}.当 a 适当大时,区域 R_1 中这种量的绝对值将很快减少到可忽略的程度,因而在 R_1 中,公式的积分精度可以不予考虑,仅需要保证方法是稳定的.在包括原点的区域 R_2 中,精度与稳定性均是需要考虑的.

简单地讲,求解方程(7-40)的一个满足刚性稳定的数值方法,可以在 R_1 区域中不考虑积分精度,仅需要保证方法是稳定的.而在含原点的区域 R_2 中,数值方法的精度和稳定性均需要考虑.

7.4.2 隐式 Runge-Kutta 法

对于求解初值问题

$$\boldsymbol{U}'=\boldsymbol{F}(t,\boldsymbol{U}),\quad \boldsymbol{U}(0)=\boldsymbol{U}_0,$$
$$\boldsymbol{U}\in\mathbf{R}^m,\quad \boldsymbol{F}:\mathbf{R}\times\mathbf{R}^m\to\mathbf{R}^m,$$

隐式 Runge-Kutta 法可用公式表示为

$$\begin{cases}\boldsymbol{U}_{n+1}=\boldsymbol{U}_n+h\sum\limits_{i=1}^{m}C_i\boldsymbol{K}_i,\\ \boldsymbol{K}_i=\boldsymbol{F}\left(t_n+a_ih,\boldsymbol{U}_n+h\sum\limits_{j=1}^{m}b_{ij}\boldsymbol{K}_j\right),\\ \qquad i=1,2,\cdots,m,\end{cases}\tag{7-41}$$

其中 $t_n=t_0+nh(n=0,1,\cdots)$，$h>0$ 为步长，$\boldsymbol{U}_n$ 为上述初值问题的精确解 $\boldsymbol{U}(t_n)$ 的数值解，公式(7-41)称为 **m 级隐式 Runge-Kutta 法**.

仿照7.2.2节的方法可以推导出很多隐式 Runge-Kutta 法的公式.下面是几种常用的隐式 Runge-Kutta 法.

(1) 中点法

$$\begin{cases}\boldsymbol{U}_{n+1}=\boldsymbol{U}_n+\dfrac{h}{2}\boldsymbol{K},\\ \boldsymbol{K}=\boldsymbol{F}\left(t_n+\dfrac{h}{2},\boldsymbol{U}_n+\dfrac{h}{2}\boldsymbol{K}\right),\end{cases}$$

它是二阶方法.

(2) 二级二阶方法

$$\begin{cases}\boldsymbol{U}_{n+1}=\boldsymbol{U}_n+\dfrac{h}{2}(\boldsymbol{K}_1+\boldsymbol{K}_2),\\ \boldsymbol{K}_1=\boldsymbol{F}(t_n,\boldsymbol{U}_n),\\ \boldsymbol{K}_2=\boldsymbol{F}\left(t_n+h,\boldsymbol{U}_n+\dfrac{h}{2}(\boldsymbol{K}_1+\boldsymbol{K}_2)\right).\end{cases}$$

(3) 二级四阶方法

$$\begin{cases}\boldsymbol{U}_{n+1}=\boldsymbol{U}_n+\dfrac{h}{2}(\boldsymbol{K}_1+\boldsymbol{K}_2),\\ \boldsymbol{K}_1=\boldsymbol{F}\left(t_n+\left(\dfrac{1}{2}+\dfrac{\sqrt{3}}{6}\right)h,\boldsymbol{U}_n+\dfrac{h}{4}\boldsymbol{K}_1+\left(\dfrac{1}{4}+\dfrac{\sqrt{3}}{6}\right)h\boldsymbol{K}_2\right),\\ \boldsymbol{K}_2=\boldsymbol{F}\left(t_n+\left(\dfrac{1}{2}-\dfrac{\sqrt{3}}{6}\right)h,\boldsymbol{U}_n+\dfrac{h}{4}\boldsymbol{K}_2+\left(\dfrac{1}{4}-\dfrac{\sqrt{3}}{6}\right)h\boldsymbol{K}_1\right).\end{cases}$$

隐式 Runge-Kutta 法是 $\boldsymbol{A}$-稳定的，并且可以构造出 m 级 $2m$ 阶隐式 Runge-Kutta 法.

例3 试用二级四阶隐式 Runge-Kutta 法和四阶经典 Runge-Kutta 法求解线性常微分方程组

$$\begin{cases}\dfrac{\mathrm{d}\boldsymbol{U}}{\mathrm{d}t}=\boldsymbol{A}\boldsymbol{U}+\boldsymbol{F},\\ \boldsymbol{U}_0=\begin{pmatrix}1\\-1\end{pmatrix},\end{cases}$$

其中 $\boldsymbol{A}=\begin{pmatrix}-1\,000.25 & 999.75\\ 999.75 & -1\,000.25\end{pmatrix}$，$\boldsymbol{F}=\begin{pmatrix}0.5\\0.5\end{pmatrix}$.

解 用数学软件 MATLAB 计算时，尽量写成矩阵和向量的形式.由于该方程组是线性的，隐式 Runge-Kutta 法可以写成显式计算，计算公式如下.

二级四阶隐式 Runge-Kutta 法：

$$\begin{cases} U_{n+1}=U_n+\frac{h}{2}(K_1+K_2), \\ K_1=A\left(U_n+\frac{h}{4}K_1+\frac{3+2\sqrt{3}}{12}hK_2\right)+F, \\ K_2=A\left(U_n+\frac{h}{4}K_2+\frac{3-2\sqrt{3}}{12}hK_1\right)+F. \end{cases}$$

令 $K=\begin{pmatrix} K_1 \\ K_2 \end{pmatrix}$,将这个关于 K_1 和 K_2 的线性方程组显式化

$$K=(I-C)^{-1}D,$$

其中 $C=\begin{pmatrix} \frac{h}{4}A & \frac{3+2\sqrt{3}}{12}hA \\ \frac{3-2\sqrt{3}}{12}hA & \frac{h}{4}A \end{pmatrix}$, $D=\begin{pmatrix} AU_n+F \\ AU_n+F \end{pmatrix}$, $C\in\mathbf{R}^{4\times4}, D, K\in\mathbf{R}^4$.

四阶经典 Runge-Kutta 法:

$$\begin{cases} U_{n+1}=U_n+\frac{h}{6}(K_1+2K_2+2K_3+K_4), \\ K_1=AU_n+F, \\ K_2=A\left(U_n+\frac{1}{2}hK_1\right)+F, \\ K_3=A\left(U_n+\frac{1}{2}hK_2\right)+F, \\ K_4=A(U_n+hK_3)+F, \end{cases}$$

其中 $U_n, K_1, K_2, K_3, K_4, F\in\mathbf{R}^2, A\in\mathbf{R}^{2\times2}$.用这两个方法计算到 $t=0.2$,将计算结果与精确解进行比较.精确解 $u_1(0,2)=u_2(0,2)=0.095\ 163$.

隐式二级四阶 Runge-Kutta 法与显式四级四阶经典 Runge-Kutta 法计算刚性方程组的计算结果见表 7-8:

表 7-8 计 算 结 果

方法	U_n	$h=0.001$	$h=0.004$	$h=0.008$	$h=0.01$	$h=0.1$
二级四阶 Runge-Kutta 法	u_1	0.095 163	0.095 163	0.095 163	0.095 169	0.098 208
	u_2	0.095 163	0.095 163	0.095 163	0.095 156	−0.791 26
四级四阶经典 Runge-Kutta 法	u_1	0.095 163	1.4×10^{102}	2.3×10^{83}	6.7×10^{74}	4.3×10^{15}
	u_2	0.095 163	-1.4×10^{102}	-2.3×10^{83}	-6.7×10^{74}	-4.3×10^{15}

结果表明,对于显式 Runge-Kutta 法,只有在其稳定域内取很小的步长,计算才能稳定.而隐式 Runge-Kutta 法则无条件稳定,对计算步长无限制,但局部截断误差即计算精度对步长仍有严格要求.

7.4.3 求解刚性方程的线性多步法

Gear 证明具有 $\sigma(\lambda)=\lambda^k$ 形式的 k 阶 k 步方法中,对某些 a,b 和 θ,当 $k\leqslant 6$ 时是刚性稳定的. Gear 提出,先按给定的 $\sigma(\lambda)=\lambda^k$ 求 $\rho(\lambda)$,使用 $\rho(\lambda)-\bar{h}\sigma(\lambda)$ 定义一个 k 阶方法,这样定义的方法将是刚性稳定的,也是 $A(\alpha)$-稳定,可用于求解刚性方程.满足上述条件的 $\rho(\lambda)$ 可按 7.2.1 节介绍的待定系数法取阶数 $p=k$ 求得.

Gear 方法可以写成下列形式:

$$\sum_{j=0}^{k}\alpha_j u_{n+j}=h\beta_k f_{n+k},$$

其系数如表 7-9:

表 7-9 系 数

k	α_6	α_5	α_4	α_3	α_2	α_1	α_0	β_k
1						1	-1	1
2					1	$-\frac{4}{3}$	$\frac{1}{3}$	$\frac{2}{3}$
3				1	$-\frac{18}{11}$	$\frac{9}{11}$	$-\frac{2}{11}$	$\frac{6}{11}$
4			1	$-\frac{48}{25}$	$\frac{36}{25}$	$-\frac{16}{25}$	$\frac{3}{25}$	$\frac{12}{25}$
5		1	$-\frac{300}{137}$	$\frac{300}{137}$	$-\frac{200}{137}$	$\frac{75}{137}$	$-\frac{12}{137}$	$\frac{60}{137}$
6	1	$-\frac{360}{147}$	$\frac{450}{147}$	$-\frac{400}{147}$	$\frac{255}{147}$	$-\frac{72}{147}$	$\frac{10}{147}$	$\frac{60}{147}$

下面只给出 $k=1\sim4$ 的 Gear 方法:

$k=1$, $u_{n+1}=u_n+hf_{n+1}$ (隐式 Euler 法),

$k=2$, $u_{n+2}=\frac{1}{3}(4u_{n+1}-u_n+2hf_{n+2})$,

$k=3$, $u_{n+3}=\frac{1}{11}(18u_{n+2}-9u_{n+1}+2u_n+6hf_{n+3})$,

$k=4$, $u_{n+4}=\frac{1}{25}(48u_{n+3}-36u_{n+2}+16u_{n+1}-3u_n+12hf_{n+4})$.

$k=1,2$ 的 Gear 方法是 A-稳定的,$k=3\sim6$ 的 Gear 方法是 $A(\alpha)$-稳定和刚性稳定的.其中,$A(\alpha)$-稳定的 $\alpha_{\max}$ 及刚性稳定的参数 $b_{\min}$, $\theta_{\max}$ 如表 7-10.

表 7-10 参 数

k	1,2	3	4	5	6
$\alpha_{\max}$	A-稳定,90°	80°54′	73°14′	51°50′	18°47′
$b_{\min}$	0	0.1	0.7	2.4	6.1
$\theta_{\max}$		0.75	0.75	0.75	0.5

对 Gear 方法目前有不少改进,文献[7]给出了一种改进,是对形如

$$\sum_{j=0}^{k}\alpha_j u_{n+j}=h(\beta_k f_{n+k}+\beta_{k-1}f_{n+k-1}),\quad \beta_k\neq 0,\quad \beta_k+\beta_{k-1}=1 \text{ 且 } \alpha_k=1$$

的隐式 k 步法,仍要求方法的阶 $p=k$.这样得到的改进的 Gear 方法在 k 为 1~7 时,只要 β_k 适当大,格式收敛且稳定,例如

$$k=2,\quad u_{n+2}=\frac{1}{41}(80u_{n+1}-39u_n+40hf_{n+2}-38hf_{n+1}),$$

$$k=3,\quad u_{n+3}=\frac{1}{182}(417u_{n+2}-294u_{n+1}+59u_n+120hf_{n+3}+114hf_{n+2}),$$

等等.这些公式比同阶 Gear 方法的绝对稳定域大,它们的 $\alpha_{\max}$ 分别如表 7-11 所示.

表 7-11 $\alpha_{\max}$

	k	2	3	4	5	6	7
$\alpha_{\max}$	改进的 Gear 方法	A-稳定	89°55′	85°32′	73°2′	51°23′	18°32′
	Gear 方法	A-稳定	86°54′	73°14′	51°50′	18°47′	不稳定

由于适合求解刚性问题的数值方法都是隐式方法,当 $\boldsymbol{F}(t,\boldsymbol{U})$ 是 $\boldsymbol{U}$ 的非线性函数时,利用 Gear 方法计算时,每步需要解关于 $\boldsymbol{U}_{n+k}$ 的非线性方程组.其简单迭代解法的收敛条件为 $|h\beta_k L|<1$,即当 $h<\dfrac{1}{|\beta_k|L}$ 时才能收敛,其中 L 为 Lipschitz 常数.因为解刚性方程时,h 有时取得很大,因而上述条件未必满足,故一般是用对步长 h 没有限制的 Newton 法求解.为了减少在 Newton 法中计算 Jacobi 矩阵 $\dfrac{\partial \boldsymbol{F}}{\partial \boldsymbol{U}}$ 的工作量,实际计算时常用 Newton 法的修正形式,即算一次 Jacobi 矩阵之后迭代若干次,然后再算一次 Jacobi 矩阵,再迭代若干次,如此循环.

顺便指出,Gear 方法是一个通用方法,它也适用于非刚性方程组.

7.4.4 精细积分法初步

本节主要介绍中国科学院院士、大连理工大学钟万勰教授的研究结果.他提出的用于求解常系数常微分方程组、指数矩阵范围的精细积分法具有稳定性好、精度高,并适用于同类

的刚性问题的特点.

精细积分法宜于处理一阶常微分方程组.其实常微分方程组的理论也是以一阶方程为其标准型的.状态空间法,Hamilton 体系都将方程组化归一阶的形式.常微分方程组的数值积分问题可以分为两类:

(1) 初值问题积分　动力学问题,发展型方程常须作初值给定条件下的积分;

(2) 两点边值问题的积分　对弹性力学、结构力学、波导、控制、滤波问题等有广泛的应用.这里先介绍常系数常微分方程组初值问题的精细积分.

设有微分方程组的矩阵-向量表达为

$$\boldsymbol{u}'(t)=\boldsymbol{A}\boldsymbol{u}(t)+\boldsymbol{f}(t),\quad \boldsymbol{u}(0)=\boldsymbol{u}_0,\tag{7-42}$$

其中 $\boldsymbol{u}'$ 代表 $\boldsymbol{u}$ 对时间 t 的微商,$\boldsymbol{u}(t)$ 是待求的 n 维向量函数,$\boldsymbol{A}$ 为 $n\times n$ 给定常矩阵,$\boldsymbol{f}(t)$ 是给定外力 n 维向量函数.

1. 齐次方程组,指数矩阵的算法

按常微分方程求解理论,应当首先求解其齐次方程组

$$\boldsymbol{u}'=\boldsymbol{A}\boldsymbol{u},\tag{7-43}$$

因为 $\boldsymbol{A}$ 是定常矩阵,其通解可写成

$$\boldsymbol{u}=\mathrm{e}^{\boldsymbol{A}t}\boldsymbol{u}_0,$$

其中指数函数矩阵 $\mathrm{e}^{\boldsymbol{A}t}$ 可写成矩阵幂级数形式

$$\mathrm{e}^{\boldsymbol{A}t}=\boldsymbol{I}+\boldsymbol{A}t+\frac{1}{2!}(\boldsymbol{A}t)^2+\frac{1}{3!}(\boldsymbol{A}t)^3+\cdots.$$

现在要通过数值方法计算出来,尽可能地精确.数值积分总得要有一个时间步长,记为 η,于是一系列等步长的时刻为

$$t_0=0,t_1=\eta,\cdots,t_k=k\eta,\cdots,$$

因此有

$$\boldsymbol{u}_1=\boldsymbol{u}(\eta)=\boldsymbol{T}\boldsymbol{u}_0,\quad \boldsymbol{T}=\mathrm{e}^{\boldsymbol{A}\eta}.\tag{7-44}$$

有了矩阵 $\boldsymbol{T}$,生成逐步递推:

$$\boldsymbol{u}_1=\boldsymbol{T}\boldsymbol{u}_0,\boldsymbol{u}_2=\boldsymbol{T}\boldsymbol{u}_1,\cdots,\boldsymbol{u}_{k+1}=\boldsymbol{T}\boldsymbol{u}_k,\cdots.$$

接下来是一系列的矩阵-向量乘法.于是问题归结到了(7-44)式中矩阵 $\boldsymbol{T}$ 的数值计算,要求尽可能精确.指数矩阵的精细计算有两个要点:

(1) 运用指数函数的加法定理,即运用 2^N 类的算法;

(2) 将注意力放在增量上,而不是其全量上.指数矩阵函数的加法定理给出

$$\mathrm{e}^{\boldsymbol{A}\eta}=\left(\mathrm{e}^{\frac{\boldsymbol{A}\eta}{m}}\right)^m,\tag{7-45}$$

其中 m 为任意正整数,当前可选用 $m=2^N$,例如选 $N=20$,则 $m=1\ 048\ 576$.

由于 η 本来是不大的时间区段长度,则 $\tau=\dfrac{\eta}{m}$ 将是非常小的一个时间区段长度了.因此对 τ 的区段,有

$$e^{A\tau}\approx \boldsymbol{I}+\boldsymbol{A}\tau+\frac{1}{2!}(\boldsymbol{A}\tau)^2+\frac{1}{3!}(\boldsymbol{A}\tau)^3+\frac{1}{4!}(\boldsymbol{A}\tau)^4. \tag{7-46}$$

因 τ 很小,幂级数展开 5 项应已足够.此时指数矩阵 $\boldsymbol{T}$ 与单位矩阵 $\boldsymbol{I}$ 相差不远,故写为

$$e^{A\tau}\approx \boldsymbol{I}+\boldsymbol{T}_a,$$

$$\boldsymbol{T}_a=\boldsymbol{A}\tau+\frac{1}{2!}(\boldsymbol{A}\tau)^2+\frac{1}{3!}(\boldsymbol{A}\tau)^3+\frac{1}{4!}(\boldsymbol{A}\tau)^4.$$

用秦九韶算法可将 $\boldsymbol{T}_a$ 改写成

$$\boldsymbol{T}_a=\frac{\boldsymbol{A}\tau}{2}\left(2+\boldsymbol{A}\tau\left(1+\boldsymbol{A}\tau\left(\frac{1}{3}+\frac{1}{12}\boldsymbol{A}\tau\right)\right)\right), \tag{7-47}$$

其中矩阵 $\boldsymbol{T}_a$ 是一个小量的矩阵.

在计算中,至关重要的一点是指数矩阵的存储只能是(7-47) 式中的 $\boldsymbol{T}_a$,而不是 $\boldsymbol{I}+\boldsymbol{T}_a$. 因为 $\boldsymbol{T}_a$ 很小,当它与单位矩阵 $\boldsymbol{I}$ 相加时,就会成为其尾数,在计算机的舍入操作中,其精度将丧失殆尽.这里,$\boldsymbol{T}_a$ 就是增量,是关注点.这就是以上所说的要点(2).

为了计算矩阵 $\boldsymbol{T}$,应先将(7-45)式作分解

$$\boldsymbol{T}=(\boldsymbol{I}+\boldsymbol{T}_a)^{2^N}=(\boldsymbol{I}+\boldsymbol{T}_a)^{2^{(N-1)}}(\boldsymbol{I}+\boldsymbol{T}_a)^{2^{(N-1)}}, \tag{7-48}$$

这种分解一直做下去,共 N 次.其次应注意,对任意矩阵 $\boldsymbol{T}_b,\boldsymbol{T}_c$ 有

$$(\boldsymbol{I}+\boldsymbol{T}_b)(\boldsymbol{I}+\boldsymbol{T}_c)\equiv \boldsymbol{I}+\boldsymbol{T}_b+\boldsymbol{T}_c+\boldsymbol{T}_b\boldsymbol{T}_c.$$

当 $\boldsymbol{T}_b,\boldsymbol{T}_c$ 较小时,不应加上 $\boldsymbol{I}$ 后再执行乘法.将 $\boldsymbol{T}_b,\boldsymbol{T}_c$ 都看成为 $\boldsymbol{T}_a$,因此(7-48)式的 N 次乘法相当于以下语句:

for (iter=0;iter<N;iter++) $\boldsymbol{T}_a=2\boldsymbol{T}_a+\boldsymbol{T}_a\boldsymbol{T}_a$,

当以上语句循环结束后,再执行

$$\boldsymbol{T}=\boldsymbol{I}+\boldsymbol{T}_a$$

即可,由于 N 次乘法后,$\boldsymbol{T}_a$ 已不再是很小的矩阵了,这个加法已没有严重的舍入误差了.以上便是指数矩阵的**精细计算方法**.

指数矩阵用处很广,是最经常计算的矩阵函数之一.虽然学者们已经提出了很多算法,但仍不够理想,如文献[15]给出了 19 种可疑的算法,然而问题并未得到解决.应当指出,采用特征向量展开的解法,在不接近出现 Jordan 型特征解的条件下,仍是有效的.

例 4 用精细积分法求解常系数齐次线性微分方程组

$$\begin{cases}\dfrac{du_1}{dt}=3u_1-u_2+u_3,\\ \dfrac{du_2}{dt}=2u_1\quad -u_3,\\ \dfrac{du_3}{dt}=u_1-u_2+2u_3,\\ u_1(0)=1,u_2(0)=1,u_3(0)=1.\end{cases}$$

解 取步长 $\tau=0.2,N=20$,用精细积分法计算的结果见表 7-12.

表7-12 计算结果

时间步长	u_1 近似解	u_2 近似解	u_3 近似解	$u_1(t)$ 精确解	$u_2(t)$ 精确解	$u_3(t)$ 精确解
1	1.850 246	1.302 167	1.548 079	1.850 246	1.302 167	1.548 079
2	3.480 719	1.933 974	2.546 745	3.480 719	1.933 974	2.546 745
3	6.572 805	3.206 373	4.366 432	6.572 805	3.206 373	4.366 432
4	12.387 72	5.705 601	7.682 118	12.387 72	5.705 601	7.682 118
5	23.252 85	10.529 16	13.723 69	23.252 85	10.529 16	13.723 69
6	43.452 72	19.720 57	24.732 16	43.452 72	19.720 57	24.732 16
7	80.859 45	37.068 56	44.790 89	80.859 45	37.068 56	44.790 89
8	149.914 3	69.574 01	81.340 28	149.914 3	69.574 01	81.340 28
9	277.076 1	130.138 5	147.937 6	277.076 1	130.138 5	147.937 6
10	510.772 6	242.486 8	269.285 9	510.772 6	242.486 8	269.285 9

通过与精确解对比,数值解与精确解是一致的.

2. 非齐次方程组

回到方程组(7-42),还要考虑外力$\boldsymbol{f}(t)$.按线性微分方程的求解理论,如果求得了在任意时刻t_1加上脉冲的响应矩阵$\boldsymbol{\Phi}(t,t_1)$,则由外力引起的响应可以由Duhamel(杜哈梅)积分求出

$$\boldsymbol{u}(t)=\boldsymbol{\Phi}(t,t_0)\boldsymbol{u}_0+\int_0^t\boldsymbol{\Phi}(t,t_1)\boldsymbol{f}(t_1)\,\mathrm{d}t_1, \tag{7-49}$$

其中$\boldsymbol{\Phi}(t,t_1)$具有以下性质:

(1) $\boldsymbol{\Phi}(t,t)=\boldsymbol{I}$;

(2) $\boldsymbol{\Phi}(t,t_1)=\boldsymbol{\Phi}(t,t_2)\boldsymbol{\Phi}(t_2,t_1)$;

(3) 满足微分方程

$$\boldsymbol{\Phi}'(t,t_1)=\boldsymbol{A}(t)\boldsymbol{\Phi}(t,t_1),$$

其中$\boldsymbol{A}(t)$表明理论上对于时变系统也是适用的.对于时不变系统,则有

$$\boldsymbol{\Phi}(t,t_1)=\boldsymbol{\Phi}(t-t_1)\mathrm{e}^{\boldsymbol{A}(t-t_1)},$$

是一个指数矩阵.显然$\boldsymbol{\Phi}(\eta)=\boldsymbol{T}$.

数值计算时,只要求对一系列等间距的时刻做出计算,而且并不要求每次都要从头t_0开始算起.这样(7-49)式应改成

$$\begin{aligned}\boldsymbol{u}_{k+1}&=\boldsymbol{T}\boldsymbol{u}_k+\int_{t_k}^{t_{k+1}}\boldsymbol{\Phi}(t_{k+1}-t)\boldsymbol{f}(t)\,\mathrm{d}t\\&=\boldsymbol{T}\boldsymbol{u}_k+\int_0^{\eta}\mathrm{e}^{\boldsymbol{A}(\eta-\xi)}\boldsymbol{f}(t_k+\xi)\,\mathrm{d}\xi.\end{aligned} \tag{7-50}$$

困难的是外力$\boldsymbol{f}(t_k+\xi)$的解析表达式给不出来.如果假定在t_k和t_{k+1}之间用线性插值

$$\boldsymbol{f}(t_k+\xi)\approx\boldsymbol{r}_0+\boldsymbol{r}_1\xi,$$

则由(7-50)式可积分得

$$\boldsymbol{u}_{k+1}=\boldsymbol{T}[\boldsymbol{u}_k+\boldsymbol{A}^{-1}(\boldsymbol{r}_0+\boldsymbol{A}^{-1}\boldsymbol{r}_1)]-\boldsymbol{A}^{-1}[\boldsymbol{r}_0+\boldsymbol{A}^{-1}\boldsymbol{r}_1+\eta\boldsymbol{r}_1].$$

线性插值是很粗糙的近似，还有多种近似的解析表达式. $\boldsymbol{f}(t_k+\xi)$ 如果是以下几种函数形式，都可以精确地积分：

(1) 多项式；

(2) 指数函数；

(3) 正弦函数或余弦函数；

(4) 上述这些函数的乘积等.

现在回过来讨论 7.4.1 节例 1 微分方程组(7-39)：

$$\begin{cases}\dfrac{\mathrm{d}u_1}{\mathrm{d}t}=-2\,000u_1+999.75u_2+1\,000.25,\\ \dfrac{\mathrm{d}u_2}{\mathrm{d}t}=u_1-u_2,\\ u_1(0)=0,u_2(0)=-2.\end{cases}$$

方程右端矩阵为

$$\boldsymbol{A}=\begin{pmatrix}-2\,000 & 999.75\\ 1 & -1\end{pmatrix}$$

其特征值为 $\lambda_1=-0.5,\lambda_2=-2\,000.5$.

此常系数微分方程组为典型的刚性方程，其刚性比是 4 000.此方程组的精确解为

$$\begin{cases}u_1(t)=-1.499\,875\mathrm{e}^{-0.5t}+0.499\,875\mathrm{e}^{-2\,000.5t}+1,\\ u_2(t)=-2.999\,75\mathrm{e}^{-0.5t}-0.000\,25\mathrm{e}^{-2\,000.5t}+1.\end{cases}$$

对这个方程组用四阶 Runge-Kutta 法计算.根据计算稳定性要求，步长最大只能取 0.001 38，计算到 $t=20$ 需要14 493步.步数很多，计算量很大，还有误差积累.然而采用精细积分法计算，不论在该时间段内划分多少段，总可以得到

$$u_1(20)=0.999\,931\,9,\quad u_2(20)=0.999\,863\,8,$$

结果很精确.

3. 精度分析

精细积分的主要一步是指数矩阵 $\boldsymbol{T}=\mathrm{e}^{\boldsymbol{A}\eta}$ 的计算.除计算机执行矩阵乘法通常有一些算术舍入误差外，其他误差只能来自幂级数展开式(7-46)的截断.在 2^N 算法中采用矩阵 $\boldsymbol{T}_a$ 的迭代，其主要项是 $\boldsymbol{A}\tau$，因此截断误差必须由它决定.在展开式(7-46)中截去的第一项是 $\dfrac{(\boldsymbol{A}\tau)^5}{5!}$，因此其相对误差可估计为$\dfrac{(\boldsymbol{A}\tau)^5}{5!}$.

设对矩阵 $\boldsymbol{A}$ 求出了全部特征解

$$\boldsymbol{AY}=\boldsymbol{Y\Lambda}\quad 或\quad \boldsymbol{A}=\boldsymbol{Y\Lambda Y}^{-1},$$

其中 $\boldsymbol{Y}$ 为以特征向量为列所组成的矩阵，$\boldsymbol{\Lambda}$ 是相应的特征值 μ_i 组成的对角矩阵.于是可导出

$$\mathrm{e}^{\boldsymbol{A}\tau}=\boldsymbol{Y}\mathrm{e}^{\boldsymbol{\Lambda}\tau}\boldsymbol{Y}^{-1}=\boldsymbol{Y}\mathrm{diag}\ (\mathrm{e}^{\mu_i\tau})\boldsymbol{Y}^{-1}.$$

这样(7-46)式的截断近似相当于下式的截断近似：

$$e^{\mu\tau}\approx 1+\mu\tau+\frac{(\mu\tau)^2}{2!}+\frac{(\mu\tau)^3}{3!}+\frac{(\mu\tau)^4}{4!}.$$

以上的分析将不同特征值的特征向量所带来的误差分离出来了,(7-46)式的相对误差对于各个特征解为$\frac{(\mu\tau)^4}{120}$,因此应取其绝对值$\frac{(|\mu|\tau)^4}{120}$.注意到当前双精度数的有效位数是十进制16位,因此在计算机双精度范围内,应要求

$$\frac{\left(|\mu|\cdot\frac{\eta}{2^N}\right)^4}{120}<10^{-16}.$$

取 $N=20, 2^N\approx 10^6$, 有

$$|\mu|\eta<340. \tag{7-51}$$

考虑无阻尼自由振动问题,$\mu=\mathrm{i}\omega$,其中 ω 为圆频率,这表明即使积分步长 η 为50个周期,也不会带来展开式的误差.当然,应当考虑高频振动的频率 ω,然而实际课题的振动都是有阻尼的,若干个周期后高频振动本身也已成为无足轻重的了,因此,对于高频振动的估计,(7-51)式也是太保守了.

根据上述分析,也就理解了精细积分的高度精确性.精细积分给出的数值结果实际上就是计算机上的精确解.

讨论:指数矩阵 $\boldsymbol{T}$ 精细计算的成功,在于将一个步长 η 进一步地细分为1 048 576步.但单纯细分步长并不能达到好效果,精细积分的另一个要点是只计算其增量,以避免大数相减而造成的数值病态.如果从初值 $\boldsymbol{x}_0$ 出发,也分成1 048 576步,采用例如Newmark法进行数值积分硬做,仍旧达不到如同精细积分的精度的,其原因就在于Newmark法的逐步积分采用了全量的数值积分.

与精细积分相比,以往的逐步积分都是差分类的近似,谈不上计算机上的精确解之说,故在数值计算中总会面临一些数值困难,如稳定性问题、刚性问题等,这些数值问题都是因差分近似带来的.差分法采用全量积分,故将其步长取得特别小也有如前所述的不利之处.精细积分虽也有(7-47)式的近似,但其误差已在计算机浮点数表示精度之外,所以说在合理的积分步长 η 范围内,精细积分是不会发生**稳定性与刚性问题的**.当然这个断言乃是**在常系数常微分方程组、指数矩阵的范围之内的**.可以考虑以精细积分为基础,用于变系数方程、非线性动力方程等作数值计算,当然还要引进某种近似,例如摄动法等.由于这些近似,仍会产生一些问题,尚需继续实践探讨.

7.5 边值问题的数值解法

常微分方程边值问题亦称两点边值问题,二阶常微分方程的边值问题一般可写成

$$u''=f(x,u',u),\quad x\in(a,b), \tag{7-52}$$

并结合下述三种边值条件:

$$u(a)=\alpha,\quad u(b)=\beta; \tag{7-53}$$

$$u'(a)=\alpha,\quad u'(b)=\beta; \tag{7-54}$$

$$u(a)-\alpha_0 u'(a)=\alpha_1,\quad u(b)+\beta_0 u'(b)=\beta_1, \tag{7-55}$$

其中(7-55)式中 $\alpha_0\geqslant 0,\beta_0\geqslant 0,\alpha_0+\beta_0>0$.(7-53)式、(7-54)式、(7-55)式分别称为第一、第二、第三边值条件.

在(7-52)中,当 $f(x,u',u)$ 关于 u',u 为线性时,则变成线性微分方程:

$$Lu=u''+p(x)u'+q(x)u=f(x), \tag{7-56}$$

其中 $q(x)\leqslant 0.p,q,f\in C[a,b]$.

7.5.1 打靶法

1. 线性打靶法

对于线性微分方程第一边值问题(7-56)和(7-53),可将它们转化为两个初值问题:

$$Lu_1=u_1''+p(x)u_1'+q(x)u_1=f(x),\quad u_1(a)=\alpha,\quad u_1'(a)=0, \tag{7-57}$$

$$Lu_2=u_2''+p(x)u_2'+q(x)u_2=0,\quad u_2(a)=0,\quad u_2'(a)=1. \tag{7-58}$$

通过求解初值问题的解得到边值问题的解.

定理 7.3 设 u_1 是初值问题(7-57)的解,u_2 是初值问题(7-58)的解,并设 $u_2(b)\neq 0$,则边值问题(7-56)和(7-53)的解为

$$u(x)=u_1(x)+\frac{\beta-u_1(b)}{u_2(b)}u_2(x). \tag{7-59}$$

证 将微分算子 L 作用于(7-59)两边,并利用 $Lu_2=0$,则有

$$Lu=Lu_1+\frac{\beta-u_1(b)}{u_2(b)}\cdot Lu_2=Lu_1=f,$$

即 $u(x)$ 满足方程(7-56).注意到 $u_2(a)=0$,则从(7-59)式得到

$$u(a)=u_1(a)+\frac{\beta-u_1(b)}{u_2(b)}u_2(a)=u_1(a)=\alpha,$$

$$u(b)=u_1(b)+\frac{\beta-u_1(b)}{u_2(b)}u_2(b)=\beta,$$

故 $u(x)$ 满足边值条件(7-53),定理得证.

由定理 7.3 得到边值问题解的表达式(7-59),称为线性打靶法.

例 1 用线性打靶法求解边值问题

$$\begin{cases}u''+xu'-4u=12x^2-3x, & 0<x<1,\\ u(0)=0,\quad u(1)=2,\end{cases}$$

其精确解表达式为 $u(x)=x^4+x$.

解 先把它转化为两个初值问题

$$\begin{cases}u_1''+xu_1'-4u_1=12x^2-3x,\\ u_1(0)=0,\quad u_1'(0)=0;\end{cases} \tag{7-60}$$

$$\begin{cases}u_2''+xu_2'-4u_2=0,\\ u_2(0)=0,\quad u_2'(0)=1.\end{cases} \tag{7-61}$$

注意右端边界 $u(1)=2$,由定理 7.3,边值问题解为

$$u(x)=u_1(x)+\frac{2-u_1(1)}{u_2(1)}u_2(x).$$

令 $z_1=u_1'$,$z_2=u_2'$,则将两个初值问题(7-60)和(7-61)分别降为一阶方程组初值问题

$$\begin{cases}u_1'=z_1, & u_1(0)=0,\\ z_1'=-xz_1+4u_1+12x^2-3x, & z_1(0)=0;\end{cases}$$

$$\begin{cases}u_2'=z_2, & u_2(0)=0,\\ z_2'=-xz_2+4u_2, & z_2(0)=1.\end{cases}$$

取 $h=0.02$,用经典 Runge-Kutta 法分别求这两个方程组解 $u_1(x_i)$ 和 $u_2(x_i)$ 的数值解 u_{1i} 和 u_{2i},从而可得到精确解 $u(x_i)$ 的打靶法数值解 u_i.部分点上的数值解、精确解和误差如表 7-13 所示.

表 7-13 边值问题的解

x_i	u_{1i}	u_{2i}	u_i	$u(x_i)$	$\lvert u_i-u(x_i)\rvert$
0	0	0	0	0	0
0.2	-0.002 407 991	0.204 007 989	0.201 600 005 3	0.201 600 000	0.53×10^{-8}
0.4	-0.006 655 031	0.432 255 024	0.425 600 008 0	0.425 600 000	0.80×10^{-8}
0.6	0.019 672 413	0.709 927 571	0.729 600 008 3	0.729 600 000	0.83×10^{-8}
0.8	0.145 529 585	1.064 070 385	1.209 600 005 8	1.209 600 000	0.53×10^{-8}
1.0	0.475 570 149	1.524 428 455	2.000 000 00	2.000 000 00	0

结果表明线性打靶法很有效.

2. 非线性打靶法

考虑一般非线性二阶常微分方程的边值问题是以问题(7-52)和(7-53)为例讨论打靶法,取初值问题

$$\begin{cases}u''=f(x,u,u'), & x\in(a,b),\\ u(a)=\alpha,\\ u'(a)=t_k,\end{cases}\tag{7-62}$$

其中 t_k 为 u 在 a 处的斜率,设此时得到解 $u(x,t_k)$,而且要求

$$\lim_{k\to\infty}u(b,t_k)=u(b)=\beta,\tag{7-63}$$

这时所得 $u(x)$ 即为所求解,因此问题归结为 t_k 的选取.而(7-63)式又可视为非线性方程的求根问题,即求 t,使

$$u(b,t)-\beta=0\tag{7-64}$$

成立.

令 $z=u'$,问题(7-62)转化为一阶方程组

$$\begin{cases} u'=z, \\ z'=f(x,u,z), \\ u(a)=\alpha, \\ z(a)=t_k, \end{cases} \tag{7-65}$$

这样,初值问题(7-65)的解 $u(x,t_k)$ 就是边值问题(7-52)和(7-53)的解.

通常,可用二分法、插值法或 Newton 法求问题(7-64)的解.而这一过程好比打靶,t_k 为子弹发射斜率,$u(b)=\beta$ 为靶心,当 $|u(b,t_k)-\beta|<\varepsilon$ 时得到解(如图 7-3 所示).

(1) 用插值法求满足问题(7-64)的 t 值

设当 $t=t_0$ 时,$u(b,t_0)=\beta_0$;当 $t=t_1$ 时,$u(b,t_1)=\beta_1$,此时选取 t_2 的公式为

$$t_2=t_1+\frac{t_1-t_0}{\beta_1-\beta_0}(\beta-\beta_1).$$

一般地,设当 $t=t_{k-1}$ 时,$u(b,t_{k-1})=\beta_{k-1}$;当 $t=t_k$ 时,$u(b,t_k)=\beta_k$,此时选取 t_{k+1} 的公式为

$$t_{k+1}=t_k+\frac{t_k-t_{k-1}}{\beta_k-\beta_{k-1}}(\beta-\beta_k),\quad k=1,2,\cdots. \tag{7-66}$$

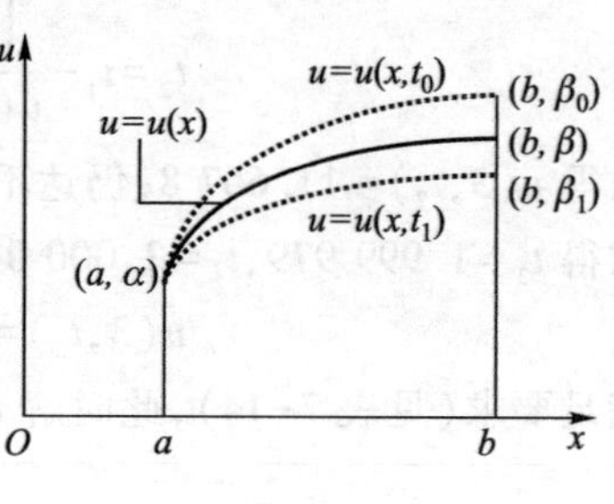

图 7-3

按(7-66)式求 t_k,直到 $|u(b,t_k)-\beta|<\varepsilon$ 为止,其中 ε 为允许误差界.

(2) 用割线法求满足问题(7-64)的 t 值

我们知道,求 $f(x)=0$ 根的割线法为

$$x_{k+1}=x_k-\frac{f(x_k)}{f(x_k)-f(x_{k-1})}(x_k-x_{k-1}),\quad k=1,2,\cdots,$$

因此,对(7-64)式得迭代公式为

$$t_{k+1}=t_k-\frac{[u(b,t_k)-\beta]}{u(b,t_k)-u(b,t_{k-1})}(t_k-t_{k-1}),\quad k=1,2,\cdots.$$

对非线性方程的第二、第三边值条件也同样可用插值法或迭代法求解.

例 2 打靶法求解非线性两点边值问题

$$\begin{cases} 4u''+uu'=2x^3+16, & x\in(2,3), \\ u(2)=8, u'(3)=\dfrac{35}{3}, \end{cases}$$

要求误差 $\varepsilon\leqslant\dfrac{1}{2}\times10^{-6}$,精确解为 $u(x)=x^2+\dfrac{8}{x}$.

解 相应的初值问题为

$$\begin{cases} u'=z, \\ z'=\dfrac{-uz}{4}+\dfrac{x^3}{2}+4, \\ u(2)=8, \\ z(2)=t_k. \end{cases}$$

对每个 t_k,用经典 Runge-Kutta 法(7-31)计算,取步长 $h=0.02$,选 $t_0=1.5$,求得

$$u(3,t_0)=11.4889,\quad \left|u(3,t_0)-\frac{35}{3}\right|\approx 0.1778>\varepsilon,$$

再选 $t_1=2.5$,求得

$$u(3,t_1)=11.8421,\quad \left|u(3,t_1)-\frac{35}{3}\right|\approx 0.1754>\varepsilon.$$

由(7-66)式求得

$$t_2=t_1-\frac{\left[u(3,t_1)-\frac{35}{3}\right]}{u(3,t_1)-u(3,t_0)}(t_1-t_0)\approx 2.0032251,$$

求得 $u(3,t_2)=11.6678$,仍达不到精度要求.再由 $t_1,t_2,u(3,t_1)$ 和 $u(3,t_2)$ 重复上述过程,可求得 $t_3=1.999979, t_4=2.000000$,再求解初值问题得

$$u(3,t_3)=11.666659,\quad u(3,t_4)=11.666667,$$

满足要求(见表 7-14),此时解 $u(x_j,t_4)\ (j=0,1,\cdots,N)$ 即为所求.

表 7-14 非线性边值问题的解

x_i	u_i	$u(x_i)$	$\lvert u_i-u(x_i)\rvert$
2.0	8	8	0
2.2	8.476 363 637 8	8.476 363 636 3	0.15×10^{-8}
2.4	9.093 333 335 2	9.093 333 333 3	0.18×10^{-8}
2.6	9.836 923 078 5	9.836 923 076 9	0.16×10^{-8}
2.8	10.697 142 656 2	10.697 142 857 1	0.09×10^{-8}
3.0	11.666 666 666 9	11.666 666 666 7	0.02×10^{-8}

7.5.2 差分法

本节只考虑二阶线性常微分方程边值问题的差分法.用差分法求解的步骤是:首先对求解区间作剖分,用有限剖分节点代替连续区间,即将求解区间离散化,用数值微商公式把微分方程的定解问题化为满足边值条件的线性代数方程组.求解此方程组,得到边值问题在节点上的函数近似值.

考虑二阶常微分方程边值问题

$$\begin{cases} Lu=\dfrac{\mathrm{d}^2u}{\mathrm{d}x^2}+p(x)\dfrac{\mathrm{d}u}{\mathrm{d}x}+q(x)u=f(x), & a<x<b, \quad (7-67)\\ u(a)=\alpha,\quad u(b)=\beta, & \quad (7-68)\end{cases}$$

其中 $f,p,q\in C[a,b],q(x)\leqslant 0;\alpha,\beta$ 为给定常数.

首先,将区间$[a,b]$分成 N 等份,分点为

$$x_i=a+ih,\quad i=0,1,\cdots,N,\quad h=\frac{b-a}{N}.$$

于是我们得区间 $I=[a,b]$ 的一个网格剖分. x_i 称为网格节点, h 称为步长.

现在将方程(7-67)在节点 x_i 离散化,为此由数值微分公式可得

$$u'(x_i)=\frac{u(x_{i+1})-u(x_{i-1})}{2h}+O(h^2),$$

$$u''(x_i)=\frac{u(x_{i+1})-2u(x_i)+u(x_{i-1})}{h^2}+O(h^2),$$

即在节点 x_i 处实现微分算子的离散化. 又设

$$p_i=p(x_i),\quad q_i=q(x_i),\quad f_i=f(x_i),$$

则在 x_i 处可将方程(7-67)写成

$$\frac{u(x_{i+1})-2u(x_i)+u(x_{i-1})}{h^2}+p_i\frac{u(x_{i+1})-u(x_{i-1})}{2h}+q_iu(x_i)=f_i+O(h^2),$$

$$i=1,2,\cdots,N-1.$$

舍去 $O(h^2)$,并用 u_i 近似代替 $u(x_i)$,则得到方程组

$$\frac{u_{i+1}-2u_i+u_{i-1}}{h^2}+p_i\frac{u_{i+1}-u_{i-1}}{2h}+q_iu_i=f_i,\quad i=1,2,\cdots,N-1, \tag{7-69}$$

$$u_0=\alpha,\quad u_N=\beta. \tag{7-70}$$

它的解 u_i 是 $u(x)$ 于 $x=x_i$ 处的近似,称(7-69)式和(7-70)式为逼近问题(7-67)和(7-68)的差分方程或差分格式. 重新改写得

$$\left(1-\frac{h}{2}p_i\right)u_{i-1}+(q_ih^2-2)u_i+\left(1+\frac{h}{2}p_i\right)u_{i+1}=h^2f_i,\quad i=1,2,\cdots,N-1,$$

$$u_0=\alpha,\quad u_N=\beta.$$

将 $u_0=\alpha, u_N=\beta$ 分别代入 $i=1$ 和 $i=N-1$ 的两个方程中,并将已知量移到方程右端,写成矩阵形式,得线性方程组

$$\boldsymbol{AU}=\boldsymbol{F},$$

其中

$$\boldsymbol{A}_{(N-1)\times(N-1)}=\begin{pmatrix} q_1h^2-2 & 1+\frac{h}{2}p_1 & & & \\ 1-\frac{h}{2}p_2 & q_2h^2-2 & 1+\frac{h}{2}p_2 & & \\ & \ddots & \ddots & \ddots & \\ & & 1-\frac{h}{2}p_{N-2} & q_{N-2}h^2-2 & 1+\frac{h}{2}p_{N-2} \\ & & & 1-\frac{h}{2}p_{N-1} & q_{N-1}h^2-2 \end{pmatrix},$$

$$\boldsymbol{U}=(u_1,u_2,\cdots,u_{N-1})^{\mathrm{T}},$$

$$\boldsymbol{F}=\left(h^2f_1-\left(1-\frac{h}{2}p_1\right)\alpha,h^2f_2,\cdots,h^2f_{N-2},h^2f_{N-1}-\left(1+\frac{h}{2}p_{N-1}\right)\beta\right)^{\mathrm{T}}.$$

可见函数矩阵 $\boldsymbol{A}$ 是三对角矩阵. 可证明函数矩阵 $\boldsymbol{A}$ 是严格对角占优,从而可用追赶法或迭代

法求解此方程组. 当取步长 h 进行计算时,数值解为离散点集$\{(x_j,u_j)\}$,在解析解 $u(x_j)$已知的情况下,可估计误差值 $u(x_j)-u_j$.

例 3　用差分法求解区间[0,4]上的边值问题:

$$\begin{cases}\dfrac{d^2u(x)}{dx^2}=\dfrac{2x}{1+x^2}\dfrac{du(x)}{dx}-\dfrac{2}{1+x^2}u(x)+1, & x\in(0,4),\\ u(0)=1.25, \quad u(4)=-0.95,\end{cases}$$

其中 $p(x)=\dfrac{2x}{1+x^2}$,$q(x)=-\dfrac{2}{1+x^2}$, $f(x)=1$,且边值问题的解析解是

$$u(x)=1.25+0.486\,089\,652x-2.25x^2+2x\arctan x-\frac{1}{2}\ln(1+x^2)+\frac{x^2}{2}\ln(1+x^2).$$

解　利用(7-69)式,用有限差分法算出的数值解记为$\{u_{j1}\}$,$\{u_{j2}\}$,$\{u_{j3}\}$,$\{u_{j4}\}$.

表 7-15 中给出了不同步长 $h_1=0.2$,$h_2=0.1$,$h_3=0.05$,$h_4=0.025$ 时计算出的数值解与解析解在具体点的值.

表 7-15　有限差分法的数值解与精确解比较

x_j	$u_{j1}(h=0.2)$	$u_{j2}(h=0.1)$	$u_{j3}(h=0.05)$	$u_{j4}(h=0.025)$	$u(x_j)$(精确值)
0.0	1.250 000	1.250 000	1.250 000	1.250 000	1.250 000
0.2	1.314 503	1.316 646	1.317 174	1.317 306	1.317 350
0.4	1.320 607	1.325 045	1.326 141	1.326 414	1.326 505
0.6	1.272 755	1.279 533	1.281 206	1.281 623	1.281 762
0.8	1.177 399	1.186 438	1.188 670	1.189 227	1.189 412
1.0	1.042 106	1.053 226	1.055 973	1.056 658	1.056 886
1.2	0.874 878	0.887 823	0.891 023	0.891 821	0.892 086
1.4	0.683 712	0.698 181	0.701 758	0.702 650	0.702 947
1.6	0.476 372	0.492 027	0.495 900	0.496 865	0.497 187
1.8	0.260 264	0.276 749	0.280 828	0.281 846	0.282 184
2.0	0.042 399	0.059 343	0.063 537	0.064 583	0.064 931
2.2	-0.170 616	-0.153 592	-0.149 378	-0.148 327	-0.147 977
2.4	-0.372 557	-0.355 841	-0.351 702	-0.350 669	-0.350 325
2.6	-0.557 565	-0.541 546	-0.537 580	-0.536 590	-0.536 261
2.8	-0.720 114	-0.705 188	-0.701 492	-0.700 570	-0.700 262
3.0	-0.854 988	-0.841 551	-0.838 223	-0.837 393	-0.837 116
3.2	-0.957 250	-0.945 700	-0.942 839	-0.942 125	-0.941 888
3.4	-1.022 221	-1.012 958	-1.010 662	-1.010 090	-1.009 899
3.6	-1.045 457	-1.038 880	-1.037 250	-1.036 844	-1.036 709
3.8	-1.022 727	-1.019 238	-1.018 373	-1.018 158	-1.018 086
4.0	-0.950 000	-0.950 000	-0.950 000	-0.950 000	-0.950 000

可以证明:数值解具有 $O(h^2)$ 的误差,当步长减半时,误差减小到原来的1/4左右.表7-16的数据表明的确如此. 例如,当 $x_j=1.0$ 时,步长 $h_1=0.2, h_2=0.1, h_3=0.05, h_4=0.025$ 时的误差分别为

$$\varepsilon_{j1}=0.014\,780, \varepsilon_{j2}=0.003\,660 \quad \varepsilon_{j3}=0.000\,913, \varepsilon_{j4}=0.000\,228,$$

其比值为

$$\frac{\varepsilon_{j2}}{\varepsilon_{j1}}=\frac{0.003\,660}{0.014\,780}=0.247\,6, \quad \frac{\varepsilon_{j3}}{\varepsilon_{j2}}=\frac{0.000\,913}{0.003\,660}=0.249\,5, \quad \frac{\varepsilon_{j4}}{\varepsilon_{j3}}=\frac{0.000\,228}{0.000\,913}=0.249\,7,$$

都近似于 $\frac{1}{4}$.

表7-16 有限差分法的数值解与精确解的误差

x_j	$u(x_j)-u_{j1}=\varepsilon_{j1}$ ($h_1=0.2$)	$u(x_j)-u_{j1}=\varepsilon_{j1}$ ($h_2=0.1$)	$u(x_j)-u_{j1}=\varepsilon_{j1}$ ($h_3=0.05$)	$u(x_j)-u_{j1}=\varepsilon_{j1}$ ($h_4=0.025$)
0.0	0.000 000	0.000 000	0.000 000	0.000 000
0.2	0.002 847	0.000 704	0.000 176	0.000 044
0.4	0.005 898	0.001 460	0.000 364	0.000 091
0.6	0.009 007	0.002 229	0.000 556	0.000 139
0.8	0.012 013	0.002 974	0.000 742	0.000 185
1.0	0.014 780	0.003 660	0.000 913	0.000 228
1.2	0.017 208	0.004 263	0.001 063	0.000 265
1.4	0.019 235	0.004 766	0.001 189	0.000 297
1.6	0.020 815	0.005 160	0.001 287	0.000 322
1.8	0.021 920	0.005 435	0.001 356	0.000 338
2.0	0.022 533	0.005 588	0.001 394	0.000 348
2.2	0.022 639	0.005 615	0.001 401	0.000 350
2.4	0.022 232	0.005 516	0.001 377	0.000 344
2.6	0.021 304	0.005 285	0.001 319	0.000 329
2.8	0.019 852	0.004 926	0.001 230	0.000 308
3.0	0.017 872	0.004 435	0.001 107	0.000 277
3.2	0.015 362	0.003 812	0.000 951	0.000 237
3.4	0.012 322	0.003 059	0.000 763	0.000 191
3.6	0.008 749	0.002 171	0.000 541	0.000 135
3.8	0.004 641	0.001 152	0.000 287	0.000 072
4.0	0.000 000	0.000 000	0.000 000	0.000 000

最后,我们说明如何用第6章中所介绍的外推加速方法来提高$\{u_{j1}\}$,$\{u_{j2}\}$,$\{u_{j3}\}$,$\{u_{j4}\}$的精度使之具有6位有效数字．通过生成外推序列$\{v_{j1}\}=\left\{\dfrac{4u_{j2}-u_{j1}}{3}\right\}$,消去逼近$O(h^2)$和$O\left(\left(\dfrac{h}{2}\right)^2\right)$中的$\{u_{j1}\}$,$\{u_{j2}\}$.类似地,通过生成外推序列$\{v_{j2}\}=\left\{\dfrac{4u_{j3}-u_{j2}}{3}\right\}$,消去逼近$O\left(\left(\dfrac{h}{2}\right)^2\right)$和$O\left(\left(\dfrac{h}{4}\right)^2\right)$中的$\{u_{j2}\}$,$\{u_{j3}\}$.已知二阶外推加速法适用于序列$\{v_{j1}\}$和$\{v_{j2}\}$,故第三次改进为$\left\{\dfrac{16v_{j2}-v_{j1}}{15}\right\}$.例如,求对应于$x_j=1.0$的外推法:

第一次外推结果为

$$\frac{4u_{j2}-u_{j1}}{3}=\frac{4\times1.053\ 226-1.042\ 106}{3}\approx1.056\ 933=v_{j1};$$

第二次外推结果为

$$\frac{4u_{j3}-u_{j2}}{3}=\frac{4\times1.055\ 973-1.053\ 226}{3}\approx1.056\ 889=v_{j2};$$

第三次外推包含项v_{j1}和v_{j2},

$$\frac{16v_{j2}-v_{j1}}{15}=\frac{16\times1.056\ 889-1.056\ 933}{15}\approx1.056\ 886.$$

最后,计算精确到6位有效数字,其他点的值见表7-17.

表7-17　用有限差分法得到的数值逼近的外推序列

x_j	$v_{j1}=\dfrac{4u_{j2}-u_{j1}}{3}$	$v_{j2}=\dfrac{4u_{j3}-u_{j2}}{3}$	$\dfrac{16v_{j2}-v_{j1}}{15}$	$u(x_j)$
0.0	1.250 000	1.250 000	1.250 000	1.250 000
0.2	1.317 360	1.317 351	1.317 350	1.317 350
0.4	1.326 524	1.326 506	1.326 504	1.326 505
0.6	1.281 792	1.281 764	1.281 762	1.281 762
0.8	1.189 451	1.189 414	1.189 412	1.189 412
1.0	1.056 933	1.056 889	1.056 886	1.056 886
1.2	0.892 138	0.892 090	0.892 086	0.892 086
1.4	0.703 003	0.702 951	0.702 947	0.702 948
1.6	0.497 246	0.497 191	0.497 187	0.497 187
1.8	0.282 244	0.282 188	0.282 184	0.282 184
2.0	0.064 991	0.064 935	0.064 931	0.064 931
2.2	-0.147 918	-0.147 973	-0.147 977	-0.147 977

续表

x_j	$v_{j1}=\frac{4u_{j2}-u_{j1}}{3}$	$v_{j2}=\frac{4u_{j3}-u_{j2}}{3}$	$\frac{16v_{j2}-v_{j1}}{15}$	$u(x_j)$
2.4	-0.350 268	-0.350 322	-0.350 325	-0.350 325
2.6	-0.536 207	-0.536 258	-0.536 261	-0.536 261
2.8	-0.700 213	-0.700 259	-0.700 263	-0.700 262
3.0	-0.837 072	-0.837 113	-0.837 116	-0.837 116
3.2	-0.941 850	-0.941 885	-0.941 888	-0.941 888
3.4	-1.009 870	-1.009 898	-1.009 899	-1.009 899
3.6	-1.036 688	-1.036 707	-1.036 708	-1.036 708
3.8	-1.018 075	-1.018 085	-1.018 086	-1.018 086
4.0	-0.950 000	-0.950 000	-0.950 000	-0.950 000

习题 7

1. 填空题

(1) 求解初值问题 $u'=f(t,u)$, $u(t_0)=u_0$ 的 Euler 法是______阶方法，其局部截断误差为______. 隐式 Euler 法 $u_{n+1}=u_n+hf(t_{n+1},u_{n+1})$ 是______阶方法，其局部截断误差为______. 梯形法 $u_{n+1}=u_n+\frac{h}{2}[f(t_n,u_n)+f(t_{n+1},u_{n+1})]$ 是______阶方法，其局部截断误差为______;

(2) 解初值问题 $u'=-50u$, $u(0)=1$ 时，若用经典 Runge-Kutta 法，步长 $h<$______；若用 Euler 法，步长 $0<h<$______.

2. 用 Euler 法和改进的 Euler 法求 $u'=-5u\,(0\leqslant t\leqslant 1)$, $u(0)=1$ 的数值解，步长 $h=0.1$，并比较两个算法的精度.

3. 将 $u''=-u\,(0\leqslant t\leqslant 1)$, $u(0)=0$, $u'(0)=1$ 化为一阶方程组，并用 Euler 法和改进的 Euler 法求解，步长 $h=0.1$，并比较两个算法的精度.

4. 对初值问题 $u'+u=0$, $u(0)=1$. 试证明梯形公式求得的近似解为

$$u_n=\left(\frac{2-h}{2+h}\right)^n.$$

并证明当步长 $h\to 0$ 时，$u_n\to e^{-t}$.

5. 满足条件 $\beta_j=0$, $j=0,1,2,\cdots,k-1$ 的 k 阶 k 步方法叫 Gear 法，试对 $k=1,2,3,4$ 求 Gear 法的表达式.

6. 证明 Heun 方法

$$u_{n+1}=u_n+\frac{h}{4}\left[f(t_n,u_n)+3f\left(t_n+\frac{2}{3}h,u_n+\frac{2}{3}hf(t_n,u_n)\right)\right]$$

是二阶的.

7. 确定 α 的变化范围,使如下的线性多步法为四阶方法:

$$u_{n+3}+\alpha(u_{n+2}-u_{n+1})-u_n=\frac{1}{2}(3+\alpha)h(f_{n+2}+f_{n+1}).$$

8. 证明线性多步法

$$u_{n+2}+(b-1)u_{n+1}-bu_n=\frac{h}{4}[(3+b)f_{n+2}+(3b+1)f_n]$$

当 $b\neq-1$ 时为二阶方法;当 $b=-1$ 时为三阶方法.

9. 试求如下的线性二步法的绝对稳定区间:

(1) $u_{n+2}-u_{n+1}=\dfrac{h}{12}(5f_{n+2}+8f_{n+1}-f_n)$;

(2) $u_{n+2}-\dfrac{4}{3}u_{n+1}+\dfrac{1}{3}u_n=\dfrac{2h}{3}f_{n+2}$;

(3) $u_{n+2}-\dfrac{4}{5}u_{n+1}-\dfrac{1}{5}u_n=\dfrac{h}{5}(2f_{n+2}+4f_{n+1})$.

10. 求二级二阶隐式 Runge-Kutta 法

$$u_{n+1}=u_n+\frac{h}{2}(k_1+k_2),$$
$$k_1=f(t_n,u_n),$$
$$k_2=f\left(t_n+h,u_n+\frac{h}{2}(k_1+k_2)\right)$$

的绝对稳定区间.

11. 证明如下的公式

$$u_{n+1}=u_n+\frac{h}{2}(k_2+k_3),$$
$$k_1=f(t_n,u_n),$$
$$k_2=f(t_n+\alpha h,u_n+\alpha hk_1),$$
$$k_3=f(t_n+(1-\alpha)h,u_n+(1-\alpha)hk_1)$$

对任意参数 α 都是二阶的,并求其绝对稳定区间.

12. 给定问题

$$\begin{cases}u'=-0.1u+199.9v,\\ v'=-200v,\\ u(0)=2,\\ v(0)=1,\end{cases}$$

(1) 求出问题的精确解;

(2) 求出问题的刚性比;

（3）若用四级四阶 Runge-Kutta 法求解，试问步长 h 允许取多大才能保证计算稳定？

13. 试用差分法解两点边值问题（取 $h=0.5$）

$$\begin{cases} u''=(1+t^2)u, & -1<t<1, \\ u(-1)=u(1)=1. \end{cases}$$

习题 7 答案与提示

第 8 章　特殊类型积分的数值方法

8.1　引言

积分理论及其应用是数学上重要的中心课题之一.人们常常要求算出具体的积分数值,特别是当用解析方法失效时,就要采用数值积分,因此数值积分问题就成了数值分析的一个基本问题.而数值积分既简单又特别困难.说它简单,是指它往往用极其简单的方法就能圆满地得出解答.说它困难则包括如下两个方面的意思:第一,它可能要耗费过多的计算时间,甚至在某些不顺利的情况下无法求解;第二,数值积分深入并涉及数学的多领域,同时需要多个数学领域为高效的数值积分提供特殊方法和技巧.

关于数值积分,本书在第 6 章插值函数的应用中已经介绍了基于插值公式的数值积分,Gauss 型求积公式以及外推求积公式.在此基础上,本章主要使读者了解在实际应用中常见的反常积分和振荡函数积分的基本数值方法;介绍用概率统计计算方法——Monte Carlo(蒙特卡罗)法计算重积分.

8.2　反常积分的数值解法

若积分式中的被积函数或积分域无界,则这种积分就是大家熟知的反常积分(也称为非正常积分或广义积分).

8.2.1　无界函数的数值积分

我们考虑被积函数在有限区间$[a,b]$上无界的积分.我们假定要计算的积分是$\int_0^1 f(x)\,\mathrm{d}x$的形式,这里$f(x)$在$0<x\leqslant 1$内连续,但不在$0\leqslant x\leqslant 1$上连续.例如在$x=0$邻近可以无界.下面介绍几种常用的处理方法.

1. 极限处理法

由基本定义

$$\int_0^1 f(x)\,\mathrm{d}x=\lim_{\delta\to 0^+}\int_\delta^1 f(x)\,\mathrm{d}x,$$

可令$1>\delta_1>\delta_2>\cdots$是收敛于 0 的一个点列,例如$\delta_n=2^{-n}$.记

$$\int_0^1 f(x)\,\mathrm{d}x=\int_{\delta_1}^1 f(x)\,\mathrm{d}x+\int_{\delta_2}^{\delta_1} f(x)\,\mathrm{d}x+\cdots.$$

右边的每一个积分都是正常积分，当 $\left|\int_{\delta_n}^{\delta_{n+1}} f(x)\,\mathrm{d}x\right| \leqslant \varepsilon$ 时计算终止.这只是经验准则.

例 1 $I=\int_0^1 \frac{\mathrm{d}x}{x^{\frac{1}{2}}+x^{\frac{1}{3}}}$, $I_n=\int_{\delta_n}^1 \frac{\mathrm{d}x}{x^{\frac{1}{2}}+x^{\frac{1}{3}}}$, $\delta_n=2^{-n}$.

解 计算结果见表 8-1.

表 8-1 计 算 结 果

n	I_n	函数值计算次数
1	0.284 925 98	9
2	0.474 480 22	18
4	0.683 239 27	44
8	0.812 804 97	80
16	0.840 296 78	179
32	0.841 116 12	344
40	0.841 116 63	432
精确值	0.841 116 92	

2. 区间的截断

设 $I=\int_0^1 f(x)\,\mathrm{d}x$, $x=0$ 为奇点，则将 I 分为

$$I=\int_\delta^1 f(x)\,\mathrm{d}x+\int_0^\delta f(x)\,\mathrm{d}x.$$

若 $\left|\int_0^\delta f(x)\,\mathrm{d}x\right| \leqslant \varepsilon$，则我们可简单地计算正常积分 $I=\int_\delta^1 f(x)\,\mathrm{d}x$.

例 2 计算 $\int_0^1 \frac{g(x)}{x^{\frac{1}{2}}+x^{\frac{1}{3}}}\mathrm{d}x$，其中 $g(x)\in C[0,1]$，且 $|g(x)|\leqslant 1$.

解 因为在 $[0,1]$ 内 $x^{\frac{1}{2}}\leqslant x^{\frac{1}{3}}$，故 $\left|\frac{g(x)}{x^{\frac{1}{2}}+x^{\frac{1}{3}}}\right| \leqslant \frac{1}{2x^{\frac{1}{2}}}$，因此

$$\left|\int_0^\delta \frac{g(x)}{x^{\frac{1}{2}}+x^{\frac{1}{3}}}\mathrm{d}x\right| \leqslant \frac{1}{2}\int_0^\delta \frac{\mathrm{d}x}{x^{\frac{1}{2}}}=\delta^{\frac{1}{2}}.$$

这说明要使 $\int_0^1 \frac{g(x)}{x^{\frac{1}{2}}+x^{\frac{1}{3}}}\mathrm{d}x$ 精度达到 10^{-3}，应取 $\delta\leqslant 10^{-6}$.

3. 变量置换

有时可找到消除奇点的变量置换.例如，$\int_0^1 x^{-\frac{1}{2}}\mathrm{e}^x\,\mathrm{d}x$，被积函数在原点附近无界.令 $x=t^2$，得 $I=\int_0^1 \mathrm{e}^{t^2}\cdot 2\mathrm{d}t$，然后，采用 Romberg 方法可以毫无困难地进行积分.对于更一般的情况，

$I=\int_0^1 x^{-\frac{1}{n}} f(x)\,\mathrm{d}x, n\geqslant 2, f(x)\in C[0,1]$，变量置换 $t^n=x$ 可将积分 I 变成为 $n\int_0^1 t^{n-2}f(t^n)\,\mathrm{d}t$. 而这是一个正常积分.

4. 利用 Gauss 型积分公式

对于带有权函数 $\rho(x)\geqslant 0$ 的积分，$\int_a^b \rho(x)f(x)\,\mathrm{d}x$，若求积公式

$$\int_a^b \rho(x)f(x)\,\mathrm{d}x \approx \sum_{k=0}^{n} A_k f(x_k)$$

具有 $2n+1$ 次代数精度，则称其为区间 $[a,b]$ 上带权的 Gauss 型求积公式.

例 3 现有 $I=\int_0^1 f(x)\ln\frac{1}{x}\mathrm{d}x$，被积函数 $f(x)\in C[0,1]$，而 $x=0$ 为 $\ln\frac{1}{x}$ 的奇点，取 $\rho(x)=\ln\frac{1}{x}=-\ln x\geqslant 0$，则求积公式为

$$I(f)=-\int_0^1 f(x)\ln x\,\mathrm{d}x\approx\sum_{k=0}^{n} A_k\, f(x_k). \tag{8-1}$$

现只对 $n=1$ 建立 Gauss 型求积公式，即(8-1)式关于 $f(x)=1,x,x^2,x^3$ 精确成立，则有

$$\begin{cases} A_0+A_1=-\int_0^1 \ln x\,\mathrm{d}x=1, \\ A_0x_0+A_1x_1=-\int_0^1 x\ln x\,\mathrm{d}x=\frac{1}{4}, \\ A_0x_0^2+A_1x_1^2=-\int_0^1 x^2\ln x\,\mathrm{d}x=\frac{1}{9}, \\ A_0x_0^3+A_1x_1^3=-\int_0^1 x^3\ln x\,\mathrm{d}x=\frac{1}{16}. \end{cases} \tag{8-2}$$

为求此方程组的解 x_0,x_1 及 A_0,A_1，可令

$$(x-x_0)(x-x_1)=x^2+bx+c,$$

于是

$$x_0^2+bx_0+c=x_1^2+bx_1+c=0,$$

从而

$$A_0(x_0^2+bx_0+c)+A_1(x_1^2+bx_1+c)=0,$$
$$A_0x_0(x_0^2+bx_0+c)+A_1x_1(x_1^2+bx_1+c)=0,$$

即

$$(A_0x_0^2+A_1x_1^2)+(A_0x_0+A_1x_1)b+(A_0+A_1)c=0,$$
$$(A_0x_0^3+A_1x_1^3)+(A_0x_0^2+A_1x_1^2)b+(A_0x_0+A_1x_1)c=0.$$

由(8-2)式得

$$\begin{cases} \frac{1}{4}b+c=-\frac{1}{9}, \\ \frac{1}{9}b+\frac{1}{4}c=-\frac{1}{16}, \end{cases} \tag{8-3}$$

解方程组(8-3)得 $b=-\frac{5}{7}, c=\frac{17}{252}$.于是可由 $x^2-\frac{5}{7}x+\frac{17}{252}=0$ 求得

$$x_0=\frac{5}{14}-\frac{\sqrt{106}}{42}, \quad x_1=\frac{5}{14}+\frac{\sqrt{106}}{42}.$$

再代入方程组(8-2)中前两式,即有

$$\begin{cases} A_0+A_1=1, \\ \left(\frac{5}{14}-\frac{\sqrt{106}}{42}\right)A_0+\left(\frac{5}{14}+\frac{\sqrt{106}}{42}\right)A_1=\frac{1}{4}. \end{cases}$$

解之,得 $A_0=\frac{1}{2}+\frac{9\sqrt{106}}{424}$ 及 $A_1=\frac{1}{2}-\frac{9\sqrt{106}}{424}$.

将求得的 x_0, x_1, A_0, A_1 代入(8-1)式,即得 $I(f)$ 的近似积分式.此方法对 $n>1$ 的求积公式也适用.

8.2.2 无穷区间上函数的数值积分

对于无穷区间上的积分可仿照无界函数积分的处理方式,常用的计算方法为

1. 极限处理法

基本定义:

$$\int_0^{+\infty} f(x)\,\mathrm{d}x=\lim_{r\to+\infty}\int_0^r f(x)\,\mathrm{d}x.$$

现取 $1<r_0<r_1<\cdots$ 是趋于$+\infty$ 的一个数列,记

$$\int_0^{+\infty} f(x)\,\mathrm{d}x=\int_0^{r_0} f(x)\,\mathrm{d}x+\int_{r_0}^{r_1} f(x)\,\mathrm{d}x+\int_{r_1}^{r_2} f(x)\,\mathrm{d}x+\cdots.$$

等式右边每个积分都是正常积分.当 $\left|\int_{r_n}^{r_{n+1}} f(x)\,\mathrm{d}x\right|\leqslant\varepsilon$ 时,计算就可终止.当然这也是一个实践准则.

例 4 计算积分 $I=\int_0^{+\infty}\frac{\mathrm{e}^{-x}}{1+x^4}\mathrm{d}x$.

解 取 $I_n=\int_0^{r_n}\frac{\mathrm{e}^{-x}}{1+x^4}\mathrm{d}x,\quad r_n=2^n$.计算结果见表 8-2.

表 8-2 计 算 结 果

n	I_n	函数值计算个数
0	0.572 025 82	35
1	0.627 459 52	52
2	0.630 439 90	100
3	0.630 477 61	178
4	0.630 477 66	322
精确值	0.630 477 83	

2. 无穷区间的截断

截无穷区间成为有限区间.这就要求事先用某种简单的解析方法估算出“截断误差”.

例 5 用数值方法计算积分 $I=\int_0^{+\infty}\mathrm{e}^{-x^2}\mathrm{d}x$.

解 因为 $I=\int_0^{+\infty}\mathrm{e}^{-x^2}\mathrm{d}x=\int_0^k\mathrm{e}^{-x^2}\mathrm{d}x+\int_k^{+\infty}\mathrm{e}^{-x^2}\mathrm{d}x$,对于 $x\geqslant k$,有 $-x^2\leqslant -kx$,所以

$$\int_k^{+\infty}\mathrm{e}^{-x^2}\mathrm{d}x\leqslant\int_k^{+\infty}\mathrm{e}^{-kx}\mathrm{d}x=\frac{1}{k}\mathrm{e}^{-k^2}.$$

对于 $k=4$,$\frac{1}{k}\mathrm{e}^{-k^2}\approx 10^{-8}$.如果要求 7 位有效数字,那么只要计算正常积分 $\int_0^4\mathrm{e}^{-x^2}\mathrm{d}x$ 就可以.

3. 变量置换

在某种情况下,通过适当的变量置换,可以使无穷区间上的反常积分转化为有穷区间上的积分,然后选用适当的方法来计算.例如用置换 $t=\mathrm{e}^{-x}$ 可将区间 $[0,+\infty)$ 变换为 $(0,1]$ 区间,因此有公式

$$\int_0^{+\infty}f(x)\,\mathrm{d}x=\int_0^1\frac{f(-\ln t)}{t}\mathrm{d}t=\int_0^1\frac{g(t)}{t}\mathrm{d}t.$$

若 $\frac{g(t)}{t}$ 在 $x=0$ 的邻域内有界,则可用正常积分方法计算.若变换后为无界函数,则可用无界函数数值积分方法处理.另外,也可用 $t=\frac{\mathrm{e}^x-1}{\mathrm{e}^x+1}$ 将区间 $(-\infty,+\infty)$ 变为 $(-1,1)$,用 $t=\frac{x}{1+x}$ 将区间 $[0,+\infty)$ 变为 $[0,1]$.

4. 无穷区间上的 Gauss 型求积公式

Gauss-Laguerre 公式:

$$\int_0^{+\infty}\mathrm{e}^{-x}f(x)\,\mathrm{d}x=\sum_{k=1}^{n}A_kf(x_k)+\frac{(n!)^2}{(2n)!}f^{(2n)}(\zeta),\quad 0<\zeta<+\infty.$$

此处节点 x_k 是 Laguerre 多项式 $L_n(x)=\mathrm{e}^x\frac{\mathrm{d}^n}{\mathrm{d}x^n}(x^n\mathrm{e}^{-x})$ 的零点.求积系数

$$A_k=\frac{(n!)^2x_k}{[L_{n+1}(x_k)]^2},\quad k=1,2,\cdots,n.$$

Gauss-Hermite 公式:

$$\int_{-\infty}^{+\infty}\mathrm{e}^{-x^2}f(x)\,\mathrm{d}x=\sum_{k=1}^{n}A_kf(x_k)+\frac{(n!)\sqrt{\pi}}{2^n(2n)!}f^{(2n)}(\zeta),\quad -\infty<\zeta<+\infty.$$

节点 x_k 是 Gauss-Hermite 多项式 $H_n(x)=(-1)^n\mathrm{e}^{x^2}\frac{\mathrm{d}^n}{\mathrm{d}x^n}(\mathrm{e}^{-x^2})$ 的零点,求积系数

$$A_k=\frac{2^{n+1}n!\sqrt{\pi}}{[H_{n+1}(x_k)]^2},\quad k=1,2,\cdots,n.$$

8.3 振荡函数的数值积分法

我们所说的振荡被积函数是指在积分区域上有多个局部极大值点与极小值点的函数.例如,

$$\int_a^b f(x)\sin nx\mathrm{d}x,\ \int_a^b f(x)\cos nx\mathrm{d}x.$$

我们可取一般形式为

$$I(t)=\int_a^b f(x)\kappa(x,t)\mathrm{d}x,\quad -\infty\leqslant a<b\leqslant+\infty,\tag{8-4}$$

式中 $\kappa(x,t)$ 是一振荡核,即 κ 是关于 x 的振荡函数,而 $f(x)$ 为非振荡函数.这类积分用通常数值积分法计算,效果都不理想.下面介绍两种特殊方法:

1. 在两根之间积分

被积函数振荡部分的根位于:$a\leqslant x_1<x_2<\cdots<x_n\leqslant b$,则将 $[a,b]$ 划分为若干个子区间,原积分化为各子区间上积分之和,这时,可采用含积分区间端点值的法则计算每个子区间上的积分.因为在端点处被积函数为零,从而不必增加计算量就可得到较高精度.我们选用 Gauss-Lobatto(高斯-洛巴托)求积公式:

$$\int_{-1}^1 f(x)\mathrm{d}x=\frac{2}{n(n-1)}[f(-1)+f(1)]+\sum_{k=2}^{n-1}A_k f(x_k)+R_n[f],$$

其中 x_k 是 $P'_{n-1}(x)$ 的根,$P_{n-1}(x)$ 是 $n-1$ 次 Legendre 多项式,系数 A_k 与余项 $R_n[f]$ 分别为

$$A_k=\frac{2}{n(n-1)[P_{n-1}(x_k)]^2}\quad(x_k\neq\pm1),$$

$$R_n[f]=-\frac{n^3(n-1)2^{2n-1}[(n-2)!]^4}{(2n-1)[(2n-2)!]^3}f^{(2n-2)}(\zeta),\quad \zeta\in(-1,1).$$

例如,计算

$$\int_0^{2\pi}f(x)\sin nx\mathrm{d}x=\sum_{k=0}^{2n-1}\int_{\frac{k}{n}\pi}^{\frac{k+1}{n}\pi}f(x)\sin nx\mathrm{d}x.$$

右端每个积分在区间端点为零.因此,$\int_{\frac{k}{n}\pi}^{\frac{k+1}{n}\pi}f(x)\sin nx\mathrm{d}x$ 可用 Gauss-Lobatto 求积公式迅速算出.例如 5 点 Gauss-Lobatto 求积公式(2 个端点,3 个内点),在每个区间中只要算 3 个函数值就行了.对于$\int_a^b f(x)\cos nx\mathrm{d}x$ 亦可同样简化运算.

2. 近似式的利用:Filon(菲隆)方法

设可将 $f(x)$ 写成

$$f(x)=a_1\varphi_1(x)+a_2\varphi_2(x)+\cdots+a_n\varphi_n(x)+\varepsilon(x),\quad a\leqslant x\leqslant b,$$

其中 $\varepsilon(x)$ 是 $a\leqslant x\leqslant b$ 上的一个小量,同时,又令

$$\psi_k(t)=\int_a^b\varphi_k(x)\kappa(x,t)\mathrm{d}x,$$

可用初等项显式算出(如当 $\varphi_k(x)=x^k$ 时,令 $\kappa(x,t)=\sin tx$),因此,积分(8-4)可表示为

$$I(t)=\int_a^b f(x)\kappa(x,t)\,\mathrm{d}x=\sum_{k=1}^n a_k\psi_k(t)+\int_a^b \kappa(x,t)\varepsilon(x)\,\mathrm{d}x\approx\sum_{k=1}^n a_k\psi_k(t).$$

这种算法是 Filon 提出的,他采用抛物线插值函数来逼近 $f(x)$.

考虑积分

$$I(n)=\int_a^b f(x)\sin nx\mathrm{d}x,$$

把区间 $[a,b]$ 等分为 $2N$ 个子区间,其长度 $h=\dfrac{b-a}{2N}$,在每个子区间上用 $f(x)$ 的二次插值多项式来代替 $f(x)$,那么相应的积分可以用分部积分准确算出.于是,

$$\int_a^b f(x)\sin nx\mathrm{d}x\approx h\{-\alpha[f(b)\cos nb-f(a)\cos na]+\beta s_{2N}+\gamma s_{2N-1}\}, \tag{8-5}$$

再令 $\theta=nh=\dfrac{n(b-a)}{2N}$,则

$$\alpha=\alpha(\theta)=\frac{(\theta^2+\theta\sin\theta\cos\theta-2\sin^2\theta)}{\theta^3},$$

$$\beta=\beta(\theta)=\frac{2[\theta(1+\cos^2\theta)-2\sin\theta\cos\theta]}{\theta^3},$$

$$\gamma=\gamma(\theta)=\frac{4(\sin\theta-\theta\cos\theta)}{\theta^3},$$

$$s_{2N}=\frac{1}{2}f(a)\sin na+f(a+2h)\sin n(a+2h)+$$

$$f(a+4h)\sin n(a+4h)+\cdots+\frac{1}{2}f(b)\sin nb,$$

$$s_{2N-1}=\frac{1}{2}f(a+h)\sin n(a+h)+f(a+3h)\sin n(a+3h)+$$

$$f(a+5h)\sin n(a+5h)+\cdots+f(b-h)\sin n(b-h).$$

类似地

$$\int_a^b f(x)\cos nx\mathrm{d}x\approx h\{\alpha[f(b)\sin nb-f(a)\sin na]+\beta c_{2N}+\gamma c_{2N-1}\}, \tag{8-6}$$

其中 c_{2N},c_{2N-1} 与 s_{2N},s_{2N-1} 相对应,用相应的 $\cos\alpha$ 来代替 $\sin\alpha$ 即可.

若 $f(x)$ 用三次样条函数 $s(x)$ 近似,考虑积分区间 $[0,2\pi]$,节点为,$0=x_0<x_1<\cdots<x_n=2\pi$,边界条件 $s'(0)=f'(0)$,$s'(2\pi)=f'(2\pi)$,由三弯矩方程(参考[7])计算出 $M_0,M_1,\cdots,M_N$,其中 $M_i=s''(x_i)$,再用分部积分及样条函数性质可得

$$\int_0^{2\pi} f(x)\sin nx\mathrm{d}x\approx-\frac{1}{n}[s(2\pi)-s(0)]+\frac{1}{n^3}[s''(2\pi)-s''(0)]-$$

$$\frac{2\sin\dfrac{nh}{2}}{n^4h}\sum_{i=0}^{N-1}(M_{i+1}-M_i)\cos\frac{(2i+1)nh}{2} \tag{8-7}$$

和

$$\int_0^{2\pi} f(x)\cos nx\mathrm{d}x \approx \frac{1}{n^2}[s'(2\pi)-s'(0)]+\frac{2\sin\frac{nh}{2}}{n^4 h}\sum_{i=0}^{N-1}(M_{i+1}-M_i)\sin\frac{(2i+1)nh}{2}. \tag{8-8}$$

例 1 近似计算积分

$$I(30)=\int_0^{2\pi} x\cos x\sin(30x)\mathrm{d}x \approx -0.209\ 672\ 479\cdots.$$

若取 $f(x)=x\cos x$，用 Filon 方法，公式(8-5)当 $h=\frac{2\pi}{210}$ 时，可求得 $I(30)\approx -0.209\ 672\ 48$，具有 8 位有效数字.若用样条求积法(公式(8-7))，当 $N=48$ 时，$I(30)\approx -0.209\ 672\ 31$；当 $N=96$ 时，$I(30)\approx -0.209\ 672\ 47$.

8.4 二重积分的机械求积法

本节仅讨论矩形区域上积分的两种简单数值方法.一种是把二重积分化为二次积分，然后利用定积分计算中的插值型求积公式计算此二次积分；一种是用重积分的 Gauss 型求积公式.

1. 矩形域上的插值型求积公式

设有二重积分

$$I(f)=\iint_G f(x,y)\mathrm{d}x\mathrm{d}y,$$

其中积分域为矩形域 $G=\{(x,y)\mid a\leqslant x\leqslant b, c\leqslant y\leqslant d\}$.$I(f)$ 可以化为二次积分

$$I(f)=\int_c^d \mathrm{d}y\int_a^b f(x,y)\mathrm{d}x.$$

(1) 利用梯形公式，得

$$\int_a^b f(x,y)\mathrm{d}x \approx \frac{b-a}{2}[f(a,y)+f(b,y)],$$

$$\begin{aligned} I(f) &\approx \frac{b-a}{2}\left[\int_c^d f(a,y)\mathrm{d}y+\int_c^d f(b,y)\mathrm{d}y\right] \\ &\approx \frac{(b-a)(d-c)}{4}[f(a,c)+f(a,d)+f(b,c)+f(b,d)]. \end{aligned} \tag{8-9}$$

(8-9)式称为**计算二重积分 $I(f)$ 的梯形公式**.为提高计算精度，一般可采用复化求积公式，取

$$x_i=a+ih(i=0,1,2,\cdots,m),\quad h=\frac{b-a}{m},$$

$$y_j=c+jl(j=0,1,2,\cdots,n),\quad l=\frac{d-c}{n},$$

则直线族 $x=x_i(i=0,1,2,\cdots,m)$ 和直线族 $y=y_j(j=0,1,2,\cdots,n)$ 把区域 G 分割成 mn 个子矩形域

$$G_{ij}=\{(x,y)\mid x_i\leqslant x\leqslant x_{i+1},y_j\leqslant y\leqslant y_{j+1}\}$$
$$(i=0,1,2,\cdots,m-1,\ j=0,1,2,\cdots,n-1).$$

两直线族的交点 (x_i,y_j) 称为求积节点.记 $f_{ij}=f(x_i,y_j)$,则由复化梯形公式,可得

$$I(f)=\frac{lh}{4}\sum_{i=0}^{m-1}\sum_{j=0}^{n-1}(f_{ij}+f_{i,j+1}+f_{i+1,j}+f_{i+1,j+1})=\frac{lh}{4}\sum_{i=0}^{m}\sum_{j=0}^{n}\lambda_{ij}f_{ij},\tag{8-10}$$

其中(λ_{ij}写成下面矩阵 $\boldsymbol{T}_{(m+1)\times(n+1)}$ 的元)

$$\boldsymbol{T}=\begin{pmatrix}1&2&2&\cdots&2&2&1\\2&4&4&\cdots&4&4&2\\\vdots&\vdots&\vdots&&\vdots&\vdots&\vdots\\2&4&4&\cdots&4&4&2\\1&2&2&\cdots&2&2&1\end{pmatrix}.$$

(8-10)式称为**计算二重积分 $I(f)$ 的复化梯形公式**.

(2) 利用 Simpson 公式,得

$$\int_a^b f(x,y)\,\mathrm{d}x\approx\frac{b-a}{6}\left[f(a,y)+4f\left(\frac{a+b}{2},y\right)+f(b,y)\right],$$

$$\begin{aligned}I(f)&\approx\frac{b-a}{6}\int_c^d\left[f(a,y)+4f\left(\frac{a+b}{2},y\right)+f(b,y)\right]\mathrm{d}y\\&\approx\frac{(b-a)(d-c)}{36}\left\{f(a,c)+f(b,d)+f(b,c)+f(a,d)+\right.\\&\quad 4\left[f\left(\frac{a+b}{2},c\right)+f\left(\frac{a+b}{2},d\right)+f\left(b,\frac{c+d}{2}\right)+f\left(a,\frac{c+d}{2}\right)\right]+\\&\quad\left.16f\left(\frac{a+b}{2},\frac{c+d}{2}\right)\right\}.\end{aligned}\tag{8-11}$$

(8-11)式称为**计算二重积分 $I(f)$ 的 Simpson 公式**.

取

$$x_i=a+ih(i=0,1,2,\cdots,2m),\quad h=\frac{b-a}{2m},$$

$$y_j=c+jl(j=0,1,2,\cdots,2n),\quad l=\frac{d-c}{2n},$$

得求积节点 $(x_i,y_j)(i=0,1,2,\cdots,m-1,j=0,1,2,\cdots,n-1)$.在子矩形域

$$G_{ij}=\{(x,y)\mid x_{2i}\leqslant x\leqslant x_{2i+2},y_{2j}\leqslant y\leqslant y_{2j+2}\}$$
$$(i=0,1,2,\cdots,m-1,\ j=0,1,2,\cdots,n-1)$$

上利用复化 Simpson 公式得

$$\begin{aligned}I(f)&=\sum_{i=0}^{m-1}\sum_{j=0}^{n-1}\iint\limits_{G_{ij}}f(x,y)\,\mathrm{d}x\mathrm{d}y\\&\approx\frac{(2h)(2l)}{36}\sum_{i=0}^{m-1}\sum_{j=0}^{n-1}[f_{2i,2j}+f_{2i+2,2j}+f_{2i,2j+2}+f_{2i+2,2j+2}+\\&\quad 4(f_{2i+1,2j}+f_{2i+1,2j+2}+f_{2i,2j+1}+f_{2i+2,2j+1})+16f_{2i+1,2j+1}]\end{aligned}$$

$$=\frac{lh}{9}\sum_{i=0}^{2m}\sum_{j=0}^{2n}\lambda_{ij}f_{ij}, \tag{8-12}$$

其中 λ_{ij} 可写成如下矩阵 $\boldsymbol{S}_{(2m+1)\times(2n+1)}$ 的元：

$$\boldsymbol{S}=\begin{pmatrix} 1 & 4 & 2 & 4 & 2 & \cdots & 4 & 2 & 4 & 1 \\ 4 & 16 & 8 & 16 & 8 & \cdots & 6 & 8 & 16 & 4 \\ 2 & 8 & 4 & 8 & 4 & \cdots & 8 & 4 & 8 & 2 \\ \vdots & \vdots & \vdots & \vdots & \vdots & & \vdots & \vdots & \vdots & \vdots \\ 4 & 16 & 8 & 16 & 8 & \cdots & 16 & 8 & 16 & 4 \\ 2 & 8 & 4 & 8 & 4 & \cdots & 8 & 4 & 8 & 2 \\ 4 & 16 & 8 & 16 & 8 & \cdots & 16 & 8 & 16 & 4 \\ 1 & 4 & 2 & 4 & 2 & \cdots & 4 & 2 & 4 & 1 \end{pmatrix}$$

(8-12)式称为**计算二重积分 $I(f)$ 的复化 Simpson 公式**.

例 1　用复化 Simpson 公式计算

$$I(f)=\int_{1.0}^{1.5}\int_{1.4}^{2.0}\ln\ (x+2y)\,\mathrm{d}x\mathrm{d}y.$$

解　取 $n=2,m=1$，有 $h=0.15,l=0.25$，节点 (x_i,y_j) $(i=0,1,2,\cdots,m-1,\ j=0,1,2,\cdots,n-1)$ 分布图见图 8-1.利用公式(8-12)，$f(x_i,y_j)=\ln\ (x_i+2y_j)$，将 λ_{ij} 值在图 8-1 上标出.因此有

$$I(f)\approx\frac{1}{9}\times 0.5\times 0.25\sum_{i=0}^{4}\sum_{j=0}^{2}\lambda_{ij}\ln\ (x_i+2y_j)=0.429\ 552\ 438\ 7.$$

积分的精确值为 0.429 554 526 5.

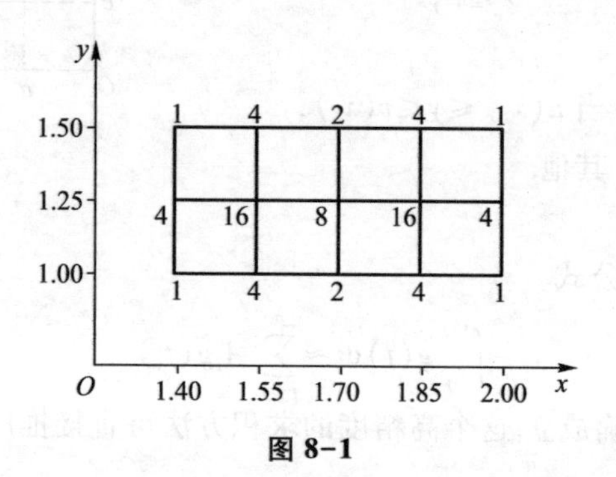

图 8-1

在构造重积分求积公式中也可以在 x 方向和 y 方向取不同的公式.例如，如果在一个方向是周期的，那么在这个方向上用复化梯形公式将会有利，而另一方向用其他类型的求积公式.

例 2　在 x 方向用复化梯形公式，在 y 方向用复化 Simpson 公式计算积分

$$I=\int_0^1\int_0^{\pi}\frac{\mathrm{e}^y}{1+\cos 2x+\cos y}\mathrm{d}x\mathrm{d}y,$$

并与两个方向均用复化 Simpson 公式的结果进行比较.

解　$I(f)\approx 3.659\ 879\ 5$.计算结果见表 8-3.由表中可看出，$x$ 方向用复化梯形公式比 x 方向用复化 Simpson 公式的方法更好.

表 8-3　计算结果

n,m	T_S	$I_{h,l}-I(f)$	n,m	S_S	$I_{h,l}-I(f)$
2	4.513 704 3	0.853 824 8	2	5.373 336 5	1.713 457 0
4	3.735 940 9	0.076 061 4	4	3.495 903 0	-0.163 976 5
8	3.660 905 3	0.001 025 8	8	3.637 027 5	-0.022 852
16	3.659 893 4	0.000 013 9	16	3.659 622 5	-0.000 257

注　T_S 表示 x 方向用复化梯形公式，y 方向用复化 Simpson 公式，S_S 表示 x 和 y 方向均用复化 Simpson 公式；$I(f)-I_{h,l}$ 表示相应的误差.

2. 一般区域上的二重积分

设 $I(f)=\iint\limits_G f(x,y)\mathrm{d}x\mathrm{d}y$ 的积分区域为 $G=\{(x,y)\mid u(x)\leqslant y\leqslant v(x),a\leqslant x\leqslant b\}$，其中 $u(x)$，$v(x)$ 都是区间 $[a,b]$ 上连续函数.作矩形 $R=\{(x,y)\mid a\leqslant x\leqslant b,c\leqslant y\leqslant d\}$ 使得 $G\subset R$（见图 8-2）.

令

$$F(x,y)=\begin{cases}f(x,y), & (x,y)\in G,\\ 0, & (x,y)\in R\backslash G,\end{cases}$$

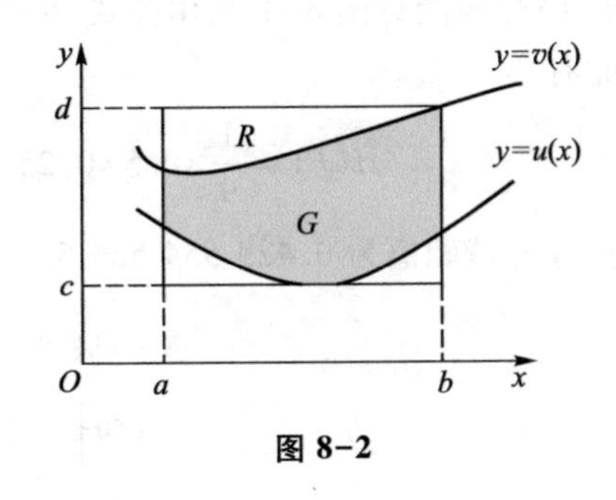

图 8-2

则由公式(8-12)得

$$I(f)=\iint\limits_R F(x,y)\mathrm{d}x\mathrm{d}y\approx\frac{lh}{9}\sum_{i=0}^{2m}\sum_{j=0}^{2n}\lambda_{ij}F_{ij},$$

其中

$$F_{ij}=\begin{cases}f(x_i,y_j), & \text{当 } u(x_i)\leqslant y\leqslant v(x_i),\\ 0, & \text{其他}.\end{cases}$$

3. Gauss 型求积公式

一维 Gauss-Legendre 公式

$$\int_{-1}^{1}g(t)\mathrm{d}t\approx\sum_{i=1}^{n}A_i g(t_i)$$

对 $2n-1$ 次代数多项式精确成立.这个高精度的求积方法可直接推广到二重积分求积.考虑二重积分

$$I(f)=\int_{-1}^{1}\int_{-1}^{1}f(x,y)\mathrm{d}x\mathrm{d}y, \tag{8-13}$$

采用求积公式

$$\int_{-1}^{1}\int_{-1}^{1}f(x,y)\mathrm{d}x\mathrm{d}y\approx\sum_{i=1}^{n}\sum_{j=1}^{n}A_iA_jf(t_i,t_j), \tag{8-14}$$

其中系数 A_j 和节点 t_j 分别由一维 Gauss-Legendre 公式的系数和节点给出（见表 8-4）.容易验证，(8-14)式对于二元函数

$$f(x,y)=x^{\alpha}y^{\beta},\quad -1\leqslant x,\quad y\leqslant 1,\quad 0\leqslant\alpha,\quad \beta\leqslant 2n-1$$

是精确成立的.求积公式(8-14)也称为**重积分的 Gauss 型求积公式**.

表 8-4 Gauss-Legendre 公式的系数和节点表

n	Gauss 点 x_k	系数 A_k
0	0.000 000 000 0	2.000 000 000 0
1	±0.577 350 269 2	1.000 000 000 0
2	±0.774 596 669 2	0.555 555 555 6
	0.000 000 000 0	0.888 888 888 9
3	±0.861 136 311 6	0.347 854 845 1
	±0.339 981 043 6	0.652 145 154 9
4	±0.906 179 845 9	0.236 926 885 1
	±0.538 469 310 1	0.478 628 670 5
	0.000 000 000 0	0.568 888 888 9
5	±0.932 469 514 2	0.236 926 885 1
	±0.661 209 386 5	0.478 628 670 5
	±0.236 619 186 1	0.568 888 888 9
6	±0.932 469 514 2	0.129 484 966 2
	±0.661 209 386 5	0.279 705 391 5
	±0.236 619 186 1	0.381 830 050 5
	0.000 000 000 0	0.417 959 133 7

例 3 用重积分的 Gauss 型求积公式计算例 1 的积分.

解 首先用变量置换

$$u(x)=\frac{1}{2.0-1.4}(2x-1.4-2.0),\quad v(x)=\frac{1}{1.5-1.0}(2y-1.0-1.5)$$

将积分区域 $G=\{(x,y)\mid 1.4\leqslant x\leqslant 2.0,1.0\leqslant y\leqslant 1.5\}$ 变换到正方形区域 $D=\{(u,v)\mid -1\leqslant u,v\leqslant 1\}$,经变换后积分为

$$I(f)=0.075\int_{-1}^{1}\int_{-1}^{1}\ln\ (0.3u+0.5v+4.2)\,\mathrm{d}u\mathrm{d}v,$$

取 $n=3$, $u_1=v_1=-0.774\ 596\ 669\ 2$, $u_2=v_2=0$, $u_3=v_3=0.774\ 596\ 669\ 2$,相应的系数 $A_1=A_3=0.555\ 555\ 555\ 6$, $A_2=0.888\ 888\ 888\ 9$.

于是我们得到

$$\begin{aligned}I(f)&=\int_{1.0}^{1.5}\int_{1.4}^{2.0}\ln\ (x+2y)\,\mathrm{d}x\mathrm{d}y\\&\approx\sum_{i=1}^{3}\sum_{j=1}^{3}A_iA_j[0.075\ln(0.3u_i+0.5v_i+4.2)]\\&=0.429\ 554\ 531\ 3.\end{aligned}$$

可以看出,计算过程中仅计算了 6 次函数值,其误差就小于 4.8×10^{-9}.而例 1,计算过程中计算了 15 次函数值,其误差仅为小于 2.1×10^{-6}.

4. 三角形区域上的积分

任意区域上的积分计算通常比较困难,一个可行的办法是把求积区域剖分为一些多边形,在多边形区域上进行积分然后再求和便可得最终的积分近似值.网格剖分里尤以三角形剖分和四边形剖分最为常见.三角形和四边形区域上的积分计算常需要转化为标准三角形和矩形上计算.

假设 $\tilde{T}$ 是由 $(0,0)$,$(1,0)$,$(0,1)$ 三个顶点构成的三角形,令

$$\lambda_1(s,t)=1-s-t,\quad \lambda_2(s,t)=s,\quad \lambda_3(s,t)=t,$$

那么 $\lambda_i(s,t)=0, i=1,2,3$ 表示三角形的三条边.关于 $\tilde{T}$ 上的数值积分构造过程较为复杂,此处略去,只给出一些常用的积分公式,见表 8-5.

表 8-5

积分节点数	积分结点	权系数	代数精度
1	$\left(\frac{1}{3},\frac{1}{3}\right)$	$\frac{1}{2}$	1
3	$\left(\frac{1}{2},\frac{1}{2}\right),\left(\frac{1}{2},0\right),\left(0,\frac{1}{2}\right)$	$\frac{1}{6}$	2
7	$(0,0),(1,0),(0,1)$	$\frac{1}{40}$	3
	$\left(\frac{1}{2},\frac{1}{2}\right),\left(\frac{1}{2},0\right),\left(0,\frac{1}{2}\right)$	$\frac{1}{15}$	
	$\left(\frac{1}{3},\frac{1}{3}\right)$	$\frac{9}{40}$	

下面考虑任意三角形上的积分计算.设 T 为以 $(x_i,y_i)(i=1,2,3)$ 为顶点的三角形,三个顶点按逆时针排列,那么

$$\begin{cases}x(s,t)=x_1\lambda_1(s,t)+x_2\lambda_2(s,t)+x_3\lambda_3(s,t),\\ y(s,t)=y_1\lambda_1(s,t)+y_2\lambda_2(s,t)+y_3\lambda_3(s,t)\end{cases}$$

是一个由 $\hat{T}$ 到 T 的一个线性变换,这样便有

$$\iint_T f(x,y)\,\mathrm{d}x\mathrm{d}y=\iint_{\hat{T}} f(x(s,t),y(s,t))\,|J|\,\mathrm{d}s\mathrm{d}t,$$

其中

$$|J|=\left|\frac{\partial(x,y)}{\partial(s,t)}\right|=\begin{vmatrix}x_2-x_1 & y_2-y_1\\ x_3-x_1 & y_3-y_1\end{vmatrix}$$

为 Jacobi 行列式.最后在 $\hat{T}$ 上用已知的数值积分公式计算即可得所求的近似积分值.

例 4　近似计算 $\iint_T \sin(x+y)\,\mathrm{d}x\mathrm{d}y$,其中 T 是由 $(0,0),(2,0),(3,1)$ 围成的三角形区域.

解　令

$$\begin{cases}x(s,t)=x_1\lambda_1(s,t)+x_2\lambda_2(s,t)+x_3\lambda_3(s,t)=2s+3t,\\ y(s,t)=y_1\lambda_1(s,t)+y_2\lambda_2(s,t)+y_3\lambda_3(s,t)=t,\end{cases}$$

这时 $|J|=(x_2-x_1)(y_3-y_1)-(x_3-x_1)(y_2-y_1)=2$.因此

$$\iint_T \sin(x+y)\,\mathrm{d}x\mathrm{d}y=\iint_{\hat{T}} 2\sin(2s+4t)\,\mathrm{d}s\mathrm{d}t\approx\begin{cases}0.909\,3, & \text{一点积分公式}\\ 0.630\,6, & \text{三点积分公式}\\ 0.643\,8, & \text{七点积分公式}\end{cases}$$

5. 任意四边形区域上的积分

四边形区域上的积分计算通常需要转化为标准矩形区域上进行计算.设 $\hat{K}=[0,1]^2$,令

$$N_1(s,t)=(s-1)(t-1)/4,\quad N_2(s,t)=-(s+1)(t-1)/4,$$
$$N_3(s,t)=(s+1)(t+1)/4,\quad N_4(s,t)=-(s-1)(t+1)/4,$$

是定义在其上的双线性函数.设 K 是以$(x_i,y_i)(i=1,2,3,4)$为顶点的任意四边形,四个顶点按逆时针方向排列,那么下面的双线性变换把 $\hat{K}$ 映射到 K,

$$x(s,t)=\sum_{i=1}^{4}x_iN_i(s,t),\quad y(s,t)=\sum_{i=1}^{4}y_iN_i(s,t),$$

这样便有

$$\iint_K f(x,y)\,\mathrm{d}x\mathrm{d}y=\iint_{\hat{K}} f(x(s,t),y(s,t))\,|J(s,t)|\,\mathrm{d}s\mathrm{d}t,$$

其中

$$|J(s,t)|=\left|\frac{\partial(x,y)}{\partial(s,t)}\right|=\begin{vmatrix}\sum_{j=1}^{4}x_j\dfrac{\partial N_j}{\partial s} & \sum_{j=1}^{4}y_j\dfrac{\partial N_j}{\partial s}\\ \sum_{j=1}^{4}x_j\dfrac{\partial N_j}{\partial t} & \sum_{j=1}^{4}y_j\dfrac{\partial N_j}{\partial t}\end{vmatrix}$$

为 Jacobi 行列式.不同于三角形情形,此处$|J|$不是常数,而是关于 s,t 的线性函数.最后在 $\hat{K}$ 上用已知的数值积分公式计算即可得所求的近似积分值.

例 5 设 K 是由(0,0),(2,0),(3,1),(1,2)构成的四边形,近似计算 $\iint_K \ln(2x+y)\,\mathrm{d}x\mathrm{d}y$.

解 令

$$x(s,t)=\sum_{i=1}^{4}x_iN_i(s,t)=s+\frac{t}{2}+\frac{3}{2},\quad y(s,t)=\sum_{i=1}^{4}y_iN_i(s,t)=-\frac{(s-3)(t+1)}{4},$$

这时$|J(s,t)|=\dfrac{t}{8}-\dfrac{s}{4}+\dfrac{7}{8}$.因此

$$\iint_K \ln(2x+y)\,\mathrm{d}x\mathrm{d}y=\iint_{\hat{K}}\left(\frac{t}{8}-\frac{s}{4}+\frac{7}{8}\right)\ln\left(\frac{7s}{4}+\frac{7t}{4}-\frac{st}{4}+\frac{15}{4}\right)\mathrm{d}s\mathrm{d}t\approx 4.2190.$$

最后一步用了 4 个点的 Gauss 型积分公式.

8.5 重积分 Monte Carlo 求积法

Monte Carlo 法(简写 MC 法)又称统计试验法.它根据要解决的数值计算问题构造相应的统计模型,使要计算的问题正好近似概率模型中随机变量或随机过程中某种分布的数字特征.重积分就是将要计算的积分看作某随机过程的数学期望值.用计算机上产生的伪随机数对随机过程进行模拟,从而得到一个大子样数据,对该数据进行统计加工后,给出重积分的近似估算值.因此,用 MC 法计算重积分是双重近似,其一是用统计模型近似重积分;其二是用伪随机数近似真正的随机现象.所以研究 MC 法的计算精度和计算速度至关重要.而且,用MC 法计算重积分时积分维数增加给计算带来的困难不大,因此,MC 积分法往往用在高维重积分上.

为了便于说明 MC 法的思想实质,在此以一维积分为例进行讨论.

设要计算的积分为

$$I=\int_a^b f(x)\,\mathrm{d}x,$$

其中 $f(x)$ 为 $[a,b]$ 上的连续函数.

设 $x_1,x_2,\cdots,x_n$ 为 $[a,b]$ 上的随机点,并计算出 $f(x_1),f(x_2),\cdots,f(x_n)$,然后求 $\sum_{i=1}^{n} f(x_i)$,简记为 $\sum f(x_i)$,那么下式是否成立呢?

$$I=\int_a^b f(x)\,\mathrm{d}x\approx\frac{b-a}{n}\sum f(x_i).\tag{8-15}$$

如果 x_i 是在 $[a,b]$ 内均匀取值,且当 n 足够大时,可以用 $\frac{b-a}{n}\sum f(x_i)$ 来近似估算 $f(x)$ 在 $[a,b]$ 上的积分值.这是因为

$$I=\int_a^b f(x)\,\mathrm{d}x=(b-a)\int_a^b f(x)\frac{1}{b-a}\mathrm{d}x=(b-a)\tilde{I},$$

取

$$\rho(x)=\begin{cases}\dfrac{1}{b-a}, & a\leqslant x\leqslant b,\\ 0, & \text{其他}\end{cases}$$

为均匀分布的密度函数,则根据大数定律有

$$\lim_{n\to\infty}P\left(\left|\frac{1}{n}\sum f(x_i)-\tilde{I}\right|<\varepsilon\right)=1,$$

从而得到,当均匀取样值无限增大时,$\frac{b-a}{n}\sum f(x_i)$ 以接近于1的概率近似于 I,其中 $P(A)$ 为事件 A 发生的概率.随机数的均匀取值可以利用计算机系统中伪随机数发生器产生.由于计算机生成随机数的方式是确定的,故产生的随机数不是真正的随机数,称为**伪随机数**.

如果用(8-15)式计算积分值 I 时,要求精度为 ε,那么,取多大的 n,才能使它成立的概率近似 α,即

$$P\left(\left|\frac{1}{n}\sum f(x_i)-\tilde{I}\right|<\varepsilon\right)\approx\alpha?$$

根据中心极限定理,$\sum(f(x_i)-n\tilde{I})/\sqrt{D[\sum f(x_i)]}$ 渐近地服从标准正态分布 $N(0,1)$,故设

$$E\left(\frac{1}{n}\sum f(x_i)\right)=\tilde{I},\quad D\left[\frac{\sum f(x_i)}{n}\right]=\sigma^2.$$

$$P\left(\left|\frac{\sum f(x_i)-n\tilde{I}}{\sqrt{n}\,\sigma}\right|\leqslant\lambda_\alpha\right)\approx\alpha=\frac{1}{\sqrt{2\pi}}\int_{-\lambda_\alpha}^{\lambda_\alpha}\mathrm{e}^{-\frac{x^2}{2}}\,\mathrm{d}x=\frac{2}{\sqrt{2\pi}}\int_0^{\lambda_\alpha}\mathrm{e}^{-\frac{x^2}{2}}\,\mathrm{d}x,$$

则

$$\frac{\sum f(x_i)-n\tilde{I}}{\sqrt{n}\sigma}\leqslant\lambda_\alpha,$$

即

$$\sum f(x_i)-n\tilde{I}\leqslant\sqrt{n}\lambda_\alpha\sigma,$$

亦即

$$\frac{1}{n}\sum f(x_i)-\tilde{I}\leqslant\frac{1}{n}\sqrt{n}\lambda_\alpha\sigma=\frac{\lambda_\alpha\sigma}{\sqrt{n}}=\varepsilon$$

以概率 α 成立,即上式成立的置信度可达 α.

对于多重积分

$$I_D=\int_D f(p)\,\mathrm{d}p,$$

其中 D 为 n 维空间 $\mathbf{R}^n$ 中的一个积分区域,且

$$f(p):D\subseteq\mathbf{R}^n\to\mathbf{R},\quad p=(x_1,x_2,\cdots,x_n)\in D.$$

设 V_D 为 D 的体积,$p_1,p_2,\cdots,p_n$ 为 D 中的均匀分布的随机点,并算出 $f(p_1),f(p_2),\cdots,f(p_n)$,则根据大数定律同样可得近似计算式

$$\frac{V_D}{n}\sum f(p_i)\approx\int_D f(p)\,\mathrm{d}p.\tag{8-16}$$

根据中心极限定理,可得误差估计式

$$\left|\frac{V_D}{n}\sum f(p_i)-I_D\right|\leqslant\varepsilon=\frac{\lambda_\alpha\sigma}{\sqrt{n}},\tag{8-17}$$

其中 σ 为 $\frac{1}{n}\sum f(p_i)$ 的**均方差**.

例 1 计算二重积分

$$I=\iint_D f(x,y)\,\mathrm{d}x\mathrm{d}y,$$

其中 $D=\{(x,y)\mid 1\leqslant x\leqslant 6,1\leqslant y\leqslant 5\}$.

解 区域 D 的面积 $V_D=(6-1)(5-1)=20$.设 $(x_1,y_1),(x_2,y_2),\cdots,(x_n,y_n)$ 为 D 上均匀分布的随机点,利用公式(8-16)可得

$$I\approx\frac{20}{n}\sum_{i=1}^{n}f(x_i,y_i).$$

MC 方法是在计算机发展起来后才被广泛重视.这是因为随机点的选取以及函数值的计算等都难以用手算完成.从(8-17)式中可以看出,取样数量增加到 100 倍,精度仅增加到 10 倍.但是由于计算机的速度愈来愈快,故 MC 法还是可取的,特别是对高维积分.从(8-17)式还可以看出,除了用增加取样数量来提高精度外,还可以用减少均方差的办法来提高效率,对此有兴趣的读者可以参阅有关文献.

习题 8

1. 计算下列反常积分，准确到 10^{-4}：

(1) $\int_0^1 \frac{\cos x}{\sqrt{x}} dx$；

(2) $\int_0^1 \frac{\arctan x}{x^{\frac{3}{2}}} dx$；

(3) $\int_0^{+\infty} (x^3+x)^{-\frac{1}{2}} dx$.

2. 将区间 $[0,2\pi]$ 三等分，分点 $x_k=\frac{2k\pi}{3}(k=0,1,2,3)$. 建立求积公式：

$$\int_0^{2\pi} f(x)\sin mx dx \approx A_0 f(x_0)+A_1 f(x_1)+A_2 f(x_2)+A_3 f(x_3),$$

使当 $f(x)=x^n(n=0,1,2,3)$ 时精确成立. 利用此公式计算积分

$$I=\int_0^{2\pi} x\cos x\sin 30x dx. \quad (\text{精确值 } I=-0.209\ 672\ 48.)$$

3. 请你给出一个适当的方案（用于数值计算）来计算下面的积分（误差小于 10^{-6}）：

(1) $\int_0^{+\infty} (x^2+1)^{-\frac{4}{3}} dx$；

(2) $\int_0^{+\infty} (x^2+1)^{-\frac{1}{2}} e^{-x} dx$；

(3) $\int_\pi^{+\infty} x^{-\frac{1}{3}} \sin x dx$.

4. 用复化 Simpson 公式（$n=m=3$）计算下列二重积分：

(1) $\int_0^{0.1} dx \int_0^{0.1} e^{y-x} dy$；　　(2) $\int_{1.3}^{1.5} dx \int_{-0.1}^{0.1} y^2\sqrt{x} dy$.

第 9 章　小波变换

小波分析是 20 世纪 80 年代发展起来的数学分支,它是调和分析数十年研究成果的结晶.目前小波分析已广泛应用于数学的众多分支和许多其他科技领域.本章将首先简要介绍 Fourier(傅里叶)变换,然后介绍小波变换的基本理论和方法.

9.1　从 Fourier 变换到小波变换

小波分析建立在 Fourier 分析基础之上,它既保留了 Fourier 分析的优点,又弥补了 Fourier 分析不能做局部分析的缺陷.

本节依次介绍 Fourier 变换、窗口 Fourier 变换和小波变换,从信号分析的角度介绍各种变换的特点.

9.1.1　Fourier 变换

函数 $f(t)\in L^1(\mathbf{R})$(在 $(-\infty,+\infty)$ 上的所有绝对可积函数的集合)的 **Fourier 变换**定义为

$$\hat{f}(\omega)=\int_{-\infty}^{+\infty} f(t)\,\mathrm{e}^{-\mathrm{i}\omega t}\mathrm{d}t, \tag{9-1}$$

其中 $\mathrm{i}=\sqrt{-1}$.

若 $f(t)\in L^1(\mathbf{R})$ 且 $\hat{f}(\omega)\in L^1(\mathbf{R})$,则称

$$[F^{-1}\hat{f}](t)=\frac{1}{2\pi}\int_{-\infty}^{+\infty}\hat{f}(\omega)\,\mathrm{e}^{\mathrm{i}\omega t}\mathrm{d}\omega \tag{9-2}$$

为 **Fourier 逆变换**,在上述条件下,

$$f(t)=\frac{1}{2\pi}\int_{-\infty}^{+\infty}\hat{f}(\omega)\,\mathrm{e}^{\mathrm{i}\omega t}\mathrm{d}\omega \tag{9-3}$$

在 $(-\infty,+\infty)$ 上几乎处处成立.

Fourier 变换有如下基本性质:

(1) $\lim\limits_{\omega\to\infty}\hat{f}(\omega)=0$;

(2) $[f(t-h)]\hat{}\,(\omega)=\int_{-\infty}^{+\infty} f(t-h)\,\mathrm{e}^{-\mathrm{i}\omega t}\mathrm{d}t=\mathrm{e}^{-\mathrm{i}\omega h}\hat{f}(\omega)$,其中 h 为常数;

(3) $[f(at)]\hat{}\,(\omega)=\int_{-\infty}^{+\infty} f(at)\,\mathrm{e}^{-\mathrm{i}\omega t}\mathrm{d}t=\dfrac{1}{|a|}\hat{f}\left(\dfrac{\omega}{a}\right)$,其中 a 为非零常数;

(4) $[f(at-b)]^{\wedge}(\omega)=\int_{-\infty}^{+\infty}f(at-b)e^{-i\omega t}dt=\frac{1}{|a|}e^{-\frac{i\omega b}{a}}\hat{f}\left(\frac{\omega}{a}\right)$，其中 a 为非零常数，b 为常数；

(5) $[e^{ith}f(t)]^{\wedge}(\omega)=\int_{-\infty}^{+\infty}e^{ith}f(t)e^{-i\omega t}dt=\hat{f}(\omega-h)$，其中 h 为常数；

(6) $[f*g(t)]^{\wedge}(\omega)=\hat{f}(\omega)\hat{g}(\omega)$，其中 $f*g(t)$ 为函数 $f(t)$ 与 $g(t)$ 的卷积，即

$$f*g(t)=\int_{-\infty}^{+\infty}f(x)g(t-x)dx.$$

下面证明性质(4)，其他性质的证明见[25].

性质(4)的证明　只证 $a>0$ 情形，$a<0$ 情形可类似证明.

$$\begin{aligned}\int_{-\infty}^{+\infty}f(at-b)e^{-i\omega t}dt &=\frac{1}{a}\int_{-\infty}^{+\infty}f(at-b)e^{-i\frac{\omega}{a}(at-b)}e^{-i\frac{\omega b}{a}}d(at-b)\\ &=\frac{1}{a}e^{-i\frac{\omega b}{a}}\int_{-\infty}^{+\infty}f(at-b)e^{-i\frac{\omega}{a}(at-b)}d(at-b)\\ &=\frac{1}{a}e^{-i\frac{\omega}{a}b}\int_{-\infty}^{+\infty}f(y)e^{-i\frac{\omega}{a}y}dy\quad(y=at-b)\\ &=\frac{1}{a}e^{-i\frac{\omega b}{a}}\hat{f}\left(\frac{\omega}{a}\right).\end{aligned}$$

若函数 $f(t)\in L^2(\mathbf{R})$（在 $(-\infty,+\infty)$ 上的所有平方可积函数的集合），则对于任意正整数 k，定义

$$f_k(t)=\begin{cases}f(t), & |t|\leqslant k,\\ 0, & |t|>k,\end{cases}$$

函数 $f(t)\in L^2(\mathbf{R})$ 的 **Fourier 变换**定义为

$$\hat{f}(\omega)=\lim_{k\to\infty}\hat{f}_k(\omega).$$

$L^2(\mathbf{R})$ 中的**内积**定义为

$$(f,g)=\int_{-\infty}^{+\infty}f(t)\overline{g(t)}dt,\tag{9-4}$$

其中 $\overline{g(t)}$ 代表 $g(t)$ 的共轭.若 $(f,g)=0$，则称 $f(t)$ 与 $g(t)$ **正交**.

$L^2(\mathbf{R})$ 中的**范数**定义为

$$\|f\|_2=\sqrt{(f,f)},\quad f(t)\in L^2(\mathbf{R}).\tag{9-5}$$

可以证明（见[25]），对于任意 $f(t),g(t)\in L^2(\mathbf{R})$，

$$(f,g)=\frac{1}{2\pi}(\hat{f},\hat{g}),\tag{9-6}$$

$$\|f\|_2^2=\frac{1}{2\pi}\|\hat{f}\|_2^2.\tag{9-7}$$

在应用中，将 $f(t)$ 看作信号（t 为时间变量），$f(t)$ 代表了该信号的时域信息，而 $\hat{f}(\omega)$ 代表的是频域信息（信号 $f(t)$ 中频率为 ω 的信号成分的含量），它使我们能够通过分析信号的频率成分来识别信号.从 Fourier 变换的定义及性质中可看出，Fourier 变换是时域和频域互相

转化的工具，使我们能分别从信号的时域和频域观察信号.但由于 Fourier 变换是在$(-\infty,+\infty)$上的积分，代表着整体平均频率特性，从信号的时域信息看不出局部时间内的频域特性，因此不适用于频率随时间变化的非平稳过程；反之，从频谱信息中也看不出某一频率是何时发生的(即缺少时间定位能力)，而这往往又是我们关心的问题.

在信号分析中，经常要求同时对时域和频域进行局部分析，而 Fourier 变换不是局部化分析的工具，因此需要一种时—频局部分析的方法.

9.1.2 窗口 Fourier 变换

窗口 Fourier 变换是一种时—频局部分析的工具，它通过窗口函数截取局部时间内信号，进而得到该时间内的频率信息.

若非平凡函数 $g(t)\in L^2(\mathbf{R})$，且 $tg(t)\in L^2(\mathbf{R})$，则称 $g(t)$ 为窗函数(通常还可要求窗函数具有规范性，即 $\|g\|_2=\left(\int_{-\infty}^{+\infty}|g(t)|^2\mathrm{d}t\right)^{\frac{1}{2}}=1$).

例如，可取

$$g(t)=(2\pi)^{\frac{-1}{4}}\sigma^{-\frac{1}{2}}\mathrm{e}^{\frac{-t^2}{4\sigma^2}},\quad \sigma>0,$$

也可取紧支集函数，如

$$g(t)=\begin{cases}\dfrac{1}{\sqrt{2\pi}}, & x\in[-\pi,\pi],\\ 0, & \text{其他}.\end{cases}$$

窗函数 $g(t)$ 的中心 t_g^* 和半径 Δ_g 分别定义为

$$t_g^*=\frac{1}{\|g\|_2^2}\int_{-\infty}^{+\infty}t|g(t)|^2\mathrm{d}t, \tag{9-8}$$

$$\Delta_g=\frac{1}{\|g\|_2}\left(\int_{-\infty}^{+\infty}(t-t_g^*)^2|g(t)|^2\mathrm{d}t\right)^{\frac{1}{2}}. \tag{9-9}$$

称$[t_g^*-\Delta_g,t_g^*+\Delta_g]$为窗函数的时间窗，其宽度为 $2\Delta_g$.

设 $f(t)\in L^2(\mathbf{R})$，$g(t)$ 为窗函数，称

$$G_f(\omega,\tau)=\int_{-\infty}^{+\infty}f(t)\overline{g(t-\tau)}\mathrm{e}^{-\mathrm{i}\omega t}\mathrm{d}t \tag{9-10}$$

为 $f(t)$ 在点 $t=\tau$ 处关于窗函数 $g(t)$ 的**窗口 Fourier 变换**，也称为**短时 Fourier 变换(STFT)**.

在窗口 Fourier 变换中，$g(t)$ 起着时限的作用，随着 τ 的变化，时间窗在时间轴上平移为$[t_g^*+\tau-\Delta_g,t_g^*+\tau+\Delta_g]$(其中心为 $t_g^*+\tau$，宽度仍为 $2\Delta_g$)，$G_f(\omega,\tau)$是对 $f(t)$ 在此窗口的“切片” $f(t)\overline{g(t-\tau)}$ 进行标准的 Fourier 变换，从而得到这段时间内的频率信息. $G_f(\omega,\tau)$ 可大致视为在时刻 τ 时，信号 $f(t)$ 中频率为 ω 的信号成分的含量.

短时 Fourier 变换是将信号划分成许多小的时间间隔，用 Fourier 变换分析每个时间间隔，得到该时间间隔存在的频率信息，因此具有局部分析的能力.

短时 Fourier 变换也有反演公式：设 $f(t)\in L^2(\mathbf{R})$，则在平方收敛意义下，有

$$f(t)=\frac{1}{2\pi}\int_{-\infty}^{+\infty}\int_{-\infty}^{+\infty}G_f(\omega,\tau)g(t-\tau)\mathrm{e}^{\mathrm{i}\omega t}\mathrm{d}\omega\mathrm{d}\tau. \tag{9-11}$$

STFT虽然在一定程度上克服了标准Fourier变换不能进行局部分析的缺陷,但也存在着不能克服的缺点:即当窗函数 $g(t)$ 确定后,相平面上的矩形窗口(时频窗口)

$$[t_g^*+\tau-\Delta_g,t_g^*+\tau+\Delta_g]\times[\omega^*+\omega-\Delta_{\hat{g}},\omega^*+\omega+\Delta_{\hat{g}}]$$

就确定了(ω^* 和 $\Delta_{\hat{g}}$ 分别为频域中的窗口中心和半径,其定义类似于(9-8)式和(9-9)式),其面积为 $4\Delta_g\Delta_{\hat{g}}$.$\Delta_g$ 和 $\Delta_{\hat{g}}$ 的大小决定了时频分辨率,当它们都很小时STFT才能同时具有较高的时、频分辨率,而Heisenberg(海森伯)测不准原理证明了 $\Delta_g\Delta_{\hat{g}}\geqslant\frac{1}{2}$,即 Δ_g 和 $\Delta_{\hat{g}}$ 不可能同时取很小的值.τ,ω 只能改变矩形窗口在相平面上的位置,而不能改变窗口形状,即分辨率是固定的.可以说STFT具有单一的分辨率,若要改变分辨率,需要重新选择窗函数 $g(t)$,因此STFT不适于处理非平稳信号.例如,若 $f(t)$ 是非平稳信号,则在信号波形变化剧烈的部分,主频是高频,要求有较高的时间分辨率,即 Δ_g 要小;而在较平稳的部分,主频是低频,要求有较高的频率分辨率,即 $\Delta_{\hat{g}}$ 要小.STFT不能兼顾二者.

9.1.3 小波变换

小波变换提供了新的时频局部分析方法,它的窗口面积固定,而形状可变,时、频分辨率均可调节,在时域和频域上都具有良好的局部化性质,特别适用于分析非平稳信号.

在小波变换中,基本小波函数起着类似于窗口函数的作用.

设 $\psi(t)\in L^2(\mathbf{R})$,且满足

$$\int_{-\infty}^{+\infty}|\hat{\psi}(\omega)|^2|\omega|^{-1}\mathrm{d}\omega<+\infty,\tag{9-12}$$

则称 $\psi(t)$ 为**基本小波**或**小波母函数**,且称

$$\psi_{a,b}(t)=\frac{1}{\sqrt{|a|}}\psi\left(\frac{t-b}{a}\right),\quad a,b\in\mathbf{R},a\neq 0\tag{9-13}$$

为由 $\psi(t)$ 生成的**依赖参数 a,b 的连续小波**.

由(9-12)式知,$\hat{\psi}(0)=0$,即 $\int_{-\infty}^{+\infty}\psi(t)\,\mathrm{d}t=0$,这体现了 $\psi(t)$ 的振动特性.

常用的小波函数有Mexican Hat(墨西哥帽)小波 $\psi(t)=(1-t^2)\mathrm{e}^{-\frac{t^2}{2}}$、Morlet(莫莱特)小波 $\psi(t)=\mathrm{e}^{-\frac{t^2}{2}}\mathrm{e}^{\mathrm{i}\omega_0 t}$ 等,更多的例子见[21]或有关文献.在MATLAB中,可获得常用小波函数的信息,例如通过分别输入命令waveinfo('mexh')或waveinfo('morl')可获得Mexican Hat小波和Morlet小波的主要性质.

对于 $f(t)\in L^2(\mathbf{R})$,其连续小波变换定义为

$$W_f(a,b)=(f,\psi_{a,b})=\frac{1}{\sqrt{|a|}}\int_{-\infty}^{+\infty}f(t)\overline{\psi}\left(\frac{t-b}{a}\right)\mathrm{d}t.\tag{9-14}$$

与STFT做比较可知,$\psi_{a,b}(t)$ 起着观测窗的作用.在 $\psi_{a,b}(t)$ 中,a 起着伸缩的作用(例如,若 $\psi(t)$ 具紧支集,则当 $|a|$ 增大时,$\psi_{a,b}(t)$ 的支集增大;当 $|a|$ 减小时,$\psi_{a,b}(t)$ 的支集减小),而 b 起着平移的作用.

记 $c_\psi=\int_{-\infty}^{+\infty}|\hat{\psi}(\omega)|^2|\omega|^{-1}\mathrm{d}\omega$,则小波逆变换为

$$f(t)=\frac{1}{c_{\psi}}\int_{-\infty}^{+\infty}\int_{-\infty}^{+\infty}W_f(a,b)\psi_{a,b}(t)\frac{\mathrm{d}a\mathrm{d}b}{a^2}. \tag{9-15}$$

小波变换的时频窗口形状为两个矩形

$$[b-a\Delta\psi,b+a\Delta\psi]\times[(\pm\omega^*-\Delta\hat{\psi})/a,(\pm\omega^*+\Delta\hat{\psi})/a].$$

b 只影响窗口在相平面时间轴上的位置,而 a 不仅影响窗口在频率轴上的位置,也影响窗口的形状,因此小波变换对不同的频率在时域上的取样步长是可调节的,它比 STFT 具有更好的时频窗口特性.

对小波函数 $\psi(t)$,可要求 $t\psi(t)\in L^2(\mathbf{R})$, $\int_{-\infty}^{+\infty}|\psi(t)|^2\mathrm{d}t=1$. 以 $a>0$ 情形为例,可以证明:

$$\begin{cases} t^*_{\psi_{a,b}}=at^*_{\psi}+b, \\ \Delta_{\psi_{a,b}}=a\Delta_{\psi}, \end{cases} \tag{9-16}$$

$$\begin{cases} \omega^*_{\hat{\psi}_{a,b}}=\dfrac{1}{a}\omega^*_{\hat{\psi}}, \\ \Delta_{\hat{\psi}_{a,b}}=\dfrac{1}{a}\Delta_{\hat{\psi}}. \end{cases} \tag{9-17}$$

当正数 a 减小时,$\Delta_{\psi_{a,b}}$减小;$\omega^*_{\hat{\psi}_{a,b}}$ 增大(即移向高频部分),$\Delta_{\hat{\psi}_{a,b}}$ 增大,并且

$$\Delta_{\psi_{a,b}}\Delta_{\hat{\psi}_{a,b}}=\Delta_{\psi}\Delta_{\hat{\psi}}. \tag{9-18}$$

类似地可分析出当正数 a 增大时,$\Delta_{\psi_{a,b}}$,$\omega^*_{\hat{\psi}_{a,b}}$ 和 $\Delta_{\hat{\psi}_{a,b}}$ 的变化趋势.

由上述分析知,在小波变换中,时频窗口面积固定,在低频率部分具有较高的频率分辨率和较低的时间分辨率,在高频率部分具有较高的时间分辨率和较低的频率分辨率,在时域和频域上都具有良好的局部化性质.这就是小波变换优于 Fourier 变换和窗口 Fourier 变换之处.

9.2 多分辨率分析与正交小波基的构造

本节介绍构造正交小波基的方法.

定义 9.1 空间 $L^2(\mathbf{R})$的一个闭子空间列$\{V_j\}_{j\in\mathbf{Z}}$称为$L^2(\mathbf{R})$的一个多分辨率分析,如果满足下面条件:

(1) 单调性:$V_j\subset V_{j+1}$, $\forall j\in\mathbf{Z}$;

(2) 伸缩性:对于 $\forall j\in\mathbf{Z}$, $f(t)\in V_j$ 的充要条件是$f(2t)\in V_{j+1}$;

(3) 平移性:若 $f(t)\in V_0$,则 $f(t-k)\in V_0(\forall k\in\mathbf{Z})$;

(4) 逼近性:$\bigcap\limits_{j\in\mathbf{Z}}V_j=\{0\}$, $\overline{\bigcup\limits_{j\in\mathbf{Z}}V_j}=L^2(\mathbf{R})$;

(5) Riesz(里斯)基的存在性:存在函数 $g(t)$,使$\{g(t-k)\mid k\in\mathbf{Z}\}$构成 V_0 的 Riesz 基.即对任意 $u(t)\in V_0$,存在唯一的序列$\{c_k\}_{k\in\mathbf{Z}}\in l^2$(所有平方可和数列组成的集合),使

$$u(t)=\sum_{k\in\mathbf{Z}}c_kg(t-k).$$

反之,任意序列$\{c_k\}_{k\in\mathbf{Z}}\in l^2$确定一函数$u(t)=\sum\limits_{k\in\mathbf{Z}}c_kg(t-k)\in V_0$,且存在正数$A,B(A\leqslant B)$,使得

$$A\|u\|^2\leqslant\sum_{k\in\mathbf{Z}}|c_k|^2\leqslant B\|u\|^2$$

对所有$u(t)\in V_0$成立.

显然$\{g(2^jt-k)\mid k\in\mathbf{Z}\}$构成$V_j$的 Riesz 基.

如果$\{g(t-k)\mid k\in\mathbf{Z}\}$构成$V_0$的标准正交基,则称$\{V_j\}_{j\in\mathbf{Z}}$为$L^2(\mathbf{R})$的一个**正交多分辨率分析**.

以下讨论构造V_n的标准正交基的方法.

定理 9.1　设$\{V_j\}_{j\in\mathbf{Z}}$构成$L^2(\mathbf{R})$的一个多分辨率分析,函数$\varphi(t)$的 Fourier 变换为

$$\hat{\varphi}(\omega)=\frac{\hat{g}(\omega)}{\left(\sum\limits_{j\in\mathbf{Z}}|\hat{g}(\omega+2j\pi)|^2\right)^{\frac{1}{2}}},\tag{9-19}$$

则$\varphi(t)$的所有整数平移$\{\varphi(t-k)\mid k\in\mathbf{Z}\}$构成$V_0$的一组标准正交基.我们称$\varphi(t)$为(正交的)尺度函数.

显然$\{2^{j/2}\varphi(2^jt-k)\mid k\in\mathbf{Z}\}$构成$V_j$的标准正交基.由于$\varphi\left(\dfrac{t}{2}\right)\in V_{-1}\subset V_0$,所以存在$\{h_k\}_{k\in\mathbf{Z}}\in l^2$,使下述二尺度方程成立:

$$\frac{1}{2}\varphi\left(\frac{t}{2}\right)=\sum_{k\in\mathbf{Z}}h_k\varphi(t-k).\tag{9-20}$$

两端做 Fourier 变换,得

$$\hat{\varphi}(2\omega)=\left(\sum_{k\in\mathbf{Z}}h_k\mathrm{e}^{-\mathrm{i}k\omega}\right)\hat{\varphi}(\omega)\overset{\text{def}}{=\!=}H(\omega)\hat{\varphi}(\omega).\tag{9-21}$$

记W_n为V_n在V_{n+1}中的正交补空间,即$V_{n+1}=V_n\oplus W_n$,则得

$$L^2(\mathbf{R})=\bigoplus_{-\infty}^{+\infty}W_n\tag{9-22}$$

或

$$L^2(\mathbf{R})=V_m\oplus W_m\oplus W_{m+1}\oplus W_{m+2}\oplus\cdots.\tag{9-23}$$

以下构造函数$\psi(t)\in W_0$,使$\psi(t)$的所有整数平移$\{\psi(t-k)\mid k\in\mathbf{Z}\}$构成$W_0$的标准正交基.由于$\psi\left(\dfrac{t}{2}\right)\in W_{-1}\subset V_0$,故存在$\{g_k\}_{k\in\mathbf{Z}}\in l^2$,使下述二尺度方程成立:

$$\frac{1}{2}\psi\left(\frac{t}{2}\right)=\sum_{k\in\mathbf{Z}}g_k\varphi(t-k).\tag{9-24}$$

两端做 Fourier 变换,得

$$\hat{\psi}(2\omega)=\left(\sum_{k\in\mathbf{Z}}g_k\mathrm{e}^{-\mathrm{i}k\omega}\right)\hat{\varphi}(\omega)\overset{\text{def}}{=\!=}G(\omega)\hat{\varphi}(\omega).\tag{9-25}$$

可以证明

定理 9.2　令$G(\omega)=\mathrm{e}^{-\mathrm{i}\omega}\overline{H(\omega+\pi)}$,则由上式定义的$\psi(t)$的所有整数平移$\{\psi(t-k)\mid k\in\mathbf{Z}\}$构成$W_0$的标准正交基.

由 $G(\omega)$ 的取法可知

$$g_k=(-1)^{1-k}\overline{h}_{1-k},\quad k\in\mathbf{Z}. \tag{9-26}$$

显然 $\{2^{j/2}\psi(2^jt-k)\mid k\in\mathbf{Z}\}$ 构成 W_j 的标准正交基,从而

$$\{2^{j/2}\psi(2^jt-k)\mid j\in\mathbf{Z},k\in\mathbf{Z}\}$$

构成 $L^2(\mathbf{R})$ 的一组标准正交基,称这组基为标准正交小波基,$\psi(t)$ 称为小波函数.

最简单的小波正交基是 Haar 基,它是由正交尺度函数

$$\varphi(t)=\begin{cases}1, & t\in[0,1],\\ 0, & t\notin[0,1]\end{cases}$$

生成的,小波函数

$$\psi(t)=\begin{cases}1, & t\in\left[0,\dfrac{1}{2}\right],\\ -1, & t\in\left(\dfrac{1}{2},1\right],\\ 0, & t\notin[0,1].\end{cases} \tag{9-27}$$

其他的正交小波基均没有显式表达式,我们只能得到其 Fourier 变换形式和 $H(\omega)$ (其系数 $\{h_k\}_{k\in\mathbf{Z}}$ 称为传递系数).常用的正交小波基还有 I.Daubechies(多贝西)构造的紧支集正交小波基,它的正交尺度函数 $\varphi(t)$ 满足二尺度方程

$$\varphi(t)=\sum_{n=0}^{N}c_n\varphi(2t-n).$$

可通过下列迭代法求出 $\varphi(t)$:令

$$\varphi_0(t)=\begin{cases}t, & t\in[0,1],\\ 2-t, & t\in(1,2],\\ 0, & t\notin[0,2],\end{cases}$$

$$\varphi_m(t)=\sum_{n=0}^{N}c_n\varphi_{m-1}(2t-n)\quad(m=1,2,\cdots), \tag{9-28}$$

$$\varphi(t)=\lim_{m\to\infty}\varphi_m(t),$$

其支集 $\mathrm{supp}\varphi(t)=[0,N]$.系数 $\{c_n\}$ 参见文献[21].$\psi(t)$ 可通过二尺度关系求出.

在 MATLAB 中,可输入命令 waveinfo('db')获得 Daubechies 小波的主要性质.

在数值计算中,需要求 $\varphi(t)$ 的函数值.其计算先通过解下列方程组求出 $\{\varphi(k)\}_{k=1}^{N-1}$:

$$\begin{cases}\varphi(1)=c_0\varphi(2)+c_1\varphi(1),\\ \varphi(2)=c_0\varphi(4)+c_1\varphi(3)+c_2\varphi(2)+c_3\varphi(1),\\ \cdots\cdots\cdots\cdots\\ \varphi(N-2)=c_{N-3}\varphi(N-1)+c_{N-2}\varphi(N-2)+c_{N-1}\varphi(N-3)+c_N\varphi(N-4),\\ \varphi(N-1)=c_{N-1}\varphi(N-1)+c_N\varphi(N-2).\end{cases} \tag{9-29}$$

在归一化条件 $\sum\limits_{k=1}^{N-1}\varphi(k)=1$ 的条件下,解是唯一的.

解出 $\{\varphi(k)\}_{k=1}^{N-1}$ 后,利用二尺度关系进一步计算:

$$\varphi\left(\frac{k}{2}\right)=\sum_{n=0}^{N} c_n\varphi(k-n),$$

$$\varphi\left(\frac{k}{4}\right)=\sum_{n=0}^{N} c_n\varphi\left(\frac{k}{2}-n\right),$$

$$\cdots\cdots\cdots\cdots$$

$$\varphi\left(\frac{k}{2^m}\right)=\sum_{n=0}^{N} c_n\varphi\left(\frac{k}{2^{m-1}}-n\right). \tag{9-30}$$

这样就能算得函数值$\left\{\varphi\left(\frac{k}{2^m}\right)\right\}$,小波函数值$\left\{\psi\left(\frac{k}{2^m}\right)\right\}$可通过关系式(9-24)计算.

限于篇幅,本书不介绍其他的正交小波,读者可阅读参考文献[21]或其他介绍小波分析的文献.

需要指出的是,除了 Haar 基之外,其他的 Daubechies 小波函数不具有对称性,因此不具有线性相或广义线性相,在信号重构时可能造成相失真.因此在实际应用时,经常选用非正交小波,如样条小波(见参考文献[26])等.

9.3 Mallat 算法

Fourier 变换的实质是把能量有限的信号 $f(t)$ 分解到以 $\{e^{i\omega t}\}$ 为正交基的空间上,而小波变换是把 $f(t)$ 分解到 V_n 和 $W_j(j=n,n+1,\cdots)$ 上,即分解到不同的频率通道.

有了正交小波基,就可以进行正交小波变换,将函数 $f(t)$ 进行正交展开,本节介绍 Mallat (马利亚特)算法.

分别以 E_n 和 D_n 表示从 $L^2(\mathbf{R})$ 到 V_n 和 W_n 的正交投影算子,即对任意 $f(t)\in L^2(\mathbf{R})$,定义

$$\begin{aligned}E_n f(t)&=\sum_{m\in\mathbf{Z}}(f,2^{n/2}\varphi(2^n t-m))2^{n/2}\varphi(2^n t-m)\\&=\sum_{m\in\mathbf{Z}}2^{n/2}\varphi(2^n t-m)\int_{-\infty}^{+\infty}f(t)2^{n/2}\overline{\varphi(2^n t-m)}\,dt\\&=\sum_{m\in\mathbf{Z}}c_{n,m}2^{n/2}\varphi(2^n t-m),\end{aligned} \tag{9-31}$$

$$\begin{aligned}D_n f(t)&=\sum_{m\in\mathbf{Z}}(f,2^{n/2}\psi(2^n t-m))2^{n/2}\psi(2^n t-m)\\&=\sum_{m\in\mathbf{Z}}2^{n/2}\psi(2^n t-m)\int_{-\infty}^{+\infty}f(t)2^{n/2}\overline{\psi(2^n t-m)}\,dt\\&=\sum_{m\in\mathbf{Z}}d_{n,m}2^{n/2}\psi(2^n t-m),\end{aligned} \tag{9-32}$$

$E_nf(t)$ 和 $D_nf(t)$ 分别是 $f(t)$ 在 V_n 和 W_n 的最佳平方逼近函数.

由多分辨分析的定义可知,当 n 较大时,V_n 是对 $L^2(\mathbf{R})$ 的较好的逼近,因此 $E_n f(t)$ 是 $f(t)$ 的较精确的逼近函数.

在应用中,对较小的 n,$E_n f(t)$ 视为信号 $f(t)$ 的低频部分,相对而言,$D_n f(t)$,$D_{n+1} f(t)$,$\cdots$ 可视为 $f(t)$ 的高频部分.

一、分解算法

分解算法是将信号分解成不同的频率通道成分.由于 $V_{n+1}=V_n\oplus W_n$,所以

$$E_{n+1}f(t)=E_nf(t)+D_nf(t),\tag{9-33}$$

即

$$\begin{aligned}&\sum_{m\in\mathbf{Z}}c_{n+1,m}2^{(n+1)/2}\varphi(2^{n+1}t-m)\\&=\sum_{m\in\mathbf{Z}}c_{n,m}2^{n/2}\varphi(2^nt-m)+\sum_{m\in\mathbf{Z}}d_{n,m}2^{n/2}\psi(2^nt-m).\end{aligned}\tag{9-34}$$

由二尺度关系,可得

$$\begin{aligned}c_{n,m}&=(f,2^{n/2}\varphi(2^nt-m))\\&=\left(f,\sqrt{2}\sum_{k\in\mathbf{Z}}h_k2^{(n+1)/2}\varphi(2^{n+1}t-2m-k)\right)\\&=\sqrt{2}\sum_{k\in\mathbf{Z}}\overline{h}_kc_{n+1,2m+k}.\end{aligned}\tag{9-35}$$

同理可得

$$\begin{aligned}d_{n,m}&=(f,2^{n/2}\psi(2^nt-m))\\&=\sqrt{2}\sum_{k\in\mathbf{Z}}(-1)^kh_kc_{n+1,2m+k-1}.\end{aligned}\tag{9-36}$$

上述分解算法是从 $f(t)$ 在 V_{n+1} 中的展开系数 $\{c_{n+1,m}\}$ 得 $f(t)$ 在 V_n 和 W_n 中的展开系数 $\{c_{n,m}\}$,$\{d_{n,m}\}$,分解过程如下图所示:

$$\begin{array}{ccccccccc}c_{n+1,m}&\longrightarrow&c_{n,m}&\longrightarrow&c_{n-1,m}&\longrightarrow&\cdots&\longrightarrow&c_{0,m}\\&\searrow&d_{n,m}&\searrow&d_{n-1,m}&\searrow&\cdots&\searrow&d_{0,m}\end{array}$$

这样就得到了 $E_{n+1}f(t)$ 按各种不同频率的分解式.

二、重构算法

通过分解算法,将任意 $f(t)\in L^2(\mathbf{R})$ 均可分解成低频率部分("粗糙像")和高频部分("细节"部分);反之,由它们也可重构 $f(t)$.

在(9-34)式两端与 $2^{(n+1)/2}\varphi(2^{n+1}t-k)$ 做内积,得

$$\begin{aligned}c_{n+1,k}=&\sum_{m\in\mathbf{Z}}c_{n,m}(2^{n/2}\varphi(2^nt-m),2^{(n+1)/2}\varphi(2^{n+1}t-k))+\\&\sum_{m\in\mathbf{Z}}d_{n,m}(2^{n/2}\psi(2^nt-m),2^{(n+1)/2}\varphi(2^{n+1}t-k))\\=&\sqrt{2}\sum_{m\in\mathbf{Z}}c_{n,m}\left(\sum_{s\in\mathbf{Z}}h_s2^{(n+1)/2}\varphi(2^{n+1}t-2m-s),2^{(n+1)/2}\varphi(2^{n+1}t-k)\right)+\\&\sqrt{2}\sum_{m\in\mathbf{Z}}d_{n,m}\left(\sum_{s\in\mathbf{Z}}(-1)^s\overline{h}_s2^{(n+1)/2}\varphi(2^{n+1}t-2m+s-1),2^{(n+1)/2}\varphi(2^{n+1}t-k)\right)\\=&\sqrt{2}\sum_{m\in\mathbf{Z}}c_{n,m}h_{k-2m}+\sqrt{2}\sum_{m\in\mathbf{Z}}(-1)^{2m+1-k}d_{n,m}\overline{h}_{2m+1-k}.\end{aligned}\tag{9-37}$$

重构过程如下图所示:

$$\begin{array}{ccccccccccc}c_{0,m}&\longrightarrow&c_{1,m}&\longrightarrow&c_{2,m}&\longrightarrow&\cdots&\longrightarrow&c_{n-1,m}&\longrightarrow&c_{n,m}\\d_{0,m}&\nearrow&d_{1,m}&\nearrow&d_{2,m}&\nearrow&\cdots&\nearrow&d_{n-1,m}&\nearrow&\end{array}$$

在信号处理过程中,通常要去除信号中的冗余信息("噪声"部分),从而得到真实信号.因此利用 Mallat 算法进行重构之前,应去掉其中的"噪声"部分.

习题 9

1. 证明 Fourier 变换的性质(2),(3),(5),(6).

2. 证明 Poisson(泊松)求和公式:设$f(t)\in L^1(\mathbf{R})$且

$$|f(t)|\leqslant A(1+|t|)^{-1-\delta},\quad |\hat{f}(\omega)|\leqslant A(1+|\omega|)^{-1-\delta},$$

其中$A>0,\delta>0$均为常数,则

$$\sum_{k\in\mathbf{Z}}f(t+2k\pi)=\frac{1}{2\pi}\sum_{n\in\mathbf{Z}}\hat{f}(n)\mathrm{e}^{\mathrm{i}nt}.$$

3. 设函数$\varphi(t)\in L^2(\mathbf{R})$.证明:$\varphi(t)$的所有整数平移$\{\varphi(t-k)\mid k\in\mathbf{Z}\}$构成标准正交函数系的充要条件是$\sum_{j\in\mathbf{Z}}|\hat{\varphi}(\omega+2j\pi)|^2=1$.

4. 证明定理 9.1.

5. 验证 Haar 基的正交性.

6. 证明公式(9-16),(9-17).

第 10 章　矩阵特征对的数值解法

在第 4 章中曾介绍了求矩阵 $\boldsymbol{A}$ 极端特征对的幂法和反幂法，它是求 $\boldsymbol{A}$ 的模最大、模最小特征对的有效方法，而且也是知道某特征值的近似值后，提高该特征值的精度，以及知道特征值后求对应特征向量的好方法.但是，矩阵特征对的应用相当广泛，随着应用需求的不同，有时需要求 $\boldsymbol{A}$ 的全部特征对，有时需要求部分特征对，远非仅求极端特征对.因此，我们对特征对的求解问题还应该做进一步研究.

10.1　求特征方程根的方法

在线性代数中，曾用求 $\boldsymbol{A}$ 的特征多项式

$$f_n(\lambda)=\det(\lambda \boldsymbol{I}-\boldsymbol{A})$$

的根的方法来计算矩阵 $\boldsymbol{A}$ 的特征值，但是将行列式形式的特征多项式化成按 λ 降幂排的普通多项式形式(10-1)是件不易的事.

$$f_n(\lambda)=\lambda^n-(a_{11}+a_{22}+\cdots+a_{nn})\lambda^{n-1}+\cdots+(-1)^n\det(\boldsymbol{A}), \tag{10-1}$$

其中 $\lambda^k(0<k<n)$ 的系数是 $\boldsymbol{A}$ 的 $n-k$ 阶子行列式的和.如果 $\boldsymbol{A}$ 是一般矩阵，要计算 λ^k 的系数值将是一个计算工作量很大的困难问题，但是对 n 不太大的某些特殊矩阵，应用此法求解也不失为一个有效的可取方法.

10.1.1　$\boldsymbol{A}$ 为 Jacobi 矩阵

设

$$\boldsymbol{A}_k=\begin{pmatrix} a_1 & b_1 & & & \\ c_1 & a_2 & b_2 & & \\ & & \ddots & & \\ & \ddots & \ddots & & \\ & & c_{k-2} & a_{k-1} & b_{k-1} \\ & & & c_{k-1} & a_k \end{pmatrix} \tag{10-2}$$

为 k 阶实三对角矩阵，且 $b_ic_i>0(i=1,2,\cdots,k-1)$.形如(10-2)式的矩阵 $\boldsymbol{A}_k$ 称为 Jacobi 矩阵.

一、Jacobi 矩阵 $\boldsymbol{A}_k$ 的特征多项式

设

$$f_k(\lambda)=\det(\lambda\boldsymbol{I}-\boldsymbol{A}_k)$$
$$=\begin{vmatrix}\lambda-a_1 & -b_1 & & & \\ -c_1 & \lambda-a_2 & -b_2 & & \\ & \ddots & \ddots & \ddots & \\ & & -c_{k-2} & \lambda-a_{k-1} & -b_{k-1} \\ & & & -c_{k-1} & \lambda-a_k\end{vmatrix}, \tag{10-3}$$

将行列式(10-3)按最后一列展开,得

$$f_k(\lambda)=(\lambda-a_k)\det(\lambda\boldsymbol{I}-\boldsymbol{A}_{k-1})-b_{k-1}c_{k-1}\det(\lambda\boldsymbol{I}-\boldsymbol{A}_{k-2}),$$

其中 $\boldsymbol{A}_{k-1},\boldsymbol{A}_{k-2}$ 为 $\boldsymbol{A}_k$ 的 $k-1$ 阶和 $k-2$ 阶顺序主子阵,则

$$f_k(\lambda)=(\lambda-a_k)f_{k-1}(\lambda)-b_{k-1}c_{k-1}f_{k-2}(\lambda). \tag{10-4}$$

对于 $k=n,n-1,\cdots,2$,关系(10-4)均成立,规定 $f_0(\lambda)=1$.由(10-4)式得到的多项式序列

$$f_n(\lambda),\quad f_{n-1}(\lambda),\quad \cdots,\quad f_1(\lambda),\quad f_0(\lambda)$$

具有如下性质:

(1) $f_0(\lambda)=1$.

(2) $f_k(\lambda)$ 与 $f_{k-1}(\lambda)$(或 $f_{k+1}(\lambda)$)没有公共实根.(使用反证法很容易证明,因为如果它们有公共实根,对 k 进行向下递推可得 $f_0(\lambda)$ 也有实根,则与(1)矛盾.)

(3) 设 $f_k(\lambda_0)=0$,则 $f_{k-1}(\lambda_0)\,f_{k+1}(\lambda_0)<0$.

从(10-4)式可知

$$f_{k+1}(\lambda_0)=(\lambda-a_{k+1})f_k(\lambda_0)-b_kc_kf_{k-1}(\lambda_0)=-b_kc_kf_{k-1}(\lambda_0).$$

因为 $b_kc_k>0$,所以

$$f_{k-1}(\lambda_0)f_{k+1}(\lambda_0)=-b_kc_k(f_{k-1}(\lambda_0))^2<0.$$

具有上述三个性质的多项式序列称为 **Sturm(施图姆)序列**,并可记成

$$f(\lambda)=\{f_n(\lambda),f_{n-1}(\lambda),\cdots,f_1(\lambda),f_0(\lambda)\}. \tag{10-5}$$

由(10-4)式递推得到的序列就是一个 Sturm 序列(参看[1],[2]).

(4) 序列(10-5)中的 $f_k(\lambda)$($k=1,2,\cdots,n$)的根全部为单根,若 $f_k(\lambda)$ 的根由小到大排列,即

$$\lambda_1^{(k)}<\lambda_2^{(k)}<\cdots<\lambda_k^{(k)},$$

则 $f_{k-1}(\lambda)$ 的根 $\lambda_i^{(k-1)}$($i=1,2,\cdots,k-1$)把 $f_k(\lambda)$ 的根严格地分隔开来,即

$$\lambda_1^{(k)}<\lambda_1^{(k-1)}<\lambda_2^{(k)}<\cdots<\lambda_{k-1}^{(k)}<\lambda_{k-1}^{(k-1)}<\lambda_k^{(k)}, \tag{10-6}$$

其中 $2\leqslant k\leqslant n$.

此性质利用性质(2)和(3),并采用归纳法即可证明.读者可以自己证明.

设 $V(a)$ 是序列(10-5)在 a 点的变号数,即序列 $f_n(a),f_{n-1}(a),\cdots,f_1(a),f_0(a)$ 中相邻两个数的符号相反的数目,如果其中有一数 $f_i(a)=0$,则可以跳过它只看 $f_{i-1}(a)$ 与 $f_{i+1}(a)$ 的符号.

例如

$$\begin{aligned}f(a)&=\{f_5(a),f_4(a),f_3(a),f_2(a),f_1(a),f_0(a)\}\\&=\{-3,-4,6,-8,0,1\},\end{aligned}$$

则 $V(a)=3$.

定理 10.1 设 n 阶三对角矩阵

$$\boldsymbol{A}_n=\begin{pmatrix} a_1 & b_1 & & & \\ c_1 & a_2 & b_2 & & \\ & \ddots & \ddots & \ddots & \\ & & c_{n-2} & a_{n-1} & b_{n-1} \\ & & & c_{n-1} & a_n \end{pmatrix},$$

则由它的顺序主子阵 $\boldsymbol{A}_k$ 形成的 Sturm 序列在 a 点的值

$$\det(a\boldsymbol{I}-\boldsymbol{A}_n),\quad \det(a\boldsymbol{I}-\boldsymbol{A}_{n-1}),\quad \cdots,\quad \det(a\boldsymbol{I}-a_1\boldsymbol{I}),\quad 1$$

的变号数 $V(a)$ 就是 $\boldsymbol{A}_n$ 在区间 $[a,+\infty)$ 上的特征值个数.

定理 10.1 的证明可参看[1],[5],但在参看时应注意特征多项式的写法,以及序列的同号数与变号数和特征多项式写法的关系.

推论 三对角矩阵 $\boldsymbol{A}_n$ 在区间 $[a,b)$(其中 $f_n(a)f_n(b)\neq 0$)中的特征值个数为

$$V(a)-V(b).$$

为了利用特征多项式求 $\boldsymbol{A}$ 的特征值,线性代数中有关特征值的如下结论,有时也可以利用.

(1) n 阶矩阵 $\boldsymbol{A}$ 的迹,即 $\boldsymbol{A}$ 主对角元之和等于 $\boldsymbol{A}$ 的特征值 $\lambda_i(i=1,2,\cdots,n)$ 的和,即

$$a_{11}+a_{22}+\cdots+a_{nn}=\lambda_1+\lambda_2+\cdots+\lambda_n.$$

(2) $\boldsymbol{A}$ 的行列式的值等于 $\boldsymbol{A}$ 的特征值的积,即

$$\det(\boldsymbol{A})=\lambda_1\lambda_2\cdots\lambda_n.$$

(3) 圆盘定理:设任意 n 阶矩阵 $\boldsymbol{A}=(a_{ij})_{n\times n}$,则 $\boldsymbol{A}$ 的特征值均在复平面的 n 个圆盘

$$|z-a_{ii}|\leqslant\gamma_i\quad(i=1,2,\cdots,n)$$

的并集内,其中 $\gamma_i=\sum\limits_{j\neq i}|a_{ij}|$.特别地,如果这些圆盘中有 k 个圆盘相交,则在相交部分中必有 $\boldsymbol{A}$ 的 k 个特征值;若有些圆盘不与其他圆盘相交,则这些圆盘中必有一个特征值.定理的证明见参考文献[1].

二、求 Jacobi 矩阵 $\boldsymbol{A}_n$ 的特征对

(1) 确定特征方程

$$f_n(\lambda)=\det(\lambda\boldsymbol{I}-\boldsymbol{A}_n)$$

的有根区间,并分成单根区间和多根区间.

① 使用 Sturm 序列的变号数之差 $V(a)-V(b)$ 来确定 $f_n(\lambda)$ 在 $[a,b)$ 内根的个数;

② 使用圆盘定理来确定有根区间,并根据圆盘在 λ 轴上有无交点来确定单根区间或多根区间;

(2) 使用二分法或 Newton 法求出 $f_n(\lambda)$ 在有根区间中的根 λ_i;

(3) 使用反幂法求出 $\boldsymbol{A}_n$ 的特征值 λ_i 对应的特征向量 $\boldsymbol{x}^{(i)}$,即从

$$\begin{cases}(\lambda_i\boldsymbol{I}-\boldsymbol{A}_n)\boldsymbol{v}^{(k)}=\boldsymbol{u}^{(k-1)}, \\ \boldsymbol{u}^{(k)}=\dfrac{\boldsymbol{v}^{(k)}}{\max\{\boldsymbol{v}^{(k)}\}},\end{cases}\quad k=1,2,\cdots$$

求出 $\boldsymbol{u}^{(k)}$,当 k 足够大时

$$\boldsymbol{u}^{(k)} \approx \frac{\boldsymbol{x}^{(i)}}{\max\{\boldsymbol{x}^{(i)}\}},$$

则 $\boldsymbol{u}^{(k)}$ 可作为 $\boldsymbol{\lambda}_i$ 对应的特征向量 $\boldsymbol{x}^{(i)}$ 的近似特征向量.

例 1 求 Jacobi 矩阵

$$\boldsymbol{A}_4=\begin{pmatrix} 2 & -1 & 0 & 0 \\ -2 & 3 & -1 & 0 \\ 0 & -3 & 4 & -1 \\ 0 & 0 & -4 & 5 \end{pmatrix}$$

在(0,3.5)内的全部特征值.

解 求 $\boldsymbol{A}_4$ 特征方程的 Sturm 序列:

$$\begin{aligned} &f_0(\lambda)=1, \\ &f_1(\lambda)=\lambda-2, \\ &f_2(\lambda)=(\lambda-3)(\lambda-2)-2, \\ &f_3(\lambda)=(\lambda-4)f_2(\lambda)-3f_1(\lambda), \\ &f_4(\lambda)=(\lambda-5)f_3(\lambda)-4f_2(\lambda), \end{aligned}$$

则

$$\{f_0(0), f_1(0), f_2(0), f_3(0), f_4(0)\}=\{+,-,+,-,+\},$$
$$\{f_0(3.5), f_1(3.5), f_2(3.5), f_3(3.5), f_4(3.5)\}=\{+,+,-,-,+\},$$

故

$$V(0)-V(3.5)=4-2=2,$$

这说明 $f_4(\lambda)$ 在(0,3.5)内有两个实根.容易验证 $V(1.5)=3$,则 $f_4(\lambda)$ 分别在(0,1.5)和(1.5,3.5)内各有一个单根.选用二分法求出 $f_4(\lambda)$ 的单根.求 $f_4(\lambda)$ 在(0,1.5)内的单根:

$f_4(1)=-12$, $f_4(0)f_4(1)<0$, 根在(0,1)内;

$f_4(0.5)=0.312\ 5$, $f_4(0.5)f_4(1)<0$, 根在(0.5,1)内;

…………

$f_4(0.515\ 625)=-0.349\ 045\ 5$, 根在(0.5,0.515 625)内;

$f_4(0.507\ 812\ 5)=-0.020\ 850\ 1$, 根在(0.5,0.507 812 5)内.

求 $f_4(0.503\ 906\ 25)$ 的值,继为之可得 $\boldsymbol{A}_4$ 高精度的特征值.

仿照上面的方法可计算 $f_4(\lambda)$ 在(1.5,3.5)内的单根,即为 $\boldsymbol{A}_4$ 的另一个特征值.

10.1.2 *A* 为实对称矩阵

一、约化实对称矩阵 *A* 为三对角矩阵

实对称矩阵一般不是 Jacobi 矩阵,但是可以用正交相似变换把它化为具有 Jacobi 矩阵性质的对称三对角矩阵. 通过正交相似变换可以把 $\boldsymbol{A}$ 约化为对称三对角矩阵,而计算三对角矩阵特征值时运算工作量会明显减少,这是计算实对称矩阵特征值问题时常用的一种方法.

若 $\boldsymbol{A}\in\mathbf{R}^{n\times n}$ 为实对称矩阵,则通过 Householder 变换可以把它约化成对称三对角矩阵.

设 $\boldsymbol{a}_i=(a_{1i},a_{2i},\cdots,a_{ni})^{\mathrm{T}}$ 为一列向量,则可以找到 Householder 矩阵 $\overline{\boldsymbol{P}}_i$,使

$$\overline{\boldsymbol{P}}_i\overline{\boldsymbol{a}}_i=(*,0,\cdots,0)^{\mathrm{T}}.$$

具体如何选取 $\overline{\boldsymbol{P}}_i$ 见第 2 章.

因此利用 Householder 变换,可以对实对称矩阵 $\boldsymbol{A}$ 按如下方式进行约化:选取

$$\boldsymbol{P}_1=\begin{bmatrix}1 & 0 & \cdots & 0\\ 0 & & & \\ 0 & & & \\ \vdots & & \overline{\boldsymbol{P}}_1 & \\ 0 & & & \end{bmatrix},$$

其中 $\overline{\boldsymbol{P}}_1$ 是使 $\overline{\boldsymbol{P}}_1\overline{\boldsymbol{a}}_1=\overline{\boldsymbol{P}}_1(a_{21},a_{31},\cdots,a_{n1})^{\mathrm{T}}=(*,0,\cdots,0)^{\mathrm{T}}$ 的 Householder 矩阵,计算

$$(\boldsymbol{P}_1^{\mathrm{T}}\boldsymbol{A})\boldsymbol{P}_1=\begin{bmatrix}* & * & \cdots & *\\ * & * & \cdots & *\\ 0 & * & \cdots & *\\ \vdots & \vdots & & \vdots\\ 0 & * & \cdots & *\end{bmatrix}\begin{bmatrix}1 & 0 & \cdots & 0\\ 0 & & & \\ 0 & & & \\ \vdots & & \overline{\boldsymbol{P}}_1 & \\ 0 & & & \end{bmatrix}=\begin{bmatrix}* & * & 0 & \cdots & 0\\ * & * & * & \cdots & *\\ 0 & * & * & \cdots & *\\ \vdots & \vdots & \vdots & & \vdots\\ 0 & * & * & \cdots & *\end{bmatrix}=\boldsymbol{A}_2,$$

其中 * 表示某个元(它不一定为 0). 注意,$\boldsymbol{A}_2$ 仍然是实对称矩阵,因此其第一行的后 $n-2$ 个元一定为 0. 请读者思考,此处为何要如此选择 Householder 变换矩阵 $\boldsymbol{P}_1$.

经过类似约化 $n-2$ 步后,就将 $\boldsymbol{A}$ 约化成对称三对角矩阵 $\boldsymbol{A}_{n-1}$,即

$$\boldsymbol{A}_{n-1}=\begin{bmatrix}a_{11}^{(n-1)} & a_{12}^{(n-1)} & & & \\ a_{21}^{(n-1)} & a_{22}^{(n-1)} & a_{23}^{(n-1)} & & \\ & a_{32}^{(n-1)} & a_{33}^{(n-1)} & a_{34}^{(n-1)} & \\ & \ddots & \ddots & \ddots & \\ & & a_{n-1,n-2}^{(n-1)} & a_{n-1,n-1}^{(n-1)} & a_{n-1,n}^{(n-1)}\\ & & & a_{n,n-1}^{(n-1)} & a_{nn}^{(n-1)}\end{bmatrix},\tag{10-7}$$

满足

$$\boldsymbol{A}_{n-1}=(\boldsymbol{P}_1\boldsymbol{P}_2\cdots\boldsymbol{P}_{n-2})^{\mathrm{T}}\boldsymbol{A}(\boldsymbol{P}_1\boldsymbol{P}_2\cdots\boldsymbol{P}_{n-2}).$$

由于 $\boldsymbol{P}=\boldsymbol{P}_1\boldsymbol{P}_2\cdots\boldsymbol{P}_{n-2}$为正交矩阵,故 $\boldsymbol{A}_{n-1}$与 $\boldsymbol{A}$ 正交相似,从而有相同的特征值,因此可以对 $\boldsymbol{A}_{n-1}$的特征方程用二分法求根, 从而求出 $\boldsymbol{A}$ 的所有特征值.

二、求实对称矩阵 $\boldsymbol{A}$ 的特征值

设 $\boldsymbol{A}\in\mathbf{R}^{n\times n}$ 为实对称矩阵,则经一系列 Householder 变换后,得

$$\boldsymbol{A}_{n-1}=(\boldsymbol{P}_1\boldsymbol{P}_2\cdots\boldsymbol{P}_{n-2})^{\mathrm{T}}\boldsymbol{A}(\boldsymbol{P}_1\boldsymbol{P}_2\cdots\boldsymbol{P}_{n-2}),$$

$\boldsymbol{A}_{n-1}$为对称三对角矩阵.设

$$
\boldsymbol{A}_{n-1}=\begin{pmatrix} a_1 & \alpha_1 & & & \\ \alpha_1 & a_2 & \alpha_2 & & \\ & \ddots & \ddots & \ddots & \\ & & \alpha_{n-2} & a_{n-1} & \alpha_{n-1} \\ & & & \alpha_{n-1} & a_n \end{pmatrix}, \tag{10-8}
$$

且其中 $\alpha_i\neq 0$(若 $\alpha_i=0$,则可分解为两个低阶的对称三对角矩阵),故 $\alpha_i^2>0$,即 $\boldsymbol{A}_{n-1}$ 为 Jacobi 矩阵,从而可得递推式

$$
\det(\lambda\boldsymbol{I}-\boldsymbol{A}_{n-1})=g_n(\lambda)=(\lambda-a_n)g_{n-1}(\lambda)-\alpha_{n-1}^2 g_{n-2}(\lambda),
$$

故可用二分法或 Newton 法求出 $g_n(\lambda)$ 的根.

例 2　求实对称矩阵

$$
\boldsymbol{A}=\begin{pmatrix} 9 & 4 & 3 \\ 4 & 9 & 4 \\ 3 & 4 & 9 \end{pmatrix}
$$

的特征值.

解　先求 Householder 变换矩阵 $\boldsymbol{P}$:

$$
\alpha=-\sqrt{4^2+3^2}=-5,\quad \boldsymbol{u}=(0,4,3)^{\mathrm{T}}+5\,(0,1,0)^{\mathrm{T}}=(0,9,3)^{\mathrm{T}},
$$

$$
\boldsymbol{P}=\boldsymbol{I}-\frac{2\boldsymbol{u}\boldsymbol{u}^{\mathrm{T}}}{\|\boldsymbol{u}\|_2^2}=\boldsymbol{I}-\frac{\boldsymbol{u}\boldsymbol{u}^{\mathrm{T}}}{45}=\begin{pmatrix} 1 & 0 & 0 \\ 0 & -0.8 & -0.6 \\ 0 & -0.6 & 0.8 \end{pmatrix},
$$

$$
\boldsymbol{A}_3=\boldsymbol{P}^{\mathrm{T}}\boldsymbol{A}\boldsymbol{P}=\begin{pmatrix} 9 & -5 & 0 \\ -5 & 12.84 & -1.12 \\ 0 & -1.12 & 5.16 \end{pmatrix},
$$

$$
\begin{aligned}
g_3(\lambda)&=\det(\lambda\boldsymbol{I}-\boldsymbol{A}_3)\\
&=(\lambda-5.16)[(\lambda-9)(\lambda-12.84)-25]-1.12^2(\lambda-9)\\
&=\lambda^3-27\lambda^2+202\lambda-456.
\end{aligned}
$$

因为 $g_3(0)<0, g_3(5)>0$,所以 $g_3(\lambda)$ 在 $(0,5)$ 内至少有一个根.

同理可知 $g_3(\lambda)$ 在 $(5,8)$ 与 $(14,20)$ 内各有一个根.现用二分法与 Newton 法结合来求 $g_3(\lambda)$ 在 $(5,8)$ 内的根.

因为 $g_3(6.5)<0$,故 $g_3(\lambda)$ 的根在 $(5,6.5)$ 内,又因为 $g_3(5.75)>0$,所以根在 $(5.75,6.5)$ 内.改用 Newton 法

$$
\lambda_{k+1}=\lambda_k-\frac{g_3(\lambda_k)}{g_3'(\lambda_k)}=\lambda_k-\frac{\lambda_k^3-27\lambda_k^2+202\lambda_k-456}{3\lambda_k^2-54\lambda_k+202}.
$$

取 $\lambda_0=5.75$,

$$
\lambda_1=5.75-\frac{2.921\,8}{-9.312\,5}\approx 6.063\,8,
$$

$$
\lambda_2=6.063\,8-\frac{0.929\,5}{15.136\,2}\approx 6.002\,4,
$$

$$\lambda_3=6.0024-\frac{-0.0336}{-14.0432}\approx 6.0000.$$

由于 $\lambda^{(1)}+\lambda^{(2)}+\lambda^{(3)}=a_{11}+a_{22}+a_{33}=27$,故

$$\lambda^{(1)}+\lambda^{(3)}=27-6=21,$$

$$\lambda^{(1)}\lambda^{(3)}\cdot 6=\det(\boldsymbol{A})=456,$$

$$\lambda^{(1)}\lambda^{(3)}=76.$$

解 $\lambda^2-21\lambda+76=0$,得

$$\lambda^{(1)}=16.3523,\quad \lambda^{(3)}=4.6477,$$

则 $\boldsymbol{A}_3$ 的三个特征值分别为 $\lambda^{(1)}=16.3523,\lambda^{(2)}=6,\lambda^{(3)}=4.6477$.

10.2 分而治之法

对于对称三对角矩阵 $\boldsymbol{A}_n$,虽然可用递推法求出它的特征多项式,然后用二分法求出它的特征值.但是当 n 很大时,要求它的全部特征值,计算工作量仍然是很大的,故 10.1 节中的方法一般适用于求低阶矩阵的特征值或某些少量特征值.对于求高阶矩阵 $\boldsymbol{A}_n(n>25)$ 的全部特征对还需要寻求更实用的方法.故此,介绍 Cuppen 1981 年提出的"分而治之法",它是求大型对称矩阵全部特征对的有效方法.

10.2.1 矩阵的分块

设

$$\boldsymbol{A}=\left(\begin{array}{cccc|cccc} a_1 & \alpha_1 & & & & & & \\ \alpha_1 & a_2 & \alpha_2 & & & & & \\ & \ddots & \ddots & \ddots & & & & \\ & & \alpha_{m-2} & a_{m-1} & \alpha_{m-1} & & & \\ & & & \alpha_{m-1} & a_m & \alpha_m & & \\ \hline & & & & \alpha_m & a_{m+1} & \alpha_{m+1} & \\ & & & & & \alpha_{m+1} & a_{m+2} & \alpha_{m+2} \\ & & & & & \ddots & \ddots & \ddots \\ & & & & & \alpha_{n-2} & a_{n-1} & \alpha_{n-1} \\ & & & & & & \alpha_{n-1} & a_n \end{array}\right)=\begin{pmatrix} \boldsymbol{T}_1 & \boldsymbol{O} \\ \boldsymbol{O} & \boldsymbol{T}_2 \end{pmatrix}+\rho\boldsymbol{v}\boldsymbol{v}^{\mathrm{T}},\tag{10-9}$$

其中

$$\boldsymbol{T}_1=\begin{pmatrix} a_1 & \alpha_1 & & & \\ \alpha_1 & a_2 & \alpha_2 & & \\ & \ddots & \ddots & \ddots & \\ & & \alpha_{m-2} & a_{m-1} & \alpha_{m-1} \\ & & & \alpha_{m-1} & a_m-\alpha_m \end{pmatrix},\quad \boldsymbol{T}_2=\begin{pmatrix} a_{m+1}-\alpha_m & \alpha_{m+1} & & & \\ \alpha_{m+1} & a_{m+2} & \alpha_{m+2} & & \\ & \ddots & \ddots & \ddots & \\ & & \alpha_{n-2} & a_{n-1} & \alpha_{n-1} \\ & & & \alpha_{n-1} & a_n \end{pmatrix},$$

$$\boldsymbol{v}=(\underbrace{0,\cdots,0}_{m-1},1,1,\underbrace{0,\cdots,0}_{n-m-1})^{\mathrm{T}},\quad \rho=\alpha_m.$$

由于 $\boldsymbol{T}_1,\boldsymbol{T}_2$ 仍为对称三对角矩阵,如果可求出正交矩阵 $\boldsymbol{Q}_1,\boldsymbol{Q}_2$ 使 $\boldsymbol{T}_1,\boldsymbol{T}_2$ 的 Schur 分解为

$$\begin{cases}\boldsymbol{T}_1=\boldsymbol{Q}_1\boldsymbol{D}_1\boldsymbol{Q}_1^{\mathrm{T}},\\ \boldsymbol{T}_2=\boldsymbol{Q}_2\boldsymbol{D}_2\boldsymbol{Q}_2^{\mathrm{T}},\end{cases}$$

其中 $\boldsymbol{D}_1,\boldsymbol{D}_2$ 均为对角矩阵,从而得到

$$\begin{aligned}\boldsymbol{A}&=\begin{pmatrix}\boldsymbol{Q}_1\boldsymbol{D}_1\boldsymbol{Q}_1^{\mathrm{T}} & \boldsymbol{O}\\ \boldsymbol{O} & \boldsymbol{Q}_2\boldsymbol{D}_2\boldsymbol{Q}_2^{\mathrm{T}}\end{pmatrix}+\rho\boldsymbol{v}\boldsymbol{v}^{\mathrm{T}},\\ &=\begin{pmatrix}\boldsymbol{Q}_1 & \boldsymbol{O}\\ \boldsymbol{O} & \boldsymbol{Q}_2\end{pmatrix}\left(\begin{pmatrix}\boldsymbol{D}_1 & \boldsymbol{O}\\ \boldsymbol{O} & \boldsymbol{D}_2\end{pmatrix}+\rho\boldsymbol{u}\boldsymbol{u}^{\mathrm{T}}\right)\begin{pmatrix}\boldsymbol{Q}_1^{\mathrm{T}} & \boldsymbol{O}\\ \boldsymbol{O} & \boldsymbol{Q}_2^{\mathrm{T}}\end{pmatrix},\end{aligned}$$

其中

$$\boldsymbol{u}=\begin{pmatrix}\boldsymbol{Q}_1^{\mathrm{T}} & \boldsymbol{O}\\ \boldsymbol{O} & \boldsymbol{Q}_2^{\mathrm{T}}\end{pmatrix}\boldsymbol{v},$$

$$\boldsymbol{D}_1=\mathrm{diag}\,(d_1,d_2,\cdots,d_m),$$

$$\boldsymbol{D}_2=\mathrm{diag}\,(d_{m+1},d_{m+2},\cdots,d_n).$$

令

$$\boldsymbol{D}=\begin{pmatrix}\boldsymbol{D}_1 & \boldsymbol{O}\\ \boldsymbol{O} & \boldsymbol{D}_2\end{pmatrix},\quad \boldsymbol{Q}=\begin{pmatrix}\boldsymbol{Q}_1 & \boldsymbol{O}\\ \boldsymbol{O} & \boldsymbol{Q}_2\end{pmatrix},$$

则

$$\boldsymbol{A}=\boldsymbol{Q}(\boldsymbol{D}+\rho\boldsymbol{u}\boldsymbol{u}^{\mathrm{T}})\boldsymbol{Q}^{\mathrm{T}} \tag{10-10}$$

即 $\boldsymbol{A}$ 与 $\boldsymbol{D}+\rho\boldsymbol{u}\boldsymbol{u}^{\mathrm{T}}$ 相似,从而把求 $\boldsymbol{A}$ 的特征值化为求 $\boldsymbol{D}+\rho\boldsymbol{u}\boldsymbol{u}^{\mathrm{T}}$ 的特征值.

若 $\boldsymbol{A}$ 的特征值 $\boldsymbol{\lambda}$ 不是 $\boldsymbol{D}$ 的特征值,即

$$\lambda\neq d_i\quad(i=1,2,\cdots,n),$$

则

$$f_n(\lambda)=\det(\lambda\boldsymbol{I}-(\boldsymbol{D}+\rho\boldsymbol{u}\boldsymbol{u}^{\mathrm{T}}))=\det(\lambda\boldsymbol{I}-\boldsymbol{D})\det(\boldsymbol{I}-\rho(\lambda\boldsymbol{I}-\boldsymbol{D})^{-1}\boldsymbol{u}\boldsymbol{u}^{\mathrm{T}}).$$

由于 $\det(\lambda\boldsymbol{I}-\boldsymbol{D})\neq0$,故求 $f_n(\lambda)$ 的根就化为求

$$g(\lambda)=\det(\boldsymbol{I}-\rho(\lambda\boldsymbol{I}-\boldsymbol{D})^{-1}\boldsymbol{u}\boldsymbol{u}^{\mathrm{T}})=0 \tag{10-11}$$

的根.

令

$$\boldsymbol{x}=\rho(\lambda\boldsymbol{I}-\boldsymbol{D})^{-1}\boldsymbol{u},\quad \boldsymbol{y}=\boldsymbol{u},$$

将行列式 $\det(\boldsymbol{I}-\boldsymbol{x}\boldsymbol{y}^{\mathrm{T}})$ 按最后一列展开,使用归纳法,可以证明

$$\det(\boldsymbol{I}-\boldsymbol{x}\boldsymbol{y}^{\mathrm{T}})=1-\boldsymbol{y}^{\mathrm{T}}\boldsymbol{x},$$

则

$$\begin{aligned}g(\lambda)&=\det(\boldsymbol{I}-\rho(\lambda\boldsymbol{I}-\boldsymbol{D})^{-1}\boldsymbol{u}\boldsymbol{u}^{\mathrm{T}})=1-\rho\boldsymbol{u}^{\mathrm{T}}(\lambda\boldsymbol{I}-\boldsymbol{D})^{-1}\boldsymbol{u}\\ &=1-\rho\sum_{i=1}^{n}\frac{u_i^2}{\lambda-d_i}=1+\rho\sum_{i=1}^{n}\frac{u_i^2}{d_i-\lambda},\end{aligned}$$

其中

$$\boldsymbol{u}=(u_1,u_2,\cdots,u_n)^{\mathrm{T}},$$

从而求 $\boldsymbol{A}$ 的特征对就化为求

$$g(\lambda)=1+\rho\sum_{i=1}^{n}\frac{u_i^2}{d_i-\lambda} \tag{10-12}$$

的根和对应的特征向量.

定理 10.2 设 $d_1>d_2>\cdots>d_n, u_j\neq 0(j=1,2,\cdots,n), \rho\neq 0$,且

$$\det(\lambda_i\boldsymbol{I}-\boldsymbol{D}-\rho\boldsymbol{u}\boldsymbol{u}^{\mathrm{T}})=0 \quad (i=1,2,\cdots,n),$$

则 (1) $\lambda_i\neq d_j(j=1,2,\cdots,n)$;

(2) $(\boldsymbol{D}+\rho\boldsymbol{u}\boldsymbol{u}^{\mathrm{T}})(\lambda_i\boldsymbol{I}-\boldsymbol{D})^{-1}\boldsymbol{u}=\lambda_i(\lambda_i\boldsymbol{I}-\boldsymbol{D})^{-1}\boldsymbol{u}$,

即 $(\lambda_i\boldsymbol{I}-\boldsymbol{D})^{-1}\boldsymbol{u}$ 是 $\boldsymbol{D}+\rho\boldsymbol{u}\boldsymbol{u}^{\mathrm{T}}$ 的属于特征值 λ_i 对应的特征向量.

证 (1) 设向量 $\boldsymbol{x}^{(i)}\neq\boldsymbol{0}$,且满足

$$(\boldsymbol{D}+\rho\boldsymbol{u}\boldsymbol{u}^{\mathrm{T}})\boldsymbol{x}^{(i)}=\lambda_i\boldsymbol{x}^{(i)}.$$

先用反证法证明 $\boldsymbol{u}^{\mathrm{T}}\boldsymbol{x}^{(i)}\neq 0$. 若 $\boldsymbol{u}^{\mathrm{T}}\boldsymbol{x}^{(i)}=0$,上式为

$$\boldsymbol{D}\boldsymbol{x}^{(i)}=\lambda_i\boldsymbol{x}^{(i)}.$$

注意到 d_i 互不相同,于是 $\boldsymbol{x}^{(i)}=x_i^{(i)}\boldsymbol{e}_i(x_i^{(i)}\neq 0)$,由此知道 $0=\boldsymbol{u}^{\mathrm{T}}\boldsymbol{x}^{(i)}=x_i^{(i)}u_i$,这与 $u_i\neq 0$ 矛盾.

再证明 $\lambda_i\neq d_j(j=1,2,\cdots,n)$. 若 λ_i 与某个 d_j 相等,此时 $\boldsymbol{D}-\lambda_i\boldsymbol{I}$ 奇异,故 $\boldsymbol{e}_j^{\mathrm{T}}(\boldsymbol{D}-\lambda_i\boldsymbol{I})=\boldsymbol{0}$,从而得到

$$0=\boldsymbol{e}_j^{\mathrm{T}}(\boldsymbol{D}-\lambda_i\boldsymbol{I})\boldsymbol{x}^{(i)}=-\rho\boldsymbol{u}^{\mathrm{T}}\boldsymbol{x}^{(i)}\boldsymbol{e}_j^{\mathrm{T}}\boldsymbol{u},$$

仍然得到 $\boldsymbol{e}_j^{\mathrm{T}}\boldsymbol{u}=0$,矛盾. 综上结论成立.

(2) 因为 $g(\lambda_i)=1-\rho\boldsymbol{u}^{\mathrm{T}}(\lambda_i\boldsymbol{I}-\boldsymbol{D})^{-1}\boldsymbol{u}=0$,所以

$$\begin{aligned}(\boldsymbol{D}+\rho\boldsymbol{u}\boldsymbol{u}^{\mathrm{T}})(\lambda_i\boldsymbol{I}-\boldsymbol{D})^{-1}\boldsymbol{u}&=(\boldsymbol{D}-\lambda_i\boldsymbol{I}+\lambda_i\boldsymbol{I}+\rho\boldsymbol{u}\boldsymbol{u}^{\mathrm{T}})(\lambda_i\boldsymbol{I}-\boldsymbol{D})^{-1}\boldsymbol{u}\\&=-\boldsymbol{u}+\lambda_i(\lambda_i\boldsymbol{I}-\boldsymbol{D})^{-1}\boldsymbol{u}+\boldsymbol{u}(\rho\boldsymbol{u}^{\mathrm{T}}(\lambda_i\boldsymbol{I}-\boldsymbol{D})^{-1}\boldsymbol{u})\\&=-\boldsymbol{u}+\lambda_i(\lambda_i\boldsymbol{I}-\boldsymbol{D})^{-1}\boldsymbol{u}+\boldsymbol{u}\\&=\lambda_i(\lambda_i\boldsymbol{I}-\boldsymbol{D})^{-1}\boldsymbol{u},\end{aligned}$$

即 $\boldsymbol{x}=(\lambda_i\boldsymbol{I}-\boldsymbol{D})^{-1}\boldsymbol{u}$ 是 $\boldsymbol{D}+\rho\boldsymbol{u}\boldsymbol{u}^{\mathrm{T}}$ 的特征向量,从而 $\boldsymbol{A}$ 的特征值 λ_i 对应的特征向量为 $\boldsymbol{y}=\boldsymbol{Q}\boldsymbol{x}$.

定理 10.3 设 $d_1>d_2>\cdots>d_n, u_i\neq 0, \rho\neq 0$,且 $\lambda_1,\lambda_2,\cdots,\lambda_n$ 为 $\boldsymbol{A}$ 的特征值,则

(1) $g(\lambda_i)=0 \quad (i=1,2,\cdots,n)$;

(2) 当 $\rho>0$ 时,$\lambda_1>d_1>\lambda_2>d_2>\cdots>\lambda_n>d_n$;

当 $\rho<0$ 时,$d_1>\lambda_1>d_2>\lambda_2>\cdots>d_n>\lambda_n$. (10-13)

证 (1) 因为 λ_i 为 $\boldsymbol{A}$ 的特征值,故也为 $\boldsymbol{D}+\rho\boldsymbol{u}\boldsymbol{u}^{\mathrm{T}}$ 的特征值,则 $\det(\lambda_i\boldsymbol{I}-\boldsymbol{D}-\rho\boldsymbol{u}\boldsymbol{u}^{\mathrm{T}})=0$,从而根据定理 10.2 知 $\lambda_i\neq d_j(j=1,2,\cdots,n)$,则

$$\begin{aligned}f_n(\lambda_i)&=\det(\lambda_i\boldsymbol{I}-(\boldsymbol{D}+\rho\boldsymbol{u}\boldsymbol{u}^{\mathrm{T}}))\\&=\det(\lambda_i\boldsymbol{I}-\boldsymbol{D})\det(\boldsymbol{I}-\rho(\lambda_i\boldsymbol{I}-\boldsymbol{D})^{-1}\boldsymbol{u}\boldsymbol{u}^{\mathrm{T}})=0.\end{aligned}$$

因为

$$\det(\lambda_i\boldsymbol{I}-\boldsymbol{D})\neq 0,$$

所以

$$g(\lambda_i)=\det(\boldsymbol{I}-\rho(\lambda_i\boldsymbol{I}-\boldsymbol{D})^{-1}\boldsymbol{u}\boldsymbol{u}^{\mathrm{T}})=0.$$

(2)

$$g(\lambda)=1+\rho\sum_{i=1}^{n}\frac{u_i^2}{d_i-\lambda}, \quad g'(\lambda)=\rho\sum_{i=1}^{n}\frac{u_i^2}{(d_i-\lambda)^2},$$

故当 $\lambda\in(d_{i+1},d_i)$ 时，$g(\lambda)$ 为单调函数.

当 $\rho>0$ 时，$g'(\lambda)>0$，$g(\lambda)$ 为单调增函数；

当 $\rho<0$ 时，$g'(\lambda)<0$，$g(\lambda)$ 为单调减函数，

故 $g(\lambda)$ 在每个区间 (d_{i+1},d_i) 内仅有单根，$n-1$ 个区间中正好有 $n-1$ 个根，故

当 $\rho>0$ 时，$g(\lambda)$ 的 n 个有根区间为 $(d_n,d_{n-1}),(d_{n-1},d_{n-2}),\cdots,(d_2,d_1),(d_1,+\infty)$；

当 $\rho<0$ 时，$g(\lambda)$ 的 n 个有根区间为 $(-\infty,d_n),(d_n,d_{n-1}),\cdots,(d_3,d_2),(d_2,d_1)$，即 (10-13) 式成立.

如果 $d_i=d_j(i\neq j)$ 或 $u_i=0$，则可以通过对 $\boldsymbol{D}+\rho\boldsymbol{u}\boldsymbol{u}^{\mathrm{T}}$ 进行旋转变换和行列对换，即乘上旋转矩阵和置换矩阵（均为正交矩阵）的方法，使 $\boldsymbol{D}+\rho\boldsymbol{u}\boldsymbol{u}^{\mathrm{T}}$ 中的 d_i 和 $u_i(i=1,2,\cdots,n)$ 重新排列和改变，进而使 $\bar{\boldsymbol{D}}_1$ 中的对角元满足 $\bar{d}_1>\bar{d}_2>\cdots>\bar{d}_r$，$\bar{\boldsymbol{D}}_2$ 中的对角元均为 $\boldsymbol{D}+\rho\boldsymbol{u}\boldsymbol{u}^{\mathrm{T}}$ 的特征值，即

$$\bar{\boldsymbol{Q}}^{\mathrm{T}}(\boldsymbol{D}+\rho\boldsymbol{u}\boldsymbol{u}^{\mathrm{T}})\bar{\boldsymbol{Q}}=\begin{pmatrix}\bar{\boldsymbol{D}}_1+\rho\boldsymbol{z}\boldsymbol{z}^{\mathrm{T}} & \boldsymbol{O}\\ \boldsymbol{O} & \bar{\boldsymbol{D}}_2\end{pmatrix},\tag{10-14}$$

其中 $\boldsymbol{z}=(z_1,z_2,\cdots,z_r)^{\mathrm{T}}$ 的分量均不为 0，$\bar{\boldsymbol{Q}}$ 为正交矩阵.其证明方法见参考文献[17].

10.2.2　分而治之计算

计算矩阵特征对的分而治之法的优点是能将求大型对称三对角矩阵 $\boldsymbol{A}$ 的特征对分解成求小型对称三对角矩阵的特征对，每次分块至少能将矩阵的规模缩小一半，直到小型对称三对角矩阵能用其他方法方便地进行 Schur 分解为止，然后再进行组合，即可求得 $\boldsymbol{A}$ 的特征对.

一、对对称三对角矩阵 $\boldsymbol{A}$ 即(10-9)式所示进行分解

$$\begin{aligned}\boldsymbol{A}&=\begin{pmatrix}\boldsymbol{T}_1 & \boldsymbol{O}\\ \boldsymbol{O} & \boldsymbol{T}_2\end{pmatrix}+\alpha_m\boldsymbol{v}\boldsymbol{v}^{\mathrm{T}}\\ &=\begin{pmatrix}\boldsymbol{Q}_1\boldsymbol{D}_1\boldsymbol{Q}_1^{\mathrm{T}} & \boldsymbol{O}\\ \boldsymbol{O} & \boldsymbol{Q}_2\boldsymbol{D}_2\boldsymbol{Q}_2^{\mathrm{T}}\end{pmatrix}+\rho\boldsymbol{v}\boldsymbol{v}^{\mathrm{T}}\\ &=\boldsymbol{Q}(\boldsymbol{D}+\rho\boldsymbol{u}\boldsymbol{u}^{\mathrm{T}})\boldsymbol{Q}^{\mathrm{T}},\end{aligned}$$

其中

$$\rho=\alpha_m,\quad \boldsymbol{v}=(0,\cdots,0,1,1,0,\cdots,0)^{\mathrm{T}},$$
$$\boldsymbol{Q}=\mathrm{diag}\,(\boldsymbol{Q}_1,\boldsymbol{Q}_2),$$
$$\boldsymbol{D}=\mathrm{diag}\,(\boldsymbol{D}_1,\boldsymbol{D}_2)=\mathrm{diag}\,(d_1,d_2,\cdots,d_n),$$
$$\boldsymbol{u}=\boldsymbol{Q}^{\mathrm{T}}\boldsymbol{v}.$$

二、对 $d_i,u_i(i=1,2,\cdots,n)$ 进行调整

(1) 若 $d_i\neq d_j(i\neq j)$，$u_i\neq 0(i=1,2,\cdots,n)$

对 $\boldsymbol{D}$ 的行列互换，即在 $\boldsymbol{D}$ 的左、右乘上置换矩阵 $\boldsymbol{P}$，使 $\boldsymbol{P}^{\mathrm{T}}\boldsymbol{D}\boldsymbol{P}=\bar{\boldsymbol{D}}=\mathrm{diag}\,(\bar{d}_1,\bar{d}_2,\cdots,\bar{d}_n)$ 满足 $\bar{d}_1>\bar{d}_2>\cdots>\bar{d}_n$.$\boldsymbol{u}$ 也应跟着变化.

(2) 若有 $d_i=d_j(i\neq j)$ 或 $u_i=0$

对 $\boldsymbol{D}$ 施行旋转和置换变换，使 $\boldsymbol{D}+\rho\boldsymbol{u}\boldsymbol{u}^{\mathrm{T}}$ 成为(10-14)式的形式.

三、对 $D+\rho uu^{\mathrm{T}}$ 求特征对

1. 求特征值

$$g_r(\lambda)=\det(\lambda I-\bar{D}_1-\rho zz^{\mathrm{T}})=1+\rho\sum_{i=1}^{r}\frac{z_i^2}{\bar{d}_i-\lambda}.$$

(1) 当 $\rho>0$ 时,在区间 $(\bar{d}_r,\bar{d}_{r-1}),(\bar{d}_{r-1},\bar{d}_{r-2}),\cdots,(\bar{d}_2,\bar{d}_1),(\bar{d}_1,+\infty)$ 内分别求 $g_r(\lambda)$ 的根;

(2) 当 $\rho<0$ 时,在区间 $(-\infty,\bar{d}_r),(\bar{d}_r,\bar{d}_{r-1}),(\bar{d}_{r-1},\bar{d}_{r-2}),\cdots,(\bar{d}_2,\bar{d}_1)$ 内分别求 $g_r(\lambda)$ 的根;

(3) 由(1)和(2)得到的特征值,再加上 $\bar{D}_2$ 的对角线元后,即为 A 的全部特征值.

2. 求特征向量

特征向量为

$$x^{(i)}=\frac{(\lambda_i I-D)^{-1}u}{\|(\lambda_i I-D)^{-1}u\|_2}\quad(i=1,2,\cdots,n).$$

例 1 用分而治之法求

$$A=\begin{pmatrix}1&2&0&0\\2&3&4&0\\0&4&5&6\\0&0&6&7\end{pmatrix}$$

的特征对.

解

$$A=\left(\begin{array}{cc|cc}1&2&&\\2&-1&&\\\hline &&1&6\\&&6&7\end{array}\right)+4vv^{\mathrm{T}}$$

$$=\left(\begin{array}{c|c}Q_1\begin{pmatrix}2.2361&0\\0&-2.2361\end{pmatrix}Q_1^{\mathrm{T}}&\\\hline &Q_2\begin{pmatrix}10.7082&0\\0&-2.7082\end{pmatrix}Q_2^{\mathrm{T}}\end{array}\right)+4vv^{\mathrm{T}},$$

$$=QP^{\mathrm{T}}(D+4uu^{\mathrm{T}})PQ^{\mathrm{T}},$$

其中

$$v=(0,1,1,0)^{\mathrm{T}},$$

$$D=\mathrm{diag}(\bar{d}_1,\bar{d}_2,\bar{d}_3,\bar{d}_4)$$

$$=\mathrm{diag}(10.7028,2.2361,-2.2361,-2.7082),$$

$$u=PQ^{\mathrm{T}}v=(u_1,u_2,u_3,u_4)^{\mathrm{T}}$$

$$=(0.5258,0.5258,-0.8506,0.8506)^{\mathrm{T}},$$

$$Q=\begin{pmatrix}Q_1&\\&Q_2\end{pmatrix}=\left(\begin{array}{cc|cc}0.8506&0.5258&&\\0.5258&-0.8506&&\\\hline &&0.5258&0.8506\\&&0.8506&-0.5258\end{array}\right).$$

(1) 计算特征值

$$g(\lambda)=1+4\left(\frac{0.525\,8^2}{10.708\,2-\lambda}+\frac{0.525\,8^2}{2.236\,1-\lambda}+\frac{(-0.850\,6)^2}{-2.236\,1-\lambda}+\frac{0.850\,6^2}{-2.708\,2-\lambda}\right).$$

由于$\rho=4>0$,故$g(\lambda)$的4个根分别在区间

$$(10.708\,2,+\infty),\quad(2.236\,1,10.708\,2),$$
$$(-2.236\,1,2.236\,1),\quad(-2.708\,2,-2.236\,1)$$

内,用 Newton 法可以分别求出$g(\lambda)$的4个根为

$$\lambda_1=12.843\,7,\quad\lambda_2=4.936\,6,\quad\lambda_3=0.704\,6,\quad\lambda_4=-2.484\,8.$$

(2) 计算特征向量

设矩阵$\boldsymbol{A}$的特征值λ_i对应的特征向量为$\boldsymbol{y}^{(i)}$

$$\boldsymbol{y}^{(i)}=\boldsymbol{Q}\boldsymbol{P}^{\mathrm{T}}\boldsymbol{x}^{(i)}\quad(i=1,2,3,4),$$

其中$\boldsymbol{x}^{(i)}$为$\boldsymbol{D}+\rho\boldsymbol{u}\boldsymbol{u}^{\mathrm{T}}$的特征值$\lambda_i$对应的特征向量,即

$$\boldsymbol{x}^{(i)}=\frac{1}{\|(\lambda_i\boldsymbol{I}-\boldsymbol{D})^{-1}\boldsymbol{u}\|}(\lambda_i\boldsymbol{I}-\boldsymbol{D})^{-1}\boldsymbol{u}.$$

$\boldsymbol{x}^{(i)}$和$\boldsymbol{y}^{(i)}$的具体计算,读者可作为练习自己计算.

在上述方法中,如果矩阵$\boldsymbol{T}_i$的阶数仍然很高,则可以照此方法对$\boldsymbol{T}_i$再进行分解,直到小对称三对角矩阵便于 Schur 分解为止.

使用$(\lambda_i\boldsymbol{I}-\boldsymbol{D})^{-1}\boldsymbol{u}$求$\boldsymbol{A}$的特征向量时,若$\boldsymbol{A}$的两个特征值$\lambda_i$与$\lambda_{i+1}$很接近,则两个特征值对应的特征向量$\dfrac{\boldsymbol{Q}(\lambda_i\boldsymbol{I}-\boldsymbol{D})^{-1}\boldsymbol{u}}{\|(\lambda_i\boldsymbol{I}-\boldsymbol{D})^{-1}\boldsymbol{u}\|_2}$与$\dfrac{\boldsymbol{Q}(\lambda_{i+1}\boldsymbol{I}-\boldsymbol{D})^{-1}\boldsymbol{u}}{\|(\lambda_{i+1}\boldsymbol{I}-\boldsymbol{D})^{-1}\boldsymbol{u}\|_2}$就可能失去正交性,此时应采用其他方法计算,参考文献[23].

分而治之法,由于它可以分解成2^n个对称三对角矩阵进行计算,而且对这些小对称三对角矩阵进行 Schur 分解过程中,它们之间不需要信息和数据的相互传递,因此,此法适用具有多个处理器的并行计算机计算.

10.3　QR 法

前面主要介绍了求 Jacobi 矩阵和对称矩阵的特征对的方法,本节主要介绍求一般矩阵特征对的 QR 法.该方法通常是先把矩阵$\boldsymbol{A}$化成 Hessenberg 矩阵$\boldsymbol{H}$,然后对$\boldsymbol{H}$用基于 QR 分解的迭代运算求出$\boldsymbol{A}$的全部特征值.

10.3.1　QR 迭代的基本方法

首先对矩阵$\boldsymbol{A}$进行 QR 分解,即

$$\boldsymbol{A}=\boldsymbol{Q}\boldsymbol{R},\tag{10-15}$$

其中$\boldsymbol{Q}$为正交矩阵,$\boldsymbol{R}$为上三角形矩阵.

设$\boldsymbol{A}_1=\boldsymbol{A}$,且令$\boldsymbol{A}_2=\boldsymbol{R}\boldsymbol{Q}$,则$\boldsymbol{A}_2=\boldsymbol{Q}^{\mathrm{T}}\boldsymbol{A}_1\boldsymbol{Q}$.如果将(10-15)式写成$\boldsymbol{A}_1=\boldsymbol{Q}_1\boldsymbol{R}_1$,则

$$\boldsymbol{A}_2=\boldsymbol{R}_1\boldsymbol{Q}_1=\boldsymbol{Q}_1^{\mathrm{T}}\boldsymbol{A}_1\boldsymbol{Q}_1.$$

对$\boldsymbol{A}_2$再进行 QR 分解,得

$$A_2=Q_2R_2,$$

令 $A_3=R_2Q_2$,则

$$A_3=Q_2^{\mathrm{T}}A_2Q_2=Q_2^{\mathrm{T}}Q_1^{\mathrm{T}}A_1Q_1Q_2.$$

上式说明 $A_3,A_2,A_1(=A)$ 的特征值是相同的.

继续使用上面的方法,可以得到

$$A_k=Q_kR_k,\quad A_{k+1}=R_kQ_k,$$

而且 $A_{k+1}=Q_k^{\mathrm{T}}Q_{k-1}^{\mathrm{T}}\cdots Q_1^{\mathrm{T}}A_1Q_1\cdots Q_{k-1}Q_k$.综上所述,可得基本的 QR 法:

(1) 设 $A=A_1$,

(2) $A_k=Q_kR_k$(对 A_k 进行 QR 分解),

$$A_{k+1}=R_kQ_k\quad(k=1,2,\cdots).\tag{10-16}$$

这就是基于 QR 分解的基本 QR 迭代法.

如果由(10-16)式产生的$\{A_k\}$当 $k\to\infty$ 时 A_k 趋于上三角形矩阵,则上三角形矩阵的对角元 $\lambda_i(i=1,2,\cdots,n)$就是 A 的全部特征值.如果 A_k 趋于对角矩阵,则不但对角矩阵的元为 A 的所有特征值,而且 $Q_1Q_2\cdots Q_k=\overline{Q}_k$ 趋于矩阵 Q,由于

$$QA_\infty=AQ,$$

其中 $A_\infty=\lim\limits_{k\to\infty}A_k$,故 Q 的列即为 A 的全部特征向量.

对于一般矩阵 A,QR 法的收敛速度较为复杂,在此不做详细讨论. 本节中我们只考虑求矩阵 A 的特征值,故 A_k 中非对角元是否全部收敛无关紧要,只要它收敛于上三角形矩阵或下三角形矩阵即可. 我们将这种收敛称为**基本收敛**.

定理 10.4 如果 $A\in\mathbf{R}^{n\times n}$ 的全部特征值满足

$$|\lambda_1|>|\lambda_2|>\cdots>|\lambda_n|>0,$$

对应的特征向量 $x_1,x_2,\cdots,x_n$ 组成方阵

$$X=(x_1,x_2,\cdots,x_n),$$

且 X^{-1}可分解为 $X^{-1}=LU$,其中 L 为单位下三角形矩阵,U 为上三角形矩阵,则 QR 迭代法产生的$\{A_k\}$满足

(1) $\lim\limits_{k\to\infty}a_{ii}^{(k)}=\lambda_i,i=1,2,\cdots,n$;

(2) $\lim\limits_{k\to\infty}a_{ij}^{(k)}=0,i=1,2,\cdots,n,j<i$,

即当 $k\to\infty$ 时,A_k 基本收敛于上三角形矩阵,上三角形矩阵的对角元即为 A 的特征值.证明方法可参阅文献[3],[24].

10.3.2 约化矩阵 A 为 Hessenberg 矩阵

(10-16)式作为迭代格式是没有竞争力的, 一个原因就是迭代运算量太大,每次迭代需要一个 QR 分解以及矩阵乘法,运算量为 $O(n^3)$. 因此在进行迭代之前应先对 A 进行适当的相似变换,使其具有较多的零元素,此时可望每次迭代运算量大为减少.

回忆 10.1.2 节先通过正交相似变换化对称矩阵 A 为对称三对角矩阵的过程,对一般的矩阵 A,我们可通过对矩阵 A 的正交相似变换约化为特殊形式,对特殊形式矩阵计算特征值时运算量会减少,这种特殊形式矩阵就是 Hessenberg 矩阵.

定义 10.1 若 $H=(h_{ij})\in\mathbf{R}^{n\times n}$,当 $i>j+1$ 时有 $h_{ij}=0$(即 H 的次对角线下的元都为0),则称 H 为上 **Hessenberg 矩阵**,或**上准三角形矩阵**. 而且若 H 的次对角元 $h_{i,i-1}\neq 0(i=2,3,\cdots,n)$,则称 H 为**不可约的上 Hessenberg 矩阵**.

设 $A\in\mathbf{R}^{n\times n}$,利用 Householder 变换可以把它约化成 Hessenberg 矩阵. 具体约化方法为:选取

$$P_1=\begin{bmatrix}1 & 0 & \cdots & 0\\ 0 & & & \\ 0 & & & \\ \vdots & & \bar{P}_1 & \\ 0 & & & \end{bmatrix},$$

其中 $\bar{P}_1$ 是使 $\bar{P}_1\bar{a}_1=\bar{P}_1(a_{21},a_{31},\cdots,a_{n1})^{\mathrm{T}}=(*,0,\cdots,0)^{\mathrm{T}}$ 的 Householder 矩阵,则

$$(P_1^{\mathrm{T}}A)P_1=\begin{bmatrix}* & * & \cdots & *\\ * & * & \cdots & *\\ 0 & * & \cdots & *\\ \vdots & \vdots & & \vdots\\ 0 & * & \cdots & *\end{bmatrix}\begin{bmatrix}1 & 0 & \cdots & 0\\ 0 & & & \\ 0 & & & \\ \vdots & & \bar{P}_1 & \\ 0 & & & \end{bmatrix}=\begin{bmatrix}* & * & * & \cdots & *\\ * & * & * & \cdots & *\\ 0 & * & * & \cdots & *\\ \vdots & \vdots & \vdots & & \vdots\\ 0 & * & * & \cdots & *\end{bmatrix}=A_2,$$

其中 * 表示某个元(它不一定为0).

经过类似约化 $n-2$ 步后,就将 A 约化成为上 Hessenberg 矩阵,即

$$A_{n-1}=\begin{bmatrix}a_{11}^{(n-1)} & a_{12}^{(n-1)} & \cdots & a_{1,n-1}^{(n-1)} & a_{1n}^{(n-1)}\\ a_{21}^{(n-1)} & a_{22}^{(n-1)} & \cdots & a_{2,n-1}^{(n-1)} & a_{2n}^{(n-1)}\\ & a_{32}^{(n-1)} & \cdots & a_{3,n-1}^{(n-1)} & a_{3n}^{(n-1)}\\ & & \ddots & \vdots & \vdots\\ & & & a_{n-1,n-1}^{(n-1)} & a_{n-1,n}^{(n-1)}\\ & & & a_{n,n-1}^{(n-1)} & a_{nn}^{(n-1)}\end{bmatrix},$$

满足

$$A_{n-1}=(P_1P_2\cdots P_{n-2})^{\mathrm{T}}A(P_1P_2\cdots P_{n-2}).$$

由于 $P=P_1P_2\cdots P_{n-2}$ 为正交矩阵,故 A_{n-1} 与 A 正交相似,从而有相同的特征值,此时可以对 A_{n-1} 这个上 Hessenberg 矩阵应用 QR 法,从而求出 A 的所有特征值.

10.3.3 Hessenberg 矩阵的 QR 法

由于 QR 法可以保持 Hessenberg 矩阵的结构形式,而且 Hessenberg 矩阵的次对角线以下元均为0,这样可以大大节省运算工作量.

为了对 Hessenberg 矩阵进行 QR 分解,在此介绍 Givens 变换.

一、Givens 旋转矩阵

定义 10.2 对某个 θ,令 $s=\sin\theta,c=\cos\theta$,称

$$
J(i,k,\theta)=\begin{pmatrix}
1 & & & & & & & & \\
& \ddots & & & & & & & \\
& & 1 & & & & & & \\
& & & c & \cdots & & s & & \\
& & & & 1 & & & & \\
& & & \vdots & & \ddots & \vdots & & \\
& & & & & 1 & & & \\
& & & -s & \cdots & & c & & \\
& & & & & & & 1 & \\
& & & & & & & & \ddots \\
& & & & & & & & & 1
\end{pmatrix}\begin{matrix} \\ \\ \\ i \\ \\ \\ \\ k \\ \\ \\ \\ \end{matrix}
$$

（第 i 列、第 k 列）

为 Givens 旋转矩阵.

显然，Givens 旋转矩阵为正交矩阵，并且对任意 n 维向量 $\boldsymbol{x}$，如果 $\boldsymbol{y}=\boldsymbol{J}(i,k,\theta)\boldsymbol{x}$，则 $\boldsymbol{y}$ 的分量为

$$
\begin{cases}
y_i=cx_i+sx_k,\\
y_k=-sx_i+cx_k,\\
y_j=x_j(j\neq i,k).
\end{cases}
$$

为使 $y_k=0$，只需选取 θ 满足

$$
\begin{cases}
c=\cos\theta=x_i/(x_i^2+x_k^2)^{\frac{1}{2}},\\
s=\sin\theta=x_k/(x_i^2+x_k^2)^{\frac{1}{2}}.
\end{cases}
$$

例 1 用 Givens 旋转矩阵将向量 $\boldsymbol{x}=(2,1,2)^{\mathrm{T}}$ 化成 $\boldsymbol{y}=(3,0,0)^{\mathrm{T}}$.

解 先将 $\boldsymbol{x}$ 的第 2 个分量 1 化为 0，则取

$$
\begin{cases}
c=x_1/(x_1^2+x_2^2)^{\frac{1}{2}}=2/\sqrt{5},\\
s=x_2/(x_1^2+x_2^2)^{\frac{1}{2}}=1/\sqrt{5},
\end{cases}
$$

则

$$
\begin{pmatrix}
\frac{2}{\sqrt{5}} & \frac{1}{\sqrt{5}} & 0\\
-\frac{1}{\sqrt{5}} & \frac{2}{\sqrt{5}} & 0\\
0 & 0 & 1
\end{pmatrix}\begin{pmatrix}2\\1\\2\end{pmatrix}=\begin{pmatrix}\sqrt{5}\\0\\2\end{pmatrix}.
$$

取

$$
\begin{cases}
c=x_1'/(x_1'^2+x_3'^2)^{\frac{1}{2}}=\sqrt{5}/3,\\
s=x_3'/(x_1'^2+x_3'^2)^{\frac{1}{2}}=2/3,
\end{cases}
$$

则

$$\begin{pmatrix} \frac{\sqrt{5}}{3} & 0 & \frac{2}{3} \\ 0 & 1 & 0 \\ -\frac{2}{3} & 0 & \frac{\sqrt{5}}{3} \end{pmatrix}\begin{pmatrix} \sqrt{5} \\ 0 \\ 2 \end{pmatrix}=\begin{pmatrix} 3 \\ 0 \\ 0 \end{pmatrix}=\boldsymbol{y}.$$

二、Hessenberg 矩阵的 QR 分解

对 $\boldsymbol{A}$ 进行约化后变成 Hessenberg 矩阵,对 Hessenberg 矩阵的第 1 列 $\boldsymbol{h}_1$ 用 Givens 变换 $\boldsymbol{J}(1,2,\theta_1)$ 使 $\boldsymbol{h}_1$ 变成 $(\bar{h}_{11},0,\cdots,0)^{\mathrm{T}}$,设 $\boldsymbol{H}=\boldsymbol{H}_1$,则

$$\boldsymbol{J}(1,2,\theta_1)\boldsymbol{H}_1=\begin{pmatrix} \bar{h}_{11} & * & \cdots & * & * & * \\ 0 & * & \cdots & * & * & * \\ 0 & * & \cdots & * & * & * \\ 0 & 0 & \ddots & & & \\ \vdots & \vdots & & \ddots & \vdots & \vdots \\ \vdots & \vdots & \cdots & * & * & * \\ 0 & 0 & \cdots & 0 & * & * \end{pmatrix}=\boldsymbol{H}_2,$$

$$\cdots$$

而且对 $\boldsymbol{H}_i$ 选取 θ_i 左乘 $\boldsymbol{J}(i,i+1,\theta_i)$ 后,即 $\boldsymbol{J}(i,i+1,\theta_i)\boldsymbol{H}_i$,使 $\bar{h}_{i+1,i}=0$,而 $\boldsymbol{H}_i$ 的第 i 与 $i+1$ 行位置上的零元经变换后仍为 0,其他行不变.这样,当 $i=1,2,\cdots,n-1$,共 $n-1$ 次左乘正交矩阵后得到上三角形矩阵 $\boldsymbol{R}$,即

$$\boldsymbol{J}(n-1,n,\theta_{n-1})\boldsymbol{J}(n-2,n-1,\theta_{n-2})\cdots\boldsymbol{J}(1,2,\theta_1)\boldsymbol{H}=\boldsymbol{R},$$

其中 $\boldsymbol{R}$ 为上三角形矩阵.令

$$\boldsymbol{J}(1,2,\theta_1)^{\mathrm{T}}\cdots\boldsymbol{J}(n-1,n,\theta_{n-1})^{\mathrm{T}}=\boldsymbol{U},$$

则

$$\boldsymbol{U}^{\mathrm{T}}\boldsymbol{H}=\boldsymbol{R}.$$

而且可以验证,$\boldsymbol{U}^{\mathrm{T}}$ 不但是一个正交矩阵,而且是一个下 Hessenberg 矩阵,即 $\boldsymbol{U}$ 是一个上 Hessenberg 矩阵.此时,容易验证 $\boldsymbol{RU}$ 是一个上 Hessenberg 矩阵,即对 Hessenberg 矩阵的 QR 法保持了 Hessenberg 矩阵的结构形式.

对 Hessenberg 矩阵 $\boldsymbol{H}$,使用 Givens 变换进行 QR 分解,得

(1) 令 $\boldsymbol{H}=\boldsymbol{H}_1$;

(2) $\boldsymbol{H}_k=\boldsymbol{U}_k\boldsymbol{R}_k$(对 $\boldsymbol{H}_k$ 进行 QR 分解),

$$\boldsymbol{H}_{k+1}=\boldsymbol{R}_k\boldsymbol{U}_k,\quad k=1,2,\cdots, \tag{10-17}$$

$\boldsymbol{H}_{k+1}$ 可仍放在 $\boldsymbol{H}_k$ 的位置.

例 2　对 Hessenberg 矩阵

$$\boldsymbol{H}=\begin{pmatrix} 3 & 1 & 2 \\ 4 & 2 & 3 \\ 0 & 0.01 & 1 \end{pmatrix},$$

作一步 QR 迭代.

解　令 $\boldsymbol{H}_1=\boldsymbol{H}$,取

$$J(1,2,\theta_1)=\begin{pmatrix}0.6 & 0.8 & 0\\ -0.8 & 0.6 & 0\\ 0 & 0 & 1\end{pmatrix},$$

$$J(1,2,\theta_1)H_1=\begin{pmatrix}5 & 2.2 & 3.6\\ 0 & 0.4 & 0.2\\ 0 & 0.01 & 1\end{pmatrix}=H_2.$$

取

$$J(2,3,\theta_2)=\begin{pmatrix}1 & 0 & 0\\ 0 & 0.999\,6 & 0.024\,9\\ 0 & -0.024\,9 & 0.999\,6\end{pmatrix},$$

$$J(2,3,\theta_2)H_2=\begin{pmatrix}5 & 2.2 & 3.6\\ 0 & 0.400\,1 & 0.224\,8\\ 0 & 0 & 0.994\,7\end{pmatrix}=R,$$

则

$$J(1,2,\theta_1)^{\mathrm T}J(2,3,\theta_2)^{\mathrm T}=\begin{pmatrix}0.6 & -0.799\,7 & 0.020\,0\\ 0.8 & 0.599\,8 & -0.015\,0\\ 0 & 0.025\,0 & 0.999\,6\end{pmatrix}=U.$$

上式说明 U 为上 Hessenberg 矩阵,则

$$H_3=RU\approx\begin{pmatrix}4.760\,0 & -2.588\,9 & 3.665\,6\\ 0.320\,1 & 0.245\,6 & 0.218\,7\\ 0 & 0.024\,9 & 0.994\,3\end{pmatrix}.$$

10.3.4 带有原点位移的 QR 法

下面我们对 Hessenberg 矩阵的 QR 法做进一步讨论,对于 Hessenberg 矩阵,如果次对角线上有元为 0,则

$$H=\begin{pmatrix}H_{11} & H_{12}\\ O & H_{22}\end{pmatrix},$$

其中 H_{11} 和 H_{22} 分别为 p 阶和 $n-p$ 阶矩阵,这样就可以将问题分解为两个较小的问题了.如果 $h_{n,n-1}=0$,即 H_{22} 为一阶矩阵,即为常数 h_{nn},则 h_{nn} 就是 H 的特征值;若 $h_{n-1,n-2}=0$,则 H_{22} 为二阶矩阵,二阶矩阵的特征值用特征方程的求根公式很容易算出.

可以证明 Hessenberg 矩阵的 QR 法的收敛速度取决于 $\max\limits_i\left|\dfrac{\lambda_{i+1}}{\lambda_i}\right|$,这和乘幂法类似,因此,可以引入原点位移,使方法的收敛速度变快.设 $H=H_1$,选定常数 u,对 H_k-uI 进行 QR 分解,得

$$H_k-uI=U_kR_k,$$

$$H_{k+1}=R_kU_k+uI,\quad k=1,2,\cdots.$$

因为 $H_{k+1}=R_kU_k+uI=U_k^{\mathrm T}(U_kR_k+uI)U_k=U_k^{\mathrm T}H_kU_k$,所以 H_{k+1} 与 H_k 相似,从而与 H 相似,故有相同的特征值.

若把 $\boldsymbol{H}$ 的特征值 $\{\lambda_i\}$ 按下面次序排列：

$$|\lambda_1-u|\geqslant|\lambda_2-u|\geqslant\cdots\geqslant|\lambda_n-u|,$$

则 $\boldsymbol{H}_k$ 的第 i 个次对角元收敛于0的速度取决于 $\left|\dfrac{\lambda_{i+1}-u}{\lambda_i-u}\right|^k$. 如果 u 接近于 λ_n，收敛将会很快.

如果 u 为 $\boldsymbol{A}$ 的特征值，则 $|\lambda_n-u|=0$，进而有 $\det(\boldsymbol{R}_k)=0$，所以 $\boldsymbol{R}_k$ 的对角线上必有零元，在一定条件下 $r_{nn}^{(k)}=0$，则 $\boldsymbol{H}_{k+1}$ 的最后一行为 $(0,\cdots,0,u)$，即 u 为 $\boldsymbol{H}_{k+1}$ 的一个特征值. 对以上内容有兴趣的读者可参考文献[6].

例3　设

$$\boldsymbol{H}=\begin{pmatrix}9&-1&-2\\2&6&-2\\0&1&5\end{pmatrix},$$

对 $\boldsymbol{H}-6\boldsymbol{I}$ 进行一步QR分解.

解　设 $\boldsymbol{H}-6\boldsymbol{I}=\boldsymbol{U}\boldsymbol{R}$，则

$$\boldsymbol{H}_2=\boldsymbol{R}\boldsymbol{U}+6\boldsymbol{I}=\begin{pmatrix}8.538\,4&-3.731\,3&-1.009\,0\\0.634\,3&5.461\,5&1.386\,7\\0.000\,0&0.000\,0&6.000\,0\end{pmatrix}.$$

上式说明，如果 u 选为 $\boldsymbol{H}$ 的特征值，经一步QR分解，就能得到 $\boldsymbol{A}$ 的特征值.

对如何选择 u，分两种情况进行讨论.

一、沿 $\boldsymbol{H}_k$ 的对角线找 u

(1) 取 $u_k=h_{nn}^{(k)}$；

(2) $\boldsymbol{H}_k-u_k\boldsymbol{I}=\boldsymbol{U}_k\boldsymbol{R}_k$（$\boldsymbol{H}_k-u_k\boldsymbol{I}$ 的QR分解），　　(10-18)

$$\boldsymbol{H}_{k+1}=\boldsymbol{R}_k\boldsymbol{U}_k+u_k\boldsymbol{I},\quad k=1,2,\cdots.$$

由于 $\boldsymbol{H}_{k+1}=\bar{\boldsymbol{U}}_k^{\mathrm{T}}\boldsymbol{H}_1\bar{\boldsymbol{U}}_k$，其中

$$(\boldsymbol{H}_1-u_k\boldsymbol{I})(\boldsymbol{H}_1-u_{k-1}\boldsymbol{I})\cdots(\boldsymbol{H}_1-u_1\boldsymbol{I})=\bar{\boldsymbol{U}}_k\bar{\boldsymbol{R}}_k,$$

且

$$\bar{\boldsymbol{U}}_k=\boldsymbol{U}_1\boldsymbol{U}_2\cdots\boldsymbol{U}_k,\quad \bar{\boldsymbol{R}}_k=\boldsymbol{R}_k\boldsymbol{R}_{k-1}\cdots\boldsymbol{R}_1,$$

故 $\boldsymbol{H}_1$ 与 $\boldsymbol{H}_{k+1}$ 有相同的特征值. 当

$$|h_{n,n-1}^{(k)}|\leqslant\varepsilon\|\boldsymbol{H}_1\|_\infty\quad 或\quad |h_{n,n-1}^{(k)}|\leqslant\varepsilon(|h_{nn}^{(k)}|+|h_{n-1,n-1}^{(k)}|)$$

时，$h_{nn}^{(k)}$ 就可作为 $\boldsymbol{A}$ 的一个特征值.

二、将 u_k 选为

$$\begin{pmatrix}h_{n-1,n-1}^{(k)}&h_{n-1,n}^{(k)}\\h_{n,n-1}^{(k)}&h_{nn}^{(k)}\end{pmatrix}$$

的特征值中最接近 $h_{nn}^{(k)}$ 的一个，用此 u_k 代替"一、"中的 u_k，即(10-18)式中的 u_k，然后使用QR法.

例4　对

$$\boldsymbol{A}=\begin{pmatrix}8&2\\2&5\end{pmatrix}$$

使用 QR 法求特征值.已知 $\lambda_1=9,\lambda_2=4$.

解 对 $\boldsymbol{A}$ 使用基本的 QR 法.设 $\boldsymbol{A}=\boldsymbol{A}_1$,

$$\boldsymbol{A}_1=\boldsymbol{Q}_1\boldsymbol{R}_1=\begin{pmatrix}0.9701 & -0.2425\\0.2425 & 0.9701\end{pmatrix}\begin{pmatrix}8.2462 & 3.1530\\0 & 4.3656\end{pmatrix},$$

$$\boldsymbol{A}_2=\begin{pmatrix}8.2462 & 3.1530\\0 & 4.3656\end{pmatrix}\begin{pmatrix}0.9701 & -0.2425\\0.2425 & 0.9701\end{pmatrix}=\begin{pmatrix}8.7642 & 1.0590\\1.0587 & 4.2351\end{pmatrix}.$$

通过一次迭代后已看到 $\boldsymbol{A}_2$ 对角元比 $\boldsymbol{A}_1$ 更接近 $\boldsymbol{A}$ 的特征值,非对角元的绝对值比原来更小.如果继续进行 QR 迭代,经过 10 次迭代后可求得具有 7 位有效数字的特征值.

因为 $\boldsymbol{A}$ 为二阶矩阵,故不必再化为上 Hessenberg 矩阵了,现在用带位移的 QR 迭代求 $\boldsymbol{A}$ 的特征值.

取 $u_1=5$,

$$\boldsymbol{A}_1-5\boldsymbol{I}=\begin{pmatrix}3 & 2\\2 & 0\end{pmatrix}=\begin{pmatrix}0.8320 & 0.5547\\0.5547 & -0.8320\end{pmatrix}\begin{pmatrix}3.6055 & 1.6641\\0 & 1.1094\end{pmatrix},$$

$$\boldsymbol{A}_2=\boldsymbol{R}_1\boldsymbol{U}_1+5\boldsymbol{I}=\begin{pmatrix}3.9229 & 0.6155\\0.6154 & -0.9230\end{pmatrix}+\begin{pmatrix}5 & 0\\0 & 5\end{pmatrix}=\begin{pmatrix}8.9229 & 0.6155\\0.6154 & 4.0770\end{pmatrix}.$$

取 $u_2=4.077$,可得

$$\boldsymbol{A}_3\approx\begin{pmatrix}8.999981 & 0.009766\\0.009766 & 4.000019\end{pmatrix}.$$

取 $u_3=4.000019$,可得

$$\boldsymbol{A}_4\approx\begin{pmatrix}9.000000 & 3.7\times10^{-7}\\3.7\times10^{-7} & 4.000000\end{pmatrix}.$$

10.3.5 对称 QR 法

前面介绍了一般矩阵的 QR 法,由于 QR 法的最佳策略是先用正交变换将矩阵 $\boldsymbol{A}$ 约化为 Hessenberg 矩阵,即

$$(\boldsymbol{P}_1\boldsymbol{P}_2\cdots\boldsymbol{P}_{n-2})^{\mathrm{T}}\boldsymbol{A}(\boldsymbol{P}_1\boldsymbol{P}_2\cdots\boldsymbol{P}_{n-2})=\boldsymbol{H}.$$

如果 $\boldsymbol{A}$ 为对称矩阵,即 $\boldsymbol{A}^{\mathrm{T}}=\boldsymbol{A}$,那么 $\boldsymbol{H}$ 也是对称矩阵,即 $\boldsymbol{H}^{\mathrm{T}}=\boldsymbol{H}$,由于 $\boldsymbol{H}$ 为 Hessenberg 矩阵,故 $\boldsymbol{H}$ 为对称三对角矩阵,并将它记为 $\boldsymbol{T}_n$,即

$$\boldsymbol{Q}_n^{\mathrm{T}}\boldsymbol{A}\boldsymbol{Q}_n=\boldsymbol{T}_n,$$

其中 $\boldsymbol{Q}_n=\boldsymbol{P}_1\boldsymbol{P}_2\cdots\boldsymbol{P}_{n-2}$, $\boldsymbol{P}_k=\operatorname{diag}(\boldsymbol{I}_k,\overline{\boldsymbol{P}}_{n-k})$.

在三对角化过程中,若已有 Householder 矩阵之积 $\boldsymbol{Q}_{k-1}$,使

$$\boldsymbol{Q}_{k-1}^{\mathrm{T}}\boldsymbol{A}\boldsymbol{Q}_{k-1}=\left(\begin{array}{cc|c}\boldsymbol{H}_{k-1} & & \begin{array}{c}\boldsymbol{O}\\ \hline \boldsymbol{b}^{\mathrm{T}}\end{array}\\ \hline \boldsymbol{O} & \boldsymbol{b} & \boldsymbol{B}_{n-k}\end{array}\right),$$

求 $n-k$ 阶 Householder 矩阵 $\overline{\boldsymbol{P}}_{n-k}$ 使

$$\overline{\boldsymbol{P}}_{n-k}\boldsymbol{b}=\beta_k\boldsymbol{e}_1,$$

其中 $e_1 \in \mathbf{R}^{n-k}$.

取 $P_k = \mathrm{diag}\,(I_k, \bar{P}_{n-k})$，则

$$P_k^{\mathrm{T}}(Q_{k-1}^{\mathrm{T}} A Q_{k-1}) P_k = \left(\begin{array}{c|c} H_{k-1} & \begin{array}{c} O \\ b^{\mathrm{T}}\bar{P}_{n-k} \end{array} \\ \hline \begin{array}{c|c} O & \bar{P}_{n-k} b \end{array} & \bar{P}_{n-k} B_{n-k} P_{n-k} \end{array}\right). \tag{10-19}$$

在计算过程中，计算 $\bar{P}_{n-k}^{\mathrm{T}} B_{n-k} \bar{P}_{n-k}$ 时，应充分利用 B_{n-k} 的对称性，可以使三对角化的计算工作量比非对称的一般矩阵的计算工作量大为减少.

A 的三对角化完成后，即

$$Q_n^{\mathrm{T}} A Q_n = T_n,$$

其中 Q_n 为正交矩阵，T_n 为三对角矩阵.对 T_n 使用 QR 迭代进行计算，为了加快收敛速度，可选用带原点位移的 QR 迭代，即

对于 $k=1,2,\cdots$，执行

$$T^{(k)} - uI = QR,$$
$$T^{(k+1)} = RQ + uI,$$

其中

$$T^{(k)} = \begin{pmatrix} \alpha_1 & \beta_1 & & & \\ \beta_1 & \alpha_2 & \beta_2 & & \\ & \ddots & \ddots & \ddots & \\ & & \beta_{n-2} & \alpha_{n-1} & \beta_{n-1} \\ & & & \beta_{n-1} & \alpha_n \end{pmatrix}.$$

$T^{(k+1)}$ 也是对称三对角矩阵.

位移 u 的选取有两种方法：

（1）$u = \alpha_n$；

（2）$u = \alpha_n + a - \mathrm{sgn}\,(a)\sqrt{a^2 + \beta_{n-1}^2}$，其中 $a = \dfrac{\alpha_{n-1} - \alpha_n}{2}$， （10-20）

即 u 为矩阵

$$\begin{pmatrix} \alpha_{n-1} & \beta_{n-1} \\ \beta_{n-1} & \alpha_n \end{pmatrix}$$

靠近 α_n 的特征值.

Wilkinson（威尔金森）在 1968 年证明这样选取位移的迭代法具有三次收敛速度，而且方法（2）的选取比方法（1）更好些.有兴趣的读者可参考文献[6]，[24].

10.4 Lanczos 算法

前面介绍的求解对称矩阵特征对的计算，一般都是先用 Householder 变换或 Givens 变换将对称矩阵 A 化成对称三对角矩阵 T 后，再求对称三对角矩阵的特征对.然而，对于大型稀

疏矩阵，若使用这两种方法对矩阵进行约化，很难保持约化后的矩阵不失去稀疏性，从而有可能导致大量增加计算时的内存，为了减少计算过程中计算机的内存占用量，应设法寻求不改变矩阵稀疏性的方法.为此，选择仅有矩阵与向量或向量与向量乘积运算的方法.

10.4.1 Lanczos 迭代

设对称矩阵 $\boldsymbol{A}$ 的三对角分解为

$$\boldsymbol{A}=\boldsymbol{QTQ}^{\mathrm{T}},$$

其中

$$\boldsymbol{Q}=(\boldsymbol{q}_1,\boldsymbol{q}_2,\cdots,\boldsymbol{q}_n)\quad 且\quad \boldsymbol{q}_i^{\mathrm{T}}\boldsymbol{q}_j=\delta_{ij},$$

$$\boldsymbol{T}=\begin{pmatrix}\alpha_1 & \beta_1 & & \\ \beta_1 & \alpha_2 & \ddots & \\ & \ddots & \ddots & \beta_{n-1} \\ & & \beta_{n-1} & \alpha_n\end{pmatrix},$$

则根据 $\boldsymbol{AQ}=\boldsymbol{QT}$，即

$$\boldsymbol{A}(\boldsymbol{q}_1,\boldsymbol{q}_2,\cdots,\boldsymbol{q}_n)=(\boldsymbol{q}_1,\boldsymbol{q}_2,\cdots,\boldsymbol{q}_n)\boldsymbol{T}$$

可得

$$\boldsymbol{A}\boldsymbol{q}_j=\beta_{j-1}\boldsymbol{q}_{j-1}+\alpha_j\boldsymbol{q}_j+\beta_j\boldsymbol{q}_{j+1}\quad (j=1,2,\cdots,n). \tag{10-21}$$

其中 $\beta_0\boldsymbol{q}_0=\beta_n\boldsymbol{q}_{n+1}=\boldsymbol{0}$.

在(10-21)式的两边左乘 $\boldsymbol{q}_j^{\mathrm{T}}$，得

$$\boldsymbol{q}_j^{\mathrm{T}}\boldsymbol{A}\boldsymbol{q}_j=\beta_{j-1}\boldsymbol{q}_j^{\mathrm{T}}\boldsymbol{q}_{j-1}+\alpha_j\boldsymbol{q}_j^{\mathrm{T}}\boldsymbol{q}_j+\beta_j\boldsymbol{q}_j^{\mathrm{T}}\boldsymbol{q}_{j+1}=\alpha_j,$$

即

$$\alpha_j=\boldsymbol{q}_j^{\mathrm{T}}\boldsymbol{A}\boldsymbol{q}_j.$$

如果 $\boldsymbol{A}\boldsymbol{q}_j-\alpha_j\boldsymbol{q}_j-\beta_{j-1}\boldsymbol{q}_{j-1}=\boldsymbol{r}_j\neq\boldsymbol{0}$，则

$$\boldsymbol{r}_j=\beta_j\boldsymbol{q}_{j+1},$$

即

$$\boldsymbol{q}_{j+1}=\frac{1}{\beta_j}\boldsymbol{r}_j. \tag{10-22}$$

对(10-22)式的两边取 2-范数，得

$$\beta_j=\|\boldsymbol{r}_j\|_2.$$

从而对于给定的规范向量 $\boldsymbol{q}_1$，可以通过迭代计算后直接得到 $\boldsymbol{A}$ 的 Schur 分解，这种迭代称为 Lanczos(兰乔斯)迭代，即

(1) 取 $\boldsymbol{r}_0=\boldsymbol{q}_1\quad(\|\boldsymbol{q}_1\|_2=1)$，$\beta_0=1$，$\boldsymbol{q}_0=\boldsymbol{0}$.

(2) 当 $j=1:n-1$ 执行

$$\alpha_j=\boldsymbol{q}_j^{\mathrm{T}}\boldsymbol{A}\boldsymbol{q}_j,$$

$$\boldsymbol{r}_j=\boldsymbol{A}\boldsymbol{q}_j-\alpha_j\boldsymbol{q}_j-\beta_{j-1}\boldsymbol{q}_{j-1},$$

$$\beta_j=\|\boldsymbol{r}_j\|_2.$$

当 $\beta_j=0$ 则停止

否则 $\boldsymbol{q}_{j+1}=\dfrac{\boldsymbol{r}_j}{\beta_j}$.

(3) $\alpha_n=\boldsymbol{q}_n^{\mathrm{T}}\boldsymbol{A}\boldsymbol{q}_n$

若用 Lanczos 迭代能算得三对角矩阵 $\boldsymbol{T}_n$ 和正交矩阵 $\boldsymbol{Q}_n$，使

$$\boldsymbol{Q}_n^{\mathrm{T}}\boldsymbol{A}\boldsymbol{Q}_n=\boldsymbol{T}_n,$$

即

$$\boldsymbol{A}\boldsymbol{Q}_n=\boldsymbol{Q}_n\boldsymbol{T}_n,$$

则对 $\boldsymbol{T}_n$ 使用二分法或分而治之法求得特征对 u 和 $\boldsymbol{y}$，由于 $\boldsymbol{A}$ 与 $\boldsymbol{T}_n$ 相似，故 u 也为 $\boldsymbol{A}$ 的特征值，在上式两边右乘 $\boldsymbol{y}$，得

$$\boldsymbol{A}\boldsymbol{Q}_n\boldsymbol{y}=\boldsymbol{Q}_n\boldsymbol{T}_n\boldsymbol{y}=u\boldsymbol{Q}_n\boldsymbol{y},$$

所以 $\boldsymbol{Q}_n\boldsymbol{y}$ 为 $\boldsymbol{A}$ 的特征向量，即 $\boldsymbol{A}$ 的特征对为 $(u,\boldsymbol{z})$，其中 $\boldsymbol{z}=\boldsymbol{Q}_n\boldsymbol{y}$.

例 1 用 Lanczos 迭代求矩阵

$$\boldsymbol{A}=\begin{pmatrix}1&0&2\\0&1&2\\2&2&-1\end{pmatrix}$$

的特征对.

解 设 $\boldsymbol{q}_1=(1,0,0)^{\mathrm{T}}$，则

$$\begin{aligned}
&\alpha_1=\boldsymbol{q}_1^{\mathrm{T}}\boldsymbol{A}\boldsymbol{q}_1=1,\\
&\boldsymbol{r}_1=\boldsymbol{A}\boldsymbol{q}_1-\alpha_1\boldsymbol{q}_1=(0,0,2)^{\mathrm{T}},\\
&\beta_1=\|\boldsymbol{r}_1\|_2=2,\\
&\boldsymbol{q}_2=\frac{\boldsymbol{r}_1}{\beta_1}=(0,0,1)^{\mathrm{T}},\\
&\alpha_2=\boldsymbol{q}_2^{\mathrm{T}}\boldsymbol{A}\boldsymbol{q}_2=-1,\\
&\boldsymbol{r}_2=\boldsymbol{A}\boldsymbol{q}_2-\alpha_2\boldsymbol{q}_2-\beta_1\boldsymbol{q}_1=(0,2,0)^{\mathrm{T}},\\
&\beta_2=\|\boldsymbol{r}_2\|_2=2,\\
&\boldsymbol{q}_3=\frac{\boldsymbol{r}_2}{\beta_2}=(0,1,0)^{\mathrm{T}},\\
&\alpha_3=\boldsymbol{q}_3^{\mathrm{T}}\boldsymbol{A}\boldsymbol{q}_3=1,
\end{aligned}$$

故

$$\boldsymbol{T}=\begin{pmatrix}1&2&0\\2&-1&2\\0&2&1\end{pmatrix}.$$

则

$$\det(\lambda\boldsymbol{I}-\boldsymbol{T})=(\lambda-1)(\lambda^2-9)=0,$$

从而解得 $\boldsymbol{T}$ 的特征值分别为

$$\lambda_1=3,\quad \lambda_2=1,\quad \lambda_3=-3.$$

特征向量分别为

$$\begin{aligned}
&\boldsymbol{y}_1=(0.577\,4,0.577\,4,0.577\,4)^{\mathrm{T}},\\
&\boldsymbol{y}_2=(-0.707\,1,0,0.707\,1)^{\mathrm{T}},\\
&\boldsymbol{y}_3=(-0.408\,2,0.816\,4,-0.408\,2)^{\mathrm{T}},
\end{aligned}$$

正交矩阵为

$$Q_3=\begin{pmatrix}1&0&0\\0&0&1\\0&1&0\end{pmatrix},$$

则 A 的特征向量为

$$z_i=Q_3y_i\quad(i=1,2,3),$$

即

$$z_1=(0.5774,0.5774,0.5774)^{\mathrm T},$$
$$z_2=(-0.7071,0.7071,0)^{\mathrm T},$$
$$z_3=(-0.4082,-0.4082,0.8164)^{\mathrm T}.$$

矩阵 A 的特征对为

$$(\lambda_1,z_1),\quad(\lambda_2,z_2),\quad(\lambda_3,z_3).$$

Lanczos 迭代不但在计算过程中不破坏矩阵的稀疏性,而且还具有远在未完成矩阵三对角化之前,就能得到矩阵的某些近似极端特征值等优点.但是也出现一个令人头痛的问题,由迭代得到的向量序列 $q_i(i=1,2,\cdots,n)$ 有时正交性较差.从而在使用 Lanczos 迭代的过程中,引发人们提出了如下问题:

(1) 为什么能快速得到 A 的近似极端特征对?

(2) 如何判断迭代的收敛性?

(3) 如何有效地恢复矩阵 Q 中向量的正交性?

10.4.2 Lanczos 迭代的收敛性讨论

在线性代数中曾经讲过 Rayleigh(瑞利)商(参看文献[1])

$$r(x)=\frac{x^{\mathrm T}Ax}{x^{\mathrm T}x},\quad x\neq 0,\quad x\in\mathbf R^n.$$

如果设对称矩阵 A 的特征值为 $\lambda_1\geqslant\lambda_2\geqslant\cdots\geqslant\lambda_n$,则

(1) $\lambda_1=\max\limits_{x\neq 0}\dfrac{x^{\mathrm T}Ax}{x^{\mathrm T}x}=\dfrac{x_1^{\mathrm T}Ax_1}{x_1^{\mathrm T}x_1}=r(x_1)$,其中$(\lambda_1,x_1)$为 A 的特征对,$x\in\mathbf R^n$;

$$\lambda_n=\min_{x\neq 0}\frac{x^{\mathrm T}Ax}{x^{\mathrm T}x}=\frac{x_n^{\mathrm T}Ax_n}{x_n^{\mathrm T}x_n}=r(x_n).$$

(2)
$$M_j=\max_{y\neq 0}\frac{y^{\mathrm T}(Q_j^{\mathrm T}AQ_j)y}{y^{\mathrm T}y}=\max_{y\neq 0}r(Q_jy)\leqslant\lambda_1,\tag{10-23}$$

$$m_j=\min_{y\neq 0}\frac{y^{\mathrm T}(Q_j^{\mathrm T}AQ_j)y}{y^{\mathrm T}y}=\min_{y\neq 0}r(Q_jy)\geqslant\lambda_n,$$

其中 $Q_j=(q_1,q_2,\cdots,q_j)$ 且 $q_i^{\mathrm T}q_j=\delta_{ij}$.

如果能找到使得 M_j 随着 j 的增加而增大(即 $M_{j+1}>M_j$)而 m_j 却减小(即 $m_{j+1}<m_j$)的方法与 Lanczos 迭代的关系,也就找到了使 Lanczos 迭代能很快得到极端特征对的关键.

据微积分知识可知,$r(x)$ 在其梯度方向

$$\nabla r(x)=\frac{2}{x^{\mathrm T}x}(Ax-r(x)x)\tag{10-24}$$

上增大最快；在$-\nabla r(\boldsymbol{x})$方向上减小最快.由(10-24)式知$\nabla r(\boldsymbol{x})\in \mathrm{span}(\boldsymbol{x},\boldsymbol{A}\boldsymbol{x})$.
故对于给定的$\boldsymbol{q}_1(\|\boldsymbol{q}_1\|_2=1)$，由$\boldsymbol{q}_1,\boldsymbol{A}$生成的子空间

$$\mathrm{span}(\boldsymbol{q}_1,\boldsymbol{A}\boldsymbol{q}_1,\boldsymbol{A}^2\boldsymbol{q}_1,\cdots,\boldsymbol{A}^{j-1}\boldsymbol{q}_1)=k(\boldsymbol{q}_1,\boldsymbol{A},j).$$

设$\boldsymbol{q}_1,\boldsymbol{q}_2,\cdots,\boldsymbol{q}_j$为$k(\boldsymbol{q}_1,\boldsymbol{A},j)$的标准正交基，则

$$\mathrm{span}(\boldsymbol{q}_1,\boldsymbol{q}_2,\cdots,\boldsymbol{q}_j)=\mathrm{span}(\boldsymbol{q}_1,\boldsymbol{A}\boldsymbol{q}_1,\cdots,\boldsymbol{A}^{j-1}\boldsymbol{q}_1).$$

若$\boldsymbol{x}\in\mathrm{span}(\boldsymbol{q}_1,\boldsymbol{q}_2,\cdots,\boldsymbol{q}_j)$，则可取$\boldsymbol{q}_{j+1}$满足

$$\mathrm{span}(\boldsymbol{q}_1,\boldsymbol{q}_2,\cdots,\boldsymbol{q}_j,\boldsymbol{q}_{j+1})=k(\boldsymbol{q}_1,\boldsymbol{A},j+1),$$

则
$$\nabla r(\boldsymbol{x})\in\mathrm{span}(\boldsymbol{q}_1,\boldsymbol{q}_2,\cdots,\boldsymbol{q}_{j+1}),$$

故如此选取$\boldsymbol{q}_{j+1}$形成矩阵

$$\boldsymbol{Q}_{j+1}=(\boldsymbol{q}_1,\boldsymbol{q}_2,\cdots,\boldsymbol{q}_j,\boldsymbol{q}_{j+1}).$$

由$\boldsymbol{Q}_{j+1}\boldsymbol{y}$，再利用(10-23)式得到的$M_{j+1}$和$m_{j+1}$就能满足

$$M_{j+1}>M_j,\quad m_{j+1}<m_j.$$

这样选取的向量$\boldsymbol{q}_{j+1}$正好就是 Lanczos 迭代中得到的$\boldsymbol{q}_{j+1}$.

但是如果$\boldsymbol{q}_j$存在于某个$\boldsymbol{A}$的不变子空间中，那么迭代就不能进行到底，即在中间步骤中就会出现$\beta_m=0$.

定理 10.5　设$\boldsymbol{A}\in\mathbf{R}^{n\times n}$为对称矩阵，$\boldsymbol{q}_1\in\mathbf{R}^n$且$\|\boldsymbol{q}_1\|_2=1$，则 Lanczos 迭代当$j=m$时，$\beta_j=0$，其中$m=\mathrm{rank}(\boldsymbol{q}_1,\boldsymbol{A}\boldsymbol{q}_1,\cdots,\boldsymbol{A}^{n-1}\boldsymbol{q}_1)$，并且有

$$\boldsymbol{A}\boldsymbol{Q}_j=\boldsymbol{Q}_j\boldsymbol{T}_j+\boldsymbol{r}_j\boldsymbol{e}_j^{\mathrm{T}}\quad(j=1,2,\cdots,m).\tag{10-25}$$

证明见参考文献[17].

上述定理表明$\|\boldsymbol{r}_m\|_2=\beta_m=0$，即$\boldsymbol{r}_m=\boldsymbol{0}$，(10-25)式成为

$$\boldsymbol{A}\boldsymbol{Q}_m=\boldsymbol{Q}_m\boldsymbol{T}_m.$$

设$(\lambda,\boldsymbol{y})$为$\boldsymbol{T}_m$的特征对，则由于

$$\boldsymbol{A}\boldsymbol{Q}_m\boldsymbol{y}=\boldsymbol{Q}_m\boldsymbol{T}_m\boldsymbol{y}=\boldsymbol{Q}_m\lambda\boldsymbol{y}=\lambda\boldsymbol{Q}_m\boldsymbol{y},$$

故$(\lambda,\boldsymbol{Q}_m\boldsymbol{y})$为矩阵$\boldsymbol{A}$的特征对.

例 2　设

$$\boldsymbol{A}=\begin{pmatrix}1&0&2\\0&1&2\\2&2&-1\end{pmatrix},$$

取$\boldsymbol{q}_1=\left(\dfrac{\sqrt{2}}{2},\dfrac{\sqrt{2}}{2},0\right)^{\mathrm{T}}$，用 Lanczos 迭代求$\boldsymbol{A}$的特征对.

解　由于

$$(\boldsymbol{q}_1,\boldsymbol{A}\boldsymbol{q}_1,\boldsymbol{A}^2\boldsymbol{q}_1)=\begin{pmatrix}\dfrac{\sqrt{2}}{2}&\dfrac{\sqrt{2}}{2}&\dfrac{9\sqrt{2}}{2}\\\dfrac{\sqrt{2}}{2}&\dfrac{\sqrt{2}}{2}&\dfrac{9\sqrt{2}}{2}\\0&2\sqrt{2}&0\end{pmatrix},$$

$$m=\mathrm{rank}(\boldsymbol{q}_1,\boldsymbol{A}\boldsymbol{q}_1,\boldsymbol{A}^2\boldsymbol{q}_1)=2,$$

则根据定理 10.5,$\beta_2=0$,

$$\alpha_1=\boldsymbol{q}_1^{\mathrm{T}}\boldsymbol{A}\boldsymbol{q}_1=1,$$

$$\boldsymbol{r}_1=\boldsymbol{A}\boldsymbol{q}_1-\alpha_1\boldsymbol{q}_1=(0,0,2\sqrt{2})^{\mathrm{T}},$$

$$\beta_1=\|\boldsymbol{r}_1\|_2=2\sqrt{2},$$

$$\boldsymbol{q}_2=\frac{\boldsymbol{r}_1}{\beta_1}=(0,0,1)^{\mathrm{T}},$$

$$\alpha_2=\boldsymbol{q}_2^{\mathrm{T}}\boldsymbol{A}\boldsymbol{q}_2=-1,$$

$$\boldsymbol{r}_2=\boldsymbol{A}\boldsymbol{q}_2-\alpha_2\boldsymbol{q}_2-\beta_1\boldsymbol{q}_1=(0,0,0)^{\mathrm{T}},$$

故 $\beta_2=\|\boldsymbol{r}_2\|_2=0$,则

$$\begin{pmatrix}\frac{\sqrt{2}}{2} & 0\\ \frac{\sqrt{2}}{2} & 0\\ 0 & 1\end{pmatrix}^{\mathrm{T}}\boldsymbol{A}\begin{pmatrix}\frac{\sqrt{2}}{2} & 0\\ \frac{\sqrt{2}}{2} & 0\\ 0 & 1\end{pmatrix}=\begin{pmatrix}1 & 2\sqrt{2}\\ 2\sqrt{2} & -1\end{pmatrix}=\boldsymbol{T}_2.$$

求 $\boldsymbol{T}_2$ 的特征对,因为

$$\det(u\boldsymbol{I}-\boldsymbol{T}_2)=(u-1)(u+1)-8=u^2-9=0,$$

解得 $u_1=3,u_2=-3$.求对应的特征向量,得

$$\boldsymbol{y}_1=\left(\frac{\sqrt{6}}{3},\frac{\sqrt{3}}{3}\right)^{\mathrm{T}},\quad \boldsymbol{y}_2=\left(\frac{\sqrt{3}}{3},-\frac{\sqrt{6}}{3}\right)^{\mathrm{T}},$$

$$\boldsymbol{z}_1=\begin{pmatrix}\frac{\sqrt{2}}{2} & 0\\ \frac{\sqrt{2}}{2} & 0\\ 0 & 1\end{pmatrix}\begin{pmatrix}\frac{\sqrt{6}}{3}\\ \frac{\sqrt{3}}{3}\end{pmatrix}\approx(0.577\,4,0.577\,4,0.577\,4)^{\mathrm{T}},$$

$$\boldsymbol{z}_2=\begin{pmatrix}\frac{\sqrt{2}}{2} & 0\\ \frac{\sqrt{2}}{2} & 0\\ 0 & 1\end{pmatrix}\begin{pmatrix}\frac{\sqrt{3}}{3}\\ \frac{-\sqrt{6}}{3}\end{pmatrix}\approx-(-0.408\,2,-0.408\,2,0.816\,4)^{\mathrm{T}}.$$

这个结果与例 1 中求得的 $\boldsymbol{A}$ 的极端特征对本质上一致.

但是由于计算机精度的限制,对于大型矩阵,Lanczos 迭代很难得到 $\beta_m=0$ 的结果,甚至很小的 β_m 都罕见.那么,如何估计算得三对角矩阵 $\boldsymbol{T}_j$ 的特征值作为对称矩阵 $\boldsymbol{A}$ 的特征值的误差呢?即如何确定迭代终止的判定值?

设$(u_i,\boldsymbol{y}_i)$为 $\boldsymbol{T}_j$ 的标准特征对,令 $z_i=\boldsymbol{Q}_j\boldsymbol{y}_i$.由于 $\boldsymbol{A}$ 为对称矩阵,故存在正交矩阵 $\boldsymbol{Q}$,使

$$\boldsymbol{A}=\boldsymbol{Q}\boldsymbol{D}\boldsymbol{Q}^{\mathrm{T}},\quad 其中\quad \boldsymbol{D}=\mathrm{diag}(\lambda_1,\lambda_2,\cdots,\lambda_n),\quad \lambda_i\in\lambda(\boldsymbol{A}).$$

据(10-25)式可得

$$\begin{aligned} r_j e_j^{\mathrm{T}} y_i &= (AQ_j - Q_j T_j) y_i = AQ_j y_i - Q_j T_j y_i \\ &= AQ_j y_i - u_i Q_j y_i = Az_i - u_i z_i \\ &= (A - u_i I) z_i = (QDQ^{\mathrm{T}} - u_i QQ^{\mathrm{T}}) z_i \\ &= Q(D - u_i I) Q^{\mathrm{T}} z_i. \end{aligned}$$

设 $\lambda \neq u_i$,则

$$Q^{\mathrm{T}} z_i = (D - u_i I)^{-1} Q^{\mathrm{T}} r_j e_j^{\mathrm{T}} y_i = (D - u_i I)^{-1} Q^{\mathrm{T}} r_j \eta_{ji}.$$

两边取 2-范数,得

$$\begin{aligned} \| Q^{\mathrm{T}} z_i \|_2 &\leqslant | \eta_{ji} | \, \| (D - u_i I)^{-1} \|_2 \| Q^{\mathrm{T}} r_j \|_2 \\ &\leqslant | \eta_{ji} | \left(\min_{\lambda \in \lambda(A)} | \lambda - u_i | \right)^{-1} \| Q^{\mathrm{T}} r_j \|_2. \end{aligned}$$

由于正交变换使 2-范数不变,故

$$\min_{\lambda \in \lambda(A)} | \lambda - u_i | \leqslant | \eta_{ji} | \, \| r_j \|_2, \tag{10-26}$$

其中 $\| Q^{\mathrm{T}} z_i \|_2 = 1$, $|\eta_{ji}|$ 为对称三对角矩阵 T_j 的特征值 u_i 对应的特征向量 y_i 的最后一个分量的绝对值.对于 $\lambda = u_i$,(10-26)式显然成立.

定理 10.6　设 u_i 和 y_i 为 T_j 的特征对,则必存在 A 的一个特征值 λ,使

$$| \lambda - u_i | \leqslant \beta_j | \eta_{ji} |, \tag{10-27}$$

其中 η_{ji} 为 T_j 的特征向量 y_i 的最后一个分量.

本定理虽然未给出 λ 为 A 的哪个特征值,但当 $|\eta_{ji}|$ 较小时,可用原点位移的反幂法求出 A 的高精度特征值及对应的特征向量.

对于在迭代过程中产生的 q_j,其相互的正交性难于保证,甚至有时会出现线性相关的情况.如何恢复 Q_j 中列的正交性,以及由此而产生的对于迭代中出现的 A 的特征值重复等判断,对这些问题有兴趣的读者,可以参考文献[17].

对于特征值问题的误差分析,即特征值问题的性态、算法稳定性和复杂性等问题,由于涉及很多代数运算技巧,而且也很繁杂,虽然它也很重要,但由于授课时间不足等原因,在此没有介绍,对此有兴趣的读者可以参考文献[6],[17],[24]以及 Wilkinson 所著《代数特征值问题》(石钟慈等译).

10.5　奇异值分解的算法

本节我们简要介绍一下奇异值分解的算法. 设 $A \in \mathbf{R}^{m \times n}$ $(m \geqslant n)$,由 2.4 节的内容可知 A 的奇异值分解可从实对称矩阵 $C = A^{\mathrm{T}} A$ 的特征值分解中直接得到,由此自然得到一个奇异值分解的算法:

(1) 计算 $C = A^{\mathrm{T}} A$;

(2) 计算 C 的特征值分解 $C = V\Sigma^2 V^{\mathrm{T}}$,得到正交矩阵 V 以及对角矩阵 Σ;

(3) 解方程组 $U\Sigma = AV$ 或用其他方法得到正交矩阵 U.

如果 n 比较小,很多时候都采用此方法计算奇异值分解. 但如果 n 比较大,此方法就不合适了,原因是形成 $A^{\mathrm{T}} A$ 的运算量比较大,且容易引入较大的误差. 针对这个问题,Golub

(戈卢布)和 Kahan(凯亨)于 1965 年提出了一个十分稳定且有效的计算奇异值分解的算法,其基本思想是隐含地应用 10.3.5 节讲述的对称 QR 法于 $\boldsymbol{A}^{\mathrm{T}}\boldsymbol{A}$ 上,而并不需要明确地计算 $\boldsymbol{A}^{\mathrm{T}}\boldsymbol{A}$,从而有效地避免了误差过大以及运算量过多这两个缺陷. 下面我们简要介绍一下他们的工作.

一、化 $\boldsymbol{A}$ 为二对角矩阵

要应用对称 QR 法于 $\boldsymbol{A}^{\mathrm{T}}\boldsymbol{A}$ 上,第一步需要先将其三对角化. 为了避免计算 $\boldsymbol{A}^{\mathrm{T}}\boldsymbol{A}$,可先将 $\boldsymbol{A}$ 二对角化,即求正交矩阵 $\boldsymbol{U}\in\mathbf{R}^{m\times m}$ 以及 $\boldsymbol{V}\in\mathbf{R}^{n\times n}$,使得

$$\boldsymbol{U}^{\mathrm{T}}\boldsymbol{A}\boldsymbol{V}=\begin{pmatrix}\boldsymbol{B}\\\boldsymbol{O}\end{pmatrix},\tag{10-28}$$

其中 $\boldsymbol{B}$ 为如下形式的二对角矩阵

$$\boldsymbol{B}=\begin{pmatrix}\delta_1 & \gamma_2 & & & \\ & \delta_2 & \gamma_3 & & \\ & & \ddots & \ddots & \\ & & & \delta_{n-1} & \gamma_n \\ & & & & \delta_n\end{pmatrix}_{n\times n}.\tag{10-29}$$

容易看出有 $\boldsymbol{V}^{\mathrm{T}}\boldsymbol{A}^{\mathrm{T}}\boldsymbol{A}\boldsymbol{V}=\boldsymbol{V}^{\mathrm{T}}\boldsymbol{A}^{\mathrm{T}}\boldsymbol{U}\boldsymbol{U}^{\mathrm{T}}\boldsymbol{A}\boldsymbol{V}=\boldsymbol{B}^{\mathrm{T}}\boldsymbol{B}$ 是对称三对角矩阵,因此一旦(10-28)式实现,就相当于已将 $\boldsymbol{A}^{\mathrm{T}}\boldsymbol{A}$ 三对角化了.

分解式(10-28)可以用我们熟悉的 Householder 变换实现. 将 $\boldsymbol{A}$ 分块为 $\boldsymbol{A}=[\boldsymbol{a}_1,\boldsymbol{A}_1]$,可找出 m 阶 Householder 变换矩阵 $\boldsymbol{P}_1$ 使得 $\boldsymbol{P}_1\boldsymbol{a}_1=\delta_1\boldsymbol{e}_1$,计算

$$\boldsymbol{P}_1\boldsymbol{A}=(\delta_1\boldsymbol{e}_1,\boldsymbol{P}_1\boldsymbol{A}_1)=\begin{pmatrix}\delta_1 & \boldsymbol{b}_1^{\mathrm{T}}\\ \boldsymbol{0} & \bar{\boldsymbol{A}}_1\end{pmatrix}.$$

接着寻找 n 阶 Householder 变换矩阵 $\boldsymbol{H}_1=\operatorname{diag}(1,\bar{\boldsymbol{H}}_1)$,使得 $\bar{\boldsymbol{H}}_1\boldsymbol{b}_1=\gamma_2\boldsymbol{e}_1$,并计算

$$(\boldsymbol{P}_1\boldsymbol{A})\boldsymbol{H}_1=\begin{pmatrix}\delta_1 & \boldsymbol{b}_1^{\mathrm{T}}\\ \boldsymbol{0} & \bar{\boldsymbol{A}}_1\end{pmatrix}\begin{pmatrix}1 & \\ & \bar{\boldsymbol{H}}_1\end{pmatrix}=\begin{pmatrix}\delta_1 & \gamma_2 & \boldsymbol{0}\\ \boldsymbol{0} & \boldsymbol{a}_2 & \boldsymbol{A}_2\end{pmatrix}.$$

按上述方式进行 $n-1$ 步(注意第 $n-1$ 步只需寻找 $\boldsymbol{P}_{n-1}$ 而无须找 $\boldsymbol{H}_{n-1}$)后,最后还需要再寻找 m 阶 Householder 变换矩阵 $\boldsymbol{P}_n=\operatorname{diag}(\boldsymbol{I}_{n-1},\bar{\boldsymbol{P}}_n)$,其中 $\bar{\boldsymbol{P}}_n$ 是 $m-n+1$ 阶 Householder 矩阵,使得 $\bar{\boldsymbol{P}}_n\boldsymbol{a}_n=\delta_n\boldsymbol{e}_1$. 于是令

$$\boldsymbol{U}=\boldsymbol{P}_1\boldsymbol{P}_2\cdots\boldsymbol{P}_n,\quad \boldsymbol{V}=\boldsymbol{H}_1\boldsymbol{H}_2\cdots\boldsymbol{H}_{n-2},$$

则 $\boldsymbol{U}^{\mathrm{T}}\boldsymbol{A}\boldsymbol{V}$ 就是二对角矩阵,即实现了分解式(10-28).

二、对 $\boldsymbol{B}^{\mathrm{T}}\boldsymbol{B}$ 应用对称 QR 法

将 $\boldsymbol{A}$ 二对角化(即相当于将 $\boldsymbol{A}^{\mathrm{T}}\boldsymbol{A}$ 三对角化)后,下一步的任务是对三对角矩阵 $\boldsymbol{T}=\boldsymbol{B}^{\mathrm{T}}\boldsymbol{B}$ 进行带位移的对称 QR 分解. 考虑 Wilkinson 位移,令

$$d=\frac{\delta_{n-1}^2+\gamma_{n-1}^2-\delta_n^2-\gamma_n^2}{2},\quad u=\delta_n^2+\gamma_n^2-\frac{\delta_{n-1}^2\gamma_n^2}{d+\operatorname{sgn}(d)\sqrt{d^2+\delta_{n-1}^2\gamma_n^2}},$$

u 是矩阵 $\boldsymbol{B}^{\mathrm{T}}\boldsymbol{B}$ 中右下角 2×2 矩阵块的特征值,即为 Wilkinson 位移. 接着计算

$$\boldsymbol{B}_k^{\mathrm{T}}\boldsymbol{B}_k-u\boldsymbol{I}=\boldsymbol{Q}_k\boldsymbol{R}_k,\quad \boldsymbol{B}_{k+1}^{\mathrm{T}}\boldsymbol{B}_{k+1}=\boldsymbol{R}_k\boldsymbol{Q}_k+u\boldsymbol{I}.$$

这一步实际上也可以不显式形成三对角矩阵 $\boldsymbol{B}_k^{\mathrm{T}}\boldsymbol{B}_k$，而是可以直接从二对角矩阵 $\boldsymbol{B}_k$ 形成二对角矩阵 $\boldsymbol{B}_{k+1}$. 详细的推导过程这里就不介绍了，有兴趣的读者可参考文献[27]等.

上述算法可计算任意一个 $m\times n$ 实矩阵的奇异值分解，可以证明，此算法有相当好的数值稳定性，利用这一算法可求得相当精确的奇异值，因此这一算法是计算奇异值分解比较流行的算法. 另外也可以用前述讲的分而治之方法，Jacobi 方法或其他方法计算 $\boldsymbol{B}^{\mathrm{T}}\boldsymbol{B}$ 的特征值及对应的特征向量，限于篇幅，这里就不一一介绍了.

习题 10

1. 将下列矩阵约化为上 Hessenberg 矩阵：

(1) $\begin{pmatrix}7&2&4\\2&1&3\\4&3&8\end{pmatrix}$；　(2) $\begin{pmatrix}0&1&3&5\\3&5&0&1\\5&0&1&3\\1&3&5&0\end{pmatrix}$.

2. 用矩阵特征方程求根的方法，求下列矩阵的特征值，并求出对应的特征向量：

(1) $\begin{pmatrix}4&2&0\\2&3&2\\0&2&2\end{pmatrix}$；　(2) $\begin{pmatrix}5&-1&0&0\\-2&45&2&0\\0&1&1&-1\\0&0&-2&3\end{pmatrix}$.

3. 设 $\boldsymbol{x}=(x_1,x_2,\cdots,x_n)^{\mathrm{T}}$，$\boldsymbol{y}=(y_1,y_2,\cdots,y_n)^{\mathrm{T}}$，证明

$$\det(\boldsymbol{I}+\boldsymbol{x}\boldsymbol{y}^{\mathrm{T}})=1+\boldsymbol{y}^{\mathrm{T}}\boldsymbol{x}.$$

4. 判别下列矩阵在 $(0,+\infty)$ 内有无特征值，有几个特征值，并求出这些特征值的所在区间，精度为 10^{-1}：

(1) $\begin{pmatrix}1.5&1&0&0\\1&2.5&2&0\\0&2&35&3\\0&0&3&4.5\end{pmatrix}$；　(2) $\begin{pmatrix}1&2&0&0&0\\2&2&1&0&0\\0&1&3&3&0\\0&0&3&4&2\\0&0&0&2&5\end{pmatrix}$.

5. 用分而治之法计算下列矩阵的全部特征对：

(1) $\begin{pmatrix}5&1&0&0\\1&5&2&0\\0&2&5&3\\0&0&3&5\end{pmatrix}$；　(2) $\begin{pmatrix}0.25&1&0&0\\1&0.35&1&0\\0&1&0.45&1\\0&0&1&0.55\end{pmatrix}$.

6. 证明由 Jacobi 矩阵的特征多项式生成的 Sturm 序列中 $f_{k-1}(\lambda)$ 与 $f_k(\lambda)$ $(k\geqslant 2)$ 的根相互严格分隔，即(10-6)式成立.

7. 设 $\boldsymbol{A}_n$ 为 n 阶 Jacobi 矩阵，用特征多项式 $f_n(\lambda)=\det(\boldsymbol{A}_n-\lambda\boldsymbol{I})$ 建立起 Sturm 序列，是否可用该序列的变号数之差 $V(a)-V(b)$ 来确定 $f_n(\lambda)$ 在 (a,b) 内根的个数？为什么？

8. 求矩阵

$$A=\begin{pmatrix}0&0&a_1\\0&a_2&0\\a_3&0&0\end{pmatrix}$$

的 QR 迭代序列,并判别该序列是否收敛.

9. 对下列矩阵各作两次带原点位移的 QR 分解,位移取矩阵的右下角元:

(1) $\begin{pmatrix}0&0.4&0&0\\0.4&0&1&0\\0&1&0&0.4\\0&0&0.4&0.5\end{pmatrix}$; (2) $\begin{pmatrix}1&0.1&0&0\\0.1&1&0.2&0\\0&0.2&1&0.3\\0&0&0.3&1.3\end{pmatrix}$.

10. 用带原点位移的 QR 分解计算矩阵

$$\begin{pmatrix}5&1&0&0&0\\1&4.5&0.2&0&0\\0&0.2&1&-0.4&0\\0&0&-0.4&3&1\\0&0&0&1&3\end{pmatrix}$$

的全部特征对.

11. 证明对称 QR 迭代中产生的矩阵 $T^{(k+1)}$ 仍为对称三对角矩阵.

12. 用 Lanczos 迭代求下列矩阵的全部特征对:

(1) $\begin{pmatrix}3&1.5&0\\1.5&4&1.5\\0&1.5&5\end{pmatrix}$; (2) $\begin{pmatrix}6&3&1\\3&2&1\\1&1&1\end{pmatrix}$;

(3) 用 Lanczos 迭代将矩阵

$$A=\begin{pmatrix}4&2&1&0&0\\2&4&2&1&0\\1&2&4&2&1\\0&1&2&4&2\\0&0&1&2&4\end{pmatrix}$$

约化为对称三对角矩阵,并求出 A 的极端特征对(可用计算机计算);

(4) 举例说明用 Lanczos 迭代求矩阵 A 的某些特征对时,与初始向量 $q_1(\|q_1\|_2)$ 的取法有关,为什么?

习题 10 答案与提示

附录1　相关的基础知识

一、线性空间

线性空间是向量空间的推广,线性空间的核心内容是线性变换.在有限维线性空间中,线性变换及其运算可以转化为矩阵问题进行讨论.

线性空间的概念建立于非空集合 V 与数域 K 之上,其对于加法运算和数乘运算(合称线性运算)封闭,即

(1) 对于任意的 $\boldsymbol{u},\boldsymbol{v}\in V$,有 $\boldsymbol{u}+\boldsymbol{v}\in V$;

(2) 对于任意的 $\boldsymbol{u}\in V$,及任意的 $k\in K$,有 $k\boldsymbol{u}\in V$.

并且还要满足以下运算律:

(1) 加法交换律 $\boldsymbol{\alpha}+\boldsymbol{\beta}=\boldsymbol{\beta}+\boldsymbol{\alpha}$;

(2) 加法结合律 $(\boldsymbol{\alpha}+\boldsymbol{\beta})+\boldsymbol{\gamma}=\boldsymbol{\alpha}+(\boldsymbol{\beta}+\boldsymbol{\gamma})$;

(3) $\boldsymbol{\alpha}+\mathbf{0}=\mathbf{0}+\boldsymbol{\alpha}$,其中 $\mathbf{0}$ 为零向量;

(4) $\boldsymbol{\alpha}+(-\boldsymbol{\alpha})=(-\boldsymbol{\alpha})+\boldsymbol{\alpha}=\mathbf{0}$,其中 $-\boldsymbol{\alpha}$ 为 $\boldsymbol{\alpha}$ 的负向量;

(5) $1\cdot\boldsymbol{\alpha}=\boldsymbol{\alpha}$;

(6) $k(l\cdot\boldsymbol{\alpha})=(kl)\boldsymbol{\alpha}$;

(7) $k(\boldsymbol{\alpha}+\boldsymbol{\beta})=k\boldsymbol{\alpha}+k\boldsymbol{\beta}$;

(8) $(k+l)\cdot\boldsymbol{\alpha}=k\boldsymbol{\alpha}+l\boldsymbol{\alpha}$,

其中 $\boldsymbol{\alpha},\boldsymbol{\beta},\boldsymbol{\gamma}\in V,k,l\in K$.

1. 常用的线性空间

(1) 矩阵空间　给定正整数 m 和 n,数域 K 与集合

$$V=\{\boldsymbol{A}\mid\boldsymbol{A}=(a_{ij})_{m\times n},a_{ij}\in K\},$$

对于 $\boldsymbol{A}=(a_{ij})_{m\times n},\boldsymbol{B}=(b_{ij})_{m\times n}$ 及 $k\in K$,定义加法运算和数乘运算如下:

$$\boldsymbol{A}+\boldsymbol{B}=(a_{ij}+b_{ij})_{m\times n},\quad k\boldsymbol{A}=(ka_{ij})_{m\times n},$$

那么,V 是 K 上的线性空间,称为**矩阵空间**.当 K 为实数域 $\mathbf{R}$ 时,将 V 记作 $\mathbf{R}^{m\times n}$;当 K 为复数域 $\mathbf{C}$ 时,将 V 记作 $\mathbf{C}^{m\times n}$;特别地,称 $\mathbf{R}^{1\times n}(\mathbf{C}^{1\times n})$ 为行向量空间,记作 $\mathbf{R}^{n}(\mathbf{C}^{n})$;称 $\mathbf{R}^{n\times 1}(\mathbf{C}^{n\times 1})$ 为列向量空间,也记作 $\mathbf{R}^{n}(\mathbf{C}^{n})$,即

$$\text{实行向量空间}\quad \mathbf{R}^{n}=\{\boldsymbol{x}=(x_1,x_2,\cdots,x_n)\mid x_i\in\mathbf{R}\};$$

$$\text{实列向量空间}\quad \mathbf{R}^{n}=\{\boldsymbol{x}=(x_1,x_2,\cdots,x_n)^{\mathrm{T}}\mid x_i\in\mathbf{R}\};$$

$$\text{复行向量空间}\quad \mathbf{C}^{n}=\{\boldsymbol{x}=(x_1,x_2,\cdots,x_n)\mid x_i\in\mathbf{C}\};$$

$$\text{复列向量空间}\quad \mathbf{C}^{n}=\{\boldsymbol{x}=(x_1,x_2,\cdots,x_n)^{\mathrm{T}}\mid x_i\in\mathbf{C}\}.$$

本书中,如不加特别说明,向量空间均指列向量空间.

(2) 多项式空间　给定自然数 n,数域 K 与集合

$$V=\{p(x) \mid p(x)=a_0+a_1x+\cdots+a_nx^n, a_i \in K\}.$$

对于 $p(x)=a_0+a_1x+\cdots+a_nx^n$, $q(x)=b_0+b_1x+\cdots+b_nx^n$,及 $k \in K$,定义加法运算和数乘运算如下:

$$p(x)+q(x)=(a_0+b_0)+(a_1+b_1)x+\cdots+(a_n+b_n)x^n,$$
$$k \cdot p(x)=(ka_0)+(ka_1)x+\cdots+(ka_n)x^n,$$

那么,V 是 K 上的线性空间,称为**多项式空间**,记作 P_n.

(3) 连续函数空间

区间 $[a,b]$ 上全体实值连续函数的集合,按通常的函数加法运算与函数的数乘运算,构成 $\mathbf{R}$ 上的线性空间,记作 $C[a,b]$.

2. 线性子空间

线性子空间简称子空间.子空间的概念建立于线性空间 V 的非空子集合 V_1 之上.如果 V_1 对 V 中定义的线性运算封闭,V_1 就是 V 的子空间.子空间本身也是线性空间.

常用的子空间:

(1) 生成子空间　给定数域 K 上的线性空间 V 中的元素 $\boldsymbol{v}_1, \boldsymbol{v}_2, \cdots, \boldsymbol{v}_m$,则

$$V_1=\operatorname{span}\{\boldsymbol{v}_1, \boldsymbol{v}_2, \cdots, \boldsymbol{v}_m\}=\{\boldsymbol{v} \mid \boldsymbol{v}=k_1\boldsymbol{v}_1+k_2\boldsymbol{v}_2+\cdots+k_m\boldsymbol{v}_m, k_i \in K\}$$

就是 V 的子空间,称为由 $\boldsymbol{v}_1, \boldsymbol{v}_2, \cdots, \boldsymbol{v}_m$ 生成的子空间.

(2) 矩阵的值域 $R(\boldsymbol{A})$　设 $\boldsymbol{A} \in \mathbf{C}^{m \times n}$ 的 n 个列向量为 $\boldsymbol{a}_1, \boldsymbol{a}_2, \cdots, \boldsymbol{a}_n$,则

$$R(\boldsymbol{A})=\operatorname{span}\{\boldsymbol{a}_1, \boldsymbol{a}_2, \cdots, \boldsymbol{a}_n\}=\{\boldsymbol{y} \mid \boldsymbol{y}=\boldsymbol{A}\boldsymbol{x}, \boldsymbol{x} \in \mathbf{C}^n\},$$

它是所有能表示为 $\boldsymbol{A}\boldsymbol{x}$ 形式的向量的集合.$R(\boldsymbol{A})$ 是由 $\boldsymbol{A}$ 的列向量生成的子空间.

(3) 矩阵的零空间 $N(\boldsymbol{A})$　设 $\boldsymbol{A} \in \mathbf{C}^{m \times n}$,则

$$N(\boldsymbol{A})=\{\boldsymbol{x} \mid \boldsymbol{A}\boldsymbol{x}=\mathbf{0}, \boldsymbol{x} \in \mathbf{C}^n\},$$

它是所有满足 $\boldsymbol{A}\boldsymbol{x}=\mathbf{0}$ 的向量 $\boldsymbol{x}$ 的集合,这里 $\mathbf{0}$ 是 $\mathbf{C}^n$ 中的零向量.每个向量 $\boldsymbol{x} \in N(\boldsymbol{A})$ 的元素给出了零向量作为 $\boldsymbol{A}$ 的列的线性组合展开式的系数:$\mathbf{0}=x_1\boldsymbol{a}_1+x_2\boldsymbol{a}_2+\cdots+x_n\boldsymbol{a}_n$.

如 $\operatorname{span}\{1,x,x^2\}$, $\operatorname{span}\{1,x^3,x^5\}$, $\operatorname{span}\{x^2,x^4\}$ 都是多项式空间

$$P_n=\operatorname{span}\{1,x,x^2,\cdots,x^n\} \quad (n \geqslant 5)$$

的子空间.

3. 线性子空间中元素组的线性相关性

定义 1　在数域 K 上的线性空间 V 中,元素组 $\boldsymbol{v}_1, \boldsymbol{v}_2, \cdots, \boldsymbol{v}_m \in V$,如果能找到一组不全为零的数 $k_1, k_2, \cdots, k_m \in K$,使得

$$\sum_{i=1}^{m} k_i\boldsymbol{v}_i=k_1\boldsymbol{v}_1+k_2\boldsymbol{v}_2+\cdots+k_m\boldsymbol{v}_m=\mathbf{0},$$

则称 $\boldsymbol{v}_1, \boldsymbol{v}_2, \cdots, \boldsymbol{v}_m$ 是线性相关的;否则,若只有当 $k_1=k_2=\cdots=k_m=0$ 时,才有 $\sum\limits_{i=1}^{m} k_i\boldsymbol{v}_i=\mathbf{0}$,则称 $\boldsymbol{v}_1, \boldsymbol{v}_2, \cdots, \boldsymbol{v}_m$ 是线性无关的.

元素组 $\boldsymbol{v}_1, \boldsymbol{v}_2, \cdots, \boldsymbol{v}_m (m \geqslant 2)$ 线性相关的充要条件是:其中一个元素可由其余的元素线性表示.如果元素组 $\boldsymbol{v}_1, \boldsymbol{v}_2, \cdots, \boldsymbol{v}_m$ 线性无关,而元素组 $\boldsymbol{v}_1, \boldsymbol{v}_2, \cdots, \boldsymbol{v}_m, \boldsymbol{u}$ 线性相关,则 $\boldsymbol{u}$ 可由 $\boldsymbol{v}_1, \boldsymbol{v}_2, \cdots, \boldsymbol{v}_m$ 线性表示,而且表示法是唯一的.

4. 线性空间的基和维数

定义 2　如果线性空间 V 中有 n 个线性无关的元素 $\boldsymbol{v}_1,\boldsymbol{v}_2,\cdots,\boldsymbol{v}_n$，而任意$n+1$个元素都线性相关，则称线性空间 V 是 n 维的.称这 n 个线性无关的元素 $\boldsymbol{v}_1,\boldsymbol{v}_2,\cdots,\boldsymbol{v}_n$ 为线性空间 V 的**基**.若 $\boldsymbol{u}$ 是 V 中的任意元素，则它可由这组基唯一地表示为

$$\boldsymbol{u}=\sum_{i=1}^{n}k_i\boldsymbol{v}_i,$$

称 $k_1,k_2,\cdots,k_n\in K$ 是 $\boldsymbol{u}$ 在基 $\boldsymbol{v}_1,\boldsymbol{v}_2,\cdots,\boldsymbol{v}_n$ 下的**坐标**.

例如，(1) 向量空间 $\mathbf{R}^n(\mathbf{C}^n)$ 的简单基为 $\boldsymbol{e}_1,\boldsymbol{e}_2,\cdots,\boldsymbol{e}_n$，其中 $\boldsymbol{e}_i$ 表示第 i 个分量为 1，其余分量为 0 的 n 维向量. $\dim\mathbf{R}^n=n$.

(2) 空间 $\mathbf{R}^{m\times n}(\mathbf{C}^{m\times n})$ 的简单基为 $\boldsymbol{E}_{11},\boldsymbol{E}_{12},\cdots,\boldsymbol{E}_{1n},\boldsymbol{E}_{21},\cdots,\boldsymbol{E}_{mn}$，其中 $\boldsymbol{E}_{ij}$表示第 i 行第 j 列元素为 1，其余元素为 0 的 $m\times n$ 矩阵. $\dim\mathbf{R}^{m\times n}=mn$.

(3) 多项式空间 P_n 的简单基为 $1,x,x^2,\cdots,x^n$. $\dim P_n=n+1$.

(4) $R(\boldsymbol{A})$的基：矩阵 $\boldsymbol{A}$ 的列向量组的一个最大线性无关组.

(5) $N(\boldsymbol{A})$的基：齐次方程组 $\boldsymbol{Ax}=\mathbf{0}$ 的一个基础解系.

(6) $C[a,b]$是无穷维空间.

5. 线性空间 V 中子空间的某些基本性质

设 V_1 和 V_2 是 V 的两个子空间，它们的交、和以及直和的定义如下：

$$V_1\cap V_2=\{\boldsymbol{x}\mid \boldsymbol{x}\in V_1 \text{ 且 } \boldsymbol{x}\in V_2\}.$$

$$V_1+V_2=\{\boldsymbol{x}\mid \boldsymbol{x}=\boldsymbol{x}_1+\boldsymbol{x}_2,\boldsymbol{x}_1\in V_1,\boldsymbol{x}_2\in V_2\}.$$

$$V_1\oplus V_2=\{\boldsymbol{x}\mid \boldsymbol{x}=\boldsymbol{x}_1+\boldsymbol{x}_2,\text{唯一 }\boldsymbol{x}_1\in V_1,\text{唯一 }\boldsymbol{x}_2\in V_2\}.$$

可证

(1) $V_1\cap V_2$ 和 V_1+V_2 是 V 的子空间；

(2) $V_1\cap V_2\subset V_1\subset V_1+V_2,V_1\cap V_2\subset V_2\subset V_1+V_2$.

它们之间有下列关系：

(1) 若 V_1+V_2 是有限维的，则

$$\dim(V_1+V_2)=\dim V_1+\dim V_2-\dim V_1\cap V_2;$$

(2) V_1+V_2 是直和的充要条件是 $V_1\cap V_2=\{\mathbf{0}\}$；

(3) 若 V 是有限维的，则 V_1 的基能够扩充为 V 的基.

6. 内积的表示及 Cauchy-Schwarz 不等式

定义 3　设 $\boldsymbol{x},\boldsymbol{y}\in\mathbf{C}^n$，其内积定义为

$$(\boldsymbol{x},\boldsymbol{y})=\boldsymbol{y}^{\mathrm{H}}\boldsymbol{x}=\sum_{i=1}^{n}x_i\cdot\bar{y}_i=x_1\cdot\bar{y}_1+x_2\cdot\bar{y}_2+\cdots+x_n\cdot\bar{y}_n.$$

复向量内积有如下的性质：

(1) $(\boldsymbol{x},\boldsymbol{x})\geqslant 0$，当且仅当 $\boldsymbol{x}=\mathbf{0}$ 时，$(\boldsymbol{x},\boldsymbol{x})=0$；

(2) $(\boldsymbol{x},\boldsymbol{y})=\overline{(\boldsymbol{y},\boldsymbol{x})}$；

(3) $(\lambda\boldsymbol{x},\boldsymbol{y})=\lambda(\boldsymbol{x},\boldsymbol{y}),(\boldsymbol{x},\lambda\boldsymbol{y})=\bar{\lambda}(\boldsymbol{x},\boldsymbol{y}),\lambda\in\mathbf{C}$；

(4) $(\boldsymbol{x}+\boldsymbol{y},\boldsymbol{z})=(\boldsymbol{x},\boldsymbol{z})+(\boldsymbol{y},\boldsymbol{z})$，$\boldsymbol{x},\boldsymbol{y},\boldsymbol{z}\in\mathbf{C}^n$.

定义 4　设 $\boldsymbol{x},\boldsymbol{y}\in\mathbf{C}^n$，若内积 $(\boldsymbol{x},\boldsymbol{y})=0$，则称 $\boldsymbol{x}$ 与 $\boldsymbol{y}$ **正交**.

定理 1（Cauchy-Schwarz 不等式）　设 $\boldsymbol{x},\boldsymbol{y}\in\mathbf{C}^n$，则有

$$|(\boldsymbol{x},\boldsymbol{y})|\leqslant\sqrt{(\boldsymbol{x},\boldsymbol{x})(\boldsymbol{y},\boldsymbol{y})}.$$

证　$\boldsymbol{x}$ 或 $\boldsymbol{y}$ 为零向量时，不等式显然成立.以下设 $\boldsymbol{x},\boldsymbol{y}$ 均为非零向量.对任意复数 λ，有

$$0\leqslant(\boldsymbol{x}-\lambda\boldsymbol{y},\boldsymbol{x}-\lambda\boldsymbol{y})=(\boldsymbol{x},\boldsymbol{x})-\bar{\lambda}(\boldsymbol{x},\boldsymbol{y})-\lambda(\boldsymbol{y},\boldsymbol{x})+\lambda\bar{\lambda}(\boldsymbol{y},\boldsymbol{y}).$$

取 $\lambda=\dfrac{(\boldsymbol{x},\boldsymbol{y})}{(\boldsymbol{y},\boldsymbol{y})}$ 代入上式，有

$$0\leqslant(\boldsymbol{x},\boldsymbol{x})-\frac{\overline{(\boldsymbol{x},\boldsymbol{y})}}{(\boldsymbol{y},\boldsymbol{y})}(\boldsymbol{x},\boldsymbol{y})-\frac{(\boldsymbol{x},\boldsymbol{y})}{(\boldsymbol{y},\boldsymbol{y})}(\boldsymbol{y},\boldsymbol{x})+\frac{(\boldsymbol{x},\boldsymbol{y})\overline{(\boldsymbol{x},\boldsymbol{y})}}{(\boldsymbol{y},\boldsymbol{y})(\boldsymbol{y},\boldsymbol{y})}(\boldsymbol{y},\boldsymbol{y}).$$

以正数 $(\boldsymbol{y},\boldsymbol{y})$ 乘上式两端，并整理得

$$(\boldsymbol{x},\boldsymbol{y})\overline{(\boldsymbol{x},\boldsymbol{y})}\leqslant(\boldsymbol{x},\boldsymbol{x})(\boldsymbol{y},\boldsymbol{y}).$$

两端取算术平方根，得

$$|(\boldsymbol{x},\boldsymbol{y})|\leqslant\sqrt{(\boldsymbol{x},\boldsymbol{x})}\sqrt{(\boldsymbol{y},\boldsymbol{y})}.$$

$\mathbf{C}^n$ 中的正交性：

(1) 设 V_1 是 $\mathbf{C}^n$ 的一个子空间，若 $\boldsymbol{y}\in\mathbf{C}^n$ 满足 $(\boldsymbol{x},\boldsymbol{y})=0(\forall\boldsymbol{x}\in\boldsymbol{V}_1)$，则称 $\boldsymbol{y}$ 与 $\boldsymbol{V}_1$ 正交.易证，若 $\boldsymbol{V}_1$ 的一组基为 $\boldsymbol{x}_1,\boldsymbol{x}_2,\cdots,\boldsymbol{x}_p$，则 $\boldsymbol{y}$ 与 V_1 正交的充要条件是 $(\boldsymbol{x}_i,\boldsymbol{y})=0(i=1,2,\cdots,p)$.

(2) 设 V_1 和 V_2 是 $\mathbf{C}^n$ 的两个子空间，若对 $\forall\boldsymbol{x}\in\boldsymbol{V}_1$，$\forall\boldsymbol{y}\in\boldsymbol{V}_2$，都有 $(\boldsymbol{x},\boldsymbol{y})=0$，则称 $\boldsymbol{V}_1$ 与 $\boldsymbol{V}_2$ 正交.若 $\boldsymbol{V}_1$ 的一组基为 $\boldsymbol{x}_1,\boldsymbol{x}_2,\cdots,\boldsymbol{x}_p$，$\boldsymbol{V}_2$ 的一组基为 $\boldsymbol{y}_1,\boldsymbol{y}_2,\cdots,\boldsymbol{y}_q$，则 $\boldsymbol{V}_1$ 与 $\boldsymbol{V}_2$ 正交的充要条件是 $(\boldsymbol{x}_i,\boldsymbol{y}_j)=0(i=1,2,\cdots,p,j=1,2,\cdots,q)$.

7. $\mathbf{C}^n$ 的正交分解

设 W 为 $\mathbf{C}^n$ 的一个 k 维子空间，$\boldsymbol{x}_1,\boldsymbol{x}_2,\cdots,\boldsymbol{x}_k$ 是它的一组正交基，可以添补 $n-k$ 个向量 $\boldsymbol{x}_{k+1},\boldsymbol{x}_{k+2},\cdots,\boldsymbol{x}_n$，使得 $\boldsymbol{x}_1,\boldsymbol{x}_2,\cdots,\boldsymbol{x}_n$ 成为 $\mathbf{C}^n$ 的一组正交基.记 $\boldsymbol{x}_{k+1},\boldsymbol{x}_{k+2},\cdots,\boldsymbol{x}_n$ 所张成的子空间为

$$\operatorname{span}\{\boldsymbol{x}_{k+1},\boldsymbol{x}_{k+2},\cdots,\boldsymbol{x}_n\},$$

其维数为 $n-k$，且其中任一向量 $\boldsymbol{y}$ 和子空间 W 中的任何向量都正交.因此，称这个 $n-k$ 维子空间为 W 的**正交补空间**，记作 $W^{\perp}$，即

$$W^{\perp}=\operatorname{span}\{\boldsymbol{x}_{k+1},\boldsymbol{x}_{k+2},\cdots,\boldsymbol{x}_n\}.$$

这样，便得到 $\mathbf{C}^n$ 的一种直和分解：$\mathbf{C}^n=W\oplus W^{\perp}$.

特别地，对于给定的正交基 $\boldsymbol{x}_1,\boldsymbol{x}_2,\cdots,\boldsymbol{x}_n$，空间 $\mathbf{C}^n$ 可以分解成直和

$$\mathbf{C}^n=\operatorname{span}\{\boldsymbol{x}_1\}\oplus\operatorname{span}\{\boldsymbol{x}_2\}\oplus\cdots\oplus\operatorname{span}\{\boldsymbol{x}_n\}.$$

这就是说，$\mathbf{C}^n$ 可以分解成 n 个一维正交子空间的直和.

欧氏空间 $\mathbf{R}^n$ 亦可以作同样的正交分解.

二、某些矩阵及其基本性质

定理 2　设 $A\in\mathbf{C}^{n\times n}$，下面的条件是等价的：

(1) $\boldsymbol{A}$ 有逆矩阵 $\boldsymbol{A}^{-1}$；

(2) $\operatorname{rank}(\boldsymbol{A})=n$；

(3) $R(\boldsymbol{A})=\mathbf{C}^n$；

(4) 0 不是 $\boldsymbol{A}$ 的特征值；

(5) $\det(\boldsymbol{A})\neq 0$.

定义 5　若 $\boldsymbol{A}=(a_{ij})_{n\times n}\in\mathbf{C}^{n\times n}$，则称

$$\boldsymbol{A}_k=\begin{pmatrix} a_{11} & a_{12} & \cdots & a_{1k} \\ a_{21} & a_{22} & \cdots & a_{2k} \\ \vdots & \vdots & & \vdots \\ a_{k1} & a_{k2} & \cdots & a_{kk} \end{pmatrix}\quad (k=1,2,\cdots,n)$$

为矩阵 $\boldsymbol{A}$ 的 k 阶**顺序主子阵**，称 $D_k=\det(\boldsymbol{A}_k)\ (k=1,2,\cdots,n)$ 为 $\boldsymbol{A}$ 的 k 阶顺序主子式.

定义 6　设 $\boldsymbol{A}\in\mathbf{C}^{n\times n}$，若存在 $\lambda\in\mathbf{C}$ 和 $\mathbf{0}\neq\boldsymbol{x}\in\mathbf{C}^n$，使得

$$\boldsymbol{A}\boldsymbol{x}=\lambda\boldsymbol{x},$$

则称 λ 为 $\boldsymbol{A}$ 的**特征值**，称 $\boldsymbol{x}$ 为 $\boldsymbol{A}$ 的对应于特征值 λ 的**特征向量**.

$\boldsymbol{A}\boldsymbol{x}=\lambda\boldsymbol{x}$ 等价于 $(\lambda\boldsymbol{I}-\boldsymbol{A})\boldsymbol{x}=\mathbf{0}$.这是 n 个未知数 n 个方程的齐次线性方程组，它有非零解的充要条件是行列式 $\det(\lambda\boldsymbol{I}-\boldsymbol{A})=0$.

定义 7　设 $\boldsymbol{A}\in\mathbf{C}^{n\times n}$，称 $\lambda\boldsymbol{I}-\boldsymbol{A}$ 为 $\boldsymbol{A}$ 的**特征矩阵**，称 $\det(\lambda\boldsymbol{I}-\boldsymbol{A})$ 为 $\boldsymbol{A}$ 的**特征多项式**.

通过依次求解 $\boldsymbol{A}$ 的特征方程 $\det(\lambda\boldsymbol{I}-\boldsymbol{A})=0$ 和线性方程组 $(\lambda\boldsymbol{I}-\boldsymbol{A})\boldsymbol{x}=\mathbf{0}$，可以求出 $\boldsymbol{A}$ 的特征值和特征向量.

定义 8　设 $\boldsymbol{A}$ 为 n 阶方阵，集合

$$\sigma(\lambda)=\{\lambda\mid\det(\lambda\boldsymbol{I}-\boldsymbol{A})=0\}$$

称为矩阵 $\boldsymbol{A}$ 的**谱**.称 $\rho(\boldsymbol{A})=\max\limits_{1\leqslant i\leqslant n}|\lambda_i|$ 为矩阵 $\boldsymbol{A}$ 的**谱半径**.

定义 9　设 $\boldsymbol{A}$ 和 $\boldsymbol{B}$ 均为 n 阶方阵，如果存在可逆矩阵 $\boldsymbol{S}$，使得 $\boldsymbol{B}=\boldsymbol{S}^{-1}\boldsymbol{A}\boldsymbol{S}$，或 $\boldsymbol{A}=\boldsymbol{S}\boldsymbol{B}\boldsymbol{S}^{-1}$，则称 $\boldsymbol{A}$ 相似于 $\boldsymbol{B}$，记作 $\boldsymbol{A}\sim\boldsymbol{B}$.

相似是矩阵之间的一种重要的关系，相似矩阵具有以下性质：

定理 3　设 $\boldsymbol{A},\boldsymbol{B}\in\mathbf{C}^{n\times n}$，$f(\lambda)$ 是一多项式.

(1) $\boldsymbol{A}\sim\boldsymbol{A}$（自反性）；

(2) 若 $\boldsymbol{A}\sim\boldsymbol{B}$，则 $\boldsymbol{B}\sim\boldsymbol{A}$（对称性）；

(3) 若 $\boldsymbol{A}\sim\boldsymbol{B}$，$\boldsymbol{B}\sim\boldsymbol{C}$ 则 $\boldsymbol{A}\sim\boldsymbol{C}$（传递性）；

(4) 若 $\boldsymbol{A}\sim\boldsymbol{B}$，则 $\det(\boldsymbol{A})=\det(\boldsymbol{B})$，$\operatorname{rank}(\boldsymbol{A})=\operatorname{rank}(\boldsymbol{B})$；

(5) 若 $\boldsymbol{A}\sim\boldsymbol{B}$，则 $f(\boldsymbol{A})\sim f(\boldsymbol{B})$；

(6) 若 $\boldsymbol{A}\sim\boldsymbol{B}$，则 $\det(\lambda\boldsymbol{I}-\boldsymbol{A})=\det(\lambda\boldsymbol{I}-\boldsymbol{B})$，即 $\boldsymbol{A}$ 与 $\boldsymbol{B}$ 具有相同的特征多项式，从而有相同的特征值.

证　只证(5)和(6).

(5) 设

$$f(\lambda)=a_k\lambda^k+a_{k-1}\lambda^{k-1}+\cdots+a_1\lambda+a_0.$$

因为 $\boldsymbol{A}\sim\boldsymbol{B}$，所以存在可逆矩阵 $\boldsymbol{S}$，使得 $\boldsymbol{B}=\boldsymbol{S}^{-1}\boldsymbol{A}\boldsymbol{S}$，于是

$$
\begin{aligned}
f(\boldsymbol{B}) &= a_k\boldsymbol{B}^k+a_{k-1}\boldsymbol{B}^{k-1}+\cdots+a_1\boldsymbol{B}+a_0\boldsymbol{I}\\
&= a_k(\boldsymbol{S}^{-1}\boldsymbol{AS})^k+a_{k-1}(\boldsymbol{S}^{-1}\boldsymbol{AS})^{k-1}+\cdots+a_1(\boldsymbol{S}^{-1}\boldsymbol{AS})+a_0\boldsymbol{I}\\
&= \boldsymbol{S}^{-1}(a_k\boldsymbol{A}^k+a_{k-1}\boldsymbol{A}^{k-1}+\cdots+a_1\boldsymbol{A}+a_0\boldsymbol{I})\boldsymbol{S}=\boldsymbol{S}^{-1}f(\boldsymbol{A})\boldsymbol{S}.
\end{aligned}
$$

（6）$\det(\lambda\boldsymbol{I}-\boldsymbol{B})=\det(\lambda\boldsymbol{I}-\boldsymbol{S}^{-1}\boldsymbol{AS})=\det(\boldsymbol{S}^{-1}(\lambda\boldsymbol{I}-\boldsymbol{A})\boldsymbol{S})$

$$
=\det(\boldsymbol{S}^{-1})\det(\lambda\boldsymbol{I}-\boldsymbol{A})\det(\boldsymbol{S})=\det(\lambda\boldsymbol{I}-\boldsymbol{A}).
$$

$\boldsymbol{A}$ 的特征多项式可展成

$$
f(\lambda)=\lambda^n-\mathrm{tr}\,\boldsymbol{A}\lambda^{n-1}+\cdots+(-1)^n\det(\boldsymbol{A}),
$$

其中 $\det(\boldsymbol{A})=\prod_{i=1}^{n}\lambda_i$. $\mathrm{tr}\,\boldsymbol{A}=\sum_{i=1}^{n}\lambda_i=\sum_{i=1}^{n}a_{ii}$ 称为矩阵 $\boldsymbol{A}$ 的**迹**.

定理 4　设 $\boldsymbol{A},\boldsymbol{B}\in\mathbf{C}^{n\times n}$，则 $\mathrm{tr}(\boldsymbol{AB})=\mathrm{tr}(\boldsymbol{BA})$.

证　设 $\boldsymbol{A}=(a_{ij})_{n\times n}$，$\boldsymbol{B}=(b_{ij})_{n\times n}$，则 $\boldsymbol{AB}$ 的第 i 个对角元为 $\sum_{k=1}^{n}a_{ik}b_{ki}(i=1,2,\cdots,n)$，而 $\boldsymbol{BA}$ 的第 k 个对角元为 $\sum_{i=1}^{n}b_{ki}a_{ik}(k=1,2,\cdots,n)$，于是

$$
\mathrm{tr}(\boldsymbol{AB})=\sum_{i=1}^{n}\left(\sum_{k=1}^{n}a_{ik}b_{ki}\right)=\sum_{k=1}^{n}\left(\sum_{i=1}^{n}b_{ki}a_{ik}\right)=\mathrm{tr}(\boldsymbol{BA}).
$$

下面介绍一些特殊的矩阵.

1. 对角矩阵和三角形矩阵

称

$$
\boldsymbol{D}=\mathrm{diag}(d_1,d_2,\cdots,d_n)=\begin{pmatrix} d_1 & & & \\ & d_2 & & \\ & & \ddots & \\ & & & d_n \end{pmatrix}
$$

为对角矩阵，$\det(\boldsymbol{D})=\prod_{i=1}^{n}d_i$.

称

$$
\boldsymbol{L}=\begin{pmatrix} l_{11} & & & & & & 0\\ l_{21} & l_{22} & & & & & \\ \vdots & \ddots & \ddots & & & & \\ l_{j1} & \cdots & l_{j,j-1} & l_{jj} & & & \\ \vdots & & \vdots & \ddots & \ddots & & \\ l_{n1} & \cdots & l_{n,j-1} & \cdots & l_{n,n-1} & l_{nn} \end{pmatrix}
$$

为**下三角形矩阵**，其中当 $l_{jj}=1(j=1,2,\cdots,n)$ 时，称为**单位下三角形矩阵**；当 $l_{jj}=0(j=1,2,\cdots,n)$ 时，称为**严格下三角形矩阵**. $\det(\boldsymbol{L})=\prod_{i=1}^{n}l_{ii}$.

称

$$U=\begin{pmatrix} u_{11} & u_{12} & \cdots & u_{1,j+1} & \cdots & u_{1n} \\ & \ddots & \ddots & \vdots & & \vdots \\ & & u_{jj} & u_{j,j+1} & \cdots & u_{jn} \\ & & & \ddots & \ddots & \vdots \\ & & & & u_{n-1,n-1} & u_{n-1,n} \\ 0 & & & & & u_{nn} \end{pmatrix}$$

为**上三角形矩阵**,其中当 $u_{jj}=1(j=1,2,\cdots,n)$ 时,称为**单位上三角形矩阵**;当 $u_{jj}=0(j=1,2,\cdots,n)$ 时,称为**严格上三角形矩阵**.$\det(\boldsymbol{U})=\prod\limits_{i=1}^{n}u_{ii}$.

易证,**下(上)三角形矩阵的积仍为下(上)三角形矩阵,下(上)三角形矩阵的逆仍为下(上)三角形矩阵.**

2. 正交向量与矩阵

一个数 z 的复共轭,记为 $\bar{z}$.对于实数 z,$z=\bar{z}$.

一个 $m\times n$ 矩阵 $\boldsymbol{A}$ 的**复共轭转置**,记为 $\boldsymbol{A}^{\mathrm{H}}$.

例如,若 $\boldsymbol{A}=\begin{pmatrix} a_{11} & a_{12} \\ a_{21} & a_{22} \\ a_{31} & a_{32}\end{pmatrix}$,则 $\boldsymbol{A}^{\mathrm{H}}=\begin{pmatrix} \bar{a}_{11} & \bar{a}_{21} & \bar{a}_{31} \\ \bar{a}_{12} & \bar{a}_{22} & \bar{a}_{32}\end{pmatrix}$.

当 $\boldsymbol{A}\in\mathbf{R}^{n\times n}$ 时,$\boldsymbol{A}^{\mathrm{H}}=\boldsymbol{A}^{\mathrm{T}}$.

定义 10　设 $\boldsymbol{A}\in\mathbf{C}^{n\times n}$,若 $\boldsymbol{A}$ 满足 $\boldsymbol{A}^{\mathrm{H}}\boldsymbol{A}=\boldsymbol{I}$,则称 $\boldsymbol{A}$ 为**酉矩阵**.当酉矩阵 $\boldsymbol{A}\in\mathbf{R}^{n\times n}$ 时,$\boldsymbol{A}^{\mathrm{T}}\boldsymbol{A}=\boldsymbol{I}$,也称 $\boldsymbol{A}$ 为正交矩阵.

例如,对于 $\boldsymbol{A}=\begin{pmatrix} \mathrm{i} & 0 \\ 0 & \mathrm{i}\end{pmatrix}$,$\boldsymbol{A}^{\mathrm{H}}=\begin{pmatrix} -\mathrm{i} & 0 \\ 0 & -\mathrm{i}\end{pmatrix}$,$\boldsymbol{A}^{\mathrm{H}}\boldsymbol{A}=\begin{pmatrix} 1 & 0 \\ 0 & 1\end{pmatrix}=\boldsymbol{I}$,故 $\boldsymbol{A}$ 为酉矩阵.

定理 5　设 $\boldsymbol{A},\boldsymbol{B}\in\mathbf{C}^{n\times n}$,

(1) 若 $\boldsymbol{A}$ 是酉矩阵,则其逆矩阵 $\boldsymbol{A}^{-1}$ 也是酉矩阵;

(2) 若 $\boldsymbol{A},\boldsymbol{B}$ 是酉矩阵,则 $\boldsymbol{AB}$ 也是酉矩阵;

(3) 若 $\boldsymbol{A}$ 是酉矩阵,则 $|\det(\boldsymbol{A})|=1$;

(4) $\boldsymbol{A}$ 是酉矩阵的充要条件是,它的 n 个列向量是两两正交的单位向量.

证　只证(3)和(4).

(3) 对于 $\boldsymbol{A}^{\mathrm{H}}\boldsymbol{A}=\boldsymbol{I}$ 取行列式,得

$$\begin{aligned}1&=\det(\boldsymbol{I})=\det(\boldsymbol{A}^{\mathrm{H}}\boldsymbol{A})=\det(\boldsymbol{A}^{\mathrm{H}})\cdot\det(\boldsymbol{A})\\&=\overline{\det(\boldsymbol{A}^{\mathrm{T}})}\cdot\det(\boldsymbol{A})=|\det(\boldsymbol{A})|^{2}.\end{aligned}$$

从而 $|\det(\boldsymbol{A})|=1$.

(4) 设 $\boldsymbol{A}=(\boldsymbol{a}_1,\boldsymbol{a}_1,\cdots,\boldsymbol{a}_n)$,则

$$\boldsymbol{A}^{\mathrm{H}}\boldsymbol{A}=\begin{pmatrix}\boldsymbol{a}_1^{\mathrm{H}}\\ \boldsymbol{a}_2^{\mathrm{H}}\\ \vdots\\ \boldsymbol{a}_n^{\mathrm{H}}\end{pmatrix}(\boldsymbol{a}_1,\boldsymbol{a}_2,\cdots,\boldsymbol{a}_n)=\begin{pmatrix}\boldsymbol{a}_1^{\mathrm{H}}\boldsymbol{a}_1 & \boldsymbol{a}_1^{\mathrm{H}}\boldsymbol{a}_2 & \cdots & \boldsymbol{a}_1^{\mathrm{H}}\boldsymbol{a}_n\\ \boldsymbol{a}_2^{\mathrm{H}}\boldsymbol{a}_1 & \boldsymbol{a}_2^{\mathrm{H}}\boldsymbol{a}_2 & \cdots & \boldsymbol{a}_2^{\mathrm{H}}\boldsymbol{a}_n\\ \vdots & \vdots & & \vdots\\ \boldsymbol{a}_n^{\mathrm{H}}\boldsymbol{a}_1 & \boldsymbol{a}_n^{\mathrm{H}}\boldsymbol{a}_2 & \cdots & \boldsymbol{a}_n^{\mathrm{H}}\boldsymbol{a}_n\end{pmatrix},$$

可见 A 是酉矩阵的充要条件是

$$(\boldsymbol{a}_i,\boldsymbol{a}_j)=\boldsymbol{a}_j^{\mathrm{H}}\boldsymbol{a}_i=\begin{cases}1, & i=j,\\ 0, & i\neq j,\end{cases}$$

即 $\boldsymbol{a}_1,\boldsymbol{a}_1,\cdots,\boldsymbol{a}_n$ 是两两正交的单位向量.

3. Hermite 正定矩阵(半正定矩阵)

如果 $A=A^{\mathrm{H}}$,则 A 为 **Hermite 矩阵**.如果 A 为实矩阵,且 $A=A^{\mathrm{T}}$,则 A 为实对称矩阵.

定义 11 设 $A\in\mathbf{C}^{n\times n}$ 是 Hermite 矩阵,如果对任意 $\mathbf{0}\neq\boldsymbol{x}\in\mathbf{C}^n$ 都有

$$(A\boldsymbol{x},\boldsymbol{x})=\boldsymbol{x}^{\mathrm{H}}A\boldsymbol{x}>0\quad(\geqslant 0),$$

则称 A 是 **Hermite 正定矩阵(半正定矩阵)**.

定理 6 设 $A\in\mathbf{C}^{n\times n}$ 是 Hermite 矩阵,则下面条件是等价的:

(1) A 是 Hermite 正定矩阵(半正定矩阵);

(2) A 的特征值均为正数(非负实数);

(3) 存在可逆矩阵 $Q\in\mathbf{C}^{n\times n}$ 使得 $A=Q^{\mathrm{H}}Q$.

定理 7 A 是 Hermite 正定矩阵的充要条件是 A 的 n 个顺序主子式均大于零,即 $D_k=\det(A_k)>0(k=1,2,\cdots,n)$.

需要指出的是,仅由所有顺序主子式均非负不能保证该矩阵是 Hermite 半正定矩阵,例如 $A=\begin{pmatrix}0 & 0\\ 0 & -1\end{pmatrix}$ 就是一个反例.

定理 8 设 $A\in\mathbf{C}^{n\times n}$,则

(1) $A^{\mathrm{H}}A$ 和 AA^{H} 的特征值均为非负实数;

(2) $A^{\mathrm{H}}A$ 和 AA^{H} 的非零特征值相同;

(3) $\operatorname{rank}(A^{\mathrm{H}}A)=\operatorname{rank}(AA^{\mathrm{H}})=\operatorname{rank}(A)$.

证 (1) 由于 $(A^{\mathrm{H}}A)^{\mathrm{H}}=A^{\mathrm{H}}A$,或 $(AA^{\mathrm{H}})^{\mathrm{H}}=AA^{\mathrm{H}}$,所以 $A^{\mathrm{H}}A$ 和 AA^{H} 为 Hermite 矩阵.$\forall\boldsymbol{x}\neq\mathbf{0}\in\mathbf{C}^n$,有

$$((A^{\mathrm{H}}A)\boldsymbol{x},\boldsymbol{x})=(A\boldsymbol{x},A\boldsymbol{x})=\|A\boldsymbol{x}\|_2^2\geqslant 0$$

或

$$((AA^{\mathrm{H}})\boldsymbol{x},\boldsymbol{x})=(A^{\mathrm{H}}\boldsymbol{x},A^{\mathrm{H}}\boldsymbol{x})=\|A^{\mathrm{H}}\boldsymbol{x}\|_2^2\geqslant 0,$$

所以 $A^{\mathrm{H}}A$ 和 AA^{H} 为 Hermite 半正定矩阵,其特征值全为非负实数.

(2) 设 $A^{\mathrm{H}}A\boldsymbol{x}=\lambda\boldsymbol{x}$,其中 $\lambda\neq 0,\boldsymbol{x}\neq\mathbf{0}$,则 $\boldsymbol{y}=A\boldsymbol{x}\neq\mathbf{0}$,且有

$$AA^{\mathrm{H}}\boldsymbol{y}=AA^{\mathrm{H}}(A\boldsymbol{x})=A(\lambda\boldsymbol{x})=\lambda\boldsymbol{y},$$

即 λ 是 AA^{H} 的非零特征值;同理可证 AA^{H} 的非零特征值也是 $A^{\mathrm{H}}A$ 的特征值.

(3) 若 $A\boldsymbol{x}=\mathbf{0}$,则 $A^{\mathrm{H}}A\boldsymbol{x}=\mathbf{0}$.反之,若 $A^{\mathrm{H}}A\boldsymbol{x}=\mathbf{0}$,则有

$$0=((A^{\mathrm{H}}A)\boldsymbol{x},\boldsymbol{x})=(A\boldsymbol{x},A\boldsymbol{x})=\|A\boldsymbol{x}\|_2^2,$$

于是有 $A\boldsymbol{x}=\mathbf{0}$.这说明 $A\boldsymbol{x}=\mathbf{0}$ 与 $A^{\mathrm{H}}A\boldsymbol{x}=\mathbf{0}$ 同解,从而它们的基础解系所含解向量的个数相同,即

$$n-\mathrm{rank}(\boldsymbol{A})=n-\mathrm{rank}(\boldsymbol{A}^{\mathrm{H}}\boldsymbol{A}),$$

故 $\mathrm{rank}(\boldsymbol{A}^{\mathrm{H}}\boldsymbol{A})=\mathrm{rank}(\boldsymbol{A})$.又有 $\mathrm{rank}(\boldsymbol{A}\boldsymbol{A}^{\mathrm{H}})=\mathrm{rank}(\boldsymbol{A}^{\mathrm{H}})=\mathrm{rank}(\boldsymbol{A})$.

4. 初等矩阵

定义 12 设 $\boldsymbol{u},\boldsymbol{v}\in\mathbf{C}^n,\alpha\in\mathbf{C}$,则矩阵

$$\boldsymbol{E}(\boldsymbol{u},\boldsymbol{v};\alpha)=\boldsymbol{I}-\alpha\boldsymbol{u}\boldsymbol{v}^{\mathrm{H}}$$

称为初等矩阵.初等矩阵具有如下性质:

(1) $\boldsymbol{E}(\boldsymbol{u},\boldsymbol{v};\alpha)=\boldsymbol{E}^{-1}(\boldsymbol{u},\boldsymbol{v};\beta),\forall\alpha,\beta\in\mathbf{C}$ 且 $\alpha^{-1}+\beta^{-1}=\boldsymbol{v}^{\mathrm{H}}\boldsymbol{u}$.

注意到,$\boldsymbol{u}\boldsymbol{v}^{\mathrm{H}}$ 是一个秩 $\leqslant 1$ 的矩阵,即 $\mathrm{rank}(\boldsymbol{u}\boldsymbol{v}^{\mathrm{H}})\leqslant\mathrm{rank}(\boldsymbol{u})\leqslant 1$,其特征值为 $\boldsymbol{v}^{\mathrm{H}}\boldsymbol{u}$, $\underbrace{0,\cdots,0}_{n-1\text{个}}$. 事实上,$(\boldsymbol{u}\boldsymbol{v}^{\mathrm{H}})\boldsymbol{u}=\boldsymbol{u}(\boldsymbol{v}^{\mathrm{H}}\boldsymbol{u})=(\boldsymbol{v}^{\mathrm{H}}\boldsymbol{u})\boldsymbol{u}$,即 $\boldsymbol{v}^{\mathrm{H}}\boldsymbol{u}$ 是 $\boldsymbol{u}\boldsymbol{v}^{\mathrm{H}}$ 的特征值.从而 $\boldsymbol{E}(\boldsymbol{u},\boldsymbol{v};\alpha)=\boldsymbol{I}-\alpha\boldsymbol{u}\boldsymbol{v}^{\mathrm{H}}$ 特征值为

$$\lambda(\boldsymbol{E}(\boldsymbol{u},\boldsymbol{v};\alpha))=1-\alpha\lambda(\boldsymbol{u}\boldsymbol{v}^{\mathrm{H}}),$$

即为

$$1-\alpha(\boldsymbol{v}^{\mathrm{H}}\boldsymbol{u}),\quad \underbrace{1,\cdots,1}_{n-1\text{个}}.$$

从而有

(2) $\det(\boldsymbol{E}(\boldsymbol{u},\boldsymbol{v};\alpha))=1-\alpha\boldsymbol{v}^{\mathrm{H}}\boldsymbol{u}$.

例 设向量 $\boldsymbol{l}_k\in\mathbf{R}^n$,且具有正交性 $\boldsymbol{e}_j^{\mathrm{T}}\boldsymbol{l}_k=0,j\leqslant k$,其中 $\boldsymbol{l}_k=\begin{pmatrix}0\\ \vdots\\ 0\\ l_{k+1,k}\\ \vdots\\ l_{nk}\end{pmatrix}$,$\boldsymbol{e}_k=\begin{pmatrix}0\\ \vdots\\ 1\\ 0\\ \vdots\\ 0\end{pmatrix}$,则称

$$\boldsymbol{L}_k(\boldsymbol{l}_k)=\boldsymbol{E}(\boldsymbol{l}_k,\boldsymbol{e}_k;1)=\boldsymbol{I}-\boldsymbol{l}_k\boldsymbol{e}_k^{\mathrm{T}}=\begin{pmatrix}1 & & & & & \\ & \ddots & & & & \\ & & 1 & & & \\ & & -l_{k+1,k} & 1 & & \\ & & \vdots & & \ddots & \\ & & -l_{n,k} & & & 1\end{pmatrix}$$

为**初等三角形矩阵**.

初等三角形矩阵有如下性质:

(1) $\boldsymbol{L}_k^{-1}(\boldsymbol{l}_k)=\boldsymbol{L}_k(-\boldsymbol{l}_k)$,$\det(\boldsymbol{L}_k)=1$,即 $\boldsymbol{L}_k$ 的逆恰好是对 $\boldsymbol{L}_k$ 的对角线以下的每一个元都取相反数;

(2) $\boldsymbol{L}=\boldsymbol{L}_1(\boldsymbol{l}_1)\boldsymbol{L}_2(\boldsymbol{l}_2)\boldsymbol{L}_3(\boldsymbol{l}_3)\cdots\boldsymbol{L}_{n-1}(\boldsymbol{l}_{n-1})$,则 $\boldsymbol{L}$ 为单位下三角形矩阵,即

$$L=\begin{pmatrix}1&&&&&\\-l_{21}&\ddots&&&&\\-l_{31}&&1&&&\\\vdots&&-l_{k+1,k}&1&&\\\vdots&&\vdots&&\ddots&\\-l_{n1}&&-l_{nk}&&&1\end{pmatrix};$$

(3) 任何一个下三角形矩阵 $L\in\mathbf{R}^{n\times n}$,总可以写成

$$L=I-l_1e_1^{\mathrm T}-l_2e_2^{\mathrm T}-\cdots-l_{n-1}e_{n-1}^{\mathrm T}.$$

(4) L_kA 的结果是从 A 的第 $k+1$ 行起,各行均减去第 k 行的一个倍数.

这里只对(1)和(2)加以证明.由于

$$l_k=\begin{pmatrix}0\\\vdots\\0\\l_{k+1,k}\\\vdots\\l_{nk}\end{pmatrix},\quad e_k=\begin{pmatrix}0\\\vdots\\1\\0\\\vdots\\0\end{pmatrix},$$

则 L_k 可写成 $L_k=I-l_ke_k^{\mathrm T}$,而 $e_k^{\mathrm T}l_k=0$,故

$$(I-l_ke_k^{\mathrm T})(I+l_ke_k^{\mathrm T})=I-l_ke_k^{\mathrm T}+l_ke_k^{\mathrm T}-l_ke_k^{\mathrm T}l_ke_k^{\mathrm T}=I-l_ke_k^{\mathrm T}l_ke_k^{\mathrm T}=I,$$

即,L_k 的逆可写成 $L_k^{-1}=I+l_ke_k^{\mathrm T}=\begin{pmatrix}1&&&&\\&\ddots&&&\\&&1&&\\&&l_{k+1,k}&1&\\&&\vdots&&\ddots&\\&&l_{nk}&&&1\end{pmatrix}$,

(1)得证.

以下只就乘积 L_kL_{k+1} 的情形证(2):

$$L_kL_{k+1}=(I-l_ke_k^{\mathrm T})(I-l_{k+1}e_{k+1}^{\mathrm T})=I-l_ke_k^{\mathrm T}-l_{k+1}e_{k+1}^{\mathrm T}+l_ke_k^{\mathrm T}l_{k+1}e_{k+1}^{\mathrm T}$$

$$=I-l_ke_k^{\mathrm T}-l_{k+1}e_{k+1}^{\mathrm T}=\begin{pmatrix}1&&&&&\\&\ddots&&&&\\&&1&&&\\&&-l_{k+1,k}&1&&\\&&-l_{k+2,k}&-l_{k+2,k+1}&\ddots&\\&&\vdots&\vdots&1&\\&&-l_{nk}&-l_{n,k+1}&&1\end{pmatrix}.$$

5. 初等置换矩阵与置换矩阵

特取 $u=v=e_i-e_j\,(i\neq j)$,$\alpha=1$,则矩阵

$$
\boldsymbol{P}_{ij}=\boldsymbol{E}(\boldsymbol{e}_i-\boldsymbol{e}_j,\boldsymbol{e}_i-\boldsymbol{e}_j;1)=\boldsymbol{I}-(\boldsymbol{e}_i-\boldsymbol{e}_j)(\boldsymbol{e}_i-\boldsymbol{e}_j)^{\mathrm{T}}
$$

$$
=\begin{pmatrix}
1 & & & & & & & \\
 & \ddots & & & & & & \\
 & & 0 & \cdots & & 1 & & \\
 & & & 1 & & & & \\
 & & \vdots & & \ddots & \vdots & & \\
 & & & & 1 & & & \\
 & & 1 & \cdots & & 0 & & \\
 & & & & & & \ddots & \\
 & & & & & & & 1
\end{pmatrix}\begin{matrix} \\ \\ i \\ \\ \\ \\ j \\ \\ \\ \end{matrix}
$$

称为**初等置换矩阵**.实际上,$\boldsymbol{P}_{ij}$是由单位矩阵的第 i 行与第 j 行交换得到的.

显然:(1) 初等置换矩阵是对称矩阵,即 $\boldsymbol{P}_{ij}^{\mathrm{T}}=\boldsymbol{P}_{ij}$;

(2) $\boldsymbol{P}_{ij}^{-1}=\boldsymbol{P}_{ij}$,$\boldsymbol{P}_{ij}^{\mathrm{T}}\boldsymbol{P}_{ij}=\boldsymbol{I}$ 以及 $\det(\boldsymbol{P}_{ij})=-1$;

(3) $\boldsymbol{P}_{ij}\boldsymbol{A}$ 的结果是将 $\boldsymbol{A}$ 的第 i 行与第 j 行交换,$\boldsymbol{A}\boldsymbol{P}_{ij}$的结果是将 $\boldsymbol{A}$ 的第 i 列与第 j 列交换.

定义 13 每行每列只有一个 1 和 $n-1$ 个零的方阵称为 n 阶置换矩阵.

显然,置换矩阵是单位矩阵列向量的一个重排.

n 阶置换矩阵的性质:

(1) 置换矩阵的行列式等于 1 或-1;

(2) 每个置换矩阵是若干个初等置换矩阵之积;

(3) 置换矩阵之积仍为置换矩阵;

(4) 对于置换矩阵 $\boldsymbol{P}$,$\boldsymbol{P}^{-1}=\boldsymbol{P}^{\mathrm{T}}$.

附录2　数值实验

为了加深学生对数值方法实践的重要性的体会,密切关注数值计算与数学软件的关系,促进学生初步掌握计算的硬、软工具,特设置了数值实验附录,共有9个数值实验,供师生在教学中选用.

数值实验1　多项式求值

一、方法与程序

用秦九韶算法估计多项式的值(MATLAB程序)

```
function y=qinjiushao(d,c,x,b)
%输入:d   多项式次数,
%        c 多项式系数向量,次数升序排列
%        x 估值点
%        b 可选,表示偏移向量
%输出:多项式在 x 点的函数值 y
if nargin < 4, b =zeros(d,1);end
y = c(d+1);
for i = d : -1 : 1
    y = y.*(x-b(i)) + c(i);
end
```

二、数值实验内容

求多项式 $f(x)=3x(x-1)(x-2)+2x(x-1)+4x+5$ 在 $x=1.5$ 处的函数值

数值实验2　线性方程组求解

一、方法与程序

$PA=LU$:带选主元的分解法(MATLAB程序)

```
function x=lusolve(A,b)
% Input  - A is the coefficient matrix
%        - b is the vector of constant terms
```

```
% Output - x is the solution to Ax=b
[n,n]=size(A);
x=zeros(n,1);
y=zeros(n,1);
temprow=zeros(n,1);
tempconstant=0;
Pvector=zeros(n,1);
for col=1:n-1
   % Find the pivot element in column k
   [max_element,index]=max(abs(A(col:n,col)));
   % Interchange rows p and j
   temprow=A(col,:);
   A(col,:)=A(index+col-1,:);
   A(index+col-1,:)=temprow;
   tempconstant=b(col);
   b(col)=b(index+col-1);
   b(index+col-1)=tempconstant;
   if A(col,col)==0
     disp('A is singular.no unique solution');
     return
   end
   % Calculate multiplier
   for row=col+1:n
      mult=A(row,col)/A(col,col);
      A(row,col)=mult;
      A(row,col+1:n)=A(row,col+1:n)-mult*A(col,col+1:n);
   end
end
% solve Ly=b
y(1)=b(1);
for k=2:n
   y(k)=b(k)-A(k,1:k-1)*y(1:k-1);
end
% solve Ux=y
x(n)=y(n)/A(n,n);
for k=n-1:-1:1
   x(k)=(y(k)-A(k,k+1:n)*x(k+1:n))/A(k,k);
end
```

二、数值实验内容

1. 用带选主元的分解法求解线性方程组 $\boldsymbol{Ax}=\boldsymbol{b}$,其中

$$\boldsymbol{A}=\begin{pmatrix}1&3&5&7\\2&-1&3&5\\0&0&2&5\\-2&-6&-3&1\end{pmatrix} \quad 和 \quad \boldsymbol{b}=\begin{pmatrix}1\\2\\3\\4\end{pmatrix}.$$

使用 MATLAB 中的[L,U,P]=lu(A)命令检查得到的答案.

2. 使用带选主元的分解法求解线性方程组 $\boldsymbol{Ax}=\boldsymbol{b}$,其中 $\boldsymbol{A}=(a_{ij})_{n\times n}$, $a_{ij}=i^{j-1}$; $\boldsymbol{b}=(b_{i1})_{n\times 1}$, $b_{11}=n$,当 $i\geqslant 2$ 时 $b_{i1}=(i^n-1)/(i-1)$.对于 $n=3,7,11$ 的情况分别求解.精确解为 $\boldsymbol{x}=(1,1,\cdots,1)^{\mathrm{T}}$.对得到的结果与精确解的差异进行解释.

数值实验 3　非线性方程求根

一、方法与程序

Newton 迭代法(MATLAB 程序)

```
function[x,iter,fvalue]=newton(f,df,x0,delta,epsilon,maxiter)
%Input   - f is the object function
%        - df is the derivative of f
%        - x0 is an approximation to a root of f
%        - delta is the tolerance for the relative error of the solution
%        - epsilon is the tolerance for the error of the function value
%        - maxiter is the maximum number of iterations
%Output - x is the numerical solution to the function f
%        - iter is the number of iterations
%        - fvalue is the function value at x
fvalue=subs(f,x0);dfvalue=subs(df,x0);
for iter=1:maxiter
   x=x0-fvalue/dfvalue;
   reerr=2*abs(x-x0)/abs(x);
   x0=x;
   fvalue=subs(f,x0);dfvalue=subs(df,x0);
   if(reerr<delta)||(abs(fvalue)<epsilon),break,end
end
```

割线迭代法(MATLAB 程序)

```
function[x,iter,fvalue]=secant(f,x0,x1,delta,epsilon,maxiter)
%Input   - f is the object function
%        - x0,x1 is the start point
%        - delta is the tolerance for the relative error of the solution
%        - epsilon is the tolerance for the error of the function value
%        - maxiter is the maximum number of iterations
%Output - x is the numerical solution to the function f
%        - iter is the number of iterations
%        - fvalue is the function value at x
fvalue0=subs(f,x0);fvalue=subs(f,x1);
for iter=1:maxiter
   x=x1-fvalue*(x1-x0)/(fvalue-fvalue0);
   reerr=2*abs(x-x1)/abs(x);
   x0=x1;x1=x;
```

```
    fvalue0=fvalue;fvalue=subs(f,x1);
    if(reerr<delta)||(abs(fvalue)<epsilon),break,end
end
```

二、数值实验内容

1. 用 Newton 迭代法或加速 Newton 迭代法求下列方程的根：

(1) $x0=10$,求$\sqrt{91}$的近似值(精确到小数点后10位).

(2) $x0=-2$,求$\sqrt[3]{-7}$的近似值(精确到小数点后10位).

(3) $f(x)=(x-1)\ln(x)$, $m=2$, $x^*=1$,初始值 $x0=2$.

(4) 设$f(x)=xe^{-x}$,分别取初始近似值 $x0=0.2$ 和 $x0=20.0$.讨论其结果.

2. 用割线迭代法求以下方程的根：

设$f(x)=xe^{-x}$,初始近似值 $x0=0.2$, $x1=0.5$.

数值实验4　Lagrange 插值

一、方法与程序

对一组数据做 Lagrange 插值,根据插值多项式估计函数值.

调用格式:yi=Lagran_(x,y,xi).

x,y:数组形式的数据表.

xi:待计算函数值的横坐标数组.

yi:用 Lagrange 插值多项式算出的 y 值数组.

Lagran.m

```
function f=Lagran_(xdata,fdata,xvec)
syms x;
f=0; npl=length(xdata);
for k=1 : npl
   index=setdiff(1 : npl,k);
   f=f+fdata(k) * prod((x-xdata(index))./(xdata(k)-xdata(index)));
end
subs(f,xvec)
```

二、数值实验内容

已知函数 $y=f(x)$ 的如下函数值：

x_i	0.1	0.5	1.3	1.6
y_i	1.2	1.9	2.7	3.3

构造 Lagrange 插值多项式,并估计 $f(0.68)$,$f(1.56)$的近似值.

数值实验 5　最小二乘法

一、方法与程序

利用最小二乘法求 n 次多项式拟合曲线 $y=a_nx^n+a_{n-1}x^{n-1}+\cdots+a_0$ 时,MATLAB 程序只有三行:前两行以数组形式分别输入 x_i,y_i;第三行输入 a=polyfit(x,y,n).

MATLAB 以数组形式依次输出结果:$a_n,a_{n-1},\cdots,a_0$.

二、数值实验内容

1. 已知如下数据:

x_i	0.0	0.2	0.4	0.6	0.8	1.0	1.2
y_i	0.9	1.9	2.8	3.3	4.0	5.7	6.5

(1) 利用最小二乘法拟合曲线 $y=a_1x+a_2$.

(2) 请读者根据本题提供的数据,求二次多项式拟合曲线,并与前面的结果相比较.

2. 求形如 $y=be^{ax}$ 的经验公式,使它能和下列数据相拟合:

x_i	1	2	3	4	5	6	7	8
y_i	15.3	20.5	27.4	36.6	49.1	65.6	87.8	117.6

数值实验 6　数值积分

一、方法与程序

Gauss-Legendre 公式　利用 $f(x)$ 在 N 个非等长点 $\{t_{N,k}\}_{k=1}^{N}$ 处的采样求积分

$$\int_a^b f(x)\,\mathrm{d}x \approx \frac{b-a}{2}\sum_{k=1}^{N}\omega_{N,k}f(t_{N,k})$$

的逼近.使用变量替换:

$$t=\frac{a+b}{2}+\frac{b-a}{2}x \quad 和 \quad \mathrm{d}t=\frac{b-a}{2}\mathrm{d}x.$$

横坐标 $\{x_{N,k}\}_{k=1}^{N}$ 和权 $\{\omega_{N,k}\}_{k=1}^{N}$ 需要从第 8 章 8.4 节的 Gauss-Legendre 公式的系数和节点表中获取.

Gauss-Legendre 算法(MATLAB 程序)

```
function quad=G_L(f,a,b,x,w)
%Input  - f is the integrand
%       - [a,b]is the integral interval
%       - x is a vector of abscissas from the table
%       - w is a vector of wights from the table
%Output - quad is the integral value
T=(a+b)/2+(b-a)/2*x;
quad=(b-a)/2*sum(w.*subs(f,T));
```

复化 Simpson 公式　利用$f(x)$在$2N+1$个等步长采样点$x_k=a+kh,k=0,1,\cdots,2N$

$$\int_a^b f(x)\,\mathrm{d}x\approx\frac{h}{3}\left(f(a)+f(b)+2\sum_{k=1}^{N-1}f(x_{2k})+4\sum_{k=1}^{N}f(x_{2k-1})\right),$$

的逼近积分.注意:$x_0=a,x_{2N}=b$.

复化 Simpson 算法(MATLAB 程序)

```
function s=simpson(f,a,b,n)
%Input  -f is the integrand
%       - [a,b]is the integral interval
%       - n is the number of subintervals
%Output - s is the simpson rule sum
h=(b-a)/(2*n);
index1=(a+h):(2*h):(b-h);
index2=(a+2*h):(2*h):(b-2*h);
s1=sum(subs(f,index1));
s2=sum(subs(f,index2));
s=h*(subs(f,a)+subs(f,b)+4*s1+2*s2)/3;
```

二、数值实验内容

1. 使用 6 点 Gauss-Legendre 公式逼近积分:

$$v(x)=x^2+0.1\int_0^3(x^2+t)v(t)\,\mathrm{d}t,$$

即用求积公式去离散积分方程中的积分项,并求解以上积分方程,得到其解函数的近似表达式.

2. 用复化 Simpson 公式求下列积分,要求绝对误差限为$\varepsilon=\frac{1}{2}\times10^{-7}$.

(1) $\int_{-1}^{1}(1+x^2)^{-1}\mathrm{d}x$;

(2) $\int_0^4 x^2\mathrm{e}^{-x}\mathrm{d}x$;

(3) $\int_0^{\pi}\sin(2x)\mathrm{e}^{-x}\mathrm{d}x$.

数值实验 7　微分方程数值解法

一、方法与程序

四阶 Runge-Kutta 法

$$u_{k+1}=u_k+\frac{h}{6}(k_1+2k_2+2k_3+k_4).$$

四阶 Runge-Kutta 法(MATLAB 程序)

```
function R=rk4(f,a,b,ya,n)
%Input   - f is the function,and the variable must be u and t
%        - a and b are the left and right end points
%        - ya is the initial condition
%        - n is the number of steps
%Output - R=[T'Y'] where T is the vector of abscissas and
%        Y is the vector of ordinates
syms t u
h=(b-a)/n;
T=zeros(1,n+1);
Y=zeros(1,n+1);
T=a:h:b;
Y(1)=ya;
for k=1:n
   K1=h*subs(f,{t,u},{T(k),Y(k)});
   K2=h*subs(f,{t,u},{T(k)+h/2,Y(k)+K1/2});
   K3=h*subs(f,{t,u},{T(k)+h/2,Y(k)+K2/2});
   K4=h*subs(f,{t,u},{T(k)+h,Y(k)+K3});
   Y(k+1)=Y(k)+(K1+2*K2+2*K3+K4)/6;
end
R=[T' Y'];
```

二、数值实验内容

用四阶 Runge-Kutta 法求解下列微分方程:

1. $u'=t^2-u,u(0)=1,u(t)=-e^{-t}+t^2-2t+2$;

2. $u'=-tu-u,u(0)=1,u(t)=-e^{-\frac{t^2}{2}}$;

3. $u'=u^{-2t}-2u,u(0)=\frac{1}{10},u(t)=\frac{1}{10}e^{-2t}+te^{-2t}$.

(1) 令 $h=0.1$,使用上述程序执行 20 步,然后令 $h=0.05$,使用上述程序执行 40 步.

(2) 比较两个近似解与精确解.

(3) 当 h 减半时,(1)中的最终全局误差是否和预期相符?

(4) 在同一坐标系上画出两个近似解与精确解.(提示:输出矩阵 R 包含近似解的 x 和 y 坐标,用命令 plot(R(:,1),R(:,2))画出相应图形.)

数值实验8 求解微分方程组

一、方法与程序

用精细积分法解微分方程组

```
function x=jingxi(A,x0,h,t0,t1)
% 计算 dx(t)/dt=Ax(t)的近似解,初值条件为 x(t0)=x0
% 输入:矩阵 A,初值 x0,时间步长 h,区间[t0,t1]
% 输出:近似解 x
n = length(x0); %未知数个数
I = eye(n);
x(1:n,1)=x0; %初值
N=20;
dt = h/2^N; %精细化步长
At = A * dt;
BigT = At * (I+At * (I+At/3 * (I+At/4))/2);
for k =1:N
    BigT = 2 * BigT + BigT^2;
end
BigT = I +BigT;
for k = 1:m
    x(:,k+1) = BigT * x(:,k);
end
```

二、数值实验内容

用精细积分法求定解问题

$$\begin{cases}\dfrac{\mathrm{d}\boldsymbol{X}(t)}{\mathrm{d}t}=\boldsymbol{A}\boldsymbol{X}(t),\\ \boldsymbol{X}(0)=(1,1,1)^{\mathrm{T}},\end{cases}$$

其中

$$\boldsymbol{A}=\begin{bmatrix}3&-1&1\\2&0&-1\\1&-1&2\end{bmatrix}$$

数值实验9 求矩阵的特征对

一、方法与程序(或 MATLAB 命令)

1. Hessenberg 矩阵 $\boldsymbol{H}$ 的 QR 算法

(1) 使用 Givens 变换对矩阵 $\boldsymbol{H}$ 进行 QR 分解;

(2) 令 $\boldsymbol{H}=\boldsymbol{H}_1$,

则 $H_k = U_k R_k$　　$\%H_k$ 的 QR 分解

$$H_{k+1} = R_k U_k.$$

2. 对称矩阵 A 的 Lanczos 算法

(1) 利用 Lanczos 迭代将 A 三对角化

$$A = Q_n T_n Q_n^{\mathrm{T}}.$$

(2) 求 $\det(\lambda I - T_n) = 0$ 的根 λ_i.

(3) 求 A 的特征对 $(\lambda_i, z^{(i)})$.

3. 有关命令

(1) [Q,R]=qr(A)　　　%输出正交矩阵 Q 和上三角形矩阵 R

(2) [P,R]=eig(A)　　　%输出 A 的特征值对角矩阵 R 和特征向量 P

二、数值实验内容

1. 利用 MATLAB 中的命令,编写 QR 算法程序,求矩阵 H_5 的所有特征对.

$$H_5 = \begin{pmatrix} 2 & 3 & 4 & 5 & 6 \\ 4 & 4 & 5 & 6 & 7 \\ 0 & 3 & 6 & 7 & 8 \\ 0 & 0 & 2 & 8 & 9 \\ 0 & 0 & 0 & 1 & 0 \end{pmatrix}.$$

2. 利用 MATLAB 语言编写 Lanczos 算法和特征方程求根的程序,计算 A_5 的所有特征对.

$$A_5 = \begin{pmatrix} 4 & 2 & 1 & 0 & 0 \\ 2 & 4 & 2 & 1 & 0 \\ 1 & 2 & 4 & 2 & 1 \\ 0 & 1 & 2 & 4 & 2 \\ 0 & 0 & 1 & 2 & 4 \end{pmatrix}.$$

3. 利用“eig”命令求 H_5 和 A_5 的特征对,并与 QR 算法与 Lanczos 算法得到的特征对进行比较.

符 号 说 明

符号	说明
$\in$	属于
$\subset$	包含
$\mathbf{Z}$	整数集
$\mathbf{R}$	实数域
$\mathbf{R}^n$	实 n 维列向量集合,实 n 维列向量空间
$\mathbf{R}^{m\times n}$	$m\times n$ 实矩阵集合
$\mathbf{C}$	复数域
$\mathbf{C}^n$	复 n 维列向量集合,复 n 维列向量空间
$\mathbf{C}^{m\times n}$	$m\times n$ 复矩阵集合
$\Vert\cdot\Vert$	范数
$(\boldsymbol{x},\boldsymbol{y})$	向量 $\boldsymbol{x}$ 与 $\boldsymbol{y}$ 的内积
$\boldsymbol{I}$	单位矩阵
$\mathbf{0}$	零矩阵或零向量
$\boldsymbol{e}_i$	第 i 个分量为 1,其余分量为 0 的 n 维列向量
$N(\boldsymbol{A})$	矩阵 $\boldsymbol{A}$ 的零空间
$R(\boldsymbol{A})$	矩阵 $\boldsymbol{A}$ 的像空间
$\mathrm{adj}(\boldsymbol{A})$	方阵 $\boldsymbol{A}$ 的伴随矩阵
$\det(\boldsymbol{A})$	方阵 $\boldsymbol{A}$ 的行列式
$\mathrm{cond}(\boldsymbol{A})$	方阵 $\boldsymbol{A}$ 的条件数
$\mathrm{rank}(\boldsymbol{A})$	矩阵 $\boldsymbol{A}$ 的秩
$\mathrm{tr}(\boldsymbol{A})$	方阵 $\boldsymbol{A}$ 的迹
$\lambda(\boldsymbol{A})$	方阵 $\boldsymbol{A}$ 的任意特征值
$\rho(\boldsymbol{A})$	方阵 $\boldsymbol{A}$ 的谱半径
$\overline{\boldsymbol{A}}$	矩阵 $\boldsymbol{A}$ 的共轭
$\boldsymbol{x}^{\mathrm{T}}$、$\boldsymbol{A}^{\mathrm{T}}$	向量 $\boldsymbol{x}$、矩阵 $\boldsymbol{A}$ 的转置
$\boldsymbol{x}^{\mathrm{H}}$、$\boldsymbol{A}^{\mathrm{H}}$	向量 $\boldsymbol{x}(\boldsymbol{x}^{\mathrm{H}}=\overline{\boldsymbol{x}}^{\mathrm{T}})$、矩阵 $\boldsymbol{A}$ 的共轭转置$(\boldsymbol{A}^{\mathrm{H}}=\overline{\boldsymbol{A}}^{\mathrm{T}})$
$\mathrm{diag}(a_1,a_2,\cdots,a_n)$	以 $a_1,a_2,\cdots,a_n$ 为对角元的 n 阶对角矩阵
$\mathrm{span}(\boldsymbol{x}_1,\boldsymbol{x}_2,\cdots,\boldsymbol{x}_n)$	由向量 $\boldsymbol{x}_1,\boldsymbol{x}_2,\cdots,\boldsymbol{x}_n$ 生成的子空间
$\mathrm{Re}(\lambda)$	复数 λ 的实部
$\mathrm{Im}(\lambda)$	复数 λ 的虚部
$\sigma_i=\sqrt{\lambda_i}$	矩阵 $\boldsymbol{A}$ 的第 i 个奇异值